高等职业教育“十四五”规划畜牧兽医宠物大类新形态纸数融合教材

宠物临床诊疗技术

CHONG WU LIN CHUANG ZHE

主　编　杨庆稳　张丁华　陈颖铌

副主编　加春生　马玉捷　王先坤　范素菊　贺闪闪

编　者　（按姓氏笔画排序）

马玉捷　湖南生物机电职业技术学院
王　挺　湖南环境生物职业技术学院
王先坤　娄底职业技术学院
王前勇　武汉市农业学校
艾生权　重庆西南瑞鹏宠物医院有限公司
石先鹏　四川农业大学
加春生　黑龙江农业工程职业学院
吕　倩　重庆三峡职业学院
刘昕璐　重庆渝瑞宠物医院有限公司
刘雪松　黑龙江省农业科学院畜牧兽医分院
李先波　成都汪喵太医院管理有限公司
杨庆稳　重庆三峡职业学院
何先林　重庆三峡职业学院
张丁华　河南农业职业学院
陈颖铌　贵州农业职业学院
范素菊　周口职业技术学院
郝永峰　重庆三峡职业学院
贺闪闪　重庆三峡职业学院
黄佳美　江西生物科技职业学院
游选锟　万州区小七宠物诊所
廖建昭　华南农业大学

華中科技大學出版社
http://press.hust.edu.cn
中国·武汉

内 容 简 介

本教材是高等职业教育"十四五"规划畜牧兽医宠物大类新形态纸数融合教材。

本教材以培养高职学生职业能力为目标，以宠物临床就业岗位为导向，以宠物临床操作技术和相关知识为重点，内容紧跟行业需求。本教材采用项目化教学方法，项目设计为执业兽医岗位、化验室岗位、影像室岗位、护士岗位、手术室岗位，编写过程中根据各岗位职业能力需求制定了岗位目标。宠物临床操作技术的实施过程突出了技能操作的程序化、规范化。

本教材既可以作为宠物临床、动物临床相关课程的专业教材，也可以为行业培训和宠物临床工作者提供参考。

图书在版编目(CIP)数据

宠物临床诊疗技术/杨庆稳，张丁华，陈颖铌主编. —武汉：华中科技大学出版社，2023.9
ISBN 978-7-5680-9748-2

Ⅰ. ①宠…　Ⅱ. ①杨…　②张…　③陈…　Ⅲ. ①宠物-动物疾病-诊疗-高等职业教育-教材　Ⅳ. ①S858.39

中国国家版本馆 CIP 数据核字(2023)第 157680 号

宠物临床诊疗技术　　杨庆稳　张丁华　陈颖铌　主编
Chongwu Linchuang Zhenliao Jishu

策划编辑：罗　伟
责任编辑：方寒玉　毛晶晶
封面设计：廖亚萍
责任校对：张会军
责任监印：周治超
出版发行：华中科技大学出版社(中国·武汉)　　电话：(027)81321913
武汉市东湖新技术开发区华工科技园　　邮编：430223
录　　排：华中科技大学惠友文印中心
印　　刷：武汉科源印刷设计有限公司
开　　本：889mm×1194mm　1/16
印　　张：22.75
字　　数：682 千字
版　　次：2023 年 9 月第 1 版第 1 次印刷
定　　价：69.80 元

高等职业教育“十四五”规划
畜牧兽医宠物大类新形态纸数融合教材

编审委员会

网络增值服务

使用说明

欢迎使用华中科技大学出版社医学资源网 yixue.hustp.com

教师使用流程

（1）登录网址：http://yixue.hustp.com（注册时请选择教师用户）

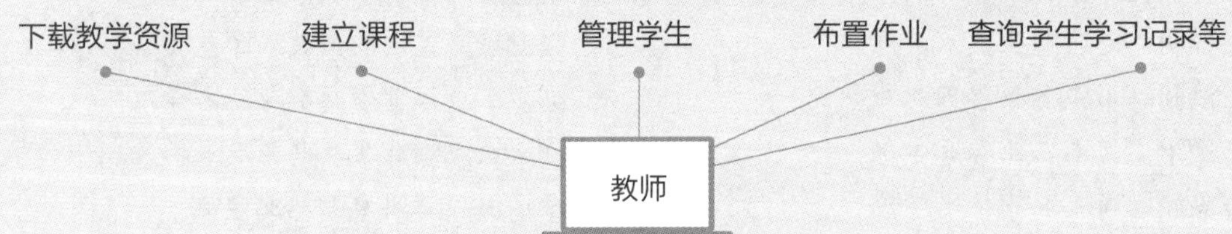

（2）审核通过后，您可以在网站使用以下功能：

下载教学资源　建立课程　管理学生　布置作业　查询学生学习记录等

教师

学员使用流程

（建议学员在PC端完成注册、登录、完善个人信息的操作）

（1）PC 端操作步骤

①登录网址：http://yixue.hustp.com（注册时请选择普通用户）

注册 › 登录 › 完善个人信息

②查看课程资源：（如有学习码，请在个人中心－学习码验证中先验证，再进行操作）

（2）手机端扫码操作步骤

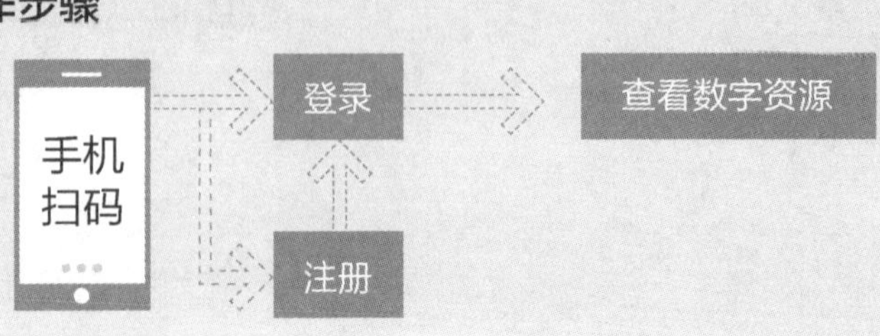

随着我国经济的持续发展和教育体系、结构的重大调整，尤其是2022年4月20日新修订的《中华人民共和国职业教育法》出台，高等职业教育成为与普通高等教育具有同等重要地位的教育类型，人们对职业教育的认识发生了本质性转变。作为高等职业教育重要组成部分的农林牧渔类高等职业教育也取得了长足的发展，为国家输送了大批“三农”发展所需要的高素质技术技能型人才。

为了贯彻落实《国家职业教育改革实施方案》《“十四五”职业教育规划教材建设实施方案》《高等学校课程思政建设指导纲要》和新修订的《中华人民共和国职业教育法》等文件精神，深化职业教育“三教”改革，培养适应行业企业需求的“知识、素养、能力、技术技能等级标准”四位一体的发展型实用人才，实践“双证融合、理实一体”的人才培养模式，切实做到专业设置与行业需求对接、课程内容与职业标准对接、教学过程与生产过程对接、毕业证书与职业资格证书对接、职业教育与终生学习对接，特组织全国多所高等职业院校教师编写了这套高等职业教育“十四五”规划畜牧兽医宠物大类新形态纸数融合教材。

本套教材充分体现新一轮数字化专业建设的特色，强调以就业为导向、以能力为本位、以岗位需求为标准的原则，本着高等职业教育培养学生职业技术技能这一重要核心，以满足对高层次技术技能型人才培养的需求，坚持“五性”和“三基”，同时以“符合人才培养需求，体现教育改革成果，确保教材质量，形式新颖创新”为指导思想，努力打造具有时代特色的多媒体纸数融合创新型教材。本教材具有以下特点。

(1)紧扣最新专业目录、专业简介、专业教学标准，科学、规范，具有鲜明的高等职业教育特色，体现教材的先进性，实施统编精品战略。

(2)密切结合最新高等职业教育畜牧兽医宠物大类专业课程标准，内容体系整体优化，注重相关教材内容的联系，紧密围绕执业资格标准和工作岗位需要，与执业资格考试相衔接。

(3)突出体现“理实一体”的人才培养模式，探索案例式教学方法，倡导主动学习，紧密联系教学标准、职业标准及职业技能等级标准的要求，展示课程建设与教学改革的最新成果。

(4)在教材内容上以工作过程为导向，以真实工作项目、典型工作任务、具体工作案例等为载体组织教学单元，注重吸收行业新技术、新工艺、新规范，突出实践性，重点体现“双证融合、理实一体”的教材编写模式，同时加强课程思政元素的深度挖掘，教材中有机融入思政教育内容，对学生进行价值引导与人文精神滋养。

(5)采用“互联网+”思维的教材编写理念，增加大量数字资源，构建信息量丰富、学习手段灵活、学习方式多元的新形态一体化教材，实现纸媒教材与富媒体资源的融合。

(6)编写团队权威，汇集了一线骨干专业教师、行业企业专家，打造一批内容设计科学严谨、深入浅出、图文并茂、生动活泼且多维、立体的新型活页式、工作手册式、“岗课赛证融通”的新形态纸数融合教材，以满足日新月异的教与学的需求。

本套教材得到了各相关院校、企业的大力支持和高度关注，它将为新时期农林牧渔类高等职业教育的发展做出贡献。我们衷心希望这套教材能在相关课程的教学中发挥积极作用，并得到读者的青睐。我们也相信这套教材在使用过程中，通过教学实践的检验和实践问题的解决，能不断得到改进、完善和提高。

高等职业教育“十四五”规划畜牧兽医宠物大类
新形态纸数融合教材编审委员会

前言

近年来，我国高等职业教育蓬勃发展，本教材依据教育部《关于加强高职高专教育教材建设的若干意见》《教育部关于加强高职高专教育人才培养工作的意见》《高等学校课程思政建设指导纲要》的精神来组织编写，适用于宠物医学、动物医学等专业的学生。

宠物行业发展迅速，宠物医院岗位分工越来越明确，“宠物临床诊疗技术”是针对宠物医院岗位设置的课程，是动物医学、宠物医学的核心课程，也是专业技术课程的基础。本教材在编写过程中注重技术的提升，以期使学生学会实际操作，掌握相关操作的基础知识。

本教材由行业专家与高校老师共同编写，所开发的项目内容与实际工作岗位紧密衔接，依据宠物医院岗位分为五大项目。项目一由娄底职业技术学院王先坤、江西生物科技职业学院黄佳美、湖南环境生物职业技术学院王挺、重庆三峡职业学院杨庆稳共同编写；项目二由武汉市农业学校王前勇，重庆三峡职业学院贺闪闪、郝永峰，周口职业技术学院范素菊共同编写；项目三由湖南生物机电职业技术学院马玉捷，重庆三峡职业学院杨庆稳、贺闪闪、吕倩，江西生物科技职业学院黄佳美，黑龙江省农业科学院畜牧兽医分院刘雪松和重庆西南瑞鹏宠物医院有限公司艾生权共同编写；项目四由河南农业职业学院张丁华，周口职业技术学院范素菊，黑龙江农业工程职业学院加春生，重庆三峡职业学院贺闪闪、何先林、郝永峰，江西生物科技职业学院黄佳美共同编写；项目五由贵州农业职业学院陈颖铌、黑龙江农业工程职业学院加春生、重庆三峡职业学院郝永峰共同编写；四川农业大学石先鹏、成都汪喵太医院管理有限公司李先波、重庆渝瑞宠物医院有限公司刘昕璐和万州区小七宠物诊所游选锟负责审稿、校稿、提供病例等工作；华南农业大学廖建昭副教授负责本教材的审定与指导工作。

本教材在编写过程中，参阅了大量国内外公开发表的文献资料，在此谨向原作者表示诚挚的敬意和由衷的感谢。感谢华中科技大学出版社的大力支持和帮助。

由于编写人员水平有限，成稿时间较仓促，书中难免有不足之处，恳请广大读者批评指正，以便我们不断完善。

编　者

目录

项目一　执业兽医岗位

<table>
<tr><td colspan="2">岗位</td><td>执业兽医岗位</td></tr>
<tr><td colspan="2">岗位技术</td><td>动物疾病临床诊断</td></tr>
<tr><td rowspan="3">岗位目标</td><td>知识目标</td><td>了解整体状态观察、被毛及皮肤检查、眼部检查、浅表淋巴结检查的检查方法、内容与临床意义，体温、脉搏、呼吸数的正常生理指标、测定方法与注意事项</td></tr>
<tr><td>技能目标</td><td>能够运用所学知识对动物整体状态、被毛及皮肤、眼部情况、浅表淋巴结进行检查，能够正确测定动物体温、脉搏和呼吸数</td></tr>
<tr><td>思政与素质目标</td><td>养成尊重生命、关爱动物、善待动物组织，注重动物福利的意识素养；养成不怕苦、不怕脏，坚忍不拔的品格；养成认真负责、实事求是的态度；养成勤于思考、科学分析的习惯</td></tr>
</table>

学习情境一　临床检查方法与程序

学习目标

【知识目标】

1. 掌握问诊、视诊、听诊、嗅诊的主要内容以及注意事项。
2. 掌握听诊、触诊的范围，了解叩诊的部位及病理表现。

【技能目标】

掌握问诊的方法，在临床检查中能够进行视诊、听诊、触诊、叩诊、嗅诊。

【思政与素质目标】

1. 养成尊重生命、关爱动物、善待动物组织，注重动物福利的意识素养。
2. 养成不怕苦、不怕脏，坚忍不拔的品格。
3. 养成认真负责、实事求是的工作态度；养成勤于思考、科学分析的习惯。

系统关键词

问诊、视诊、触诊、听诊、叩诊、嗅诊、检查程序。

任务一　临床检查基本方法

扫码看课件

任务准备

宠物临床检查的基本方法主要包括问诊、视诊、触诊、听诊、叩诊及嗅诊。由于宠物不能用语言来表达其痛苦，因此，在诊断疾病时，只能依靠详细、全面和正确的临床检查来判断患病的器官、部

位、性质和程度。再结合宠物个体小、腹壁薄、被毛多等特点，问诊、视诊、触诊、听诊检查是常用的检查手段。

 任务实施

一、问诊

在检查宠物之前或在检查宠物的过程中，向宠物主人了解宠物就诊前的各种情况，称为问诊。宠物主人对其饲养的宠物非常熟悉，调查了解宠物的基本情况，对诊断和治疗疾病是很有帮助的。问诊是以询问的方式了解宠物的基本信息、来源及饲养期限、现病史、既往史、生活史等情况。

（一）问诊的内容

1. 宠物的基本信息、来源及饲养期限

（1）宠物的基本信息：询问宠物的品种、性别、年龄及特征，询问是否绝育。

（2）宠物的来源情况及饲养期限：若是刚从外地购回的宠物，应该考虑是否带来传染病，或由于运输、环境因素突变所致的应激反应等。

2. 现病史 现病史指宠物本次所患疾病的全部经过，即发病的可能原因，疾病的发生、发展、诊断与治疗的过程。

（1）发病时间、地点以及周围环境等。如是进食前发病还是进食后发病，根据发病的时间可以了解疾病的经过和推断预后，特别是发病前后的变化，这是判断发病原因的关键点。

（2）此次宠物发病是单发，还是群发，附近其他宠物有无此病发生等。

（3）宠物患病后的主要临床表现，包括精神状态，食欲，粪、尿情况，有无呕吐及呕吐物的性质，有无咳嗽、瘙痒，行走姿势有无异常等。

（4）与宠物本次发病有关的各种原因及诱因，可以初步估计疾病的性质和种类。

（5）疾病的经过和伴随症状。

（6）疾病的诊断及治疗情况等。

3. 既往史

（1）宠物过去的患病情况，预防接种的内容、时间、效果，体内外驱虫情况。

（2）宠物以前的健康状况。

（3）宠物生活地区的主要传染病流行史，寄生虫病或其他病史。

（4）对药物、食物和其他接触物的过敏史以及家族史等。

4. 生活史 平时饲养管理情况，重点了解饲料的种类、数量、质量及配方、加工情况以及饲喂制度、饲养环境卫生等。应详细询问饲喂方式尤其是动物性饲料的来源及有无霉败变质现象，临床上常见由于饲养管理不当而引起的胃肠疾病。同时询问周围环境情况（如小区放了老鼠药、犬出现中毒现象等）。饲料品质不良与日粮配合不当，经常是营养不良、代谢性疾病的根本原因。如有的犬挑食，只爱吃肉食，钙磷比例失调，出现低血钙情况。

（二）问诊的注意事项

（1）首先明确问诊的主要目的是了解宠物此次发病情况，为后续的诊断与治疗提供有利线索。同时兽医可以了解宠物主人对宠物的熟悉与喜爱程度，这也为后期疾病的诊断与治疗提供方便。另一方面在问诊过程中也让宠物主人了解兽医的技术水平与职业责任感，对兽医产生信任，这是问诊的关键目的之一，宠物疾病的治疗需要宠物主人的配合。

（2）主动创造一种宽松和谐的环境，以解除宠物主人的不安心情。

（3）尽可能让宠物主人充分地陈述和强调他认为重要的情况和感受。

（4）根据具体情况采用不同类型的提问方式。

（5）多种症状并存时，应注意在宠物主人描述的大量症状中抓住关键，把握实质。

(6)问诊应通俗易懂,言简意赅,减慢提问速度,并注意必要的重复及核实,避免使用兽医专业术语进行问诊,问诊语言还应该和宠物主人当地的语言习惯结合起来。

(7)其他动物医院转来的病情介绍、化验结果和病历摘要,应当给予足够的重视,但只能作为参考材料。原则上本院兽医必须亲自询问病史,进行体格检查,以作为诊断的依据(图 1-1)。

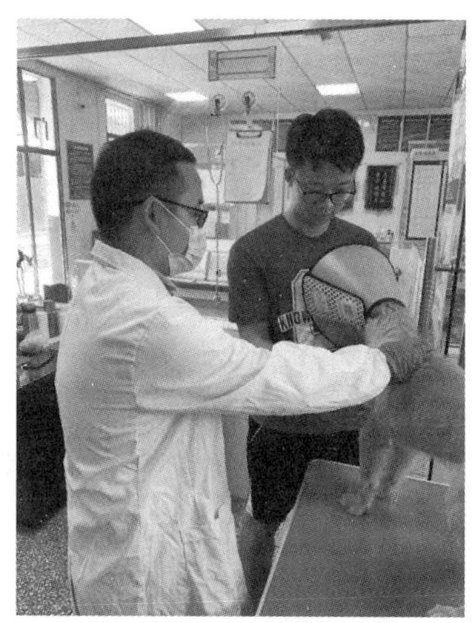

图 1-1 问诊

二、视诊

视诊是指检查人员用肉眼或借助器械观察宠物全身或局部状态有无异常的检查方法。

(一) 视诊方法

视诊时一般不保定宠物,尽量使宠物取自然姿势,从宠物的左前方开始,由前向后,由左向右,绕圈一周,边走边看,先远看后近看,先看静态后看动态(图 1-2、图 1-3)。特别是在宠物的正前方和正后方时,应对照观察两侧胸、腹部的状态和对称性。

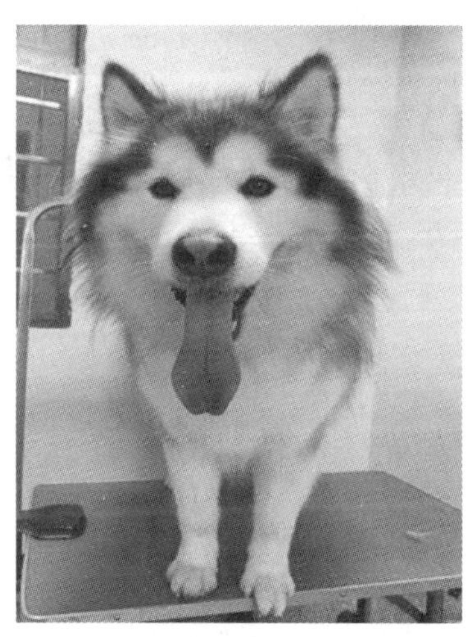

图 1-2 远处视诊

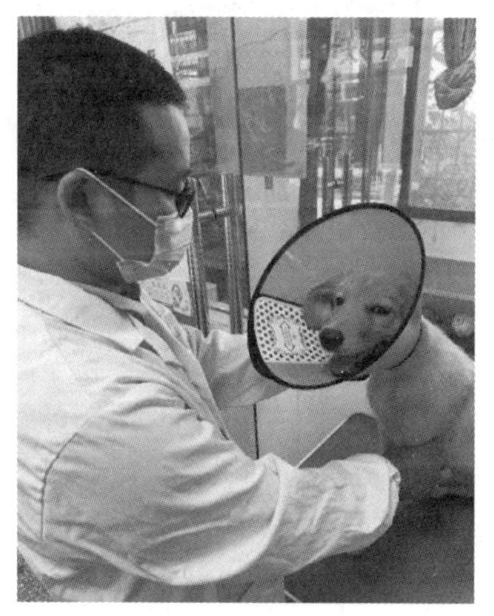

图 1-3 近处视诊

(二) 检查范围

1. 整体状态的观察 主要观察宠物的精神面貌,营养状况,被毛及体表有无脱毛、损伤,发育、营养、食欲变化,体形或体质,表情、体位、姿势和步态有无异常等。

2. 局部观察 主要观察宠物各部位的病变情况,如皮肤、黏膜、眼、耳、鼻、口、舌、头颈、胸廓、腹部、肌肉、骨骼及关节外形等,体表有无隆凸、陷凹,胸腹部肢体是否对称等,结合触诊观察有无外伤、局部炎症、疥癣及外寄生虫等;可视黏膜的色泽,分泌物的性质、数量等。

(三) 视诊的注意事项

(1)对初来门诊的宠物,应让其稍经休息,待其呼吸、心跳平稳,适应新的环境后再进行检查。

(2)视诊收集的症状要客观全面,不要单纯根据视诊所见症状确立诊断,还要结合其他方法检查的结果,进行综合分析与判断。

(3)视诊时,一般先不要太靠近宠物,原则上对宠物不实施保定,以免惊扰宠物,尽可能在宠物自然的状态下进行检查。

(4)视诊简单易行,适用范围广,常能提供重要的诊断资料和线索,有时仅用视诊就可明确诊断一些疾病,如破伤风。

(5)只有将视诊与其他检查方法紧密结合，将局部症状与全身表现结合，才能发现并确定具有重要诊断意义的临床征象。

三、触诊

触诊就是用手指、手掌及拳头，直接触摸宠物患病组织和器官进行检查。在问诊与视诊的基础上，重点触摸可疑的部位和器官。

(一)触诊的方法

根据检查所用的方法和检查部位的不同，触诊可分为浅部触诊和深部触诊。

1. 浅部触诊法

(1)按压触诊法：在宠物诊疗中最为常用。触诊时，将手放在被检部位上，先在患病部位周围轻轻滑动，逐渐接触患病部位，随后加大压力，以感觉内容物的性状和敏感性。主要用于检查宠物体表及肌肉等组织的敏感性和胃肠内容物的性状。触诊时手脑并用，边触边加以分析(图 1-4、图 1-5)。

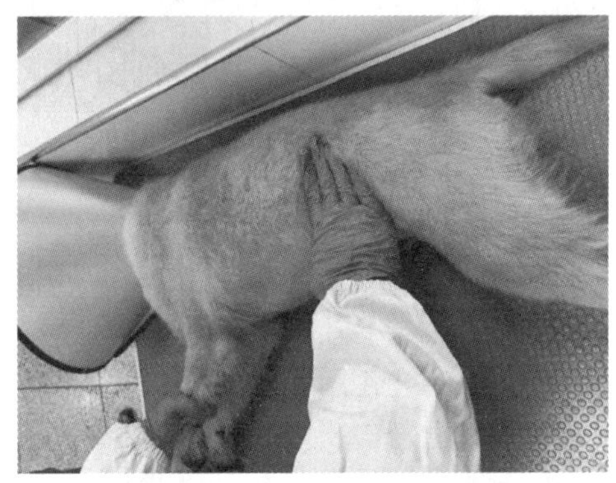

图 1-4　按压触诊

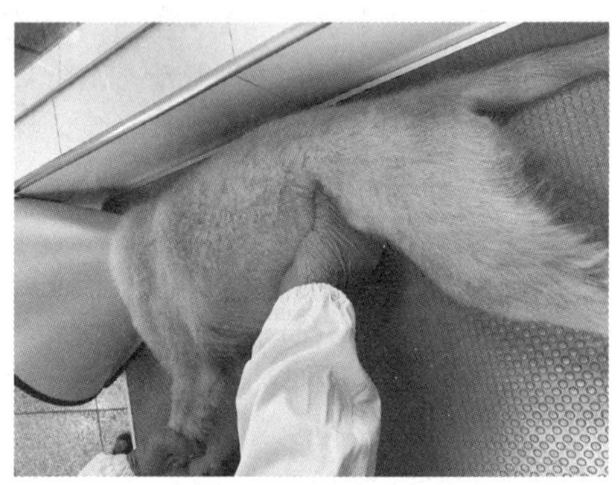

图 1-5　触诊

(2)手掌触诊法：用手掌轻轻抚摸宠物体表，感知宠物的体表温度和湿度。

2. 深部触诊法　深部触诊法用于检查宠物的内脏器官，多用于腹腔、盆腔脏器的检查，触摸器官的部位、大小及有无异常肿块等。深部触诊、腔管探诊、直肠指检时，须予镇静剂或安全保定之后方可进行，具体操作方法基本与浅部触诊相同。如尿结石可以在下腹部摸到膀胱增大。

(二)触诊的应用范围

(1)宠物的体表状态(温度、湿度、皮肤弹性)。

(2)宠物内脏器官的状态(心脏搏动、胃肠内容物及其性状)。

(3)根据宠物的反应来判断其敏感性。

(4)皮肤肿胀的性质。

(三)触感

1. 捏粉感　感觉稍柔软，如压生面团，指压留痕，除去压迫后慢慢复平，常见于皮下水肿。

2. 波动感　感觉柔软而有弹性，指压不留痕，间歇性压迫时有波动感，常见于血肿、脓肿和淋巴外渗。

3. 坚实感　感觉坚实致密，硬度如肌肉或肝脏，常见于蜂窝织炎、组织增生。

4. 硬固感　感觉组织坚硬如骨，常见于骨瘤、膀胱结石。

5. 气肿感　感觉柔软而有弹性，并随触压而有气体向邻近组织的窜动感，同时可听到捻发音，常见于皮下气肿、气肿疽。

(四)触诊的注意事项

触诊的应用比较广泛，宠物体表的温度、局部的炎症、肿胀的性质，心脏的搏动以及肌肉、肌腱、骨骼和关节的异常等，都可以通过触诊来检查。在触诊时要注意以下几个方面。

(1)触诊时应注意安全，必要时应对宠物进行保定。特别是宠物因外伤而骨折，触诊时要防止宠

物因疼痛而表现出攻击行为。

(2)应从前往后、自下而上地边抚摸边接近宠物的待检部位,切忌直接突然接触。

(3)检查某部位的敏感性时,应先健区后患病部位,先远后近,先轻后重,并注意与对应部位或健区进行比较;触诊时,从前往后,先上后下,先周围后中心,先浅后深。

(4)检查者在进行触诊时,应保持注意力高度集中,采取正确的体位。应尽量使被检宠物保持自然状态,以横卧姿势为宜。

(5)触诊时用力的大小应根据病变部位的性质、深度而定:病变浅在或疼痛剧烈的,用力小一些;反之,用力可大一些,先轻后重。

(6)触诊时要先遮住宠物的眼睛,不要使用能引起宠物疼痛或妨碍宠物表现反应动作的保定法。

四、叩诊

宠物的器官、组织具有不同程度的弹性,当叩击时会产生不同性质的声音。叩诊是指通过叩击宠物体表所产生声音的性质,以推断组织或深部器官有无病理变化的一种检查方法。叩诊还可以作为一种刺激,来判断所叩击部位的敏感性。叩诊和听诊方法相结合对宠物某些器官疾病,特别是呼吸器官疾病的诊断具有重要意义。

(一)叩诊的应用范围

(1)检查宠物体腔(如胸腔、腹腔、头窦)等,以判断其内容物性状(气体、液体或固体)。

(2)根据叩击体壁而引起相应内部器官的振动,检查含气器官(如肺脏、胃、肠)的含气量及所提示的病理变化。

(3)根据叩击音的性质推断某一器官(含气或实质)的位置、大小、形状及其与周围组织的关系。

(4)根据叩击时宠物的反应来判断其敏感性。

(二)叩诊的方法

1. 直接叩诊法 用一根或数根并拢、屈曲的手指或叩诊锤叩击宠物体表的一定部位。直接叩诊法因产生的叩击音小而不易辨别,应用有限。

2. 间接叩诊法

(1)指指叩诊法(图 1-6):以左手中指末梢两指节紧贴于被检部位,其余手指稍微抬起,勿与体表接触;右手各指自然弯曲,以中指的指端垂直叩击左手中指第二指节背面。叩击时应以掌指关节及腕关节用力为主,叩击要灵活而富有弹性,右手中指不要停留在左手中指指背上。对每一叩诊部位应连续叩击 2～3 下,用力要均匀,使产生的叩击音基本一致,同时在相应部位左右对比以便正确判断叩击音的变化。

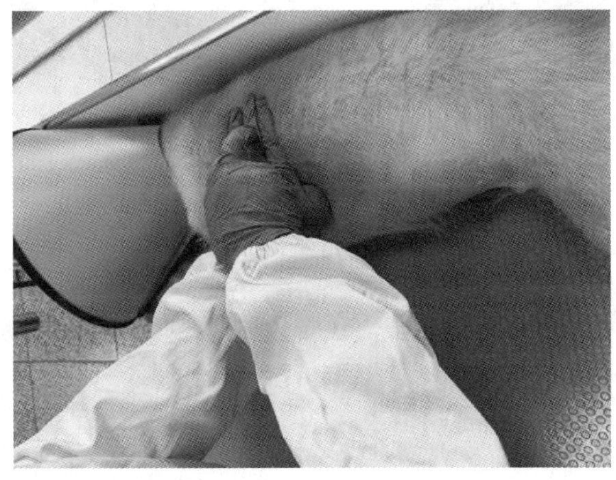

图 1-6 指指叩诊法

(2)锤板叩诊法:使用专用的叩诊锤、叩诊板。操作时,以左手持叩诊板,将其紧密地放置于被检查部位上,以右手持叩诊锤,以腕关节做轴而上下摆动,使叩诊锤垂直地向叩诊板上连续叩击 2～3

下，以分辨其产生的声音。

(三) 叩诊音

由于被叩诊的部位及其周围组织器官的弹性、含气量不同，叩诊时常可呈现不同的叩击音。

(1)清音：音延长、宏大、音调低、清朗，叩击正常的肺组织时为清音。

(2)鼓音：音强、持续时间长、音调低或高，正常情况下可见于胃泡区和腹部，病理情况下可见于肺内空洞、气胸等。

(3)过清音：介于清音与鼓音之间的一种声音。过清音一般正常时不易听到，只有在敲打含气量过多而弹性减弱的组织，如肺气肿的肺组织边缘部位才能听到。

(4)浊音：音弱、短，音调高，主要是在叩诊实质脏器时发出的，如心脏、肝脏、脾脏，厚层的肌肉等。

(5)半浊音：介于清音与浊音之间的一种过渡声音，叩击肺边缘时可出现该音。

(四) 叩诊的注意事项

(1)叩诊必须在安静的环境中进行。

(2)叩诊时用力要均匀，不可过重以免引起局部疼痛和不适。叩诊的动作要短促、急速而有弹性。

(3)每次叩 2～3 下，间隔时间要相等，力量大小一致，叩在同一点上。叩诊胸部时，注意叩诊板不要横放在两肋骨之间。

(4)如在叩击部位产生与其相应部位不符的异常声音，要注意与邻近部位及对侧部位进行比较。

五、听诊

听诊是指借助听诊器或用耳来听取宠物体内脏器运动时发出的声音，以判定有无异常变化的一种检查方法(图 1-7、图 1-8)。

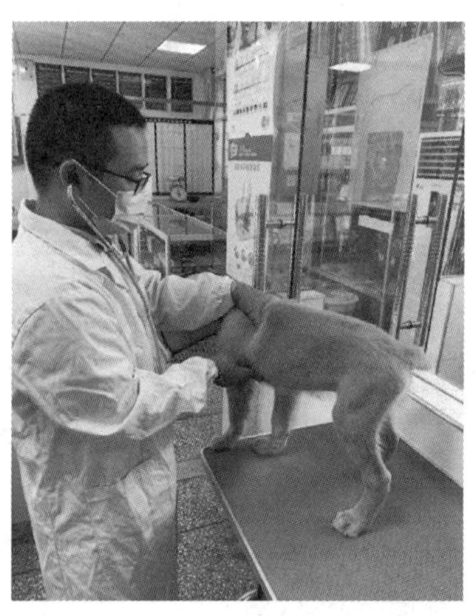

图 1-7 听诊心音

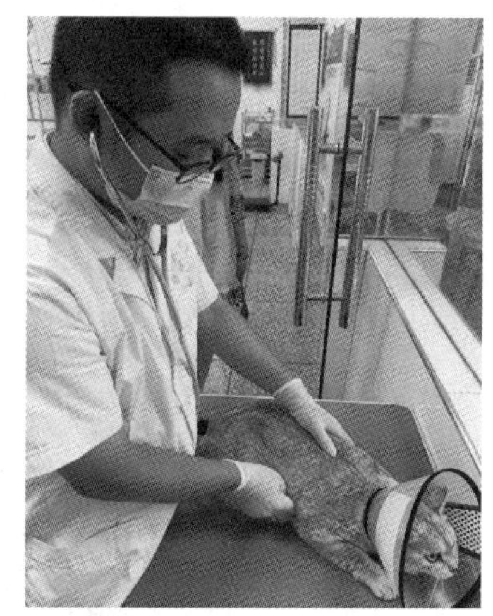

图 1-8 听诊呼吸音

(一) 听诊主要内容

(1)对心血管系统，主要听取心脏及大血管的声音，尤其是心音。判断心音的频率、强度、性质、节律以及是否存在心脏杂音。

(2)对呼吸系统，主要听取呼吸音以及肺泡呼吸音、附加的呼吸杂音和胸膜的病理性杂音。

(3)对消化系统，主要听取胃肠的蠕动音，判定胃肠蠕动的频率、强度和性质。

(二) 听诊的方法

1. 直接听诊法 通常在保定宠物的情况下进行，不用任何器械，在宠物体表垫上一块听诊布，然后将耳直接贴于宠物体表的相应部位进行听诊。直接听诊法简单，听取的声音真实。但声音往往较小，而且听诊时操作不太方便，临床上用得少。

2. 间接听诊法 间接听诊法指借助听诊器进行听诊，在实践中普遍采用。

（三）听诊的注意事项

(1)听诊必须在安静的环境中进行，一般以室内为宜。在野外则应选择在避风、无外来噪声干扰的地方进行。

(2)使用前要检查听诊器，注意部件有无缺损、胶管有无阻塞，以免影响听诊效果。

(3)听诊时，注意力要集中，仔细分辨声响的性质，并要将宠物被毛摩擦、肌肉震颤、咀嚼、吞咽等产生的声响与所听取的器官活动音区别开来。

(4)听诊时，要避免听诊器的胶管与宠物的被毛、检查人员的衣服和手臂产生摩擦。

六、嗅诊

嗅诊是用嗅觉发现、辨别宠物呼出的气体、口腔中的气体、排泄物及病理性分泌物的气味的一种检查方法。

（一）嗅诊的主要内容

1. 嗅诊的方法 用手掌将气味扇到自己鼻前来嗅闻。

2. 常见异常气味的临床意义 呼出的气体有特殊腐败性臭味时，提示呼吸道及肺脏有坏疽性病变。健康宠物的口腔一般无异常气味，或仅有饲料等食物的气味。口中出气臭秽，有腐败味，多见于咽喉发炎、牙周溢脓、口腔溃疡、龋齿的龋洞中有食物残渣发酵等。此外消化性溃疡的宠物有时也会出现这种气味。口腔呼出的气味有酸臭味，多见于进食过多引起的消化不良，表示胃中有积食。具有腐败性臭味的粪便见于消化不良或胰腺功能不良者；腥臭味粪便见于细菌性痢疾；肝腥味粪便见于阿米巴性痢疾。尿呈浓烈氨味见于膀胱炎，是由尿液在膀胱内被细菌发酵所致。

（二）嗅诊的注意事项

(1)临床中嗅诊可迅速提供具有重要意义的诊断线索，一旦发现有异常气味，必须深入检查。

(2)嗅诊只对某些疾病具有诊断意义。

(3)嗅诊一般需结合其他检查才能做出正确的诊断。

任务二 临床检查的程序

扫码看课件

在疾病的诊断过程中，按照一定的顺序，有目的、有系统地对病宠进行全面检查，可避免遗漏主要症状，防止误诊，从而获得完整的病史及症状资料。临床检查的顺序一般为病宠登记、病史调查(问诊)、现症检查(包括一般检查、系统检查、实验室检查和特殊检查)、建立诊断、病历记录。

一、病宠登记

将病宠的个体特征逐项登记在病历表上，便于识别宠物，并为诊断、预后及治疗提供参考。通过

病宠登记建立档案也能为以后的诊疗和科研工作提供资料。

（一）病宠登记的主要内容

1. 宠物主人　即宠物的主人或饲养人员的姓名，为了便于联系和回访，还应登记住址和联系方式。

2. 宠物种类　宠物的种类不同，所发生的疾病类型、病程和转归也不同。如只有犬会感染犬瘟热而其他动物不会感染；某种动物对某些毒物有特异的敏感性（如猫对苯酚敏感）。

3. 品种　宠物品种不同，对疾病的感受性和抵抗力也不一样。一般情况下，本地犬、猫的抗病力比引进的新品种要强。

4. 性别　由于公母的解剖生理特点不同，在某些疾病的发生上具有一定的差异。如公猫尿道呈"7"字形，尿道易阻塞；母畜在妊娠期及分娩前后的特定生理阶段常会出现一些相关疾病（如母犬产后低血钙等）；母犬未绝育易患子宫蓄脓。

5. 年龄　不同年龄的宠物对疾病的抵抗力和感受性不同。如幼龄宠物易患传染病与寄生虫病，老年宠物容易得肿瘤性疾病。不同的年龄、发育状态在确定用药量、判断预后等方面也有参考价值。

6. 免疫、驱虫情况　新购进的幼龄宠物易感染病毒、寄生虫，一定要了解宠物的免疫、驱虫情况，如犬瘟热、犬细小病毒病、犬冠状病毒病、猫瘟、猫疱疹病毒病、猫杯状病毒病、蛔虫病等。

（二）登记注意事项

（1）登记病宠的信息时要准确完整，不能空缺。

（2）当有些信息病宠的主人不能提供时，根据病宠的情况完善。

二、病史调查（问诊）

通常在病宠登记后就进行问诊，主要包括现病史、既往史和生活史。在此基础上综合分析，寻找具有诊断价值的指标。

问诊的具体内容和注意事项详见问诊章节。

三、现症检查

现症检查通常按照一般检查、系统检查、实验室检查及特殊检查的顺序进行。

（一）一般检查

一般检查包括以下五个内容。

（1）整体状态的检查。

（2）被毛及皮肤的检查。

（3）可视黏膜的检查。

（4）浅表淋巴结的检查。

（5）体温、脉搏及呼吸数的测定。

（二）系统检查

系统检查即对各器官系统的检查。根据病史调查及一般检查获得的线索，可以确定某一器官系统作为检查的重点。系统检查主要包括以下五个内容。

（1）心血管系统的检查。

（2）呼吸系统的检查。

（3）消化系统的检查。

（4）泌尿生殖系统的检查。

（5）神经系统的检查。

（三）实验室检查

实验室检查是运用物理学、化学和生物学等的实验技术和方法，对宠物的血液、尿液、粪便、体液、组织细胞及病理产物，在实验室特定的设备与条件下，测定其物理性状，分析其化学成分，以获得反映机体功能状态、病理变化或病因的客观资料。

（四）特殊检查

经一般检查、系统检查及实验室检查后，从宠物的实际情况出发，当根据已获得的资料和症状还不足以做出明确的诊断时，就需要拟定必要的特殊检查方案，进一步选择并实施某些辅助或特殊的检查项目。特殊检查主要包括 X 线检查、B 型超声检查、CT 检查、磁共振检查和内镜检查等。

（五）检查的注意事项

(1)检查一定要按程序进行，不能遗漏。

(2)检查时尽可能有目的地去检查，掌握宠物主人为什么带宠物来看病，以解决问题为导向进行检查，善于观察与发现，同时采用排除法进行诊断。

四、病历记录

病历是对病宠登记、病史调查(问诊)及现症检查全部资料的客观书面记载。病历记录既是诊疗部门的法定文件，又是宝贵的原始技术资料。病历对总结经验，积累科学资料，指导生产、教学与科研都具有重要意义。

（一）病历记录的内容

(1)宠物的登记事项。

(2)主诉及问诊资料，有关病史、饲养管理、环境条件等。

(3)临床检查的全部内容，应按检查顺序和系统详细填写。

(4)病程日志。逐日记录病宠的体温、脉搏、呼吸数、病情变化、治疗方法及护理等。

(5)总结：概括全部诊断和治疗的结果，对饲养和管理提出要求或建议，总结经验和教训。

病历记录表如表 1-1 所示。

表 1-1 病历记录表

<table>
<tr><td>主人姓名</td><td></td><td>地址</td><td colspan="5"></td><td>电话</td><td></td></tr>
<tr><td>种类</td><td></td><td>宠物名</td><td></td><td>品种</td><td></td><td>体重</td><td>kg</td><td>颜色</td><td></td></tr>
<tr><td>年龄</td><td></td><td>性别</td><td></td><td>免疫</td><td></td><td>驱虫</td><td></td><td>绝育情况</td><td></td></tr>
<tr><td>初步诊断</td><td colspan="7"></td><td>检查日期</td><td>年 月 日</td></tr>
<tr><td colspan="10">主诉：</td></tr>
<tr><td>临床检查</td><td colspan="9"></td></tr>
<tr><td>实验室诊断</td><td colspan="9"></td></tr>
<tr><td>诊断结论</td><td colspan="7"></td><td>主治医师签名</td><td></td></tr>
<tr><td>治疗方案</td><td colspan="9">主治医师签名： 责任助理签名：</td></tr>
</table>

（二）病史记录的注意事项

（1）注意资料的完整性。将问诊及现症检查（包括实验室检查及特殊检查）的结果全面、详细记入病历记录表中。

（2）按器官系统有条理地记录，对各种症状表现应用专业术语加以客观的描述，力求真实、具体准确，按主次症状，分系统顺序记载，避免凌乱和遗漏。

（3）注意取材的准确性。如实记录病理变化，做到形容和描述确切。记录用词要通俗、简明，字迹清楚。

（4）对疑难病例，不能立即确诊时，可先填写初步诊断，待确诊后再填最后诊断。

案例分享

学习情境二　一般临床检查

扫码看课件

任务一　整体状态观察

学习目标

【知识目标】

1. 掌握动物整体状况检查的检查项目、检查方法、检查内容。
2. 掌握动物整体状况的病理变化和临床意义。

【技能目标】

能够完成宠物整体状况的初步检查，得出检查结果。

【思政与素质目标】

1. 养成爱护动物的职业素养。
2. 养成严谨、认真、规范的职业态度。

系统关键词

体格发育，营养状况，精神状态，姿势、运动及行为表现。

体格发育

任务准备

健康犬、猫的骨骼及肌肉发育良好，与年龄和品种相称。若躯体发育与年龄、品种不相称，或头、颈、躯干及四肢各部的比例不当，则为发育不良。

任务实施

体格发育的评估主要根据骨骼的发育程度及躯体的结构。必要时应测量体长、体高、胸围等。

幼龄犬、猫患佝偻病时，表现为体格矮小，并且躯体结构呈明显改变，包括头大颈短、关节粗大、肢体弯曲(前肢“O”形)或脊柱凹凸等特征性状。

精神状态检查

任务准备

精神状态(mental state)或意识(consciousness)是指动物对外界刺激的反应能力及其行为表现。它是大脑功能活动的综合表现，即动物对环境的知觉状态。

健康犬因其大脑的兴奋和抑制保持着动态平衡，对外界的反应灵敏，表现为头耳灵活，目光明亮有神，经常注意外界，反应迅速，行动敏捷，活泼好动，亲近主人(图 2-1)。而在疾病过程中犬常因致病因素等使大脑功能发生障碍，兴奋和抑制失去平衡，出现精神兴奋或抑制的表现。

图 2-1 健康犬

精神兴奋是大脑皮质兴奋性增高的表现。此时，病犬易惊恐，对轻微的刺激即发生强烈的反应。过度兴奋时，病犬活动性增强，狂躁不安，狂吠乱咬，有攻击行为。

精神沉郁是大脑皮质抑制过程占优势的表现，有沉郁、昏睡和昏迷之分。沉郁是大脑皮质轻度抑制的表现，表现为病犬头低垂、眼半闭、无精打采、呆立不动、不注意周围事物、反应迟钝、躲在角落、不听呼唤。

昏睡是大脑皮质功能中度抑制的表现，病犬常陷入沉睡状态，对一般刺激无反应，强刺激可使之觉醒，但反应极为迟钝，并很快又陷入昏睡状态。

昏迷是大脑皮质功能高度抑制的表现。病犬常倒地，昏迷不醒，意识完全丧失，各种反射消失，强烈刺激亦无反应。心脏活动节律不齐，呼吸节律不整，甚至瞳孔散大，粪、尿失禁。

此外，犬有时还发生昏厥(或称晕厥)现象，表现为意识丧失，但与昏迷不同。昏厥是一种突然发生而为时短暂的意识丧失，常与心排血量锐减或血压突然下降引起大脑一时性供血不足有关。昏厥的发作过程很短，数秒至数分钟即可完全恢复，而昏迷持续时间长，往往预后不良。

任务实施

犬的精神状态检查主要是检查其神态、行为、面部表情和眼、耳的灵活性。

精神兴奋常见于脑炎、狂犬病及某些中毒病等。如啃咬自身或物体，甚至有攻击行为时，应注意狂犬病(图 2-2)。

图 2-2　精神狂暴，有攻击行为的犬

精神沉郁是由脑组织受毒素作用、一定程度的缺氧、发热或血糖过低等因素所致，常见于许多传染病、胃肠炎和一些中毒病(图 2-3)。

图 2-3　精神沉郁，对外界刺激反应迟钝的犬

昏睡常见于脑炎和颅内压增高等。

昏迷多发生于严重的脑病和尿毒症等病危情况。

昏厥常见于急性心功能不全、大失血、主动脉瓣关闭不全等。

营养状态检查

任务准备

1. 检查内容　营养状态检查临床上称营养状况评估或体况评估，是整体状态检查的重要内容。营养程度一般可根据肌肉的丰满度，特别是皮下脂肪的蓄积量判定，被毛的状态和光泽也可作为参考。临床上一般将营养程度划分为四级：营养良好、营养中等、营养不良、营养过剩。

(1)营养良好：营养良好的犬、猫，轮廓丰圆，肌肉丰满、结构匀称，骨不显露，被毛有光泽，精神旺盛，肌肉坚实，体格健壮(图 2-4)。

(2)营养不良：营养不良的犬、猫，表现消瘦，皮肤缺乏弹性，被毛长而粗糙、缺乏光泽，骨骼表露(图 2-5)。

(3)营养中等：介于营养不良与营养良好之间的状态。

(4)营养过剩：在犬、猫比较常见，持续肥胖往往并发糖尿病、肝胆疾病(脂肪肝)及循环障碍(图 2-6)。

为便于表述、提高效率，在病历记录中一般用体况评分(BCS)来表示营养状态。BCS 是一种用分值来评价宠物营养程度的方法。常用的 BCS 系统有 5 分制和 9 分制，因此在报告时应使用分数形式表明所采用的分制，如 3/5、7/9。

图 2-4 营养良好的犬

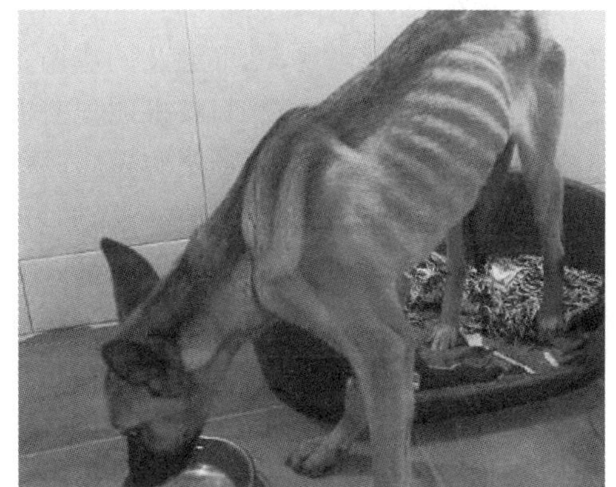

图 2-5 营养不良的犬

2. 评分标准 犬和猫的评分标准稍有不同。得分越高，表示宠物越肥胖。BCS 1 分表示最瘦，满分意味着最胖，及格线(3/5、5/9)是最理想的身材。

图 2-6 营养过剩的犬

犬体况评分(1～9 分)(图 2-7)：

1 分：从一定距离观察，可看到肋骨、腰椎、骨盆骨，所有骨骼突起明显；无可视脂肪存在，肌肉量明显缺少。

2 分：容易看到肋骨、腰椎和骨盆骨，无可触及的脂肪；其他骨骼有一些突起。

3 分：肋骨容易触及且可视，无可触及的脂肪；腰椎上部可视，骨盆骨突起；腰部和腹部皱褶明显。

4 分：肋骨容易触及，少量脂肪覆盖；从上观察容易看出腰部；腹部皱褶明显。

5 分：肋骨可触及且无过多脂肪覆盖；从上观察容易看出腰部；侧面观察腹部收起。

6 分：肋骨可触及，脂肪覆盖轻度过多；从上观察可辨出腰部，但不显著；腹部皱褶可见。

7 分：肋骨触及困难，覆盖脂肪过多；腰区和尾根脂肪沉积明显，腰部不可见或勉强可视；腹部皱褶可能看得见。

8 分：肋骨由于覆盖过多脂肪无法触及，或施加一定压力可触及；腰部和尾根脂肪沉积过多，腰部不可见；无腹部皱褶，腹部可能出现明显膨大。

9 分：胸部、脊柱和尾根脂肪过度沉积；腰部和腹部皱褶缺失；颈部和四肢脂肪沉积；腹部明显膨大。

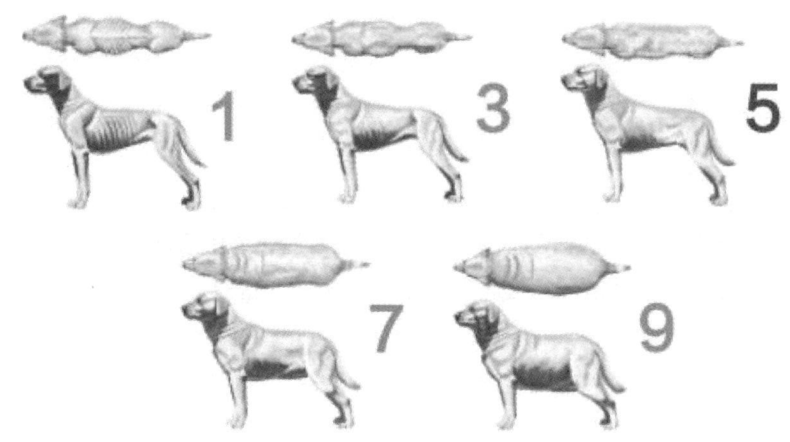

图 2-7 犬体况评分

猫体况评分(1～9 分)(图 2-8)：

1 分：短毛猫肋骨可视，无可触及的脂肪；腹部皱褶极多；腰椎容易触及。

2 分：短毛猫肋骨容易看到；腰椎明显且有少量肌肉；腹部皱褶明显，无可触及的脂肪。

3 分：肋骨容易触及，有少量脂肪覆盖；腰椎明显；肋弓后腰部明显；腹部少量脂肪。

4 分：肋骨可触及，有少量脂肪覆盖；肋弓后腰部明显；腹部少量皱褶，无腹部脂肪垫。

5 分：体形匀称，可观察到肋弓后腰部，肋弓触及有轻度脂肪覆盖，腹部少量脂肪。

6 分：肋骨触及有轻度过多脂肪覆盖；腰部和腹部脂肪垫可辨但不明显；腹部皱褶缺失。

7 分：肋骨不容易触及，有中度脂肪覆盖；腰部不易辨认；腹部明显变圆，腹部脂肪垫中度。

8 分：肋骨由于过度脂肪覆盖而不能触及；腰部不可见；腹部明显变圆，且有明显的脂肪垫；腰部出现脂肪沉积。

9 分：肋骨无法触及，覆盖大量脂肪；腰部、面部和四肢脂肪大量沉积；腹部膨大，无法看到腰部；腹部脂肪过度沉积。

图 2-8　猫体况评分

BCS 表如表 2-1 所示。

表 2-1　BCS 表

<table>
<tr><th colspan="4">犬、猫 BCS 简明判断表</th></tr>
<tr><th colspan="2">5 分</th><th colspan="2">9 分</th></tr>
<tr><td>非常瘦</td><td>1/5</td><td>1/9</td><td>极度消瘦</td></tr>
<tr><td rowspan="3">体重偏低</td><td rowspan="3">2/5</td><td>2/9</td><td>非常瘦</td></tr>
<tr><td>3/9</td><td>消瘦</td></tr>
<tr><td>4/9</td><td>体重偏低</td></tr>
<tr><td>理想</td><td>3/5</td><td>5/9</td><td>理想</td></tr>
<tr><td rowspan="3">体重过重</td><td rowspan="3">4/5</td><td>6/9</td><td>体重偏重</td></tr>
<tr><td>7/9</td><td>体重过重</td></tr>
<tr><td>8/9</td><td>肥胖</td></tr>
<tr><td>肥胖</td><td>5/5</td><td>9/9</td><td>极度肥胖</td></tr>
</table>

任务实施

评估时主要采用视诊和触诊，应重点检查以下部位：

①骨骼：包括肋骨、脊柱和髋骨。视诊检查骨骼是否显露，触摸棱角是否突出。

②皮下脂肪和肌肉：主要触诊肩部、肋骨部和脊柱部位，感知脂肪厚度及肌肉厚实程度。

③腰部和腹部轮廓：视诊检查腰部轮廓是否显著，腹围大小、腹部皮肤皱褶是否可见。

病宠短期内急剧消瘦，应考虑可能患有急性热性病或急性胃肠炎、频繁下痢而致大量失水。如病程发展缓慢，则多提示为慢性消耗性疾病（主要为慢性传染病、寄生虫病、长期的消化紊乱或代谢障碍性疾病等）。此外，幼龄宠物的消瘦，应注意营养不良、贫血、佝偻病、体内寄生虫病、维生素 A 缺乏症以及其他营养、代谢紊乱性疾病等。高度的营养不良称恶病质，可由胃肠疾病、胰和肝的疾病及其他疾病所引起，是判断预后不良的一个重要指征。营养过剩，见于饲养水平过高（高糖类及高脂肪食物）、运动不足引起的外源性肥胖（单纯性肥胖、食物性肥胖）或内分泌性肥胖（甲状腺功能减退、肾上腺皮质功能亢进、性腺功能障碍）等，如种用宠物过胖则会影响其繁殖能力。

姿势与步态检查

任务准备

姿势（posture）是指动物在相对静止或运动过程中的空间位置。健康动物都有其特有的姿势与行为，表现自然、动作灵活而协调。在病理状态下，动物站立和躺卧时分别表现出一些异常的姿势。

1. 异常静止姿势

（1）强迫站立：患有某些疾病的动物，躯体被迫保持一定的站立姿势。如典型木马样姿势，动物表现为头颈平伸、肢体僵硬、四肢关节不能弯曲、尾根挺起、鼻孔张开、瞬膜露出、牙关紧闭等。

（2）不自然的站立姿势：动物患有四肢疼痛性疾病时，站立时呈现不自然的姿势，如单肢疼痛不能负重或提起；多肢的蹄部（指/趾部）剧痛（如犬的趾间脓肿）时则表现为四肢集于腹下而站立；两前肢疼痛则两后肢极力前伸（前踏姿势），两后肢疼痛则两前肢极力后送（后踏姿势）以减轻病肢的负重，或四肢常频频交替负重。

（3）站立不稳：呈躯体歪斜、四肢叉开或依靠墙壁等支撑物而站立的特有姿态。

（4）强迫躺卧：当驱赶和吆喝时动物仍卧地不起，不能自然站立的状态。中小动物即使人工辅助站起，也不能正常站立。

2. 运动异常　运动异常指动物运动的方向性和协调性发生改变，临床上常见的运动异常有以下几种。

（1）运动失调（共济失调）：肌肉的收缩力量正常，运动时肌群动作相互不协调，导致动物在运动时步态异常。有的动物表现为行走时重心不稳，步态紊乱，似醉酒状，见于小脑、前庭神经损伤性疾病（图 2-9）。有的主要表现为步态不稳，举肢过高，踏地过重，呈涉水样步态，见于各种原因导致的大脑、小脑和脊髓的损伤。

图 2-9　运动时肌群动作相互不协调，表现为行走时重心不稳，步态紊乱，似醉酒状

（2）强迫运动：动物不受意识支配和外界环境影响而出现的不随意运动。临床上常见以下强迫运动：①盲目运动，指动物无目的地前进，对外界事物没有反应，遇到障碍物时停止前进或头顶住不

动而长期站立，见于脑炎初期。②转圈运动，动物常按一定的方向无目的地转圈。常见于一侧脑组织损伤，如脑肿瘤压迫。

(3)跛行：动物躯干或肢蹄发生结构或功能性障碍引起的姿势或步态异常的总称。大多数情况下，跛行常由疼痛引起，但不是一种疾病，而是疼痛、乏力、畸形或机体肌肉骨骼系统发生病变的标志。

(4)瘫痪(运动麻痹)：由于神经功能发生障碍，身体的一部分完全或不完全丧失运动的能力。

(5)痉挛(又称抽搐或惊厥)：横纹肌的不随意收缩，是神经-肌肉疾病的一种病理现象，通常与大脑皮质遭受刺激，脑干或基底神经受到损伤有关。临床上分为阵发性痉挛和强直性痉挛两种情况。

任务实施

通过视诊，观察动物站立和躺卧时的姿势。

病理状态下动物所表现出的反常状态常由中枢神经系统功能失常，骨骼、肌肉或内脏器官的病痛及外周神经的麻痹等原因引起。

站立异常可见于胸腹膜炎，动物因胸腹壁疼痛以及胸腔积液和肺脏的压迫，导致呼吸困难，常持久站立。犬、猫患破伤风或士的宁中毒时常表现出木马姿势，肢体的骨骼、关节或肌肉的疼痛性疾病(如骨软化症、风湿症等)及泌尿系统的疼痛性疾病常导致站立困难。除病重者外，中枢神经系统疾病，特别是当病害侵袭小脑时都会使动物平衡失调，站立不稳。

强迫躺卧常见于：①四肢的骨骼、关节、肌肉的疼痛性疾病，如骨折、关节脱位、骨软化症、风湿病等，病宠多呈强迫卧位姿势。经驱赶或由人抬助而可勉强站起，但站立后可见因肢体疼痛而站立困难或伴有全身肌肉的震颤；②某些营养代谢性疾病，如产前、产后发生多提示低血钙、低血糖，也可见于严重的佝偻病、骨软化症及某些微量元素缺乏症等；③脑、脑膜的疾病或某些严重中毒病的后期，多呈昏迷状态；④脊髓横断性疾病，如脊髓挫伤、犬椎间盘突出等，常出现四肢麻痹或瘫痪，甚至粪、尿失禁。

跛行常由直接或间接创伤，肌肉运动不协调、病原体感染，或动物肢体发育不良、结构异常及其他系统的疾病引起。

四肢瘫痪见于脊椎炎、脑炎、肝性脑病、弓形体病、特发性多发性肌炎、特发性神经炎、重症肌无力等；后肢瘫痪见于犬瘟热、椎间盘突出、变形性脊椎炎、脊椎损伤(骨折、挫伤)、血孢子虫病；不特定瘫痪见于脑水肿、脑肿瘤及其他脑损伤。

阵发性痉挛一般提示大脑、小脑、延髓或外周神经损伤，常见的疾病有犬瘟热、有机磷中毒、食盐中毒、幼犬低血糖症、母犬泌乳期惊厥、维生素D缺乏症等；强直性痉挛是由于大脑皮质受到抑制、基底神经节受损或脑干和脊髓的低级运动中枢受刺激所引起，最常见的疾病是破伤风，此外，有机磷中毒程度过深、有机氟中毒和母犬泌乳期严重缺钙等也常表现出强直性痉挛(图2-10)。

图2-10　猫有机氟中毒：强直性痉挛、角弓反张

小提示

对动物进行整体状态检查时，按顺序逐一进行各项目检查，整体状态检查主要运用视诊的检查方法，需注意新来门诊的病宠要稍经休息，等呼吸平稳后再进行检查；检查应在光线充足的场地进行。

视诊的顺序：一般先在离病宠 1.5～2.0 m 处观察其全貌，然后围绕病宠走一圈，从前到后，从左到右，边走边看，如发现异常，可稍靠近畜体，仔细观察。

案例分享

任务二　被毛及皮肤检查

学习目标

【知识目标】

1. 掌握动物被毛与皮肤的检查项目、检查方法、检查内容。
2. 掌握动物被毛与皮肤的病理变化和临床意义。

【技能目标】

能够运用所学知识完成动物被毛与皮肤的基本检查。

【思政与素质目标】

1. 养成保护自己、爱护动物的职业习惯。
2. 养成严谨细致、认真负责的职业态度。

系统关键词

被毛检查、皮肤检查。

被毛检查

任务准备

被毛检查主要检查动物的换毛和脱毛，要区分正常的换毛与疾病引起的脱毛。

犬生理性换毛有 3 种：经常性换毛，即旧毛不断脱落又不断长出新毛；年龄性换毛，指幼犬胎毛脱落，长出新毛；季节性换毛，即于春秋两季换毛。

犬病理性脱毛有两种：原发性脱毛和继发性脱毛。原发性脱毛的特点是脱毛呈弥漫性或泛发性，无痒感和皮损。根据病因原发性脱毛可分为营养代谢障碍性脱毛、中毒性脱毛和内分泌性脱毛。继发性脱毛的特点为有明显的特征性皮损和瘙痒（动物经常摩擦或啃咬周围物体，病变部皮肤出血、结痂或形成龟裂），有皮肤真菌或外寄生虫感染时可检出病原体。

任务实施

被毛检查主要通过视诊进行。对外寄生虫或霉菌等引起的皮肤病所致的脱毛，还可以刮取病料进行显微镜检查(具体方法见学习情境十“皮肤病检验”)。营养和饲养管理良好的健康犬、猫被毛平顺，富有光泽，不易脱落。被毛蓬乱而无光泽、换毛迟缓，常为营养不良的标志，可见于慢性消耗性疾病(如体内寄生虫病、结核病等)及长期的消化紊乱，也可见于某些代谢紊乱性疾病(图 2-11、图 2-12)。

扫码看彩图

扫码看彩图

图 2-11　甲状腺机能减退：掉毛

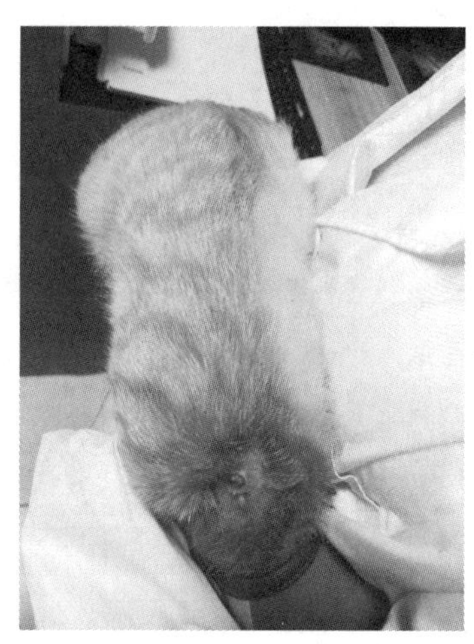

图 2-12　癣病(真菌感染性皮肤病)常见的圆形或椭圆形脱毛斑

在宠物患有疥癣、湿疹、皮肤真菌感染或甲状腺功能减退时，被毛容易脱落。

两侧对称性脱毛，见于甲状腺功能减退、肾上腺功能亢进、垂体功能不全、性腺功能失调等内分泌疾病。

营养代谢障碍性脱毛，见于含硫氨基酸缺乏，微量元素铁、钴、锌、铜、碘等缺乏，维生素 A、维生素 B_{12} 缺乏、脂肪酸缺乏等。

中毒性脱毛，见于汞、钼、硒、铊、铋、甲醛、肝素、香豆素及一些抗肿瘤药(环磷酰胺、甲氨蝶呤)中毒等。

螨病(疥癣)、皮虱、蚤等外寄生虫感染，皮肤的真菌感染(以小孢子菌感染为主，多为圆形癣斑及鳞屑)，脓皮病、急性湿疹性皮炎、变应性皮炎(犬特应性皮炎、饲料疹、接触性皮炎、昆虫叮咬性皮炎)等创伤及皮损(因瘙痒摩擦周围物体所致)都会引起宠物脱毛，可通过外在表现及显微镜检查加以区分。

皮肤检查

皮肤检查，主要包括皮肤的温度、湿度、颜色、弹性、肿胀、气味及有无损伤等。

皮肤温度检查

任务准备

皮肤温度(皮温)升高多由体温升高、皮肤血管扩张、血流加快所引起。

皮温降低是体温过低的标志。

皮温分布不均如末梢厥冷，表现为耳鼻发凉、肢梢冷感。

任务实施

检查时可用手或手背触诊宠物躯干、股内侧等部位来感觉皮温，为确定躯体末梢部位皮温分布的均匀性，可触诊鼻镜、耳根及四肢的末梢部位。全身性皮温升高可见于一切热性病；局限性皮温升高提示局部发炎。皮温降低可见于衰竭症及营养不良、大失血及重度贫血，严重的脑病及中毒等。皮温分布不均如末梢厥冷，见于心力衰竭及大出血、休克时，为重度循环障碍的结果。

皮肤湿度检查

任务准备

皮肤湿度因发汗多少而不同。犬的汗腺不发达，主要分布于蹄球、趾球、鼻端的皮肤等处，犬的皮肤湿度可通过观察鼻端状态检查，正常时鼻端湿润并附有少许水珠。

任务实施

检查时观察鼻端状态。鼻端干燥，多见于体液过度丢失的疾病，如高热性疾病、严重腹泻及代谢紊乱等。严重时可发生龟裂，提示犬瘟热、犬细小病毒感染等。

皮肤颜色检查

任务准备

宠物的白色皮肤部分处颜色的变化容易辨识。白色皮肤的犬、猫（或有白色斑片状被毛和皮肤），其皮色改变可表现为苍白、黄染、发绀、发红（潮红）、有出血斑点、呈灰色或黑色改变、脱色等。

任务实施

主要通过肉眼观察皮肤颜色变化。

①皮肤苍白多为贫血的表现，可见于各型贫血（如猫传染性贫血）。

②皮肤黄染可见于肝病（如实质性肝炎、中毒性肝营养不良、肝变性及肝硬化）、胆道梗阻（如肝片吸虫病、胆道蛔虫病）、溶血性疾病（如新生仔犬黄疸）等。

③皮肤呈蓝紫色称为发绀。轻则以耳尖、鼻盘及四肢末端明显；重者可遍及全身。可见于严重的呼吸器官疾病、重度心力衰竭或多种中毒病，尤以亚硝酸盐中毒时最为明显。此外，中暑时常见显著的发绀。多种疾病的后期均可见全身皮肤明显发绀，甚至全身皮肤重度发绀，常为预后不良的指征。

④皮肤发红（潮红）是充血的结果或发热的表现，见于过敏性皮炎、荨麻疹、疥癣等引起的充血或如犬瘟热等疾病引起的发热。

⑤皮肤上有红色斑点多见于犬瘟热后期，可见下腹部和股内侧皮肤上有米粒大红点、水肿和化脓性丘疹。

⑥皮肤的颜色呈灰色或黑色改变，多由色素沉着引起，见于内分泌失调引起的皮肤疾病、蠕形螨病、慢性皮炎、黑色棘皮症及雄犬雌性化等（图 2-13）。

⑦因阳光刺激发生的光敏症，在鼻端、鼻梁、眼睑等处引起皮炎，鼻端皮肤脱色。

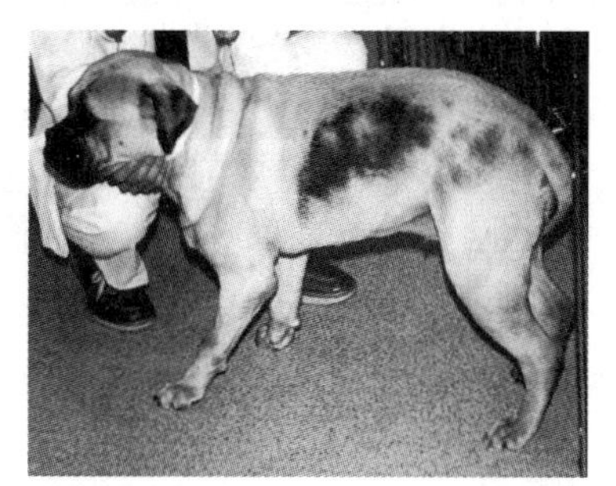

图 2-13 两侧躯干皮肤色素沉着

甲状腺功能减退患犬，躯干两侧皮肤色素沉着

扫码看彩图

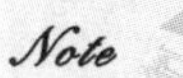

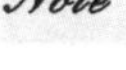

皮肤弹性检查

任务准备

通常可用捏皮试验来判断皮肤的弹性。于背部、颈侧、肩前等部位，用手将皮肤捏成皱褶并轻轻拉起，然后放开，根据皮肤皱褶恢复的速度来判断(图 2-14、图 2-15)。皮肤弹性良好的宠物，拉起、放开后，皱褶很快恢复、平展；如恢复很慢，是皮肤弹性降低的标志。

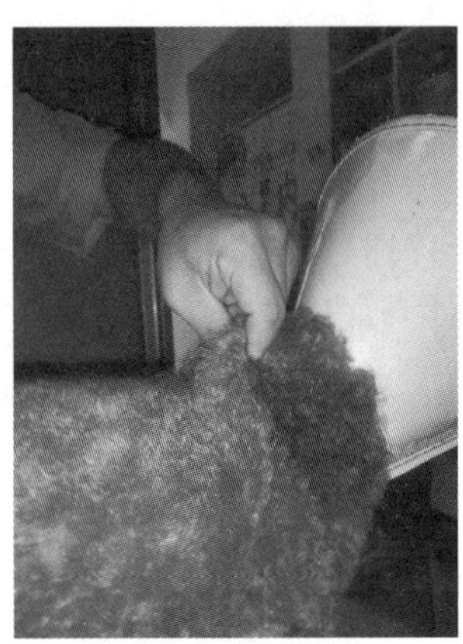

图 2-14　站立时提起背部皮肤检查皮肤弹性

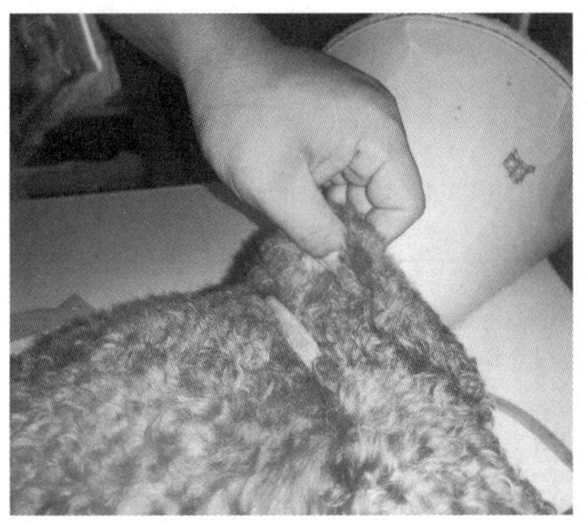

图 2-15　侧卧时提起肩部皮肤检查皮肤弹性

任务实施

皮肤弹性降低可见于机体严重脱水以及慢性皮肤病，如疥癣、湿疹等。该指标常被作为判定脱水的指标之一。

皮肤肿胀检查

任务准备

皮肤肿胀以局部肿胀为主，常见的有水肿、气肿、血肿、脓肿、淋巴外渗及炎性肿胀等。

水肿又称浮肿。依发生原因可分为营养性、肾性及心源性水肿。

气肿常由空气沿气管、食管周围组织窜入皮下，或气体由伤口窜入引起，也可由局部组织腐败产气引起。前者缺乏炎症变化，组织功能无障碍；后者肿胀局部有热、痛，且常伴有皮肤的坏死及较重的全身反应，如发热、精神沉郁等。

血肿指因血管破裂，溢出的血液分离周围组织，形成充满血液的腔洞。

脓肿则是局部组织感染化脓，脓汁积聚导致皮肤肿胀。

淋巴外渗是由于外伤等因素导致局部淋巴管破裂，淋巴蓄积在皮下局部而形成。

炎性肿胀常伴有红、肿、热、痛等特征。

此外，临床上所见到的皮肤肿胀还有疝及体表的局限性肿物，皮肤表层病变最常见的是湿疹、荨麻疹、水疱、脓疱、溃疡、糜烂、痂皮、瘢痕、肿瘤和损伤等。

任务实施

通过肉眼观察动物皮肤是否出现局部肿胀，经由触诊可进一步区分肿胀类型。水肿触诊呈生面

团样硬度且指压后留有指压痕。其中营养性水肿常见于重度贫血，高度的衰竭(低蛋白血症)。肾性水肿多源于肾炎或肾病；心源性水肿则是心力衰竭、末梢循环障碍进而发生淤血的结果。气肿触诊呈捻发音，边缘轮廓不清；常出现在肘后、肩胛、胸侧等处，见于恶性水肿、气肿疽。血肿初期有明显波动感且有弹性，之后则坚实，并有捻发音，肿胀中间有波动，局部温度升高。脓肿开始局部热痛，触之坚实，之后脓肿成熟，触诊有明显的波动感，穿刺抽取内容物可进一步区分。淋巴外渗触诊表现有明显波动感，局部有炎症时可见局部温度升高，穿刺抽取内容物可进一步区分。炎性肿胀可见于炭疽、创伤及化脓菌感染等。

皮肤气味检查

任务准备

正常犬、猫无体臭味。

任务实施

当齿垢和因齿垢引起齿槽脓漏，以及肛门脓肿、胃肠疾病、外耳炎、全身性皮炎等，特别是全身性的脓疱型毛囊炎、湿疹等，可致皮肤渗出脓液，散发恶臭的气味，此时通过嗅诊可以察觉。

小提示

被毛和皮肤检查主要通过视诊和触诊进行。应注意宠物被毛、皮肤、皮下组织的变化以及表在外科病变的有无及特点，检查全身各部皮肤的病变，除头、颈、胸腹侧外，还应仔细检查会阴、乳房甚至趾间等部位。

检查皮肤颜色时，对于本身有色的皮肤，应参照可视黏膜的颜色变化。

老龄宠物的皮肤弹性减退是自然现象，应注意区分。

案例分享

任务三　眼部检查

学习目标

【知识目标】

1. 掌握眼部检查的检查项目、检查方法、检查内容。
2. 掌握动物眼部的病理变化和临床意义。

【技能目标】

能够运用所学知识完成宠物眼部检查。

学习目标

【思政与素质目标】

1. 养成爱护器械、善待动物的职业素养。
2. 养成严格规范、认真负责的职业态度。
3. 养成热爱工作、孜孜以求的工作态度。

系统关键词

眼分泌物检查、结膜检查、眼压检查、泪液检查。

眼分泌物检查

任务准备

眼分泌物一般由结膜杯状细胞分泌,分泌物性质可因结膜炎的病因不同而有所不同。受疾病性质和发展的影响,眼分泌物呈脓性、黏液性或浆液性。

任务实施

眼分泌物检查主要通过视诊直接观察,脓性分泌物多见于淋球菌性结膜炎;黏液脓性或卡他性分泌物多见于细菌性或衣原体性结膜炎,使晨起睁眼困难;浆液性水样分泌物通常见于病毒性结膜炎,初期常为浆液性,随着炎症的发展而转为黏稠脓性。对一些特殊的结膜炎,可以行结膜分泌物的涂片或刮片检查,如嗜酸性粒细胞增多等。犬瘟热后期表现——脓性眼分泌物(眼眵)附着于内、外眼角与上、下眼睑。

结膜检查

任务准备

结膜的颜色取决于黏膜下毛细血管中的血流量及其性质以及血液和淋巴液中胆色素的含量。正常的结膜呈淡红色(图 2-16)。结膜颜色的改变可表现为潮红(发红)、苍白、发绀、黄染和出血点、出血斑等。

扫码看彩图

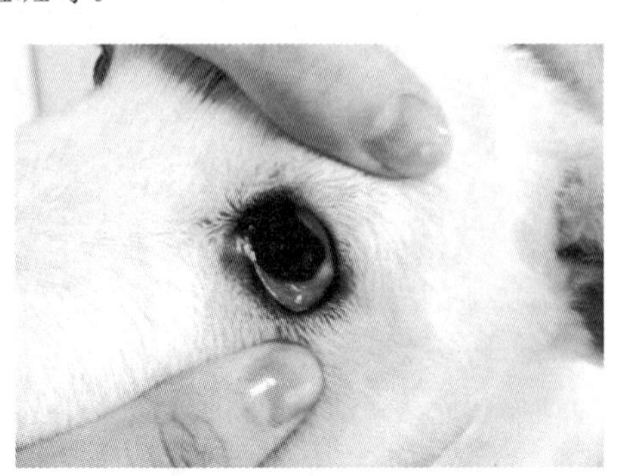

图 2-16　结膜颜色正常

(1)潮红(发红):结膜潮红,是结膜下毛细血管充血的征象,呈鲜红色、暗红色,严重时呈深红色(图 2-17)。检查时注意左右对照,判断潮红是单侧性还是双侧性。

(2)苍白:主要是全身及头部毛细血管的血流量减少或血液成分发生改变的结果,表现为结膜色淡、发白甚至呈灰白色,是各种贫血性疾病的特征。

(3)发绀:即黏膜呈蓝紫色,主要是血液中还原血红蛋白含量增多或形成大量变性蛋白的结果。单纯的严重贫血虽缺氧严重但不出现发绀。

(4)黄染:结膜被黄染,在巩膜处较为明显且易于发现。主要是由机体胆红素代谢障碍,导致血液中胆红素含量增加,沉着在皮肤及黏膜组织上引起(即黄疸),如图 2-18 所示。根据病因可分为以下三类。

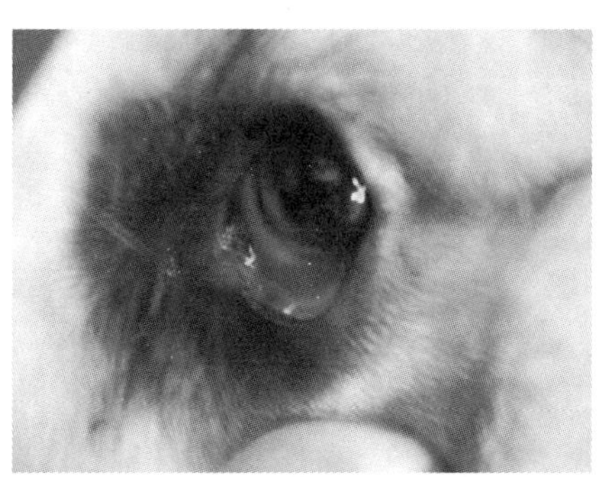

图 2-17 结膜潮红

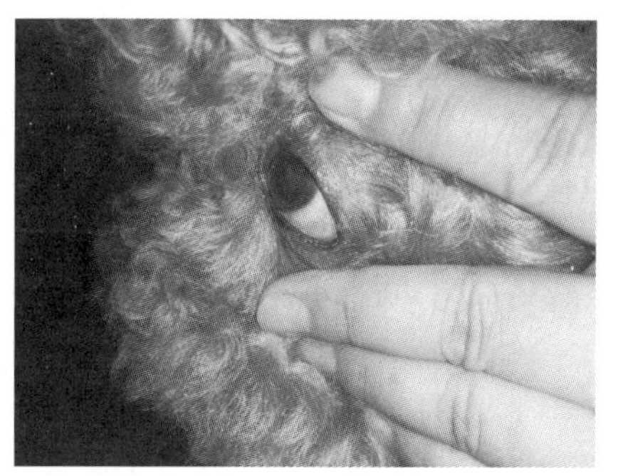

图 2-18 结膜黄染

扫码看彩图

扫码看彩图

①实质性黄疸:因肝实质性病变,肝细胞发炎、变性或坏死,并有毛细胆管的淤滞与破坏,胆色素混入血液或血液中的胆红素增多所致。

②阻塞性黄疸:因胆管被结石、异物、寄生虫所阻塞或被其周围的肿物压迫,引起胆汁的淤滞、胆管破裂,造成胆色素混入血液而发生眼结膜黄染。

③溶血性黄疸:因红细胞被大量破坏,胆色素蓄积、增多而形成的黄疸。

(5)出血点、出血斑:多为点状或小片状出血。

任务实施

结膜检查通常用两手的拇指和食指配合打开上、下眼睑进行。检查结膜时,应在自然光线下进行,避免光线直接照射眼睛。检查时应进行两眼的对照比较,必要时还应与其他可视黏膜进行对照。

结膜单侧发红提示局部血液循环发生障碍,见于外伤、结膜炎、角膜炎等。双侧发红可能是全身性血液循环障碍,见于各种发热性疾病、疼痛性疾病、中毒病等。如病程发展迅速并伴有急性失血的全身及其他器官、系统的相应症状变化,可考虑大创伤、内出血或内脏破裂(如肝、脾破裂)。

结膜苍白如表现为慢性经过的逐渐苍白并有全身营养衰竭的体征,则多为慢性营养不良或消耗性疾病(如衰竭症、慢性传染病或寄生虫病)。由大量红细胞被破坏而形成的溶血性贫血(如焦虫病),则结膜苍白的同时常带有不同程度的黄染。

结膜发绀临床上常见于:①血氧不足(如上呼吸道的高度狭窄、肺炎、肺水肿、胸膜炎);②循环功能不全、血流过缓(淤血)或过少(缺血)(如心力衰竭、创伤性心包炎);③变性血红蛋白增多(如亚硝酸盐中毒)。

实质性黄疸可见于实质性肝炎、肝变性以及引起肝实质发炎、变性的某些传染病及营养代谢性疾病与中毒病。阻塞性黄疸可见于胆结石、肝片吸虫病、胆道蛔虫病等。此外,当小肠黏膜发炎、肿胀时,由于胆管开口被阻,也可有轻度的结膜黄染现象。如犬焦虫病可引起溶血性黄疸。

病毒所致的流行性出血性结膜炎常可伴结膜出血,结膜出血还可见于败血症、出血倾向等。

在检查结膜时,还应注意眼分泌物、眼球、角膜、巩膜及瞳孔的变化如角膜浑浊,见于犬传染性肝炎和角膜实质性炎症(图 2-19)。同时,要注意有无眼虫。

图 2-19 犬传染性肝炎:角膜浑浊、发蓝(肝炎性蓝眼)

扫码看彩图

小提示

结膜检查注意事项如下。

(1)应在适宜光线,最好是在自然光线下检查。

(2)不宜反复检查。

(3)检查时要进行两侧对照。

(4)注意观察有无分泌物及分泌物特点。

(5)怀疑有青光眼或葡萄膜炎的动物都应测量眼压。

(6)干眼症,即角膜结膜炎,可由泪液检查确诊。

眼压检查

任务准备

眼压测量法作为一种非创伤性的诊断法,可用来估计房水流出的指数以及提供有关青光眼患犬药物的疗效等重要信息。

任务实施

1. 检查物品 回弹式眼压计(图 2-20),探针。

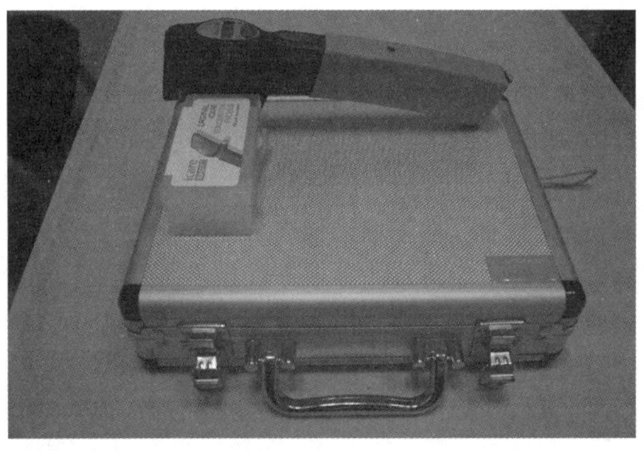

图 2-20 回弹式眼压计

2. 操作方法

(1)回弹式眼压计装入一次性探针,开机。

(2)保持宠物眼球平视前方。

(3)保持探针距离角膜 3～5 mm,多次发射探针,至眼压计计算出最终结果。

3. 结果判读 犬、猫正常眼压为 12～25 mmHg,犬不能高于 27 mmHg,猫不能高于 26 mmHg,老龄动物眼压可能偏低,为 5～15 mmHg。当检测结果高于 30 mmHg 时需要考虑青光眼,当检测结果低于 10 mmHg 时需要考虑葡萄膜炎或者角膜穿孔。

4. 注意事项

(1)双眼均应进行检查。

(2)保定宠物时避免施压于颈部及眼周。

(3)宜在宠物非麻醉状态下进行检查。

(4)若测量后仪器显示误差较大,应再次测量。
(5)注意探针不要接触到脏物。
(6)操作人员手要稳,操作时要学会找到支点。
(7)探针要与角膜的测量点成 90°直角。

泪液检查

任务准备

泪液检查主要用于泪腺功能评价、眼病及某些全身性疾病的辅助诊断和治疗药物的药效监测。

任务实施

1. 检查物品 泪液测试试纸条,计时器。

2. 操作方法(图 2-21)

(1)装在无菌袋里时将泪液测试试纸条(简称试纸条)圆头沿缺口处向下弯折,保持圆头无菌。

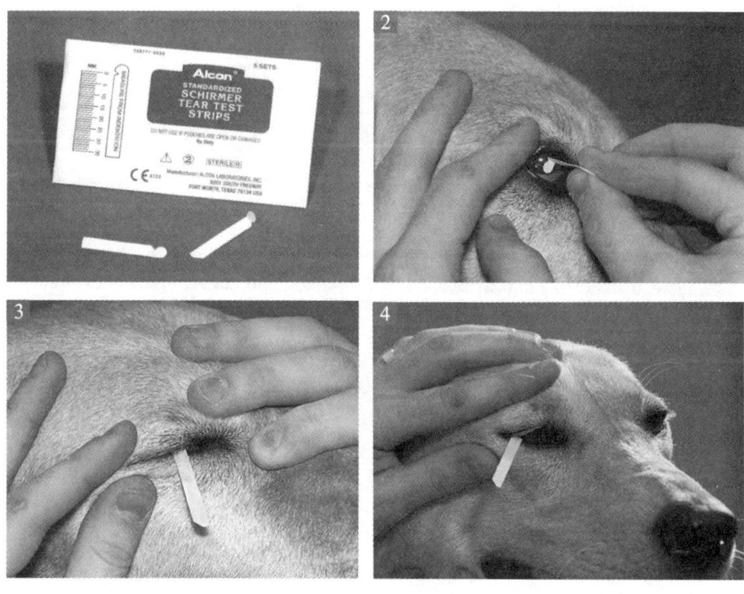

图 2-21 泪液检查

(2)从袋里拿出试纸条,将圆头插在下眼睑和角膜之间,位置在下眼睑中间 1/3 和外侧 1/3 交界处。
(3)因为试纸条接触角膜导致刺激,动物会产生泪液,测量泪液的产生速度和量。
(4)试纸条停留 1 min。动物眼睛可以闭上也可以睁开。
(5)1 min 后拿掉试纸条,将试纸条放在包装外面毫米尺上测量从缺口处到潮湿末端的长度。
(6)犬正常值是 15 mm 或更大,猫的正常值相对较低(5 mm)。
(7)对侧眼睛重复同样操作。

3. 结果判读

(1)犬正常为 15~25 mm。
(2)猫仅作为基础值记录。

4. 注意事项

(1)双眼均应进行检查。
(2)宜在其他眼科检查及用药之前进行检查。

(3)试纸条放入下眼睑后必须贴紧角膜，放入试纸条后可辅助宠物闭合上、下眼睑，以免宠物频繁眨眼，使试纸条脱落。

案例分享

任务四　浅表淋巴结检查

学习目标

【知识目标】

1. 掌握临床上经常检查的浅表淋巴结。
2. 掌握各浅表淋巴结的检查方法、检查内容。
3. 掌握浅表淋巴结的病理变化和临床意义。

【技能目标】

能够进行犬、猫浅表淋巴结的检查，掌握其病理变化及临床意义。

【思政与素质目标】

培养学生关爱动物、热爱生命的素养。

系统关键词

浅表淋巴结、肿胀。

任务准备

淋巴结大小不一，直径可从 1 mm 到几厘米不等，形状多样，有球形、卵圆形、肾形、扁平状等。淋巴结的主要功能是产生淋巴细胞，清除侵入体内的细菌和异物。淋巴结是淋巴循环路径上的滤过器官，具有免疫功能。淋巴结体积较小，且埋于组织中，因此临床上仅检查浅表淋巴结。局部淋巴结肿大，常反映其收集区域有病变，对临床诊断有重要实践意义。

临床检查中应注意的淋巴结主要有下颌淋巴结、肩前淋巴结、腹股沟淋巴结等(图 2-22)。

任务实施

淋巴结的检查可用视诊、触诊，尤其是常用触诊的方法。必要时可配合应用穿刺检查法。进行浅表淋巴结的视诊、触诊时，先将犬、猫保定好，使用单手或双手在浅表淋巴结部位按压滑推，来回几次，主要注意淋巴结的位置、大小、形状、硬度及表面状态、敏感性及其可动性(与周围组织的关系)。

淋巴结的病理变化主要可表现为急性或慢性肿胀，有时可出现化脓。淋巴结的急性肿胀，具体

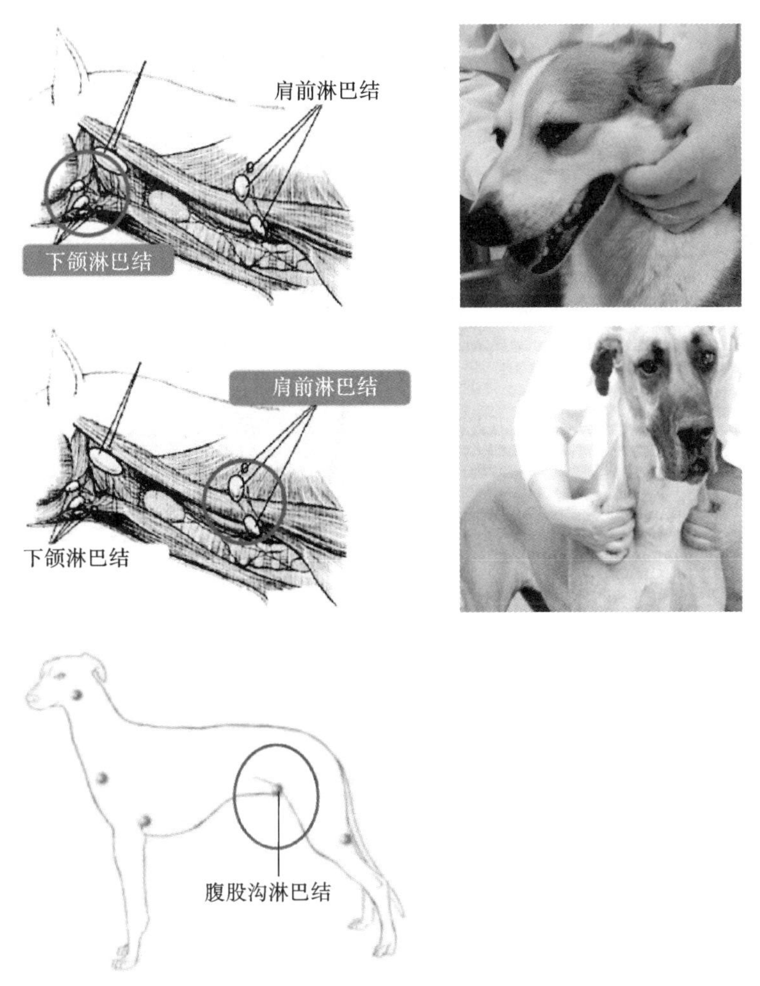

图 2-22 淋巴结

表现为淋巴结明显肿大，表面光滑，且伴有明显的热、痛（局部热感、敏感）反应。淋巴结的慢性肿胀，表现为淋巴结逐渐增大，多无热、痛反应，质地坚硬，表面不平，且多与周围组织粘连而固着，活动性较差。淋巴结化脓则在肿胀、热、痛的同时，触诊淋巴结皮肤紧张，有波动感。如配合进行穿刺，则可吸出脓性内容物。

淋巴结的急性肿胀可见于周围组织、器官的急性感染。淋巴结的慢性肿胀可见于周围组织、器官的慢性感染及有炎症时。在犬淋巴性白血病早期也可见全身浅表淋巴结发生无热、无痛的慢性肿胀。

淋巴结检查的注意事项：①两侧比较；②触诊检查时，应注意滑推方向；③用力要适当。

案例分享

任务五 体温、脉搏及呼吸数的测定

学习目标

【知识目标】

1. 掌握体温、脉搏及呼吸数的测定方法和注意事项。
2. 掌握正常犬及猫体温、脉搏及呼吸数的参考范围。
3. 掌握体温、脉搏及呼吸数变化的临床意义。

【技能目标】

能够进行体温、脉搏及呼吸数的测定，掌握其病理变化及临床意义。

【思政与素质目标】

培养学生爱护动物、严谨认真的工作素养。

系统关键词

体温、脉搏、呼吸数。

体温测定

任务准备

所有恒温动物均具有较为发达的体温调节中枢及产热散热装置，因此能在外界不同温度条件下经常保持相对恒定的体温，即在较为稳定的范围内变动。

健康成年犬的体温为 37.5～39.0 ℃，幼龄犬为 38.5～39.5 ℃。健康成年猫的体温为 38.0～39.0 ℃，幼龄猫为 38.5～39.5 ℃。

受以下生理性因素影响，体温会有 1 ℃以内的小范围变化。①年龄因素：幼龄动物体温通常比成年动物高 0.5～1.0 ℃。②性别：雌性动物的体温比雄性动物略高。③品种：动物的品种不同，体温的正常范围存在明显差异。④动物活动状态：动物兴奋、运动，以及采食等之后，体温可暂时性升高(0.1～0.3 ℃)。一般母犬、猫于妊娠后期及分娩之前体温稍高。⑤环境温度：天热时较天冷时高；动物在炎热的烈日下暴晒或圈舍内动物密度过高、通风不良等时，体温也可上升，甚至发生中暑。冬季在放牧露营情况下，特别瘦弱的个体，体温可低于正常温度。⑥一般健康动物的体温会有昼夜的变动，以晨温较低、午后稍高，其昼夜温差变动在 1.0 ℃以内。

任务实施

1. 测定方法 体温测定使用特制的兽用体温计，一般以动物的直肠温度为准。

2. 测定步骤 测温前检查兽用体温计读数，使其在 35 ℃以下，撕去一次性肛表套外膜，套在兽用体温计上，将兽用体温计头端润湿，或涂布润滑剂(液状石蜡)后，检查者站在动物的左后方，以左手提起尾根部并稍推向对侧，右手持兽用体温计经肛门慢慢捻转插入肛门；约 5 min 后取出，丢弃肛表套后读数；用后甩汞柱至读数在 35 ℃以下并将兽用体温计放入消毒瓶内备用。

3. 注意事项

(1)兽用体温计在使用前应统一进行检查、验定，以防有过大的误差。

(2)测温前应保持动物安静、停止活动，使其适当休息并安静后再测，否则测得的数值一般比实

际值高。

（3）应每日定时（午前与午后各一次）进行测温，并绘成体温曲线表，可判定热型曲线。

（4）兽用体温计的玻璃棒插入深度要适宜，一般为兽用体温计全长的1/2～2/3。

（5）读数时视线与兽用体温计平齐。

（6）注意消毒，避免交叉感染。可以使用一次性肛表套，既可避免交叉感染，同时又有润滑作用。

4. 体温的病理性变化

（1）体温升高：根据体温升高的程度，可分为微热（体温升高1.0 ℃）、中等热（体温升高2.0 ℃）、高热（体温升高3.0 ℃）、最高热（体温升高3.0 ℃以上）。一般来说，发热的程度可反映疾病的严重程度、范围及性质。①最高热：提示某些严重的急性传染病及日射病与热射病等。②高热：可见于急性传染病与广泛性的炎症，如犬瘟热、犬细小病毒病、猫泛白细胞减少症、大叶性肺炎、小叶性肺炎、急性弥散性胸膜炎与腹膜炎等。③中等热：通常见于消化道、呼吸道的一般性炎症以及某些亚急性、慢性传染病，如胃肠炎、支气管炎、咽喉炎等。④微热：仅于局限性的炎症及轻微的病程时可见，如感冒（鼻卡他）、口腔炎、胃卡他等。

（2）体温降低：体温低于正常范围，临床上多见于严重贫血、休克、重度营养不良（如衰竭症、低血糖）等。长时间体温低于36 ℃，同时伴有发绀、末梢厥冷、高度沉郁或昏迷、心脏微弱，多提示预后不良。

小提示

体温测定注意事项如下。

（1）测温时，采用适合的保定方法，确保人和动物的安全。

（2）测温时，兽用体温计插入肛门时动作应轻柔缓慢，避免动物感到不适、暴躁乱动而损伤直肠黏膜。

（3）兽用体温计插入动物体内后，手要扶着兽用体温计和动物的尾巴直到测量完成，避免动物坐下或乱动而使兽用体温计损坏或完全插入直肠。

（4）测量前先排净直肠粪便，再进行体温测定。

（5）体温与病情不相符合时需重复测定体温，以减少操作失误和误差。

脉搏的测定

任务准备

伴随每次心室收缩，心脏向主动脉输送一定数量的血液，同时引起动脉的冲动，以触诊的方法，可感知浅在动脉的搏动，称为脉搏。脉搏数，即每分钟的脉搏次数，也称脉搏的频率。临床上多以心搏次数来代替。检查脉搏可判断心脏活动功能与血液循环状态，这在疾病的诊断及预后的判定中都具有重要的意义。检查时应注意脉搏的次数、节律、紧张度和动脉壁的弹性、强弱和波形变化。

健康动物每分钟的脉搏次数较为恒定，正常成年犬的脉搏次数为70～160次/分，猫为120～240次/分。脉搏次数受许多因素的影响，包括品种、性别、年龄、饲养管理、地理环境、外界温度和湿度、生产性能、紧张和兴奋状态等，如采食及运动后脉搏次数增加，幼龄动物比成年动物脉搏次数高。

任务实施

测定脉搏主要测后肢股内侧的股动脉。检查时，检查者用一只手握住犬一侧后肢下部以固定，另一只手的食指及中指指腹轻压于股内侧的股动脉上，左右滑动，即可感觉到血管似一根富有弹性的橡皮管在指下滑动，将拇指放于股外侧，一般应检测1 min；当脉搏过弱而难以感觉时，可用心跳次数代替。

脉搏的病理性变化主要表现为次数、性质及其节律的变化。

(1)脉搏次数的变化。

①脉搏次数增多：主要见于发热性疾病、传染病、疼痛性疾病、中毒病、营养代谢性疾病、心脏病和严重贫血性疾病。通常当脉搏次数比正常值增加一倍以上时，提示病情严重。

②脉搏次数减少：常见于引起颅内压增高的脑病(如流行性脑脊髓膜炎、慢性脑积水、脑肿瘤等)；某些物质中毒及药物中毒(如洋地黄或迷走神经兴奋剂中毒)。脉搏次数的显著减少，常提示预后不良。

(2)脉搏性质的变化。

①大脉与小脉：依脉搏搏动幅度的大小而分为大脉与小脉。脉搏大小的判定标准以触诊手指抬起的高度或在脉波描记图上其波形的高度为参考。大脉可见于心功能良好、血量充足、脉管较为弛缓时，如热性病的初期、心肥大或心功能亢进时。小脉则为心力衰竭的指征，也可见于失血时。高度的频脉同时多为小脉，极小的脉搏甚至难以感觉，常为病情严重的反应。

②软脉与硬脉：依脉管对检指的抵抗性，可判定脉管的张力。软脉者检指轻压即消失；硬脉则对指压的抵抗力大。前者可见于脉管弛缓之际，心力衰竭与失血时亦常见；后者可见于破伤风、急性肾炎或肾盂肾炎以及伴有剧烈疼痛的疾病时。高度的硬脉称钢脉，硬而小的脉搏称金钱脉，都提示病情较重。

③实脉与虚脉：脉搏的充实度相当于动脉管的容积或内径变动的大小，可通过检指反复加压、放开进行检查，根据脉管内径的大小而分为实脉(满脉)与虚脉。充盈度关系到脉管内血量的多少，与心脏活动(心排血量)、血液的分配状态及总血量相关。实脉可见于热性病的初期，心肥大或运动、使役之后；虚脉的充盈不良，主要提示大失血与失水。

④迟脉与速脉：依脉搏波形的变化特性来区分迟脉与速脉。脉搏的迟速并非其频率的快慢，而是指动脉内压力上升与下降的速度。脉搏的迟速取决于主动脉根部血压上升及下降的持续时间，及左心室收缩驱血进入动脉内的速度和血液流向周围末梢动脉的速度。迟脉的脉波上升缓慢而持久，因检指可感到脉搏徐来而慢去；速脉则急剧地上升又突然下降，检指下有骤来而急去之感。典型的迟脉是主动脉口狭窄的特征；而明显的速脉，则提示主动脉瓣关闭不全。

(3)脉搏的节律：每次搏动的间隔时间的均匀性及每次搏动的强弱。正常情况下，每次脉搏的间隔时间均等且强度一致，称为有节律的脉搏。如每次脉搏的间隔时间不等或强弱不一，则称为脉搏节律不齐，一般是心律不齐的直接后果。此时，应同时注意检查心脏的功能状态，并将其结果一并综合分析。

呼吸数测定

任务准备

动物的呼吸活动由吸入及呼出两个阶段组成一次呼吸。呼吸数的测定一般用呼吸频率表示，呼吸频率单位为次/分，可通过动物胸、腹壁的起伏或鼻翼的开张来测定。

正常成年犬的呼吸频率为10～30次/分，猫为15～35次/分。健康动物的呼吸频率因品种、性别、年龄、使役、肥胖程度、运动、兴奋、海拔和季节等因素的影响而有一定差异。一般幼龄动物比成年动物快；雌性动物于妊娠期可增快。应特别注意外界温度和地区性的影响：炎热的夏季、环境温度过高、日光直射、通风不良时，动物的呼吸数显著增多。

任务实施

检查者立于犬的侧方，注意观察其腹部的起伏，一起一伏为一次呼吸。在寒冷季节，也可用手放在鼻前感知，按其呼出的气流计数。门诊动物应待休息、安静后再检测。鸟可通过观察其肛门部羽毛的缩动来计算。一般计测 2～3 min 后取平均数。

呼吸的病理变化主要表现为呼吸数增快和呼吸数减少。

(1)呼吸数增多:引起呼吸数增多的常见病因如下。

①多数发热性疾病:发热性传染病及非传染病,由于热及细菌、病毒刺激而引起呼吸数增多。

②呼吸器官相关疾病:当上呼吸道轻度狭窄及呼吸面积减少时可反射性引起呼吸数增多。如上呼吸道的炎症、各型肺炎及胸膜炎,以及主要侵害呼吸器官的各种传染病(鼻疽、结核病、肺炎、流行性感冒)及寄生虫病(如肺线虫病)等。

③心力衰弱及贫血、失血性疾病。

④影响呼吸运动的其他疾病:如膈的运动受阻(膈的麻痹或破裂)、腹压升高(胃肠臌气时)、胸壁疼痛性疾病(如肋骨骨折等)、严重的腹痛等。

⑤中枢神经的兴奋性增高,如脑充血、脑及脑膜炎的初期等。

⑥某些中毒,如亚硝酸盐中毒引起的血红蛋白变性等。

(2)呼吸数减少:呼吸数减少临床上比较少见,常见于引起颅内压显著升高的疾病(如慢性脑室积水)、某些中毒病及重度代谢紊乱等。

案例分享

学习情境三　系统检查

任务一　消化系统检查

扫码看课件

学习目标

【知识目标】

掌握宠物消化系统各项检查的方法、结果及异常所见的疾病。

【技能目标】

能够熟练运用消化系统各项检查技术完成各项检查。

【思政与素质目标】

1. 学会用辩证的方法鉴别疾病。
2. 具备科学的态度,实事求是的学风。
3. 树立规范按照技术流程从事宠物诊疗活动的职业道德。

系统关键词

饮食状况、消化器官、腹部、排粪。

Note

视频：饮食状况检查

饮食状况检查

一、饮食欲

饮食欲是否正常，是宠物健康与否的重要标志。生理情况下食欲常受饲料种类和品质、饲喂方式、饲喂环境、饥饿和疲劳程度等因素影响。饮欲是由于体内水分缺乏，口、咽干燥，反射性刺激下丘脑饮欲中枢所引起的。生理情况下饮欲常受气温、运动、饲料中含水量等因素影响。

检查方法为问诊、视诊、饲喂与饮水实验。

饮食欲异常有以下几种情况。

(1)食欲减退：表现为不愿采食或采食量减少，是许多疾病的共有症状，可见于消化器官本身疾病（如口炎、牙齿疾病、消化道疾病），也可见于一切热性病、疼痛性疾病等。

(2)食欲废绝：表现为拒食饲料，是病情严重、预后不良的表现，见于严重的消化道疾病（如急性胃扩张、胃肠臌气、肠梗阻、肠变位）、急性热性病、中毒病等。

(3)食欲不定：表现为食欲时好时坏，变化不定，见于慢性消化道疾病，如消化不良、胃肠卡他。

(4)食欲亢进：表现为采食量显著增加，见于内分泌疾病（如糖尿病、甲状腺功能亢进）、某些肠道寄生虫病、妊娠早期和重病恢复期。

(5)异食癖：表现为食欲紊乱，采食异物（如泥土、煤渣、垫草、粪、尿、污水及被毛等），常见于幼龄宠物，是维生素、微量元素代谢紊乱及神经功能异常的特征，见于佝偻病、骨软化症、微量元素和维生素缺乏症、蛔虫病、狂犬病、伪狂犬病等。

(6)饮欲减退：表现为不愿意饮水或饮水量减少，见于严重消化道疾病、伴有昏迷症状的脑病等。

(7)饮欲废绝：表现为拒绝饮水，是病情危重的表现。

(8)饮欲增加：表现为口渴多饮，在病理情况下见于一切热性病、脱水（剧烈腹泻、剧烈呕吐、大量出汗）、慢性肾炎、渗出性胸膜炎和腹膜炎、食盐中毒等。

二、采食、咀嚼和吞咽

1. 采食异常　各种宠物在正常状态下，采食方式各有其特点。采食异常表现为采食不灵活，或不能用唇、舌采食。采食异常常见于唇、舌、齿、下颌、咀嚼肌的损害，如口炎、舌炎、齿龈炎、异物进入口腔、下颌骨骨折、下颌脱臼、某些神经系统疾病等。

2. 咀嚼障碍　宠物表现为咀嚼缓慢无力，或因疼痛而中断，有时将口中食物吐出，可分为咀嚼缓慢、咀嚼困难、咀嚼疼痛。咀嚼障碍常见于口炎、舌及牙齿疾病、骨软化症、面神经麻痹、下颌骨折等。

3. 吞咽困难　宠物表现为吞咽时伸颈摇头，屡次试咽而中止，并伴有咳嗽、流涎、饲料和饮水经鼻孔反流等。常见于咽部与食管疾病（咽炎、食管炎、食管阻塞等）、吞咽中枢或神经疾病。

三、呕吐

呕吐是一种病理性反射活动，是由位于延髓的呕吐中枢反射性或直接受到刺激，使胃内容物不由自主地经口腔或鼻腔排出体外的过程。

各种动物由于生理特点和呕吐中枢的感应能力不同，发生呕吐的情况各异：肉食动物（如犬、猫）、禽类较易呕吐；其次为猪；再次为反刍动物；马最难呕吐。故呕吐的检查对于犬、猫的临床诊断极为重要。

1. 呕吐的病因

(1)传染性呕吐：病毒感染多见于犬细小病毒病、犬瘟热、犬传染性肝炎、犬冠状病毒病、猫冠状病毒病、猫瘟、猫传染性腹膜炎；其他感染如钩端螺旋体病、沙门菌病。

(2)寄生虫性呕吐：如蛔虫病、绦虫病，常见于 2 月龄左右幼犬，有时可呕吐出虫体。

(3)中毒性呕吐：药物或毒物（重金属、洋地黄、阿扑吗啡、846 合剂、有机磷等）中毒。

(4)代谢性呕吐：酸中毒、碱中毒、尿毒症等。

(5)消化道异常性呕吐：咽、食管异常（咽痉挛、食管阻塞等）、胃肠异常（胃扩张、胃扭转、肠套叠、

胃内异物、幽门梗阻等)。

(6)炎症性呕吐:胰腺炎、子宫蓄脓、胃溃疡、肝炎、胃炎、腹膜炎、脓毒症、胆管炎、出血性胃肠炎等。

(7)神经性呕吐:癫痫、小脑或前庭疾病、颅内压升高等。

(8)其他:过食、食入腐败物等。

2. 呕吐的鉴别诊断

(1)呕吐发生的时间。①采食后立即呕吐:见于食管阻塞、急性胃炎等。②采食 30 min 后呕吐:见于中毒、代谢性疾病、过食、兴奋等。③呕吐发生于胃排空(6~8 h)之后:见于幽门梗阻引起的排空障碍。

(2)呕吐与持续时间:呕吐发生急,持续时间短,且与采食有直接关联,见于过敏、中毒、兴奋、食物不耐受;呕吐反复发作,症状不严重,并伴有昏睡、食欲不振、流涎、腹部不适,见于慢性胃炎、慢性肠炎、慢性胰腺炎、寄生虫病。

(3)呕吐物的性状:吐出大量粥状带酸味呕吐物,呕吐物为未消化食物,属一次性呕吐;呕吐物呈黏稠状或混有胆汁、血液,且频繁呕吐,见于急性出血性胃炎、胃溃疡,以及犬瘟热、犬细小病毒病、犬传染性肝炎、猫瘟等传染病;呕吐物呈碱性的液状食糜,为小肠梗阻;呕吐物外观、气味与粪便相似,为大肠梗阻;干呕,无呕吐物且腹部膨大,见于胃扩张、胃内异物。

(4)呕吐与伴随症状。

①腹泻:呕吐多伴有腹泻。如腹泻先于呕吐,提示病因在肠道,胃部疾病可能性小;如呕吐先于腹泻,提示摄入异物、毒物或患有严重传染病。

②腹痛:由消化系统疾病引起的呕吐,往往伴有腹痛,如急性胃肠炎、急性胃扩张、肠变位、胰腺炎等。

③便秘:见于肠梗阻。

④饮食欲:食欲正常且喜食呕吐物,见于蛔虫病等;废食且喜饮水,伴有尿量少,见于急性肾炎、尿毒症、钩端螺旋体病;呕吐与饮食欲无关,提示多为非胃肠道疾病,可能为机体中毒、神经系统疾病。

⑤体温升高:见于传染病和各种炎症性疾病,如犬瘟热、犬病毒性肠炎、犬传染性肝炎、腹膜炎、肾炎、胰腺炎等。

⑥神经症状:由中枢神经系统疾病引起的呕吐,常表现出兴奋、全身肌肉痉挛、抽搐、共济失调、昏迷等神经症状,见于脑炎、脑膜炎等。

⑦脱水:持续而频繁的呕吐,可导致机体脱水、电解质紊乱和酸碱平衡失调。

口腔、咽及食管检查

视频:口腔、咽及食管检查

当发现宠物饮食欲减退,有采食、咀嚼、吞咽障碍等现象时,应对其口腔、咽及食管进行详细检查,以发现相应病变。

一、口腔检查

(一)开口方法

1. 开口器开口法 保定后,检查者将开口器平直伸入宠物口内,待到达口角时,将开口器把柄用力下压,即可打开口腔(图 3-1)。

2. 徒手开口法 检查者位于宠物头侧方,一手在颊部捏握上颌,另一手在左、右口角处捏握下颌,两手上下用力打开口腔(图 3-2)。

(二)口腔检查内容

一般用视诊、触诊、嗅诊等方法进行。

1. 口唇 健康宠物上下口唇紧闭,病理情况下口唇紧张性可降低或增高。

①口唇下垂:见于面神经麻痹、昏迷、狂犬病、某些中毒、外伤等。

②双唇紧闭:见于脑膜炎、破伤风等。

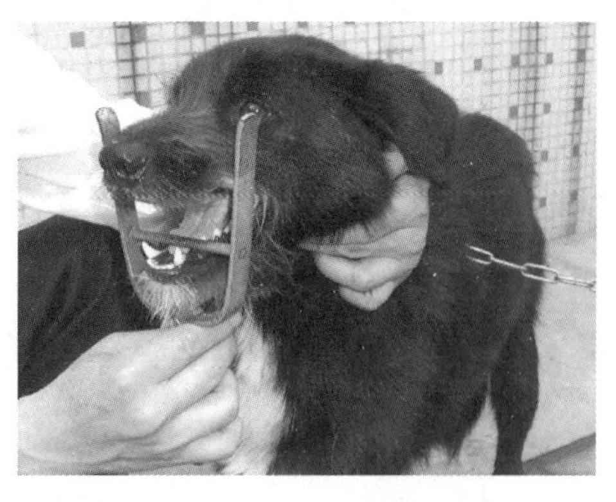

图 3-1　开口器开口

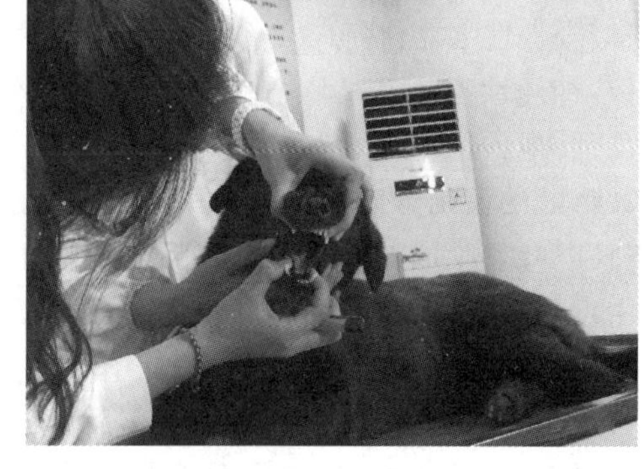

图 3-2　徒手开口

③唇部肿胀：见于口黏膜深层炎症、某些中毒、过敏等。

④唇部疱疹：见于口炎等。

⑤唇部偶见色素斑：多为年龄增长导致。

2. 流涎　流涎是指口腔分泌物流出口外，由于吞咽障碍或唾液腺分泌增多引起。

流涎见于各种刺激引起口腔分泌物增多的疾病，如口炎、唾液腺炎、某些中毒(有机磷中毒、食盐中毒)；吞咽障碍，如咽炎、食管阻塞；营养缺乏，如犬的维生素 C 缺乏、烟酰胺缺乏等。

3. 口腔气味

①健康：无特殊臭味，采食后有饲料气味。

②异常：臭味，见于口炎、肠梗阻、胃肠卡他、热性病；腐败臭味，见于齿槽炎、齿龈炎、坏死性口炎；烂苹果味，见于酮血症；尿味，见于尿毒症。

4. 口腔黏膜　检查宠物口腔黏膜的温度、湿度、颜色、完整性。正常口腔黏膜呈淡红色而有光泽，湿度中等。

口腔黏膜的温度、湿度、颜色的变化与皮肤、黏膜变化的意义相同，颜色极度苍白或发绀提示疾病预后不良，另外还应考虑局部疾病，如潮红发热见于口炎；完整性破坏见于溃疡、疱疹、维生素 C 缺乏、口炎等。

5. 舌

①舌苔：舌上皮细胞脱落在舌背上形成的一层附着物。

正常宠物有微薄舌苔。舌苔厚薄、颜色等变化，通常与疾病的轻重和病程的长短有关。舌苔薄白，一般表示病程短或病情轻；舌苔黄厚，表示病程长或病情重等。

②舌色：变化意义与口腔黏膜相同。

③形态变化：舌垂于口角外且失去活动能力，称为舌麻痹，常伴有咀嚼与吞咽障碍，见于脑炎后期、某些食物中毒。舌肿胀，常见于刺伤和勒伤。

6. 牙齿　牙齿疾病常引起宠物消化不良、消瘦。检查时注意有无锐齿、过长齿、赘生齿、波状齿、龋齿及牙齿松动、脱落或损坏等。

①牙齿松动：见于矿物质缺乏。

②牙齿呈黄褐色：见于长期饮用含氟水引起的氟中毒。

③齿折：多由外伤引起，严重时会继发牙龈炎。

④牙龈红肿：见于牙龈炎、牙周炎。

⑤牙龈出血：见于出血倾向、维生素 C 缺乏。

二、咽检查

当宠物发生吞咽障碍，尤其是伴随着吞咽动作有食物或饮水从鼻孔流出时，需做咽部检查。

1. 视诊　咽位于口腔的后方和喉的前上方，体表投影位于两侧耳根下，寰椎翼的前下方，被腮腺所覆盖。

①外部视诊：如有吞咽障碍，头颈伸直，并见咽部隆起，提示咽炎。但须与腮腺炎鉴别，腮腺炎吞咽障碍不明显，肿胀范围较大。

②内部视诊：使用压舌板开口检查，大型宠物须借助喉镜。

2. 触诊 检查者拇指放在寰椎翼外角上做支点，其余四指并拢向咽部轻轻按压，可双手同时进行，感知其温度、敏感性、有无肿胀。

健康宠物压迫时无疼痛反应，如出现明显肿胀、增温并有敏感反应或咳嗽，多为急性咽炎；另外还需注意传染病，如结核病、犬副流感等。

三、食管检查

当宠物有吞咽障碍、大量流涎并怀疑为食管疾病时，应做食管检查。颈部食管可外部视诊、触诊、探诊，而胸腹部食管只能进行胃管探诊。

食管在体表的投影为左侧颈静脉沟处。

1. 视诊 采食后在颈静脉沟处(颈部食管)可见界限明显的局限性膨隆，见于食管阻塞、食管扩张。

2. 触诊 检查者位于左颈侧，左手放在右侧颈沟处固定，右手指端沿左侧颈沟自上而下直至胸腔入口处，进行加压滑动触摸，对侧的左手同时向下移动。

触摸到坚硬物体，提示食管阻塞，可继发食管扩张、流涎，如阻塞物上部继发食管扩张且有大量液体，触诊有波动感。触诊有疼痛反应，提示食管炎。

3. 探诊 进行食管探诊的同时，也可做胃的探诊。探诊可用于诊断食管阻塞、狭窄、憩室、炎症及胃扩张等，兼有治疗作用，可通过探管投服药物、治疗食管阻塞，急性胃扩张时还可通过探管排出内容物与气体。

探管有阻碍，见于食管阻塞(根据插入长度确定阻塞部位)；探管深入食管时宠物极力挣扎，常伴有连续咳嗽，见于食管炎；探管插入胃后，有大量酸臭气体或胃内容物从管内排出，见于急性胃扩张。

腹部及腹内脏器检查

视频：腹部及腹内脏器检查

一、腹部检查

(一) 腹部视诊

主要观察腹部外形、轮廓、容积。

①腹围增大：见于妊娠、肥胖、急性胃扩张、胃肠臌气、结肠便秘；腹膜炎、腹腔积液、内脏器官破裂、膀胱破裂、膀胱高度充满、子宫蓄脓、腹腔肿瘤等。局限性膨大见于腹壁疝、脐疝。

②腹围缩小：腹围急剧缩小是急性胃肠炎等剧烈腹泻病程中，由严重脱水、食欲废绝和胃肠内容物急剧减少所致。腹围逐渐缩小见于慢性消耗性疾病、长期发热或肠道寄生虫病，由于宠物的食欲减退，吸收功能降低和消耗增多而引起慢性消瘦。

(二) 腹部触诊

犬、猫的腹壁薄而软，腹腔浅显，便于触诊。如将犬、猫前后躯轮流高举，几乎可触及全部腹腔脏器。开始触压时腹壁紧张，但触压几次后腹壁便松弛。腹部触诊对犬、猫胃肠道疾病、腹腔疾病及泌尿生殖道疾病的诊断十分重要，通常采用手掌或手指进行间歇性按压。

正常表现为柔软无痛。腹壁敏感(回视、反抗、躲闪)见于腹膜炎、胰腺炎。腹壁紧张见于破伤风。有波动感、振水音或回击波提示有腹腔积液。

二、胃、肠、肝脏检查

(一) 胃检查

胃区位于左前腹部，肋弓下方，胃检查以触诊、叩诊、探诊为主，还可做胃镜、胃液、X线、B型超声检查。

1. 胃触诊 在肋弓下方往前上方触压，感知胃内容物的多少、性质、有无异物及敏感性。

Note

两侧肋下摸到胀满、坚实的胃，提示急性胃扩张；摸到紧张的球状囊袋，提示胃扭转、胃扩张；敏感，提示胃炎、胃溃疡、胃内有异物。

2. 胃叩诊 一般取仰卧姿势进行叩诊，从剑状软骨向后到脐部。一般空腹叩诊呈鼓音，采食后呈浊音。

浊音区扩大，提示食滞性胃扩张；鼓音区扩大，提示气胀性胃扩张。

3. 胃探诊 经鼻腔或口腔将胃管插入食管和胃进行探诊。

胃管内排出较多酸臭气体，提示气胀性胃扩张；胃管停滞于贲门附近，提示胃扭转。

（二）肝脏检查

肝区位于肋弓之内，左、右季肋部，肝脏检查以触诊、叩诊为主，还可做穿刺活组织、肝功能、B型超声检查。

肝脏检查采用站立和右侧卧等不同的保定姿势，在右侧肋弓下方，往前上方切入法加压触诊，或由剑状软骨向后上方触压。当右侧卧时，由于肝脏贴靠右腹壁，较容易感知肝脏的右缘。

肝脏检查主要感知肝脏的大小、厚度、硬度和敏感性。

触诊肝脏肿大、敏感、变硬、变厚，叩诊浊音区变大，提示肝炎、肝硬化；触诊肝脏萎缩、变硬，提示中毒引起的肝病、肝炎后期。

（三）肠管检查

肠管位于左、右侧腹部，肠管检查以触诊、听诊、叩诊为主，还可做肠镜、X线检查。

1. 肠管视诊 较瘦的犬、猫在左腹壁骨盆腔前发现由结粪引起的局限性隆起，提示降结肠便秘。

2. 肠管触诊 双手拇指以腰部为支点，其余四指从两侧肋弓后方开始，逐渐向后移动，让肠管滑过各指端。可以确定内容物充满度、是否有肠炎等。

①摸到一串坚实或坚硬的粪块：便秘。

②摸到坚实异物团块，且前段肠道臌气：肠内异物引起阻塞。

③局部触痛和臌气的肠管，有时可摸到扭转的肠管或肠系膜：肠扭转。

④摸到一段质地如香肠，有弹性、弯曲的圆柱状肠段，有时可摸到套入部，按压剧痛：肠套叠。

3. 肠管听诊 在左右两侧腹壁进行听诊，听取胃肠蠕动音的强弱、频率、持续时间和音质，从而判断胃肠的蠕动和内容物的形状。

健康的肠音似捻发音，有完整蠕动波。病理性肠音如下。

①肠音增强：肠音洪亮、肠蠕动频繁、持续时间长，由肠管受到各种刺激所致，见于肠臌气初期、胃肠炎初期（包括引起胃肠炎的各种传染病和寄生虫病：犬瘟热、犬细小病毒病、犬传染性肝炎）、肠痉挛。

②肠音减弱：肠音短促而微弱、次数稀少，多由肠管蠕动弛缓所致，见于重度胃肠炎、肠梗阻、肠便秘、肠变位（肠扭转、肠缠结、肠套叠等）、热性病、脑膜炎、中毒病。

③肠音消失：听不到肠音，多由肠管麻痹或病情危重所致，见于肠麻痹、疝痛（肠梗阻、肠变位后期）、重剧肠胃炎、胃肠破裂濒死期。

④肠音不整：肠音次数不定，时快时慢，时强时弱，且蠕动波不完整，可见于慢性胃肠卡他，由腹泻和便秘交替引起。

⑤金属性肠音：类似水滴落在金属板上的声音，由肠内充满大量气体或肠壁过于紧张，邻近肠内容物移动冲击所致，见于肠臌气、肠痉挛。

4. 肠管叩诊 根据叩诊音性质，判断靠近腹壁大肠管（结肠）的内容物性状。

①鼓音：肠臌气。

②连片浊音：该段结肠梗阻。

（四）肛门及直肠检查

1. 外部检查

①肛门周围被毛被粪便污染：各种原因引起的腹泻。

②肛门红肿:肛门炎。

③肛门腺红肿:肛囊炎。

④肛门内有直肠脱出:直肠脱出。

2. 内部检查 戴手套并涂以润滑剂,将手指伸入肛门检查直肠状况和盆腔器官。

①直肠内有硬粪块:直肠便秘。

②直肠空虚,有少量黏液:肠扭转、肠套叠。

③膀胱敏感:膀胱炎、膀胱结石。

④膀胱高度充满:膀胱括约肌麻痹、尿道阻塞。

⑤膀胱空虚:膀胱破裂、肾功能衰竭。

⑥前列腺肿大敏感:前列腺炎。

⑦子宫肿大敏感:子宫内膜炎、子宫蓄脓。

排粪动作及粪便感观检查

视频:排粪动作及粪便感观检查

一、排粪动作检查

(一)正常排粪动作

排粪动作是宠物的一种复杂反射活动。正常状态下,犬、猫排粪采取近似蹲坐姿势,排粪后有用四肢扒土掩粪的习惯。正常宠物的排粪次数与其采食饲料的数量、种类以及消化吸收功能有密切关系。

(二)排粪动作障碍

1. 便秘 便秘表现为排粪次数减少,排粪费力,屡呈排粪姿势而排出的粪便量少、干固、色暗,可见于热性病、慢性胃肠炎、肠梗阻等。

2. 腹泻 腹泻表现为频繁排粪,粪呈稀粥状、液状,甚至水样,腹泻是各种类型肠炎的特征。腹泻的常见病因如下。

①细菌性腹泻:大肠杆菌病、沙门菌病等。

②病毒性腹泻:细小病毒性肠炎、犬瘟热、犬传染性肝炎、冠状病毒性肠炎、猫瘟等。

③寄生虫性腹泻:球虫、贾第虫、弓形虫等原虫病;蛔虫、钩虫、鞭虫、旋毛虫、华支睾吸虫、绦虫等蠕虫病。

④中毒性腹泻:腐败变质食物中毒、重金属中毒、有机磷中毒。

⑤其他:滥用抗生素导致肠道菌群失调;饲喂冰冷食物、饮水不洁;乳制品浓稠、乳糖不耐受;过食;突然变换食物;窝舍卫生不良;应激因素如断奶、长途运输等。

3. 排粪失禁 宠物不采取固有的排粪动作,不自主地排出粪便,是由肛门括约肌弛缓或麻痹所致。排粪失禁常见于顽固性腹泻、腰荐部脊髓损伤及濒死期。

4. 排粪痛苦 宠物排粪时,表现出疼痛不安,呻吟,拱腰努责,常见于直肠炎、直肠损伤及腹膜炎。

5. 里急后重 宠物不断做出排粪姿势,并强烈努责与嚎叫,但仅排出少量粪便或黏液,常见于肠炎引起的顽固性腹泻及肛囊炎。

二、粪便感观检查

犬、猫的正常粪便呈圆柱状,有一定硬固感,多为褐色。

(一)气味

犬、猫的粪便有特殊腐败或酸臭味,见于肠炎、消化不良。

(二)颜色

犬、猫的粪便呈灰白色,见于阻塞性黄疸;呈褐色或黑色,见于胃及前部肠管出血;表面附有鲜红血液，见于后部肠管出血；呈灰色，如油膏般闪光，见于胰腺炎；呈黄绿色，见于钩端螺旋体病。

（三）形状

犬、猫的粪便稀薄，见于肠炎、消化不良；呈番茄酱样，见于犬细小病毒病；少而干硬，见于肠弛缓、便秘、热性病。

（四）混有物

犬、猫的粪便混有未消化的饲料，见于消化不良、胃肠炎；混有血液，见于出血性肠炎；混有黏液，见于肠炎、肠变位；混有脓液，见于直肠脓肿；混有大量脂肪团及未消化的肉类纤维，见于胰腺炎；混有虫体，见于寄生虫病，如蛔虫病、绦虫病；混有异物，如破布、被毛，见于异食癖。

案例分享

任务二　呼吸系统检查

扫码看课件

学习目标

【知识目标】

掌握宠物呼吸系统各项检查的方法、结果及异常所见的疾病。

【技能目标】

能够熟练运用呼吸系统各项检查技术完成各项检查。

【思政与素质目标】

1. 学会用辩证的方法鉴别疾病。
2. 具备科学的态度，实事求是的学风。
3. 树立规范按照技术流程从事宠物诊疗活动的职业道德。

系统关键词

呼吸运动、上呼吸道、胸、肺。

呼吸运动检查

视频：呼吸运动检查

呼吸运动是指宠物呼吸时，呼吸器官及参与呼吸的其他器官表现的一种有规律的协调运动，包括吸气运动和呼气运动。呼吸运动检查时，应注意呼吸频率、呼吸类型、呼吸节律、有无呼吸困难及呼吸对称性。

（一）呼吸类型

呼吸类型即呼吸方式，检查时应注意观察胸壁和腹壁的起伏动作的强度和协调性，可分为以下三个类型。

1. 胸式呼吸　胸式呼吸是健康犬、猫的呼吸方式，但对于其他宠物是一种病理性呼吸方式。

胸式呼吸表现为胸壁的起伏动作特别明显，而腹壁的动作极其轻微，提示犬、猫以外的其他宠物

腹壁或腹腔器官患有疾病，见于急性腹膜炎、腹腔积液、急性胃扩张、肠臌气等。

2. 腹式呼吸 腹式呼吸是一种病理性呼吸方式。

腹式呼吸表现为腹壁的起伏动作特别明显，而胸壁的动作极其轻微，提示胸壁或胸腔器官患有疾病，见于胸膜炎、胸膜肺炎、胸腔积液、心包炎、肺气肿、肋骨骨折、呼吸综合征等。

3. 胸腹式呼吸（混合式呼吸） 胸腹式呼吸（混合式呼吸）胸腹起伏活动协调一致，为多种宠物健康的呼吸方式。胸腹起伏动作协调，强度大致相等。

（二）呼吸节律

健康宠物呼吸时有一定的节律，即吸气之后紧接着呼气。完成一次呼吸运动之后，稍有休歇，再开始下一次呼吸。每次呼吸的时间、间隔时间，每分钟呼吸数基本一致，称为节律性呼吸。正常的呼吸有一定的深度和长度，呼气时间一般要比吸气时间长，犬吸气与呼气时间比为1∶1.64。正常情况下呼吸深度与呼吸数呈反比。

健康宠物的呼吸节律可因兴奋、运动、恐惧、嚎叫、嗅闻等而发生生理性的暂时变化；病理情况下，正常的呼吸节律遭到破坏，称为节律异常，有以下几个类型。

1. 吸气延长 吸气延长表现为吸气异常费力，吸气时间显著延长，多提示气体进入肺部发生障碍，上呼吸道狭窄，见于鼻、喉、气管内有炎性肿胀、异物等。

2. 呼气延长 呼气延长表现为呼气异常费力，呼气时间显著延长，提示肺中气体排出发生障碍，支气管腔狭窄，肺的弹性不足，见于支气管炎、肺泡气肿等。

3. 间断式呼吸 间断式呼吸表现为吸气或呼气时，把一个连续动作分解为两次或两次以上的动作完成。其因先抑制呼吸，然后进行补偿所致。见于肺部疾病和伴有疼痛的胸腹部疾病，如支气管炎、肺泡气肿、胸膜炎、伴有胸痛的疾病。

4. 潮式呼吸（陈-施呼吸） 呼吸逐渐加强、加深、加快，当达到高峰时，又逐渐变弱、变浅、变慢，而后呼吸中断，经数秒短暂停息后，又以同样的方式出现，形式似海潮涨退的波浪式，这种呼吸节律的变化称为潮式呼吸。潮式呼吸是呼吸中枢敏感性降低的特殊指征，常伴有昏迷等症状，为呼吸衰竭、病情危重的表现，见于心力衰竭、脑炎、尿毒症、肺炎、中毒等。

5. 比奥呼吸 深度正常或稍加强的呼吸与呼吸暂停（数秒至数十秒）交替出现，提示呼吸中枢的敏感性极度降低，其程度比潮式呼吸更严重，见于脑膜炎、尿毒症等，又称为脑膜炎式呼吸。

6. 库斯莫尔呼吸 库斯莫尔呼吸表现为呼吸不中断，但明显深长（呼气和吸气两个动作持续时间均延长），呼吸频率减慢（3～4 次/分），且呼吸时带有明显的呼吸杂音（啰音、鼾声），又称深大呼吸。这说明呼吸中枢极度衰竭，常是酸性产物强烈刺激呼吸中枢所致，见于酸中毒、濒死期等。

（三）呼吸困难

呼吸运动加强，呼吸频率、呼吸类型及呼吸节律改变，并且辅助呼吸肌参与活动的现象称为呼吸困难。高度的呼吸困难称为气喘。

健康宠物呼吸时，自然平顺，动作协调，呼吸频率相对恒定，节律整齐，肛门无明显抽动。根据呼吸困难的原因和表现，呼吸困难可分为三个类型。

1. 吸气性呼吸困难 吸气时用力，吸气时间显著延长，辅助吸气肌参与活动，并伴有特异的吸入性狭窄音（喘息音，类似口哨声），宠物表现为鼻孔扩张，头颈平伸、四肢广踏、胸廓开张，严重时张口吸气，是由上呼吸道狭窄所致，见于鼻腔、咽喉的炎症、狭窄、水肿等，以及引起鼻腔、咽喉炎症的传染病（如犬瘟热和流行性感冒的早期）。

2. 呼气性呼吸困难 特征：呼气费力，呼气时间显著延长，辅助呼气肌参与活动，腹部起伏动作明显。宠物腰背拱起，肷窝变平，肋弓处出现一个深深的陷沟，出现肛门抽缩运动，见于肺气肿、弥漫性支气管炎、肺炎、胸膜肺炎等。

3. 混合型呼吸困难 混合型呼吸困难表现为吸气、呼气均困难，且伴有呼吸频率增快，是临床上最常见的一种呼吸困难。根据呼吸困难的原因和机制分为以下六个类型。

(1)肺源性呼吸困难:提示肺部广泛性病变,见于各种肺炎、胸膜肺炎、胸膜炎及侵害呼吸器官传染病。

(2)心源性呼吸困难:表现为运动时呼吸困难加重,休息时呼吸困难减轻,并伴随有心血管系统疾病的症状,提示心功能不全,引起循环血量减少,供氧量减少,见于心力衰竭、心内膜炎、心肌炎、心包炎等。

(3)血源性呼吸困难:见于各种贫血、大出血、休克。

(4)腹压增高性呼吸困难:腹压增高压迫膈肌并影响腹壁的活动,严重者可窒息,见于急性胃扩张、急性肠臌气、肠变位、腹腔积液等。

(5)中枢神经性呼吸困难:颅内压增高和炎症产物刺激呼吸中枢,见于脑炎、脑膜炎、脑出血、破伤风等。

(6)中毒性呼吸困难。

①外源性:某些毒物能使血红蛋白失去携氧功能,或抑制细胞内酶的活性,影响组织内氧化过程,导致机体缺氧,见于亚硝酸盐中毒、氢氰酸中毒、某些药物中毒。另外,有机磷中毒可引起支气管分泌物增加、支气管痉挛和肺水肿而出现呼吸困难。

②内源性:代谢性酸中毒,血中 pH 降低,可使血中 CO_2 升高,刺激呼吸中枢,见于尿毒症、酮血症、严重胃肠炎等引起的代谢性酸中毒。

(7)其他情况:热性疾病、疼痛性疾病都能刺激呼吸中枢,引起呼吸困难;妊娠后期由于胎儿压迫及胎儿需氧增多导致的呼吸困难属于正常生理现象。

视频:上呼吸道检查

上呼吸道检查

一、鼻部和鼻液检查

(一)外部状态

鼻孔周围有无肿胀、疱疹、脓肿、溃疡及结节;鼻甲骨有无形态学变化。

(二)鼻黏膜检查

犬、猫的鼻腔较为狭窄,可用鼻腔镜辅助检查。

正常的鼻黏膜呈淡红色,常湿润有光泽,表面有小点状凹陷,检查时应注意其颜色、有无肿胀、疱疹、溃疡、结节和损伤等。

病理性变化的意义:其他可视黏膜肿胀、紧张而干燥,见于急性鼻卡他、流行性感冒、犬瘟热等引起的急性炎症;肿胀而肥厚,见于慢性炎症;鼻道狭窄,见于鼻腔肿瘤、鼻窦蓄脓等。损伤或溃疡,多为外物刺伤。

(三)呼出气检查

检查者将手掌或手背接近宠物鼻端进行感觉,同时用手将呼出气扇向自己鼻部进行嗅诊。注意两侧气流的强度、呼出气温度、气味。健康宠物两侧鼻孔气流强度相等、温度一致,无特殊气味。两侧鼻孔呼出气流不一致或只有一侧鼻孔呼吸,为单侧鼻道狭窄或阻塞,多伴有鼾声或吸气性呼吸困难,见于鼻黏膜炎症、肥厚、额窦蓄脓等。

呼出气温度与体温变化意义相同。若闭口时呼出气有臭味,多为肺与呼吸道病变。有腐败性臭味,提示呼吸系统坏疽,如坏疽性肺炎、坏疽性鼻炎。

(四)鼻液检查

鼻液由呼吸道分泌物、炎性渗出物、脱落的上皮细胞及其他杂质组成。健康宠物一般无鼻液或仅见微量浆液性鼻液,若有大量鼻液为病理现象。检查时应注意鼻液的量、性状,一侧性或两侧性。

1. 量

①大量鼻液:黏膜充血水肿,黏液分泌增多而大量渗出,见于呼吸器官急性广泛性炎症,如感冒、

急性鼻炎、急性支气管炎、急性咽喉炎等。

②少量鼻液：见于慢性、局限性呼吸系统疾病。如慢性鼻炎、慢性支气管炎、慢性鼻疽、肺结核等。

2. 性状

①浆液性鼻液：无色透明，稀薄如水，见于呼吸道急性炎症的初期，如感冒和犬瘟热初期。

②黏液性鼻液：黏稠蛋清样或灰白色不透明，内含大量黏液，呈牵丝状，见于呼吸道急性炎症的中期或恢复期，卡他性炎症。

③脓性鼻液：黏稠浑浊，不透明，呈黄色、灰黄色或黄绿色，内含脓汁。脓性鼻液提示化脓菌感染的化脓性炎症，如呼吸道急性炎症的后期、呼吸系统的化脓性炎症、副鼻窦炎、上颌窦炎。

④血性鼻液：鼻液中混有血液，见于鼻黏膜损伤、出血、溃疡，鼻腔寄生虫或异物，肺水肿，出血性疾病(肺出血、胃出血等)。

⑤铁锈色鼻液：大叶性肺炎的特征，在红色肝变期渗出的红细胞，被肺泡中的巨噬细胞吞噬，产生含铁血黄素。

3. 一侧性或两侧性　单侧鼻液，提示病变位置靠前，系一侧鼻腔或鼻窦的疾病；两侧性鼻液，提示两侧鼻腔、咽喉、气管、支气管或肺的疾病。

二、喉、气管及咳嗽检查

(一) 喉与气管检查

1. 视诊　先观察外部形态有无肿胀、变形，再用咽喉镜检查内部情况，主要观察喉黏膜是否充血、肿胀及有无异物、肿瘤。喉部肿胀，多伴有呼吸和吞咽困难，见于喉炎、炭疽、巴氏杆菌病等。

2. 触诊　判断喉与气管的肿胀、温度、敏感性及有无咳嗽。触诊肿胀、敏感、增热，易诱发咳嗽，多伴有下颌淋巴结肿大，见于喉炎。

3. 听诊　健康喉与气管呼吸音为类似“赫赫”的声音，由空气通过狭窄声门时产生。

(二) 咳嗽检查

咳嗽是一种保护性反射活动，能将呼吸道异物或分泌物排出体外。刺激性气体或寒冷空气，咽喉、气管、支气管、肺和胸膜出现炎症时，均能反射性刺激咳嗽中枢，引发咳嗽。咳嗽是机体的一种保护性活动，但长期剧烈的咳嗽，对上呼吸道和肺是不利的。

检查时，可听取自发性咳嗽，不明显时可用人工诱咳方法。检查者一手拇指放于宠物喉头与第1～2气管环之间，其余手指放于对侧，轻轻捏压，并向上方提举，可人工诱咳。注意咳嗽的性质、频率、强度和疼痛反应。

1. 性质

①干咳：咳嗽力强，声音清脆，持续时间短，无痰或有少量黏稠分泌物。干咳提示呼吸道内分泌物极少或急性炎症初期黏膜肿胀干燥，见于急性喉气管炎初期、慢性支气管炎、病毒性肺炎、结核病早期、胸膜炎、喉或气管内有异物。

②湿咳：咳嗽声音较低而钝浊，持续时间长。湿咳提示呼吸道内有大量分泌物，常伴随大量鼻液，或咳嗽后出现吞咽动作，见于急慢性呼吸道炎症末期，如咽喉炎、支气管炎、支气管肺炎、肺脓肿、肺坏疽。

2. 频率

①单发性咳嗽(稀咳)：频率低，每次仅一两声。稀咳提示呼吸道内有少量分泌物或异物，见于感冒、肺结核、慢性支气管炎、慢性支气管肺炎。

②连续性咳嗽(连咳)：反复连续，一次咳嗽十几到几十声，严重时可变为痉挛性咳嗽，见于急性喉炎、急性支气管炎。

③痉挛性咳嗽(发作性咳嗽)：咳嗽具有突然性和暴发性，咳嗽剧烈、连续不断。

发作性咳嗽提示呼吸道黏膜受强烈刺激或刺激因素不能排除，见于异物进入上呼吸道、异物性

肺炎、犬传染性气管支气管炎。

3. 强度

①强咳：咳嗽强而有力，提示肺的弹性正常，见于喉炎、气管炎等。

②弱咳：咳嗽弱而无力，提示肺的弹性减弱或咳嗽带痛，见于肺炎、肺气肿、胸膜炎、全身性衰弱等。

4. 痛咳 咳嗽伴有疼痛，声音短而弱，且伴有头颈伸直、摇头不安、前蹄刨地等动作，或呻吟以示疼痛，见于胸膜炎、呼吸道异物、急性喉炎等疼痛性疾病。

（三）喷嚏和打鼾检查

1. 喷嚏 喷嚏为一种保护性的反射动作，当鼻黏膜受到刺激时，反射性引起暴发性呼气，振动鼻翼产生的一种特殊声音，见于鼻炎、鼻腔内有异物。

2. 打鼾 打鼾为一种特殊的呼噜声，多由鼻黏膜肿胀、肥厚导致鼻道狭窄而张口呼吸时，软腭部发生强烈的震颤而发出。短吻犬易发生，病理情况见于鼻炎。

胸、肺部检查

视频：胸、肺部检查 1

视频：胸、肺部检查 2

一、胸廓检查

（一）视诊

观察胸廓的大小、形状与对称性，应从宠物的不同方位进行细致的比较观察。健康宠物胸廓两侧对称，脊柱平直，肋骨隆起，肋间隙宽度均匀，呼吸匀称。病理变化如下。

1. 桶状胸 胸廓两侧扩大，横径增加，肋间隙变宽，似桶状，见于胸腔积液、急性纤维性胸膜炎、严重肺气肿等。

2. 扁平胸、鸡胸 胸廓横径减小，胸廓扁平而狭窄，为扁平胸；胸骨柄明显向前突出，为鸡胸。扁平胸、鸡胸见于佝偻病、骨软化症、慢性消耗性疾病导致的营养不良。

3. 两侧胸廓不对称 单侧胸廓内器官有疾病，对侧呈代偿性扩大，见于单侧肋骨骨折、单侧胸膜炎、单侧胸腔积液、单侧肺气肿等。

（二）触诊

检查胸壁温度、肋骨状态、胸壁敏感性和胸膜摩擦感。

1. 胸壁温度 胸廓前下部增温，见于急性胸膜炎；局限性增温，见于局部病变，如胸壁炎症、胸壁脓肿。

2. 胸壁敏感性 检查者手指伸直并拢，垂直放于肋间，连续按压式触诊。胸膜炎初期，肋间有压痛；肋骨骨折时，疼痛更加剧烈。

3. 胸膜摩擦感 胸膜炎时，胸膜表面粗糙，呼吸运动时，胸膜相互摩擦，将手掌紧贴于胸廓，有与呼吸一致的摩擦感，如不明显，可运动后再检查。

4. 胸下气肿、水肿 胸下气肿有捻发音和窜动感，见于肺气肿、气胸；胸下水肿触压有面团感，见于心力衰竭、营养不良等。

二、胸肺部检查

胸肺部检查是呼吸系统检查的重点，以叩诊和听诊较为重要，还可应用 X 线检查及实验室检查等。

（一）叩诊

根据叩诊音的改变诊断肺和胸膜的病理变化。

1. 叩诊方法 锤板叩诊法适用于大型犬；指指叩诊法适用于小型犬和猫。左手持叩诊板沿肋间隙密贴、纵放，右手持叩诊锤用腕力向叩诊板做垂直、短促叩击，每次连续叩击 2～3 下。

垂直叩诊：沿肋间由上向下叩击，主要用于检查肺叩诊音。

水平叩诊：沿着髋结节、坐骨结节、肩关节 3 条水平线由前向后叩击，直到肺后界为止，主要用于确定肺界。

2. 肺叩诊区 肺叩诊区仅表示肺的体表投影，不完全与肺的解剖界限相吻合。肺的前部被发达的肌肉、骨骼掩盖，叩诊无法检查，因此，肺叩诊区比肺本身约小 1/3。

一般根据髋结节、坐骨结节、肩关节 3 条水平线与肋间交点的连线来确定肺叩诊区的界限（图 3-3）。

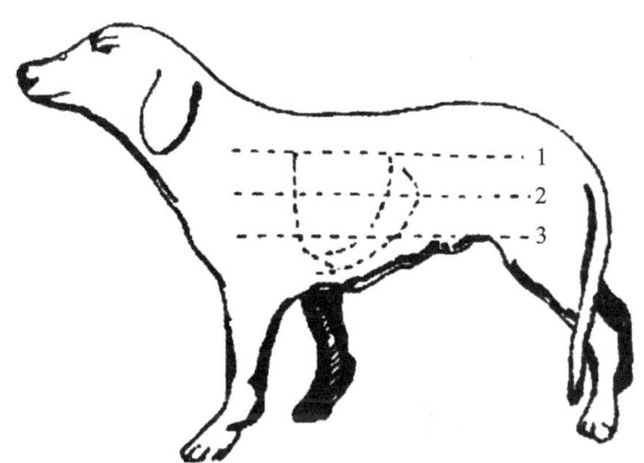

图 3-3　犬肺叩诊区（弧形线为叩诊区）

1. 髋关节水平线；2. 坐骨结节水平线；3. 肩关节水平线

犬、猫肺叩诊区如下。

上界：距背中线 2～3 指宽。

前界：自肩胛骨后角沿肩胛骨后缘肘肌向下引线，止于第 6 肋间下部。

后下界：上界与第 12 肋间交点；髋结节水平线与第 11 肋间交点；坐骨结节水平线与第 10 肋间交点；肩关节水平线与第 8 肋间交点；前界下部。

3. 肺叩诊音 健康宠物肺区的中 1/3 叩诊呈清音，其特征是音调低、音响大、振动持续时间长。而肺区的上 1/3 和下 1/3 音响较小，肺边缘呈半浊音，犬、猫肺区稍带鼓音性质。叩诊区及叩诊音病理变化如下。

(1)肺叩诊区扩大：肺过度膨胀、胸腔积气所致，见于肺气肿、气胸。

(2)肺叩诊区缩小。

①后界前移：腹腔器官对膈的压力增强，将肺的后缘向前推移所致，见于妊娠后期、急性胃扩张、肠臌气、腹腔大量积液、肝大等。

②前界后移或下界上移：见于心脏肥大、心脏扩张、心包积液等。

(3)浊音、半浊音：提示肺泡内充满渗出物，使肺组织发生实变，密度增大、弹性减小、含气量减少；肺内形成实体组织。浊音、半浊音见于大叶性肺炎肝变期、小叶性肺炎、异物性肺炎、肺充血、肺水肿、肺结核、肺脓肿、肺肿瘤、肺纤维化、胸腔积液、胸膜炎引起的胸膜增厚等。散在性浊音区，见于小叶性肺炎。成片性浊音区，见于大叶性肺炎。水平浊音，见于胸腔积液、渗出性胸膜炎。

(4)鼓音：肺和胸腔内形成异常的含气空腔所致，见于支气管扩张、气胸、肺空洞、肺坏疽、膈疝。

(5)过清音：肺组织气体过度充盈所致，见于肺气肿。

(6)破壶音：提示肺内有与支气管相通的大空洞，见于肺空洞、肺坏疽、肺脓肿、肺结核等。

(7)金属音：肺部有较大的空洞，位置浅表、四壁光滑且紧张时形成，见于气胸、肺空洞。

(8)叩诊有敏感反应：意义同胸壁敏感性。

(二) 听诊

1. 听诊方法 多用听诊器间接听诊，肺听诊区和叩诊区大致相同。先从肺部的中 1/3 开始，由前向后逐渐听取，其次为上 1/3，最后为下 1/3，每个部位听取 2～3 次呼吸音，再变换位置，直至听完

肺的全部。如发现异常呼吸音,应在附近及对侧相应部位进行比较,以确定其性质。如呼吸微弱、呼吸音听诊不清,可使宠物做短暂的运动或短时间闭塞鼻孔后,引起深呼吸,再进行听诊。

2. 正常呼吸音

①肺泡呼吸音:健康宠物肺部可听到类似柔和的“呋呋”的肺泡呼吸音,由空气通过毛细支气管及肺泡入口狭窄部而产生的狭窄音与空气在肺泡内旋涡流动时所产生的音响构成。特征是吸气时明显,尤以吸气末期显著,呼气时由于肺泡转为弛缓,故肺泡呼吸音短而弱,仅在呼气初期可以听到。肺泡呼吸音在肺区中 1/3 最为明显。犬、猫的肺泡呼吸音同其他宠物比较,声音显著强而高朗;幼龄宠物比成年宠物强。

②支气管呼吸音:一种类似将舌抬高并呼气时所发出的“赫赫”音,由空气通过声门裂隙时产生气流旋涡所致。其为喉、气管呼吸音的延续,但较气管呼吸音弱,较肺泡呼吸音强。特征为吸气时较弱而短,呼气时较强而长。犬在其整个肺部都能听到明显“呋呋”“赫赫”的支气管与肺泡混合型呼吸音;其他宠物肺区前部接近较大支气管处,可听到支气管呼吸音,但并非纯粹的支气管呼吸音,而是带有肺泡呼吸音的混合型呼吸音。

3. 病理呼吸音

(1)病理性肺泡呼吸音。

①肺泡呼吸音增强。

a. 普遍性增强:全肺均增强,如重度“呋呋”音,提示发热、代谢亢进及伴有呼吸困难的疾病,为全身症状,不标志肺的原发性病变,见于热性病。

b. 局限性增强(代偿性增强):病变肺功能减弱,健康肺组织代偿性呼吸功能亢进,见于支气管肺炎、大叶性肺炎等。

②肺泡呼吸音减弱或消失:肺泡呼吸音极为微弱,听不清楚,吸气时也不明显,甚至听不到;可发生于肺部一侧、两侧或局部。肺泡呼吸音减弱或消失提示呼吸困难,呼吸过程中进出肺泡的气体量减少,如支气管、肺泡被异物或炎性渗出物阻塞,或呼吸音传导障碍,见于各型肺炎、肺结核、肺水肿、呼吸道狭窄、呼吸肌麻痹、胸膜炎、肋骨骨折、胸腔积液,及引起肺炎、胸膜炎的传染病,如传染性胸膜肺炎等。

(2)病理性支气管呼吸音:除犬外的其他宠物正常支气管呼吸音部位以外的区域听诊出现支气管呼吸音,都属于病理现象,提示肺组织实变且与支气管相通,传音良好,见于肺炎、渗出性胸膜炎、传染性胸膜肺炎、广泛性肺结核等。

(3)混合型呼吸音:肺泡呼吸音与支气管呼吸音混合存在。吸气时主要是肺泡呼吸音,呼气时主要是支气管呼吸音。混合型呼吸音提示浸润实变区和正常肺组织掺杂存在,见于小叶性肺炎、大叶性肺炎的初期或消散期、散在性肺结核。

(4)啰音:伴随呼吸出现的附加声音,按其性质分为干啰音和湿啰音。

①干啰音:类似鼾声、蜂鸣音、笛音、哨音;在吸气和呼气时均能听到,一般在吸气顶点最清楚;变动性很大,可因咳嗽、深呼吸而明显减少,或时隐时现,提示慢性支气管炎,因支气管黏膜发炎、肿胀、管腔狭窄并附有少量黏稠分泌物。广泛性干啰音见于弥漫性支气管炎、支气管肺炎、慢性肺气肿、肺线虫病等;局限性干啰音见于慢性支气管炎、肺结核、间质性肺炎等。

②湿啰音:类似水泡破裂音、沸腾音、含漱音;在吸气和呼气时均能听到,一般在吸气末期最清楚;痰液多,咳嗽、吐痰后可暂时消失,但经短时间之后又重新出现。湿啰音提示支气管与肺泡内存在稀薄分泌物,呼吸气流冲动形成,是支气管疾病和许多肺病的重要症状,见于支气管炎、支气管肺炎、肺水肿、肺淤血、肺出血、异物性肺炎等。

(5)捻发音:细支气管或肺泡内有黏稠的分泌物时,细支气管壁黏着在一起,吸气气流通过时使其急剧分开所产生的一种爆裂音,可听到极细微而均匀的“噼啪”声,类似在耳边捻搓头发的声音;声音稳定而长期存在,不因咳嗽而消失。捻发音提示肺实质的病变,见于细支气管炎、大叶性肺炎的初期或消散期、肺充血或肺水肿的初期等。

(6)胸膜摩擦音：胸膜炎时，由于纤维蛋白附着，胸膜表面变得粗糙，呼吸时两层胸膜摩擦而产生的类似皮肤摩擦的声音；在吸气末和呼气最初明显；如紧压听诊器，声音可增强。胸膜摩擦音提示纤维素性胸膜炎，见于大叶性肺炎、各型传染性胸膜肺炎、犬瘟热等。

(7)胸腔振水音：胸腔内有液体积聚时，随着呼吸运动、突然改变体位或心搏，振荡或冲击液体而产生的声音，类似拍击半满热水袋或振荡半瓶水发出的声音，见于渗出性胸膜炎、胸腔积液等。

案例分享

任务三　心血管系统检查

扫码看课件

学习目标

【知识目标】

掌握宠物心血管系统各项检查的方法、结果及异常所见的疾病。

【技能目标】

能够熟练运用心血管系统各项检查技术完成各项检查。

【思政与素质目标】

1. 学会用辩证的方法鉴别疾病。
2. 具备科学的态度，实事求是的学风。
3. 树立规范按照技术流程从事宠物诊疗活动的职业道德。

系统关键词

心脏、动脉血压。

心脏检查

视频：心脏检查 1

一、心脏搏动检查

心脏搏动是将手紧贴于健康状态下宠物心脏时感知到的胸壁随着心脏的跳动而出现的有规律的振动，是心室在收缩时，心脏撞击胸壁发生的振动。心率即每分钟心脏搏动次数，心脏搏动一般通过视诊和触诊检查。

视频：心脏检查 2

(一) 视诊

被检宠物站立，助手握住其左前肢并向前提举，以充分暴露心区，检查者位于宠物左侧观察左侧肘后心区被毛与胸壁振动情况。胸部皮下肌肉较薄、显著消瘦的宠物及剧烈活动后心脏搏动较明显。

(二) 触诊

手掌放于宠物左侧肘突后上方的心区部位进行触诊，必要时可在右侧或两手同时在两侧胸壁触诊，以感知胸壁的振动，应注意其强度、位置、频率的变化。

犬、猫心脏搏动触诊部位为左侧胸廓下 1/3 处的第 4～6 肋间，以第 5 肋间最明显。

（三）心脏搏动变化及意义

心脏搏动强度主要受心肌收缩力、胸壁的厚度、心脏与胸壁之间的介质状态等因素的影响。心脏搏动的强弱与心肌收缩力成正比，与胸壁的厚度和心脏与胸壁的传导介质成反比。

1. 生理性变化

①营养状况：过肥宠物心脏搏动较弱，消瘦宠物心脏搏动较强。

②运动之后、外界温度升高、宠物兴奋与恐惧等情况下，心脏搏动增强。

③宠物的年龄与个体条件不同，心脏搏动强度不同。

2. 病理性变化

①心脏搏动加强：触诊时感到心脏搏动强而有力，并且区域扩大。搏动过度增强引起胸壁振动，称为心悸。

心脏搏动加强提示心功能亢进，见于热性病初期、心脏病（如心肌炎、心内膜炎、心包炎）的代偿期、贫血、剧烈疼痛性疾病等。

②心脏搏动减弱：触诊时感到心脏搏动无力，搏动区域缩小，甚至难以感知，见于心脏衰弱，胸壁与心脏之间的介质状态改变，如胸膜炎、胸腔积液、胸壁水肿、心包炎等。

③心脏搏动移位：心脏受邻近器官、渗出液、肿瘤等的压迫，造成心脏搏动位置改变。向前移位见于胃扩张、膈疝等，向右移位见于左侧胸腔积液等。

④心区压痛：触诊心区，宠物表现回顾、躲闪、呻吟等敏感症状，或对抗检查，见于心包炎、胸膜炎、肋间神经炎等。

二、心脏叩诊

正常心脏的叩诊音为浊音，心脏浊音区包括相对浊音区和绝对浊音区两部分。心脏的大部分被肺遮盖，叩诊呈半浊音，为相对浊音区；心脏的小部分不被肺遮盖，与胸壁直接接触，叩诊呈浊音，为绝对浊音区。浊音区反映心脏的实际大小；绝对浊音区反映肺的相对大小。

（一）叩诊方法与正常浊音区

先由助手提举宠物左前肢，充分暴露心区。叩诊时从肩胛骨后角沿着肋间从上向下叩诊，以确定心脏相对浊音区和绝对浊音区的上界，再沿髋结节与肘关节连线由后向前叩诊，以确定心脏相对浊音区和绝对浊音区的后界。这种方法可确定心脏叩诊区。

犬、猫的正常绝对浊音区位于左侧第 4～6 肋间，前缘达第 4 肋骨，上缘达肋骨和肋软骨结合部，大致与胸骨平行，后缘受肝浊音影响无明显界限。

（二）叩诊病理变化

1. 心脏浊音区扩大　由于心脏或心包体积增大，心脏相对浊音区扩大；由于肺萎缩，心脏被肺覆盖的面积缩小，绝对浊音区扩大。心脏浊音区扩大见于心肌肥大、心肌扩张、心包炎、心包积液、肺萎缩等。

2. 心脏浊音区缩小　由于肺扩张，心脏被肺覆盖的面积增大，心脏绝对浊音区缩小；由于肺萎缩及掩盖心脏的肺叶发生实变，心脏被肺覆盖的面积减少，心脏的相对浊音区缩小。心脏浊音区缩小见于肺气肿、气胸、肺萎缩、肺炎等。

3. 心区敏感　见于心包炎、胸膜炎等。

三、心脏听诊

健康宠物每个心动周期中，听诊心脏时可听到“咚-哒”这种有节律的交替出现的两种声音，称为心音。前一种是低而浊的长音，即第一心音；后一种是短而高的声音，即第二心音。瓣膜、心肌和血流的振动是心音产生的原因。

第一心音（心缩音）：心室收缩时，由二尖瓣、三尖瓣关闭的振动所形成，此外还包括心室收缩时的振动、动脉瓣开放和血流冲击动脉管壁产生的振动等。

第二心音(心舒音):心室舒张时,由主动脉瓣、肺动脉瓣关闭的振动所形成,此外还包括心室舒张时的振动、房室瓣开放和血流产生的振动等。

第一心音与第二心音的特点如表 3-1 所示。

表 3-1 第一心音与第二心音的特点

心音	持续时间	音尾	音调	明显部位	两心音间隔	出现时间
第一心音	长(0.5 s)	延长	低	心尖部	1-2 短	与脉搏一致
第二心音	短(0.2 s)	戛然中止	高	心基部	2-1 长	在脉搏后

(一) 心脏听诊的方法和部位

先向前移动宠物左前肢,充分暴露心区。通常于左侧肘突后上方心区处听取,必要时在右侧心区听诊加以对比。在心区任何一点都可听到两种心音,但在某部位听诊时最为清楚,该部位即为心音的最佳听诊点。临床上常在最佳听诊点进行听诊,以听取某一心音的强弱及判断心脏杂音产生的部位。

犬心音最佳听诊点如下。

第一心音:

①二尖瓣口-左侧第 5 肋间,胸廓下 1/3 的中央水平线上。

②三尖瓣口-右侧第 4 肋间,肋骨与肋软骨结合部。

第二心音:

①主动脉瓣口:左侧第 4 肋间,肩关节水平线下方 1～2 指处。

②肺动脉瓣口:左侧第 3 肋间,胸廓下 1/3 的中央水平线下方。

(二) 心音异常

心音是否异常,要从心音的频率、强度、性质及节律等方面加以判断。

1. 心音强度改变 决定心音强度的因素:①心音本身强度:心肌收缩力、瓣膜紧张度、心室充盈度、循环血量、血液成分等。②心音传导介质状态:胸壁厚度、胸膜腔或心包状态、肺叶状态。

判定心音强度变化时,需对比听诊。心音强度改变既可表现为两心音同时增强或减弱,也可表现为某一心音增强或减弱。生理性的心音强度改变意义同心脏搏动。

(1)心音增强。

①两心音均增强:心肌收缩力增强,心排血量增多所致。见于心脏病的代偿期、非心脏病的代偿反应及周围肺组织的病变。两心音均增强见于发热性疾病、贫血、应用强心剂、肺萎缩等。

②第一心音增强:心肌收缩力增强、瓣膜紧张度增高、血液对动脉冲击力增强所致,常伴有心悸。第一心音增强见于心肥大、贫血、心内膜炎致主动脉瓣口狭窄等。

③第二心音增强:循环阻力增大,主动脉、肺动脉血压增高使动脉瓣紧张度增高所致。第二心音增强见于肺炎、肺气肿、肺充血、肺水肿引起的肺循环障碍,急性肾炎等。

(2)心音减弱。

①两心音均减弱:见于心力衰竭后期,濒死期,心包炎、胸膜炎所致的心音传导不良。

②第一心音减弱:心室增大而瓣膜不能增大,二尖瓣不能正常闭锁,血液逆流使二尖瓣振动减小所致。第一心音减弱见于二尖瓣关闭不全、心室扩张、心肌炎等。

③第二心音减弱:循环阻力减小,主动脉、肺动脉血压降低导致动脉瓣紧张度降低所致。第二心音减弱见于失血、脱水、休克、主动脉瓣关闭不全、主动脉口狭窄等。第二心音减弱伴随心动过速和心律失常,常提示预后不良。

2. 心音性质改变

(1)心音浑浊:心音不纯、低浊、模糊不清,两心音缺乏明显的界限,多由心肌变性或心肌营养不良、瓣膜病变,使心肌收缩无力或瓣膜活动不充分所致。心音浑浊见于发热性疾病、贫血、衰竭等导

致的心肌营养不良。

(2)胎性心音:第一心音和第二心音强度、性质相似,间隔期也略相等,常伴随心动过速,听诊时如胎儿心音,或类似钟摆“滴答”声。胎性心音常见于心肌损害等。

3. 心音分裂 第一心音或第二心音分裂成两个声音,这两个声音的性质与正常心音一致。

(1)第一心音分裂:由左、右心室收缩不同步,导致二尖瓣、三尖瓣关闭时间不同步造成。第一心音分裂见于传导阻滞、单侧疾病导致的心室衰弱或肥大。

(2)第二心音分裂:由主动脉瓣、肺动脉瓣关闭时间不同步造成,取决于主动脉、肺动脉的压力。第二心音分裂见于主动脉或肺动脉高压,如肺水肿、肺炎、肝炎、肾炎。

4. 额外心音 在正常心音之外听到的附加心音,与心脏杂音不同,主要出现在第二心音后,在原有的两心音外还可听到第三心音,节律似马蹄声,又称为奔马律。额外心音见于心肌炎、心包炎、心室扩张等。

5. 心音节律改变 健康宠物心脏发出的节律性兴奋向外传播,顺次引起心房、房室交界、房室束、浦肯野纤维、心室肌的兴奋,导致整个心脏的兴奋和收缩。因此,正常起源于窦房结的心脏节律称为窦性心律,特点是以一定的频率从窦房结发出冲动,使每次心音的间隔时间均等,强度一致。

(1)窦性心动过速:由窦房结频繁发出兴奋向外传导,引起整个心脏的兴奋和收缩,表现为心率均匀而快速,见于发热性疾病、心功能不全、剧痛性疾病、贫血、迷走神经麻痹等。

(2)窦性心动过缓:表现为心率均匀而缓慢,见于迷走神经兴奋(如颅内压升高等)、心脏传导障碍等。

(3)窦性心律不齐:冲动从窦房结发出,但其发生的频率不一致,导致心率时快时慢,见于心脏病引起窦房结发生病变或传导障碍,也发生于幼龄宠物,有时吸气时心率略微增加,呼气时下降,为正常现象。

(4)期前收缩(早搏):由窦房结以外的异位兴奋灶发出的兴奋而引起的心脏的过早搏动。期前收缩取代了该次本来应有的正常收缩,故在其后面有一个比平常延长的间歇期。若期前收缩频繁发生,则为病理性,如心脏病、心力衰竭、缺钾、药物(洋地黄、肾上腺素)中毒等;偶然发生诊断意义不大。

6. 心脏杂音 心脏杂音是正常心音以外的附加音,可以与正常心音分开,也可以与正常心音相连,甚至可以完全掩盖正常心音。

心脏杂音的性质与正常心音完全不同,其性质有柔和与粗糙之分,柔和呈吹风样、哨音样杂音,粗糙呈锯木样、雷鸣样、皮革摩擦样等杂音,其对心脏瓣膜疾病和心包疾病的诊断具有重要意义。

心脏杂音按杂音产生的部位分为两种:心内杂音、心外杂音。

心脏杂音按杂音产生的原因分为两种:器质性杂音、功能性杂音。

心脏杂音按杂音产生的时期分为三种:收缩期杂音、舒张期杂音、连续性杂音。

(1)心内杂音:发生在心腔内的杂音,是由于血流加速、血流通道异常或血液黏度改变,血流湍急或漩涡而产生的杂音。

①器质性心内杂音:先天性心脏缺陷或慢性心内膜炎,引起心内膜(如瓣膜)存在解剖形态学改变而产生的杂音。常见的器质性变化有瓣膜关闭不全(不能正常闭合)、瓣膜口狭窄(不能正常打开)。

a. 收缩期杂音:二尖瓣或三尖瓣关闭不全,血液向后逆流,产生呈吹风样的柔和杂音;主动脉瓣或肺动脉瓣口狭窄,血流通过狭窄瓣膜口产生漩涡,产生粗糙、刺耳或嘈杂声。

b. 舒张期杂音:主动脉瓣或肺动脉瓣关闭不全,产生呈吹风样或哨音样的柔和杂音;二尖瓣或三尖瓣口狭窄,产生雷鸣样粗糙杂音。

②非器质性(功能性)心内杂音:心内膜不存在解剖形态学改变,多由功能变化而引起。

a. 相对关闭不全性杂音:心脏出现代偿性扩大,瓣膜口也随着扩大,而瓣膜仍然是正常大小,故瓣膜不能正常闭锁扩大的瓣膜口,形成相对关闭不全性杂音。见于心力衰竭、心功能不全引起的心脏代偿性扩张或肥大。

b. 贫血性杂音:严重贫血时,血液稀薄,同时心脏活动加强,血流加快,容易形成血流漩涡而引起

杂音。

c.其他：甲状腺功能亢进、运动、兴奋、妊娠、发热等状态下，由于血流加快，也易出现功能性杂音。

功能性杂音的特点为性质柔和，似吹风样，且仅出现在收缩期。

器质性杂音和功能性杂音的区别如表 3-2 所示。

表 3-2 器质性杂音和功能性杂音的区别

杂音种类	音质	出现时期	部位	好转、兴奋或用强心剂后
器质性杂音	强而粗糙	收缩期、舒张期	有最强点	杂音增强
功能性杂音	柔和	收缩期	不定	杂音减弱或消失

(2)心外杂音：发生在心腔以外的杂音，通常由心包或靠近心脏的胸膜发生病变引起。

①心包振水音：当心包腔内蓄积液体时，随着心脏收缩引起振荡而产生类似液体振荡的声音，见于心包炎、心包积水。

②心包摩擦音：纤维蛋白渗出物沉积在心包的脏层和壁层，随着心脏搏动，引起两层粗糙面发生摩擦而产生粗糙的皮革摩擦音，见于纤维素性心包炎。

心外杂音特点：距耳较近，听起来清晰、明显，且用听诊器胸件压迫心区可使心外杂音增强；心内杂音则不变化。

动脉血压测定

一、正常动脉血压

动脉血压是指血液对单位面积主动脉管壁的侧压力，一般指主动脉内的血压。

心室收缩时，血液急速流入动脉，动脉管紧张度达到最高，此时的血压为最高血压，称为收缩压；收缩压主要受心肌收缩力的支配。心室舒张时，主动脉瓣关闭，动脉血压逐渐下降，血液流向外周血管，动脉管的紧张度降到最低，此时的血压为最低血压，称为舒张压；舒张压主要由外周血管的阻力所决定。

健康犬的收缩压为 14.39～22.52 kPa，平均为 19.7 kPa；舒张压为 9.99～16.26 kPa，平均为 13.31 kPa。健康猫的收缩压为 20.66 kPa，舒张压为 13.3 kPa。

一定的血压水平是保证各器官血液供应的必要条件。如果血压过低，组织得不到充足的血液，则新陈代谢无法进行；如果血压过高，心脏在射血时遇到更大的阻力，从而增加心脏负担，长此下去，则会引起心力衰竭。

二、血压病理变化

凡使心肌收缩力、心排血量、外周血管阻力及动脉壁弹性发生改变的因素，均能使血压出现异常变化。

1. 血压升高 见于剧烈疼痛性疾病、热性病、左心室肥大、肾炎、动脉硬化、铅中毒等。

2. 血压降低 见于心功能不全、外周循环障碍、大出血、慢性消耗性疾病等。

三、血压测定方法

测定部位：后肢股动脉最为方便，也可选前肢正中动脉。

测定方法：血压计测量。

操作步骤：对宠物站立保定，把血压计的袖带(橡皮气囊)缠绕于股部。袖带松紧度以能塞入听诊器胸件为宜，将听诊器胸件固定在股动脉搏动最明显处。拧紧放气阀，向袖带内充气，当气压表指针接近 26.66 kPa 时，停止充气。小心扭开放气阀缓慢放气，当指针逐渐下降到能听到第一个声音时，气压表指针所指刻度为收缩压；随着缓慢放气，声音逐渐减弱并消失，在声音消失前瞬间，气压表指针所指刻度为舒张压。

Note

任务四 泌尿与生殖系统检查

扫码看课件

学习目标

【知识目标】

掌握宠物泌尿与生殖系统各项检查的方法、结果及异常所见的疾病。

【技能目标】

能够熟练运用泌尿与生殖系统各项检查技术完成各项检查。

【思政与素质目标】

1. 学会用辩证的方法鉴别疾病。
2. 具备科学的态度,实事求是的学风。
3. 养成规范按照技术流程从事宠物诊疗活动的职业道德。

系统关键词

排尿状态、尿液、泌尿器官、外生殖器。

排尿状态及尿液感官检查

视频:排尿状态及尿液感官检查

一、排尿姿势

宠物正常的排尿姿势随着宠物的种类和性别的不同而各有不同。公犬、公猫排尿时抬举并外展某一后肢,向身体侧方排尿,且有排尿于其他物体上的习惯;母犬、母猫排尿时后肢稍向前踏,略微下蹲,弓背举尾。排尿是一种反射动作,膀胱感受器、传入神经、排尿中枢、传出神经或效应器官等排尿反射弧任何一部分异常,均可引起排尿障碍。

二、排尿次数和尿量

排尿次数和尿量与肾脏的泌尿功能、尿路状态、饲料含水量和宠物的饮水量、机体从其他途径(如粪便、呼吸道、皮肤)所排水分的多少有密切关系。

健康成年犬,每天排尿 2~4 次,总量 0.5~1 L;健康成年猫,每天排尿 3~4 次,总量 0.1~0.2 L;但公犬常随嗅闻物体而产生尿意,短时间内可排尿 10 多次。

三、排尿异常

泌尿、储尿或排尿的任何障碍,都可表现为排尿异常。

1. 多尿 总排尿量增加,表现为排尿次数增多,而每次排尿量并不减少,提示肾小球滤过增多或肾小管吸收能力减弱,见于大量饮水、慢性肾病、尿崩症、渗出液吸收过程、糖尿病等。

2. 尿频 排尿次数增多,而每次排尿量减少,甚至呈点滴状排出,提示膀胱或尿道黏膜受刺激而兴奋性增高,见于膀胱炎、尿道炎、肾盂肾炎、宠物发情时等。

3. 少尿和无尿 总排尿量减少，表现为排尿次数减少，每次排尿量也减少；排尿停止称为无尿。此时尿色变浓，尿比重升高，有大量沉积物。

少尿和无尿的病因可分为肾前性、肾原性和肾后性。

①肾前性：由血浆渗透压增高或外周循环障碍引起的肾血流量减少所致，表现为尿量轻度或中度减少，一般不出现无尿，见于脱水（腹泻、呕吐、失血）、休克、心力衰竭。

②肾原性：多由肾小球或肾小管严重病变引起，见于急性肾小球肾炎、各种慢性肾病（如慢性肾炎、肾盂肾炎、肾结核、肾结石等）引起的肾功能衰竭。

③肾后性：最常见为肾泌尿功能正常，而膀胱充满尿液不能排出，尿液呈少量点滴状排出或完全不能排出，称为尿潴留或尿闭，完全尿闭可导致膀胱过度胀大而破裂。见于结石、炎性渗出物、血块或脓块导致尿路（肾盂、输尿管、尿道）阻塞或狭窄，膀胱麻痹、膀胱括约肌痉挛、腰荐部脊髓疾病。

4. 排尿困难和痛苦 排尿用力且所需时间长，并伴有明显的疼痛表现，如呻吟、努责、摇尾踢腹、回顾腹部等，不时表现出排尿姿势，但无尿或仅有少量尿液排出，见于膀胱炎、尿道炎、尿道结石、生殖道炎症（如前列腺炎、阴道炎）、腹膜炎。

5. 尿失禁 无排尿动作和姿势便不自主排尿，见于腰荐部脊髓疾病、膀胱括约肌麻痹、濒死期等。

6. 尿淋漓 排尿不畅，尿液呈点滴状或细流状排出，常为尿失禁、排尿痛苦和神经性排尿障碍的一种表现，也可见于老龄体衰、胆怯、神经质宠物。

四、尿液感官检查

尿液检查不仅对泌尿器官疾病的诊断很重要，而且对物质代谢及与此有关的各器官疾病的判断也有重要意义。检查方法以感官检查为主，化学检查和显微镜检查为辅。

1. 尿色 健康宠物因品种、饲料、饮水量、出汗和环境条件不同而尿色略有不同，新鲜尿液一般为淡黄色透明液体。尿量增多，尿色较淡，见于多尿；尿量减少，尿色较深，见于少尿和无尿。尿色常因尿液中混有血液、血红蛋白、胆色素、饲料色素及药物色素而不同。

①红尿：血尿，表现为尿液发红浑浊，静置后有红色沉淀，见于膀胱结石、肾炎、肾功能衰竭、膀胱炎、尿道结石、尿路出血等。血红蛋白尿，表现为尿液发红透明，静置后无沉淀，见于溶血性疾病如血孢子虫病、巴贝斯焦虫病、犬洋葱中毒等。

②黄尿：尿液呈棕黄色或黄绿色，振荡后产生黄色泡沫，提示尿中含有大量胆色素，见于各种类型的黄疸。服用维生素 B_2 或呋喃类药物后也可出现黄尿。

2. 气味 正常尿液带有臊味，病理气味有氨臭味，见于膀胱炎、尿闭；腐败味，见于膀胱、尿路溃疡、坏死或化脓性炎症；酮味，见于酮血症、糖尿病后期。

3. 透明度 健康宠物新鲜尿液澄清透明。若新鲜尿液浑浊，除见于血尿外，还见于肾及尿路的化脓性炎症。

泌尿器官检查

视频：泌尿器官检查

一、肾脏检查

当发现宠物有排尿异常及尿液性状发生改变时，应对泌尿器官特别是肾脏进行检查。肾脏是一对实质性器官，位于脊柱两侧腰下区，右肾一般比左肾稍在前方。

1. 视诊 除排尿障碍外，由于肾区敏感，宠物常表现出腰背僵硬、拱起，运步小心，可见肾性水肿（多发于眼睑、垂肉、腹下、阴囊及四肢下部），见于急性肾炎、化脓性肾炎、肾结石、肾虫病等。

2. 触诊 可通过体表进行腹部触诊。宠物呈站立姿势，检查者两手拇指放于宠物腰部，其余手指放于宠物两侧最后肋骨后方与髋结节之间的腰椎横突下方，从左右两侧同时施压并前后滑动。注意肾脏的大小、形状、硬度、敏感性、活动性、表面是否光滑。

（1）肾脏压痛，见于急性肾炎、肾及肾周围组织化脓性感染、肾结石等。

（2）肾脏肿大，压之敏感，并有波动感，见于肾盂肾炎、肾盂积水、化脓性肾炎等。

(3)肾脏质地坚硬、体积增大、表面粗糙不平，见于肾硬变、肾肿瘤、肾结核、肾及肾盂结石。

(4)肾脏体积显著缩小，见于先天性肾发育不全或慢性间质性肾炎引起的肾萎缩。

二、膀胱检查

1. 触诊方法

(1)内部触诊：助手提举宠物后躯，检查者一手通过直肠检查触诊膀胱，另一手触摸腹后部耻骨前缘膀胱区，内外结合。

(2)外部触诊：宠物呈仰卧姿势，检查者一手放于后腹部腹中线处由前向后触压，也可用两手分别由腹部两侧逐渐向腹中线压迫触摸。

健康宠物膀胱胀满时，可触摸到一个有弹性的光滑球体，过度胀满可达脐部。

2. 病理变化

(1)膀胱空虚，有压痛，见于膀胱炎。

(2)膀胱内有较坚实的团块，见于膀胱结石、膀胱肿瘤。

(3)膀胱高度充盈，挤压时有波动感，提示膀胱积尿，见于膀胱麻痹或膀胱括约肌痉挛、膀胱扭转、膀胱结石、尿道结石。

(4)膀胱空虚、无尿、腹部膨大积尿，见于膀胱破裂。

三、尿道检查

1. 母畜 母畜尿道较短，开口于阴道前庭的下壁。

①触诊：将手指伸入阴道在其下壁触摸到尿道口。

②视诊：用阴道扩张器扩张阴道，视诊尿道口。

③探诊：利用导尿管进行检查。

2. 公畜 公畜尿道较长，对其位于骨盆腔的部分，可在直肠内触诊；对其位于骨盆腔及会阴以外的部分，进行外部触诊。

3. 常见病理变化 尿道结石、尿道炎、尿道损伤、尿道狭窄或阻塞等。

视频：外生殖器检查

外生殖器检查

一、公畜外生殖器检查

犬、猫的阴囊在耻骨下方、两肢之间。阴囊内容物包括睾丸、附睾、精索和输精管等。检查时注意阴囊及睾丸的大小、形状、硬度及有无肿胀、发热和敏感性。阴囊一侧性显著膨大，触诊柔软而有波动，似肠管，有时经腹股沟可还纳，见于腹股沟阴囊疝。阴囊肿大，同时睾丸实质肿胀，触诊时局部发热，有压痛，见于睾丸炎、睾丸周围组织炎。

检查包皮和阴茎有无发红、肿胀。

二、母畜外生殖器检查

1. 阴门检查 阴门是尿生殖前庭的外口，由左右两阴唇构成。阴门红肿，见于发情期、阴道炎；阴门流出腐败坏死组织块或脓性分泌物，见于胎衣不下、阴道炎、子宫炎。

2. 阴道检查 当发现阴门红肿或阴门有异常分泌物流出时，应借助阴道扩张器，仔细观察阴道黏膜的颜色、湿度、损伤、肿物、溃疡等变化，同时注意子宫颈的状态。健康母畜阴道黏膜呈粉红色，光滑而湿润。阴道黏膜潮红、肿胀、糜烂或溃疡，分泌物增多，流出浆液性、黏性、脓性或污秽腥臭液体，见于阴道炎；子宫颈口潮红、肿胀、松弛，有大量分泌物流出，见于子宫炎。

三、乳房及乳汁检查

视诊主要观察乳房的大小、形状，乳房和乳头的皮肤颜色有无发红，是否有外伤、隆起、结节及脓疱等。触诊时注意乳房的温度、厚度、硬度，有无肿胀、疼痛和硬结以及乳房淋巴结的状态。乳房肿胀、发硬，皮肤呈紫红色，有热痛反应，伴有乳房淋巴结肿大，见于乳房炎。除轻度炎症外，多数乳房

炎乳汁性状有变化，检查时可挤入器皿中观察乳汁颜色、黏度及性状。乳汁浓稠，内含絮状物或纤维蛋白块，或混有脓汁、血液，见于乳房炎。

任务五　神经系统检查

扫码看课件

学习目标

【知识目标】

掌握宠物神经系统各项检查的方法、结果及异常所见的疾病。

【技能目标】

能够熟练运用神经系统各项检查技术完成各项检查。

【思政与素质目标】

1. 学会用辩证的方法鉴别疾病。
2. 具备科学的态度，实事求是的学风。
3. 养成规范按照技术流程从事宠物诊疗活动的职业道德。

系统关键词

精神状态、神经器官、运动功能、感觉功能、反射功能。

精神状态检查

视频：神经状态检查

宠物的精神状态受中枢神经系统的控制，健康宠物对外界刺激反应灵活，行为敏捷，姿势自然，动作协调。

一、精神兴奋

精神兴奋是中枢神经系统功能亢进的结果。

精神兴奋轻者表现为骚动不安、惊恐；重者对轻微的刺激产生强烈反应，甚至挣扎脱缰，攻击人畜，不顾一切地前冲、后退等。精神兴奋见于脑病（如脑膜充血、脑炎、颅内高压）、代谢障碍（如酮血症）、中毒（如化学药品、植物中毒）、日射病和热射病、引起神经症状的传染病（如狂犬病、伪狂犬病、传染性脑脊髓炎）。

二、精神抑制

精神抑制是中枢神经系统抑制过程占优势的表现。根据程度不同分为以下三类。

1. 轻度——沉郁　表现为对周围事物注意力减弱、反应迟钝、离群呆立、头低耳耷、眼半闭或全闭、行动无力、尚有意识反应。多数疾病可引起，如各种热性病。

2. 中度——嗜睡　表现为重度萎靡，处于不自然的熟睡状态，只有给予强烈的刺激才能产生轻微、短暂的反应，但很快又陷入沉睡状态，见于脑炎、颅内压升高等。

Note

3. 重度——昏迷 表现为意识完全丧失，对外界的刺激全无反应，卧地不起，全身肌肉松弛，反射消失，甚至瞳孔散大，粪、尿失禁，仅保留节律不齐的呼吸和心脏搏动。昏迷可见于脑病（如脑炎、脑肿瘤、脑创伤）、代谢性脑病（感染或中毒引起的脑缺氧、缺血、低血糖、辅酶缺乏、脱水、代谢产物潴留）、濒死期等；重度昏迷常提示预后不良。

头颅和脊柱检查

脑和脊髓位于颅腔和椎管内，直接检查有困难，临床上只能通过视诊、触诊等方法对头颅和脊柱检查，以推断脑和脊髓可能发生的病变。

一、头颅检查

注意头颅的形态和大小，发育是否与躯体各部相协调，注意温度、硬度、敏感性等变化。

头颅异常增大，见于先天性脑室积水；头颅局限性隆起，见于局部创伤、脑或颅壁肿瘤等；颅骨局部压痛或变软，见于脑或颅壁肿瘤等；头颅骨质变形，多因代谢障碍性疾病导致的骨质疏松、软化或肥厚所致，见于骨软化症、佝偻病、纤维性骨炎等；头颅局部升温，见于局部创伤、炎症、热射病、日射病、脑充血、脑炎、脑膜炎等。

二、脊柱检查

观察脊柱是否弯曲。脊柱弯曲多因支配脊柱的肌肉紧张性不协调所致，见于脑膜炎、脊髓炎、破伤风等，也可见于骨质代谢障碍性疾病如骨软化症。

视频：运动功能检查

运动功能检查

宠物的运动是在大脑皮质的控制下，由运动中枢、传导径路、外周神经元及运动器官（如骨骼、关节、肌肉等）共同完成的。当以上神经或器官受损导致功能障碍时，会出现各种形式的运动障碍。

运动功能检查包括观察有无强迫运动、共济失调、痉挛和瘫痪。

一、强迫运动

由大脑、中脑和小脑的病变引起的不受意识支配的强制性运动称强迫运动。检查时应将宠物牵引绳松开，任其自由活动，以便观察其运动情况。

1. 转圈运动 按一定的方向左转或右转，转圈直径不变或逐渐缩小。有时甚至以一后肢为中心，在原地转圈，又称为时针运动。转圈直径的大小和转圈方向与病灶发生的部位等有关。转圈运动提示大脑皮质的运动中枢、中脑、脑桥、小脑、前庭核、迷路等部位一侧性损害，见于脑炎、脑脓肿、一侧性脑积水等。

2. 盲目运动 表现为无目的地游走，不注意周围事物，不顾外界刺激而不断前进，遇障碍物时则头抵障碍物而不动，见于脑炎。

3. 暴进及暴退 将头高举或沉下，以常步或速步不顾障碍向前狂进，称为暴进，见于大脑皮质运动区、纹状体、丘脑等损害；头颈后仰，连续后退，甚至倒地，称为暴退，见于小脑损害、颈肌痉挛，如流行性脑脊髓炎等。

4. 滚转运动 不自主向一侧倾倒或强制卧于一侧，或以躯体的长轴为中心向患侧滚转，多由一侧前庭神经受损，从而迷走神经紧张性消失，以致身体一侧肌肉松弛所致，见于延髓、小脑脚、前庭神经、内耳迷路受损的疾病。

二、共济失调

静止时姿势不平衡，运动时动作不协调，称共济失调。维持姿势平衡和运动协调的组织器官有小脑、前庭、锥体束，视觉也参与上述过程。

1. 静止性失调 站立时不能保持平衡，表现为头颈摇晃，躯体偏向一侧，四肢叉开站立以保持姿势平衡，如“醉酒状”，见于小脑、前庭神经或迷路受损。

Note

2. 运动性失调 动作缺乏节奏性、准确性和协调性，表现为运步时整个身躯摇晃、步态笨拙、举肢过高、用力踏地如“涉水样”，提示深部感觉障碍，见于大脑皮质颞叶或额叶、小脑、脊髓、前庭受损，如犬瘟热、伪狂犬病、遗传性小脑发育不良等。

三、痉挛

肌肉的不随意收缩称为痉挛，是大脑皮质运动区、锥体径路及反射弧受损所引起的大脑皮质下中枢兴奋的结果。

1. 阵发性痉挛 临床上最为常见，单个肌肉或肌群发生短暂、快速的一阵阵有节奏的不随意收缩，突然发生并迅速停止，肌肉收缩和弛缓交替出现。见于病毒或细菌感染性脑炎、中毒病(如有机磷、士的宁、食盐中毒)、代谢障碍(如低钙血症)、循环障碍等。

相互拮抗的肌肉或肌群交替发生快速、有规律、轻度的阵发性痉挛，称为震颤，提示小脑或基底神经节受损，见于过劳、衰竭、脱水、缺氧、濒死期等，也见于惊恐、寒战。高度阵发性痉挛，表现为全身性激烈颤动，称为搐搦或惊厥，见于中毒(如尿毒症)、某些传染病如犬瘟热等。

2. 强直性痉挛 肌肉长时间均匀、持续、无弛缓地收缩。常发生于一定的肌群，如头颈部肌肉痉挛引起角弓反张。强直性痉挛提示大脑皮质功能受抑制，或脑干和脊髓的低级运动中枢受刺激，见于破伤风、中毒病(如有机磷、士的宁中毒)、脑炎等。

3. 癫痫性痉挛 突然发生、为时短暂、反复发作，发作时表现为肌肉强直-阵发性痉挛，瞳孔散大，流涎，粪、尿失禁，感觉与意识丧失。癫痫性痉挛提示脑部感染、脑肿瘤、大脑皮质病变、中毒和代谢性疾病所致的脑神经兴奋性增高，见于脑炎、尿毒症、维生素 A 缺乏症、犬瘟热、犊牛副伤寒等。

四、瘫痪(麻痹)

肌肉的随意运动功能减弱或丧失。瘫痪的分类如下。

1. 按病因分类

(1)器质性瘫痪(运动神经损伤)：由脊髓受压、脊椎骨折等引起。

(2)功能性瘫痪(运动神经无器质性变化)：由血液循环障碍、中毒等引起，消除病因后可恢复。

2. 按瘫痪的程度分类

(1)全瘫：肌肉运动功能完全丧失。

(2)不完全瘫痪(轻瘫)：肌肉运动功能不完全丧失。

3. 按瘫痪的表现部位分类

(1)单瘫：某一肌肉、肌群或肢体瘫痪。

(2)偏瘫：躯体一侧瘫痪。

(3)截瘫：躯体两侧对称部位(如两后肢)瘫痪，临床上最为常见。

4. 按神经系统损伤的解剖部位分类

(1)中枢性瘫痪：瘫痪肌肉的随意运动消失，紧张性增高，肌肉较坚实，一般不萎缩；肢体对外来力量的被动运动有抵抗，腱反射亢进，受到刺激可引起痉挛，又称为痉挛性瘫痪或硬瘫。中枢性瘫痪见于脑或脊髓的损害，如脑炎、脑出血、脑积水、脑软化、脑肿瘤等。

(2)外周性瘫痪：瘫痪肌肉的随意运动消失，紧张性降低，肌肉软弱松弛，常出现萎缩；肢体对外来力量的被动运动无抵抗，腱反射减弱或消失，又称为弛缓性瘫痪、软瘫或萎缩性瘫痪。外周性瘫痪见于脊髓及外周神经受损，如坐骨神经麻痹等。

感觉功能检查

视频：感觉功能检查

感觉是神经系统的基本功能，各种刺激作用于感受器，由传导系统传递到脊髓和脑，最后到达大脑皮质的感觉区，经过分析和综合后产生相应的感觉。感受器分布于宠物体表、内脏或深部，能感受内、外环境的刺激，并将其转化为神经冲动。当感觉出现障碍时，表明这种传导结构发生了损害。

宠物的感觉包括浅感觉、深感觉、特殊感觉(如视觉、嗅觉、听觉、味觉、平衡感觉等)。因宠物无法表述且难以配合，感觉功能检查较困难，病情严重时，可结合意识进行判断。

一、浅感觉

皮肤黏膜的感觉,包括痛觉、温度觉、触觉和对电刺激的感觉。对于宠物主要检查痛觉和触觉。

1. 检查方法 在安静保定状态下,用布将宠物眼睛遮住以避免视觉的干扰,用针头或尖锐物以不同力量从臀部开始,沿脊柱两侧逐渐向前刺激,直到颈部和头部。对四肢的检查先从四肢末端开始,做环形刺激直至脊柱。必要时应做对比检查或多次检查,注意观察宠物的反应。

2. 感觉正常表现 用针刺时,出现相应部位的被毛颤动、皮肤或肌肉收缩、竖耳、回头或啃咬动作。

3. 感觉异常表现

(1)感觉过敏:给予轻度刺激即引起强烈反应,多由感觉神经、传导径路受刺激所致,见于脊髓膜炎、脊髓背根损伤、末梢神经炎或受压、局部组织炎症。

(2)感觉减弱或消失:对于各种刺激反应减弱或完全消失,为感觉神经、传导径路受损导致传送感觉能力消失,或神经功能抑制所致。

局限性感觉迟钝或消失,见于支配该区域的末梢感觉神经受损;体躯两侧对称性感觉迟钝或消失,见于脊髓横断性损伤(如挫伤、脊柱骨折、压迫和炎症);体躯一侧性感觉消失,见于延髓和大脑皮质传导径路受损,引起对侧肢体感觉消失;体躯多发性感觉消失,见于多发性神经炎、某些传染病。

(3)感觉异常:传导径路上存在异常刺激所致,是一种自发产生的感觉,如痒感、蚁走感、烧灼感,宠物不断啃咬、搔抓、摩擦,使部分皮肤产生炎症损伤,见于狂犬病、多发性神经炎、神经性皮炎、荨麻疹等。

二、深感觉

皮肤深部的肌肉、关节、骨骼、筋腱和韧带的感觉。检查时人为地改变宠物姿势来观察其反应。正常的宠物在除去外力后,可立即恢复原状。若除去外力后,宠物仍较长时间保持人为姿势不变,提示大脑或脊髓受损,见于慢性脑积水、脑炎、脊髓损伤、严重肝病等。

三、特殊感觉及感觉器官

特殊感觉包括视觉、听觉、嗅觉和味觉,分别由眼、耳、鼻、味蕾等感觉器官完成。某些神经系统疾病及非神经系统疾病均可引起感觉功能障碍,临床上应注意区分。

1. 视觉及眼的检查 注意眼睑肿胀、角膜完整性、眼球突出或凹陷等变化。

(1)眼睑肿胀流泪:眼炎、结膜炎、角膜炎。

(2)巩膜血管怒张:肺脏疾病或心脏病。

(3)角膜浑浊、溃疡:角膜炎、犬传染性肝炎、维生素 A 缺乏症。

(4)晶状体浑浊:先天性、老年性或糖尿病后期引起的白内障。

(5)眼球突出:剧烈疼痛、严重呼吸困难、青光眼、甲状腺功能亢进。眼球凹陷:严重脱水。

(6)斜视或眼球震颤:斜视是由于支配一侧眼肌运动的神经核或神经纤维受损,导致一侧眼肌麻痹或一侧眼肌过度牵张。眼球震颤是眼球发生一系列有节奏的快速往返运动,提示支配眼肌运动的神经核受损。

(7)瞳孔:注意瞳孔大小、形状、两侧对称性及瞳孔对光的反应。正常情况下当强光照射时,瞳孔很快缩小,除去照射时,随即恢复原状。

①瞳孔散大:由交感神经兴奋(剧痛性疾病、高度兴奋、使用抗胆碱药)或动眼神经麻痹(颅内压增高的脑病)所致。

②瞳孔缩小:由动眼神经兴奋(脑炎、脑积水、虹膜炎)或副交感神经兴奋(使用拟胆碱药如有机磷)所致。

(8)视力:宠物常常撞于障碍物上,或用手在其眼前晃动,不表现躲闪,也无闭眼反应,提示视力障碍,见于视网膜、视神经纤维、丘脑、大脑皮质枕叶等部位疾病。

(9)眼底检查:观察视神经盘的位置、大小、形状、颜色和血管状态,视网膜清晰度、血管分布及有无斑点等。

2. 听觉及耳的检查 正常宠物的耳活动灵活,听觉正常。遮住宠物双眼,发出一定声音,宠物会

将头转向声音来源方向。

(1)耳流出褐色分泌物,有臭味:外耳炎、中耳炎、内耳炎、耳螨(伴有瘙痒、结痂)。

(2)听觉增强:轻微声音即转头,或两耳来回移动并伴随惊恐不安,见于脑或脑膜疾病。

(3)听觉减弱或消失:大脑皮质颞叶、延髓、内耳、听神经受损。

3. 嗅觉及鼻的检查 犬、猫的嗅觉高度发达。检查时遮住宠物双眼,用其熟悉的气味让其嗅闻,以观察其反应。正常表现为寻食,出现咀嚼动作,唾液分泌增加。

嗅觉减弱或消失提示嗅神经、嗅球、嗅传导径路和大脑皮质受损,但应先排除鼻黏膜疾病引起的嗅觉障碍。

反射功能检查

反射是神经系统活动的基本形式,是指在中枢神经系统的参与下,机体对内、外环境刺激的应答性反应。反射由反射弧来完成,反射弧由感受器、传入神经、反射中枢、传出神经和效应器组成,当反射弧的任何一部分发生异常或中枢神经发生疾病时,都会影响到机体的反射功能。通过反射功能检查,可以判断神经系统损害的部位。但宠物临床上反射功能检查常难以收到满意的效果,应结合其他检查结果综合分析。

一、浅反射

浅反射主要指皮肤黏膜的反射。

1. 耳反射 检查者用纸卷或毛束轻触内耳,正常时宠物摇头摆耳。

耳反射中枢在延髓和脊髓第1～2颈椎段。

2. 腹壁反射 用针轻刺腹部皮肤,正常时相应部位的腹肌收缩、抖动。

腹壁反射中枢在脊髓胸椎、腰椎段。

3. 角膜反射 用羽毛或棉絮轻触角膜,正常时可引起宠物急速闭眼。

角膜反射中枢在延髓,传入神经为三叉神经,传出神经为面神经和展神经。

4. 瞳孔反射 正常时,在暗处瞳孔散大,光线照射时瞳孔缩小。

瞳孔反射中枢在中脑,传入神经为视神经,传出神经为动眼神经和颈交感神经。

二、深反射

1. 膝反射 检查时使宠物侧卧,让被检侧后肢保持松弛,用叩诊锤叩击膝直韧带,正常时下肢伸展。

膝反射中枢在脊髓第4～5腰椎段。

2. 跟腱反射 检查方法与膝反射相同。叩击跟腱,正常时跗关节伸展而球关节屈曲。

跟腱反射中枢在脊髓荐椎段。

三、反射功能的病理变化

1. 反射减弱或消失 提示反射弧不完整,见于感受器、传入神经、反射中枢、传出神经或效应器损伤,也见于大脑兴奋性降低如意识丧失、休克、虚脱等。

2. 反射亢进 反射亢进表现为轻微刺激可引起强烈反应,提示反射中枢兴奋性增强或大脑对低级中枢的抑制作用减弱,见于脊髓背根、腹根神经炎,脊髓膜炎,破伤风,狂犬病,士的宁及有机磷中毒等引起的全身反射亢进。

扫码看课件

学习情境四　临床常见症状鉴别诊断

学习目标

【知识目标】

1. 了解呕吐、腹泻等常见症状的概念、引起的原因。
2. 熟知常见症状的鉴别诊断。

【技能目标】

能根据需要对常见症状进行合理的分析。

【思政与素质目标】

1. 养成无菌意识，善待动物的职业素养。
2. 养成举一反三、认真负责的职业态度。
3. 养成严谨细致的工作态度。

系统关键词

症状、原因、鉴别诊断。

任务准备

鉴别诊断是将病宠的临床症状与其他疾病的临床症状相鉴别，以排除其他疾病可能性的过程。鉴别诊断与诊断不同，鉴别诊断的目的是排除疾病，而诊断则是确定疾病。

任务实施

1. 呕吐的鉴别诊断　呕吐是指胃内容物通过呕逆从口中吐出，为一种保护性反应，可分为反射性呕吐和中枢性呕吐。反射性呕吐是指内脏末梢神经的冲动经自主神经纤维传入，刺激呕吐中枢引起的呕吐；中枢性呕吐是指中枢神经系统病变引起的呕吐。

引起呕吐的原因如表 4-1 所示。

表 4-1　引起呕吐的原因

类型	常见原因
饮食	食物不耐受、突然更换日粮、日粮不当等
药物/毒素	糖皮质激素、非甾体抗炎药、α2 受体激动剂、阿替美唑、硼砂、强心苷类药物、环孢菌素、马来酸氯苯那敏、多柔比星、多西环素、伊维菌素、甲硝唑、乙二醇、青霉胺、可可碱、蛇毒、电池、氮/磷/钾肥料、除虫菊酯、杜鹃花等
胃肠道疾病	异物、胃扩张/扭转、便秘、胃/十二指肠溃疡、炎病性肠病、肠套叠、胃肠肿瘤、出血性胃肠炎（病毒性/细菌性/寄生虫性）等
内分泌疾病	糖尿病、甲状腺功能亢进、肾上腺皮质功能减退等

续表

类型	常见原因
代谢性/系统性疾病	心丝虫病、高钾血症/低钾血症、高钙血症/低钙血症、体温过高、肝脏疾病、胰腺炎、前列腺炎、子宫蓄脓、肾脏疾病、尿道梗阻、前庭疾病等
其他疾病	家族性自主神经异常、术后恶心、暴食、特发性运动不足(胃动力不足)、中枢神经系统疾病(边缘性癫痫、肿瘤、脑膜炎)、颅内压增高、唾液腺炎/唾液腺病、晕动病等

呕吐的鉴别诊断如图 4-1 所示。

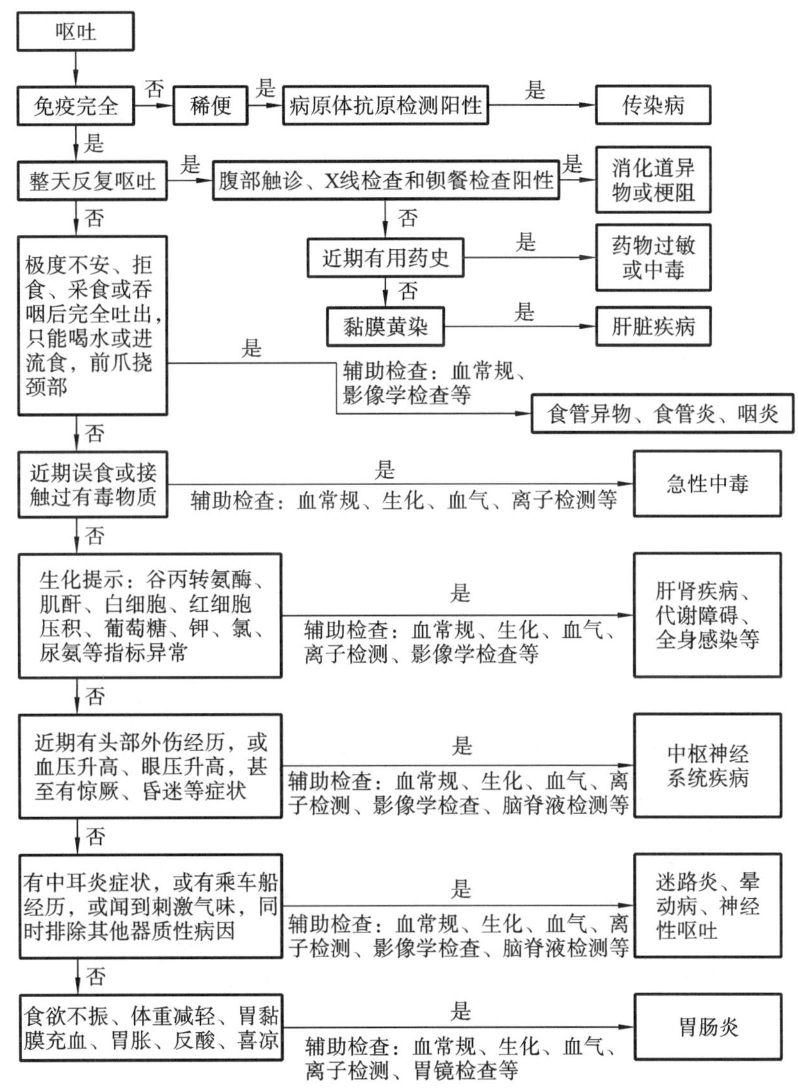

图 4-1 呕吐的鉴别诊断

2. 腹泻的鉴别诊断 腹泻是指动物排出的粪便含水量高于正常量，且伴随粪便排出频率、粪便流动性或体积的增加。腹泻常分为急性腹泻和慢性腹泻。急性腹泻持续时间少于 14 天，慢性腹泻指 14 天尚未改善的腹泻或阵发性腹泻。

引起急性腹泻的原因如表 4-2 所示。

表 4-2 引起急性腹泻的原因

类型	常见原因
饮食	食物不耐受/过敏、劣质食物、食物突然改变、细菌性食物中毒、饮食不谨慎

续表

类型	常见原因
寄生虫	蠕虫、原虫(蓝氏贾第鞭毛虫、三毛滴虫、球虫)
传染性因素	病毒:细小病毒、冠状病毒、猫白血病病毒、其他多种病毒(如犬瘟热病毒) 细菌:沙门菌、产气荚膜梭菌、产志贺毒素大肠埃希菌等
其他原因	出血性胃肠炎、肠套叠、摄入毒素(重金属、各种药物等)、急性胰腺炎、肾上腺皮质功能减退

慢性小肠性腹泻和慢性大肠性腹泻的区别如表4-3所示。

表4-3　慢性小肠性腹泻和慢性大肠性腹泻的区别

症状	慢性小肠性腹泻	慢性大肠性腹泻
体重下降	常见	不常见
多食	有时	罕见或无
粪便量	常增多或正常	有时减少(因为排便次数增加)或正常
粪便带血	黑便(罕见)	便血
粪便黏液	不常见	有时
里急后重	不常见	有时
呕吐	可能出现	可能出现
肠蠕动频率	基本接近正常	有时显著增加,但多为正常

腹泻的鉴别诊断如图4-2所示。

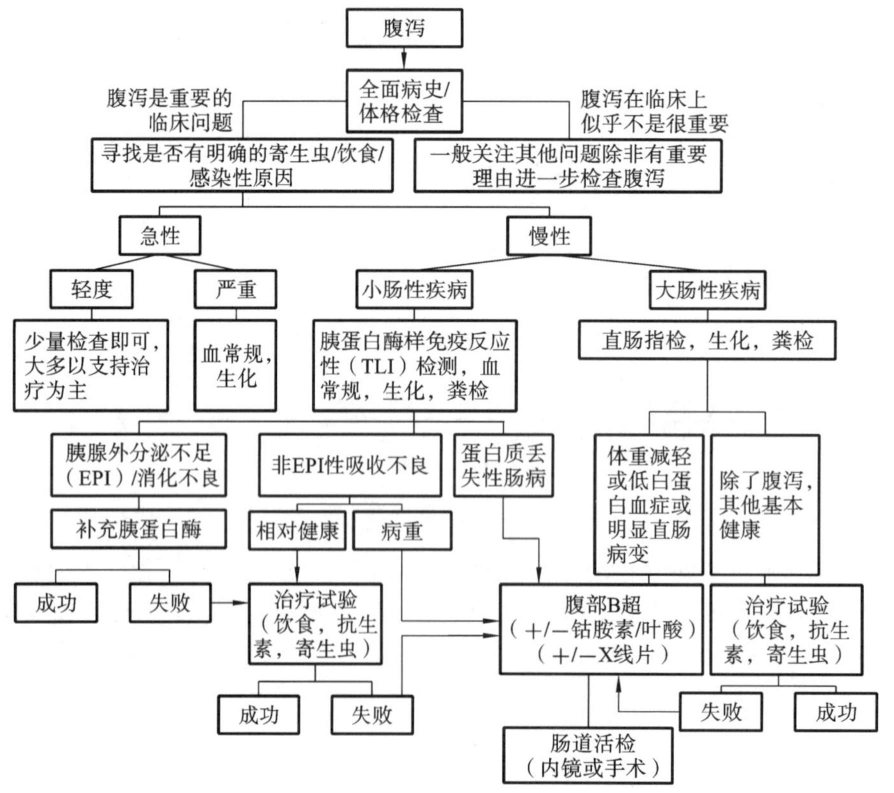

图4-2　腹泻的鉴别诊断

3. 厌食的鉴别诊断 厌食是指对食物的渴望下降或丧失，可分为假性厌食症和真性厌食症。引起厌食的原因如表 4-4 所示。

表 4-4 引起厌食的原因

类型	常见原因
假性厌食症	口炎、牙龈炎、食管炎 晚期牙周病 咀嚼肌肉疼痛 下颌关节疼痛 唾液腺疾病 影响咀嚼和吞咽的神经系统疾病 口腔、舌头、扁桃体或相关结构的癌症或肿瘤等
真性厌食症	炎性疾病：细菌感染、病毒感染、真菌感染、原虫感染 消化道疾病：吞咽困难等 代谢性疾病：器官衰竭（肾脏、肾上腺、肝脏、心脏等）、高钙血症、糖尿病酮症酸中毒、甲状腺功能亢进 中枢神经系统疾病：嗅觉缺失、心理原因等

厌食的鉴别诊断如图 4-3 所示。

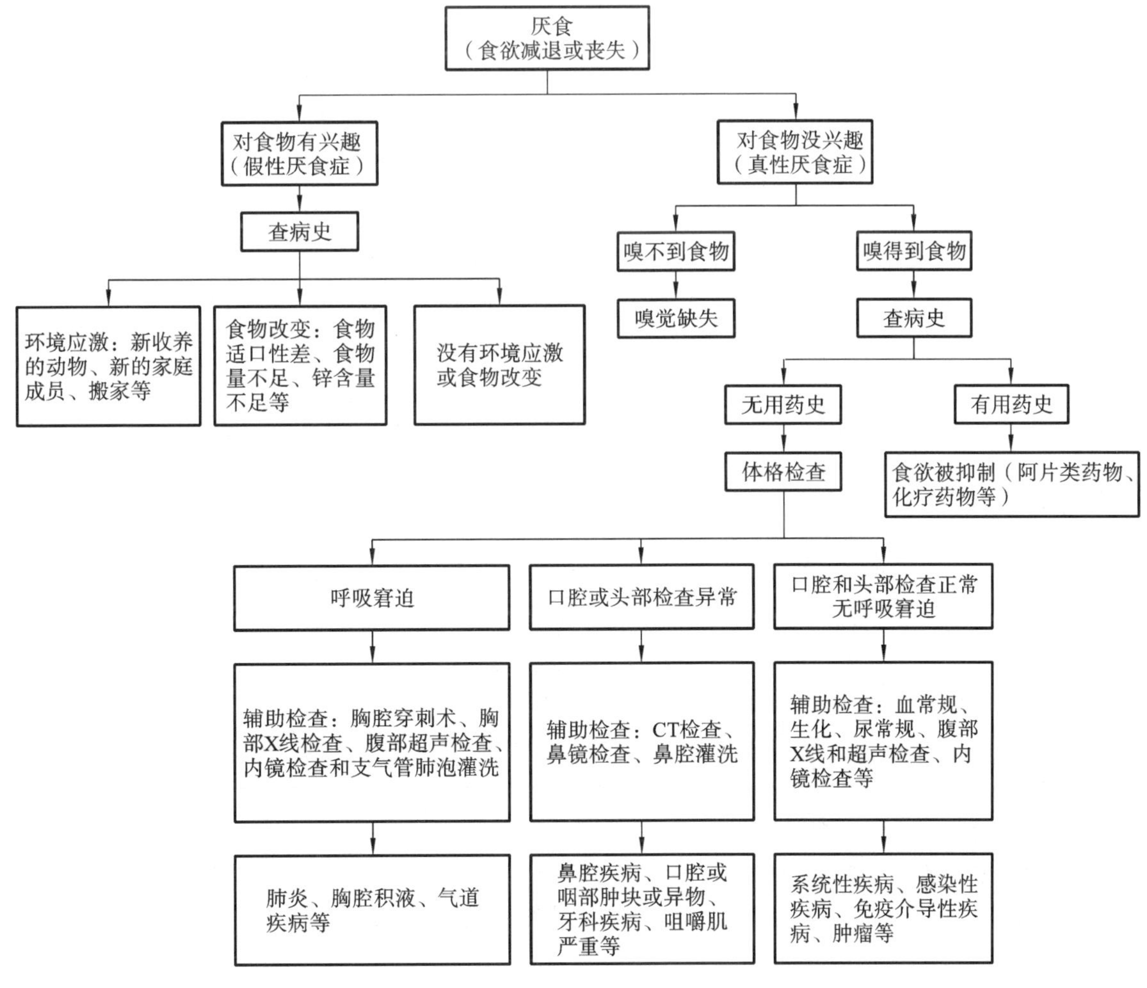

图 4-3 厌食的鉴别诊断

4. 体重下降的鉴别诊断　体重下降是由能量摄入量、营养摄取量降低和代谢升高引起的，是老龄动物常见的非特异性临床症状。

引起体重下降的原因如表 4-5 所示。

表 4-5　引起体重下降的原因

类型	常见原因
食物	食物不足 食物劣质或能量低 不可食用的食物
厌食	参考“厌食的鉴别诊断”
吞咽困难	口腔疼痛 口腔肿物
消化不良	胰腺外分泌不全
吸收不良	饮食敏感 寄生虫 抗生素敏感性肠病 炎症性肠病 肿瘤性肠病
能量消耗过度	泌乳 工作量增加 极度寒冷环境 妊娠 甲状腺功能亢进
营养丢失增加	糖尿病 蛋白丢失性肾病 蛋白丢失性肠病
器官衰竭	心力衰竭 肝功能衰竭 肾功能衰竭

体重下降的鉴别诊断如图 4-4 所示。

5. 咳嗽的鉴别诊断　咳嗽是保持呼吸道健康的正常生理功能，是为了快速排出有害物质，如异物、过多的黏液或来自上呼吸道的碎片。但当咳嗽持续存在时，则是潜在的疾病表现甚至是一种有害的症状。

引起咳嗽的原因如表 4-6 所示。

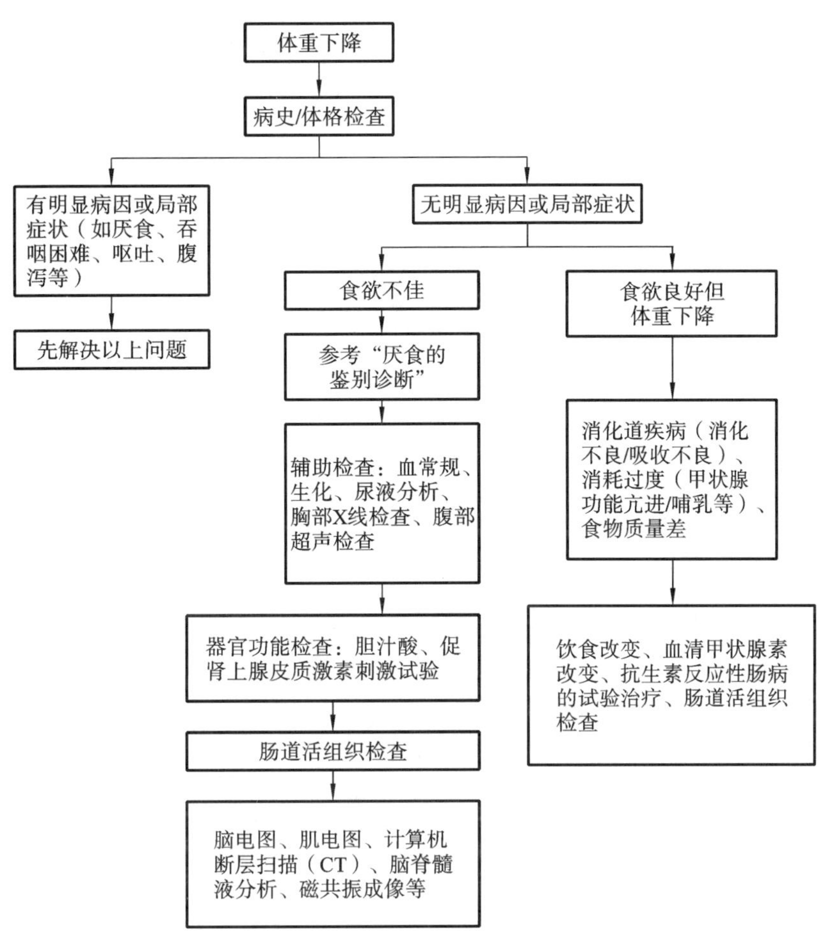

图 4-4 体重下降的鉴别诊断

表 4-6 引起咳嗽的原因

类型	常见原因
环境刺激	尘螨、霉菌、喷雾剂、除臭剂和香烟等
过敏	哮喘 嗜酸性支气管肺炎
炎症	鼻窦炎、咽炎、扁桃体炎、喉炎、支气管炎、气管炎、肺炎、支气管肺炎、肺脓肿等
退行性因素	喉麻痹、气管塌陷、支气管软化症、支气管扩张症等
创伤	窒息、溺水、吸入异物、胸部钝伤等
心血管疾病	非心源性肺水肿 心源性肺水肿 心包积液、胸腔积液 肺栓塞
肿瘤	喉肿瘤 气管肿瘤 肺肿瘤 纵隔肿瘤

续表

类型	常见原因
胃肠道疾病	胃食管反流 气管食管瘘 支气管食管瘘 吞咽困难
寄生虫	肠道线虫幼虫移行、犬恶丝虫、猫圆线虫等
病毒	犬瘟热病毒、犬流感病毒、杯状病毒等

咳嗽的鉴别诊断如图 4-5 所示。

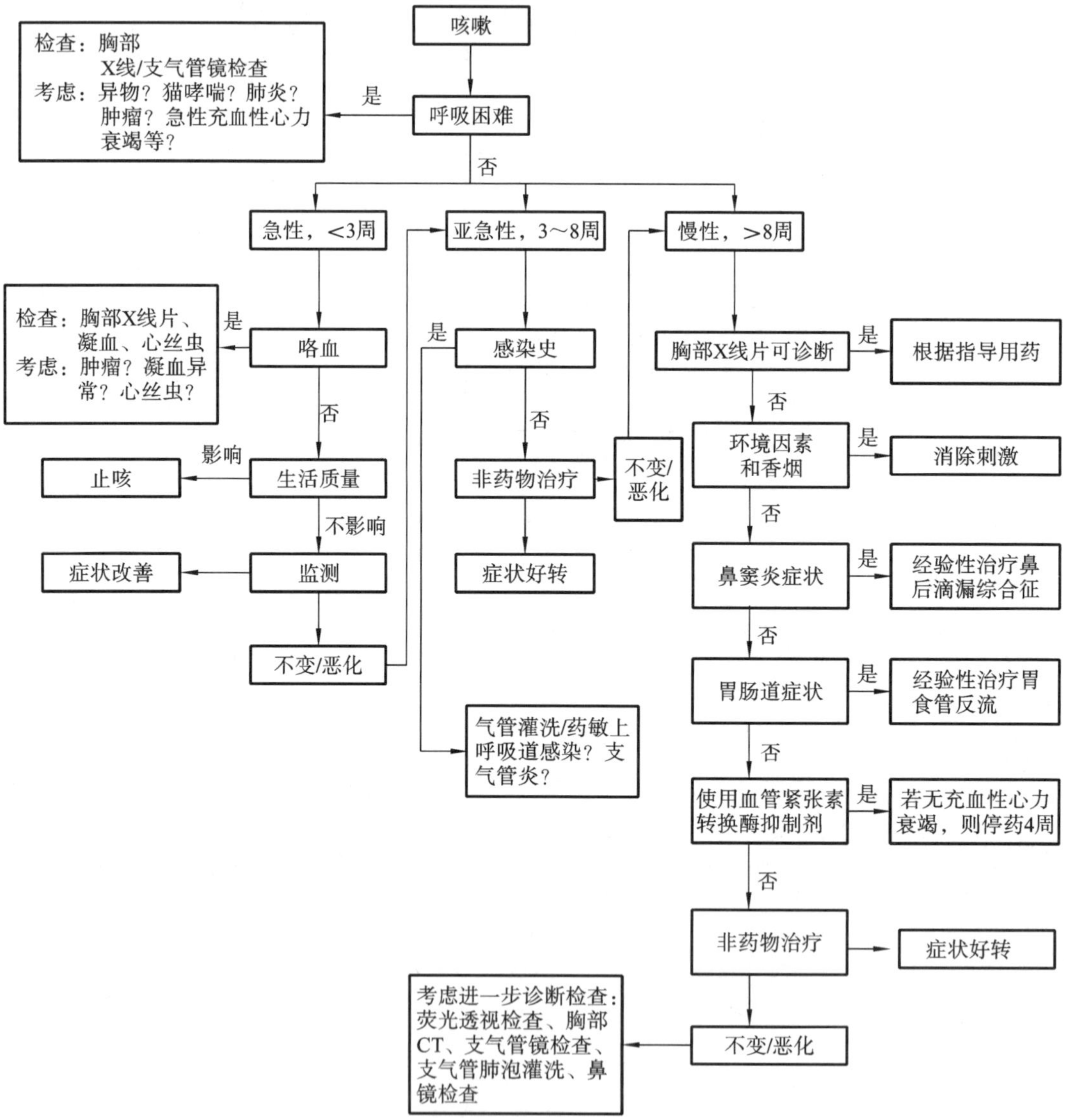

咳嗽
呼吸困难
是
检查：胸部X线/支气管镜检查
考虑：异物？猫哮喘？肺炎？肿瘤？急性充血性心力衰竭等？
否
急性，＜3周
亚急性，3～8周
慢性，＞8周
咯血
是
检查：胸部X线片、凝血、心丝虫
考虑：肿瘤？凝血异常？心丝虫？
否
生活质量
影响
止咳
不影响
监测
症状改善
不变/恶化
感染史
是
气管灌洗/药敏上呼吸道感染？支气管炎？
否
非药物治疗
症状好转
不变/恶化
胸部X线片可诊断
是
根据指导用药
否
环境因素和香烟
是
消除刺激
否
鼻窦炎症状
是
经验性治疗鼻后滴漏综合征
否
胃肠道症状
是
经验性治疗胃食管反流
否
使用血管紧张素转换酶抑制剂
是
若无充血性心力衰竭，则停药4周
否
非药物治疗
症状好转
不变/恶化
考虑进一步诊断检查：荧光透视检查、胸部CT、支气管镜检查、支气管肺泡灌洗、鼻镜检查

图 4-5　咳嗽的鉴别诊断

6. 腹围增大的鉴别诊断　腹围增大是由各种原因引起的腹围局部或全部增大的现象，通常分为生理性腹围增大和病理性腹围增大。

引起腹围增大的原因如表 4-7 所示。

表 4-7 引起腹围增大的原因

类型	常见原因
组织	妊娠（常见且重要） 肝脏增大（浸润性或炎性疾病、脂质沉积、肿瘤） 脾脏增大（浸润性或炎性疾病、肿瘤、血肿） 肾脏增大（肿瘤、浸润性疾病、代偿性肥大） 其他肿瘤 肉芽肿
液体	右心衰竭引起的充血 肝脏囊肿、前列腺囊肿、子宫积液、腹腔游离液体、肾盂积水等
气体	胃扩张或扭转 肠道破裂 腹腔游离气体（医源性、消化道或雌性生殖道破裂、细菌代谢产生）
脂肪	肥胖 脂肪瘤
腹部肌肉无力	肾上腺皮质功能亢进
胃肠道内容物	过量饮食 便秘 消化道寄生虫 功能性或机械性肠梗阻 巨结肠

腹围增大的鉴别诊断如图 4-6 所示。

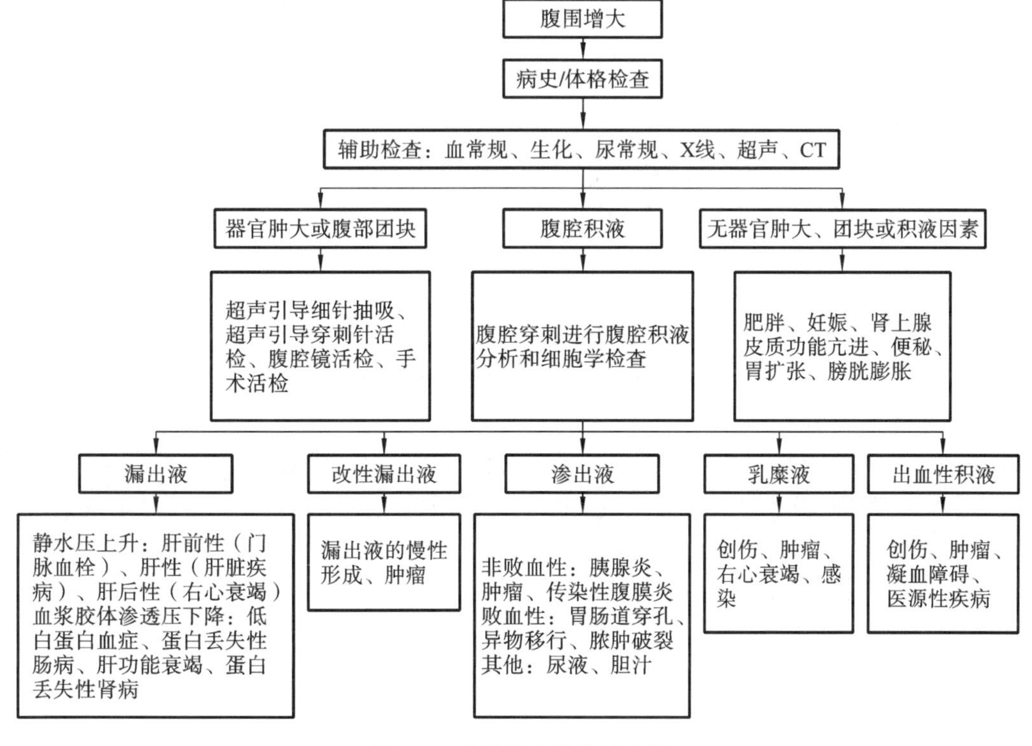

图 4-6 腹围增大的鉴别诊断

7. 便秘的鉴别诊断 便秘是指由于各种原因导致结肠或直肠内粪便蓄积且排便频率下降，从而出现排便困难的情况，其肠道功能并不永久性丧失。顽固性便秘指难治的复发性便秘，通常意味着肠道功能的永久性丧失。便秘的症状有排便困难，排便少，大便干硬，排出黏液和血液等。

引起便秘的原因如表 4-8 所示。

表 4-8 引起便秘的原因

类型	常见原因
医源性因素	药物：麻醉药、抗胆碱药、硫糖铝、钡餐等
行为/环境因素	家庭成员/日常生活改变 便盆污染/没有便盆 室内训练 无活动
拒绝排便	行为异常 直肠/会阴疼痛 无法摆出排便姿势（骨科问题、神经系统问题）
饮食	脱水动物饲喂过量纤维 异常饮食（毛发、骨骼） 食入难消化物质（植物、塑料等）
结肠梗阻	假性积粪 直肠移位（会阴疝） 腔内和壁内疾病（肿瘤、肉芽肿、直肠异物、先天性结肠狭窄） 腔外疾病（肿瘤、肉芽肿、脓肿、前列腺肥大、前列腺囊肿等）
结肠无力	全身性疾病（高钙血症、低钾血症、甲状腺功能减退） 局部神经肌肉性疾病（脊髓损伤、骨盆神经损伤等）
其他原因	严重脱水 特发性巨结肠（猫）

便秘的鉴别诊断如图 4-7 所示。

8. 呼吸困难的鉴别诊断 呼吸困难是一种复杂的病理性呼吸障碍，表现为呼吸频率增加，呼吸深度加强，呼吸类型和呼吸节律改变等。端坐呼吸是呼吸困难的姿势表现，尤其是动物表现为不站立或坐直呼吸的情况。

引起呼吸困难的原因如表 4-9 所示。

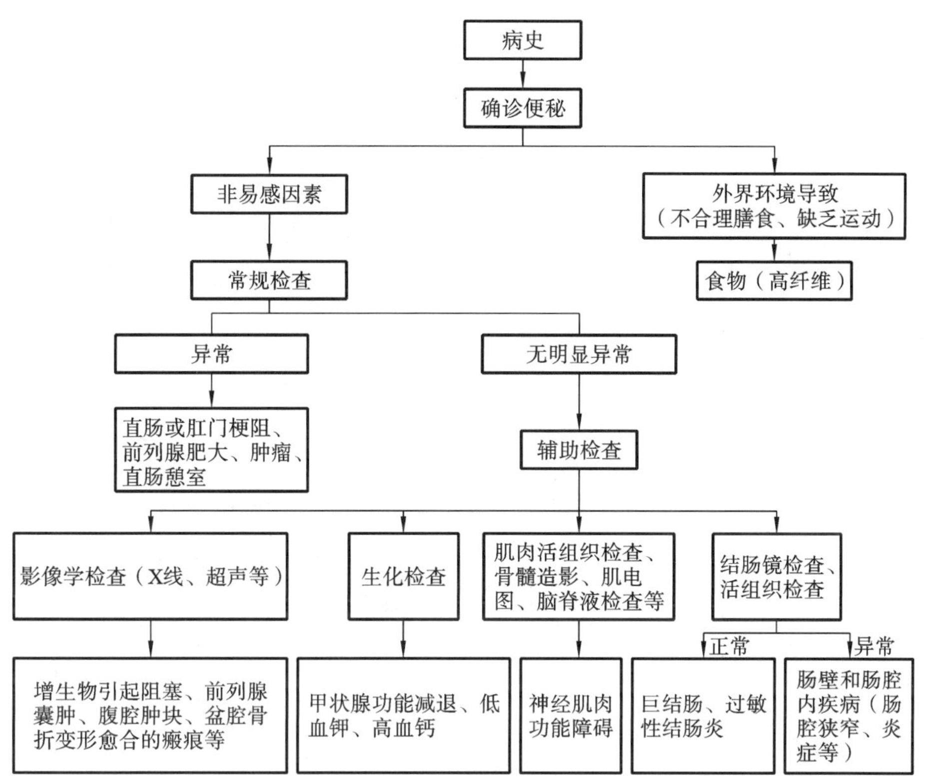

图 4-7　便秘的鉴别诊断

表 4-9　引起呼吸困难的原因

类型	常见原因
品种和年龄倾向性	斗牛犬等短头品种和短头综合征 小型犬如约克夏和博美的气管塌陷 老年小型犬和慢性二尖瓣关闭不全所致的充血性心力衰竭 老年大型犬的喉麻痹 西高地白梗犬的肺纤维化等
其他	上呼吸道 　鼻孔狭窄、鼻腔异物、肿瘤 　鼻炎、鼻咽息肉 小气道 　哮喘 　慢性支气管炎 　过敏性呼吸道疾病 　支气管肺炎 肺实质 　肺炎 　非心源性肺水肿 　肺栓塞 胸膜腔 　膈疝、气胸、胸腔积液 胸壁 　外伤、神经肌肉疾病

呼吸困难的鉴别诊断如图 4-8 所示。

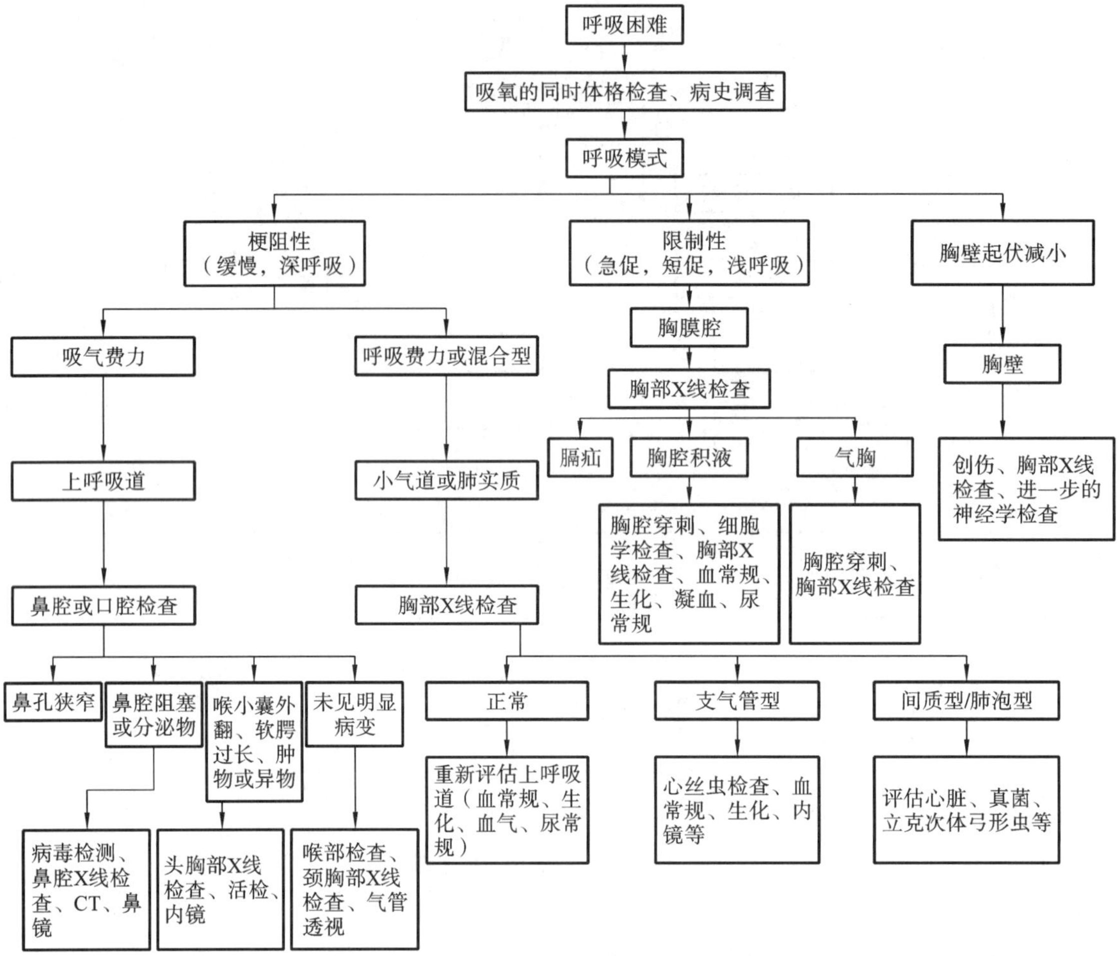

呼吸困难

吸氧的同时体格检查、病史调查

呼吸模式

梗阻性（缓慢，深呼吸）

限制性（急促，短促，浅呼吸）

胸壁起伏减小

吸气费力

呼吸费力或混合型

胸膜腔

胸部X线检查

胸壁

膈疝

胸腔积液

气胸

创伤、胸部X线检查、进一步的神经学检查

上呼吸道

小气道或肺实质

胸腔穿刺、细胞学检查、胸部X线检查、血常规、生化、凝血、尿常规

胸腔穿刺、胸部X线检查

鼻腔或口腔检查

胸部X线检查

鼻孔狭窄

鼻腔阻塞或分泌物

喉小囊外翻、软腭过长、肿物或异物

未见明显病变

正常

支气管型

间质型/肺泡型

重新评估上呼吸道（血常规、生化、血气、尿常规）

心丝虫检查、血常规、生化、内镜等

评估心脏、真菌、立克次体弓形虫等

病毒检测、鼻腔X线检查、CT、鼻镜

头胸部X线检查、活检、内镜

喉部检查、颈胸部X线检查、气管透视

图 4-8　呼吸困难的鉴别诊断

9. 黄疸的鉴别诊断　黄疸是指由于血浆和组织中胆红素累积而引起的皮肤、巩膜、黏膜以及其他软组织和体液被染成黄色的一种病理变化和临床表现。

引起黄疸的原因如表 4-10 所示。

表 4-10　引起黄疸的原因

类型	常见原因
肝前性黄疸	免疫介导的溶血性贫血 红细胞感染（巴贝斯焦虫、嗜血支原体等） 毒素和药物对红细胞的氧化损伤（对乙酰氨基酚、锌、维生素 K、丙二醇等） 中毒（蜘蛛、蛇、蜜蜂） 低磷血症（胰岛素治疗等） 遗传性红细胞缺陷（丙酮酸激酶缺乏症等） 新生儿溶血 微血管性红细胞破坏（弥散性血管内凝血等）
肝性黄疸	药物不良反应 肝毒素 传染性肝炎/非传染性肝炎 肝硬化 胆管炎/胆管肝炎 猫肝的脂肪变性 肝肿瘤

续表

类型	常见原因
肝后性黄疸	胆石症、胆总管结石 胆管炎症、狭窄或囊肿 胆道吸虫感染、胆道肿瘤 胆囊疾病(胆囊炎等) 胰腺疾病(胰腺炎、胰腺肿块等) 十二指肠疾病(异物等) 胆管或胆囊破裂

黄疸的鉴别诊断如图 4-9 所示。

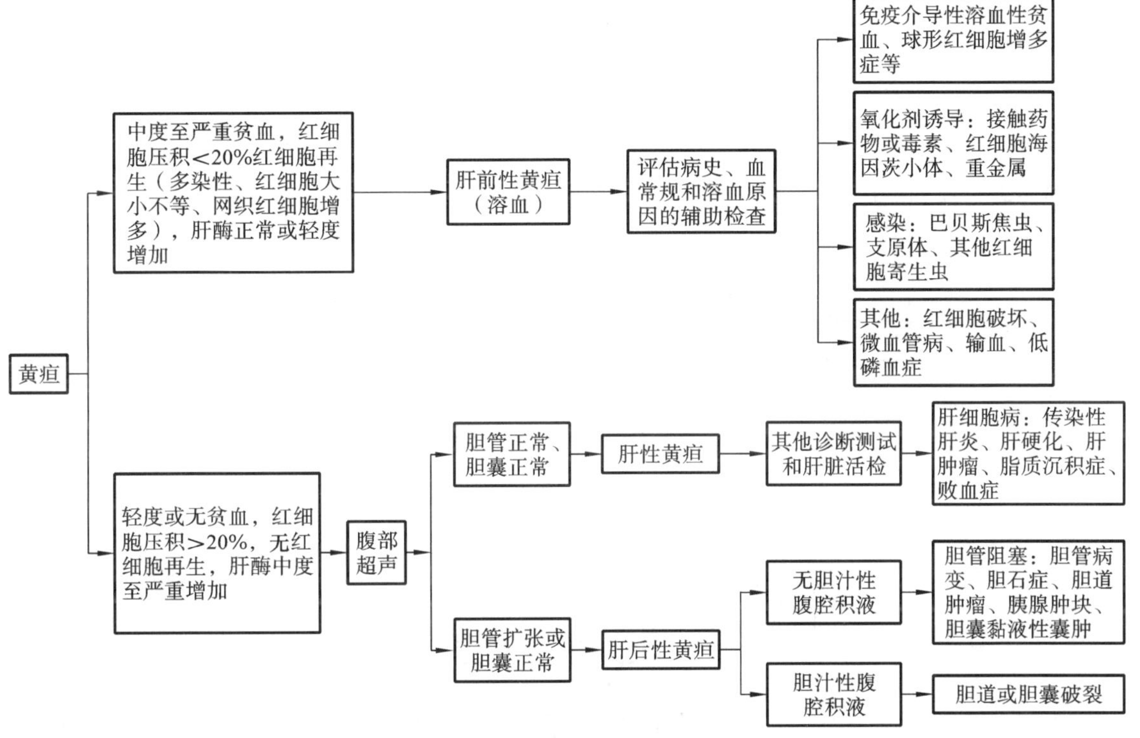

图 4-9　黄疸的鉴别诊断

10. 抽搐的鉴别诊断　抽搐是突发性的脑干功能短暂性紊乱，由大脑内的兴奋性和抑制性神经传递不平衡导致，其特征是神经兴奋过度和脑电波同步性过强。神经功能的变化以脑电图上特定的抽搐样活动为特征，并伴有典型的临床表现，包括意识改变、行为变化、无意识的活动和自主神经功能的改变(如瞳孔散大、流涎、呕吐、排尿和排便)。其可分为由颅外疾病引起的反应性抽搐和由原发性颅内疾病引起的癫痫。

引起抽搐的原因如表 4-11 所示。

表 4-11　引起抽搐的原因

类型	常见原因
反应性抽搐 (颅外疾病所致)	代谢性(内源性) 肝脏疾病 肾脏疾病 低血糖 低血钙 钠失衡 高脂血症 维生素 B_1 缺乏

续表

类型	常见原因
反应性抽搐 （颅外疾病所致）	毒素（外源性） 重金属 杀虫剂 乙二醇 咖啡因 真菌毒素
原发性颅内疾病 （癫痫）	神经退行性疾病、溶酶体贮积病、肿瘤、脑水肿等 感染（病毒、细菌、真菌、寄生虫等） 炎症（肉芽肿性脑膜炎、坏死性脑炎等） 创伤（脑外伤） 其他（特发性癫痫）

抽搐的鉴别诊断如图 4-10 所示。

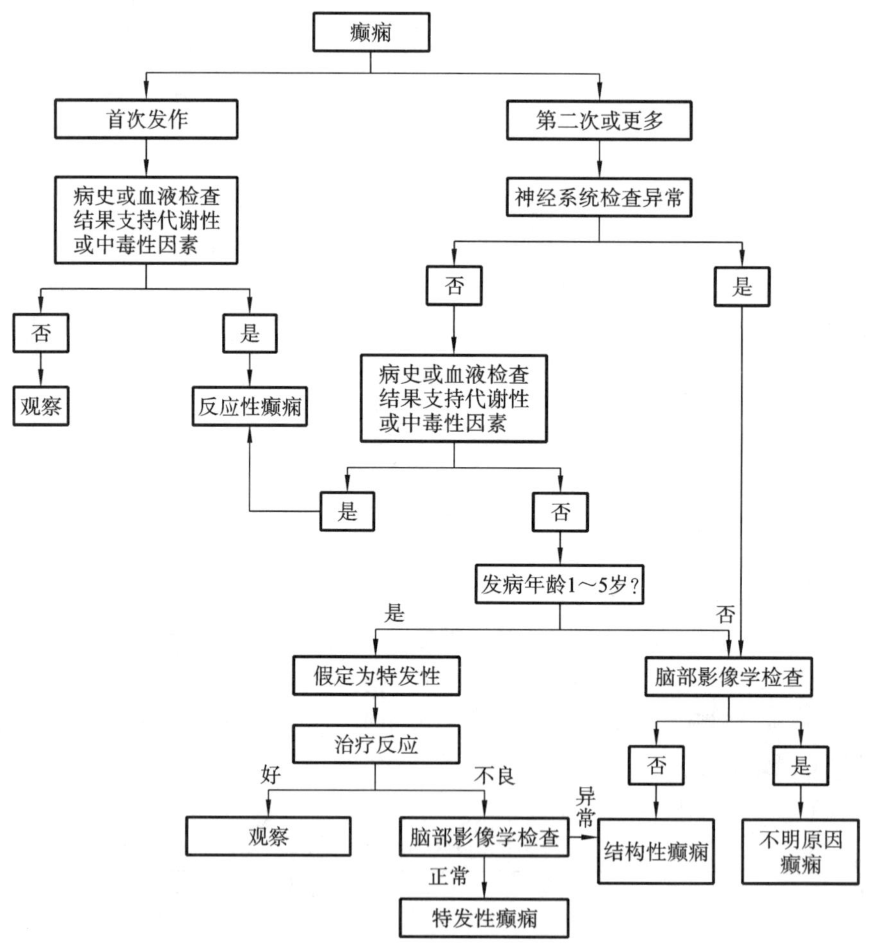

图 4-10 抽搐的鉴别诊断

11. 发绀的鉴别诊断 发绀是由毛细血管的去氧血红蛋白过量引起的黏膜或皮肤变蓝，可分为中枢性发绀和外周性发绀。

引起发绀的原因如表 4-12 所示。

表 4-12 引起发绀的原因

类型	常见疾病
中枢性发绀	肺脏 通气-灌注失调 肺部浸润性疾病，如炎症、肿瘤、肺纤维化等 肺栓塞 肺通气不足 胸腔积液、气胸 呼吸肌无力 中毒 原发性神经疾病 阻塞 喉麻痹 大气道肿块 心脏 肺动静脉瘘 法洛四联症 高铁血红蛋白血症
外周性发绀	常继发于阻塞性病因，如血栓栓塞、使用止血带或异物阻塞等

发绀的鉴别诊断如图 4-11 所示。

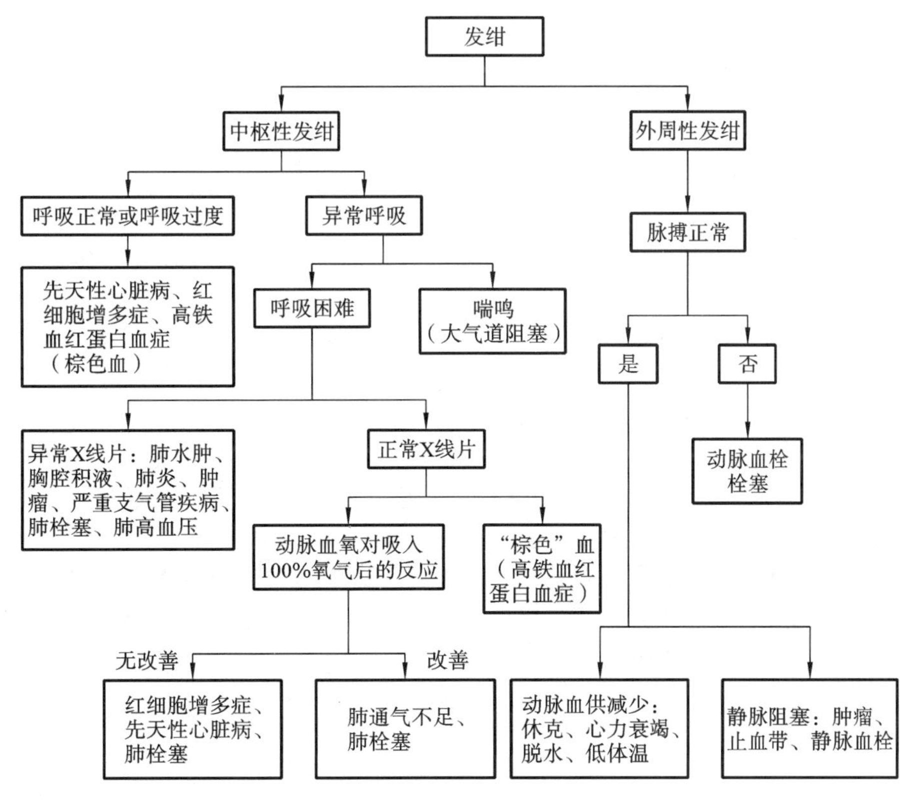

图 4-11 发绀的鉴别诊断

12. 胸腔积液的鉴别诊断　胸膜腔是由壁层胸膜与脏层胸膜所组成的一个封闭性腔隙，其内为负压，正常情况下两层胸膜之间存在少量的液体，可减少在呼吸活动过程中两层胸膜之间的摩擦，有利于肺在胸腔内的舒缩。任何原因导致胸膜腔内出现过多的液体称为胸腔积液（俗称胸水）。

对于所有存在胸腔积液的动物，需对穿刺所得的胸腔积液进行细胞学检查，根据蛋白质浓度和有核细胞计数将胸腔积液分为漏出液、改性漏出液和渗出液。临床上将渗出液常分为非脓毒性渗出液、脓毒性渗出液、乳糜液及出血性积液。引起胸腔积液的原因如表 4-13 所示。

表 4-13　引起胸腔积液的原因

类型	常见疾病
漏出液及改性漏出液	右心衰竭 心包疾病 低蛋白血症 肿瘤 膈疝
非脓毒性渗出液	猫传染性腹膜炎（FIP） 肿瘤 膈疝 肺叶扭转
脓毒性渗出液	脓胸 异物 出血性感染
乳糜液	乳糜胸 肿瘤
出血性积液	创伤 出血性疾病 肿瘤 肺叶扭转

胸腔积液的鉴别诊断如图 4-12 所示。

13. 蛋白尿的鉴别诊断　蛋白尿是指动物尿液中蛋白质含量异常（过多），正常情况下，肾脏健康的犬、猫偶尔可见尿液中出现微量蛋白质。蛋白尿可分为生理性蛋白尿和病理性蛋白尿。

引起蛋白尿的原因如表 4-14 所示。

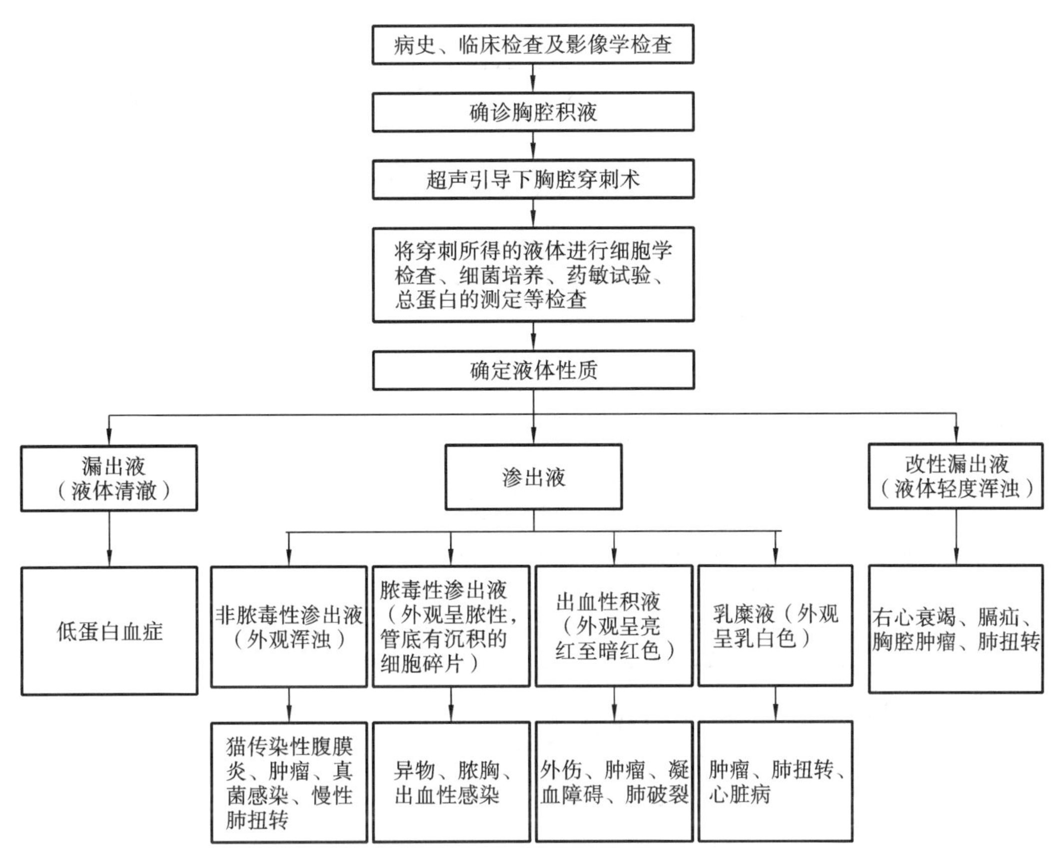

图 4-12 胸腔积液的鉴别诊断

表 4-14 引起蛋白尿的原因

类型	常见原因
生理性蛋白尿	肾毛细血管充血 摄入过量蛋白质 应激
病理性蛋白尿	肾前性 血管内溶血导致血红蛋白尿 横纹肌溶解导致肌红蛋白尿 多发性骨髓瘤或淋巴瘤导致轻链免疫球蛋白增多 肾性 肾小球损伤 急性肾小管坏死 范科尼综合征 间质性肾炎 肾后性 尿路感染 尿路结石 移行细胞癌 阴道炎 肿瘤

蛋白尿的鉴别诊断如图 4-13 所示。

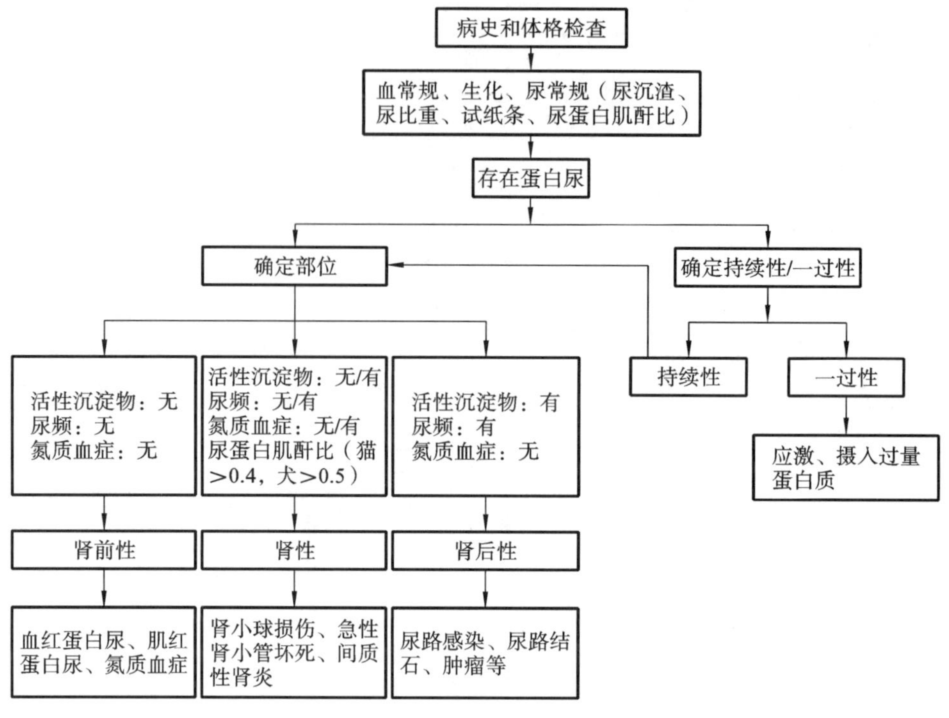

图 4-13　蛋白尿的鉴别诊断

小提示

(1)鉴别诊断需要兽医具备扎实的疾病基础知识。

(2)应正确区分诊断与鉴别诊断的差异。

学习情境五　建立诊断与病历

扫码看课件

学习目标

【知识目标】

熟悉疾病诊断的步骤、方法以及预后判断，掌握书写处方的内容与格式。

【技能目标】

能够建立疾病诊断步骤与方法以及预后判断，能正确书写处方。

学习目标

【思政与素质目标】

1. 养成严谨求真务实的态度。
2. 养成勤于思考、科学分析的习惯。

系统关键词

诊断步骤、诊断方法、处方书写。

任务一 建立诊断步骤

任务准备

在疾病的诊断过程中，收集资料、综合分析、验证诊断是三个基本步骤。三者相互联系，相辅相成，缺一不可。其中，收集资料是认识疾病的基础；综合分析是建立初步诊断的关键；实施防治措施、观察效果是验证（和完善）诊断的必由之路。通过对所收集的资料进行综合分析、推理、判断，初步确定病变部位、疾病性质、致病原因及发病的机制，建立初步诊断。依据初步诊断，实施防治措施，再根据防治效果来验证诊断，并对诊断给予补充和修改，最后对疾病做出确切的诊断。

任务实施

1. 调查病史、收集症状、总结资料 完整的病史对于建立正确的诊断非常有必要。要得到完整的病史，应全面、认真地调查现病史、既往生活史和周围环境因素等，调查中要特别注意病史的客观性。除调查病史外，更重要的是对病宠进行细致的检查，全面收集症状。收集症状时，不但要全面系统，防止遗漏，而且要依据疾病进程，随时观察和补充。对病宠进行一般检查、系统检查、特殊检查及实验室检查后，要及时归纳、总结检查结果，为最后的综合分析做准备。

2. 分析症状、建立初步诊断 临床实际工作中，无论是调查到的病史，还是收集到的临床症状，往往都是比较凌乱的，必须进行归纳整理，或按时间先后顺序排列，或按各系统进行归纳。对收集的资料进行综合分析，并应用论证诊断法或鉴别诊断法等多种诊断方法，对疾病做出初步诊断。

3. 实施防治、验证诊断 临床工作中，在运用各种检查手段，全面客观地收集病史、症状的基础上，通过综合分析整理，建立初步诊断后，还须拟定和实施防治措施，并观察这些防治措施的效果，以验证初步诊断的正确性。一般而言，防治效果显著时，可证明初步诊断是正确的；防治无效时，可证明初步诊断是不完全正确的，此时则要重新检查和评估，修正诊断。

任务二 建立诊断方法

任务准备

疾病的诊断，即兽医通过诊察，对病宠的健康状态和疾病情况提出的概述性判断，通常要指出病名。一个完整的诊断要求做到以下几点：表明主要病理变化的部位，指出组织、器官病理变化的性质；判断功能障碍的程度和形式；阐述引起病理变化的原因。

任务实施

1. 论证诊断法　论证诊断法，就是将检查病宠时收集的症状分出主要症状和次要症状，按照主要症状设想出一种疾病，把主要症状与所设想的疾病进行对照验证，如果用所设想的疾病能够解释主要症状，且又和多数次要症状不相矛盾，便可建立诊断。

2. 鉴别诊断法　在疾病的早期，如症状不典型或疾病复杂，找不出可以确定诊断的依据来进行论证诊断时，可采用鉴别诊断法。鉴别诊断法也叫作排除诊断法。具体方法：先根据一个主要症状或几个重要症状，提出多个可能的临床上比较近似的疾病，再通过相互鉴别，逐步排除可能性较小的疾病，缩小鉴别的范围，直到剩下一个或几个可能性较大的疾病。

任务三　预后判断

任务准备

在做出疾病诊断后，应对疾病的相对持续时间、可能的转归和宠物的生产性能、使用价值等做出判断，即预后判断。预后判断不仅是判断病宠的生死，还要推断病宠的生产能力、是否需要废役或淘汰等问题。临床上一般将疾病的预后分为预后良好、预后慎重和预后可疑。

任务实施

1. 预后良好　预后良好是指病宠病情轻，个体情况良好，不但能恢复健康，而且不影响生产性能和经济价值，如支气管炎、口炎等。

2. 预后不良　预后不良，一是指由于病情危重尚无有效治疗方法，病宠可能死亡，如胃肠破裂；二是指疾病不能彻底治愈，如犬瘟热出现神经症状等。

3. 预后可疑　由于资料不全或病情正在发展变化，一时不能做出肯定的预后判断，称为预后可疑。

任务四　病例记录

任务实施

（一）处方内容与格式

处方由县级以上兽医行政管理部门按省统一要求的格式统一印制。处方格式由三部分组成。

1. 处方前记部分　处方前记部分可用中文书写，主要登记宠物相关基本信息，包括宠物主人姓名、地址，宠物昵称、性别、年龄、临床诊断，开具日期等。

2. 处方正文　处方的左上角印有 Rp 或 R 符号，此为拉丁文 *Recipe* 的缩写，为处方开头用语，其意思是“请取下列药品”。在 Rp 之后或下一行分列药品的名称、规格、数量、用法用量。每行只写一种药物，如一个处方中有两种及两种以上的药物，应按各药在处方中的作用主次先后排列书写，即主药、佐药、矫形药、赋形药。兽药名称以《中华人民共和国兽药典》收载或国家标准、省地方标准批准的兽药名称为准。如无收录，可采用通用名或商品名。药名简写或缩写必须为国内通用写法。药品剂量与数量一律用阿拉伯数字书写。剂量应当使用公制单位，如重量以克（g）、毫克（mg）、微克（μg）、纳克（ng）为单位；容量以升（L）、毫升（mL）为单位；有效量单位以国际单位（IU）、单位（U）计算。片剂、丸剂、散剂分别以片、丸、袋（或克）为单位；溶液剂以升（L）或毫升（mL）为单位；软膏以支、盒为单位；注射剂以支、瓶为单位，应注明含量；饮片以剂或副为单位。

3. 处方后记部分 药品金额、收款人、发药人员、兽医签名。

（二）开写处方的注意事项

（1）处方记载的病宠项目应字迹清晰、完整，并与门诊登记相一致。

（2）每张处方只限于一次诊疗结果用药。

（3）处方字迹应当清楚，不得涂改。如有修改，必须在修改处签名及注明修改日期。

（4）处方一律用规范的中文书写。动物诊疗机构或兽医不得自行编制药品曾用名或用代号，书写药品名称、剂量、规格、用法用量要准确规范，不得使用“遵医嘱”“自用”等含混不清的字句。

（5）处方中每一种药品须另起一行，每张处方上不得超过 5 种药品。

（6）用量。一般应按照兽药说明书中的常用剂量使用，特殊情况需超剂量使用时，应注明原因并再次签名。

（7）为便于处方审核，兽医开具处方时，除特殊情况外必须注明临床诊断。

（8）开具处方后的空白处应画一斜线，以示处方完毕。

（9）处方兽医的签名式样和专用签章必须与在动物防疫监督机构留样备查的式样相一致，不得随意改动，否则，应重新登记留样备案。

处方示例如图 5-1 所示。

×××宠物医院处方笺							
宠主姓名			地址			联系方式	
宠物昵称		性别		种类		年龄（体重）	
临床诊断：	R： 5%葡萄糖注射液 100 mL ATP 20 mg 维生素C 200 mg 用法：静注1次/日，连用3日。						
	兽医（签名）： 执业兽医注册号： 年 月 日						
费用合计：			收款人：			发药人：	

图 5-1　处方示例

项目二　化验室岗位

<table>
<tr><td colspan="2">岗位</td><td>化验室</td></tr>
<tr><td colspan="2">岗位技术</td><td>动物疾病临床诊断</td></tr>
<tr><td rowspan="3">岗位目标</td><td>知识目标</td><td>掌握动物血液、尿液、粪便、穿刺液、皮肤病料、肿瘤样品等采集的理论基础、适应证和操作注意事项</td></tr>
<tr><td>技能目标</td><td>血液采集技术、尿液采集技术、粪便采集技术、穿刺液采集技术、皮肤病料采集技术、肿瘤样品采集技术</td></tr>
<tr><td>思政与素质目标</td><td>养成尊重生命、关爱动物、善待动物、注重动物福利的职业素养；养成不怕苦、不怕脏，坚韧不拔的品格；养成认真负责、实事求是的态度；养成勤于思考、科学分析的习惯</td></tr>
</table>

学习情境六　血液检验

任务一　血液标本的采集

扫码看课件

学习目标

【知识目标】

1. 了解血液标本的组成及其应用范围。
2. 熟知血液标本采集步骤，制备时抗凝剂的选择。

【技能目标】

掌握血液标本的采集与制备方法。

【思政与素质目标】

1. 养成尊重生命、善待动物的职业素养。
2. 养成实事求是、认真负责的职业态度。
3. 培养团队协作能力，具备较强的责任感和科学认真的工作态度。

系统关键词

血液标本、采集、抗凝剂。

任务准备

血液标本分为全血、血浆和血清(表 6-1)。

表 6-1 血液标本组成及应用范围

血液标本类型	组成	应用范围
全血	血细胞和血浆	血细胞计数、分类和形态学检查
血浆	全血的液体部分	血浆化学成分、激素等临床生化检验
血清	离体后的血液自然凝固后析出的液体部分	多数临床化学和临床免疫学检查

任务实施

首选的血源是静脉血。颈静脉采血是常见动物最适合的采血途径。有些动物可能没有合适的采血静脉,或采集静脉血可能会对其造成过度伤害。这时可能需要通过外周或毛细血管采血。

1. 采血器具选择 传统的采血工具是针头和注射器。使用这些工具采血时,应选择适合动物的最大号针头。注射器应选择最接近采样容量的型号。使用过大的注射器可能造成动物静脉塌陷。最好的采血工具是真空采血系统。这种采血系统由一个针头、持针器和采集管组成。采集管可能是不含或含有抗凝剂的无菌管,管的容量从几微升至 15 mL 不等,采血时应选择合适型号的采集管。采血量少时可用微量采血毛细管(10～100 μL)。

2. 不同类型动物的采血方法及部位

1)操作方法

(1)鼠类的采血:鼠类的采血方法主要有尾静脉采血、剪尾采血、耳缘剪口采血、断头采血及心脏采血。

鼠类采血时如需血量较少可用剪尾采血,将尾部的毛剪去后酒精消毒,为使尾部血管充盈可将尾部浸在温水中数分钟后擦干,用剪刀剪去尾尖,让血液自由滴入盛器或用毛细管吸取。

(2)兔的采血:兔的耳缘静脉采血常用于多次反复采血。将兔的头部固定,选择耳缘静脉清晰的耳朵,局部剪毛并以酒精消毒,用手指轻轻摩擦兔耳,使静脉扩张,用接 25G 针头的注射器在耳缘静脉末端刺破血管待血液流出采血,或将针头逆血流方向刺入耳缘静脉采血。兔也可心脏采血,将兔仰卧固定,在第 3 肋间胸骨左缘 3 mm 处用针头垂直刺入心脏,血液随即进入针管或采集管。

(3)犬、猫的采血:犬、猫的采血常在后肢外侧小隐静脉和前臂皮下静脉(即头静脉)进行。后肢外侧小隐静脉在后肢胫部下 1/3 的外侧浅表的皮下,由前侧方向后行走。采血前,将犬、猫固定,局部剪毛,以酒精消毒皮肤。采血者左手拇指和食指握紧剪毛区近心端或用乳胶管适度扎紧,使静脉充盈,右手用 21G～23G 针头迅速穿刺入静脉,左手放松,将针头固定,以适当速度抽血或真空管负压采血。采集前臂皮下静脉或前臂头静脉血的操作方法基本相同。

如需采集颈静脉血,犬、猫取侧卧位,局部剪毛,以酒精消毒皮肤。将颈部拉直,头尽量后仰。用左手拇指压住近心端颈静脉入胸部位的皮肤,使颈静脉怒张,手持接有 23G 针头的注射器与血管平行从远心端刺入血管。颈静脉在皮下易滑动,针刺时除用左手固定好血管外,还要刺入准确,采血后注意压迫止血。

(4)鸟、鸡等禽类的采血:

①翅根静脉采血:将翅膀展开,露出腋窝,将羽毛拔去,即可见明显的由翅根进入腋窝的较粗的翅根静脉。用酒精消毒皮肤。采血时用左手拇指、食指压迫此静脉向心端,血管即怒张。右手持 25G 针头由翅根向翅膀方向沿静脉平行刺入血管内,即可采血。

②心脏采血:将鸟、鸡等侧卧保定,于胸外静脉后方约 1 cm 的三角坑处用 25G 针头垂直刺入,穿透胸壁后,阻力减小,继续刺入,感觉有阻力、针头轻轻摆动时,即刺入心脏,采集心脏血 5～10 mL。

常见动物采血部位及采血针的选择如表 6-2 所示。

表 6-2 常见动物采血部位及采血针的选择

常见动物	采血部位(方法)	采血针型号或采血工具
鼠类	针刺尾静脉	27G
	剪尾	剪刀
	耳缘剪口	剪刀
	断头	剪刀
	心脏	23G～25G
兔	耳静脉	25G
	心脏	21G～23G
犬、猫	后肢外侧小隐静脉	21G～23G
	前臂皮下静脉	21G～23G
	颈静脉	23G
禽类	翅根静脉	25G
	心脏	25G

2)小提示 采血场所应有充足的光线，室温在夏季时最好保持在 25～28 ℃，冬季时保持在 15～20 ℃。采血部位一定要事先消毒，采血工具必须无菌且干燥。准备采血时，应首先确定需要进行何种检测。这在某种程度上决定了采血的工具和采血的部位。凡用血量较少的检验，如血细胞计数、血红蛋白测定、血液涂片以及酶活性微量分析，可刺破组织采集毛细血管的血液。当需血量较多时，可做静脉采血。静脉采血时，若需反复多次，应自远离心脏端开始，以免发生栓塞而影响整条静脉。血样必须在进行任何药物治疗前采集。如果已经进行了治疗，需在采血记录上予以注明。一旦动物接受了某些药物治疗，一些检测方法就无法得到准确的结果。

采血时若需抗凝全血，则应在注射器或采集管内预先加入抗凝剂(表 6-3)，且应采集适量的血液，以保证抗凝剂和血液成最佳比例。

表 6-3 常用抗凝剂的选择

名称	特点	用途	用量
肝素	无毒，凝血作用可逆，但白细胞容易成团，价格较贵	红细胞检测、采血针抗凝	20 U/mL
EDTA	可长期保存，但易致细胞收缩，凝血作用不可逆	血液学检测	1～2 mg/mL
草酸盐	有暂时性凝血作用，易析出金属离子，影响金属离子浓度检测	短时抗凝	1～2 mg/mL
柠檬酸盐	无毒，凝血作用可逆，易干扰血液化学检测	输血和抗凝	1～2 mg/mL
氟化钠	可抑制细胞代谢，但干扰血清酶检测	保存血葡萄糖	6～10 mg/mL

选择针头的两个主要因素是粗细和长度。针头的粗细由英文字母 G(GAUGE 的缩写，是起源于北美的一种关于直径的长度计量单位，属于 Brown&Sharpe 计量系统)表示，G 前面的数值越大，代表针头越细；针头的长度用毫米(mm)表示。粗细和长度的搭配就构成某种针头的规格(针头由针尖、针梗、针栓三部分组成)。

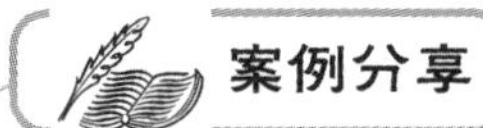

任务二　血液涂片制备与染色

学习目标

【知识目标】

1. 了解血液涂片检查的应用范围。
2. 熟知血液涂片制备和染色的步骤。

【技能目标】

掌握血液涂片的制备和染色方法，熟练掌握显微镜的使用方法。

【思政与素质目标】

1. 养成耐心细致、认真负责的职业态度。
2. 培养团队协作能力，具备较强的责任感和科学认真的工作态度。

系统关键词

血液涂片、染色。

任务准备

血液涂片显微镜检查可用于评价红细胞、白细胞和血小板形态，评价白细胞分类计数、血小板数量，是血液细胞学检查的基本方法。血液涂片染色是为了观察细胞内部结构，用于识别各种细胞及其异常变化。良好的血液涂片和染色是血液形态学检查的前提。

任务实施

1. 血液涂片的制备方法　选取两张边缘光滑平整的玻片，一张为载玻片，另一张为推片。将被检血液滴在载玻片上，略微靠近右端。右手持推片置于血滴左边，并轻轻向右边移动推片，使之与血滴接触，待血液扩散开后，推片与载玻片成30°～40°角向左匀速同力推进涂抹，即形成一层血膜，迅速自然风干。所制备的血液涂片，血液分布均匀，厚度适当，对光观察呈霓虹色，血膜位于载玻片中央，两端留有适当空隙，以便注明畜别、编号及日期，即可染色。

2. 血液涂片的染色方法　血液涂片自然风干后，便可染色。目前常用瑞特染色法和吉姆萨染色法。

(1)瑞特染色法：先用玻璃铅笔在血液涂片的血膜两端各画一线，以防染液外溢，将血液涂片平放于水平支架上；滴加瑞特染液于血液涂片上，直至将血膜盖满为止；染色1～2 min，再加入等量磷酸盐缓冲液(pH 6.4)，并轻轻摇动或用口吹气，使染色液与缓冲液混合均匀，再染色3～5 min；最后

用水冲洗血液涂片，待自然干燥或用吸水纸吸干后镜检。

血液涂片呈樱桃红色。血红蛋白、嗜酸性颗粒染成红色；细胞核蛋白和淋巴细胞胞质染成紫蓝色或蓝色；中性颗粒染成淡紫红色。

(2)吉姆萨染色法：先将血液涂片用 95%甲醇固定 3～5 min，然后置于新配制的吉姆萨染液中，染色 30～60 min，取出后水洗，用吸水纸吸干后镜检。血液涂片呈樱桃红色或玫瑰紫色，结果与瑞特染色基本相同。

3. 血细胞的常见形态 如图 6-1、图 6-2 所示。

扫码看彩图

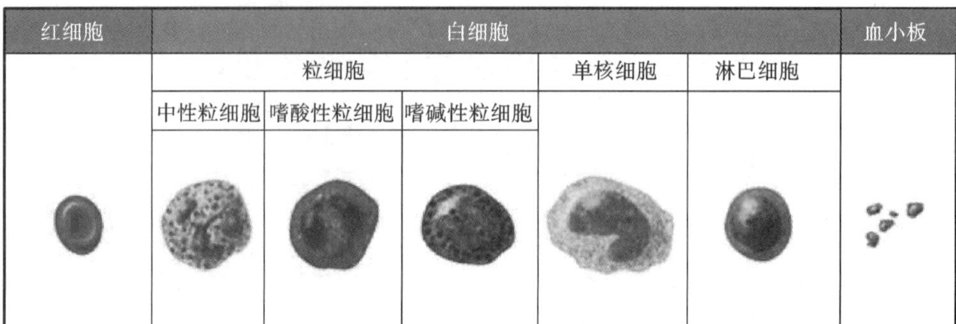

图 6-1 血细胞的分类

扫码看彩图

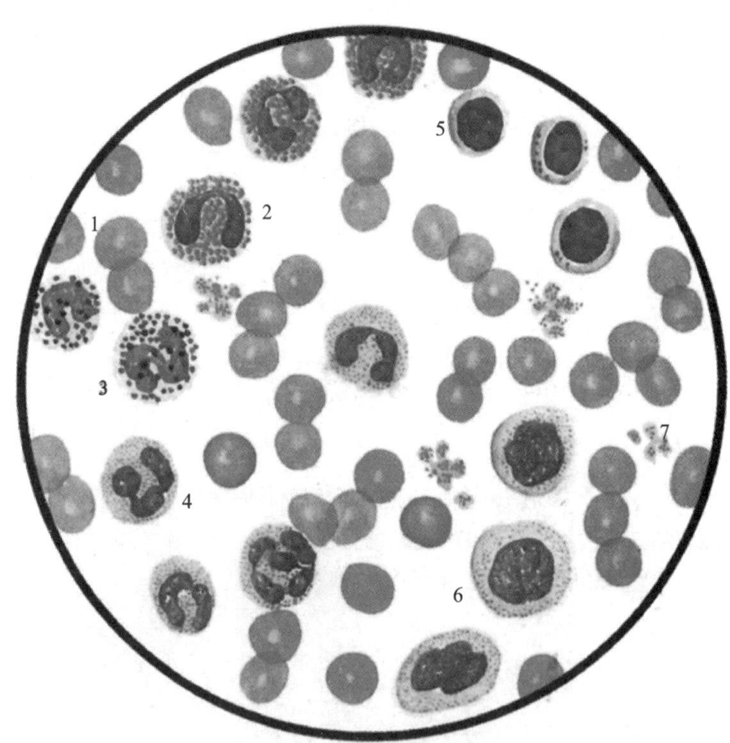

图 6-2 血细胞模式图

1. 红细胞；2. 嗜酸性粒细胞；3. 嗜碱性粒细胞；4. 中性粒细胞；5. 淋巴细胞；6. 单核细胞；7. 血小板

小提示

血液涂片需要厚薄适宜，细胞分布均匀，血膜边缘整齐，两端留有一定的空隙。制备血液涂片时，血滴越大，角度越大，推片速度越快，则血膜越厚，反之血液涂片越薄。血液涂片太薄，50%的白细胞集中于边缘或尾部；血液涂片过厚、细胞重叠缩小，均不利于白细胞分类计数。引起血液涂片细胞分布不均的主要原因：推片边缘不整齐，用力不均匀，载玻片不清洁。

染色过度会造成细胞染色偏深，染液存放时间过长会有残渣沉淀在血液涂片上，表 6-4 列举了常见的染色不良问题。

表 6-4 常见的染色不良问题

不良问题	原因分析	处置方法
染色过蓝	染色时间过长	缩短染色时间
	血膜过厚	做到厚薄适宜
	固定时间过长	缩短固定时间
	缓冲液偏碱性	纠正 pH
染色过红	染色时间不足	缩短染色时间
	缓冲液偏酸性	纠正 pH
染色不均	染液存放时间过久或被其他染液污染	更换染液
	染色前涂片未完全风干	保证风干
	染液与缓冲液未混匀	彻底混匀
染色有杂质	染液存放时间过久或制备时未过滤	更换染液
	载玻片不干净	更换载玻片
	染色时染液风干	染色时加足够染液且染色时间不能太长

案例分享

任务三 血液常规检验

扫码看课件

学习目标

【知识目标】

1. 了解血液常规检验的内容。
2. 熟知血液常规检验各项目的临床意义。

【技能目标】

掌握全自动血液分析仪的操作方法。

【思政与素质目标】

1. 养成善待动物的职业素养。
2. 养成实事求是、认真负责的职业态度。
3. 养成勤于思考、科学分析的职业习惯。

系统关键词

血液常规、红细胞、白细胞、血小板。

任务准备

血液由液体和有形细胞两大部分组成，血液常规检验（血常规）的是血液的细胞部分。血液中主要含有三种不同功能的细胞：红细胞、白细胞、血小板。通过血液常规检验项目，包括血红蛋白测定、红细胞计数、白细胞计数和白细胞分类计数等，观察血细胞的数量变化及形态分布，可判断疾病。血液常规检验是最基本的血液检验，也是临床上诊断病情的常用辅助检查手段之一。

任务实施

（一）红细胞沉降率的测定

血液加入抗凝剂后，一定时间内红细胞向下沉降的毫米数，称为红细胞沉降率，简称血沉（ESR）。

1. 原理 红细胞沉降是一个比较复杂的物理化学和胶体化学过程，其原理一般认为与血液中电荷含量有关。正常时，红细胞表面带负电荷，血浆中的白蛋白也带负电荷，而血浆中的球蛋白、纤维蛋白原带正电荷。动物体内发生异常变化时，血细胞数量及血液中化学成分也会有所改变，直接影响正、负电荷的相对稳定性。若正电荷增多，则负电荷相对减少，红细胞相互吸附，形成钱串状，由于重力作用，红细胞沉降速度加快；反之，红细胞相互排斥，其沉降速度变慢。

2. 器材 魏氏血沉管与血沉架。

3. 试剂 3.8%枸橼酸钠溶液、10%乙二胺四乙酸二钠（EDTA-Na_2）溶液。

4. 操作方法 测定血沉的方法（魏氏法）：魏氏血沉管全长 30 cm，内径约为 2.5 mm，管壁有刻度 0～200，每一刻度之间距离为 1 mm，容量为 1 mL，附有特制的血沉架。测定时，取一试管，加入抗凝剂，采静脉血，轻轻混合。随后用魏氏血沉管吸取抗凝全血至刻度 0 处，于室温内垂直固定在血沉架上，在 15 min、30 min、45 min、60 min 时各观察一次，分别记录血沉数值。

5. 注意事项 报告血沉数值时应注明所用方法，因为方法不同，结果也会不同。

犬、猫血沉正常参考值如表 6-5 所示。

表 6-5 犬、猫血沉正常参考值

单位：mm

动物	测定方法	15 min	30 min	45 min	60 min
犬	魏氏法	0.20	0.90	1.20	2.50
猫	魏氏法	0.10	0.70	0.80	3.00

6. 临床意义 通常会将血沉数值与其他血液指标综合分析。犬的血沉数值临床意义如下。

（1）血沉增快：

①各种贫血：因红细胞减少，血浆回流产生的阻逆力也减小，红细胞下沉力大于血浆阻逆力，故血沉加快。

②急性全身性传染病：因病原体作用，机体产生抗体，血液中球蛋白增多，球蛋白带有正电荷，使血沉加快。

③各种急性局部炎症：因局部组织受到破坏，血液中 α 球蛋白增多，纤维蛋白原增多，两者都带有正电荷，故血沉加快。

④创伤、手术、烧伤、骨折等：因细胞受到损伤，血液中纤维蛋白原增多，红细胞容易形成钱串状，故血沉加快。

⑤某些毒物中毒：因毒物破坏了红细胞，红细胞总数下降，红细胞与其周围血浆之间平衡失调，故血沉加快。

⑥肾炎、肾病：血浆白蛋白流失过多，使血沉加快。

⑦妊娠：妊娠后期营养消耗增大，造成贫血，使血沉加快。

(2)血沉减慢：

①脱水：如腹泻、呕吐(犬、猫)、大汗、吞咽困难、微循环障碍等时，红细胞总数相对增多，造成血沉减慢。

②严重的肝脏疾病：肝细胞受到严重破坏后，纤维蛋白原减少，红细胞不易形成钱串状，血沉减慢。

③黄疸：因受胆酸盐的影响，血沉减慢。

④心脏代偿性功能障碍：由于血液浓稠，红细胞总数相对增多，红细胞之间相斥性增大，血沉减慢。

⑤红细胞形态异常：红细胞的大小、厚薄及形状不规则，红细胞之间不易形成钱串状，导致血沉减慢。

(3)血沉测定与疾病预后推断：

①推断潜在的病理过程：血沉增快而无明显症状，表示疾病依然存在，或者尚在发展中。

②了解疾病的进展程度：炎症处于发展期，血沉增快；炎症处于稳定期，血沉趋于正常；炎症处于消退期，血沉恢复正常。

③用于疾病的鉴别诊断：如为良性肿瘤，血沉基本正常；如为恶性肿瘤，则血沉增快。

(二) 红细胞压积测定

红细胞压积是指压紧的红细胞在全血中所占的百分比，是鉴别各种贫血类型的一项不可缺少的指标，也称为红细胞比容、血细胞比容。

1. 原理 血液中加入可以保持红细胞体积大小不变的抗凝剂，混合均匀，用毛细玻璃吸管吸取抗凝全血随即注入温氏测定管中，电动离心，使红细胞压缩到最小体积，然后读取红细胞在单位体积内所占的百分比。

2. 器材

(1)红细胞压积测定管(温氏测定管)：长约 11 cm，内径约 2.5 mm，管壁有 0～10 cm 刻度，分度值为 1 mm。右侧刻度由上到下为 10～0，供红细胞压积测定用；左侧刻度由上到下为 0～10，供血沉测定用。

(2)毛细玻璃吸管：管细长，一端有壶腹并套有胶皮乳头，毛细管部应比温氏测定管长度稍长。

(3)带胶皮乳头长针头：取一长 12～15 cm 的针头，将针尖剪去后磨平，针柄部接一胶皮乳头即可，它比毛细玻璃吸管更耐用。

(4)电动离心机：转速 3000～4000 r/min。

(5)电子血细胞计数仪：按仪器使用说明书可直接测定红细胞压积。

3. 试剂 10%EDTA-Na_2溶液或草酸盐合剂(草酸铵 6 g、草酸钾 4 g、蒸馏水 100 mL)。

4. 操作方法 将吸满抗凝全血的毛细玻璃吸管插入红细胞压积测定管，随后轻轻捏胶皮乳头，自下而上挤入血液至刻度 10 处，但吸管口在挤血过程中不要提出液面，以免液面形成气泡而影响结果。

将测定管放入电动离心机内，以 3000 r/min 离心 20～30 min。上层为淡黄色；中部一薄层为灰白色，完全不透明，由白细胞及血小板组成；下层为红细胞的叠积层。读取红细胞层的刻度数，即为红细胞压积数值，数值用百分比表示。

5. 注意事项 冷凝之后的全血须升至室温，测定时必须轻轻且充分地将血液混匀。混合后分别吸取管内的上层血及下层血各注入一测定管中，离心后两管数值相同，表示测定前被检血液已经混匀。否则说明没有混匀。电动离心机应测速，以免因转速不够而影响测定结果。送检的抗凝全血如已经发生溶血，则不能进行本项检验。

6. 临床意义

(1)红细胞压积增高：

①生理性增高：红细胞压积的生理性增高多发生于动物兴奋、紧张或运动之后，是由脾脏收缩将储存的红细胞释放到外周血所致。

②病理性增高：红细胞压积的病理性增高见于各种性质的脱水，如急性肠炎、急性腹膜炎、食管梗塞、咽炎、小动物的呕吐。由于红细胞压积的增高数值与脱水程度成正比，这一指标的变化可客观

地反映机体脱水情况，据此可以推断应该补液的量。一般红细胞压积每超出正常范围最高限值一个小格(1 mm)，一天内应补液 800～1000 mL。如果动物仍在继续失水或饮水困难，则除此补液量之外还应酌情增补。

(2)红细胞压积降低：红细胞压积降低主要见于各种贫血。

(三) 血液凝固时间测定

血液凝固时间是指血液自血管流出直到完全凝固所需的时间，用于说明血液的凝固能力。

1. 原理 按照血液凝固理论，离体血液与异物表面接触后，激活了血液中有关凝血因子，形成凝血活酶，使纤维蛋白原转变成纤维蛋白，血液凝固。

2. 器材 载玻片、注射针头、带刻度小试管(内径 8 mm，管径一致)、秒表、恒温水浴箱、吸水纸或滤纸、止血带、麻醉药等。

3. 操作方法

(1)玻片法：本法简单易行，但不如试管法准确。颈静脉采血，见到出血后立即用秒表记录时间。取血一滴，滴在载玻片一端，随即稍稍倾斜载玻片，使滴血一端在上。此时未凝固血液自上而下流动，形成一条血线。将载玻片放在室温下的平皿内，防止血液中水分蒸发，静置 2 min，以后每隔 30 s 用针尖挑动血线一次，待针头挑起纤维丝时，即停止秒表，记录时间，这段时间就是血液凝固时间。

(2)试管法：本法适用于出血性疾病的诊断和研究。

采血前准备经盐水漂洗过的带刻度小试管 3 支，预先放在 25～37 ℃恒温水浴箱内。颈静脉采血，见到出血后立即用秒表开始计时。随后将血液分别加入 3 支带刻度小试管内，每支带刻度小试管各加 1 mL，再将带刻度小试管放回恒温水浴箱。

放置 3 min 后，先从第 1 管开始，每隔 30 s 依次倾斜带刻度小试管一次，直到翻转带刻度小试管时血液不能流出时，记录时间。3 支带刻度小试管的平均时间即为血液凝固时间。

(3)颊黏膜出血计时法：本法主要用于检测血小板功能的异常。

动物应麻醉侧卧保定。用绷带将上唇绑住以暴露颊黏膜面，并起到止血带的作用。用针头在黏膜面刺 1 mm 深的切口，见到出血后立即用秒表开始计时。用吸水纸或滤纸在不接触切口的情况下轻轻吸取血液，每 5 s 吸血一次，直至出血停止，即为血液凝固时间。

4. 注意事项 试管法可以直接将血液采入试管，随后分别注入带刻度的小试管；血液注入带刻度小试管时，令血液沿管壁自然流下，以免产生气泡；所用玻璃器皿必须洁净、干燥，管壁不洁净的试管可加快血液凝固速度；采血针头要锋利，一针见血，以免钝针头损伤组织而使组织液混入血液，这样将会加速血液凝固，影响测定结果。

5. 部分动物血液凝固时间正常参考值

(1)玻片法：马 8～10 min；牛 5～6 min；猪 3.5～5 min；犬 10 min。

(2)试管法：马 4～15 min；牛 10～15 min；山羊 6～11 min；犬 2～10 min。

(3)颊黏膜出血计时法：常见家畜 1～5 min。

6. 临床意义 在兽医临床手术特别是大手术，或肝、脾等穿刺前，最好进行血液凝固时间测定，以便及早发现凝血功能障碍者，以防发生大量出血。

(1)血液凝固时间延长：见于重度贫血、血斑病、出血倾向高、严重肝脏疾病等。炭疽病畜的血液凝固时间很长，甚至几乎不凝。血液凝固时间延长主要是由血小板或凝血因子明显减少或缺乏所致。

(2)血液凝固时间缩短：兽医临床上较少见，偶见于纤维素性肺炎。

(四) 血红蛋白(Hb)浓度测定

血红蛋白浓度的测定是用血红蛋白计测定每 100 mL 血液内所含血红蛋白的克数或百分数的方法，最常用沙利氏法。

1. 原理 用溶解的红细胞进行颜色比对。血液与 0.1 mol/L 盐酸作用后，血红蛋白变为棕色酸

性血红蛋白，与标准比色柱比色，求得每 100 mL 血液内所含血红蛋白的克数或百分数。

2. 器材 沙利氏血红蛋白计，包括标准比色架、血红蛋白稀释管和血红蛋白吸管。标准比色架两侧装有两根棕黄色标准比色柱，比色柱中有空隙供血红蛋白稀释管插入。血红蛋白稀释管两侧均有刻度，一侧表示每 100 mL 血液内所含血红蛋白克数，另一侧表示所含血红蛋白百分数。国产血红蛋白计以每 100 mL 血液内含血红蛋白 14.5 g 为 100%。血红蛋白吸管刻有 10 mm^3 和 20 mm^3 两个刻度。

3. 试剂 0.1 mol/L 盐酸。

4. 操作方法

(1)在血红蛋白稀释管内加入 0.1 mol/L 盐酸至刻度 10%处。

(2)用血红蛋白吸管吸取血液至 20 mm^3 刻度处，拭净管外附着的血液，迅速将管内血液缓缓吹入血红蛋白稀释管内的盐酸中，再吸取上层盐酸反复吹洗数次，勿使其产生气泡。移去血红蛋白吸管，用小玻璃棒搅拌或轻轻振摇，使血液与盐酸混合而呈褐色。

(3)将血红蛋白稀释管插入标准比色架内，静置 10 min。

(4)分次沿血红蛋白稀释管壁慢慢滴加蒸馏水，边加边混匀，边比色，直至血红蛋白稀释管内液体的颜色与标准比色柱一致，读取血红蛋白稀释管液体凹面最低处的刻度数，即为 100 mL 血液内所含血红蛋白的克数或百分数。

5. 临床意义 血红蛋白浓度偏高见于机体脱水而血液浓缩的各种疾病，如腹泻、呕吐、大汗、多尿等，也见于肠便秘、反刍兽瓣胃阻塞及某些中毒性疾病；动物患真性红细胞增多以及心肺疾病时，由于机体代偿作用，红细胞增多，血红蛋白浓度也相应增加。血红蛋白浓度偏低，见于各种贫血、血孢子虫病、急性钩端螺旋体病、胃肠寄生虫病等。

（五）血细胞检验

1. 红细胞计数

1)原理 将全血在试管内用稀释液稀释 200 倍。注意：此稀释液不能破坏白细胞，不能影响对红细胞计数，因为在一般情况下，白细胞数仅为红细胞数的万分之一。在血细胞计数板的计数室内，计数一定体积的红细胞，再推算出 1 mm^3 血液内的红细胞数。

2)器材

(1)血细胞计数板：常用改良纽巴氏计数板。玻板中间有纵沟，将其分为 3 个狭窄的平台，两边的平台较中间的平台高 0.1 mm。中间的平台又有一横沟相隔，横沟两侧各刻有一计数室。每个计数室被划分为 9 个大方格，每个大方格面积为 1 mm^2。四角的 4 个大方格划分为 16 个中方格，用于计数白细胞。中央 1 个大方格用双线划分为 25 个中方格，每个中方格又划分为 16 个小方格，共计 400 个小方格，用于计数红细胞。

(2)血盖片：专用于计数板的盖玻片，呈长方形，厚度为 0.4 mm。

(3)沙利氏吸管、5 mL 刻度吸管、试管、显微镜。

(4)稀释液有以下两种，可从中任选一种。①0.9%氯化钠溶液。②赫姆氏液：氯化钠 1.0 g，结晶硫酸钠 5.0 g，氯化汞 0.5 g，加蒸馏水至 200 mL 混合溶解，过滤后加苯酚品红液 2 滴。

3)试管法测定方法 用 5 mL 刻度吸管吸取红细胞稀释液 4.0 mL，置于试管中。用沙利氏吸管吸取血液至 20 mm^3 刻度处，擦去沙利氏吸管外壁多余的血液，此血液吹入试管底部，再吸吹数次，以洗出沙利氏吸管内黏附的血液，然后试管口加盖，颠倒混合数次，将血液稀释 200 倍。

充液时，先将血盖片紧密盖于计数室上。用毛细吸管吸取或用玻璃棒蘸取已稀释的血液，滴于计数室与血盖片之间空隙处，血液即可自然流入计数室内，静置数分钟，待红细胞下沉后，开始计数。

计数时，先用低倍镜，光线不要太强，找到计数室的格子后，将中央大方格置于视野中，然后换用高倍镜。在此中央大方格内选择四角与中间的 5 个中方格，或用对角线方法计数 5 个中方格。每一中方格有 16 个小方格，所以总共计数 80 个小方格。计数时，要注意将压在左边双线上的红细胞计数在内，压在右边双线上的不要计入；同样，压在上线的计入，压在下线的不计入，此即所谓“数左不数右,数上不数下"的计数法则。

4)计算　1 mm^3 血液中的红细胞个数＝$(x/80)\times400\times200\times10$。其中:$x$ 表示 5 个中方格即 80 个小方格内的红细胞总数;一个大方格有 400 个小方格,即 1 mm^2 面积内共有 400 个小方格;200 表示稀释倍数(实际稀释 201 倍,由于仅影响 0.5%,误差恒定,为计算方便,仍按 200 倍计);血盖片与计数板间的实际高度是 0.1 mm,乘 10 后,则为 1 mm。

上式简化后如下:1 mm^3 血液中的红细胞个数＝$x\times10000$。

5)注意事项　红细胞计数是一项细致工作,关键是防凝、防溶,取样准确。

防凝是指采取末梢血时动作要快,且应及时将血液与抗凝剂混匀。取抗凝血时,抗凝剂的量要合适,不可过少。防溶是指防止过分振摇而使红细胞溶解,或是器材、用水不洁而发生溶血,使计数结果偏低。取样正确是指吸血 20 mm^3 要准,沙利氏吸管外的血液要擦去,沙利氏吸管内的血液要全部吹洗入红细胞稀释液中。

红细胞稀释液充入计数室的量不可过多或过少。过多会使血盖片浮起,进而使计数结果偏高;过少则计数室中形成小的空气泡,使计数结果偏低甚至无法计数。

显微镜载物台应保持水平,否则会使计数室内的液体流向一侧而计数不准。计数时如将压在右边双线、下线的红细胞计数在内,则会影响计数结果。

器械清洗方法:沙利氏吸管或专用红细胞稀释管,每次使用后,先用清水吸吹数次,然后依次在蒸馏水、酒精中分别吸吹数次,待干后备用。血细胞计数板用蒸馏水冲洗后,浸入 95%酒精中备用。临用前取绸布轻轻擦干即可,切不可用布擦拭。

6)临床意义　红细胞数增多一般为相对性增多,见于各种原因导致的脱水,如急性胃肠炎、肠便秘、肠变位、渗出性胸膜炎与腹膜炎、日射病与热射病、某些传染病及发热性疾病;绝对性增多偶尔见于老年或中年动物,也有因代偿作用而使红细胞绝对数增多的,见于代偿功能不全心脏病及慢性肺部疾病。红细胞数减少见于各种原因引起的贫血、营养代谢性疾病、血孢子虫病、白血病及恶性肿瘤。此外,红细胞生成不足或破坏增多,也可导致红细胞数显著减少。

2. 白细胞计数

1)原理　一定量的血液用乙酸溶液稀释,可将红细胞破坏,然后在血细胞计数板的计数室内计数一定容积血液中的白细胞数,以此推算出 1 mm^3 血液内的白细胞数。此项检验需与白细胞分类计数相配合,才能正确分析与判断疾病。

2)器材　血细胞计数板、沙利氏吸管、0.5 mL 或 1 mL 吸管、小试管、显微镜等。白细胞稀释液为 3%的乙酸溶液,混合后加 2 滴 10%结晶紫染液或 1%亚甲蓝染液,使之呈淡紫色,以便与红细胞稀释液相区别。

3)操作方法　在小试管内加入白细胞稀释液 0.38 mL。用沙利氏吸管吸取血液至 20 mm^3 刻度处,擦去吸管外黏附的血液,吹入小试管中,反复吸吹数次,以洗净吸管内黏附的血液,充分振荡混合。

用毛细吸管吸取被稀释血液,沿计数板与盖玻片的边缘充入计数室内,静置 1～2 min,在低倍镜下观察。将计数室四角 4 个大方格内的全部白细胞依次数完,注意将压在左边双线和上线的白细胞计算在内,压在右边双线和下线者均不计算在内。

4)计算　1 mm^3 血液中的白细胞个数＝$(x/4)\times20\times10$。其中:x 表示四角 4 个大方格内的白细胞总数;$x/4$ 表示 1 个大方格内的白细胞数;20 表示稀释倍数;血盖片与计数板的实际高度是 0.1 mm,乘 10 后为 1 mm。

上式简化后如下:1 mm^3 血液中的白细胞个数＝$x\times50$。

5)注意事项　计数的准确性与操作的规范性关系很大,因此应严格按照白细胞计数的注意事项进行操作。初生动物、妊娠末期、剧烈劳役、疼痛等都可使白细胞计数轻度增加。白细胞计数应与白细胞分类计数的结果联系起来进行分析,白细胞计数稍增多,而白细胞分类计数无大的变化者,不应认为是病理现象。常易把尘埃等异物与白细胞混淆,可用高倍镜观察白细胞形态结构加以区别。

6)临床意义　白细胞增多见于细菌和真菌感染、炎症、白血病、肿瘤、急性出血性疾病以及注射

异源蛋白之后。白细胞减少见于某些病毒性传染病、长期使用某些药物或一时用量过大（如磺胺类药物、氯霉素、氨基比林等）、各种病畜的濒死期、某些血液原虫病、营养衰竭症。

3. 白细胞分类计数

1）操作方法　将被检血液涂片，以吉姆萨染色法或瑞特染色法染色 0.5～1 min，加等量缓冲液，混匀，再染 5～10 min，水洗，吸干，镜检计数。先在低倍镜下大致观察，如染色合格，再换用油镜在血液涂片的一端或中心进行计数。有顺序地移动血液涂片，计数白细胞 100～200 个（细胞总数在每立方厘米 1 万个以下时计数 100 个；在每立方厘米 2 万个以下时计数 200 个；在每立方厘米 2 万个以上时计数 400 个），分别记录各种白细胞数，最后算出各种白细胞所占百分比。

染色良好的血液涂片，可见白细胞的细胞质中有很多较大的染色颗粒。白细胞分类计数时，必须先正确识别各型白细胞（瑞特染色法）。

（1）中性粒细胞：中性粒细胞比红细胞大约 2 倍，由于成熟程度不同，各阶段的细胞又各有其特点。

①中性晚幼粒细胞：其细胞质呈蓝色或粉红色，细胞质中的颗粒为红色或蓝色的微细颗粒；细胞核为椭圆形，呈红紫色，染色质细致。

②中性杆状核粒细胞：其细胞质呈粉红色，细胞质中有红色、粉红色或蓝色的微细颗粒；细胞核为马蹄形或腊肠形，呈浅紫蓝色，染色质细致。

③中性分叶核粒细胞：其细胞质呈浅粉红色，细胞质中有粉红色或紫红色的微细颗粒；细胞核呈分叶状，多为 2～3 叶，以丝状物将分叶状核连接起来，细胞核呈深紫蓝色，染色质粗糙。

（2）嗜酸性粒细胞：嗜酸性粒细胞的大小与中性粒细胞大致相等或稍大。细胞质呈蓝色或粉红色，细胞质中的嗜酸性颗粒为粗大的深红色颗粒，分布均匀。马的嗜酸性粒细胞中嗜酸性颗粒最大，其他家畜的次之。细胞核为杆状或分叶状，以 2～3 叶居多，呈淡蓝色，染色质粗糙。

（3）嗜碱性粒细胞：其大小与中性粒细胞相似，细胞质呈粉红色，细胞质中的嗜碱性颗粒为较粗大的蓝黑色颗粒，分布不均，大多数位于细胞的边缘。细胞核为杆状或分叶状，以 2～3 叶居多，呈淡紫蓝色，染色质粗糙。

（4）淋巴细胞：有大淋巴细胞（其大小比单核细胞略小）和小淋巴细胞（其大小与红细胞相似或稍大）两种。淋巴细胞的细胞质少，呈天蓝色或深蓝色，当细胞质深染时有透明带。细胞质中有少量的嗜天青颗粒，而一般幼稚型的淋巴细胞没有嗜天青颗粒。细胞核为圆形，有的凹陷，呈深紫蓝色，核染色质致密。

（5）单核细胞：比其他白细胞都大；细胞质较多，呈灰蓝色或蓝色，细胞质中有许多细小的淡紫色颗粒。细胞核为豆形、圆形、椭圆形、“山”字形等，呈淡蓝紫色，核染色质细致而疏松。

2）临床意义

（1）中性粒细胞：

①中性粒细胞增多：病理性中性粒细胞增多，见于炭疽、巴氏杆菌病、猪丹毒等传染病，急性胃肠炎、肺炎、子宫内膜炎、急性肾炎、乳房炎等急性炎症，化脓性胸膜炎、化脓性腹膜炎、创伤性心包炎、肺脓肿、蜂窝织炎等化脓性炎症，以及酸中毒及大手术后 1 周内。

②中性粒细胞减少：见于猪瘟、马传染性贫血、流行性感冒、传染性肝炎等病毒性疾病，各种疾病的垂危期，蕨类中毒、砷中毒及驴的妊娠中毒等。

③中性粒细胞的核象变化：

a. 中性粒细胞核左移：当中性杆状核粒细胞超过其正常参考值的上限时，称轻度核左移；当超过其正常参考值上限的 1.5 倍，并伴有少数中性晚幼粒细胞时，称中度核左移；当其含量超过白细胞总数的 25%，并伴有更幼稚的中性粒细胞时，称重度核左移。中性粒细胞核左移时，还常伴有程度不同的中毒性改变。核左移伴有白细胞计数增高，称为再生性核左移，表示骨髓造血功能增强，机体处于积极防御阶段，常见于感染、急性中毒、急性失血和急性溶血。核左移而白细胞计数不高，甚至减少者，称退行性核左移，表示骨髓造血功能减退，机体的抗病力降低，见于严重的感染、败血症等。当白细胞计数和中性粒细胞百分比略微增高，有轻度核左移，表示感染程度轻，机体抵抗力较强；如果白细胞计数和中性粒细胞百分比均增高,有中度核左移及中毒性改变,表示有严重感染;而当白细胞计数和中性粒细胞百分比明显增高,或白细胞计数并不增高甚至减少,但有显著核左移及中毒性改变,则表示病情极为严重。

b. 中性粒细胞核右移:核右移是由造血物质缺乏使脱氧核糖核酸合成障碍导致。如在疾病期间出现核右移,则表示病情危重或机体高度衰弱,多预后不良,常见于重度贫血、重度感染和应用抗代谢药物治疗后。

(2)嗜酸性粒细胞:

①嗜酸性粒细胞增多:见于肝片吸虫、球虫、旋毛虫、丝虫、钩虫、蛔虫等寄生虫感染,以及荨麻疹、饲料过敏、血清过敏、药物过敏及湿疹等疾病。

②嗜酸性粒细胞减少:见于尿毒症、毒血症、严重创伤、中毒、过劳等。

(3)嗜碱性粒细胞:由于嗜碱性粒细胞在外周血中很少见到,故其变化无临床意义。

(4)淋巴细胞:

①淋巴细胞增多:见于结核病、鼻疽、布鲁氏菌病等慢性传染病,急性传染病的恢复期,猪瘟、流行性感冒、马传染性贫血等病毒性疾病,以及血液原虫病。

②淋巴细胞减少:见于中性粒细胞绝对值增多时的各种疾病,如炭疽、巴氏杆菌病、急性胃肠炎、化脓性胸膜炎,还可见于应用肾上腺皮质激素后等。

(5)单核细胞:

①单核细胞增多:见于巴贝斯虫病、锥虫病等原虫性疾病,结核病、布鲁氏菌病、马传染性贫血等慢性传染病,还可见于疾病的恢复期。

②单核细胞减少:见于急性传染病的初期及各种疾病的垂危期。

(六)血小板计数

1. 原理 尿素能溶解红细胞及白细胞而保存完整形态的血小板,经稀释后在细胞计数室内直接计数,以求得 1 mm^3 血液内的血小板数。稀释液中的枸橼酸钠有抗凝作用,甲醛可固定血小板的形态。

2. 试剂 血小板计数所用的稀释液种类很多,现就较常用的复方尿素稀释液介绍如下:尿素 10.0 g,枸橼酸钠 0.5 g,40%甲醛溶液 0.1 mL,加蒸馏水至 100.0 mL。待上述试剂完全溶解后,过滤,置冰箱可保存 1~2 周,在 22~32 ℃条件下可保存 10 日左右。当稀释液变质时,溶解红细胞能力就会降低。

3. 操作方法 吸取稀释液 0.38 mL 置于小试管中。用沙利氏吸管吸取末梢血液或用加有 $EDTA\text{-}Na_2$ 抗凝剂的新鲜静脉血液至 20 mm^3 刻度处,擦去吸管外黏附的血液,插入小试管,吸吹数次,轻轻振摇,充分混匀。静置 20 min 以上,使红细胞溶解。充分混匀后,用毛细吸管吸取 1 小滴,充入计数室内,静置 10 min,用高倍镜观察。任选计数室 1 个大方格,按计数法计数。在高倍镜下,血小板为椭圆形、圆形或不规则折光小体,注意切勿误将尘埃等异物计入。

4. 计算 1 mm^3 血液中的血小板个数$=x\times20\times10$。其中:x 表示 1 个大方格中的血小板数;20 表示稀释倍数;计数室与血盖片之间的高度为 0.1 mm,乘 10 后则为 1 mm。

上式简化后如下:1 mm^3 血液中的血小板个数$=x\times200$。

5. 注意事项 器材必须清洁,稀释液必须新鲜无沉淀,否则会影响计数结果;采血要迅速,以防血小板离体后破裂、聚集,造成误差;滴入计数室前要充分振荡,使红细胞充分溶解,但不能振荡过久或过于剧烈,以免破坏血小板;滴入计数室后,应静置一段时间;在夏季,应注意保持湿度,即将计数板放在铺有湿滤纸的培养皿内,在计数板下隔以火柴棒,避免直接接触湿滤纸;由于血小板体积小,重量较轻,不易下沉,常不在同一焦距的平面上,因此在计数时利用显微镜的微螺旋来调节焦距才能看清楚。

6. 临床意义

(1)血小板减少:血小板生成减少见于再生障碍性贫血、急性白血病、放化疗时;血小板破坏增多

见于原发性血小板减少性紫癜、脾功能亢进；血小板消耗过多见于弥散性血管内凝血、血栓性血小板减少性紫癜。

(2)血小板增多：原发性血小板增多见于原发性血小板增多症；继发性血小板增多见于急性感染、急性出血及急性溶血。

(七)血液分析仪及其临床应用

兽医专用的血液分析仪已广泛应用于兽医临床，其能帮助使用者更快得到全血计数的数据。血液分析仪(图 6-3)的优点：降低了劳动成本，使信息更全面，提升了数据可靠性。兽医临床常见三种类型的血液分析仪：电阻抗分析仪、定量淡黄层分析仪和激光流式分析仪。目前许多制造商将多种方法应用于血液分析仪，进行全血计数。多数系统采用电阻抗方法进行细胞计数，同时采用激光流式分析法进行白细胞分类计数。有些血液分析仪具有比色池，用于血红蛋白的测定。

1. 电阻抗分析仪 血细胞具有相对非导电的性质，悬浮在电解质溶液中的血细胞颗粒在通过计数小孔时可以引起电阻的变化，以此为基础对血细胞进行计数和体积测定，这就是电抗阻原理，又称库尔特原理。计数小孔的玻璃管内外设有两个电极，采用真空或负压，使血细胞移动并通过小孔。小孔两侧的电解质可以产生恒定电流，而血细胞相较于电解质产生的电流小，当通过小孔时电阻会增大，这些电流瞬时的变化被记录下来，用于检测血细胞数量。此外，血细胞的大小也会成比例地改变电流，因此也可以测定血细胞大小。

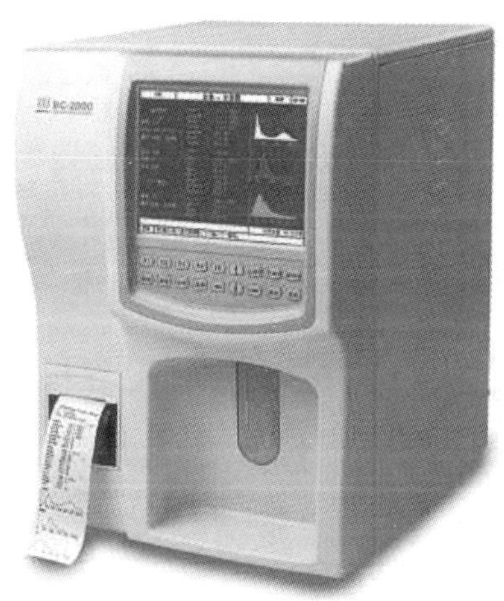

图 6-3 全自动血液分析仪

电阻抗分析仪可用于校正计数体积在某一范围内的血细胞，方法是定义初始设置，避免将小碎片和电子噪声当作血细胞，并将血细胞(如血小板和红细胞)均匀地分散于同一稀释液内。由于血细胞大小因动物不同而异，故初始设置不同。这些设置由制造商完成，使用者可通过软件菜单进行选择。

多数电阻抗分析仪可进行血小板、红细胞和白细胞分析，包括白细胞分类计数。多数可提供血细胞大小直方图。从白细胞直方图中可获得白细胞分类计数信息。通常利用这些仪器可以评估颗粒细胞和非颗粒细胞的百分比。此值对评估病畜的病理状态有局限性。血细胞大小的变化会影响此值。此外，仪器无法检测血细胞的形态学变化。评估病畜时，应全面检查血液涂片。

电阻抗分析仪的缺点：由于其由许多泵、管道和阀门组成，这些都需要维护。稀释液和玻璃容器会被较大的足以被误计为血细胞的微粒污染。计数孔可能会部分或完全堵塞。初始设置按钮较多可能会引起设置错误。低温时，凝集素会使红细胞凝集，导致红细胞计数减低。检测前，冷藏的血液样品需恢复到室温。易碎的淋巴细胞常见于淋巴细胞白血病，在红细胞溶解时淋巴细胞也会发生破裂，进而导致白细胞计数降低。球形红细胞(异常的小圆红细胞)会改变平均血细胞体积，导致红细胞压积变小。血黏度升高也会影响血细胞计数。采用电阻抗法计数血小板时，往往受血小板凝集的影响而导致血小板计数不准确。

2. 定量淡黄层分析仪 定量淡黄层分析仪采用差速离心法，通过检测专门的微量红细胞压积测定管中淡黄层以评估血细胞组成。该仪器可提供红细胞压积、颗粒细胞浓度和血小板浓度的相关数据。浓度评估基础是混合细胞的体积。部分分类计数包括颗粒细胞计数，单核细胞或淋巴细胞计数。这种白细胞分类的局限性在于无法发现核左移和淋巴细胞减少症，除非进行血液涂片检查，此称为最小化的全血细胞计数。定量淡黄层分析仪只适用于疾病筛选，因为血细胞数量是估计的，而不是准确的检测结果。

3. 激光流式分析仪 该分析仪采用激光束测量固体成分的大小与密度。激光束通过细胞时所产生的分散的光线因颗粒有无和细胞核不同而异。根据光线分散的强度与角度可区分单核细胞、淋

巴细胞、颗粒细胞和红细胞。当在血液样品中添加某一染料时，激光束的变化可用于鉴别成熟和未成熟的红细胞。

4. 仪器的保养与维护 血液分析仪与化学分析仪类似，均属于先进的设备，需要小心维护。按照制造商的说明书进行保养。多数血液分析仪日常维护需要用漂白剂冲洗整个系统，更换稀释液，保持计数孔通畅。定期进行本底计数，确保稀释液无污染，玻璃容器和管道干净。定期检查真空泵，确保吸入准确量的血液和稀释液。

小提示

血液学指标参考范围如表 6-6 所示。

表 6-6 血液学指标参考范围

项目	单位	犬	猫	马	牛	猪	绵羊	山羊
红细胞(RBC)	$\times10^6/\mu L$	5～8.5	5～10	5.5～12.5	5～10	5～7	9～15	8～17
白细胞(WBC)	$\times10^3/\mu L$	6～15	5.5～19.5	5.5～12.5	4～12	10.5～22	4～12	4～13
红细胞压积(PCV)	%	37～55	30～45	32～57	24～42	32～43	25～45	21～38
血红蛋白浓度(HGB)	g/dL	12～18	8～15	10.5～18	8～14	9～16	8～16	8～13
平均红细胞体积(MCV)	fL	60～77	39～55	34～58	40～60	50～67	23～40	16～25
平均红细胞血红蛋白含量(MCH)	pg	14～25	13～20	13～19	11～17	17～21	8～12	5～8
平均红细胞血红蛋白浓度(MCHC)	g/dL	31～36	30～36	31～37	28～36	29～34	30～35	28～36
红细胞分布宽度(RDW)	%	14～19	14～17	18～21	15～20	—	—	—
叶状核中性粒细胞(SN)	%	60～70	35～75	30～75	15～45	20～70	10～50	10～50
	$\times10^3/\mu L$	3～11.3	2.5～12.5	3～6	0.6～4	2～15	3～10	0.7～6
杆状核中性粒细胞(BN)	%	0～4	0～3	0～1	0～2	0～4	0～0.2	0～0.15
	$\times10^3/\mu L$	0～0.4	0～0.3	0～0.1	0～0.12	0～0.8	0～0.01	0～0.01
淋巴细胞(Lym.)	%	12～30	20～55	25～60	45～75	35～75	40～75	40～75
	$\times10^3/\mu L$	1～4.8	1.5～7	1.5～5	2.5～7.5	2～16	2～9	2～9
单核细胞(Mon.)	%	3～9	0～4	0～10	2～7	0～10	0～6	0～4
	$\times10^3/\mu L$	0.2～1.3	0～0.9	0～0.7	0.02～0.85	0～2.2	0～0.75	0～0.55
嗜酸性粒细胞(Eos.)	%	2～10	0～10	0～10	0～20	0～15	0～10	1～8
	$\times10^3/\mu L$	0.1～0.75	0～0.8	0～0.7	0～2.4	0～2	0～0.75	0.05～0.65
嗜碱性粒细胞(Bas.)	%	0～0.3	0～0.3	0～3	0～2	0～3	0～3	0～1
	$\times10^3/\mu L$	0～0.03	0～0.03	0～0.5	0～0.2	0～0.5	0～0.3	0～0.12
血小板	$\times10^3/\mu L$	160～625	160～700	100～350	100～600	120～720	100～800	—
平均血小板体积	fL	6.1～13.1	12～18	6～11.1	3.5～7.4	—	—	—
纤维蛋白原浓度	mg/dL	200～400	100～300	112～372	300～700	100～500	300～700	—

任务四　血液化学检验

扫码看课件

学习目标

【知识目标】

1. 了解血液化学检验的内容。
2. 熟知血液化学检验各项目的临床意义。

【技能目标】

掌握血液化学检验的操作方法。

【思政与素质目标】

1. 内化无菌意识，养成善待动物的职业素养。
2. 养成实事求是、认真负责的职业态度。
3. 养成勤于思考、科学分析的职业习惯。

系统关键词

血液化学检验、血浆、功能。

任务准备

近些年来，随着社会经济水平的快速提升，兽医临床与人医临床一样，都致力于提高即时服务水平，这样可以提供更好的客户服务和提高兽医医疗水平。血液中各种化学成分的测定有助于准确诊断、采取适宜的治疗及判断疗效。所测定的化学成分一般与特定器官的功能有关，这些化学成分可能是与特定器官功能相关的酶或特定器官的代谢产物或代谢副产物。目前各大动物医院多采用化学分析仪或某项单独指标仪器进行检测。

任务实施

（一）蛋白质测定

血浆中蛋白质主要由肝脏和免疫系统（网状内皮组织、淋巴组织和浆细胞）产生。机体蛋白质有多种功能。机体内蛋白质种类超过 200 种。在某些疾病（尤其是肝肾疾病）中，血浆中一些蛋白质的浓度会发生显著改变，这种改变可以辅助诊断。年龄因素也可造成血浆中蛋白质浓度变化。血浆蛋白质的功能如下。

（1）有助于形成细胞、组织和器官的结构基质。

（2）维持渗透压。

Note

(3)作为生化反应的酶类发挥作用。

(4)在酸碱平衡中起缓冲作用。

(5)形成激素。

(6)参与凝血。

(7)抵御病原微生物对机体的侵害。

(8)作为血浆中多数成分的转运/载体分子发挥作用。

兽医临床中血浆蛋白质的测定一般包括总蛋白、白蛋白和纤维蛋白原等的测定。

1. 总蛋白、白蛋白及球蛋白测定(双缩脲法)

1)原理　蛋白质中的肽键,与碱性酒石酸钾/钠/铜作用,发生紫色反应,称为双缩脲反应。根据颜色的深浅,与经过同样处理的蛋白质标准溶液比色,即可求得血液蛋白质含量。

2)试剂

(1)27.8%硫酸钠-亚硫酸钠混合液:硫酸钠(化学纯)208 g;无水亚硫酸钠(化学纯)70 g;浓硫酸 2 mL;蒸馏水 1000 mL。

配法:先将无水亚硫酸钠稍研碎,和硫酸钠一同置于烧杯中。将浓硫酸 2 mL 加于约 900 mL 蒸馏水中,再把含硫酸蒸馏水倒入烧杯中,边加边搅拌,溶解后全部移至 1000 mL 容量瓶中,加蒸馏水至 1000 mL,混匀。取混合液 1 mL,加蒸馏水至 25 mL,测定 pH 为 7.0 或略高,保存备用。

(2)双缩脲试剂:硫酸铜(化学纯)1.5 g;酒石酸钾钠(化学纯)6 g;10%氢氧化钠溶液 300 mL;蒸馏水 1000 mL。

配法:先将硫酸铜与酒石酸钾钠分别溶于 250 mL 蒸馏水中,将二液混合后倾入 1000 mL 容量瓶中,加入 10%氢氧化钠溶液,边加边振摇,混匀,再加蒸馏水至 1000 mL,保存备用。此试剂可长期保存,但发现有暗色沉淀时不能再使用。

3)操作方法

(1)制备标准血清及测定其总蛋白含量:若无已备标准血清,可收集多份健康动物血清混合而成标准血清,并用微量定氮法,以求得其总蛋白含量。

微量定氮法所用试剂与测定非蛋白氮所用试剂相同,其操作方法如下:先取血清 1 mL 置于 50 mL 容量瓶中,加 0.9%氯化钠溶液至 50 mL,即 50 倍稀释,混匀,用于测定血清总蛋白含量。接着用血清制备无蛋白血滤液(具体方法同用全血制备无蛋白血滤液法),用于测定血清非蛋白氮含量。最后按表 6-7 进行操作,并计算标准血清所含总蛋白量。

表 6-7　标准血清总蛋白含量和非蛋白氮含量测定操作步骤　　单位:mL

序号	步骤	总蛋白测定管	非蛋白氮测定管	标准管	空白管
1	硫酸铵标准液	0	0	1.0	0
	生理盐水稀释血清	0.2	0	0	0
	无蛋白血滤液	0	1.0	0	0
	50%硫酸溶液	0.2	0.2	0.2	0.2
	玻璃珠(颗)	1	1	1	0
2	除空白管外,均需加热消化,直至管中充满白烟,管底液体由黑色转变为无色透明,冷却				
3	加蒸馏水至	7	7	7	7
4	加碘化汞钾试剂应用液	3	3	3	3
5	混匀后,在 440 nm 波长处或用蓝色滤光板进行光电比色,以空白管校正光密度到 0 点,分别读取各管读数,记录				

计算公式如下。

血清氮含量(mg/1000 mL)=(总蛋白测定管光密度/标准管光密度)×0.03×(100/0.004)

血清非蛋白氮含量(mg/1000 mL)=(总蛋白测定管光密度/标准管光密度)×30

血清总蛋白含量(g/1000 mL)=血清氮含量-血清非蛋白氮含量×(6.25/1000)

若用15%氯化钠溶液稀释此标准血清(3份+1份),配成1∶4的储存标准血清,置冰箱内备用,可保存1个月。

(2)制备标准血清应用液:取未经稀释的标准血清0.2 mL,加27.8%硫酸钠-亚硫酸钠混合液3.8 mL,混匀,备用。

(3)制备被检血清总蛋白混悬液和白蛋白澄清液:取被检血清0.2 mL置于试管中,加入27.8%硫酸钠-亚硫酸钠混合液3.8 mL,塞住管口,颠倒混合8~10次,即得总蛋白混悬液。放置片刻,待气泡上升后,取此混悬液1 mL,加入已标定的总蛋白测定管内,用于测定总蛋白含量。向剩余部分内加入乙醚(化学纯)2.5 mL,摇振40次左右混匀,然后以2500 r/min离心5 min。此时试管内液体分为3层,上层为乙醚,中层为白色球蛋白,下层为清澈白蛋白液。倾斜试管,使球蛋白与管壁分离,用1 mL吸管小心吸取下层澄清的白蛋白液1 mL,不可触及球蛋白块而使之破碎,加入已标定的白蛋白测定管内,用于测定白蛋白含量。

(4)测定被检血清总蛋白及白蛋白含量:操作步骤如表6-8所示。

表6-8 被检血清总蛋白和白蛋白含量测定操作步骤

单位:mL

序号	步骤	总蛋白测定管	白蛋白测定管	标准管	空白管
1	被检血清总蛋白混悬液	1.0	0	0	0
	被检血清白蛋白澄清液	0	1.0	0	0
	标准血清应用液	0	0	1.0	0
	27.8%硫酸钠-亚硫酸钠混合液	0	0	0	0.1
	双缩脲试剂	4.0	4.0	4.0	4.0
2	充分混匀,置37 ℃恒温箱30 min后,以540 nm波长或绿色滤光板进行光电比色,以空白管校正光密度到0点,分别读取各管读数,记录				

计算公式如下。

被检血清总蛋白含量(g/100 mL)=(总蛋白测定管光密度/标准管光密度)×标准血清总蛋白含量

被检血清白蛋白含量(g/100 mL)=(白蛋白测定管光密度/标准管光密度)×标准血清总蛋白含量

被检血清球蛋白含量(g/100 mL)=被检血清总蛋白含量-被检血清白蛋白含量

4)临床意义

(1)总蛋白含量偏高:见于重症脱水(如严重腹泻、呕吐)、水摄入不足、糖尿病、酸中毒、休克等。

(2)总蛋白含量偏低:见于引起重度蛋白尿的各种肾病、肝硬化腹腔积液、营养不良、重度甲状腺功能亢进、中毒、大量出血及贫血等。

(3)白蛋白含量偏高:见于严重腹泻、呕吐、饮水不足、烧伤造成脱水、大出血等,血液浓缩而白蛋白含量相对增高。

(4)白蛋白含量偏低:

①白蛋白丢失过多:动物患肾病综合征时,由于大量排出蛋白质,白蛋白含量降低。另外,严重出血、大面积烧伤以及胸、腹腔积液等亦可导致白蛋白含量降低。

②白蛋白合成功能不全:见于慢性肝脏疾病(如肝硬化使合成蛋白质的功能减弱)、恶性贫血和感染等。

③蛋白质摄入不足:见于营养不良、消化吸收不良等。

④蛋白质消耗过大:见于糖尿病及甲状腺功能亢进,各种慢性、消耗性疾病,感染,外伤等。

(5)球蛋白含量偏高:见于肝硬化、丝虫病、多发性骨髓瘤、肺炎、风湿热、细菌性心内膜炎、结核病活动期等。

(6)球蛋白含量偏低:见于营养不良、免疫力低下、肝脏疾病等。

2. 白球比　白蛋白与球蛋白比值(简称白球比,A/G 值)的改变是蛋白质异常的重要评价指标。这个比值应和蛋白质指标结合起来分析。A/G 值可用于判断白蛋白和球蛋白浓度的升高或下降。许多病理状态会改变 A/G 值。不过,在出血等情况下,白蛋白和球蛋白浓度成比例减小,A/G 值不变。

其临床意义如下。

(1)A/G 值偏高:多见于血液浓缩或摄入过多蛋白质。

(2)A/G 值偏低:

①常见于肝脏受损,特别是肝脏严重受损(如重度慢性肝炎、肝硬化、肝癌等)时。

②肾脏疾病或者风湿性关节炎等自身免疫病也会导致 A/G 值偏低。

③多发性骨髓瘤时,A/G 值也会明显降低。

3. 纤维蛋白原的测定(热沉淀法)　纤维蛋白原是由肝细胞合成的、具有凝血功能的蛋白质,是血浆中含量最高的凝血因子。如果纤维蛋白原水平下降,就会造成凝血功能障碍或血液根本不凝固。

1)原理　纤维蛋白原加热后会从血浆中变性沉淀。

2)操作方法　采集全血后加入 EDTA,分别置于 2 支血细胞计数管(75 mm 毛细管)中,血量约为管的 3/4,一端用黏土密封。置于离心机中,离心 2～5 min。用折射仪测定一支血细胞计数管中的固体成分含量,另一支血细胞计数管在 58 ℃水浴中放置 3 min,再次离心,用折射仪测定其固体成分含量。

3)计算　计算公式如下。

$$\text{纤维蛋白原浓度(mg/dL)}=(\text{第一支血细胞计数管固体成分含量}-\text{第二支血细胞计数管固体成分含量})\times 1000$$

4)临床意义

(1)纤维蛋白原水平偏高:常见于各种引起组织损伤的急性炎症、肾病综合征和风湿性关节炎等疾病。随着动物年龄的增加,纤维蛋白原水平也有增高趋势。

(2)纤维蛋白原水平偏低:

①纤维蛋白原合成减少。肝细胞受损,导致纤维蛋白原合成能力下降。

②纤维蛋白原消耗过多。出血等原因造成纤维蛋白原广泛凝集,导致其消耗性减少。

(二) 肝胆功能测定

肝脏有很多功能,包括:调节氨基酸、碳水化合物和脂肪的代谢;合成白蛋白、胆固醇、其他血浆蛋白和凝血因子;分泌胆汁,促进与胆汁相关的营养物质的消化与吸收;解毒和药物代谢功能等。肝脏与胆囊关系密切,胆囊主要的功能是储存胆汁。肝脏或胆囊出现功能障碍时,机体可能出现黄疸、低白蛋白血症、凝血功能障碍、低血糖、高脂血症和肝性脑病等。在病理条件下肝细胞受损,会释放一些酶类物质进入血液,从而引起血液中与肝细胞相关的酶的水平明显升高。这些酶类物质主要包括丙氨酸氨基转移酶(ALT)、天冬氨酸氨基转移酶(AST)、山梨醇脱氢酶(SDH)和谷氨酸脱氢酶(GLDH)。

酶定量测定的方法是测酶的活性浓度,并不直接测酶蛋白含量,实际上是测定酶催化反应的速度,并由此推算出标本中的酶浓度。常采用的方法有量气法、比色法、分光光度法、荧光法和同位素法等,现代兽医临床通常不单独测量某一种酶的具体浓度,而是采用自动血液生化分析仪进行综合测定。

4. 丙氨酸氨基转移酶(ALT)　ALT 旧称谷丙转氨酶(GPT)。犬、猫和灵长类动物的 ALT 主要来源于肝细胞,游离于肝细胞质中。在这些物种中,ALT 被认为是一种肝脏特异性酶。

其临床意义如下。

(1)ALT 水平偏高:

①常见于引起肝脏受损的肝炎、肝硬化、肝癌、寄生虫病和中毒等。

②常见于肾脏、心肌、骨骼肌和胰腺等组织受损时。

③使用皮质类固醇或抗惊厥药物时。

(2)ALT 水平偏低:较少见,一般无临床意义。

5. 天冬氨酸氨基转移酶(AST) AST 旧称谷草转氨酶(GOT)。AST 存在于心肌细胞和肝细胞内,一部分游离于细胞质中,一部分结合于线粒体膜上。较严重的心肌和肝损伤会引起 AST 释放。AST 水平的升高比 ALT 慢,倘若不存在慢性肝损伤,AST 水平可于 1 天内恢复正常。

其临床意义如下。

(1)AST 水平偏高:

①常见于心肌炎、心肌梗死等疾病。

②常见于各种病毒性肝炎、脂肪肝、肝硬化、肝癌等疾病。

③服用有肝毒性的药物也可致 AST 水平偏高。

(2)AST 水平偏低:较少见,一般无临床意义。

6. 山梨醇脱氢酶(SDH) SDH 主要来源于肝细胞。肾脏、小肠、骨骼肌和红细胞内也存在少量的 SDH。SDH 对于评估大动物(如绵羊、山羊、猪、马和牛)的肝损伤尤其有用,因此,SDH 是这些动物的肝脏疾病特异性诊断指标。肝细胞损伤或坏死会伴有血浆 SDH 水平迅速升高。

SDH 水平偏高:常见于引起肝细胞损伤或坏死的急性肝炎。

7. 谷氨酸脱氢酶(GLDH) GLDH 是一种线粒体结合酶,牛、绵羊和山羊的肝细胞内存在高浓度的 GLDH。GLDH 可用作评估反刍动物和禽类肝功能的指标。

GLDH 水平偏高:常见于急、慢性肝炎,脂肪肝、肝硬化等。

8. 碱性磷酸酶(ALP) ALP 存在于许多组织内,尤其是骨骼内的成骨细胞、软骨内的成软骨细胞、肠和胎盘,以及肝脏内的肝细胞、胆管细胞内。它不是单一的酶,而是一组同工酶。在成年猫中,ALP 浓度检测常用于判断有无胆汁淤积,但不适用于大动物。

其临床意义如下。

(1)ALP 浓度偏高:

①常见于骨骼疾病,如佝偻病、软骨病、骨恶性肿瘤、恶性肿瘤骨转移等。

②常见于肝胆疾病,如肝外胆道梗阻、肝癌、肝硬化、毛细胆管性肝炎等。

③也可见于其他疾病,如甲状旁腺功能亢进等。

(2)ALP 浓度偏低:见于重症慢性肾炎、甲状腺功能不全、贫血等。

9. 胆红素 胆红素分为结合胆红素(直接胆红素)和未结合胆红素(间接胆红素),是用于判断黄疸的病因、评估肝功能和检查胆管通畅程度的指标。

其临床意义如下。

(1)结合胆红素水平偏高:见于阻塞性黄疸、胆结石等疾病。

(2)未结合胆红素水平偏高:见于急性黄疸型肝炎、溶血性贫血等疾病。

10. 胆汁酸 胆汁酸在促进脂肪的吸收、调节胆固醇水平方面发挥重要作用。胆汁酸能在体外稳定存在,便于测定,其可以用于评估肝胆系统解剖学上的主要构造是否完整。

其临床意义如下。

(1)胆汁酸水平偏高:常见于先天性门体分流、慢性肝炎、肝硬化、胆汁淤积或肿瘤等疾病。马肝胆疾病或摄食量下降会引起胆汁酸水平偏高。

(2)胆汁酸水平偏低:多无临床意义。

11. 胆固醇 胆固醇是一种血浆脂蛋白,主要由肝脏合成,也可以来源于食物。胆固醇分为高密度脂蛋白胆固醇和低密度脂蛋白胆固醇两种,前者对心血管有保护作用,后者会增加冠心病发生的危险性。

其临床意义如下。

低密度脂蛋白胆固醇水平偏高可见于以下情况。

①某些动物胆汁淤积。

②甲状腺激素不足或甲状腺功能减退。

③肾上腺皮质功能亢进、急性坏死性胰腺炎和肾病综合征。

Note

（三）肾功能检测

临床上通过分析尿液和血液来评估肾功能。

1. 血清尿素测定(二乙酰一肟法)

1)原理　在酸性反应环境中加热，二乙酰一肟分解成二乙酰和羟胺，二乙酰与样品中的尿素反应，缩合成红色的二嗪衍生物，称为 Fearon 反应。反应中加入硫氨脲和硫酸镉，可提高反应的灵敏度和显色的稳定性。

2)试剂

(1)酸性试剂：在三角烧瓶中加蒸馏水约 100 mL，然后加入浓硫酸 44 mL 及 85%磷酸 66 mL。冷却至室温，加入硫氨脲 50 mg 和硫酸镉 2 g，溶解后用蒸馏水稀释至 1 L，置于棕色瓶内，冰箱中可稳定保存半年。

(2)二乙酰一肟溶液：称取二乙酰一肟 20 g，加蒸馏水约 900 mL，溶解后加蒸馏水稀释至 1 L。置于棕色瓶中，冰箱保存，可半年不变质。

(3)尿素标准储存液(100 mmol/L)：称取干燥纯尿素 600 mg，加蒸馏水至 100 mL 溶解，加0.1 g 叠氮钠防腐，在冰箱中可保存半年不变质。

(4)尿素标准应用液(5 mmol/L，相当于尿素氮 14 mg/dL)：取上述尿素标准储存液 5.0 mL，用蒸馏水稀释至 100 mL。

3)操作方法　血清尿素测定操作步骤如表 6-9 所示。

表 6-9　血清尿素测定操作步骤　　单位：mL

序号	步骤	测定管	标准管	空白管
1	二乙酰一肟溶液	0.5	0.5	0.5
	血清	0.02	0	0
	尿素标准应用液	0	0.02	0
	蒸馏水	0	0	0.02
	酸性试剂	5.0	5.0	5.0
2	充分混匀，沸水浴中加热 12 min，再置于冷水中冷却 5 min，以 540 nm 波长比色，以空白管校正光密度到 0 点，分别读取各管读数，记录			

计算公式如下。

$$血清尿素含量(mmol/L)=(测定管光密度/标准管光密度)\times 5$$

其临床意义如下。

血清尿素含量偏高见于以下情况。

(1)肾前性：常见于脱水，血液浓缩，肾血流量减少，肾小球滤过率降低，使血液中的尿素潴留。

(2)肾性：急性肾衰竭时肾功能轻度受损。

(3)肾后性：前列腺肿大、尿道狭窄、膀胱肿瘤等导致尿道受压。

2. 血清肌酐　肌酐由肌酸形成，肌酸存在于骨骼肌中，是肌肉代谢的一部分。肌酐从肌细胞内弥散出来，进入体液(包括血液)。正常情况下，所有的血清肌酐由肾小球滤过，经尿液排出，因此血清肌酐水平可用来评估肾脏功能。

其临床意义如下。

(1)血清肌酐水平偏高：

①常见于急性和慢性肾小球肾炎、肾硬化、多囊肾、肾移植后排异反应，以及尿毒症、重度充血性心功能不全等。

②也可见于脱水、失血、休克、心力衰竭、剧烈运动、肢端肥大症等。

(2)血清肌酐水平偏低：见于肌萎缩、严重肝病、白血病和肾功能不全等。

（四）胰腺功能测定

胰腺实际上是处于一个基质上的两个器官，一个具有外分泌功能，另一个具有内分泌功能。外分泌部又称为腺泡胰腺，是胰腺最大的组成部分，分泌富含酶的胰液，包括进入小肠内参与消化所必需的酶。三种主要的胰酶是淀粉酶、脂肪酶和胰蛋白酶。

1. 血清淀粉酶 血清淀粉酶主要来源于胰腺，近端十二指肠、肺、子宫、泌乳期的乳腺等器官也有少量分泌。淀粉酶对食物中多糖化合物的消化起重要作用。血清淀粉酶活性测定主要用于急性胰腺炎的诊断。

其临床意义如下。

（1）血清淀粉酶活性偏高：

①常见于急性胰腺炎、慢性胰腺炎急性发作、胰管阻塞、胰腺囊肿、胰腺癌、胃十二指肠疾病等。

②见于肠道炎症，胰液从消化道漏出，消化道穿孔、肠管坏死、腹膜炎、穿通性溃疡等。

③使用某些药物，如肠促胰液肽、缩胆囊素、噻嗪类、类固醇等，也可致血清淀粉酶活性偏高。

（2）血清淀粉酶活性偏低：见于胰腺全切除、唾液腺切除、急性暴发性胰腺炎、重症糖尿病、严重肝病等。

2. 血清脂肪酶 几乎所有的血清脂肪酶来源于胰腺。脂肪酶的作用是降解脂质中的长链脂肪酸。正常情况下，过量的脂肪酶经肾脏滤过，因此在胰腺疾病的早期阶段，脂肪酶仍处于正常水平。

其临床意义如下。

（1）血清脂肪酶活性偏高：常见于急慢性胰腺炎、胰腺损伤、胰液淤滞、胰管梗阻、胰腺癌、胰腺囊肿、胆管癌、胆结石、肾功能不全、穿孔性腹膜炎等疾病。

（2）血清脂肪酶活性偏低：见于胰腺癌晚期、胰腺大部切除等。

3. 葡萄糖 血液中的葡萄糖称为血糖。葡萄糖是机体的重要组成成分，也是能量的重要来源。血糖水平调节机制比较复杂，胰岛素具有降血糖的作用，而胰高血糖素、甲状腺素、生长激素、肾上腺素和糖皮质激素都可以使血糖水平升高。血糖水平可以作为检测体内碳水化合物代谢的指标，也可以作为检测胰腺内分泌功能的指标。采集血样时，动物必须经过适度的禁食。

其临床意义如下。

（1）血糖水平偏高：

①生理性偏高：可见于采食后 1～2 h、输液注射葡萄糖溶液后、情绪紧张时（肾上腺素分泌增加）、注射肾上腺素后等。

②病理性偏高：见于各种糖尿病、慢性胰腺炎、心肌梗死、甲状腺功能亢进、肾上腺功能亢进、颅内出血等。

（2）血糖水平偏低：

①生理性偏低：常见于饥饿、剧烈运动、妊娠、哺乳和使用降糖药物后。

②病理性偏低：常见于胰岛细胞瘤、糖代谢异常、严重肝病、垂体功能减退、肾上腺功能减退、甲状腺功能减退、长期营养不良、注射胰岛素过量等。

（五）电解质测定

电解质是遍布于动物全身体液中的阴离子和阳离子，具有维持体液平衡、调节酸碱平衡、维持和激活一些酶系统、保持液体渗透压及肌肉和神经功能正常的作用。血浆中主要的电解质有钙、无机磷、钠、钾、镁、氯和碳酸氢根。目前兽医临床常使用自动电解质分析仪进行电解质测定。

1. 血钙 体内超过 99% 的钙存在于骨骼中，其余不到 1% 的钙在机体内发挥着主要作用，包括维持神经肌肉的兴奋性和张力（血钙水平降低会导致肌肉抽搐）、维持许多酶的活性、促进凝血以及维持细胞膜的通透性。全血中的钙主要存在于血浆或血清中，红细胞含有很少量的钙。

其临床意义如下。

（1）血钙水平偏高：见于原发性甲状旁腺功能亢进、维生素 D 中毒、骨内肿瘤转移、某些慢性器官

疾病等。

(2)血钙水平偏低:见于甲状旁腺功能减退、骨软化症、佝偻病、产后瘫痪、草酸盐中毒等。

2. 血清无机磷 体内超过80%的磷存在于骨骼中,其余的磷具有储存、释放、转移能量,参与碳水化合物代谢,参与许多重要物质的合成等重要作用。血浆或血清无机磷的水平与血钙水平成反比。

其临床意义如下。

(1)血清无机磷水平偏高:见于马、牛骨质疏松症,过量补充维生素D,肾功能不全或肾衰竭,甲状腺功能减退等。

(2)血清无机磷水平偏低:见于骨软化症、低磷性佝偻病、肾小管变性等。

小提示

临床血液生化指标参考范围如表6-10所示。

表6-10 临床血液生化指标参考范围

项目	单位	犬	猫	马	牛	猪	绵羊	山羊
白蛋白(ALB)	g/dL	2.3~4.3	2.8~3.4	2.6~4.1	3.4~4.3	1.8~3.9	2.4~3.9	2.7~3.9
丙氨酸氨基转移酶(ALT)	U/L	8.2~109	25~97	2.7~21	5~35	9~47	10~44	15~52
天冬氨酸氨基转移酶(AST)	U/L	9~49	7~40	160~595	46~176	8~55	49~90	43~230
碱性磷酸酶(ALP)	U/L	22~114	16~65	30~227	18~153	41~176	27~156	61~283
淀粉酶(Amy.)	U/L	220~1400	280~1200	47~188	41~98	—	140~260	—
碳酸氢盐(HCO_3^-)	mEq/L	17~25	17~25	22~30	20~30	18~27	20~27	5~8
禁食胆汁酸	μmol/L	0~9	0~5	0~20	—	—	—	28~36
餐后2 h胆汁酸	μmol/L	0~30	0~7	11~60	—	—	—	—
总胆红素	mg/dL	0.07~0.6	0~0.5	0.3~3.5	0.01~0.8	0~0.6	0~0.4	0~0.1
直接胆红素	mg/dL	0.06~0.15	0~0.1	0~0.4	0.01~0.4	0~0.3	0~0.27	0~0.01
钙(Ca)	mg/dL	8.7~12	7.9~11.9	10.2~13.4	8~11.4	9.5~11.5	9.8~12	9.8~12
氯(Cl)	mEq/L	95~120	105~130	97~110	94~111	90~106	101~110	99~112
胆固醇	mg/dL	116~330	50~156	71~142	80~120	97~106	76~102	100~112
肌酸激酶	U/L	40~368	59~362	60~333	40~350	0~800	—	—
肌酐	mg/dL	0.5~1.7	0.7~2.2	0.4~1.9	0.7~1.4	1~3	1~2.7	—
葡萄糖	mg/dL	76~120	58~120	62~127	37~79	65~150	45~80	45~75
脂肪酶	U/L	60~200	0~83	—	—	—	—	—
镁(Mg)	mg/dL	1.2~2.7	1.5~3.5	1.4~3.5	1.4~3	2.3~3.5	2~2.7	2.1~2.9
磷(P)	mg/dL	2.5~6.2	2.5~7.3	1.5~5.4	4.6~8	5~9.3	4~7.3	3.7~8.5
钾(K)	mEq/L	3.9~6.1	3.9~6.1	2.5~5.4	3.5~5.3	3.5~7.1	4.5~5.1	3.5~6.7

续表

项目	单位	犬	猫	马	牛	猪	绵羊	山羊
血清总蛋白(TP)	g/dL	5.4～7.5	5.7～7.6	5.4～7.9	6～7.5	6～8.9	6～7.9	6.4～7.9
山梨醇脱氢酶(SDH)	U/L	2.9～8.2	2.4～7.7	1～7.9	4～18	0.5～6	4～28	9～21
钠(Na)	mg/dL	141～155	140～159	128～146	136～148	135～153	132～154	137～152
血尿素氮(BUN)	mg/dL	9～27	18～34	10～27	10～26	8～30	8～30	10～30

案例分享

学习情境七　尿液检查

任务一　尿液化学检验

扫码看课件

学习目标

【知识目标】

1. 了解尿液化学检验的应用范围。
2. 熟知尿液化学检验的临床意义。

【技能目标】

掌握尿液化学检验的方法。

【思政与素质目标】

1. 养成关爱动物、注重动物福利的意识素养。
2. 养成不怕苦、不怕脏的品格。
3. 养成认真细致的工作态度。

系统关键词

尿液、化学检验。

任务准备

尿液化学检验可选用市售的尿八项(蛋白质、葡萄糖、尿胆原、尿胆红素、尿潜血、硝酸盐、酮体、pH)试纸进行，简便快捷，经济实用，如有条件，可以分别采用下面的方法测定。

Note

任务实施

(一) 尿蛋白质检验

健康宠物尿液中,仅含有微量的蛋白质,用一般方法难以检出。尿液中蛋白质含量增高分为功能性增高和病理性增高。

功能性增高:饲喂大量蛋白质饲料后、怀孕母犬及新生仔犬,会出现尿液中蛋白质含量一过性增高;站立过久可能会出现体位性增高;剧烈运动,或高温、高热、严寒等使肾血管痉挛或充血,肾小球通透性增加,也可使尿液中蛋白质含量增高。

病理性蛋白尿可分为肾前性、肾性和肾后性三种。肾前性蛋白尿中的蛋白质来自血液中血红蛋白、肌红蛋白和卟啉等;肾性蛋白尿源于肾脏疾病等;肾后性蛋白尿是由输尿管、膀胱、尿道和生殖器等的炎症或新生物导致。

肾性蛋白尿常是早期肾脏疾病的一个重要但易被忽视的表现,蛋白尿的程度一般可作为判断病情轻重的参考。但有时可能出现假阳性或假阴性结果,如早期肾病综合征时,尿液内常混有大量蛋白质,但肾功能损害较轻;而晚期时大量肾单位丧失功能,尿蛋白反而减少。另外,性成熟的雄性宠物的尿蛋白检测可能出现弱阳性结果。因此在分析尿蛋白时,应结合其他临床症状,全面考虑其临床意义。

蛋白质的定性反应如下。

1. 硝酸法 取 1 支试管加 35%硝酸溶液 1～2 mL,随后沿管壁缓慢加入尿液,使两液重叠,静置 5 min,观察结果。两液面交界处产生白色环为阳性。白色环越宽,表明蛋白质含量越高。

2. 磺柳酸法 取酸化尿液少许于载玻片上,加 20%磺柳酸溶液 1～2 滴,如有蛋白质存在,即产生白色混浊,此法极为方便,灵敏度极高。

3. 快速离心沉淀法 取 15 mL 刻度离心管 1 支,加尿液 15 mL,再加 27%磺柳酸溶液 2 mL,反复倒置混合数次,以 1500 r/min 离心 5 min。判定:每 0.1 mL 蛋白质沉淀物,即表示 1000 mL 尿液中含有蛋白质 1 g。

(二) 尿糖检验

健康宠物尿液中仅含有微量的葡萄糖,用一般化学试剂无法检出。若用一般方法能检出尿液中含葡萄糖,则称为糖尿。尿糖阳性可分为暂时性和病理性两类。暂时性糖尿为生理性,可因血糖浓度暂时超过肾糖阈而出现,如应激、饲喂大量含糖饲料,使用类固醇激素治疗及受吗啡、氯仿、乙醚、阿司匹林影响等。病理性糖尿可见于肾脏疾病(肾小管对葡萄糖的再吸收作用减低),神经系统疾病(如脑出血、脑脊髓炎)及肝脏疾病等。糖尿病犬因胰岛素不足可出现真性糖尿。

尿糖的定性反应如下。

1. Nylander 氏法(尼兰德氏检糖法) 判定:褐色至暗褐色为(+);浓褐色为(++)。

2. Benedict 氏法 试剂:无水硫酸铜 17.3 g 加 100 mL 水。

判定:无变化,弱青白色为(−);绿色混浊,有少量的沉淀为(+);黄色至橙黄色沉淀为(++);橙色至赤色沉淀为(+++)。

(三) 尿液中胆红素的检验

健康宠物的尿液中不含胆红素,当尿液中含有胆红素时,则为病理状态。尿液中胆红素的检验用 Rosenbach 法。

药品:10 倍稀释的碘酊(浓碘酊 1 mL+9 mL 生理盐水)。

方法:取 1 支试管,加用乙酸酸化的尿液 3 mL,将试管倾斜加入 10 倍稀释的碘酊 2 mL,在两液面交界处出现绿色的环则为阳性。

(四) 尿胆汁酸检验

试剂:浓硫酸、10%蔗糖溶液。

取尿液 5 mL 至试管,加浓硫酸 3 mL,然后加入 10%蔗糖溶液 4～5 滴。出现紫红色为阳性。

视频：尿液化学检验

扫码看课件

任务二　尿沉渣显微镜检查

学习目标

【知识目标】

1. 了解尿沉渣显微镜检查的应用范围。
2. 熟知尿沉渣显微镜检查的临床意义。

【技能目标】

掌握尿沉渣显微镜检查的方法。

【思政与素质目标】

1. 养成关爱动物、注重动物福利的意识素养。
2. 养成不怕苦、不怕脏的品格。
3. 养成认真细致的工作态度。

系统关键词

尿沉渣、显微镜。

任务准备

尿沉渣的成分主要有两种：无机沉渣和有机沉渣。前者多为各种盐类结晶，后者包括上皮细胞、红细胞、白细胞、各种管型及微生物等。尿沉渣显微镜检查可以补充理化检查的不足，能查明理化检查所不能发现的病理变化，不仅可以确定病变部位，还可阐明疾病的性质，对肾脏疾病和尿道疾病的诊断具有特殊意义。

任务实施

1. 尿沉渣标本制作　取新鲜尿液 5～10 mL 于沉淀管内，1000 r/min 离心 5～10 min；倾去或吸去上清液，留下 0.5 mL 尿液；摇动沉淀管，使沉淀物均匀地混悬于少量剩余尿液中；用吸管吸取沉淀物置于载玻片上，加 1 滴 5%卢戈碘液（碘片 5 g，碘化钾 15 g，蒸馏水 100 mL），盖上盖玻片即成。在加盖玻片时，先将盖玻片的一边接触尿液，然后慢慢放平，以防产生气泡。

2. 尿沉渣标本镜检　将集光器降低，缩小光圈，使视野稍暗，以便发现无色而屈光力弱的成分（如透明管型等）；先用低倍镜全面观察标本情况，找出需详细检查的区域后，再换用高倍镜仔细辨认细胞成分和管型等。检查时，如遇尿液内有大量盐类结晶遮盖视野而妨碍对其他物质的观察，可微加温或加化学药品，除去这类结晶后再镜检。

3. 结果报告 细胞成分按各个高倍视野内最少至最多的数值报告，如白细胞 48 个（高倍）；管型及其他结晶成分按偶见、少量、中等量及多量报告。偶见指整个标本中仅见几个，少量指每个视野见到几个，中等量指每个视野数十个，多量指每个视野的大部甚至全部有细胞成分或管型等（图 7-1、图 7-2）。

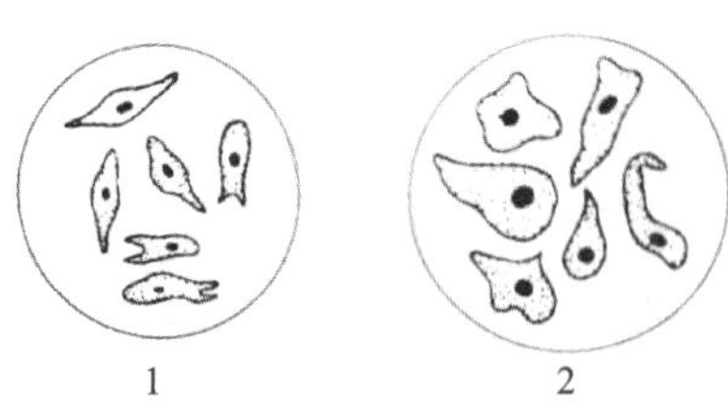

图 7-1 尿液中上皮细胞

1. 肾盂、输尿管上皮细胞；2. 膀胱上皮细胞

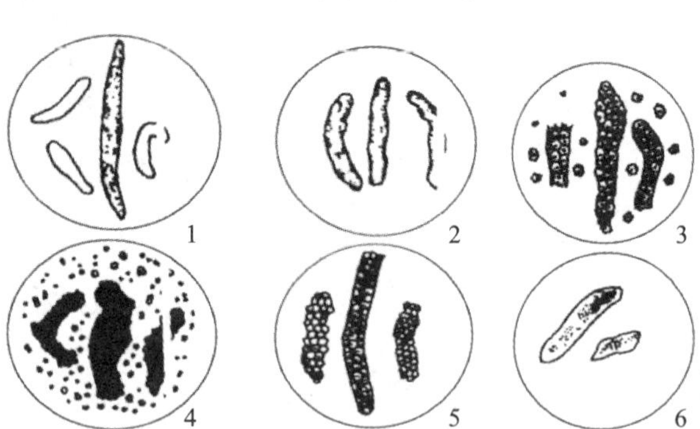

图 7-2 尿沉渣中的各种管型

1. 透明管型；2. 颗粒管型；3. 上皮细胞管型；4. 红细胞管型；5. 白细胞管型；6. 血红蛋白管型

4. 显微镜检查的临床意义

1）红细胞增多 常见于泌尿系统结石、肿瘤、肾炎及外伤等；也可见于邻近器官的疾病（如前列腺炎症或肿瘤，直肠、子宫的肿瘤等）累及尿道时。

2）白细胞增多 常因脓细胞增多导致，常见于肾盂肾炎、膀胱炎、尿道炎、肾结核、肾肿瘤等。尿液中出现多量的脓细胞，可见于肾盂肾炎、膀胱炎和尿道炎等。

3）尿液中出现大量上皮细胞并伴红细胞、白细胞增多 多见于尿道感染。出现大量肾盂上皮细胞、输尿管上皮细胞，为肾盂肾炎、输尿管炎的表现。膀胱炎时则出现膀胱上皮细胞。

4）管型 管型是肾小管、集合管中蛋白质变性凝固或蛋白质与某些细胞成分相黏合而形成的管状物。尿液中出现管型，是肾脏疾病的特征性表现。根据管型的形态和所含成分等的不同命名为各种管型，较常见的有以下几种。

（1）透明管型：透明管型数量增多可见于急性肾小管性肾炎、急性肾盂肾炎、恶性高血压、慢性肾脏疾病、充血性心力衰竭等。

（2）颗粒管型：急性和慢性肾小球肾炎常出现的管型。

（3）宽幅管型：又称肾衰竭管型，常见于急性肾衰竭的早期多尿期。

（4）脂肪管型：多见于肾病综合征、亚急性肾小球肾炎、慢性肾小球肾炎的肾病期及肾小管中毒等。

（5）上皮细胞管型：偶见于肾病综合征、间质性肾炎、高热、肾小球肾炎、重金属中毒等。

（6）红细胞管型：常见于急性肾小球肾炎、慢性肾小球肾炎急性发作及肾充血、肾出血、血型不合所致的溶血反应等。

（7）白细胞管型：可见于肾盂肾炎、急性肾小球肾炎、肾病综合征及间质性肾炎等。

（8）血小板管型：可见于早期弥散性血管内凝血等。

（9）混合型管型：可见于肾炎后期及间质性肾炎等。

（10）蜡样管型：见于肾脏器质性病变及慢性肾衰竭等。

多数盐类和结晶的出现临床意义不大，持续大量出现可能与结石相关。

视频：尿沉渣显微镜检查

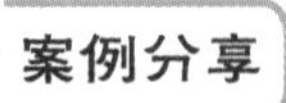

案例分享

学习情境八　粪便检验

任务一　粪便的采集和理学检验

扫码看课件

学习目标

【知识目标】

1. 了解粪便理学检验的应用范围。
2. 熟知粪便理学检验的临床意义。

【技能目标】

掌握粪便的采集方法和各项目的检验方法。

【思政与素质目标】

1. 养成关爱动物、注重动物福利的职业素养。
2. 养成不怕苦、不怕脏的品格。
3. 养成认真细致的工作态度。

系统关键词

粪便、理学检验。

任务准备

必须采集新鲜而未被污染的粪便，最好于动物排便后马上采集未接触地面的部分，也可直接直肠取便。粪便的理学检验主要采用感官检查法，直接检查粪便颜色、气味、量、形状和硬度。

任务实施

（一）粪便标本的采集

盛装粪便标本的容器应清洁、干燥、有盖，无吸水和渗漏。做细菌学检查时，粪便标本应采集于灭菌、有盖的容器内。

1. 采集标本的量　一般采集指头大小(3～5 g)的新鲜粪便。

2. 送检时间　标本采集后一般应于 1 h 内检验完毕，否则可因 pH 改变及消化酶的作用等，有形成分分解破坏及病原菌死亡，进而导致结果不准确。检查阿米巴滋养体时，应于排便后立即检验，冬季还需对标本进行保温处理。

3. 采集标本的性质　应尽可能挑取含有黏液、脓血等异常成分的粪便。外观无明显异常时，应于粪便内、外多点取样。

4. 特殊情况的标本　无粪便排出而又必须检验时，可用采便管采集标本。

5. 寄生虫检验标本　检查寄生虫体及计数虫卵时，应收集 24 h 内粪便送检。

（二）理学检验

1. 颜色　犊牛和仔猪腹泻时，粪便呈灰白色或黄白色，如犊牛白痢、仔猪黄痢或白痢、鸡白痢；便

Note

秘时粪便色深；患有阻塞性黄疸的病畜粪便可呈淡黏土色；家畜肠道前部出血时，粪便呈黑色，肠道后部或肛门出血时，粪便呈红色。

2. 气味 健康草食动物的粪便无难闻臭味，杂食或肉食动物粪便较臭。家畜患肠卡他、胃肠炎时，由于内容物的发酵和腐败，粪便有酸臭味；肠道出血时，有腥臭味。

案例分享

扫码看课件

任务二　粪便的化学检验

学习目标

【知识目标】

1. 了解粪便化学检验的应用范围。
2. 熟知粪便化学检验的临床意义。

【技能目标】

了解粪便的化学检验方法。

【思政与素质目标】

1. 养成善待动物、注重动物福利的职业素养。
2. 养成实事求是、认真负责的职业态度。
3. 养成不怕脏、不怕累的职业品格。

系统关键词

粪便、化学检验。

任务准备

对粪便进行化学检验，有利于对某些消化道疾病进行诊断。临床上为了提供更为准确、及时的诊断依据，目前常使用胶体金技术或粪便分析仪进行检验。

任务实施

（一）粪便酸碱度测定

一般用 pH 试纸测定粪便的酸碱度。粪便酸碱度与饲料成分及肠内容物的发酵或腐败过程有关。草食动物正常的粪便呈弱碱性，但马粪球内部常为弱酸性。当肠管内糖类发酵旺盛时，粪便的酸度增高；当蛋白质腐败分解旺盛时，粪便的碱度增高，见于胃肠炎等。

（二）潜血检验（邻联甲苯胺法）

粪便中混有不能用肉眼直接观察的少量血液称为潜血。动物整个消化系统不论哪一部分出血

Note

都可使粪便潜血。

1. 原理 血红蛋白中的铁质有类似过氧化酶的作用，可以分解过氧化氢，释放新生态氧，使邻联甲苯胺氧化为联苯胺蓝而呈现绿色或蓝色。

2. 试剂 1%邻联甲苯胺乙酸溶液、3%过氧化氢溶液。

3. 操作方法 取粪便 2～3 g 于试管中，加蒸馏水 3～4 mL，搅拌，煮沸后冷却，破坏粪便中的酶类；取洁净小试管 1 支，加 1%邻联甲苯胺乙酸溶液和 3%过氧化氢溶液的等量混合液 2～3 mL，取 1～2 滴冷却粪便悬液，滴加于上述混合试剂上。如粪便中有血液，则立即呈现绿色或蓝色，不久变为红紫色。

4. 结果判定 （＋＋＋＋）：立即呈现深蓝色或深绿色。（＋＋＋）：0.5 min 内呈现深蓝色或深绿色。（＋＋）：0.5～1 min 内呈现深蓝色或深绿色。（＋）：1～2 min 内呈现浅蓝色或浅绿色。（－）：5 min 后不呈现蓝色或绿色。

5. 注意事项 氧化酶并非血液所特有，动物组织或植物中也有少量，部分微生物也产生相同的酶，所以粪便必须事先煮沸，以破坏这些酶类；被检动物在试验前 3～4 日禁食肉类及含叶绿素的蔬菜、青草；肉食动物如未禁食肉类，则必须用粪便的醚提取液（取粪便约 1 g，加乙酸搅成乳状，加乙醚，混合静置，取乙醚层）做试验。

6. 临床意义 粪便潜血见于出血性胃肠炎、马肠系膜动脉栓塞、牛创伤性网胃炎和犬钩虫病等。

（三）胰蛋白酶检验

胰蛋白酶是一种蛋白水解酶，它可催化食物的蛋白水解反应而帮助机体消化。胰蛋白酶活性在粪便中比在血液中更容易检测。因此，胰蛋白酶分析多以粪便作为检测样品。正常情况下，粪便中存在胰蛋白酶，不存在则是异常的。

实验室所采用的方法有两种：试管法和 X 线胶片法。试管法需要将新鲜的粪便与凝胶液混合。胰蛋白酶可以分解蛋白质（凝胶），如果样品中存在胰蛋白酶，溶液就不会变成凝胶；如果不存在胰蛋白酶，则溶液呈凝胶状。X 线胶片法是将凝胶覆盖在未显影的 X 线胶片上，测试是否存在胰蛋白酶的方法。将 X 线胶片的一端置于粪便和碳酸氢盐的混合液中。如果粪样中存在胰蛋白酶，用水冲洗胶片时，覆盖的凝胶表层就会被冲掉；如果粪样中不存在胰蛋白酶，则冲洗后凝胶表层仍覆盖于胶片上。在评估粪便中胰蛋白酶的水解活性方面，试管法要比 X 线胶片法更准确。

注意事项：胰蛋白酶活性试验需要检测新鲜粪样。如果动物近期食用了生蛋清、黄豆、菜豆、重金属、柠檬酸盐、氟化物或一些有机磷复合物，粪便中胰蛋白酶的活性可能会下降。粪便中存在钙、镁、钴和锰时，胰蛋白酶的活性可能会升高。

（四）总脂肪检验

1. 操作方法 给正常犬每日每千克体重饲喂 50 g 含 8.5%～9%脂肪的肉食，3 日后收集 1～2 g 粪便，检验粪便中脂肪量。

2. 临床意义 正常犬每日每千克体重排脂肪 0.24 g，吸收不良时超过 1.14 g，胰腺功能不足时则超过 2.08 g。

任务三 粪便显微镜检查

扫码看课件

学习目标

【知识目标】

1. 了解粪便显微镜检查的应用范围。
2. 掌握粪便中常见物质在显微镜下的形态。

学习目标

【技能目标】

1. 熟练掌握显微镜的使用方法。
2. 掌握粪便标本片的制备。

【思政与素质目标】

1. 养成善待动物、注重动物福利的职业素养。
2. 养成实事求是、认真负责的职业态度。
3. 养成不怕脏、不怕累的职业品格。

系统关键词

粪便、显微镜。

任务准备

粪便显微镜检查是临床常规检查的主要内容，用于检查各种有形成分，如细胞、寄生虫、结晶、细菌、真菌等，是利用显微镜对动物的排泄物、分泌物、脱落细胞和组织等进行分析判断，来诊断疾病的方法。

任务实施

（一）标本的制备

取不同粪层的粪便，混合后取少许置于洁净载玻片上或以竹签直接挑粪便可疑部分置于载玻片上，加少量生理盐水或蒸馏水，涂成均匀薄层，以能透过书报字迹为宜。必要时可滴加乙酸溶液或选用 0.01%伊红染液、稀碘液或苏丹Ⅲ染色。涂片制好后，加盖玻片，先用低倍镜观察全片，后用高倍镜鉴定。

（二）饲料残渣检查

1. 植物细胞　粪便中常大量出现，形态多种多样，呈螺旋形、网状、花边形、多角形或其他形态。特点是在吹动标本时，易转动变形。植物细胞无临床意义，但可了解胃肠消化力的强弱。

2. 淀粉颗粒　一般为大小不均、一端较尖的圆形颗粒，也有圆形或多角形的，有同心层构造。用稀碘液染色后，未消化的淀粉颗粒呈蓝色，部分消化的呈紫色或棕红色。粪便中若发现大量淀粉颗粒，表明消化功能发生障碍，多见于慢性胰腺炎、胰腺功能不全。

3. 脂肪滴　表现为大小不等、正圆形的小球，有明显折光性，特点为浮在液面、来回游动。可被苏丹Ⅲ染成红色。粪便中见到大量脂肪滴，表明摄入的脂肪不能被机体完全分解和吸收（如肠炎），又或者是胆汁及胰液分泌不足。

4. 肌纤维　以肉类为食的动物，在粪便中可见少许淡黄色有横纹的肌纤维片，但在 1 张盖玻片下不应多于 10 个。动物肠蠕动亢进、腹泻或蛋白质消化不良时可能增多；胰腺外分泌功能减退时不仅肌纤维增多，且其纵、横纹均易见，甚至可见肌细胞的核，加乙酸后更为清晰。

（三）体细胞检查

1. 红细胞　动物粪便中出现大量红细胞，可能原因为肠道后部出血。粪便中有少量散在的形态正常的红细胞和大量白细胞，说明动物肠道有炎症。

2. 白细胞及脓球 白细胞为圆形、有核、结构清晰的细胞，正常粪便中不可见或偶见。脓球的结构不清晰，常聚集在一起甚至成堆存在。粪便中发现大量白细胞及脓球表明动物肠道有炎症或溃疡。

3. 巨噬细胞 吞噬细胞是吞噬较大异物的大单核细胞，核形多不规则，胞质常有伪足样突起，常吞有颗粒及细胞碎屑等。常与脓球一起出现，诊断意义也与之相同。

4. 上皮细胞 包括扁平上皮细胞和柱状上皮细胞，前者来自肛门附近，后者只来自肠黏膜。生理情况下，少量脱落的柱状上皮细胞多已破坏，因此在健康动物的正常粪便中难以见到。当粪便中有大量柱状上皮细胞，同时有白细胞、脓球及黏液时，表明动物肠道有炎症。

5. 伪膜的检查 镜下可见伪膜有黏液及丝状物，缺乏细胞成分，实为纤维蛋白原渗出后形成的纤维蛋白膜，主要见于牛、马和猪的黏液膜性肠炎。

小提示

粪便中常见的物质如图 8-1 所示。

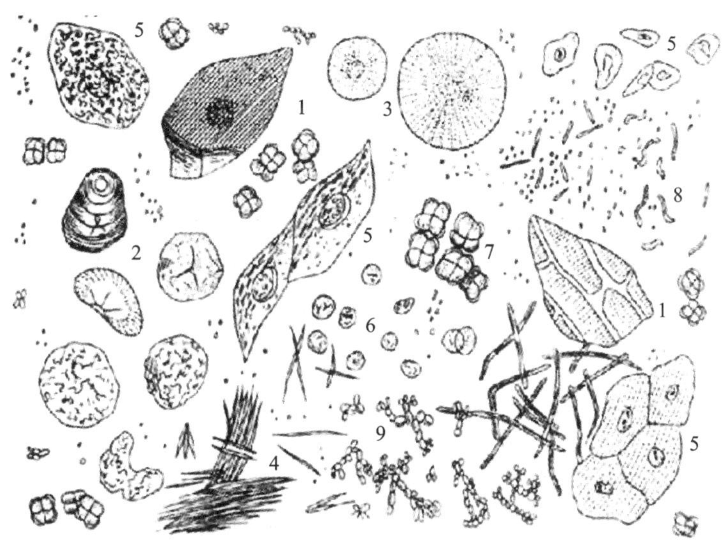

图 8-1 粪便中常见的物质

1. 细胞；2. 淀粉颗粒；3. 脂肪滴；4. 针状脂肪酸颗粒；5. 上皮细胞；6. 白细胞；7. 球菌；8. 杆菌；9. 真菌

案例分享

任务四 粪便中寄生虫的检查

扫码看课件

学习目标

【知识目标】

1. 了解不同动物粪便中寄生虫虫卵的形态。
2. 理解寄生虫虫卵计数的临床意义。

Note

学习目标

【技能目标】

1. 掌握粪便中寄生虫虫卵的检查方法。
2. 熟练掌握显微镜的使用方法。

【思政与素质目标】

1. 养成关爱动物、关注动物福利的职业素养。
2. 树立持续改善动物生存环境的职业目标。
3. 养成细致严谨的工作态度。

系统关键词

粪便、寄生虫、虫卵。

任务准备

肠道寄生虫病多依靠在粪便中找到虫卵、原虫滋养体或包囊进行诊断，找到这些直接证据就可以明确诊断为相应的寄生虫病。

任务实施

（一）虫卵检查

1. 操作方法　可采用直接涂片检查法、沉淀法、漂浮法。

1)直接涂片检查法　在载玻片上滴甘油与水的等量混合液，再挑取少量粪便，加入其中，混匀，去掉较大或过多的粪渣，使载玻片上留一层均匀粪液形成的粪膜，以能透视书报字迹为宜。在粪膜上覆以盖玻片，置于显微镜下检查。检查时应有顺序地查遍盖玻片下所有的部分。有时机体内寄生虫不多，粪便中虫卵少，难以查出虫卵。

2)沉淀法　该法适用于检查吸虫卵和棘头虫卵。取粪便 5 g，加 100 mL 以上清水，搅匀，以 40～60 目筛过滤，滤液收集于三角烧瓶或烧杯中，静置 20～40 min；倾去上层液，保留沉渣，再加水混匀，再沉淀。如此反复操作直到上层液体透明后，吸取沉渣检查。

3)漂浮法　该法适用于检查线虫卵、绦虫卵和球虫卵囊。

(1)方法一：取粪便 10 g，加饱和食盐水 100 mL，混合，以 60 目筛过滤，滤液收集于烧杯中，静置 30 min，则虫卵上浮；用直径 5～10 mm 的铁丝圈，与液面平行接触以蘸取表面液膜，抖落于载玻片上检查。

(2)方法二：取粪便 1 g，加饱和食盐水 10 mL，混匀，以 60 目筛过滤，滤液收集于试管中，补加饱和食盐水溶液使试管充满，利用液体表面张力，让液体在试管口形成一个小突起(不可补加过多，以免液体流出)，再加盖玻片，并使液体与盖玻片接触，其间不留气泡，直立 30 min 后，取下盖玻片，覆于载玻片上检查。

2. 注意事项　在检查密度较大的猪肺线虫卵时，则可先将猪粪按沉淀法操作，取得沉渣后，在沉渣中加入饱和硫酸镁溶液进行漂浮，收集虫卵。

（二）虫卵计数

虫卵计数是指测定动物粪便中虫卵数量的方法，以此推断动物体内某种寄生虫的寄生数量，有时

还用于驱虫药使用前、后虫卵数量的对比，以检查驱虫效果。虫卵计数受很多因素影响，只能对寄生虫的寄生数量做大致判断。虫卵总量不准确，以及寄生虫的年龄、宿主的免疫状态、粪便的浓稠度、雌虫的数量、驱虫药的服用等因素，均会影响虫卵数量与体内虫体数量的比例。虽然如此，虫卵计数仍常用于判断某种寄生虫的感染强度。虫卵计数结果，常以每克粪便中虫卵数表示，简称 e. p. g。

1. 操作方法

1)斯陶尔氏法　适用于大部分蠕虫卵的计数。在一个小玻璃容器(如三角烧瓶或大试管)的 56 mL 和 60 mL 容量处各做一个标记；取 0.4%氢氧化钠溶液注入容器内到 56 mL 处，再加入被检粪便溶液到 60 mL 处，加入一些玻璃珠，振荡，使粪便完全破碎混匀；用 1 mL 吸管取粪液 0.15 mL，滴于 2～3 张载玻片上，覆以盖玻片，在显微镜下按顺序检查，统计虫卵总数时注意不可遗漏和重复。0.15 mL 粪液中实际含粪量是 0.15×4/60=0.01 (g)，因此，所得虫卵总数乘 100 即为每克粪便中的虫卵数。

2)麦克马斯特氏法　只适用于可使用饱和食盐水集卵的各种虫卵。本法是将虫卵浮集于一个计数室中记数的方法。计数室由两片载玻片制成。为了使用方便，制作时常将其中一片切去一条，使之较另一片窄一些。在较窄的载玻片上刻以 1 cm^2 的区域 2 个，然后选取厚度为 1.5 mm 的载玻片切成小条垫于两载玻片间，以环氧树脂黏合。取粪便 2 g 于乳钵中，加水 10 mL 搅匀，再加饱和食盐水 50 mL。混匀后，吸取粪液注入计数室，静置 1～2 min 后，在显微镜下计数 1 cm^2 刻度室中的虫卵总数，计算 2 个刻度室中虫卵数的平均数，乘 200 即为每克粪便中的虫卵数。

3)片形吸虫卵计数法　适用于片形吸虫卵。取羊粪 10 g 于 300 mL 容量瓶中，加入少量 1.6%氢氧化钠溶液，静置过夜。次日，将粪块搅碎，再加 1.6%氢氧化钠溶液到 300 mL 刻度处，摇匀，立即吸取此粪液 7.5 mL 注入离心管内，以 1000 r/min 离心 2 min，倾去上层液体。换加饱和食盐水再次离心，再倾去上层液体，再换加饱和食盐水，如此反复操作，直到上层液体完全清澈。倾去上层液体，将沉渣全部分滴于 2～3 张载玻片上，检查统计虫卵总数，以检查统计总数乘 4，即为每克粪便中的片形吸虫卵数。

牛粪中片形吸虫卵计数的操作步骤基本同上，但用粪量为 3 g，加入离心管中的粪液量为 5 mL，最后统计虫卵总数乘 2，即为每克粪便中虫卵数。

2. 临床意义　马粪中线虫卵数达到每克粪便中 500～800 枚为轻度感染，800～1500 枚为中度感染，1500～2000 枚为重度感染。对于羔羊，还应考虑感染线虫的种类，每克粪便中含 2000～6000 枚虫卵为重度感染；1000 枚以上，即应驱虫。牛每克粪便中含虫卵 300～600 枚时，即应驱虫。每克粪便中的片形虫卵数牛达 100～200 枚、羊达 300～600 枚时，即应考虑其致病性。

小提示

各种动物粪便中的虫卵形态如图 8-2 至图 8-8 所示。

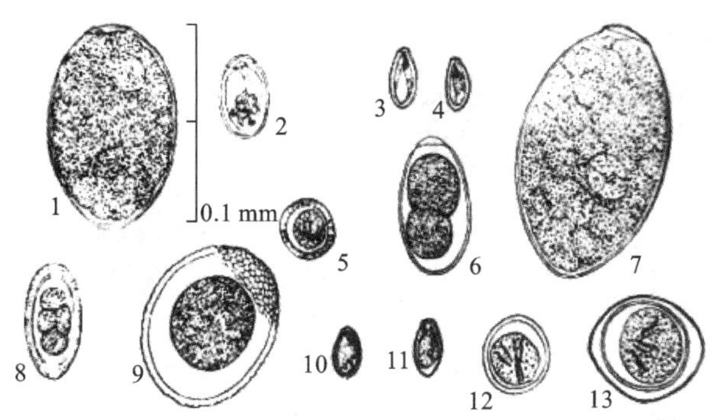

图 8-2　猫粪便中的虫卵

1. 叶状棘隙吸虫卵；2. 扁体吸虫卵；3. 华支睾吸虫卵；4. 细颈后睾吸虫卵；5. 带绦虫卵；6. 棘颚口线虫卵；7. 獾真缘吸虫卵；8. 肝毛细线虫卵；9. 猫弓首蛔虫卵；10. 异形吸虫卵；11. 横川后殖吸虫卵；12. 复孔绦虫卵；13. *Foyeuxiellafurhmanni*

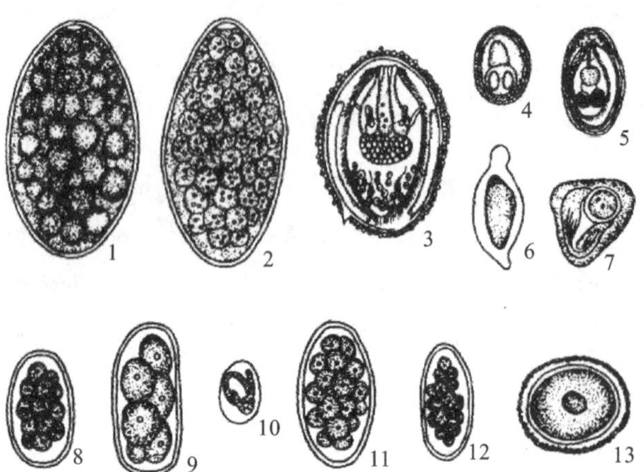

图 8-3　牛粪便中的虫卵

1. 肝片吸虫卵；2. 前后盘吸虫卵；3. 日本血吸虫卵；4. 双腔吸虫卵；5. 胰阔盘吸虫卵；
6. 东毕吸虫卵；7. 莫尼茨绦虫卵；8. 结节虫卵；9. 钩虫卵；10. 吸吮线虫卵；
11. 指形长刺线虫卵；12. 古柏线虫卵；13. 牛蛔虫卵

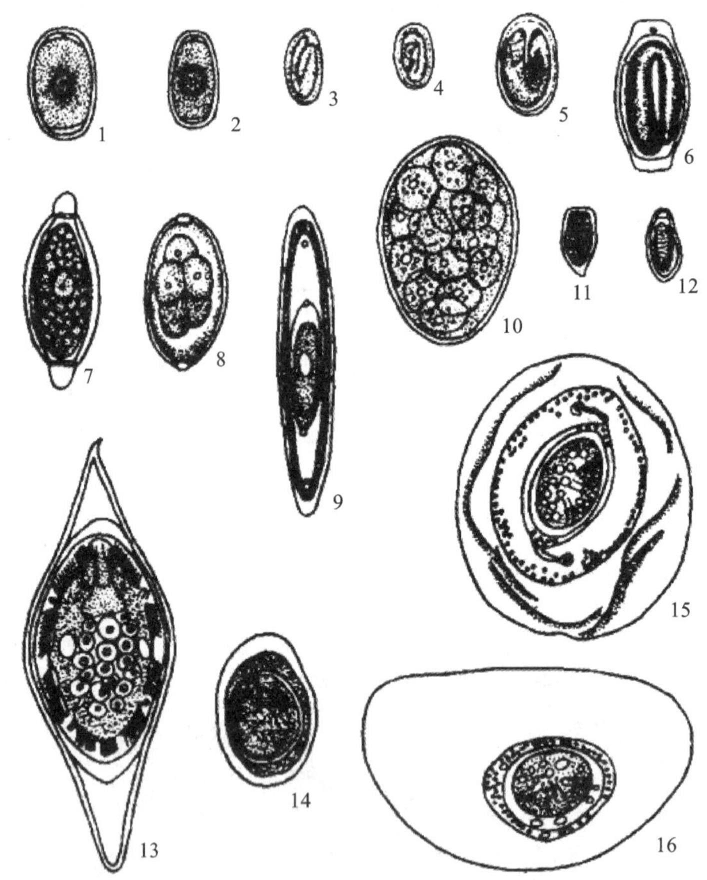

图 8-4　禽类粪便中的虫卵

1. 鸡蛔虫卵；2. 鸡异刺线虫卵；3. 鸡类圆线虫卵；4. 孟氏眼线虫卵；5. 螺状胃虫卵；6. 四棱线虫卵；
7. 毛细线虫卵；8. 比翼线虫卵；9. 多型棘头虫卵；10. 卷棘口吸虫卵；11. 前殖吸虫卵；12. 次睾吸虫卵；
13. 毛毕吸虫卵；14. 有轮赖利绦虫卵；15. 矛形剑带绦虫卵；16. 片形皱褶绦虫卵

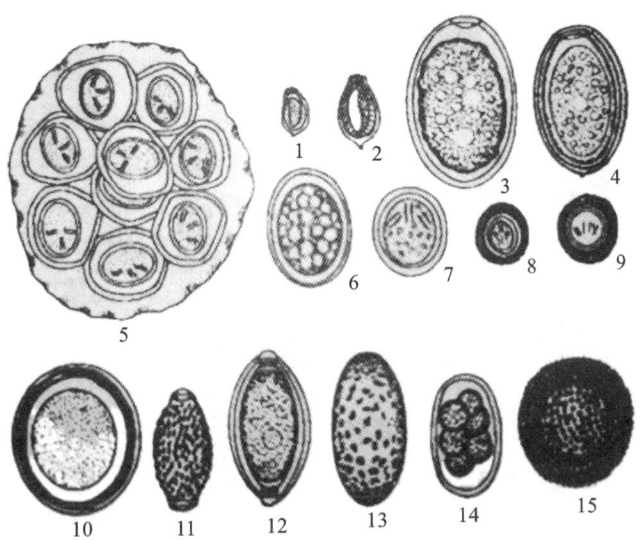

图 8-5　犬粪便中的虫卵

1. 后睾吸虫卵；2. 华支睾吸虫卵；3. 棘隙吸虫卵；4. 并殖吸虫卵；5. 犬复孔绦虫卵；6. 裂头绦虫卵；7. 中线绦虫卵；8. 细粒棘球绦虫卵；9. 泡状带绦虫卵；10. 狮弓首蛔虫(犬体内寄生)；11. 毛细线虫卵；12. 毛首线虫卵；13. 肾膨结线虫卵；14. 犬钩口线虫卵；15. 犬弓首蛔虫卵

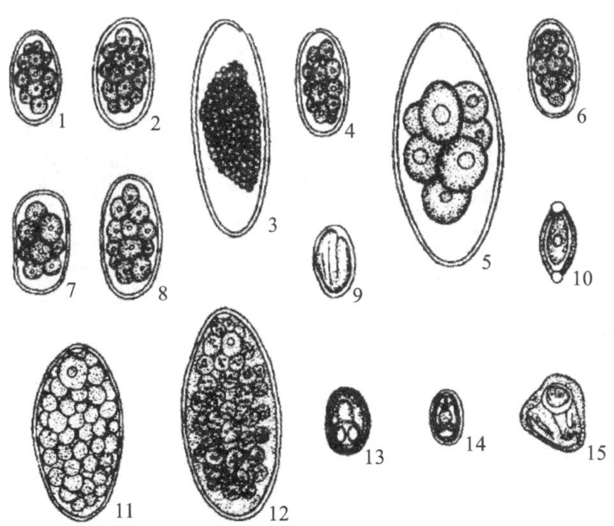

图 8-6　羊粪便中的虫卵

1. 捻转胃虫卵；2. 奥斯特线虫卵；3. 马歇尔线虫卵；4. 毛圆线虫卵；5. 钝刺细颈线虫卵；6. 结节虫卵；7. 钩虫卵；8. 阔口圆虫卵；9. 乳突类圆线虫卵；10. 鞭虫卵；11. 肝片吸虫卵；12. 前后盘吸虫卵；13. 双腔吸虫卵；14. 胰阔盘吸虫卵；15. 莫尼茨绦虫卵

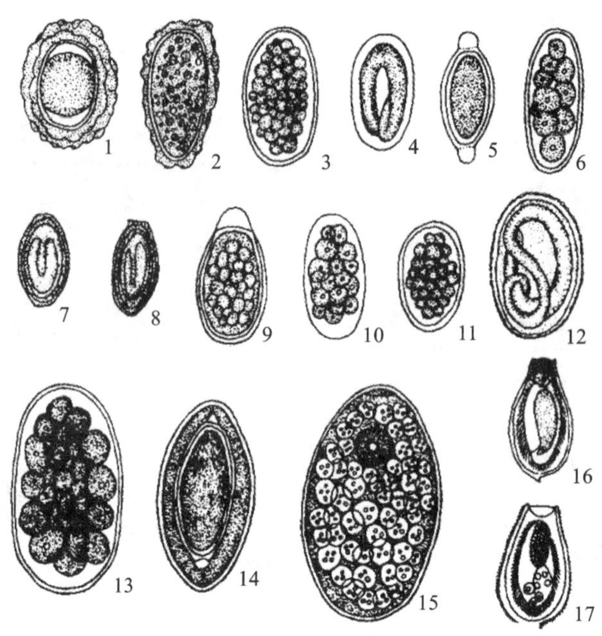

图 8-7　猪粪便中的虫卵

1. 猪蛔虫卵；2. 猪蛔虫的未受精卵；3. 猪结节虫卵；4. 兰氏类圆线虫卵；5. 猪鞭虫卵；6. 红色猪圆线虫卵；7. 螺咽胃虫卵；8. 环咽胃虫卵；9. 刚棘颚口线虫卵；10. 球首线虫卵；11. 鲍杰线虫卵；12. 猪肺线虫卵；13. 猪肾虫卵；14. 猪棘头虫卵；15. 姜片吸虫卵；16. 华支睾吸虫卵；17. 截形微口吸虫卵

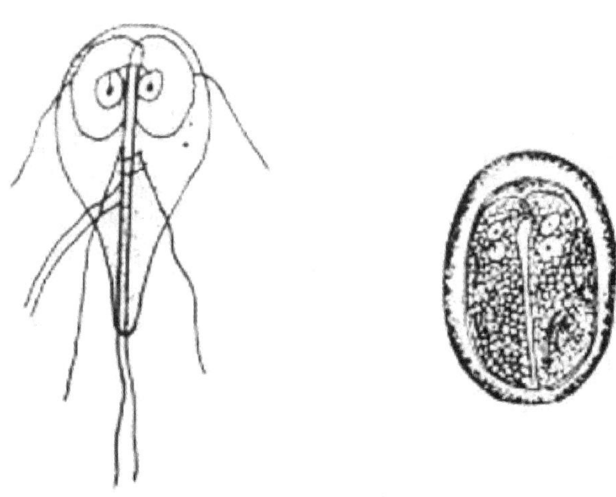

图 8-8　贾第虫滋养体和包囊

案例分享

扫码看课件

学习情境九　穿刺液化验

任务一　胸腔穿刺液的化验

学习目标

【知识目标】

1. 了解胸腔积液的概念、产生机制与原因。
2. 熟知胸腔穿刺液化验的检查步骤、检查方法。

【技能目标】

根据需要，对胸腔积液进行合理的分析与检验。

【思政与素质目标】

1. 内化无菌意识，养成善待动物的职业素养。
2. 养成实事求是、认真负责的职业态度。
3. 培养团队协作能力，具备较强的责任感和科学认真的工作态度。

系统关键词

胸腔穿刺、物理检验、化学检验。

任务准备

正常情况下，胸腔含有少量液体，与浆膜毛细血管的渗透压保持平衡。血液内胶体渗透压降低、毛细血管内血压增高或毛细血管内皮细胞受损，均可使胸腔内液体增多，这种因机械作用引起的积液，称为漏出液，见于肝、肾疾病，心功能不全及淋巴管梗阻等。因局部组织受损、炎症所致的积液，称为渗出液，这种液体中含有较多血细胞、上皮细胞和细菌等，按其性质可将其分为浆液性、纤维素性、出血性及化脓性渗出液等。

任务实施

1. 胸腔穿刺液的物理检验

1)颜色与透明度　正常胸腔穿刺液为无色或微带黄色的透明液体。渗出液呈黄色、淡红色或红黄色，混浊半透明；漏出液为稀薄、呈蛋黄色、透明的液体；血样液体可能由出血性炎症或内脏破裂导致。

2)凝固性　正常的胸腔穿刺液不凝固。渗出液含有多量纤维蛋白原，易凝固；漏出液一般不凝固。

3)密度　渗出液易凝固，应尽快用密度计测定其密度，或加入适当比例抗凝剂，防止凝固。如液体量较少，可用硫酸铜溶液测定密度。渗出液的相对密度在 1.018 以上，漏出液的相对密度在 1.015 以下。

2. 胸腔穿刺液的化学检验　化学检验以蛋白质的测定为主，以鉴别渗出液与漏出液。

1)李凡他试验(蛋白定性试验)

(1)原理：渗出液含多量浆液黏蛋白，这是一种酸性糖蛋白，滴入稀释的乙酸溶液中，可产生白色絮状沉淀。

（2）方法：取 100 mL 量筒一只，加入蒸馏水至零刻度线，滴入 1 滴乙酸溶液，搅拌混匀，再滴入胸腔穿刺液 1 滴，这时出现白色絮状物。在胸腔穿刺液下沉时，若白色絮状物沉至管底，为阳性反应，则胸腔穿刺液为渗出液；若在下沉过程中白色絮状物消失，为阴性反应，则胸腔穿刺液为漏出液。

2）蛋白质定量测定　胸腔穿刺液的蛋白质定量可用尿蛋白试纸法测定，但胸腔穿刺液含蛋白质较多，穿刺液应稀释 10 倍后再进行测定。必要时，可用血液化学检验中血清总蛋白定量法测定。渗出液蛋白质含量常在 3%以上，漏出液蛋白质含量常在 3%以下。

3）胸腔穿刺液显微镜检验

（1）细胞计数：包括红细胞、白细胞和间皮细胞计数等，计数方法大致同血细胞计数。计数时，根据细胞多少，用生理盐水适当稀释。由于胸腔穿刺液中常含凝块或碎片，计数结果误差较大。

（2）白细胞分类计数：将新鲜胸腔穿刺液离心，弃上清液，将沉淀物置于载玻片上涂片（为使沉淀物更易附在载玻片上，可在沉淀物中加入 1 滴血清），再用瑞氏染色法染色，镜检。如胸腔穿刺液较混浊，可直接涂片，染色镜检。

小提示

1. 胸腔穿刺的适应证

（1）气胸或胸腔积液的诊断及胸腔积液的分析与培养。

（2）气胸或胸腔积液呼吸窘迫时的急诊干预，包括怀疑气胸或胸腔积液，胸部 X 线检查前进行胸腔穿刺，以稳定动物，以及确定气胸或胸腔积液后通过胸腔穿刺来缓解呼吸窘迫。

2. 胸腔穿刺的禁忌证　无。

视频：穿刺液化验

案例分享

任务二　腹腔穿刺液的化验

学习目标

【知识目标】

1. 了解腹腔积液的概念、产生机制与原因。
2. 熟知腹腔穿刺液化验的检查步骤、检查方法。

【技能目标】

根据需要，对腹腔积液进行合理的分析与检验。

【思政与素质目标】

1. 内化无菌意识，养成善待动物的职业素养。
2. 养成实事求是、认真负责的职业态度。
3. 培养团队协作能力，具备较强的责任感和科学认真的工作态度。

系统关键词

腹腔穿刺、物理检验、化学检验。

任务准备

腹腔积液根据形成的原因及性质，可分为漏出液性腹腔积液和渗出液性腹腔积液。

漏出液性腹腔积液，为非炎性积液，其形成的主要原因如下：①血浆胶体渗透压减低，常见于肾病、慢性间质性肾炎、重度营养不良等；②毛细血管内压增高，常见于慢性心力衰竭；③淋巴管阻塞，常见于肿瘤压迫、结核病引起的淋巴回流受阻。漏出液性腹腔积液也可因上述两种或两种以上的因素引起，可见于肝硬化等。

渗出液性腹腔积液，为炎性积液，见于各种原因引起的弥漫性腹膜炎，如细菌性腹膜炎、结核性腹膜炎、内脏器官破裂或穿孔所引起的腹膜炎等。由于致病因素的作用，腹膜出现炎症，炎症区域内的毛细血管壁受损，通透性增高，使血液内的液体、细胞和分子量较大的蛋白质渗出到腹腔。对于渗出液的量，马可高达 40 L，牛可达 100 L。

任务实施

（一）物理学检查

1. 颜色 漏出液性腹腔积液一般为淡黄色或黄绿色，渗出液性腹腔积液可为草黄色、棕红色、咖啡色（见于损伤、恶性肿瘤、出血性疾病、结核病等），乳白色（见于丝虫病、淋巴结肿瘤、淋巴结结核、肝硬化、腹膜癌等），乳酪色（见于化脓性腹膜炎等），绿色（见于铜绿假单胞菌感染）等。

2. 透明度 漏出液性腹腔积液一般清晰透明或微混浊；渗出液性腹腔积液则为混浊、云雾状，放置后可出现蛛网状物质或变为胶冻样。

3. 密度 漏出液性腹腔积液相对密度一般低于 1.017；渗出液性腹腔积液中含大量蛋白质和细胞，其相对密度一般高于 1.018，主要取决于蛋白质含量。渗出液性腹腔积液中蛋白质含量大于 30 g/L，而漏出液性腹腔积液则低于 30 g/L。

4. 凝块形成 漏出液性腹腔积液一般不凝固。渗出液性腹腔积液因含纤维蛋白原等凝血物质，可发生不同程度的凝固。但当渗出液性腹腔积液中含有大量纤维蛋白溶解酶时，因酶分解了纤维蛋白原等凝血物质，也可不发生凝固。

5. pH 漏出液性腹腔积液 pH 为 7.41～7.51，渗出液性腹腔积液 pH 较低。

（二）化学检验

1. 李凡他试验

1）原理 浆液黏蛋白是一种糖蛋白，其等电点为 3～5，故也称酸性黏蛋白。将其加于稀乙酸溶液中时，会产生白色沉淀。漏出液性腹腔积液中黏蛋白含量少，本试验呈阴性。而渗出液性腹腔积液多为阳性。

2）方法 取蒸馏水 100 mL 于 100 mL 烧杯内，加乙酸溶液 2～3 滴，混匀后，滴入新鲜不凝固的腹腔积液 1～2 滴。仔细观察有无白色云雾状沉淀。

3）报告方式 阴性（－）：清晰，不显雾状。极弱阳性（±）：渐显白雾状。弱阳性（＋）：可见灰白色雾状。阳性（＋＋）：白色薄云状。强阳性（＋＋＋）：白色浓云状。

注：血性腹腔积液应离心沉淀后，用上清液进行本试验。

2. 显微镜检查 取样本 1 mL，以 1000 r/min 离心后取沉淀物推成薄涂片，迅速干燥后用瑞氏染色法或吉姆萨染色法染色。分类计数要查到 100 个细胞。在一般标本中可查到。

小提示

1. 腹腔穿刺适应证

(1)腹腔积液的诊断及腹腔积液的分析与培养。

(2)腹腔积液呼吸窘迫时的急诊干预,包括怀疑腹腔积液,腹部X线检查前进行腹腔穿刺,以稳定动物,以及确定腹腔积液后通过腹腔穿刺来缓解呼吸窘迫。

2. 腹腔穿刺禁忌证 无。

案例分享

任务三　脑脊液的化验

学习目标

【知识目标】

了解脑脊液化验的检查步骤、检查方法。

【技能目标】

根据需要,对脑脊液进行合理的分析与检验。

【思政与素质目标】

1. 内化无菌意识,养成善待动物的职业素养。
2. 养成实事求是、认真负责的职业态度。
3. 培养团队协作能力,具备较强的责任感和科学认真的工作态度。

系统关键词

脑脊液、物理检验、化学检验。

任务准备

脑脊液(cerebrospinal fluid,CSF)分析是评价脑和脊髓病变,并做出诊断的较好方法之一。脑脊液检查适用于所有确定或怀疑为神经系统疾病但不能轻易确诊的动物,包括怀疑颅内疾病引起抽搐、发热,颈部疼痛或精神状态逐渐恶化的犬、猫。在脊髓造影之前应先进行脑脊液分析,以排除感染性疾病。脑脊液分析通常不适用于代谢异常、明显的椎间盘疾病、中枢神经系统异常或外伤引起神经症状的动物。

如果采用正确的技术,取得脑脊液的过程简单而安全。先将动物全身麻醉,穿刺部位无菌处理,这样可以最大限度地降低动物因活动造成的损伤和医源性感染。存在明显麻醉风险或严重凝血功能障碍而可能发生出血并发症的动物禁止进行脊髓穿刺。对于重度颅内压增高、精神状态恶化的动物，脊髓穿刺将增加脑疝发生的危险。然而，通过无创性检查方法取得诊断常常是不可能的。因此，即使是怀疑颅内压增高的动物，通常也要进行脊髓穿刺。气管插管、过度通气、静脉给予甘露醇（浓度为20%，1～3 g/kg，30 min以上）和地塞米松（0.25～1 mg/kg）可以降低这些动物发生脑疝的风险。对任何精神异常、存在颅内压增高的动物，麻醉时都应该采取这些预防措施。

任务实施

（一）物理学检测

1. 颜色 正常脑脊液为透明无色水样液体。脑脊液呈红色提示其中混有血液。如为穿刺时损伤出血，一般仅最初数滴脑脊液带血，随后逐渐转清，离心后红细胞全部沉至管底，上清液无色透明。如为蛛网膜下腔出血或脑出血，则脑脊液均匀带血，离心后上清液为淡乳色或黄色。黄色表明脑脊液含有胆红素，常见于蛛网膜下腔出血（出血后48 h出现未结合胆红素）、脊髓堵塞、肿瘤、急性炎症和严重的全身性黄疸（结合胆红素可通过血脑屏障），也可见于重症锥虫病、钩端螺旋体病及静脉注射黄色素之后。乳白色多因白细胞增多所致，见于化脓性细菌引起的化脓性脑膜炎。灰色或淡绿色亦由化脓性炎症导致。

2. 透明度 正常脑脊液澄清透明，相对密度为1.001～1.007。发生混浊通常是因为含有细胞。当采集脑脊液刺破血管而引起出血时，即变成混浊的红色液体。

3. 凝固形成 正常脑脊液是不凝固的，如果纤维蛋白原增多，则可发生凝固。急性化脓性脑膜炎动物的脑脊液有大量凝固物。内出血或样品中有血液时，脑脊液也会凝固。

（二）蛋白质测定

1. 原理 脑脊液中的球蛋白与苯酚结合形成不溶性蛋白盐，产生白色混浊或沉淀。

2. 试剂 苯酚饱和溶液：取结晶苯酚50 g，放入蒸馏水500 mL内，用力振摇，37 ℃恒温箱中放置数日，每日振荡1～2次，取上清液储于棕色瓶内。

3. 操作 试管中放入苯酚饱和溶液1～2 mL，加被检脑脊液1滴，如出现明显絮状混浊或白色沉淀则为阳性，表明球蛋白含量增加。在黑色背景前观察，结果较为清楚。脑脊液混浊的，应离心后再做试验。试验时，如室温在10 ℃以下，苯酚的饱和度降低，会影响试验的敏感性，故应将试剂保存于恒温箱中，临用时倒入试管中。如气温过低，应在37 ℃水浴中做试验。

4. 结果 结果判定可用“+”号的多少表示反应的强度：“++++”表示有白色凝块下沉；“+++”表示有白色絮状物逐渐下沉；“++”表示接触面有明显白色雾状物；“+”表示接触面不呈白色云雾状，但混匀后苯酚饱和溶液中有乳白色痕迹；“-”表示接触面不呈白色云雾状，混匀后仍透明无色。正常脑脊液苯酚试验结果为“±”或“+”，病理情况下可达“++”以上。

（三）葡萄糖测定

1. 半定量试验

1）试剂 取碱性铜试剂1份，加蒸馏水9份，配成稀释的碱性铜试剂。这种试剂颜色较淡，容易观察结果。

2）操作 取小试管5支，编号，每管各加稀释铜试剂1 mL，分别加入定量被检脑脊液后，在水浴上煮沸5 min，冷却后判定结果。试剂变黄绿色并有沉淀者为阳性，如仍为天蓝色且无沉淀为阴性。还可根据阳性管数的多少，判定葡萄糖的含量。

2. 定量试验 如脑脊液所含蛋白质量不高，可直接取脑脊液0.4 mL，加蒸馏水1.6 mL（做5倍稀释），供测糖用。如脑脊液所含蛋白质量较高，应先制备无蛋白质滤液。即取脑脊液0.8 mL，加蒸馏水2.4 mL，加1 mol/L硫酸溶液0.4 mL，再加10%钨酸钠溶液0.4 mL，混合后过滤，或离心，吸取上清液2 mL备用。因为是5倍稀释，故测定时实际对应的脑脊液是0.4 mL。用每毫升含葡萄糖0.2 mg的标准葡萄糖溶液进行光电比色。

(四)显微镜检查

细胞计数时脑脊液细胞总数为每立方毫米 0～20 个。健康动物脑脊液中的细胞主要是圆形的小淋巴细胞及其变形型，间或可以发现大单核细胞和组织细胞等。检查时采用白细胞检查用的稀释管，可按与血细胞计数同样的要点操作。

小提示

1. 脊髓穿刺适应证

(1)脑脊液的分析与培养。

(2)脑部疾病的诊断与治疗。

2. 脊髓穿刺禁忌证 无。

扫码看课件

学习情境十　皮肤病检验

任务一　皮肤病料采集和检验

学习目标

【知识目标】

1. 了解皮肤病料采集和检验的方法。
2. 掌握螨虫性、真菌性、细菌性皮肤病的分类和显微镜下各自的形态特征。

【技能目标】

根据需要，能够实施皮肤病料的采集和检验，根据检验结果做出合理分析、诊断。

【思政与素质目标】

1. 养成善待动物的职业素养。
2. 养成实事求是、认真负责的职业态度。

系统关键词

皮肤病、病料采集、检验。

任务准备

皮肤病料采集和检验方法目前包括皮肤刮片法、胶带粘贴制片法、被毛刷拭法、拔毛检查等。皮肤病料检查的目的是鉴别所有的继发感染情况(如脓皮病、蠕形螨病、皮肤癣菌病、耳炎、马拉色菌性皮炎等)，再制订一个诊断计划，以鉴别和控制潜在/原发性病变(如过敏症、内分泌病、角化缺陷病和自身免疫性皮肤病)。

任务实施

(一)皮肤刮片法

皮肤刮片法是最常使用的皮肤病料采集和检验方法。这种方法简单、快速，可鉴别多种类型的

寄生虫感染。虽然这种诊断方法不一定能够得到诊断结果，但是操作简单，费用低，因此是皮肤病检查最基本的检测项目。在临床诊断中重复使用手术刀片进行皮肤刮片，这种做法会增加病原体（如巴尔通体、立克次体、猫白血病病毒、猫免疫缺陷病毒、疱疹病毒、乳头状瘤病毒）传播的风险。

1. 操作程序

（1）浅表皮肤刮片（针对疥螨、背肛螨、戈托伊蠕形螨、姬螯螨、耳螨、恙螨）。手持钝刃刀片，垂直于皮肤，沿着毛发生长方向，以中等压力进行刮片。如果刮片区域有毛发生长，可以剃掉一小块毛发，以便能够刮到皮肤。寻找犬身上的少量疥螨时，需要在更大范围区域（2.54～5.08 cm）进行刮片。在皮肤上滴矿物油，刮片时可黏附碎屑，使之更容易被采集。这些螨虫不在皮肤深处，因此不需要刮至毛细血管渗血或出血。最可能发现疥螨的部位是耳缘和肘部外侧。根据个人经验，对于猫戈托伊蠕形螨，建议在肩外侧采样。需要将样本摊薄到多张载玻片上以便显微镜检查。

（2）深层皮肤刮片（针对蠕形螨，戈托伊蠕形螨除外）。手持钝刃刀片，垂直于皮肤，沿毛发生长方向，以中等压力进行刮片。如果刮片区域有毛发（通常选择毛囊炎引起脱毛的区域刮片），可能需要剃掉一小块毛发，以便能够刮到皮肤。刮几下后皮肤会变为粉红色，能够看到毛细血管结构，并出现渗血。这样能确保样本来自深层皮肤，以便收集毛囊内的蠕形螨。还可挤压皮肤，使螨虫从毛囊深处到达浅表，使采样更容易。如果不能刮至少量渗血，螨虫有可能还在毛囊内，从而导致假阴性结果。在某些病例（沙皮犬或是伴有深部炎症瘢痕的动物）中，采集蠕形螨时不可能刮到足够深。这样的少数病例需要活检来鉴定毛囊内是否存在螨虫。在病变区域拔毛能够检出螨虫，尚不清楚这种方法与深层皮肤刮片相比准确性如何。

无论何种采样技术，都应使用低倍镜（通常是 10 倍物镜）浏览整张载玻片，从而保证操作人员找出仅有的 1 只或 2 只螨虫（典型的疥螨感染就是这样）。降低显微镜的聚光器，可以提高对比度，使螨虫更容易被发现（观察染色涂片中的细胞或细菌时，需要将聚光器升高）。

2. 结果判读

（1）螨虫皮肤病皮肤刮取物检查：有记载的螨虫有 3 万多种，有的对动物有害，有的对动物无害。寄生于犬、猫皮肤和耳内的螨，有犬蠕形螨、犬疥螨、猫耳痒螨、猫背肛螨等（图 10-1 至图 10-4）。

图 10-1　10 倍物镜视野下犬蠕形螨

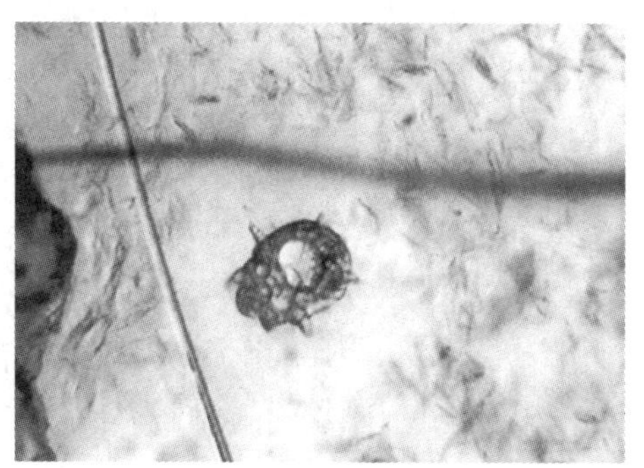

图 10-2　10 倍物镜视野下犬疥螨

扫码看彩图

扫码看彩图

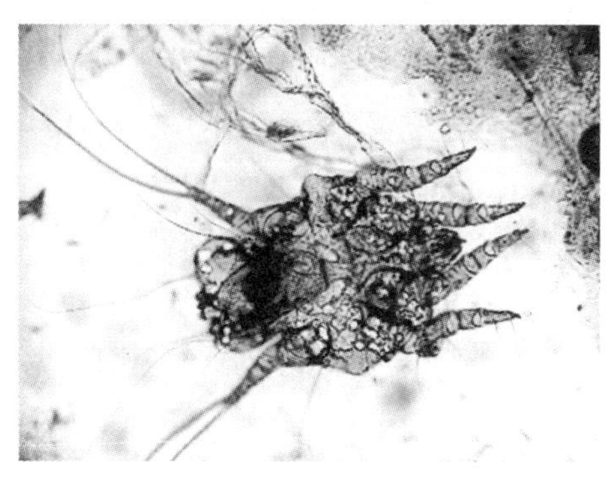

图 10-3　40 倍物镜视野下猫耳痒螨

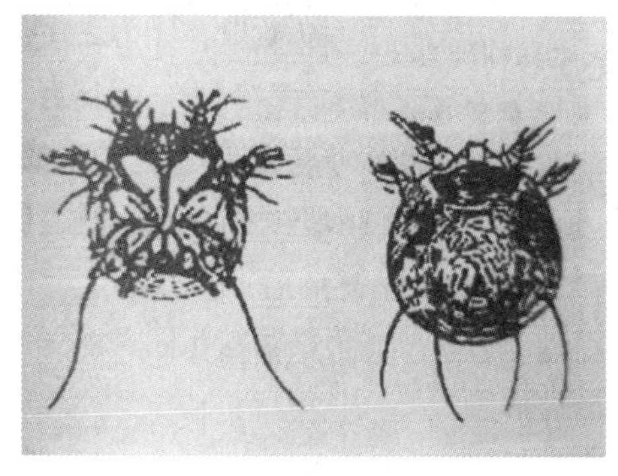

图 10-4　猫背肛螨

扫码看彩图

①直接镜检：将采刮的病料置于载玻片上，加一滴清水或50%的甘油，加盖玻片并用力按压盖玻片，使病料展开，用显微镜观察虫体和虫卵。如果是螨虫感染，在显微镜下可见到活的虫体。

②虫体浓集法：将采集的病料置于试管中，加入10%氢氧化钠溶液，置酒精灯上煮沸至皮屑溶解，冷却后以2000 r/min离心5 min，虫体沉于管底，弃上层液，吸取沉渣于载玻片上待检。或在沉渣中加入60%的硫代硫酸钠溶液，试管直立5 min，待虫体上浮，蘸取表层溶液置于载玻片上，加盖玻片镜检。

③直接法：在没有显微镜的条件下，对较大的螨虫的检查，可只刮干燥皮屑，放于培养皿内，并衬以黑色背景，在日光下暴晒或加温至40～50 ℃，30 min后，移去皮屑，用肉眼观察，可看到移动的白色虫体。

(2)细菌性皮肤病皮肤刮取物检查：犬、猫被毛里常蓄积大量的葡萄球菌、链球菌、棒状杆菌、普通变形杆菌、大肠杆菌、铜绿假单胞菌等。因此，一般皮屑检验能看到不同种类的细菌。如果皮肤有损伤，对于在损伤处刮取的病料，操作人员能在镜下看到不同种类的细菌(图10-5至图10-8)。

扫码看彩图

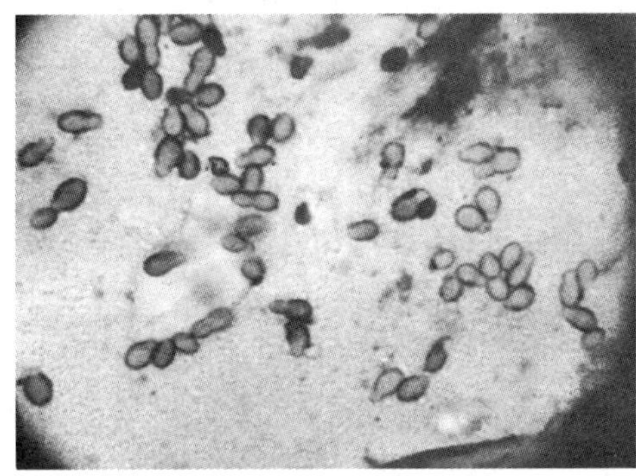

图10-5　100倍油镜视野下马拉色菌

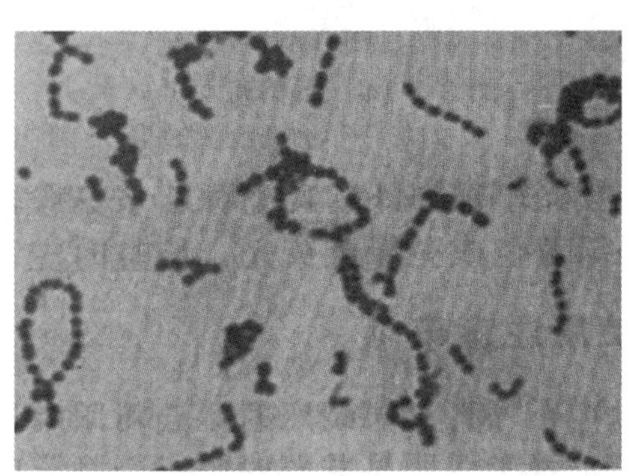

图10-6　链球菌

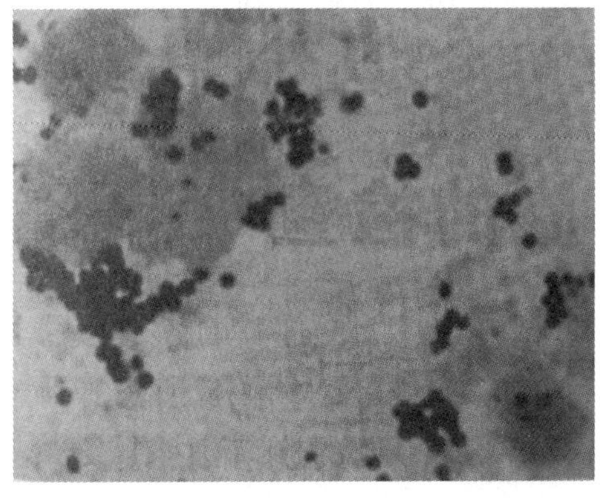

图10-7　葡萄球菌

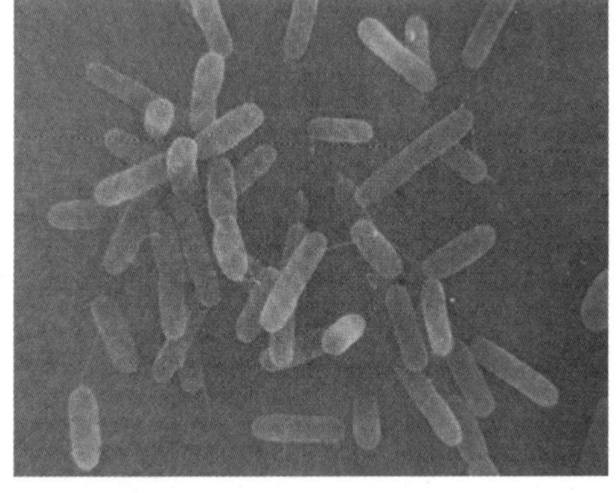

图10-8　假单胞菌

细菌培养：用灭菌手术刀片刮取病变皮肤与健康部位交界处，直至血液渗出，然后用灭菌棉拭子蘸取皮肤刮取物，并放回试管中(试管内事先放入1 mL生理盐水)。取样后，充分振荡、摇匀；然后将菌液接种于血琼脂培养基上进行分离培养，置于37 ℃恒温培养箱培养24～48 h，根据菌落形态、颜色和溶血情况，挑取不同的单个菌落再接种于血琼脂培养基上进行纯培养24～48 h；然后涂片、革兰染色、镜检，根据菌体形态、溶血情况及染色特性初步判定细菌种属并进行鉴定。

(二)胶带粘贴制片法

1. 操作方法　胶带粘贴制片法可用于多种情况。用超透明的胶(单面或双面)采集毛发或浅表皮肤的碎屑。

2. 结果判读

(1)螨虫胶带粘贴检查：胶带粘贴检查可有效采集并固定姬螯螨和虱子。通常肉眼可看到螨虫，用一条胶带粘取能防止螨虫逃逸。

(2)酵母菌胶带粘贴检查:胶带粘贴检查是马拉色菌性皮炎最有效的检查方法。该法虽不如沙氏培养结果可靠,但简单、快速,是检查马拉色菌最常使用的方法。将胶带粘面反复按压苔藓化病变(颈腹侧或腹部的"大象皮"样皮肤),用细胞染液进行染色(跳过第一种含酒精的染液),然后将胶带黏附到载玻片上。胶带可充当盖玻片,在高倍镜(100 倍油镜)下观察马拉色菌。这种方法很有用,但可能产生假阴性结果。

(三) 被毛刷拭法

真菌遍布自然界,在已记载的 5 万多种真菌中,与人类和动物疾病有关的不到 200 种,与犬、猫皮肤病有关的主要是三种:犬小孢子菌、石膏样小孢子菌和石膏样毛癣菌。猫皮肤真菌感染多由犬小孢子菌(占 98%)、石膏样小孢子菌(占 1%)和石膏样毛癣菌(占 1%)引起(图 10-9 至图 10-11);犬皮肤真菌感染也多由这三种真菌引起,它们分别约占 70%、20%和 10%。

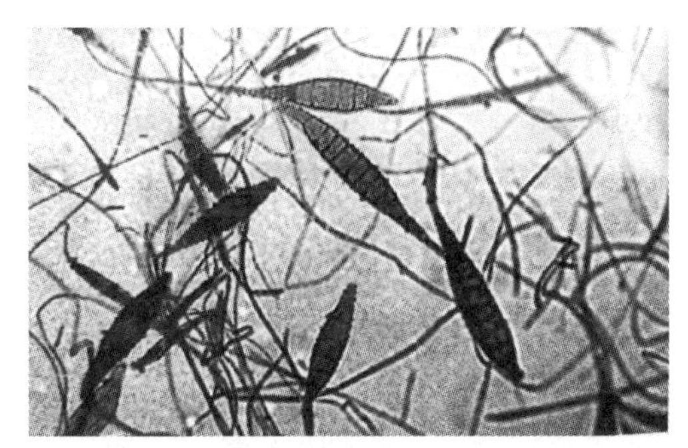

图 10-9 40 倍物镜下石膏样小孢子菌

细胞分格小于或等于 6

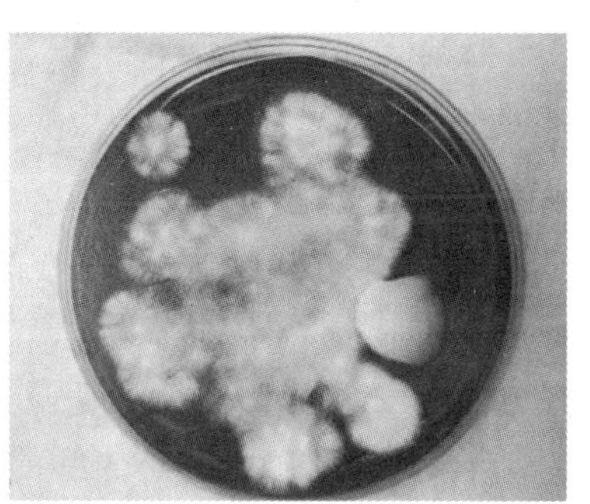

图 10-10 犬小孢子菌菌落呈白色绒毛状,培养基变红

扫码看彩图

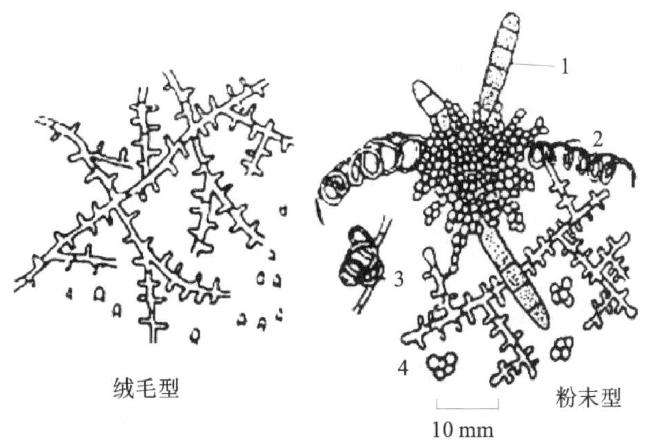

图 10-11 石膏样毛癣菌

1. 大分生孢子;2. 螺旋菌丝;3. 结节菌丝;4. 小分生孢子

1. 操作方法 被毛刷拭法:用牙刷在犬、猫患部、病变皮肤与健康部位交界处刷梳,刷梳时稍用力,其总体方向是从前到后,从上到下,直到牙刷上粘有被毛和皮肤碎屑。刷梳结束后,再用塑料外罩将牙刷封好,送至实验室检验。

2. 结果判读

1)直接镜检 从病变皮肤边缘采集被毛或皮屑,放在载玻片上,滴加几滴 10%~20%氢氧化钾溶液,在弱火焰上稍加热,至其软化透明后,覆以盖玻片,用低倍镜或高倍镜观察。犬小孢子菌感染时,可见到许多呈梭状、厚壁、带刺、多分隔的大分生孢子。石膏样小孢子菌感染时,多可看到呈椭圆形、壁薄、带刺、含 4~6 个分隔的大分生孢子。石膏样毛癣菌感染时,可看到毛干处呈链状的分生孢子。亲动物型的石膏样毛癣菌产生圆形小分生孢子,它们沿菌丝排列成串状;而大分生孢子呈棒状,壁薄，光滑。有的品系产生螺旋菌丝。

(1)犬小孢子菌：显微镜下可见圆形小孢子密集成群，围绕在毛干上，皮屑中可见少量菌丝。在葡萄糖蛋白胨琼脂培养基上进行培养，室温下5～10日出现直径约1.0 mm菌落，取菌落镜检，可见直而有分隔的菌丝和很多中央宽大、两端稍尖的纺锤形大分生孢子，壁厚，常有4～7个分隔，末端表面粗糙有刺。小分生孢子较少，呈单细胞棒状，沿菌丝侧壁生长。有时可见球拍状、结节状和破梳状菌丝和厚壁孢子(图10-10)。

(2)石膏样小孢子菌：显微镜下可见病毛外孢子呈链状排列或密集群包绕毛干，在皮屑中可见菌丝和孢子。在葡萄糖蛋白胨琼脂培养基上进行培养，室温下3～5日出现菌落，中心有小环样隆起，周围平坦，上覆白色绒毛样菌丝。菌落初为白色，渐变为淡黄色或棕黄色，中心色较深，取菌落镜检。可见有4～6个分隔的大分生孢子，呈纺锤状，菌丝较少。第一代培养物有时可见少量小分生孢子，呈单细胞棒状，沿菌丝壁生长。有时可见球拍状、破梳状、结节状菌丝和厚壁孢子(图10-9)。

(3)石膏样毛癣菌：显微镜下皮屑中可见有分隔菌丝或结节菌丝，孢子排列成串。在葡萄糖蛋白胨琼脂培养基上进行培养，25%生长良好，有两种菌落出现。①绒毛状菌落：表面有密短整齐的菌丝，雪白色，中央可有乳头状突起。镜检可见较细的有分隔菌丝和大量梨状或棒状小分生孢子。偶见球拍状和结节状菌丝。②粉末状菌落：表面呈粉末样，较细，黄色，中央有少量白色菌丝团。镜检可见螺旋状、破梳状、球拍状和结节状菌丝。小分生孢子呈球状，聚集成葡萄串状。有少量大分生孢子(图10-11)。

2)真菌培养　将标本接种于沙氏培养基，置于28 ℃恒温培养箱中培养3周。培养期内逐日观察，并取单个菌落接种于上述培养基的试管斜面上进行纯培养。在犬小孢子菌感染时，可见培养基中心无气生菌丝，覆有白色或黄色粉末，周围为白色羊毛状气生菌丝的菌落。在石膏样小孢子菌感染时，可见到培养基中心隆起一小环，周围平坦，上覆有白色绒毛样气生菌丝，菌落初呈白色，渐变为棕黄色粉末状，并凝成片。石膏样毛癣菌菌落呈绒毛状，菌丝整齐，可有多种色泽，中央有突起。疣状毛癣菌在沙氏培养基上生长极为缓慢，分离阳性率甚低，在添加盐酸硫胺-肌醇酪蛋白琼脂或添加硫酸铵-脑心浸液琼脂后，于37 ℃分离培养良好。

3)荧光性检查　取病料在暗室里用伍德灯照射检查。开灯5 min得到稳定波长后再检查，可见到感染犬小孢子菌的病料发出黄绿色的荧光；感染石膏样小孢子菌的病料则少见发出荧光；石膏样毛癣菌感染者则无荧光。

(四)拔毛检查

拔毛检查可用于判断有无瘙痒、真菌感染、色素缺陷，以及评估毛发生长阶段(评估毛尖、毛根和毛干)。

1. 操作程序　用胶带或矿物油将毛发样本固定到载玻片上。用低倍镜(4倍或10倍物镜)对样本进行检查。加入矿物油后效果会更好。

2. 结果判读

(1)毛尖：毛尖检查通常用于判断动物有无瘙痒(特别是猫)，是否为非创伤性(如内分泌病、毛囊发育不良)脱毛。瘙痒会导致动物毛尖折断。这对判断猫瘙痒非常有用，因为猫可能会躲起来搔抓(有些猫会这样做)。

(2)毛根：毛根检查可用于判断生长期和终止期的毛发，以评估毛发的生长周期。大多数动物品种的大部分毛发处于终止期，但能鉴别出一定数量的生长期毛发。在生长期长的动物品种(如贵宾犬)中，大多数毛发处于生长期，终止期毛发较少。

(3)毛干：有时可见到毛外癣菌。鉴定毛外癣菌有点困难，需要用氢氧化钾溶液或细胞染液溶解角质。毛外癣菌感染时，毛发的皮质会肿胀和破坏，如果断裂，其末端会发散成扫帚样。这些病原菌(小球状体)可能会聚集在毛干破损部位。还可检查毛干是否有色素聚集，若有色素聚集，则提示色素稀释性脱毛和毛囊发育不良。此外还可看到附在毛干上的虱子卵或姬螯螨卵。还有其他类型毛干的异常报道，但较罕见。

小提示

1. 适应证　皮肤刮片法、胶带粘贴制片法、被毛刷拭法等检测方法简单、快速，可鉴别多种类型的寄生虫感染，如犬蠕形螨感染、猫蠕形螨感染、戈托伊蠕形螨感染、疥螨感染、耳螨感染、姬螯螨感染、猫背肛螨感染等。伍德灯可用于检验真菌。

2. 注意事项

(1)病料的采集部位必须在病变皮肤与健康部位交界处，要求始终沿同一方向运刀，不得有切割运动，力量均匀柔和。

(2)采集的病料用于培养时，必须保证无菌操作。

3. 禁忌证　无。

案例分享

任务二　伍德灯检查

学习目标

【知识目标】

1. 了解伍德灯的工作原理和注意事项。
2. 熟知伍德灯的使用方法。

【技能目标】

根据需要，使用伍德灯对真菌性皮肤病进行合理的分析与检验。

【思政与素质目标】

1. 内化安全意识，养成善待动物的职业素养。
2. 养成科学规范操作、认真负责的职业态度。
3. 培养团队协作能力，具备较强的责任感和科学认真的工作态度。

系统关键词

伍德灯、物理检验。

任务准备

伍德灯是波长为 340～450 nm 的特殊紫外线(A 型紫外线，不会损伤皮肤或眼睛)灯。伍德灯检查主要用于判断色素异常性疾病、皮肤感染等。此种紫外线能让一些犬小孢子菌的代谢产物——色氨酸发出亮苹果绿的荧光。但不是所有的小孢子菌都会产生这种代谢产物，因此伍德灯的敏感性为

Note

50%。伍德灯检查不能用于判断毛癣菌或石膏样小孢子菌感染。

先让伍德灯预热一段时间，以利于其产生稳定波长的紫外线。皮肤真菌感染时毛根部会发出苹果绿的荧光。注意皮屑和有些外用药物也会发出荧光而引起假阳性结果。确诊皮肤真菌感染需要进行培养。

任务实施

1. 操作方法　在暗室里，用伍德灯(图 10-12)照射患病处，观察荧光型，犬小孢子菌、石膏样小孢子菌和铁锈色小孢子菌由于侵害了正在生长发育的被毛，利用被毛中色氨酸进行代谢，其代谢产物为荧光物质，在伍德灯照射下，会发出绿黄色或亮绿色荧光，借此可诊断上述三种真菌引起的皮肤真菌感染。用伍德灯照射诊断猫小孢子菌病，只能检出 50%的带菌猫，另一半难以检出。用伍德灯照射假单胞菌，会发出绿色荧光。局部外用凡士林、水杨酸、碘酊、肥皂和角蛋白等后，也能发出荧光，但荧光一般不是绿黄色或亮绿色，检查时应注意鉴别。

2. 结果判读　皮肤真菌感染时毛根部会发出苹果绿的荧光。如图 10-13 所示。

扫码看彩图

图 10-12　伍德灯

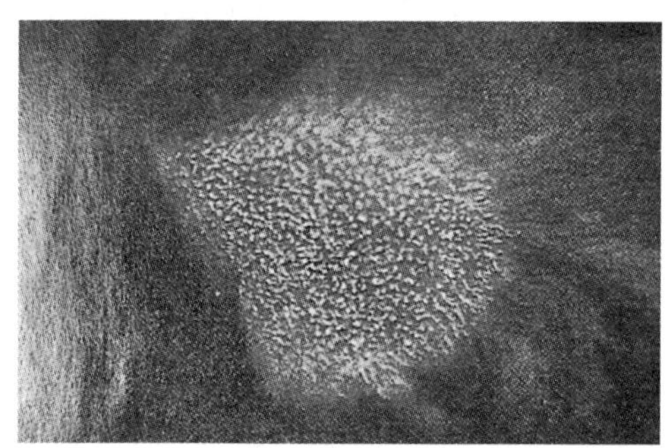

图 10-13　感染小孢子菌的猫用伍德灯检查呈阳性

小提示

1. 适应证　主要用于判断色素异常性疾病、皮肤感染等。

2. 注意事项

(1)不可直接照射眼睛，会对眼睛造成伤害。

(2)当光线明显减弱时需对产品充电，充电时不可使用，充电时间不能超过 12 h。

(3)自带充电插头，无须另购置充电设备。

(4)光源与皮肤距离 5～10 cm，光线对准皮损，观察有无荧光出现，皮损处呈现各色荧光者为阳性，无荧光者为阴性。

3. 禁忌证　无。

案例分享

任务三　过敏性皮肤病

学习目标

【知识目标】

1. 了解犬、猫过敏性皮肤病的发病原因及临床表现。
2. 掌握犬、猫过敏性皮肤病的鉴别诊断及治疗预防措施。

【技能目标】

根据需要，能够对犬、猫过敏性皮肤病进行鉴别诊断，根据检验结果实施预防和治疗。

【思政与素质目标】

1. 养成善待动物的职业素养。
2. 养成实事求是、认真负责的职业态度。

系统关键词

过敏性皮肤病、诊断、治疗。

任务准备

犬、猫的过敏性皮肤病主要包括荨麻疹、过敏性吸入性皮炎、犬食物过敏、跳蚤过敏性皮炎、猫遗传性过敏、猫食物过敏、蚊叮过敏、犬面部嗜酸性疖病和接触性皮炎。

（一）荨麻疹

1. 病因　荨麻疹和血管性水肿是对免疫性或非免疫性刺激产生的皮肤过敏反应。药物、疫苗、食品和食品添加剂、昆虫叮咬、植物等都可以是免疫刺激因素。

2. 症状　荨麻疹通常呈急性发作，出现各型瘙痒疹块（荨麻疹），或者大的水肿性肿胀。荨麻疹病变可能一处消退而在身体别处出现。血管性水肿常常是局部发病，尤其多见于头部，而荨麻疹可以是局部发病也可以是全身发病。病变皮肤常有红斑，但无脱毛现象。动物可出现由鼻、咽、喉的血管性水肿而引起的呼吸困难。很少发展成伴有低血压、虚脱、胃肠道症状的过敏性休克或死亡。

3. 诊断方法及结果判读

（1）玻片压诊法：用玻片按压红斑区域。若按压处变白，说明这种红斑是由血管扩张引起的（荨麻疹）。若按压处仍是红色，说明是出血点或出血斑（可能是血管炎、蜱传染性疾病）。

（2）皮肤组织病理学：可见表皮及中层真皮的血管扩张和水肿，或浅表血管周围性皮质或间质性皮炎。皮炎时会出现数量不等的单核细胞、中性粒细胞、肥大细胞，很少有嗜酸性粒细胞。

（3）类症鉴别：毛囊炎（如细菌感染、真菌感染、蠕形螨感染）、血管炎、多形性红斑、增生物（淋巴网状内皮细胞、肥大细胞）。

4. 治疗　泼尼松或泼尼松龙通常是有效的（每千克体重 2 mg，一次口服、肌内或静脉注射），同时应用苯海拉明可能有帮助（每千克体重 2 mg 口服或肌内注射，每 8 h 一次，连用 2～3 日）。如果血管性水肿影响动物呼吸，应使用快速起效的类固醇激素，如地塞米松磷酸钠（每千克体重 1～2 mg，一次静脉注射）、丁二酸钠泼尼松（每只犬 100～500 mg，一次静脉注射）。若过敏反应危及生命，应静脉注射 1∶10000 肾上腺素 0.5～1.0 mL（严重过敏反应），或皮下注射 0.2～0.5 mL（轻到中度过敏反应）。在瘙痒症状减轻后，使用氯雷他定止痒，副作用较小。

找到致敏原因，以后避免接触。长期抗组胺疗法可能有助于预防或治疗不明原因的慢性荨麻疹。没有发展为过敏性休克的动物预后良好。

（二）过敏性吸入性皮炎

1. 病因 过敏性吸入性皮炎是遗传性易感个体吸入或黏膜吸收了环境中的过敏原而出现的过敏反应。常见于犬，6 月龄到 6 岁都可发病。1～3 岁犬、猫易发。

2. 症状 初发部位为眼周围、趾间、腋下、腹股沟部及会阴部。跳蚤叮咬的过敏性皮炎易发生于腰背部。患病犬、猫主要表现为剧烈瘙痒、红斑和肿胀（犬舔、咬、抓、擦患部），有的出现丘疹、鳞屑及脱毛。病程长的可出现色素沉着、皮肤增厚及苔藓形成和皲裂。呈慢性经过的患病犬、猫的瘙痒症状较轻，有的病程达 1 年以上。通常，冬季初次发生的可自然痊愈。季节性复发时，患部范围扩大，常伴发外耳炎、结膜炎和鼻炎。

3. 诊断方法及结果判读 根据发病特点和临床表现可初步诊断，但过敏原一般不易查出，多存在于食物中，或为蚤咬、吸入尘埃等环境因素。血常规检查时，多数患病犬、猫的嗜酸性粒细胞增多。

(1)过敏试验（皮内、血清学）：过敏试验结果可因检查方法不同而有很大差异。对牧草、树木、霉菌、昆虫、皮屑或室内环境性过敏原呈阳性反应。假阳性结果和假阴性结果都可能出现。

(2)皮肤组织病理学（无诊断意义）：浅表血管周围性皮炎时可见皮肤棘细胞层水肿或增生，炎性细胞主要是淋巴细胞和组织细胞，嗜酸性粒细胞不常见。出现中性粒细胞或浆细胞提示继发感染。

(3)类症鉴别：其他过敏反应（食物性、蚤咬性、接触性）、寄生虫病（疥螨病、姬螯螨病、虱病）、毛囊炎（细菌感染、真菌感染、蠕形螨感染）、马拉色菌性皮炎。

4. 治疗 对于患外耳炎和马拉色菌性皮炎的过敏犬，控制继发感染是治疗中的重要一环。

减少过敏犬接触过敏原的机会，尽可能将过敏原从环境中移除。采取措施控制跳蚤，防止蚤咬而加重瘙痒症状。局部用药可参照皮炎的治疗方法。①复方康纳乐霜外搽，每日 2～3 次。②给予抗组胺药，苯海拉明 2～4 mg/kg（体重），口服，每日 4 次。③给予钙制剂，10％葡萄糖酸钙 10～30 mL 稀释后缓慢静脉注射，每日或隔日 1 次。

虽然大多数犬需要终身控制治疗，但本病的预后良好。复发（突发瘙痒，伴或不伴继发感染）常见，所以需要定期调整治疗方案，以适应个体病情的变化。对于那些病情难以控制的患病犬，应排除继发感染（如细菌感染、马拉色菌感染、真菌感染）、疥螨病、蠕形螨病、食物过敏、蚤咬过敏或者接触过敏。

（三）犬食物过敏

1. 病因 犬食物过敏是由某些食品或食品添加剂引起的不良反应。在任何年龄，从刚断奶的幼犬到吃同一种犬粮多年的成年犬，都可能发生食物过敏。大约 30％被诊断为食物过敏的犬年龄小于 1 岁。在犬常见。

2. 症状 犬食物过敏的特征性症状是与季节无关的瘙痒，类固醇激素疗法有效或无效。这种瘙痒可以是局部性或全身性的，瘙痒部位通常包括耳部、腹股沟部或腋部、面部、颈部和会阴部等。患病犬皮肤常出现红斑，并且可能出现丘疹。自我损伤导致的病变包括脱毛、表皮脱落、鳞屑、结痂、色素过度沉着和苔藓化。常继发浅表性脓皮症、马拉色菌性皮炎和外耳炎。其他可能出现的症状有肢端舔舐性皮炎、慢性皮脂溢等。一些犬几乎没有瘙痒症状，仅仅表现为反复发作的皮肤感染，如脓皮症、马拉色菌性皮炎或耳炎。在这些病例中，瘙痒仅在继发感染未得到治疗时发生，偶尔会出现荨麻疹或血管性水肿。

3. 诊断方法及结果判读

(1)低敏日粮饲喂试验：在饲喂纯粹自制食品或商品处方日粮（单一蛋白和碳水化合物来源）后的 10～12 周症状改善。这种日粮不能含有以前饲喂过的犬粮、药物或剩饭中的成分，而且在此期间不能给予心丝虫预防药、营养补充剂或可嚼物（如猪耳朵、牛蹄、生牛皮、犬饼干、拌药物喂的奶酪或花生酱等食品）。牛肉和牛奶是犬常见的过敏原，其他常见过敏原包括鸡肉、鸡蛋、大豆、玉米和小麦等。

(2)激发试验：将可疑过敏原重新引入饮食后几小时至几天过敏症状再次出现。

4. 治疗 正确治疗浅表性脓皮症、外耳炎和马拉色菌性皮炎。控制继发感染是食物过敏犬治疗

中的重要一环。

采取措施控制跳蚤，防止蚤咬而加重瘙痒症状。

应避免食入食物性过敏原，应提供均衡的自制食品或商品性低敏日粮。

为了确定并避免过敏原(食物过敏的激发期在饮食试验中已得到证实)，每 2～4 周向低敏日粮中加入一种新的食物成分。若这项成分是过敏原，则在加入后第 7～10 日症状复发。注意，一些犬(大约 20%)必须饲喂自制食品才能维持无过敏状态。对于这些犬，商品性低敏日粮无效，可能是由于它们对食品防腐剂或食用色素过敏。

另外，可以尝试单一药物治疗，包括全身性应用糖皮质激素、抗组胺药、脂肪酸或采用局部疗法，但是效果不确定。

对于那些浅表性脓皮症反复发作的犬，长期低剂量抗生素单一治疗可能控制病情(每 8 h 每千克体重口服头孢菌素Ⅳ20 mg，或每 12 h 每千克体重 30 mg(最少 4 周))，并且在脓皮症症状完全消失后至少再使用 1 周。维持剂量为每 24 h 每千克体重口服 30 mg，或者剂量加倍用 1 周、停 1～3 周。

对于有复发性外耳炎的犬，主人应该每 2～7 日用溶耵聍剂辅助清洁其耳部，这样可以防止耵聍堆积。每周持续清洁耳部对于防止耳炎复发是必要的。不推荐使用棉棒(可能损伤耳部上皮)。

本病预后良好。对于那些病情难以控制的犬，应排除主人不遵医嘱、对低敏日粮成分过敏、继发感染(由细菌、马拉色菌、真菌感染引起)、疥螨病、蠕形螨病、蚤过敏性皮炎和接触性过敏等情况。

案例分享

学习情境十一　肿瘤检验

扫码看课件

任务一　肿瘤样品的采集与保存

学习目标

【知识目标】

1. 了解肿瘤样品采集的正确步骤。
2. 熟悉各类肿瘤样品的保存。

【技能目标】

根据检验要求，合理采集并保存肿瘤组织。

【思政与素质目标】

养成正确操作、正确对待组织的习惯。

系统关键词

肿瘤样品、采集、保存。

任务准备

对于大部分肿瘤病例，准确的诊断和对肿瘤恰当的分级是进行恰当治疗的前提和要求。而要达到这样的目的，就有必要利用诸如细针穿刺抽吸、针刺活检、小范围活检和开放式活检这样的检查和操作方法来获得样本，并对获得的样本进行进一步的判读，以求获得和肿瘤相关的信息用于之后的治疗和监控。

任务实施

一、肿瘤样品的采集

1. 细针穿刺抽吸法　通过采集肿瘤中的部分细胞，并对细胞核和细胞质的特征进行判读，从而达到诊断和判定肿瘤类型的目的。这种方法几乎适用于所有类型的皮下和内脏包块，并且能够在采集到深部组织细胞样本的同时避免被表层的细胞所污染。

采样方法如下。

(1)准备恰当的针管和针头(一般使用内径小于 22G 的针头和 5～20 mL 的针管进行采样)，清洁消毒采样部位(无论是对皮下包块还是对胸腹腔组织进行采样，进针的部位都需要按照手术原则进行准备)。

(2)进行采样：

①使用细针穿刺抽吸时，用一只手固定住采样部位，另一只手抓持针管尾部进针。进针后要注意估计针头可能存在的位置。然后回抽针管活塞，将其回拉至针管 1/2 或 2/3 的位置并维持在这个位置，利用回抽活塞所形成的负压将肿瘤组织中的细胞吸入针头。如果是比较大的包块，则可前送或后退针头，转换方向再进行采样。如果担心所采到的样本为多处组织混合在一起的样本，无法或很难进行判读，则可使用不同的针头按照同样的方法进行多处采样。

另外，在回抽活塞形成负压的过程中还可以利用反复松开和回抽活塞的抽吸方法进行采样。这样采样能够提供更强的负压吸引力，但是对细胞脆弱的样本而言，这种采样方法更容易造成细胞在采样部位破碎，因此，对疑似淋巴瘤或疑似肥大细胞瘤的肿瘤病例，要谨慎选用这种反复抽吸的方法进行采样。在采到足够的样本后，回放活塞释放负压再拔出针头。取下针头，将空针管吸满空气，将针头中采集的样本推压至玻片上。

②如果采集的组织(如淋巴结)中细胞比较脆弱，或采集肿块内的血管比较丰富，或使用抽吸的方法所采出的血液或其他类型液体不容易进行判读，则可以采用不带有抽吸过程的细针采样方法。这种方法的操作过程类似于细针穿刺抽吸检查，但需提前在针管中吸入空气，并如握笔一样手持针管前段进针，预估针头进入采样部位后前后拉动针头，在保证针头在采样区域内的前提下采集样本。采集到足够样本后直接拔出针头，将样本直接推出至载玻片上。也可以使用不带有针管的针头进行采样，但是对于不够配合的犬、猫，这样的采样操作不容易保持针头与动物体的位置相对固定，如果动物出现意外的移动，易导致进针过深或针头脱出。因此总体而言，需要视动物状况、采样部位情况和个人偏好来具体判断使用何种方法。

2. 针刺活检　细胞学检查只能检查肿瘤组织中部分细胞的情况，而部分切除活检和手术切除活检要求进行镇静或麻醉，且对机体的侵袭性相对较大，因此不希望进行较大侵袭性检查的病例，使用针刺活检采集组织进行组织病理学检查就能在创伤尽可能少的情况下得到尽可能准确的诊断结果。与细针穿刺抽吸一样，因为针刺活检只是检查肿瘤的一小部分组织，对于比较大的和比较复杂的肿瘤，利用这样一小块组织可能得不到正确的诊断，因此用于采样的针管内径越大，采样的部位越多，得到准确诊断的可能性越大。有研究指出，对于上皮性肿瘤，应用针刺活检采样并进行组织病理学检查的结果与手术切除后进行组织病理学检查的结果完全一致；而对于间质性肿瘤，针刺活检采样

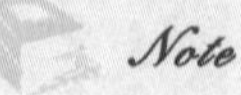

的结果与手术切除后组织病理学检查结果的一致性为94%。

采样方法如下。

(1)准备恰当的活检针:一般推荐使用14G或16G的套管针进行活检采样,也可以使用商业化的一体化自动活检针进行采样(自动活检针的采样操作方法视品牌不同而异)。

(2)进针:一般仅仅进行镇静或是局部麻醉就可以满足采样的要求,但如果是对深层的肿瘤进行采样,或是动物不够配合,那么就需要进行全身麻醉。进针部位按照手术消毒原则进行消毒刷洗。如果采样的肿瘤不是位于皮肤表面,而是位于组织深处,那么可以使用手术刀切开表皮后再进针采样。保持套管针为闭合状态进针,待针头进入肿瘤后维持外层套管针不移动,套管内针继续向前,此时肿瘤组织会由于组织的挤压作用而进入套管内针的采样凹槽中。

(3)保持套管内针不动,向前移动外层套管针,由于外层套管针管壁的切割作用,突出陷进套管内针采样凹槽中的组织样本就会被切割进入套管针管内。

(4)套管针达到闭合状态后整个套管针一起回退,组织样本就会保留在针管内一起退出。

(5)取出套管针后向前推动套管内针,暴露出位于套管内针凹槽内的样本,就完成一次完整的采样操作。如果有切开皮肤,可使用间断缝合闭合皮肤的切口。

3. 小范围活检 这种采样方法同针刺活检采样相比,可以取得更多的组织,因此在同等条件下,更有可能取得更具代表性的组织用于组织病理学检查,同时对机体的侵袭性虽然比针刺活检更大,但仍可算作微创性的采样操作。因此可以根据具体病例情况选用小范围活检。针对不同的肿瘤位置和采样要求,有2种不同的小范围活检方法可供选用。

1)打孔活检 可以使用皮肤打孔活检器进行活检操作。除了皮肤表面的肿瘤之外,也可以采用这样的方法对内脏器官的肿瘤进行活检操作。该方法与针刺活检采样一样,活检样本越大,活检的部位越多,得到的诊断结果越准确。因此应该根据肿瘤的具体情况配备有针对性的活检计划。

采样方法如下。

(1)可选用直径1～8 mm的皮肤打孔活检器进行活检操作。对需要进行采样的部位进行局部麻醉(选择活检的部位要在之后会进行的手术的切除范围内),或是给予病畜相应的镇静药物。如果是皮肤浅表层已经破溃的肿瘤病变,可能不需要进行麻醉或镇静操作就可直接采样。如果要采样的肿瘤位于皮下或组织深部,则要先用手术刀切开皮肤或组织,再固定好肿瘤组织并刺入皮肤打孔活检器进行采样。

(2)如果肿瘤团块质地比较致密,可能需要前后反复旋转刺入数次才能采到符合要求的样本。

(3)待打出的孔洞与周围组织分离后,可使用无齿组织镊轻轻夹住并提起组织。如果组织不易脱离,可使用剪刀或手术刀从活检样本的基部切断组织连接处,从而取出活检组织。对于大部分的采样部位,进行简单的短时间压迫就基本可以达到止血效果。皮肤和组织的切口进行简单的间断结节缝合即可。

2)楔形活检 按照这种活检方法进行活检能够取得更多的组织用于组织病理学检查,尤其是纤维化病变比较严重的组织,而且楔形切口有利于创口的愈合。具体采样方法类似于打孔活检,只是不需要使用皮肤打孔器,使用手术刀在肿瘤组织上切割下一块楔形的活检组织即可。

4. 开放式活检 开放式活检指通过切除或切开这两种不同的方式获得活检组织的操作。

二、肿瘤样品的保存

组织样本按照标准化流程采集及预处理后,须立即根据不同的检测目的分别储存,以保存生物大分子活性。组织样本的储存方式主要分为两种:新鲜样本冷冻保存及石蜡包埋组织块室温保存。

(一) 新鲜标本冷冻保存

新鲜样本在离体后的运输、取材及预处理全过程都应在低温条件(低温冰台)下操作,不能立即操作的应放于4 ℃冰箱暂时储存。样本在采集分割后,无论是储存于液氮还是超低温冰箱,都应在储存前将分割的小块组织密封后置于液氮或干冰冷冻的异戊烷中快速低温冷冻,再放入液氮或超低温冰箱长期保存。不建议将组织样本直接放入－80 ℃冰箱，以防止缓慢降温而造成对生物大分子的破坏。超低温冻存样本的最佳温度为－137 ℃以下。

（二）石蜡包埋组织块室温保存

将新鲜样本组织切成合适大小的组织块后，用生理盐水冲洗干净血渍等污渍，再浸泡于10%福尔马林溶液中进行固定。

（三）注意事项

(1)如果是在超声引导下穿刺，或者在采样之前采样部位做过超声检查，则一定要将超声耦合剂擦除，否则超声耦合剂会导致染色异常或无法染色，进而导致无法进行判读。

(2)如果是在手术过程中进行的采样，利用细胞学压片检查有可能能够迅速判断肿瘤的类型，为决定手术方案提供更多的信息。

(3)无论是否进行细胞学检查，都应该将采集的组织放入10%福尔马林溶液中固定，送实验室进行组织病理学检查，以期能够最终确定肿瘤的具体类型和对肿瘤进行组织病理学分级。

任务二　肿瘤样品的镜检

学习目标

【知识目标】

1. 了解肿瘤样品的镜检方法。
2. 熟知肿瘤样品镜检的操作步骤。

【技能目标】

根据需要，对不同肿瘤样品进行合理的镜检。

【思政与素质目标】

养成合理使用仪器的职业素养。

系统关键词

肿瘤样品、镜检。

任务准备

通过手术切除、活组织穿刺或死后剖检、细针穿刺抽吸，做细胞学涂片染色镜检以做出诊断。获取的病理材料可做组织切片检查，以判断肿瘤的性质。

任务实施

一、制作细胞学涂片（非液性组织）

1. 玻片按压推拉法　如果使用得当，这是制作细胞学涂片最好的方法。使用细针穿刺抽吸采集到的样本大部分可以使用此法制作出适合判读的涂片样本。用此法制作样本需要将采集到的样本滴加到载玻片的一端，然后在这张载玻片上平放另外一张与之垂直的载玻片，依靠载玻片自身的重力就可使样本扩散开来。如果是比较大的样本或颗粒形的样本，可能需要稍微施加一点压力使其扩散开。然后水平拉动第二张载玻片，使样本随着载玻片的拉动而分散开来。使用此法时一定要注意在拉动时不能对载玻片施加向下的力，否则细胞很容易破裂而无法判读。

2. 血液涂片法 这种方法与使用血液制作血液涂片的方法相同，适用于制作细胞脆弱样本的涂片，如淋巴结的穿刺液涂片就常采用这种方法完成。

3. 针尖涂布法 如果载玻片上的样本较少，或是使用上述方法都无法制作出合适的涂片，那么可以利用采样的针尖将样本涂布开来进行制片。针尖涂布法一般不会破坏质地脆弱的细胞，但如果样本中有较多液体成分，使用这种方法制作出的涂片并不能很好地分离细胞和液体成分，因而会导致没有合适的单层细胞进行判读。

4. 石蜡包埋切片法 组织切片制作步骤如下。

(1)将在中性福尔马林中固定好的组织进行修块。

(2)将修块完成的组织用流水进行组织冲洗并过夜。

(3)将流水冲洗过夜的组织分别浸于浓度为 50%、70%、80%、90%、95%、100%、100%的酒精溶液中各 5 min 进行组织脱水。

(4)将脱水的组织块放入石蜡∶二甲苯为 1∶1 的溶液中浸泡 2 h 进行透明处理。

(5)将透明的组织块分别浸泡于软蜡Ⅰ(40～50 ℃)、软蜡Ⅱ(40～50 ℃)、硬蜡(56～58 ℃)中各 2 h、1 h 和 1 h 进行组织包埋前处理。

(6)将前处理完成的组织块放入装有熔化硬蜡的特定包埋盒内进行组织包埋。

(7)将包埋好的组织置于转轮式切片机上，进行切片(蜡片的厚度一般控制在 3～5 μm)。

(8)将切好的组织蜡片切面向下放入温度为 40 ℃的恒温水浴中，让其在水浴中充分自然展开，用载玻片的光滑面轻轻捞起在水中充分展开的组织蜡片，放在载玻片的 1/3 处。

(9)将展好的组织切片置于预热好的 90 ℃恒温干燥箱内进行烤片，时间为 30 min，切片制作完成，备用。

(10)染色镜检。

二、组织染色

在兽医临床中常用瑞氏染色法、吉姆萨染色法和 Diff-Quik 染色法。上述染色方法经济实惠，操作简便，耗费时间短。

染色步骤如下。

(1)滴加瑞氏吉姆萨 A 液(0.5～0.8 mL)于涂片上，并让染液覆盖整个标本染色 1 min。

(2)再将瑞氏吉姆萨 B 液加于 A 液上面(滴加量为 A 液的 2～3 倍)，以嘴或洗耳球吹出微风使液面产生涟漪，使两液充分混合，染色 3～10 min(染血液涂片时间可略短，染骨髓片时间应视细胞量多少而定)。

(3)水洗(冲洗时不能先倒掉染液，应以流水冲去，以防有沉渣沉淀在标本上)，干燥、镜检。

三、结果判读

按照从低倍镜至高倍镜的顺序对载玻片上的细胞进行判读，注意不要遗漏载玻片上的任何一处细胞。

四、注意事项

(1)染色时间须视何种标本，涂片厚度，有核细胞多少，何种细胞及室温等而定；通常染血液涂片时滴加瑞氏吉姆萨 B 液后染 2～4 min，染骨髓片则应不少于 8 min；气温较低时，可适当延长染色时间。染色结果如出现嗜酸性粒细胞变碱性，则考虑是否为染色时间太长所致。

(2)做骨髓涂片时，因为骨髓纤维蛋白含量较高，凝固较快，涂片过程要快。骨髓不可用草酸盐抗凝，否则会使血细胞核变形，核染色质致密，胞质空泡形成，出现草酸盐结晶。

(3)染液量需充足，勿使染液蒸发干燥，以防染料沉着于涂片上。

(4)做细胞染色时，当天气寒冷或湿度较大时，应于 37 ℃温箱中保温促干，以免细胞变形缩小或在染色时脱片。

(5)染料放置时间越长，染色效果越好。

(6)染色试剂应由专业人员使用。

任务三　肿瘤样品的送检

学习目标

【知识目标】

1. 了解肿瘤样品的送检程序及步骤。
2. 熟知肿瘤样品送检的注意事项。

【技能目标】

根据需要，对肿瘤样品进行合理送检。

【思政与素质目标】

养成科学、认真的工作态度。

系统关键词

肿瘤样品、送检。

任务准备

如果临床医生无法在诊所或医院内对细胞学玻片做出判读，或是需要确定判读的结果，那么将细胞学玻片寄至专门的实验室或细胞学专家处就是细胞学检查的最后一步。

任务实施

肿瘤样品的送检程序及步骤如下。

1. 石蜡切片

(1)样本要求：

①切片厚度为 4～5 μm，表面积大于 1 cm^2。烤片时间控制在 10 min 内，每张切片需标有病理号。

②手术取样的样本连续切片 10 张，穿刺活检取样的样本连续切片 15 张。

③选择肿瘤含量高，且无坏死组织的切片送检。

④若加做 PD-L1 免疫组化检测，则加送 5 张切片且必须使用防脱载玻片。

(2)注意事项：

①切片时注意对切片机及台面进行消毒处理，不同样本更换新刀片，防止交叉污染。

②送检的切片需完好不粘连，样本无掉片。

③送检切片最好为半年内制作保存，一般 1 年内可以用，2 年内可以尝试，2 年以上拒收。

④将切片放置到采样盒内置的塑料切片盒中，放置时注意插入对应的缝隙中，避免运输过程中破裂。

⑤送检前请检查样本、知情同意书、条码标签、样本包装、样本运输条件无误。

⑥常温保存及运输。

2. 蜡块

(1)样本要求：

①组织块不小于 5 mm×5 mm×5 mm，送检 1～2 块。

②一次手术通常有多个肿瘤蜡块保存，要选择肿瘤含量高且无坏死组织的蜡块送检。

(2)注意事项：

①送检蜡块最好为半年内制作保存的蜡块，一般 1 年内可以用，2 年内可以尝试，2 年以上拒收。

②若同时送检多个订单的石蜡组织样本，需一个检测订单使用一个样本盒单独包装。

③建议样本盒外部使用泡沫填充物包裹保护。

④如需返还请注明，返还时间为项目结束后 2 周内。

⑤送检前请检查样本、知情同意书、条码标签、样本包装、样本运输条件无误。

⑥常温保存及运输。

3. 新鲜手术组织

(1)样本要求：

①手术组织不小于 5 mm×5 mm×5 mm，且不超过 2 cm×2 cm×2 cm(黄豆大小)，送检 1～2 块。

②取材时选择肿瘤组织多的区域，且避开坏死、溃疡组织，要求样本恶性肿瘤细胞占比≥10%，坏死组织区域占比≤50%。

③组织离体后尽快(10 min 内)置于福尔马林固定液中。

④样本浸泡于至少 5 倍于样本体积的固定液中，请勿放入过大组织，以免固定不充分。

(2)注意事项：

①保存管需标记规范清晰。

②一个样本一个包装，避免漏液污染。

③固定 72 h 内送达实验室。

④如需返还请注明，返还时间为项目结束后 2 周内。

⑤送检前请检查样本、知情同意书、条码标签、样本包装、样本运输条件无误。

⑥室温在 10 ℃以下的常温运输，室温在 10 ℃及以上的需加冰袋运输，冰袋务必不要直接接触保存管。

4. 穿刺活组织

(1)样本要求：

①穿刺活检肿瘤样本直径≥1 mm，长度≥10 mm，至少 2 条。

②其他活检肿瘤组织粟米大小 2 粒及以上。

③活检肿瘤组织若含坏死成分超过 50%，建议重新活检，要求样本恶性肿瘤细胞占比≥10%，坏死组织区域占比≤50%。

④组织离体后尽快(10 min 内)置于福尔马林固定液中。

(2)注意事项：

①保存管需标记规范清晰。

②一个样本一个包装，避免漏液污染。

③固定 48 h 内送达实验室。

④送检前请检查样本、知情同意书、条码标签、样本包装、样本运输条件无误。

⑤室温在 10 ℃以下的常温运输，室温在 10 ℃及以上的需加冰袋运输，冰袋务必不要直接接触保存管。

⑥如需返还请注明，返还时间为项目结束后 2 周内。

案例分享

项目三　影像室岗位

<table>
<tr><td colspan="2">岗位</td><td>化验室</td></tr>
<tr><td colspan="2">岗位技术</td><td>动物疾病临床诊断</td></tr>
<tr><td rowspan="3">岗位目标</td><td>知识目标</td><td>掌握 MRI 的基本原理，适应证与禁忌证</td></tr>
<tr><td>技能目标</td><td>核磁操作技术，核磁动物麻醉技术，核磁造影技术</td></tr>
<tr><td>思政与素质目标</td><td>养成尊重生命、关爱动物、善待动物、注重动物福利的意识素养；养成不怕苦、不怕脏，坚忍不拔的品格；养成认真负责、实事求是的态度；养成勤于思考、科学分析的习惯</td></tr>
</table>

学习情境十二　X 线诊断

任务一　骨骼的 X 线检查

扫码看课件

学习目标

【知识目标】

1. 熟悉骨骼的 X 线解剖特征。
2. 熟知常见骨、关节病变的影像学特点。

【技能目标】

能理解骨、关节 X 线结构并能分析图像特点。

【思政与素质目标】

1. 内化安全意识，养成正确防护射线的职业素养。
2. 养成实事求是、认真负责的职业态度。
3. 培养团队协作能力，具备较强的责任感和科学认真的工作态度。

系统关键词

骨、X 线、影像学检查。

任务准备

骨骼中含有大量的钙盐，是动物体中密度最高的组织，与其周围的软组织有鲜明的天然对比。在骨的自身结构中，骨皮质、骨松质及骨髓腔也有明显的密度差别。由于骨与软组织有良好的天然对比，因此，一般利用 X 线检查就能对骨与关节疾病进行诊断。但某些疾病处于病程的早期，X 线检查可能表现为阴性，随病情的发展会逐渐表现出 X 线征象，应定期复查以免发生遗漏。

任务实施

一、骨、关节的正常 X 线解剖结构

动物骨与关节共同完成了对机体的支持和运动等多种重要功能。掌握动物骨、关节的正常解剖结构和生理功能，特别是掌握与 X 线诊断密切相关的骨与关节的解剖特征，是对骨与关节疾病进行 X 线检查与诊断的基础。

（一）骨骼

动物的骨骼由于功能不同而有不同的形态，基本可分为四类：长骨（图 12-1），呈长管状，四肢的大部分骨属于此类，主要作用是支撑体重和形成运动杠杆；短骨，略呈立方形，大部分位于承受压力较大而运动较复杂的部位，多成群分布于四肢的长骨之间，如腕骨和跗骨，有支持、分散压力、缓解震动的作用；扁骨，呈宽扁板状，分布于头、胸等处，常围成腔，以支持和保护重要器官，如颅骨；不规则骨，形状不规则且功能多样，一般构成动物体的中轴，如椎骨。

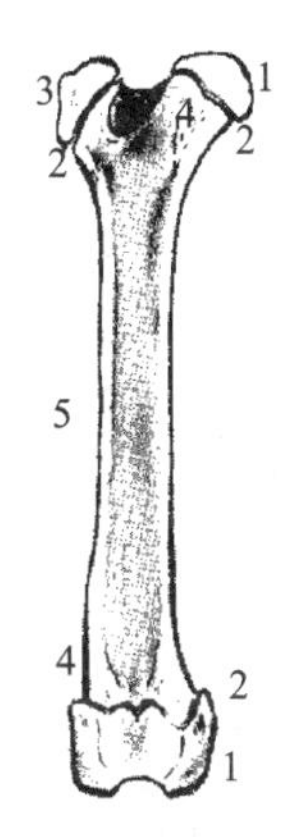

图 12-1　正常长骨解剖结构示意图

1. 骨骺；2. 骺板；3. 骨突；4. 干骺端；5. 骨干

熟悉和掌握骨骼的正常 X 线解剖结构是诊断骨病的基础，在骨骼 X 线解剖结构中管状长骨的结构最为典型。可分为以下几个部分。

1. 骨膜　骨膜属于软组织结构，在 X 线片上不易与骨周围的软组织区别，故其 X 线影像不能显现，当骨膜发生病变后可以显现。

2. 骨密质　其 X 线影像称为骨皮质，位于骨的外围，呈带状均匀致密阴影。阴影在骨干中央最厚，在两端变薄。外缘光滑整齐，在肌、腱或韧带附着处粗糙。

3. 骨松质　位于长骨两端骨密质的内侧，呈网格状有一定纹理的阴影，其影像密度低于骨密质。阴影在骨端最厚，到骨干中段变薄。

4. 骨髓腔　骨髓腔位于骨干骨密质的内侧，呈带状低密度阴影，阴影两端消失在骨松质当中。骨髓腔常因骨密质及骨松质阴影的遮盖而显现不清。

5. 骨端　骨端位于骨干的两端，膨隆，表层为致密阴影，其余为骨松质阴影。

未成年动物骨骼的 X 线解剖特点如下。

（1）由于处于生长发育阶段，骨皮质较薄，密度较低，骨髓腔相对增宽。

（2）在长骨的一端或两端存在骨骺，骨骺为继发骨化中心。动物在出生时大多数骨骺已骨化，随年龄的增长逐渐增大。骨骺在 X 线片上表现为与骨干或骨体分离的孤立致密阴影。

（3）骺板（生长板）：位于骨骺和干骺端之间的软骨，骺板在 X 线片上显示为一低密度带状阴影。随年龄的增长逐渐变窄，成年后消失，不同部位的骺板消失的时间不同。

（4）干骺端：幼年动物骨干两端的较粗大部分，由松质骨形成，顶端的致密阴影为临时钙化带。骨干与干骺端无明显分界线。

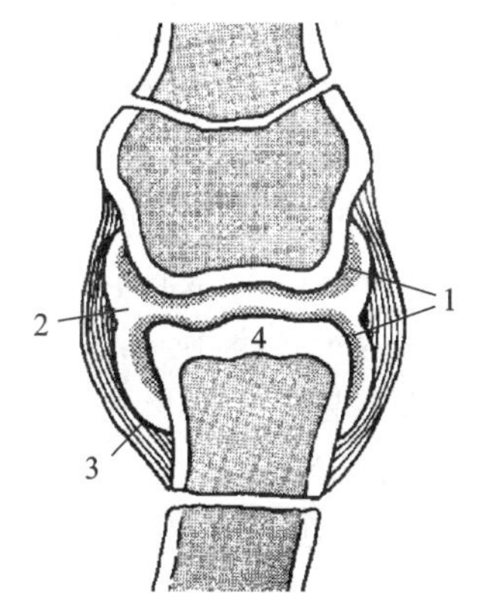

图 12-2　关节的解剖结构示意图

1. 关节软骨；2. 关节腔；3. 关节囊；4. 软骨下骨

（二）关节

关节（图 12-2）是连接两个相邻骨的一种结构，根据其能否活动及活动程度分成三种类型：不动关节、微动关节和能动关节。四肢关节多为能动关节，结构典型。

1. 能动关节的解剖结构　关节有两个或两个以上的骨端，每个骨端的骨性关节面上覆盖着透明软骨。表面光滑，具有较强的弹性，在功能范围内滑动自如，并能承受重力，对骨性关节

面具有保护作用。

1)关节囊　关节囊为结缔组织膜,附着于关节面的周缘及附近的骨面上,形成囊状并封闭关节腔。关节囊的滑膜层由疏松结缔组织构成,附着于关节软骨的周缘,能分泌滑液,有营养软骨和润滑关节的作用。

2)关节腔　关节腔是关节囊的滑膜层和关节软骨共同围成的密闭腔隙,其内含有少量滑液。有的关节腔内还含有韧带、半月板等结构。在关节内还有丰富的血管、淋巴管和神经纤维分布。

2. 能动关节的 X 线解剖结构　一般能动关节的 X 线影像表现如下。

1)关节面　在 X 线片上显影的关节面为骨端的骨性关节面,由骨密质构成,为一层表面光滑整齐的致密阴影。

2)关节软骨　大体解剖上见到的关节软骨在 X 线片上不显影,但在关节的造影影像上,关节面和造影剂之间所显示的一条低密度线状阴影,即为关节软骨。

3)关节间隙　由于关节软骨不显影,在 X 线片上显示的关节间隙包括大体解剖中见到的微小间隙和少量滑液以及关节软骨。正常的关节间隙宽度均匀,影像清晰,呈低密度阴影。关节间隙的宽度在幼年时较大,老年后变窄。

4)关节囊　关节囊包绕在关节间隙的外围,属于软组织密度,正常关节囊在普通的 X 线片上不显影,经关节造影可显示关节囊内层滑膜的轮廓。

二、骨病变的基本影像表现

(一) 骨骼系统病变的基本 X 线征象

1. 骨密度的变化　许多疾病可以引起骨密度的变化,因此,骨密度的变化是各种原因所致骨疾病的主要 X 线征象。

1)骨密度降低　在某些病理过程中,机体出现骨基质分解加速或骨盐沉积减少,吸收增多,使骨组织的量减少或单位体积骨组织内的骨盐含量减少,导致骨组织的 X 线密度下降。骨密度降低可呈广泛性或局限性。

(1)广泛性骨密度降低:可见于某一整块骨骼,也可发生在全身骨骼。X 线征象为广泛性骨密度下降,骨皮质变薄,骨小梁稀疏、粗糙紊乱或模糊不清。常见于失用性骨质疏松,老龄性全身骨质疏松,肾上腺皮质肿瘤,长期服用皮质类固醇,因钙、磷代谢障碍所致的佝偻病或骨软化症等。

(2)局限性骨密度降低:只发生于骨的某一局部,常因骨组织被破坏,病理组织代替骨组织而形成,骨松质和骨密质均可发生破坏。常见的原因有感染、骨囊肿、肿瘤和肉芽肿等。X 线征象可见患部有单一或多发的局限性低密度区。形状规则、界限清楚的多为非侵袭性病变;无定型、蚕食样或弥散性边界不整的低密度区可能为侵袭性病变。

2)骨密度增高　某种病理过程造成骨组织内骨盐沉积增多或骨质增生而使骨组织的骨密度增高。X 线表现为骨密度增高,可伴有骨骼的增大,骨小梁增多、增粗、密集,骨皮质增厚、致密,骨皮质与骨松质界限不清,长骨的骨髓腔变窄或消失。局限性骨密度增高可发生在骨破坏区的周围,这是机体对病变的一种修复反应。广泛性骨密度增高可见于犬全骨炎、犬肥大性骨病等。

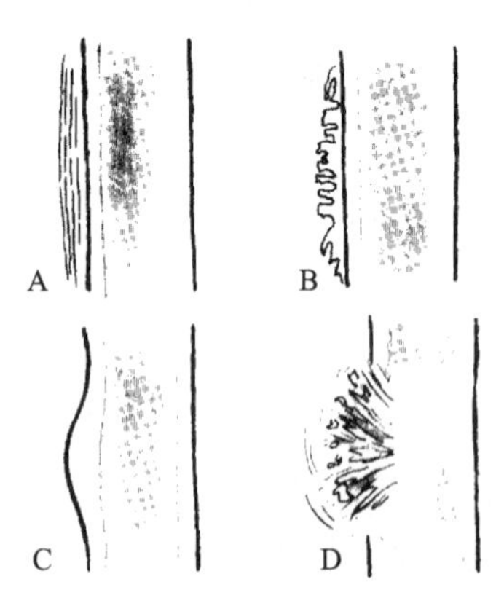

图 12-3　骨膜增生类型示意图

A. 层面型;B. 花边型;C. 均质光滑型;D. 放射型

2. 骨膜增生　正常骨膜在 X 线片上不显影,当骨膜受到刺激后,骨膜内层成骨细胞活动增强,产生新生骨组织,发生骨膜骨化。骨化后的骨膜便出现 X 线片上可呈现的阴影。骨膜增生多见于炎症、肿瘤、外伤、骨膜下血肿等。

骨膜增生的 X 线表现各异,这与病变的性质有一定关系。骨膜增生的常见类型(图 12-3)如下。

1)均质光滑型　骨膜骨化后形成的新骨厚而致密,边缘光滑，与骨皮质的界限清楚。此为非侵袭性疾病或慢性疾病的征象，如慢性非感染性骨膜炎、骨折愈合、慢性骨髓炎等。

2)层面型　新骨沿骨干逐层沉积，呈层片状，层次纹理清楚。若疾病呈间歇性反复发作，每次发作就会出现一次沉积而成层。常见于反复创伤、细菌性骨髓炎、某些代谢性骨病等。

3)花边型或不规则型　形成的新骨呈花边状沿骨干分布，边缘清楚、界限明显。常见于骨髓炎和肥大性骨病等。

4)放射型　骨膜骨化形成的新骨呈放射状从骨皮质发出，形如骨针或骨刺，密度不均，与骨皮质的界限不清。这种类型常表明疾病起病急、发展快，具侵袭性。见于恶性骨肿瘤或急性骨髓炎等。

3. 骨质坏死　当骨组织局部的血液供应中断后，骨组织的代谢停止，失去血液供应的组织则发生坏死。坏死的骨质即为死骨。

4. 骨骼变形　骨骼变形常与骨骼大小改变并存，可发生在单一骨骼，也可发生在多个骨。局部病变或全身性疾病均可引起骨骼变形。各种先天性骨发育不良可致先天性畸形；佝偻病、骨骺提前闭合或骺板延缓钙化、骨折畸形愈合等可引起长骨弯曲变形；完全骨折可引起骨结构破坏性变形；骨肿瘤、骨囊肿、骨髓炎等疾病可引起局灶性骨结构破坏性变形。

（二）关节病变的基本 X 线征象

关节发生病变时经 X 线检查所能见到的主要 X 线影像变化如下。

1. 关节外软组织阴影的变化

1)关节肿胀　主要原因是关节发生炎症。由于关节积液或关节囊及其周围软组织充血、出血、水肿和炎性渗出，关节周围软组织肿胀。X 线表现为关节外软组织阴影增大、密度升高及组织结构不清。

2)关节萎缩　关节外软组织萎缩可引起关节外软组织阴影缩小，密度降低。常见于关节废用，如长时间的骨折固定。

3)软组织内异物　关节发生开放性损伤，软组织内进入异物，关节外软组织阴影内出现气影或异物阴影。

4)出现骨性阴影　关节囊或关节韧带的撕脱性骨折以及肌、腱、韧带或关节囊在抵止点处的骨化，会使关节外软组织阴影内出现高密度的骨性阴影。

2. 关节间隙的变化

1)关节间隙增宽　由于炎症造成关节间隙大量积液，可见关节囊膨隆、关节间隙增宽。见于各种积液性关节炎等。

2)关节间隙变窄　当关节发生退行性变时，关节软骨变性、坏死和溶解，引起关节间隙变窄。见于化脓性关节炎的后期、变性关节病等。

3)关节间隙宽窄不均　当关节的支持韧带（如侧韧带）发生断裂时，关节失去稳定性，关节则会呈现一侧宽一侧窄的 X 线表现。

4)关节间隙消失　多为关节发生骨性连接，即关节骨性强直的 X 线表现。当关节明显破坏后，关节骨端由骨组织连接导致骨性愈合。多见于急性化脓性关节炎愈合后、变性关节病。

5)关节间隙内异物　关节内骨折的结果是骨折片游离于关节腔内，出现骨影；外界异物进入关节腔后，可见异物阴影；关节感染产气菌后，则在关节间隙内出现气影。

3. 关节面的变化

1)关节面不平滑　关节软骨及其下方的骨性关节面骨质被病理组织侵蚀、代替，导致关节破坏，关节面不平滑。在疾病早期只破坏关节软骨时出现关节间隙变窄，骨性关节面被破坏后呈毛糙不平或有明显缺损。见于化脓性关节炎后期、变性关节病、类风湿性关节炎等。

2)关节缘骨化　关节面周缘有新骨增生，形成关节唇或关节骨赘。见于变性关节病及肌腱、韧带抵止点骨化。

3)关节骨囊肿　关节软骨下骨出现圆形或类圆形缺损区阴影，阴影边缘清楚，与关节腔相通或不相通，称为骨囊肿。常见于犬的骨软骨病和骨关节病。

4)关节面断裂　关节面出现裂缝或关节骨有较大的缺损。见于关节内骨折或骨端骨折。

4. 关节脱位　关节脱位指组成关节的骨骼脱离、错位。根据关节、骨位置变化的程度分为全脱位和半脱位两种。关节脱位多为外伤性,也有先天性和病理性关节脱位。

案例分享

任务二　胸部的X线检查

扫码看课件

学习目标

【知识目标】

1. 熟悉胸部的X线解剖结构。
2. 熟知常见胸部病变的影像学特点。

【技能目标】

掌握胸部X线结构并能分析胸腔图像特点。

【思政与素质目标】

1. 内化安全意识,养成正确的职业素养。
2. 养成实事求是、认真负责的职业态度。
3. 培养团队协作能力,具备较强的责任感和科学认真的工作态度。

系统关键词

胸部、X线、影像学检查。

任务准备

很多肺部病变可借助X线检查显示其部位、形状及大小,诊断效果明显,方法简单,因而应用最广,已成为诊断胸部疾病首选的、不可缺少的检查方法。胸部的X线检查不仅对呼吸系统疾病的诊断特别有价值,对循环系统、消化系统(胸部食管)的某些疾病的诊断也有帮助。这是因为肺内含有空气,它与周围组织器官之间自然对比明显;对于体形较小的动物,检查起来比较方便,可做正位、侧位检查,对病变的发现率和诊断的准确性都比较高。

任务实施

一、胸部的正常X线解剖结构

不同种类的动物,胸部结构基本一样,由软组织、骨骼、纵隔、膈、肺及胸膜组成。这些组织和器官在X线片上互相重叠构成胸部的综合影像。然而不同种类动物、不同年龄之间也存在着解剖形态、位置和大小比例上的差异。

（一）胸廓

胸廓是胸腔内器官的支撑结构，可保护胸腔器官免受侵害。X线片上的胸廓是由骨骼结构和软组织结构共同组成的影像，在读片时不能忽略这些结构的存在及可能发生的病变。

1. 骨骼 骨骼构成胸廓的支架和外形，主要组成如下。

1)胸椎 在侧位片上位于胸廓的背侧，排列整齐，轮廓清晰，椎间隙明显。

2)胸骨 在侧位片上位于胸廓的腹侧，密度稍低于胸椎。在正位片上胸骨与胸椎重叠。

3)肋骨 肋骨左右成对，为弓形长骨。在侧位片上常为左右重叠影像。在正位片上可见肋骨由胸椎两侧发出，上段平直，下段由外弯向内侧，影像不太清楚。在肋软骨钙化之前，肋骨末端呈游离状态。肋软骨钙化程度大致与年龄成正比，钙化形式有两种，一种是沿边缘的条索状钙化，另一种是肋软骨内部的斑点状钙化。

2. 软组织 胸部的软组织主要包括由背阔肌等构成的胸部肌群和臂后部肌群，X线表现为灰白色的软组织阴影，有时会遮挡一部分前部肺叶。

（二）心脏与大血管

心脏的形态大小和轮廓因动物品种、年龄不同而变化很大。就犬来说，深胸的动物（如柯利犬和阿富汗犬）心脏影像：在侧位片上长而直，宽度约为2.5倍肋间隙宽度，正位片上心脏显得较圆、较小（图12-4）。呈桶状宽胸动物（如腊肠犬、斗牛犬）的心脏影像：在侧位片上右心显得更圆，与胸骨接触面更大，气管向背侧移位更明显，心脏宽度为3～3.5倍肋间隙宽度；正位片上右心显得更大而且更圆。幼年动物的心脏与胸的比例比成年动物大，心脏收缩时的形态比舒张时小，但一般在X线片上不显示。拍片时动物处于吸气状态，心脏较小；呼气时则右心与胸骨的接触面增加，气管向背侧提升，心脏显得更大。

犬侧位的心脏影像，其头侧缘为右心房和右心室，上为心房，下为心室，在近背侧处加入前腔静脉和主动脉弓的影像。若在胸骨下有较多的脂肪蓄积，心脏下缘影像将变得模糊，这在左侧位片上尤为明显。心脏的后缘由左心房和左心室影像构成，与膈影的顶部靠近，心脏的后缘与膈之间的距离因呼吸动作的变化而不同。心脏后缘靠近背侧处加入了肺静脉的影像，从后缘房室沟的腹侧走出后腔静脉。心脏的背侧由于有肺动脉、肺静脉、淋巴结和纵隔影像的重叠而模糊不清。主动脉与气管交叉后清晰可见，其边缘整齐，沿胸椎下方向后行（图12-5）。背腹位X线片上心脏右缘的头侧呈圆形，上四分之一为右心房，向尾侧则为右心室和右肺动脉。心尖偏左，左缘略直，全为左心室所在，左缘近头侧的地方为左肺动脉。后腔静脉自心脏右缘尾侧近背中线处走出。

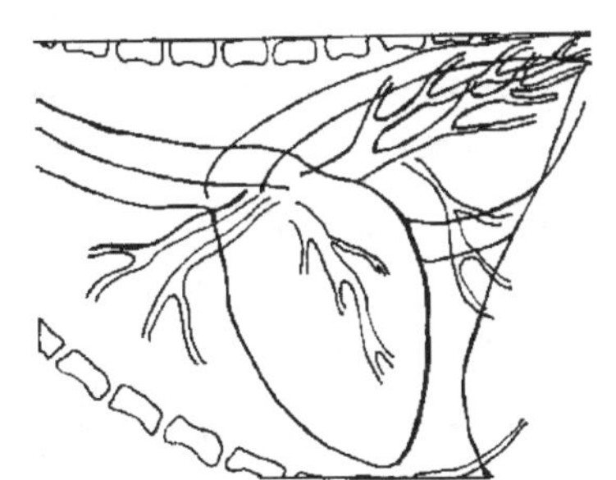

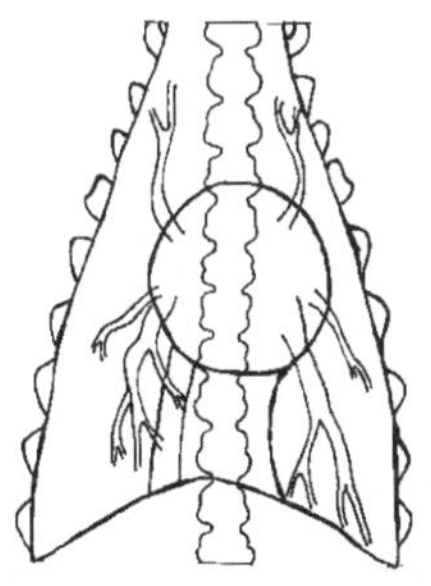

图12-4 深胸犬的心脏形态

A.侧位，心脏显得窄而直立；B.正位，心脏显得圆而小

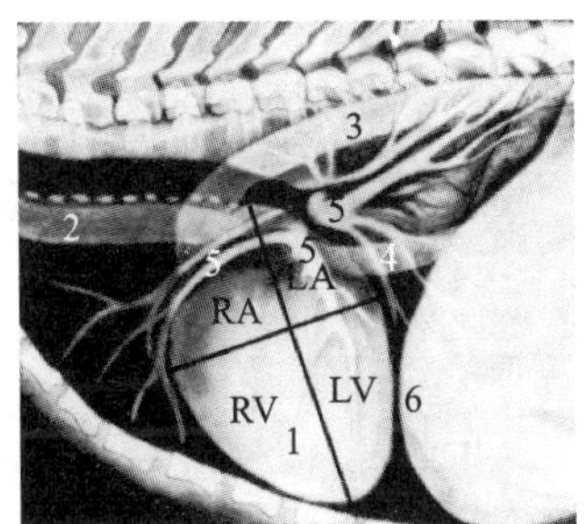

图12-5 心脏与大血管示意图

1.心脏；2.前腔静脉；3.主动脉；4.后腔静脉；5.肺血管；6.膈

RA右心房；LA左心房；RV右心室；LV左心室

（三）纵隔

在侧位片上，纵隔以心脏为界可分为前、中、后三部分。前纵隔位于心脏之前，中纵隔将心脏包含在内，后纵隔则位于心脏之后。在正位片上，前纵隔的大部分与胸椎重叠，其正常厚度不超过前部胸椎横截面的2倍。肥胖的犬，由于脂肪在纵隔内堆积而增加了纵隔的宽度，有时易与纵隔肿块混

淆，应注意鉴别，以免误诊。

犬侧位片上的纵隔，前部以前腔静脉的腹侧线为下界，其内可见到气管阴影，如果食管内有气体存在或存有能显影的食物，也能见到食管的轮廓。在腹背位或背腹位的胸部X线片上，前腔静脉影像形成右纵隔的边缘，左锁骨下动脉形成左纵隔影像的边缘。

纵隔内的器官种类很多，但只有少数几种器官可以在正常的胸部X线片上显示，包括心脏、气管、后腔静脉、主动脉、幼年动物的胸腺。纵隔内其他器官或由于体积太小或由于器官之间界限不清、密度相同而不能单独显影。

（四）肺

在胸部X线片上，从胸椎到胸骨，从胸腔入口到膈以及两侧胸廓肋骨阴影之内，除纵隔及其中的心影和大血管阴影外，其余部位均为含有气体的肺脏阴影，即肺野。除气管阴影外，肺的阴影在胸部X线片中密度最低。透视时肺野透明，随呼吸而变化，吸气时亮度增加，呼气时稍微变暗。侧位胸部X线片上，常把肺野分为三个三角区。

1. 椎膈三角区 此三角区的面积最大，上界为胸椎横突下方，后界为膈，下界是心脏和后腔静脉。三角区的基线在背侧，其顶端被后腔静脉切断。椎膈三角区内有主动脉、肺门和肺纹理阴影。

2. 心膈三角区 此区包括后腔静脉下方，膈肌前方和心脏后方的肺野。这个三角区比椎膈三角区小得多，几乎看不到肺纹理，其大小随呼吸而变化。

3. 心胸三角区 胸骨上方与心脏前方的肺野属于心胸三角区，此区一部分被臂骨和肩胛骨阴影遮挡，影像密度较高。在投照时应将两前肢尽量向前牵拉，否则臂部肌肉将遮挡该区而影响诊断。

在正位胸部X线片上，由于动物的胸部左右压扁，故肺野很小，不利于观察。一般将纵隔两侧的肺野平均分成三部分，由肺门向外分别为内带、中带和外带。

肺门是肺动脉、肺静脉、支气管、淋巴管和神经等的综合投影，肺动脉和肺静脉的大分支为其主要组成部分。在站立侧位片上，肺门阴影位于气管分叉处，心脏的背侧，主动脉弓的后下方，呈树枝状阴影。在小动物正位片上，肺门位于两肺内带纵隔两旁。多种肺部疾病可引起肺门大小、位置和密度的改变。

肺纹理是肺门向肺野呈放射状分布的树枝状阴影，是由肺动脉、肺静脉和淋巴管构成的影像。肺纹理自肺门向外延伸，逐渐变细，在肺的边缘部消失。在侧位胸部X线片上，肺纹理在椎膈三角区分布最明显。在正位片上观察可见肺纹理始于肺门内带，止于中带，很少进入外带。因此中带是评价肺纹理的最好区段。观察肺纹理时应注意其数量、粗细、分布和有无扭曲变形。

（五）气管和支气管

气管经颈部腹侧正中线在胸腔入口处进入胸腔，然后进入前纵隔后行，在心基部背侧分成两条主支气管进入左、右肺。

气管在侧位片上显示最清晰，在颈部，它几乎与颈椎平行，但到颈后部则更接近颈椎。进入胸腔后，在胸椎与气管之间出现夹角，胸椎走向背侧而气管走向腹侧。气管的X线影像特征为一条均匀的低密度带。头部过度伸展会使胸腔入口处气管变窄，为避免与相关疾病混淆，在拍片时应注意摆位姿势，不可造成人为假象。一些纵隔占位性病变会使气管的位置偏移，这在正位片上观察会更清楚。在正位片上气管处于正中偏右，一些体形较短品种的犬偏移的程度更大。有时在一些老年动物中还可见气管环钙化现象。

支气管由肺门进入肺内后反复发出分支，逐级变细，形成支气管树。支气管在正常X线片上不显影，可通过支气管造影技术对支气管进行观察。

（六）膈

膈是一层肌腱组织，位于胸腔和腹腔之间。在透视下膈的运动清晰可见，膈的运动是呼吸运动的重要组成部分。膈呈圆弧形，顶部突向胸腔。背腹位片膈影左右对称，圆顶突向头侧、接近心脏，与心脏形成左、右两个心膈角。外侧膈影向尾侧倾斜，与两侧胸壁的肋弓形成左、右两个肋膈角。侧位检查时，膈自背后侧向前腹侧倾斜延伸，表现为边界光滑、整齐的弧形高密度阴影。

膈的形态、位置与动物的呼吸状态有很大关系，吸气时，膈后移，前突的圆顶变钝，呼气时膈向前突出。另外动物种类、年龄和腹腔器官等的变化都会影响膈的状态。

二、胸部病变的基本X线征象

（一）胸廓

1. 软组织包块 胸壁发生的突出性肿胀以及乳腺、乳头等都可以在胸部X线片上呈现出软组织密度的包块影像，使该区肺的透明度降低。对经产母犬或哺乳期的动物做背腹位投照时，可在两侧心膈角部见到乳房及乳头的影像。

2. 胸壁肿胀 在背腹位检查时，若胸壁发生水肿或严重挫伤，可见胸壁软组织层次不清，皮下脂肪层消失。

3. 胸壁气肿 胸壁外伤导致肋骨骨折刺透胸膜而形成气胸时，气体可进入胸壁软组织间，形成胸壁气肿。在X线片上可见皮下或肌间有线条状或树枝状透明阴影。

4. 肋骨 肋骨的病变包括肋骨局部密度增高，多见于肿瘤、细菌性骨髓炎、肋骨骨折愈合期或异物存留；局部密度降低，常见于骨折、肿瘤和骨髓炎。

（二）肺部

肺部发生病变后会产生各种病理变化，而X线影像则是对其病理变化的反映。病理变化的性质不同，所表现出的X线影像也不同。

1. 渗出性病变 多见于肺炎的急性期，炎性细胞及渗出液代替空气而充满于肺泡内，同时也在肺泡周围浸润。当炎症发展到一定阶段时，肺组织出现渗出性实变。造成渗出性实变的液体可以是炎性渗出液、血液或水肿液，可见于肺炎、肺出血和肺水肿等。病变区域可以互相蔓延，因此在正常组织与病理组织间无明显界限。实变区域大小、形状不定，多少不等。在X线片上，渗出性病变的早期表现为密度不太高的较为均匀的云絮状阴影，边缘模糊，与正常肺组织无明显界限。当实变扩展至肺门附近时，较大的含气支气管与实变的肺组织形成对比，因而可在实变的影像中见到含气的支气管分支影，称支气管气象或空气支气管征。

2. 增殖性病变 在急性肺炎转变成慢性炎症过程中，肺泡内的炎性渗出物被上皮细胞、纤维素和毛细血管等代替而形成肉芽组织增生性病变。在X线片上表现为斑点状或梅花瓣状的阴影，密度中等，边界清楚。

3. 纤维性病变 在病理上，肉芽组织被纤维组织所代替或被纤维组织所包围，是肺部病变的一种修复愈合的结果，原病灶形成瘢痕。其X线表现为局限性的条索状阴影，密度较高，边缘清楚锐利。弥漫性纤维性病变的范围广泛，以累及肺间质为主，X线表现为不规则的条索状、网状或蜂窝状阴影，自肺门向外延伸，多见于慢性支气管炎。

4. 钙化病变 钙化病变是由组织的退行性变或坏死后钙盐沉积于病变破坏区内所致。钙化为病变愈合的一种表现，常见于肺和淋巴结的干酪性结核灶的愈合阶段。某些肿瘤、寄生虫病等也可产生钙化灶。钙化灶在X线片上表现为密度极高的致密阴影，形状不规则、大小不等，可为小点状、斑点状、块状或球形，边缘清晰。

5. 空洞与空腔 空洞是肺组织坏死液化，内容物经支气管排出后形成的，常见于异物性肺炎。空洞周围的肺组织常有不同程度的炎性反应而形成不同厚度的空洞壁，空洞内可有液体。在X线片上空洞多呈圆形结构，密度甚低，若洞内有液体则可见液状平面。

空腔是由局限性肺气肿、肺泡破裂等引起的肺部空腔，空腔内只有气体，没有坏死组织和其他病理产物，周围也没有炎性反应带。因此在X线片上，空腔是一圆形或椭圆形的透明区，透明区内无其他结构，外壁很薄，周围多为正常的肺野。

6. 肿块性病变 肺内肿块性病变可分为以下两种情况。

1）肿瘤性肿块 可以分成原发性和继发性两种。原发性肿瘤包括良性或恶性肿瘤，良性肿瘤生长慢、有包膜，X线片上显示为边缘锐利的清晰圆形阴影；恶性肿瘤生长速度快、无包膜、呈浸润性生长，X线片上显示为边缘不规则、不锐利的圆形或椭圆形阴影；继发性肿瘤多由血行转移而来，在X

线片上显示为多个大小不等的球形阴影。

2)非肿瘤性肿块　常见于炎性假瘤、肺内囊性病变等，在X线片上显示为密度增高的块状阴影，其密度均匀或不均匀，边缘可清楚、规则。要结合其他临床表现和临床资料做出正确诊断。

(三) 膈

膈的变化有以下几种类型。

1. 胸膜面膈影轮廓广泛性消失　膈影无法识别是由于胸腔出现病变而使膈的影像失去正常对比所致，如两侧胸腔积液、肺膈叶广泛性病变等均可使肺的含气量减少或不含气体而失去对比。

2. 胸膜面膈影轮廓局限性消失　与膈相邻的胸腔内肿瘤、膈疝、肺膈叶局限性病变均可使膈影轮廓局限性消失。

3. 膈影形态的变化　膈影形态的变化主要发生在膈顶，常见原因有膈附近出现胸腔肿块、胸膜炎症引起粘连、肿瘤等。

4. 膈影位置的变化　膈影前移的主要原因有肥胖、腹腔积液、腹痛、腹腔肿块或器官肿大、肿瘤等；膈影后移常见于呼吸困难和气胸。

(四) 纵隔

在胸部X线片上，大部分纵隔内结构是不显影的。但纵隔内的一些器官能够显示出来，据此可以辨认纵隔的大致轮廓。纵隔影像的常见变化包括纵隔移位、纵隔肿大和气纵隔。

1. 纵隔移位　单纯性纵隔移位是由胸腔内一侧压力偏大或偏小造成的。在发生纵隔移位的同时可见纵隔内的组织结构也偏向一侧。胸腔内一侧压力增大的原因可能是胸内发生肿瘤将纵隔挤向一侧，或在发生膈疝时腹腔内容物进入胸腔推压一侧纵隔使之偏向另一侧。

2. 纵隔肿大　纵隔肿大可能是生理性的也可能是病理性的。生理性纵隔肿大主要是因为青年犬的胸腺较大，使纵隔偏向左侧扩大，在腹背位X线片上，可在心脏的前方左侧见到向左扩大的三角形软组织阴影，即胸腺的影像。病理性纵隔肿大可见于纵隔炎、淋巴结炎、食管扩张等。

3. 气纵隔　气纵隔继发于气管或食管损伤，是由气体进入纵隔而形成的。由于气体进入纵隔，纵隔内的结构如食管、头臂动脉、前腔静脉等都能比较清楚地显示出来。

(五) 胸膜腔

胸膜腔病变在X线上的表现主要有气胸和胸腔积液。

1. 气胸　空气进入胸膜腔则形成气胸，进入胸膜腔的气体改变了胸膜腔的负压状态，肺可被不同程度地压缩。气体可经壁层胸膜进入胸膜腔，如创伤性气胸、人工气胸及手术后气胸。气体也可因脏层胸膜破裂而进入胸膜腔，如肺破裂。在X线片上，由于气体将肺压缩，肺内空气减少，肺的密度比周围气体明显增高，其中无肺纹理存在。行侧位检查时，气胸的X线表现随动物的位置不同而不同。

2. 胸腔积液　胸腔积液指在胸膜腔内出现液体。液体的性质在X线片上很难鉴别，可能是炎性渗出液、漏出液、血液或乳糜液。胸腔积液的X线征象与液体的量、投照体位有直接关系，如果液体量比较少，在水平直立腹背位检查时，由于液体积聚于肋膈脚，肋膈脚变钝或变圆。当液体量比较大时，站立侧位投照可见液平面和渐进性肺不张；腹背位投照时，心脏轮廓仍清楚，可见许多叶间裂隙，肺叶也被液体与胸壁分开，其间为软组织密度；背腹位投照时，心脏影像模糊不清，膈影轮廓消失，肺回缩而离开胸壁，整个胸腔密度增加；侧卧位投照时，由于心脏周围有液体存在，心影部分模糊或消失，胸腔密度增加，叶间裂隙明显。

案例分享

扫码看课件

任务三　腹部的 X 线检查

学习目标

【知识目标】

1. 熟悉腹部的 X 线解剖结构。
2. 熟知常见腹部病变的影像学特点。

【技能目标】

能理解腹部的 X 线结构并能分析图像特点。

【思政与素质目标】

1. 内化安全意识，养成正确的职业素养。
2. 养成实事求是、认真负责的职业态度。
3. 培养团队协作能力，具备较强的责任感和科学认真的工作态度。

系统关键词

腹部、X 线、影像学检查。

任务准备

腹部的范围为膈以后、盆底以前，可分成腹内脏器、腹膜腔、腹膜后间隙和腹壁。腹内脏器有消化系统、泌尿系统、生殖系统等。目前腹部的影像学检查常采用 X 线检查与腹部 B 超相结合的方法。

任务实施

一、腹部的正常 X 线解剖

影响腹腔脏器正常位置和外观的因素有投照体位、呼吸状态、动物的生理状况及 X 线束等。一般来说，位于前腹部的膈、肝脏、胃、降十二指肠、脾脏和肾脏的位置较易发生变化。

（一）胃

胃的解剖结构包括胃底、胃体和幽门窦三个区域。大多数情况下胃内存在一定量的液体和气体，因此在 X 线片上可以据此辨别胃的部分轮廓，但不能显示出胃的全部轮廓。由于胃内存有一定的气体和液体，且气体常分布在液体上面，在拍片时选取不同的体位可显示胃的不同区域。在侧位投照时，可见充有气体或食物的胃与左膈脚相接触（图 12-6）。在左侧位 X 线片上，左膈脚和胃位于右膈脚之前。在右侧位 X 线片上，胃内存留的气体主要停留在胃底和胃体，从而显示出胃底和胃体的轮廓。在左侧位 X 线片上，胃内气体主要停留在幽门，显示为较规则的圆形低密度区。通过胃造影可以清楚地显示胃的轮廓、位置、黏膜状态和蠕动情况。

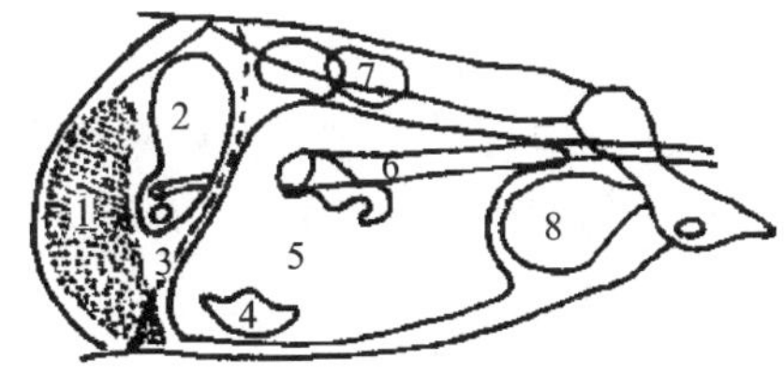

图 12-6　犬腹部侧位 X 线解剖结构示意图

1. 肝脏；2. 胃；3. 最后肋弓；4. 脾脏；5. 小肠；6. 大肠；7. 肾；8. 膀胱

不论是在侧位片上还是在正位片上，均可见自胃底经胃体至幽门的一条直线，侧位片上此直线几乎与脊柱垂直，与肋骨平行；在正位片上观察，则见此线与脊柱垂直。

胃在空虚状态下一般位于最后肋弓以内，当胃充满时，则有一小部分露出最后肋弓以外。胃的初始排空时间为采食后 15 min，完全排空时间为采食后 1～4 h。

（二）脾脏

脾脏为长、扁的实质器官，分脾头、脾体和脾尾。脾头与胃底相连，脾体和脾尾则有相当大的游离性。在右—左侧位投照时，整个脾脏的影像可能被小肠遮挡而难以显现。在左—右侧位投照时，在腹底壁、肝脏的后面可见到脾脏的一部分阴影。脾脏常表现为月牙形或弯的三角形软组织密度阴影。

腹背位或背腹位投照时，脾脏显示为小的三角形阴影，位于胃体后外侧。

（三）肝脏

肝脏位于膈与胃之间，其位置和大小随体位变化和呼吸状态不同而发生变化。肝脏在 X 线片上表现为均质的软组织阴影，轮廓不清，可借助相邻器官的解剖位置、形态变化来推断肝脏的位置。在侧位 X 线片上，肝脏的后缘一般不超出最后肋弓。肝脏的后下缘呈三角形，显影清晰、边缘锐利，其边缘稍微超出最后肋弓。在腹背位 X 线片（图 12-7）上，肝脏主要位于右腹，其前缘与膈接触，右后缘与右肾前端相接。左后缘与胃底相接，中间部分与胃小弯相接。

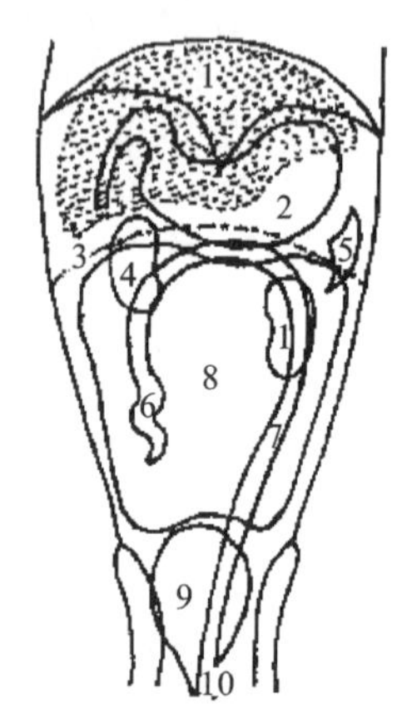

图 12-7　犬腹部腹背位 X 线解剖结构示意图

1. 肝脏；2. 胃；3. 最后肋弓；4. 肾脏；5. 脾脏；6. 盲肠；7. 结肠；8. 小肠；9. 膀胱；10. 直肠

胆囊在 X 线片上不显影，胆囊造影或胆囊内存在结石时，胆囊可以显现。

（四）肾脏

肾脏位于腹膜后腔胸腰椎两侧，为软组织密度。在 X 线片上其影像清晰程度与腹膜后腔及腹膜腔内蓄积的脂肪量有关，若脂肪多，则影像清晰。可通过静脉尿路造影显示肾脏和输尿管。

正常犬、猫的肾脏有两个，左、右肾的大小及形状相同，但位置略有不同。犬的右肾位于第 13 胸椎至第 1 腰椎水平，猫的右肾位于第 1～4 腰椎水平。左肾的位置变异较大，而且比右肾的位置更靠后，位于犬第 2～4 腰椎水平，位于猫第 2～5 腰椎水平。正常犬肾脏的长度约为第 2 腰椎长度的 3 倍，变化范围在第 2 腰椎长度的 2.5～3.5 倍之内也属正常。猫肾脏的长度为第 2 腰椎长度的 2.5～3 倍，幼小的仔猫和大公猫的肾脏相对较大。

（五）小肠

在腹腔中，小肠主要分布于那些活动性比较小的脏器之间。小肠位置的变化往往提示腹腔已发生病变。小肠内通常含有一定量的气体和液体，在气体的衬托下小肠轮廓在 X 线片上隐约可见。小肠在 X 线片上显示为平滑、连续、弯曲盘旋的管状阴影，均匀分布于腹腔内。一般犬小肠的直径相当于两个肋骨的宽度，猫小肠直径不超过 12 mm。造影剂通过小肠的时间，犬为 2～3 h，猫为 1～2 h。

（六）大肠

犬和猫盲肠的 X 线影像不同，犬盲肠的形状呈半圆形或“C”形，肠腔内常有少量气体。因此在 X 线片上可以辨别出盲肠位于腹中部右侧。猫的盲肠为短的锥形憩室，内无气体，故 X 线片上难以辨认。结肠的形状犹如一个“?”，结肠进入骨盆腔延续为直肠。直肠起于骨盆腔入口，止于肛管。

（七）膀胱

正常膀胱的体积、形状和位置处在不断变化之中，排尿后膀胱缩小，故在 X 线片上不显影；充满尿液时膀胱增大，在 X 线片上显示为位于耻骨前方、腹底壁上方、小肠后方、大肠下方的卵圆形或长椭圆形（猫）均质软组织阴影。极度充盈时，膀胱可向前伸达脐部的上方。膀胱造影可以清楚地显示膀胱黏膜的形态结构。

（八）尿道

雄性和雌性的尿道在长度和宽度上有较大区别。雌性尿道短而宽。雄性尿道长而细，可分成三段。前列腺尿道起自膀胱，止于前列腺后界。

（九）前列腺

前列腺为卵圆形、具有内分泌和外分泌功能的副性腺。其位置在膀胱后、直肠下、耻骨上。由于前列腺与膀胱位置关系密切，其位置随膀胱位置的变化而变化。当膀胱充满尿液时，由于牵拉作用，前列腺会进入腹腔。犬的前列腺可在X线片上显示，由于犬的体形在不同品种间差异较大，故前列腺的大小也相差很大。用放射学方法一般只能测量其相对大小。正常前列腺的直径在腹背位X线片上很少超过盆腔入口宽度的1/2。前列腺的外形为圆形或卵圆形，其长轴约为短轴的1.5倍。

（十）子宫

对子宫状况的评估，X线检查也是适用的，进行X线检查的主要适应证是检查与子宫相关的腹腔肿块或子宫本身增大。另外，X线检查也可用于检查胎儿发育情况、妊娠子宫及患病子宫的变化。犬的妊娠子宫的形状、大小和密度因犬的品种、胎儿数量及所处的妊娠时期不同而异。一般来说，大约在排卵后30天，可检查出增大的子宫，子宫角呈粗的平滑管状。胎儿骨骼出现钙化的时间约在妊娠45天。在妊娠的中期和后期，子宫的位置达中后腹部下侧，其上为小肠和结肠，下为膀胱。

（十一）卵巢

母犬和母猫的正常卵巢不易显影，因此普通X线检查正常卵巢有一定的局限性。

二、腹部病变的基本X线征象

腹腔内器官种类较多，所患疾病类型也比较复杂，X线征象各有特点，但归纳起来主要表现为内脏器官体积、位置、形态轮廓和影像密度的变化。

（一）体积的变化

体积的变化主要表现为内脏器官的体积比正常时增大或缩小。引起器官体积增大的原因可能是组织器官肿胀、增生、肥大，器官内出现肿瘤、囊肿、血肿、脓肿、气肿或积液。这会使病变器官比正常时增大，有时增大数倍，使病变器官邻近的组织或器官的位置或形态发生变化。体积缩小可能是由器官先天发育不足或器官因病萎缩所致。

在所有内脏器官中，胃、膀胱和子宫的体积在生理状态下变化较大，因此当它们发生病理性增大后，仅从X线影像上鉴别有一定困难，需结合临床检查、实验室检查及其他影像学检查进行分析后做出诊断。其他内脏器官若表现出X线片上的体积变化，则多为异常情况。有些器官的体积异常变化在X线片上能直接显现出来，有些在X线片上不易显示出来，这可以借助邻近器官的位置变化进行判断。如肝脏体积增大或缩小可以根据胃的位置进行判断；前列腺体积增大可以从膀胱和直肠的形态及位置变化进行推断。

（二）位置的变化

位置的变化说明内脏器官发生移位。腹腔内的器官除空肠游离性较大以外，其他器官的位置均相对固定。发生移位大多是由邻近组织器官发生病变推移所致。例如，胃后移常见于肝脏增大或肝脏肿瘤、囊肿的推移；相反，胃前移可能是肝萎缩、膈破裂或胃后方的器官（如脾脏或胰腺）肿大压迫所致。

（三）形态轮廓的变化

形态轮廓的变化表现为内脏器官的变形。胃、肠、膀胱、子宫等空腔器官及肝、脾、肾等实质器官的任何超出生理范围的变形都是病变的征象。变形的类型有几何形状的变化、表面形状的变化和空腔器官黏膜形态的变化。例如，肝大时肝后缘变钝圆；肝硬化、肝肿瘤时肝脏的表面不规则；胃溃疡时的直接征象是钡剂造影时出现龛影；膀胱肿瘤时阳性造影结果提示膀胱黏膜充盈缺损。

（四）影像密度的变化

腹部影像密度的变化表现为影像密度增高或影像密度降低，可为广泛性或局限性影像密度变

化。腹部广泛性影像密度增高常见于腹腔积液、腹膜炎、腹膜肿瘤，X线表现为广泛性密度增高的软组织阴影，腹腔内脏器轮廓不清。腹部局限性影像密度增高常见于腹腔器官肿瘤或肿大，X线片上显示为局限性高密度软组织阴影。若腹腔内出现钙化灶、结石，则表现为高密度异物阴影。腹部出现低密度阴影可见于胃、肠积气，各种原因造成的气腹。应注意的是，在正常情况下，消化道内或多或少存留一些气体，也表现为低密度阴影，在实际工作中应与病理性阴影加以鉴别。

任务四 头、脊柱的X线检查

学习目标

【知识目标】

1. 熟悉头、脊柱的X线解剖结构。
2. 熟知常见头、脊柱病变的影像学特点。

【技能目标】

掌握头、脊柱的X线结构并能分析图像特点。

【思政与素质目标】

1. 内化安全意识，养成正确的职业素养。
2. 养成实事求是、认真负责的职业态度。
3. 培养团队协作能力，具备较强的责任感和科学认真的工作态度。

系统关键词

X线、影像学检查。

任务准备

头部的标准投照体位有侧位投照、腹背位或背腹位投照。一些组织结构只能借助附加的特殊投照体位才能显示。如张口侧位投照、头部扭转侧位投照等。脊柱X线检查的主要目的是评价单肢、双肢或四肢麻痹，前肢或后肢轻瘫，共济失调，脊柱疼痛，僵硬，以及评价脊柱畸形等。由于行脊柱X线检查时要求动物位置准确，以免发生运动性模糊，通常需将动物麻醉。只有那些怀疑脊椎骨折或脱位的动物，可不做麻醉，直接进行脊柱X线检查，避免发生进一步的损伤。

任务实施

一、头部正常X线解剖结构

头部的X线解剖结构虽然复杂，但所有的结构左右对称，故在阅读头部X线片时，可将患侧与

对侧的正常结构做比较。重要的是阅读头部 X 线片的系统过程，可按单个区域或局部解剖进行阅片，只有这样，才能全面评阅而不出现遗漏。犬、猫头部的正常 X 线解剖结构（图 12-8、图 12-9）如下。

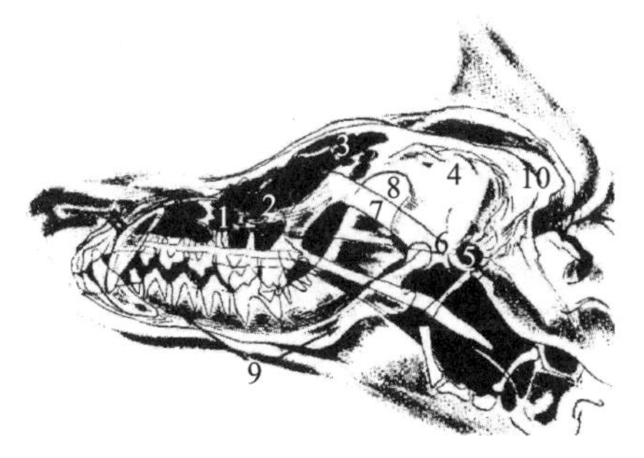

图 12-8　犬头部侧位正常 X 线解剖结构

1. 鼻腔；2. 筛骨部；3. 额窦；4. 颅脑；5. 鼓泡；6. 颞颌关节；7. 颧弓；8. 下颌骨冠状突；9. 下颌骨；10. 外矢状嵴

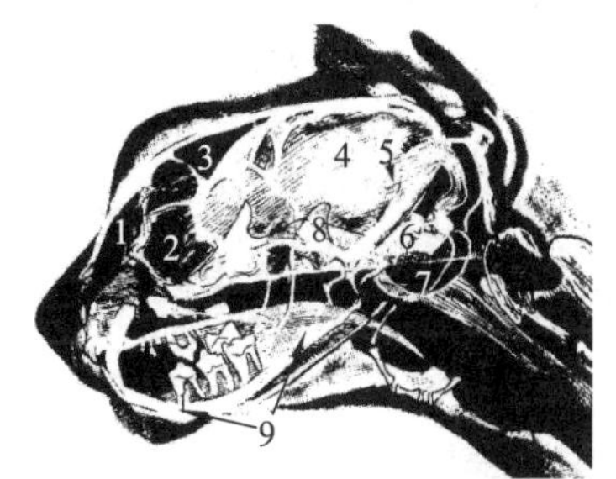

图 12-9　猫头部侧位正常 X 线解剖结构

1. 鼻腔；2. 筛骨部；3. 额窦；4. 颅脑；5. 小脑骨性幕；6. 岩骨；7. 鼓泡；8. 下颌骨冠状突；9. 下颌骨

（一）鼻道与鼻旁窦

犬、猫的鼻道由不同部分组成。前端为由软组织构成的鼻境。鼻道内因含有空气而边界清晰。鼻道后段显示鼻道含气结构，被周围的上颌骨和鼻骨围绕。张口腹背位投照，显示左、右鼻腔。鼻腔的后下方与鼻咽相通，后界为颅骨的额骨，背部为额窦。一些大型犬尚可见上颌骨。上颌窦就在额窦的前方，显示为位于上颌骨背部的小三角形样的含气结构。小型犬和猫的上颌窦则不可见。额窦的大小、形状随犬品种而异。小型犬的额窦小，部分结构不可显示，呈金字塔样。猫和大型犬的额窦较大，显示部分骨性密度影。

（二）颅顶

颅顶由额骨、颞骨、顶骨、枕骨和颅骨基部组成。颅部形状随动物品种不同而异。一些小型犬的骨缝甚至终身存在。颅顶密度通常不均匀。在侧位 X 线片上，尚可见血管孔。血管孔显示为 X 线可透性直线或分叉状影。

（三）后脑骨

后脑骨在 X 线片上很难评阅。枕骨突起构成后脑的背部，边界清晰，向后突出超过第 1 颈椎。枕骨突起的大小随品种不同而异。后脑骨的髁骨位于腹正中部，在侧位和腹背位 X 线片上，显示为向后突出的骨性突起。颌关节面呈光滑、规则的弧形。枕骨大孔位于左、右髁骨之间，呈轮廓清晰、规则的卵圆形。

（四）鼓泡和颞颌关节

除颈突外，鼓泡和颞颌关节是 X 线片上很难显示的脑底部结构。颈突为后脑骨的小三角形骨性突起，在侧位 X 线片上位于鼓泡后部，其轮廓光滑。鼓泡在腹背位 X 线片上呈类圆形的含气结构并有细小的骨壁。鼓泡的外侧为外耳道。鼓泡在侧斜位 X 线片上显示为光滑、壁薄的含气结构。颞颌关节在鼓泡前部，由下颌骨的髁突和颞骨的颌窝组成。

（五）下颌骨与牙齿

下颌骨可分为下颌骨体和下颌骨支两部分。后部的下颌骨支有三个突起。最长的突起向背侧突出，为喙突。第二个突起是髁突，即颞颌关节的颌部。角突是第三个突起。下颌骨支无牙齿。下颌骨体前至下颌骨联合部。在侧位 X 线片上，贯穿整个下颌骨体的下颌管显示为牙根下方的 X 线透亮线。门齿骨、上颌骨、下颌骨有牙齿。犬乳齿 28、恒齿 42，猫乳齿 26、恒齿 30。

二、脊柱的 X 线解剖结构

犬椎体侧位投照形状似方形，多数脊椎可显示椎弓、椎管的背侧缘与腹侧缘、椎体前后端骨骺、棘突、横突和椎体。猫的椎体较长，侧位显示似长方形，椎弓根、关节突显示不清，椎间孔背侧缘不如犬易见。侧位投照时，相邻椎骨的大小、形状和密度大致相同。第 2 颈椎棘突靠近第 1 颈椎椎弓。第 6 颈椎横突宽大、呈翼状。胸椎椎体长度略比颈椎椎体短。第 11 胸椎棘突垂直向上。正常肋骨有 13 对，肋骨头位于相应胸椎骨的前部。腰椎椎体的长度略比胸椎长。3 节荐椎相互融合为一块。前段尾椎椎体较后段尾椎椎体长。

椎间盘由髓核和纤维环组成，呈软组织密度影。邻近的椎间隙大致相等，但正常第 10～11 胸椎椎间隙较狭窄，第 1～2 颈椎关节、3 节荐椎之间无椎间盘。

三、头部常见疾病的影像表现

（一）头颅骨折

1. 定义与病因 头颅骨折通常因重力打击导致，如头部摔地、车辆撞伤、暴力打击等。粗暴拔牙等操作偶尔可致骨折。头颅骨折多见于面部和颌骨，颅部骨折较少见。X 线检查对于确定诊断、判断预后、制订治疗方案有着重要意义。颅部组织厚，X 线片上不易显示，应与颅部正常 X 线片进行详细比较。

2. 种类与影像学表现

1）下颌骨骨折 为较常见的头颅骨折，多发生于下颌骨体的近切齿部和两侧下颌骨的联合部。在侧位 X 线片上，下颌骨骨折时可显示清晰透明骨折线，断端不同程度移位，下颌骨变形，上、下切齿咬合不对应。下颌骨联合分离时，通常需腹背位 X 线片方能清晰显示，两侧下颌骨联合部的透明缝隙增宽、不整齐，可发生不同程度的分离或移位。

2）颌前骨骨折 颌前骨骨折多发生于颌前骨的鼻突部。侧位 X 线片可显示清晰的透明骨折线。骨折线有时可经过上颌骨的齿槽间，波及上颌骨，严重者齿间隙间骨折致使牙齿移位或脱落。

3）鼻骨骨折 为较常见的头颅骨折，多发生于鼻骨背侧部和鼻骨前面楔状突出的游离端。行 X 线检查时，X 线中心线应对准鼻骨骨折处做切线位摄片。

4）颧骨骨折 多见于犬的颧骨弓处。头部背腹位或腹背位 X 线片可显示颧骨连续性中断，颧骨弓有横断或倾斜的透明骨折线。折断的颧骨弓可分离移位，向内凹陷。

5）额骨骨折 行 X 线检查时，中心线应对准患部，做切线位摄片，以显示额骨骨折的骨折线。X 线片上显示为额骨连续性中断，有轻度分离或移位。如为凹陷性额骨骨折，局部额骨可因骨折片下陷而显示缺损。

6）角折 角折可发生于角斗、摔倒或猛力碰撞时。如在角鞘未断离但怀疑角突骨质损伤、折断时，可做角部 X 线检查，X 线片上显示透明的骨折线可加以证实。

（二）颞下颌关节脱位

颞下颌关节脱位并不常见，可单侧或双侧发生，常伴下颌骨骨折。临床上，病畜张口，患侧颞颌关节不稳、颌部疼痛，咬合不正可引起颞下颌关节脱位。

本病的 X 线摄片不易，可做腹背位、张口侧位、斜位和张口颞颌关节切线位投照。X 线片上可显示颌骨髁向前上方脱位，关节间隙明显增宽。单侧性颞下颌关节脱位时，做对侧颞下颌关节比较有助于诊断。

（三）头颅异物

头颅内的 X 线不透性异物通常易于显示。这些异物常位于口腔、咽或鼻腔中。X 线可透性异物则需 X 线造影方能显示。

四、脊柱疾病的影像表现

（一）脊椎骨折与脱位

1. 定义与病因 脊椎骨折与脱位常由交通意外、摔倒、跳跃、打击、踢伤、咬伤等暴力作用导致。脊椎压缩性骨折、横突骨折、棘突骨折等各种典型骨折均可单独发生，也可与脊椎半脱位或全脱位一起发生。

2. 影像学表现

1)椎体骨折　可波及椎间隙,椎间隙狭窄或增宽。脊柱异常成角,椎体的外侧缘、腹侧缘或背侧缘中断。与邻近脊椎比较,椎体或椎弓的形状、大小发生改变。

2)骨骺分离　主要见于幼龄犬。分离的椎体骨骺通常向腹侧移位,骨骺线增宽。

3)棘突骨折　多发于胸腰椎。常呈多发性棘突横骨折。

4)横突骨折　常为一侧多发性骨折,合并腹部或胸部损伤。

5)寰枢椎半脱位　通常为齿状突缺陷的先天性疾病,多见于小贵妇犬、约克夏犬和吉娃娃犬等。也可由外伤使齿状突骨折而导致。X 线片上显示寰椎背侧椎弓与枢椎棘突之间距离明显变宽,齿状突不存在或发生骨折。

(二) 半椎体

1. 定义与病因　半椎体是犬、猫常见的一种先天性脊柱畸形。这是椎体不融合或部分融合而形成裂椎的一种椎体发育不良症。以胸椎多发,常伴脊柱背弯。多见于斗牛犬、巴哥犬和波士顿犬等。本病极少有临床症状,仅在 X 线检查时偶然发现。

2. 影像学表现　侧位 X 线片可显示椎体呈楔形,细端朝向腹侧。其邻近椎体常代偿性发育过大,相应的局部不同程度突出。腹背位可显示椎体中部前后端裂开,中央部很细,椎体似两个顶端相对的楔形,呈蝴蝶状,又称"蝴蝶椎"。

(三) 椎体融合

椎体融合指在胚胎发育时期,节间动脉异常引起两个或两个以上的椎体、椎弓或棘突相互融合成一块椎体。可发生于脊柱的任何部位。X 线片显示若干椎体融合在一起,椎间隙不清或不能显示,脊柱异常成角或椎管狭窄。应注意与继发性椎间盘炎、脊椎骨折或脱位、椎间盘手术后的椎体融合鉴别。

学习情境十三　CT 检查

扫码看课件

学习目标

【知识目标】

1. 了解 CT 的发展历史。
2. 学习 CT 的基本原理。

【技能目标】

学习 CT 的成像原理。

【思政与素质目标】

1. 内化安全意识,养成正确防护射线的职业素养。
2. 养成实事求是、认真负责的职业态度。
3. 培养团队协作能力,具备较强的责任感和科学认真的工作态度。

系统关键词

CT、发展史、成像原理。

任务准备

CT 是计算机体层成像(computed tomography,CT)的英文缩写,是继 1895 年伦琴发现 X 射线

（简称 X 线）以来，医学影像学发展史上的一次革命。CT 的发明可以追溯到 1917 年。当时，奥地利数学家雷登提出了对二维或三维的物体可以通过从各个方向投影，用数学方法计算出一幅重建图像的理论。1971 年 9 月，第一台 CT 装置安装完成。1974 年，美国工程师莱德雷设计出了全身 CT 机，使 CT 检查成为不仅可用于颅脑，还可用于全身其他部位的影像学检查。CT 检查由于它的特殊诊断价值，已广泛应用于临床。

任务实施

一、CT 的发展

CT 是利用精确准直的 X 射线、γ 射线、超声波等，与灵敏度极高的探测器一同围绕机体的某一部位做一个接一个断面扫描的方法，具有扫描时间短、图像清晰等特点，可用于多种疾病的检查。

自从 X 射线被发现后，医学上就开始用它来探测机体疾病。但是，由于机体内有些器官对 X 射线的吸收差别极小，因此利用 X 射线难以发现那些前后重叠的组织的病变。

1963 年，美国物理学家科马克发现机体不同的组织对 X 射线的透过率有所不同，在研究中还得出了一些相关的计算公式，这些公式为后来 CT 的应用奠定了理论基础。1967 年，英国电子工程师亨斯菲尔德在并不知道科马克研究成果的情况下，也开始研发一种新技术。他首先研究了模式的识别，然后制作了一台能加强 X 射线放射性的简单扫描装置，即后来的 CT 机，用于对人的头部进行实验性扫描测量。后来，他又用这种装置去测量全身，获得了同样的效果。

1971 年，亨斯菲尔德与一位神经放射学家合作，在伦敦郊外一家医院安装了他设计制造的这种装置，开始进行头部检查。患者在完全清醒的情况下朝天仰卧，X 射线管安装在患者的上方，绕检查部位转动，同时在患者下方安装一计数器，使机体各部位对 X 射线吸收的多少反映在计数器上，再经过电子计算机的处理，机体各部位的图像便从荧屏上显示出来。这次试验非常成功。

1972 年第一台正式应用于临床的 CT 机诞生，仅用于颅脑检查，当年 4 月，亨斯菲尔德在英国放射学年会上首次公布了这一结果，正式宣告了 CT 机的诞生。1974 年，全身 CT 机制作成功，检查范围扩大到胸部、腹部、脊柱及四肢。

第一代 CT 机采取平移/旋转方式进行扫描和收集信息。由于采用笔形 X 射线束，且只有 1～2 个探测器，所采数据少，所需时间长，图像质量差。

第二代 CT 机扫描方式与上一代相比没有变化，只是将笔形 X 射线束改为扇形，探测器增至 30 个，扩大了扫描范围，增加了采集数据，图像质量有所提高，但仍不能避免因患者生理运动所引起的伪影。

第三代 CT 机的探测器增至 300～800 个，且只与相对的 X 射线管做旋转运动，收集更多的数据，扫描时间在 5 s 以内，伪影大大减少，图像质量明显提高。

第四代 CT 机探测器增加到 1000～2400 个，环状排列且固定不动，只有 X 射线管围绕患者旋转，即旋转/固定式，扫描速度快，图像质量高。

第五代 CT 机将扫描时间缩短到 50 ms，解决了心脏扫描问题，其将一个电子枪产生的电子束射向一个环形钨靶，以环形排列的探测器收集信息。其后推出的 64 层 CT 机，仅用 0.33 s 即可获得患者身体 64 层的图像，空间分辨率小于 0.4 mm，提高了图像质量，尤其是对搏动的心脏进行的成像。

二、CT 的基本原理

CT 的基本原理是用 X 射线束对机体某部位一定厚度的层面进行扫描，由探测器接收透过该层面的 X 射线，转变为可见光后，经光电转换变为电信号，再经模拟/数字转换器转为数字，输入计算机处理。图像形成的处理有如将选定层面分成若干个体积相同的长方体，称为体素。

扫描所得信息经计算而获得每个体素的 X 射线衰减系数或吸收系数，再排列成矩阵，即数字矩阵，数字矩阵可存储于磁盘或光盘中。经数字/模拟转换器把数字矩阵中的每个数字转换为由黑到白的灰度不同的小方块，即像素，并按矩阵排列，即构成 CT 图像。因此，CT 图像是重建图像。每个

体素的 X 射线吸收系数可以通过不同的数学方法算出。

CT 的工作程序如下：它根据机体不同组织对 X 射线吸收与透过率的不同，应用灵敏度极高的仪器对机体进行测量，然后将测量所获取的数据输入电子计算机，电子计算机对数据进行处理后，就可获得机体被检查部位的断面或立体的图像，发现机体内任何部位的细小病变。

1. X 射线的衰减及衰减系数 X 射线通过患者身体后会发生衰减，其通过机体组织后的光子与原发射线呈指数关系。CT 则利用了 X 射线的衰减特性并重建某一层面的图像。在 CT 检查过程中的衰减与物质的原子序数、密度和光子能有关。在一个均质的物体中，X 射线的衰减与 X 射线在该物质中的行进距离成正比。

2. 数据采集 数据的采集是指由 CT 系统产生的、一束具有一定形状的射线束透过机体后，产生足以形成图像的信号被探测器接收。在成像系统中，基本组成或必备的条件是具有一定穿透力的射线束和产生、接收衰减射线的硬件设备。其中，对射线束的要求包括它的形状、大小、运动的路径和方向。总之，CT 图像是射线按照特定的方式通过被成像的机体横断面，探测器接收穿过机体的射线，将射线衰减信号输入计算机，经计算机重建处理后形成的机体内部横断面图像。

3. CT 图像的重建 用数学方法来描述图像重建过程是最易于理解的。在一个 $N\times N$ 的像素矩阵中，未知值可以通过线性方程组计算得到。更大的短阵则可以通过迭代来完成。

4. CT 的窗口技术 CT 图像是由许多像素组成的数字图像。扫描后得到的原始数据在计算机内处理重建，得到的图像是由横列、纵列组成的数字阵列，也称矩阵。如 CT 图像的矩阵大小为 80×80，则产生 6400 个像素。由于扫描时扫描层具有一定的厚度，像素代表了被称为体素的相应扫描层中单位立方体内所有物质的衰减值，也就具有一定“深度”。在临床应用中，我们可以根据扫描的需要改变重建野从而改变像素的大小。扫描野是指 X 射线照射穿透患者后到达探测器，能被用于图像重建的有效照射范围。窗口技术实际是利用计算机灰阶软件程序的调节，来适应人眼视觉灰阶范围的一种功能。

5. CT 的组成 CT 设备主要由以下三个部分组成。

(1)扫描部分，由 X 射线管、探测器和扫描架组成。

(2)计算机系统，将扫描收集到的信息数据进行存储运算。

(3)图像显示和存储系统，将经计算机处理、重建的图像显示在电视屏上或用多幅照相机或激光照相机将图像摄下。

从 CT 的提出到应用，CT 设备也在不断发展。探测器从原始的 1 个发展到数千个，扫描方式也从平移/旋转、旋转/旋转、旋转/固定，发展到新近开发的螺旋式。计算机容量大、运算快，可达到立即重建图像的目的。由于扫描时间短，可避免运动(如呼吸运动)产生的伪影，提高图像质量；层面是连续的，不至于漏掉病变，而且可行三维重建，注射造影剂进行血管造影可得 CT 血管造影图像。

超高速 CT 所用扫描方式与前者完全不同。扫描时间可短至 40 ms 以下，每秒可获得多帧图像。

6. 相关参数

1)CT 值 某物质的 CT 值等于该物质的衰减系数与水的衰减系数之差与水的衰减系数之比乘分度因数。物质的 CT 值反映物质的密度，即物质的 CT 值越高，物质密度越高。即

$$\text{CT 值}=\alpha\times(\mu_{\mathrm{m}}-\mu_{\mathrm{w}})/\mu_{\mathrm{w}}$$

α 为分度因数，其取值为 1000 时，CT 值的单位为亨氏单位(Hu)。

机体内不同的组织具有不同的衰减系数，因而其 CT 值也各不相同。CT 值从高到低依次为骨组织、软组织、水、气体，水的 CT 值为 0 Hu 左右。

2)分辨率 CT 设备的分辨率主要分为空间分辨率、密度分辨率、时间分辨率三种，空间分辨率指影像中能够分辨的最小细节，密度分辨率指能显示的最小密度差别，时间分辨率指机体活动的最短时间间距。

3)层厚与层距 前者指扫描层的厚度，后者指两层中心之间的距离。

4)部分容积效应 由于扫描层具有一定的厚度，在此厚度内可能包括密度不同的组织，因此，每

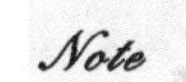

一像素的CT值，实际代表的是单位体积内各种组织的CT值的平均数，故不能反映该组织的真实CT值。

5)窗宽与窗位　由于正常或异常的组织具有不同的CT值，CT值在－1000～＋1000 Hu范围内，而人类眼睛的分辨能力相对有限，因此欲显示某一组织结构的细节时，应选择适合观察该组织或病变的窗宽以及窗位，以获得最佳的显示。

6)视场　视场(FOV)分为扫描野(SFOV)和显示野(DFOV)两种，扫描野是X射线扫描时的范围，显示野是数据重建形成的图像范围，扫描野大于显示野。

7)管电压、管电流　这是决定X射线硬度和光子数量的两种参数，增大管电压值可以使X射线的穿透力增加，增大管电流量则增加辐射量，所以面对不同年龄、不同体形的动物时，需要选择对应的检查项目。

8)矩阵　CT矩阵用于重建图像，有256×256矩阵、512×512矩阵等，常用的是512×512矩阵。

9)噪声　一个均匀物体被扫描，在一个确定的感兴趣区(ROI)内，每个像素的CT值并不相同，而是围绕一个平均值波动。轴向(断层)图像的CT值呈现一定的涨落。CT值仅作为一个平均值来看，它可能有上下偏差，此偏差即为噪声。噪声是由辐射强度来决定的，也就是由达到探测器的X射线量子数来决定的。强度越大，噪声越低。图像噪声取决于探测器表面光子通量的大小。光子通量的大小取决于X射线管的管电压、管电流、准直器孔径等。重建算法也影响噪声。

10)信噪比　即信号与噪声的比值，适当减少噪声能使图像变得更佳。

7. 扫描方式　CT的扫描方式分为平扫、增强扫描和造影扫描三种。

(1)平扫：不用造影剂的普通扫描，一般CT检查先做平扫。

(2)增强扫描：用高压注射器经静脉注入水溶性有机碘剂，60%～76%泛影葡胺60 mL后再行扫描的方法。血液内碘剂浓度增高后，器官与病变组织内碘剂的浓度可产生差别，形成密度差，可能使病变组织显影更清楚。方法主要有团注法和静滴法。

(3)造影扫描：先进行器官或结构的造影，再行扫描的方法。例如，向脑池内注入碘曲仑8～10 mL或注入空气4～6 mL进行脑池造影，再行扫描，称为脑池造影CT，可清楚显示脑池及其中的小肿瘤。

8. 图像特点　CT图像由一定数目由黑到白的灰度不同像素按矩阵排列所构成。这些像素反映的是相应体素的X射线吸收系数。不同CT装置所得图像的像素大小及数目不同。大小可以是1.0 mm×1.0 mm、0.5 mm×0.5 mm不等；数目可以是256×256，即65536个，或512×512，即262144个。显然，像素越小，数目越多，所形成的图像越细致，空间分辨率越高。CT图像的空间分辨率不如X射线图像高。

CT图像以不同的灰度来表示，反映器官和组织对X射线的吸收程度。因此，与X射线图像所示的黑白影像一样，黑影表示低吸收区，即低密度区，如含气体多的肺部；白影表示高吸收区，即高密度区(如骨骼)。但是CT图像与X射线图像相比，CT的密度分辨率高。因此，机体软组织的密度差别虽小，吸收系数多接近于水，也能形成对比而成像。这是CT的突出优点。CT可以更好地显示由软组织构成的器官，如脑、脊髓、纵隔、肺、肝、胆、胰以及盆部器官等，并在良好的解剖图像背景上显示出病变组织的影像。

X射线图像可反映正常组织与病变组织的密度，如高密度和低密度，但没有量的概念。CT图像不仅以不同灰度表示密度的高低，还可用组织对X射线的吸收系数说明密度高低的程度，具有一个量的概念。实际工作中，不用吸收系数，而换算成CT值，用CT值说明密度。

水的吸收系数为10，CT值定为0 Hu，机体中密度最高的骨皮质吸收系数最高，CT值定为＋1000 Hu，而空气密度最低，CT值定为－1000 Hu。机体中密度不同的各种组织的CT值则居于－1000 Hu到＋1000 Hu的2000个分度之间。

CT图像是层面图像，常用的是横断面。为了显示整个器官，需要多个连续的层面图像。通过使用CT设备上图像的重建程序，还可重建冠状面和矢状面的层面图像，可以多角度查看器官和病变部位的关系。

视频:CT检查

学习情境十四 MRI检验

扫码看课件

学习目标

【知识目标】

掌握MRI的基本原理,适应证与禁忌证。

【技能目标】

核磁操作技术,核磁动物麻醉技术,核磁造影技术。

【思政与素质目标】

1. 内化无菌意识,养成善待动物的职业素养。
2. 养成实事求是、认真负责的职业态度。
3. 培养团队协作能力,具备较强的责任感和科学认真的工作态度。

系统关键词

MRI、物理检验、化学检验。

一、MRI的历史进程

20世纪70年代,核磁共振作为断层扫描技术首次应用于医学成像。1971年,雷蒙德·达马迪安描述了因弛豫时间不同而可能区分出健康组织和肿瘤组织的可能性。其后保罗·劳特布尔和彼得·曼斯菲尔德发表了关于磁共振成像原理的论文,并于2003年获得诺贝尔生理学或医学奖。在接下来的人类医学发展过程中,磁共振成像(MRI)确立了自己高超的地位,现已成为一种不可或缺的常规成像方法。

二、磁共振原理

在强大的外界磁场的作用下,可获得机体的磁共振图像,而体内的质子亦发生一系列变化。在无外加磁场的作用下,平常状态下人体内质子杂乱无章地排列,磁矩方向不一致,所产生的磁力相互抵消。在外加磁场的作用下,自旋质子的磁矩将按量子力学规律纷纷从无序状态向外加磁场磁力线方向有序地排列,其中,多数低能级质子的磁矩与外加磁场的磁力线同向;少数高能级质子磁矩与外加磁场磁矩方向相反,最后达到动态平衡。当通过表面线圈从与外加磁场磁力线垂直的方向施加射频(RF)磁场时,受检部位的质子从中吸收能量并向 XY 平面偏转,这一过程称作激励;射频磁场中断后质子释放出所吸收的能量而重新回到 Z 轴的自旋方向上,这一过程称弛豫,释放的电磁能量以无线电波的形式发射出来并转化为磁共振信号。

Note

三、MRI的主要成像序列

（一）自旋回波序列(SE)

自旋回波序列是MRI的经典序列，其特点是在90°脉冲激发后，利用180°聚焦脉冲，以剔除主磁场不均匀造成的横向磁化矢量衰减。

（二）梯度回波序列(GRE)

梯度回波序列是在快速扫描中应用最为成熟的方法，它能够大幅缩短扫描时间，并且能够保证分辨率、信噪比无明显下降。

（三）反转恢复(IR)序列

反转恢复序列在自旋回波序列和梯度回波序列之前有180°脉冲，反转的180°脉冲将LM（纵向磁化矢量）从*Z*轴正方向翻转到负方向，使所有的组织达到饱和，然后LM渐渐恢复，再沿着*Z*轴正方向重建。不同组织T1值（LM恢复时间）不同，这种现象提高了图像的T1对比，T1是反转恢复序列对比度的决定因素。

T1加权快速反转恢复序列信噪比高，灰白质对比强，其对解剖结构的显示效果是其他序列无法代替的。对病变，尤其是邻近皮质的小病变的检出率优于T1加权（T1W）SE。对发育畸形、结构异常、脑白质病变以及脂肪瘤等的检出具有重要意义。T2W FRFSE（常规T2像）用于一般病变的检出，如梗死灶、肿瘤等。T2加权快速反转恢复序列（抑制自由水的T2图像）有助于鉴别脑室内/周围高信号病灶（如多发性硬化、脑室旁梗死灶）以及与脑脊液信号难以鉴别的蛛网膜下腔出血，肿瘤及肿瘤周围水肿等。$T2^{*}$ GRE（梯度回波的准T2加权像）可显示细微钙化和出血病变。T1W FSE+fat sat（T1抑脂扫描）主要用于鉴别脂肪与其他非脂肪高信号病变。3D SPGR可用于颅内小病变的扫描，或者是肿瘤的术前定位扫描。

任务实施

将麻醉好的实验犬俯卧保定在扫描台上，因动物磁共振很少有关节专用线圈，应根据扫描部位大小及位置选择相应线圈。打开定位线，调整麻醉犬，使用专用护垫，使目标部位处于扫描中心，每个关节扫描前均需重新摆位。监测呼吸、心率等正常后，关闭拍摄间的屏蔽门。严格按照拍摄要求，防止外界杂乱信号干扰正常拍摄。移动检查床准备扫描，先进行预扫描，再根据扫描部位及时调整摆位。对每个关节从矢状位、冠状位和横断位进行T1WI（T1加权成像）、T2WI（T2加权成像）和FSPD（脂肪抑制质子密度加权成像）三个常用序列的扫描，可静脉给予钆喷酸葡胺0.2 mL/kg后立即行T1WI，并使用RadiAnt DICOM Viewer查看图像。

小提示

1. 适应证　MRI的适应证如表14-1所示。

表14-1　MRI适应证

临床指征	MRI
疑似椎间盘病变	对于脊柱椎间盘软组织病变，可以更好地观察压迫症状，同时可以辅助手术定位和选择手术方式，优选MRI
有外伤史、四肢活动受限、跛行、疑似软组织挫伤或韧带拉伤	MRI对骨膜、软骨、韧带及肌腱的显示更佳，优选MRI
呕吐、厌食、眼球震颤、斜视、走路不稳、脑血管病变等	怀疑脑部病变，优选MRI

2. 禁忌证　若机体有含铁的能被磁场吸引的植入物，则不能进行扫描，如芯片、骨板、心脏起搏器等，特殊情况下有对植入芯片的动物进行扫描的，但必须慎重。

视频：MRI检验

案例分享

学习情境十五　B型超声检查

任务一　B型超声诊断仪的原理

扫码看课件

学习目标

【知识目标】

1. 了解超声成像的物理基础及原理。
2. 了解B型超声仪器及附属设备的构成，B型超声仪器操作界面及操作方法。

【技能目标】

熟悉B型超声仪器的操作界面，掌握B型超声仪器的操作方法。

【思政与素质目标】

1. 培养学生科学规范使用仪器、爱护仪器的职业素养。
2. 培养科学、严谨、细心、耐心的职业态度。

系统关键词

超声波、B型超声仪器。

任务准备

能振动产生声音的物体称声源，能传播声音的物体称为介质，在外力作用下能发生形态和体积变化的介质称为弹性介质，振动在弹性介质内传播，称波动或波。按照波频率的高低，频率在16 Hz以下，低于人耳听觉低限者为次声；频率为16～20000 Hz，人耳能听到者为可闻声；频率在20000 Hz以上，高于人耳听觉高限者为超声波，简称超声。用于超声诊断的超声波是连续波（如D型）或脉冲波（如A型、B型和M型），频率多为1～13 MHz。超声检查适用于软组织器官的检查，包括胸腔（心脏）与腹腔器官（肝脏、肾脏、胆囊）的常规检查、浅表器官（眼球）的检查、急诊过程中（是否内出血）的检查等。

（一）超声波的物理特性

1. 声速（传播速度）　超声波在不同的介质中传播的速度（表15-1）不同，介质密度越高，传播速度越快。超声波在固体中的传播速度大于液体，液体大于气体。

表 15-1　超声波传播速度

介质	声速/(m/s)	介质	声速/(m/s)
空气	332	脂肪组织	1436
肌肉组织	1568	肝脏	1570
水(37 ℃)	1525	骨骼	3380

超声波在机体组织介质中的传播速度与水相近。因此，在实践中一般以 1500 m/s 作为测定病灶深度的常数。

2. 波长、频率与声速的关系　波长是超声波在一个周期时间内所传播的距离。波长、频率与声速的关系可用下列公式表示：

声速＝波长×频率

因此，当声速一定时，波长与频率成反比，频率越高，则波长越短，其传播的距离越近，病灶直径越小，分辨力越好。在实际探查中，不同部位选择不同的探头。

(1)对于肝脏、胆囊、脾脏等软组织，通常用 3.5 MHz 的探头。

(2)对眼及浅表部位的探查，用 5～10 MHz 的探头。

(3)对头颅的探查，用 0.8～2.0 MHz 的探头。

3. 声阻　声阻抗简称声阻，是介质密度与超声波在其中传播速度的乘积。即声阻＝密度×声速，主要由肌体组织密度决定。

声特性阻抗差与声学界面：两种介质的声特性阻抗差大于 1‰时，它们的接触面即可构成声学界面。入射的超声波遇声学界面时可发生反射和折射等物理现象。机体软组织及脏器结构声特性阻抗的差异构成大小疏密不等、排列各异的声学界面，是超声波分辨组织结构的声学基础。

组织的声阻差别影响着回声强度。各种介质的声阻不同，固体的声阻最大，液体次之，气体最小。

4. 反射与透射　当声波从一种介质向另一种介质传播时，由于声阻不同，在其分界面上，一部分能量返回第一种介质，这就是反射。而另一部分能量穿过第二种介质并继续向前传播，即为透射。反射波的强弱是由两种介质的声阻差决定的，声阻差越大，反射越强。空气的声阻值为 0.000428，软组织的声阻值为 1.5，二者声阻值相差约 4000 倍，故其界面反射能力特别强。临床上在进行超声探测时，探头与动物体表之间一定不要留有空隙，以防声能在动物体表大量反射而没有足够的声能到达被探测的部位，因此在进行超声探测时必须使用耦合剂。

除介质外，决定超声波透射能力的主要因素是超声波的频率和波长。超声波频率越大，其透射能力(穿透力)越弱，探测的深度越浅；超声波频率越小，波长越长，其透射能力越强，探测的深度越深。因此，临床上进行超声探查时，应根据探测组织器官的深度及所需的图像分辨力选择不同频率的探头。

5. 折射与散射　当两种介质声速不同时，穿过大界面的透射声束就会偏离入射声束的方向传播，这种现象称为折射。超声波在介质中传播，如果介质中含有大量杂乱的微小粒子(如血液中的红细胞、软组织中的细微结构、肺部小气泡等)，超声波可使这些微小粒子成为新的波源，再向四周发射超声波，这一现象称为散射。折射与散射是超声成像法评估脏器内部结构的重要依据，能借此弄清脏器内部的病变。

6. 绕射　超声波在介质中传播，如遇到的物体直径小于波长的一半，则绕过该物体继续向前传播，这种现象称为绕射(也称衍射)。由此可见，超声波的波长越短，频率越高，能发现的障碍物越小，即显现力越高。

7. 超声衰减　超声波在介质内传播时，会随着传播距离的增加而衰减，这种现象称为超声衰减。引起超声衰减的原因如下：①超声束的扩散以及在不同声阻抗界面上发生的反射、折射、散射等，使主声束方向上的声能减弱；②超声波在传播介质中，由于介质的黏滞性(内摩擦力)、导热系数和温度

Note

等的影响，部分声能被吸收，从而使声能降低。声能的衰减与超声波频率和传播距离有关。超声波频率越高或传播距离越远，声能的衰减，特别是声能的吸收衰减越大；反之，声能衰减越小。动物体内血液对声能的吸收最小，其次是肌肉组织、纤维组织、软骨和骨骼。

（二）超声波的分辨性能

1. 超声波的显现力 超声波的显现力（表 15-2）指超声波能检测出物体大小的能力。能被检出物体的直径常用于反映超声波显现力的大小。能被检出的最小物体直径越大，显现力越小；能被检出的物体直径越小，显现力越大。理论上讲，超声波的最大显现力是波长的一半，如 5.0 MHz 的超声波波长为 3.0 mm，其显现力为 1.5 mm。实际上，病灶要比超声波波长大数倍时才能发生明显的反射，故超声波频率越高，波长越短，其显现力也越高，但穿透能力会减弱。

表 15-2 不同频率超声波的显现力

频率/MHz	2.25	2.5	5.0	7.0	10
显现力/mm	3.35	3.0	1.5	1.05	0.75

2. 超声波的分辨力 指超声波能够区分两个物体间的最小距离，以横向分辨力和纵向分辨力 2 个指标进行衡量。

横向分辨力指超声波分辨与声束相垂直的界面上两物体（或病灶）间的最小距离（以 mm 计）的能力。决定超声波横向分辨力的因素是声束直径。

决定声束直径的主要因素是探头中的压电晶片界面的大小和超声波发射的距离。压电晶片发射出的超声波以近圆柱体的形式向前传递，这被称为超声波的束射性；随着传播距离的增大，声束直径会因为声束的发散而增大，但近探头处声束直径略同于压电晶片的直径。如用聚焦探头，超声波发出后，声束直径会逐渐变小，在焦点处变得最小，随后又增大。高频超声波可以增加近场。因而，为提高横向分辨力，可使用高频聚焦探头。

纵向分辨力指声束分辨位于超声波轴线上两物体（或病灶）间最小距离的能力。决定纵向分辨力的因素是超声波的脉冲宽度。脉冲宽度越小，分辨力越高；脉冲宽度越大，分辨力越低。超声波的纵向分辨力约为脉冲宽度的一半。

脉冲宽度指超声波在一个脉冲时间内所传播的距离，即脉冲宽度＝脉冲时间×声速。超声波在动物体内传播的速度约为 1.5 mm/s，假设三种频率探头脉冲持续时间分别为 1 s、3.5 s、5 s，其脉冲宽度则分别为 1.5 mm、5.25 mm、7.5 mm，故其纵向分辨力分别为 0.75 mm、2.625 mm、3.75 mm。决定脉冲时间的一个因素是超声波频率，频率越高，脉冲时间越短，脉冲宽度越小，超声波的纵向分辨力越大，反之则越小。

3. 超声波的透入深度 超声波频率越高，其显现力和分辨力越强，所显示的组织结构或病理结构越清晰；但频率越高，其衰减也越显著，透入的深度就会大为下降。

脉冲宽度不仅决定了纵向分辨力，也决定了超声波能检测的最小深度。探测的组织或病灶与探头的距离应大于脉冲宽度的 1/2，才能被检出，小于脉冲宽度的 1/2 的近场，称为盲区。

实际上，盲区深度比脉冲宽度的 1/2 要大数倍。盲区内的组织或病灶不能被检出。解决这一问题的主要方法如下。

（1）增大探头的频率。

（2）在体表与探头之间增加透声垫块（图 15-1）。

（三）回声强度与回声形态

1. 回声强度 在超声图像上，不同组织或同一组织不同病变，传声性能会发生改变，表现为回声的强弱不等，一般可分为 6 级，从弱至强依次为无回声、低回声、等回声、中等回声、高回声、强回声。

（1）无回声：无回声区为病灶或正常组织内不产生回声的区域，即在正常灵敏度条件下无回声光点，无回声区域又称暗区。

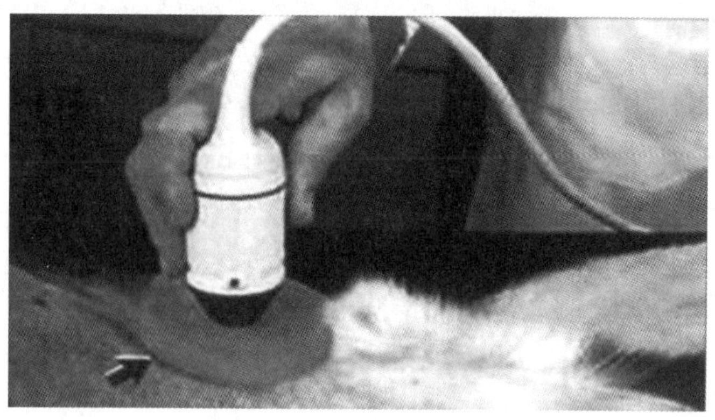

图 15-1 透声垫块的使用

膀胱腹侧面与腹底壁相邻，恰好位于B型超声探查的盲区内，增加透声垫块可使其位于盲区之外

根据无回声产生的原因，把暗区分为以下3种。

①液性暗区（图15-2）。超声波不在液体中反射，增大灵敏度后暗区内仍不出现光点；如液体混浊，增大灵敏度后出现少量光点。四壁光滑的液性病灶多出现二次回声且周边光滑、完整。

②衰减暗区。由于声能在组织器官内被吸收而出现的暗区称为衰减暗区，增大灵敏度后可出现少数较暗的光点；严重衰减时，即使增大灵敏度也不会出现光点。

③实质性暗区（图15-3）。均一的组织器官内因没有足够大的声学界面而无回声，出现实质性暗区，如增大灵敏度，则出现不等的回声且分布均匀。

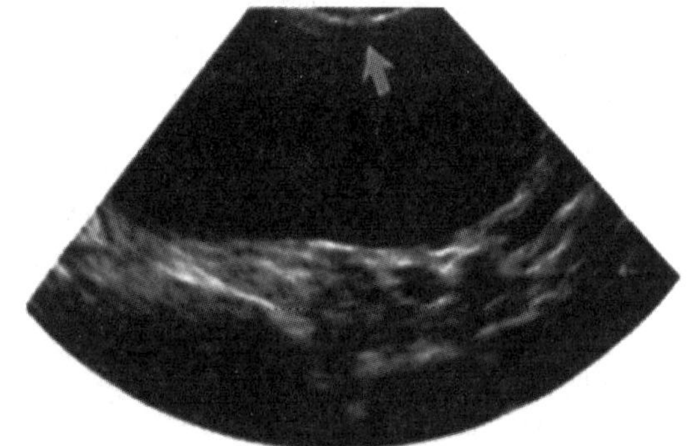

图 15-2 犬膀胱纵切面声像图

膀胱呈无回声液性暗区

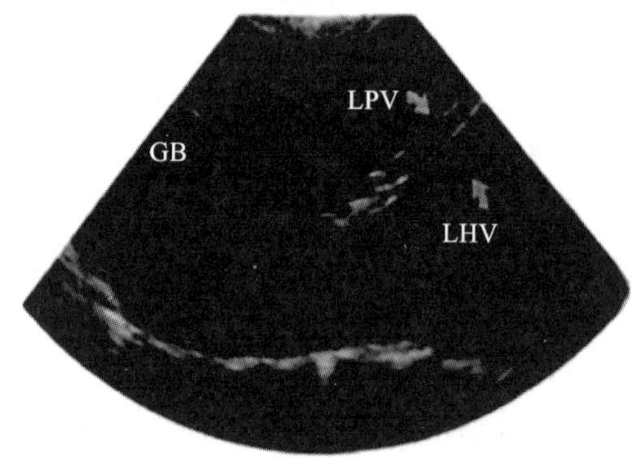

图 15-3 犬肝胆第 10 横切面声像图

肝实质显示为实质性暗区，GB为胆囊

（2）低回声：又称弱回声，为暗淡的点状或团块状回声。

（3）等回声：等回声病灶的回声强度与周围正常组织的回声强度相等或近似。

（4）中等回声：为中等强度的点状或团块状回声。

（5）高回声：回声强度较高，但一般不产生声影，多见于纤维化或钙化的组织。

（6）强回声：反光增强的点状或团块状回声，其强度最强，一般有声影，多见于结石与骨骼。

2. 回声形态 回声可产生以下各种形态。

（1）光斑：稍大的点状回声。

（2）光团：回声光点以团块状出现。

（3）光片：回声呈片状。

（4）光条：回声呈细而长的条带状。

（5）光带：回声为较宽的条带状。

（6）光环：回声呈环状，光环中间较暗或为暗区，如胎儿头部回声。有些器官或病灶内部出现回声，称为内部回声，是周边回声的表现。

(7)光晕:光团周围形成暗区,如癌性结节周边回声。

(8)网状:多个环状回声聚集在一起构成筛网状,如脑包虫回声。

(9)声影:声能在声学界面衰减、反射、折射等而消失,声能不能到达的区域(暗区),如特强回声下方的无回声区。

(10)声尾:或称蝌蚪尾征,指超声检查对某些肿块(如囊肿)后方回声的描述。因肿块后方回声增强、两侧向中央内收,呈尖尾形状,将肿块比作蝌蚪头、后方尖尾比作蝌蚪尾而得名。

声波在肺泡壁上反复反射,声能很快衰减,称为多次重复回声。

(11)靶环征:以强回声为中心形成圆环状低回声带,如肝病灶组织的回声。有些脏器或肿块底边无回声,称底边缺如;如侧边无回声,则称为侧边失落。见于结石、钙化、致密结缔组织回声之后。

(四)B型超声仪器及附属设备的结构

1. 探头 B型超声诊断仪(图15-4)的核心部件是探头(图15-5)(或称超声波换能器)。探头是发射并回收超声波的装置。探头的类型:现在广泛使用的探头多为脉冲式多晶探头,通过电子脉冲激发多个压电晶片发射超声波。它将电能转换成声能,再将声能转换成电能。换能器由晶片、吸收背块、匹配层及导线四部分组成。医用超声探头的频率通常为2.5～15 MHz,不同的检查部位选择不同频率的探头。按结构和工作原理,探头可分为线阵探头、凸阵探头和相控阵探头等。线阵探头:频率范围为7～13 MHz,对表浅结构有较高的分辨率,而对深部结构穿透性差,可用于血管、肺、肌肉、骨骼、神经以及眼部的检查。相控阵探头:频率范围为2.5～5 MHz,有着较小的接触面,超声波能够很好地穿透更深的结构,用于心脏、肺及腹部结构的检查。通常根据临床实践经验选择探头频率,对于初学者可依照以下数据选择:小型犬和猫用7.5 MHz或10.0 MHz探头,中型犬用5.0 MHz探头,大型犬用3.0 MHz或更低频率的探头。

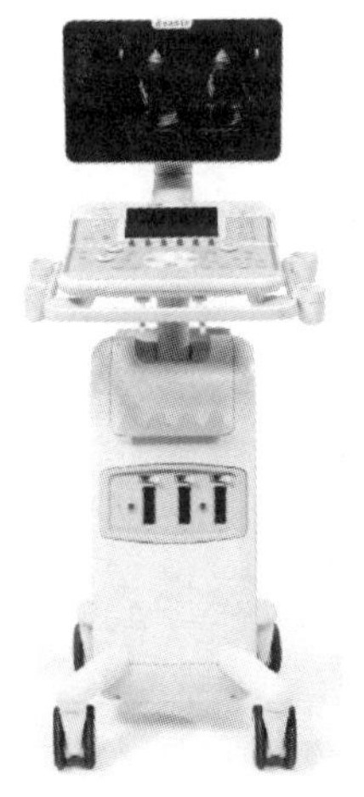

图15-4 B型超声诊断仪

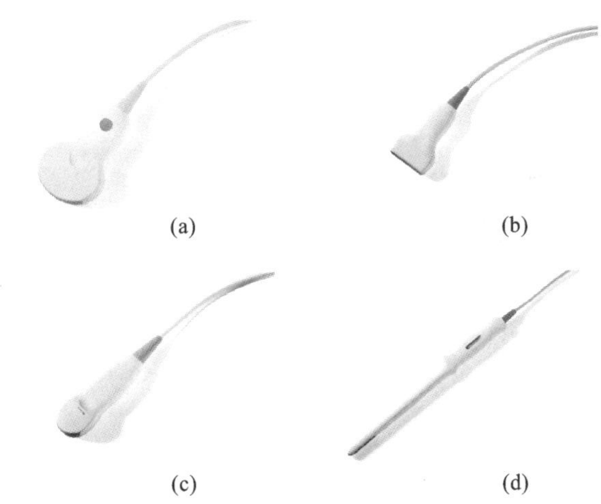

图15-5 B型超声诊断仪探头

(a)凸阵探头;(b)线阵探头;(c)微凸阵探头;(d)腔内探头

2. 主机 超声诊断仪的主体结构为电路系统。电路系统主要包括主控电路(触发电路或称为同步信号发生器)、高频发射电路、高频信号放大电路、视频信号放大器和扫描发生器等。超声回声信号经处理后,以声音、图像等形式显示出来。

3. 显示系统及记录系统 显示系统主要由显示器、显示电路和有关电源组成。

超声信号可以通过记录器记录并存储下来,同时可以通过图像存储、打印、录像、拍照等保存,并可进行测量、编辑等。

随着电子技术的发展,现代许多超声诊断仪采用了数字化技术,具有自控、预置、测量、图像编辑和自动识别等功能。

（五）B 型超声诊断仪操作界面介绍及操作

1. 操作界面介绍

（1）电源：开、关机。

（2）病畜：选择，进入并输入病畜的数据。

（3）预设：预先设定检查类型和探头。

（4）TGC：时间增益补偿，调整不同深度的增益。

（5）B 模式（默认模式）：亮度模式，实时以灰度来显示目标结构，也被称为二维模式。

（6）彩色血流（CF）：也被称为彩色多普勒模式，检测血液的流动和方向。

（7）脉冲多普勒：实时显示光标处（心脏或血管）的血流频谱，能反映血流方向，有无层流，流速及其他指标。

（8）M 模式：运动模式，该模式下可显示光标处解剖结构的运动。

（9）增益：放大图像的亮度。

（10）深度：使超声波聚焦于目标区域，增加深度，以便于观察深处的组织脏器。

（11）冻结：显示图像快照。

（12）设置/暂停：类似于电脑鼠标按钮。

（13）测量：调出卡尺进行测量。

（14）轨迹球：滚动以移动光标。

（15）光标：按此键可以使光标出现或消失。

（16）打印和多媒体：打印或传输数据。

（17）切换：切换屏幕指示点的位置。

（18）聚焦：将超声波聚焦在目标深度以获得更好的分辨率和图像质量。

任务实施

1. 操作步骤

（1）电压必须稳定在 190～240 V 之间。

（2）选用合适的探头。

（3）打开电源，选择超声波类型。

（4）调节辉度及聚焦。

（5）动物保定，剪（剔）毛，涂耦合剂（包括探头发射面）。

（6）扫描。

（7）调节辉度、对比度、灵敏度和视窗深度。

（8）冻结、存储、编辑、打印。

（9）关机、切断电源。

2. 仪器的维护

（1）仪器应放置平稳、防潮、防尘、防震。

（2）仪器持续使用 2 h 后应休息 15 min，一般不应连续使用 4 h 以上，夏季时应有适当的降温措施。

（3）开机前和关机前，仪器各操纵键应复位。

（4）导线不应折曲、损伤。

（5）探头应轻拿轻放，切不可撞击；探头使用后应擦拭干净，切不可与腐蚀剂或热源接触。

（6）经常开机，防止仪器因长时间不使用而出现内部短路、击穿甚至烧毁。

（7）不可反复开关电源（间隔时间应在 5 s 以上）。

（8）配件连接或断开前必须关闭电源。

（9）仪器出现故障时应请人排查和修理。

视频：B 型超声诊断仪的原理

任务二　腹部脏器的 B 型超声诊断

扫码看课件

学习目标

【知识目标】

1. 了解腹部各脏器的位置、结构。
2. 掌握腹部各脏器 B 型超声探查方法、声像图表现及注意事项。

【技能目标】

根据需要，对腹部各脏器进行 B 型超声诊断。

【思政与素质目标】

1. 养成动作轻柔、爱护动物的职业习惯。
2. 养成耐心细致、认真负责的职业态度。
3. 养成不怕苦、不怕脏、勇于克服困难的职业品格。

系统关键词

腹部脏器、B 型超声诊断、声像图表现。

超声探查时，每一探头都有其超声发射面(图 15-6、图 15-7)。探查时以发射面紧贴皮肤，在探查部滑行扫查或探头位置不变而改变探头方向做扇形扫查，亦可做横切面、纵切面或矢状切面扫查(图 15-8)，从而构建出脏器扫查的立体图像。下面以犬为例，介绍腹部各脏器的 B 型超声探查技术。

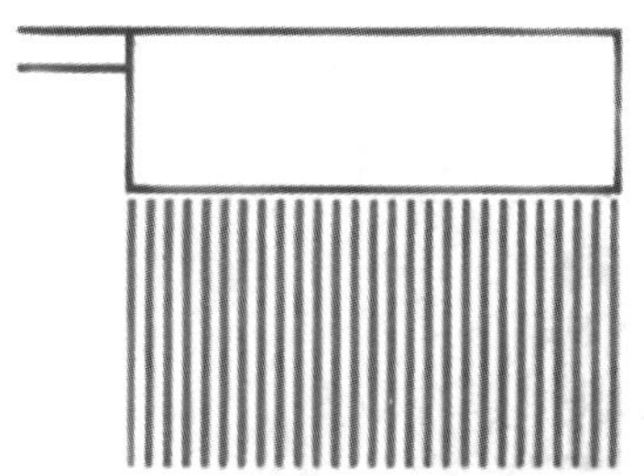
图 15-6　线阵探头超声发射面

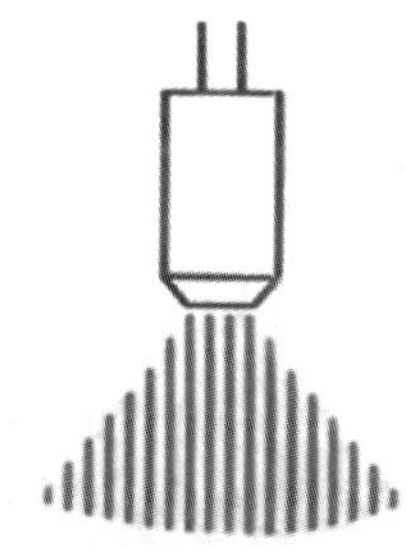
图 15-7　扇扫探头超声发射面

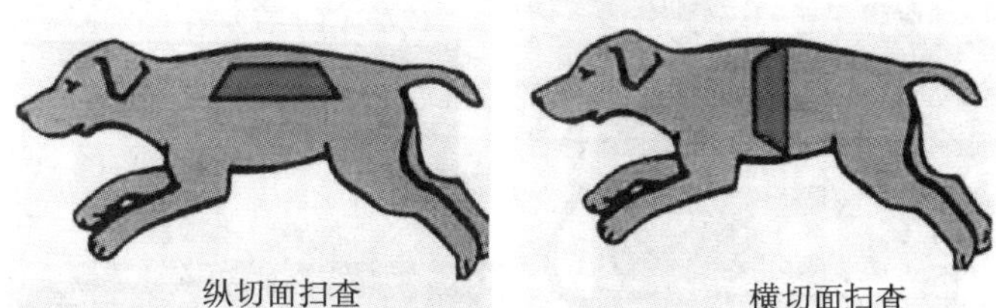

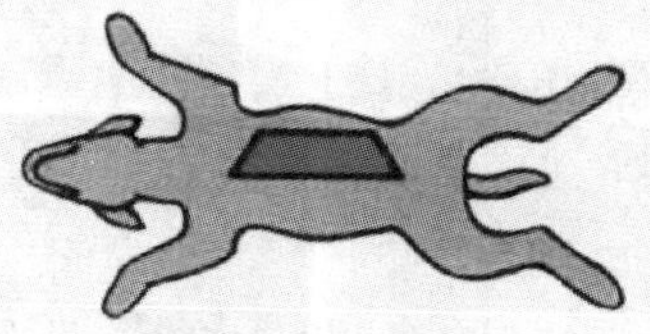

图 15-8　B 型超声扫查切面

肝胆的超声探查

任务准备

1. 解剖结构　犬的肝脏较大，其重量约占体重的3%，棕红色，位于腹前部。正常肝脏位于第13肋弓以内，肝脏的前方为膈，后方为胃。犬肝脏前后扁平，前表面隆凸，形态与膈的凹面相适应；后表面凹凸不平，形成几个压迹。肝脏分为六叶，即左外侧叶（呈卵圆形）、左内侧叶（呈梭形）、右内侧叶、右外侧叶（呈卵圆形）、方叶和尾叶。尾叶覆于右肾前端，形成一个深窝（肾压迹）。肝左外侧叶覆盖于胃体之上，形成大而深的胃压迹，容纳胃底和胃体（图15-9）。

胆囊位于肝右内侧叶脏面，隐藏于肝右内侧叶、方叶和左内侧叶之间。

扫码看彩图

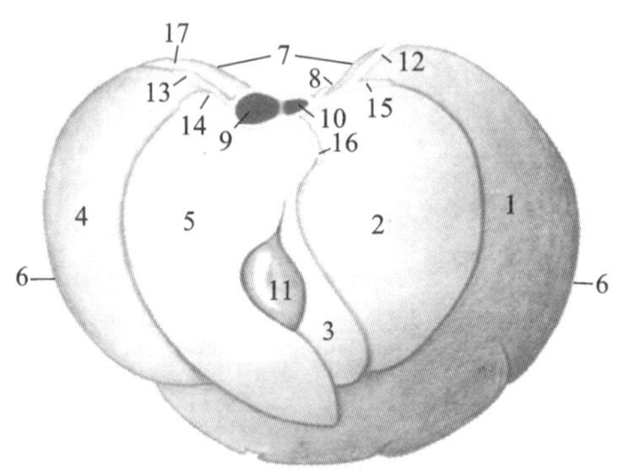

图15-9　肝脏解剖结构

1. 左外侧叶；2. 左内侧叶；3. 方叶；4. 右外侧叶；5. 右内侧叶；6. 外侧叶；7. 尾叶；8. 乳头突；9. 后腔静脉；10. 肝静脉；11. 胆囊；12. 左三角韧带；13. 右三角韧带；14. 右冠状韧带；15. 左冠状韧带；16. 镰状韧带；17. 尾叶的尾状突

2. 声像图表现　肝脏实质在B型超声图像上表现为均质的中低回声（图15-10）。肝内门静脉血管壁为强回声，肝静脉血管壁不可见，血管内的血液为无回声的暗区。当超声波横切血管时，血管呈圆形；当超声波纵切血管时，血管呈管状。胆囊位于肝方叶与肝右内侧叶之间，横切时呈圆形，纵切时呈梨形。胆囊壁表现为连续光滑的强回声，胆囊内胆汁为无回声的暗区。

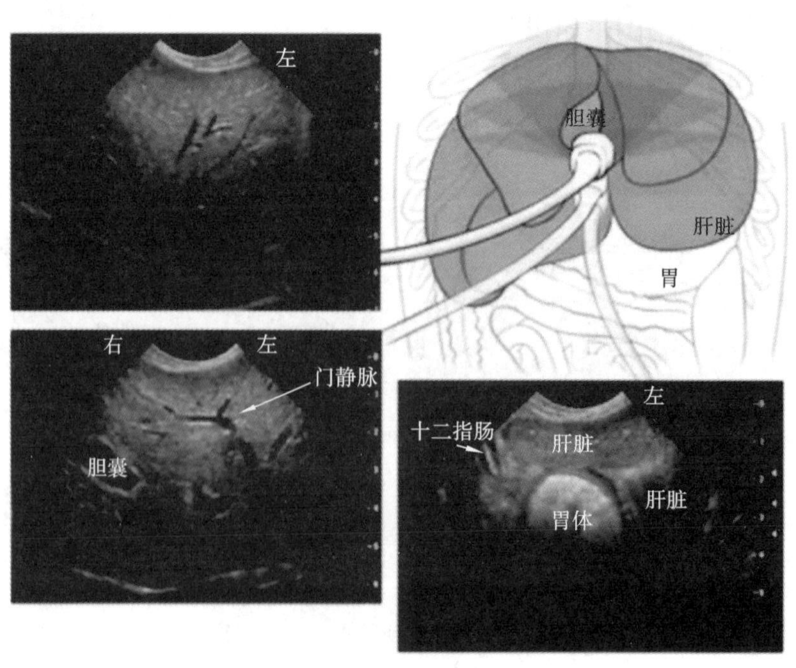

图15-10　肝脏B型超声图像

任务实施

1. 操作方法 宠物犬、猫可依据被检位置的不同而采取仰卧、俯卧或侧卧体位，一般头部朝向 B 型超声机，探查部位为剑突后方至左、右侧第 13 肋间。做横、纵切面扫查，同时结合侧动扫查及滑动扫查。纵切面：探头置于剑突下方，光标指向头侧，左右扇扫、平移观察全部肝脏。横切面：探头置于剑突下方，光标指向操作者，从腹侧向背侧扇扫观察全部肝脏。

2. 注意事项 扫查时需始终保持膈出现在影像中；对于深胸犬，可从右侧最后肋间声窗扫查肝脏。

脾脏的超声探查

视频：脾脏的超声探查

任务准备

1. 解剖结构 脾脏的均质程度较高，可用 B 型超声诊断仪对脾脏体表投影面积及体积进行探测。犬脾脏长而狭窄，下端稍宽，上端尖而稍弯，位于左侧最后一根肋骨处及右侧肷部。

2. 声像图表现 正常脾脏的声像图整体回声强度均高于肝脏，脾脏实质呈均匀中等回声，光点细密，周边回声强而平滑（图 15-11）。脾脏包膜呈光滑的细带状回声；外侧缘呈弧形，内侧缘凹陷，为脾门。脾静脉和脾动脉为管状无回声区（图 15-12）。

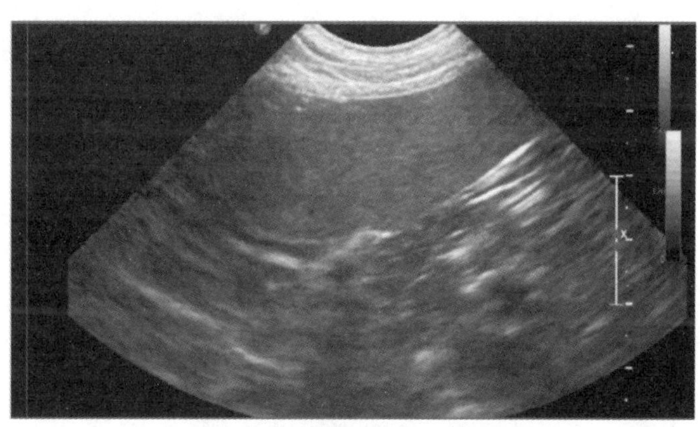

图 15-11 脾脏 B 型超声图像

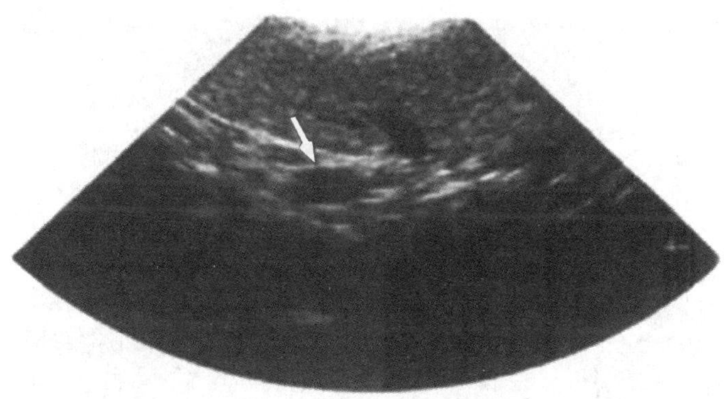

图 15-12 脾静脉（箭头所指）在脾门附近显示清晰，脾静脉的邻近分支在近处进入脾实质

任务实施

1. 探查方法 纵切面：探头置于左侧肋弓尾处，光标指向操作侧，可见牛舌样脾脏影像，从脾头平移、扇扫至脾尾。横切面：探头置于左侧肋弓尾处，光标指向操作者，从脾头平移至脾尾。

2. 注意事项 脾脏较接近体表，对小型犬可用高频探头。

脾脏近腹壁部分由于探头近场回荡效应常显示不清，用透声垫块探查近侧脾脏即可显示清楚。

胃肠的超声探查

视频：十二指肠的超声探查

视频：结肠的超声探查

任务准备

1. 解剖结构 胃是消化管最宽大的部分，呈梨形囊状，位于腹腔的前部，几乎全部在体中线的左侧。胃宽阔的一端位于左背侧，与食管相通，称贲门部；另一端较狭窄，伸向右腹侧，接十二指肠，称幽门部。根据胃的弯曲，胃可分为凹面和凸面，凹面向前并向右扭转，称胃小弯；凸面较长，凸向后右侧，称胃大弯。胃大弯的突出部分为胃体，胃体占胃的大部分，突出于贲门部背侧的部分为胃底。

胃的内表面从幽门部沿着胃大弯到贲门部有纵行的皱褶。纵褶的突出程度与胃的扩张程度有关，当胃充满食物时，纵褶较浅。胃由大网膜及胃肝韧带（小网膜）悬挂固定，由胃十二指肠韧带与十二指肠相连，由胃脾韧带与脾相连。

小肠通常可分为十二指肠、空肠及回肠三部分。它们盘卷在腹腔内，占腹腔空间的大部分。大肠分为结肠及直肠等。

2. 声像图表现 超声可评估胃肠道不同部位的胃肠壁厚度、层次和相对蠕动。胃肠壁的厚度可以通过测径器测量浆膜面外缘到黏膜面内缘的距离来确定（表 15-3）。

表 15-3 胃肠壁的厚度

部位	犬/mm	猫/mm
胃	2～5	1.7～3.6
十二指肠	3～6	2.0～2.5
空肠	2～5	2.0～2.5
回肠	2～4	2.5～3.2
结肠	2～3	1.4～2.5

胃从黏膜面到浆膜面依次分为强回声的黏膜-肠腔界面、低回声的黏膜层、强回声的黏膜下层、低回声的肌层、高回声的浆膜下层和浆膜层（图 15-13）。

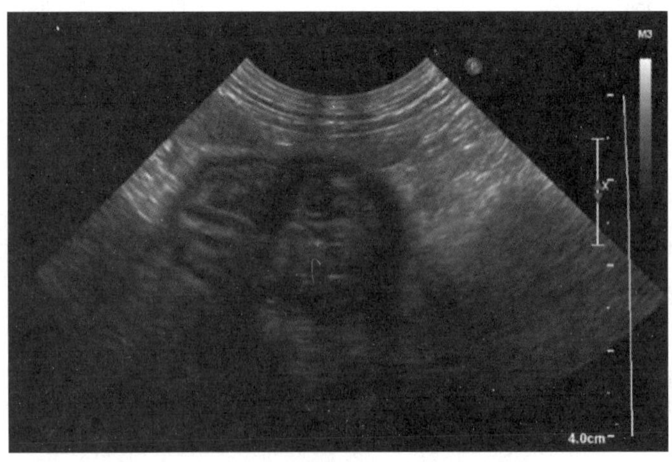

图 15-13 空虚的胃的 B 型超声图像

小肠的 5 层结构为强回声的黏膜-肠腔界面、低回声的黏膜层、高回声的黏膜下层、低回声的肌层、高回声的浆膜下层和浆膜层（图 15-14）。

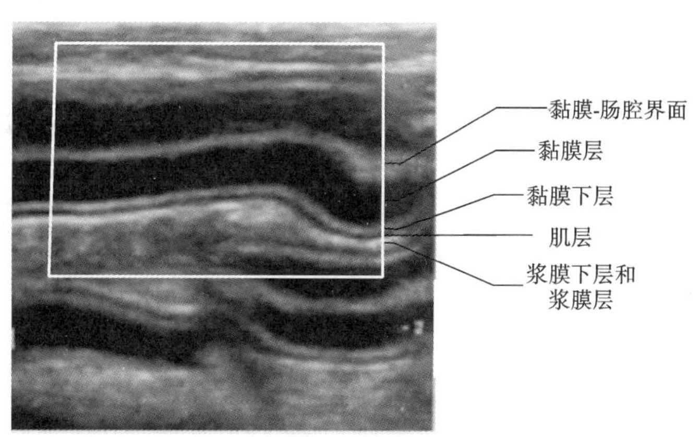

图 15-14　肠壁分层

任务实施

1. 超声探查方法　扫查体位可采取仰卧位、左侧卧位、右侧卧位或站立位。左侧卧位适用于胃底的检查，右侧卧位适用于幽门和十二指肠的检查，站立位适用于幽门腹侧和胃体的检查。高频探头是胃肠壁层扫描检查的最佳选择，使用 7.5 MHz 或更高频率的探头进行实时扫描。扇形探头、凸阵探头、线阵探头均可。动物需禁食 12 h，以有效减少胃内容物。因为钡剂可导致声波全反射而影响成像，钡餐 X 线造影应在超声检查后进行。

(1)胃具体扫查方法。

纵切面：探头置于剑突下方，光标指向头侧，从左至右平移，依次扫查胃底、胃体和幽门。

横切面：探头置于剑突下方，光标指向扫查者，一边扇扫，一边从左至右平移，依次扫查胃底、胃体和幽门。

(2)小肠具体扫查方法。

纵切面：探头置于右侧最后肋弓尾，光标指向头侧，定位右肾纵切面，贴近右肾最浅表的肠管，即十二指肠降部。

横切面：探头置于右侧最后肋弓尾，光标指向扫查者，定位右肾横切面，贴近右肾最浅表的肠管，即十二指肠降部。

将光标分别指向头侧和操作者，以"Z"形在全腹部移动探头扫查全部空肠。

(3)结肠具体扫查方法。

纵切面：探头置于骨盆前缘，光标指向头侧，定位膀胱纵切面，在膀胱背侧可见降结肠影像，向头侧平移探头依次扫查降结肠、横结肠、升结肠。

横切面：探头置于骨盆前缘，光标指向操作者，定位膀胱横切面，在膀胱背侧可见降结肠影像，向头侧平移探头依次扫查降结肠、横结肠、升结肠。

2. 注意事项　扫查时若发现胃内大量积气，应先拍摄 X 线片。胃壁形态及内容物影像不确定时，需改变动物体位进行扫查。扫查时若发现小肠内大量积气，应先拍摄 X 线片。

肾脏与肾上腺的超声探查

任务准备

1. 解剖结构　肾脏是成对的实质性器官，位于腰椎横突的腹侧，在主动脉和后腔静脉两侧的腹

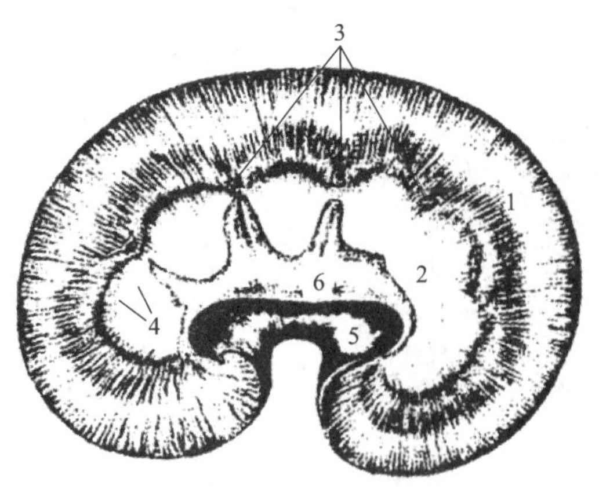

图 15-15　肾脏解剖结构

1. 皮质；2. 髓质；3. 弓形动脉；4. 集合管；5. 肾窦；6. 肾总乳头

膜外，呈蚕豆形，表面光滑，由肾被膜、肾实质、肾盂、肾血管等组成（图 15-15）。肾脏超声探查部位在腰旁两侧，左后右前。在小型动物中，肾脏的位置变化较大，向下可垂至腹部正中线；随体位变化，其前后位移也有相对不确定性，扫查时需要检查较大范围的区域，也可以通过体壁触诊到肾脏后再行扫查。肾上腺为镰刀状薄块结构，左、右各一，位于左、右肾脏头端靠近腹中线部位，与后腔静脉及主动脉邻近。

2. 声像图表现　正常肾脏声像图中可见肾包膜、肾髓质、肾皮质、肾盂及其周围脂肪囊等。肾包膜周边回声强而平滑，肾皮质呈低强度均质微细回声，肾髓质为多个无回声暗区或稍显低回声，肾盂及其周围脂肪囊为呈放射状排列的强回声结构（图 15-16）。左肾和脾脏可在一个视窗内探查到，根据扫查面不同可显示肾静脉、后腔静脉、肝脏或脾脏。

正常肾上腺为典型的花生样实质性暗区，在肾动脉正前方、腹主动脉外前方、脾脏内侧。右肾上腺紧邻后腔静脉，位于该血管的外侧和背侧。皮质和髓质声学界面将肾上腺分为明显的皮质区和髓质区：皮质区为低回声区；髓质区为无回声区，显低回声光斑（图 15-17）。

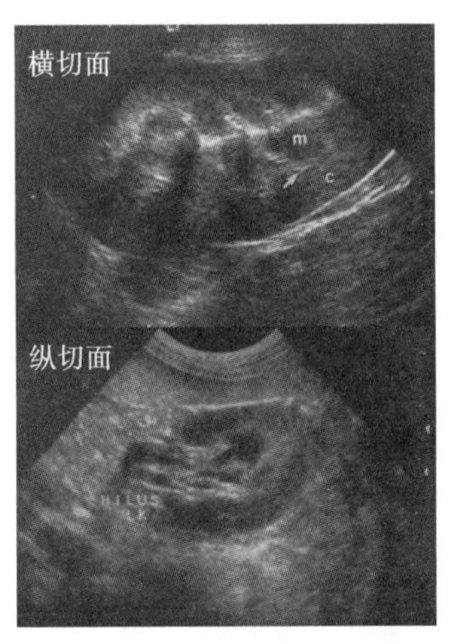

图 15-16　肾脏 B 型超声图像

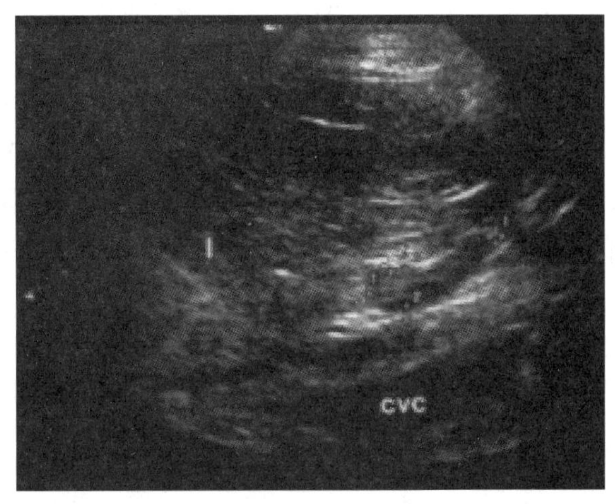

图 15-17　肾上腺 B 型超声图像

任务实施

1. 探查方法　探查时犬仰卧、左侧卧或右侧卧，多采用 5.0 MHz 或 7.5 MHz 高频探头，于前腹侧壁做横切面、纵切面和斜切面扫查，并做对比观察；也可于第 11、12 肋间做矢状切面扫查，以避开肠管积气，并可在同一切面同时显示肾脏和肾上腺。

（1）肾脏具体扫查方法。

纵切面：探头置于最后肋弓处，光标指向头侧，轻压出现肾脏影像，向左、右扇扫至肾脏影像消失。

横切面：探头置于最后肋弓处，光标指向操作者，轻压出现“马蹄形”肾脏影像，自肾脏头极向肾脏尾极平移至肾脏影像消失。

冠状面：探头置于最后肋弓处，经侧腰部扫查，光标指向头侧，调整探头角度，使肾脏呈“蚕豆形”。图像近场为肾脏凸面，远场为肾脏凹面，凹面中部为肾门。

(2)肾上腺具体扫查方法。

肾上腺由于小而薄,在声像图上难以辨认,应以肾头和大脉管作为定位标志,并做多切面对比观察。

纵切面:探头置于左侧最后肋弓处,光标指向头侧,定位左侧肾脏纵切面,使左侧肾脏头极位于屏幕中间,向身体内侧扇扫至出现腹主动脉,左侧肾上腺位于左肾内侧和腹主动脉外侧之间,呈花生状(犬)或卵圆形(猫)低回声结构,向左、右扇扫至左侧肾上腺影像消失。探头置于右侧最后肋弓处,光标指向头侧,定位右侧肾脏纵切面,使右侧肾脏头极位于屏幕中间,向身体内侧扇扫至出现后腔静脉,右侧肾上腺位于右肾内侧和后腔静脉外侧之间,呈逗点状(犬)或卵圆形(猫)低回声结构,向左、右扇扫至右侧肾上腺影像消失。

横切面:探头置于左侧最后肋弓处,光标指向操作者,定位左侧肾脏和腹主动脉,左侧肾上腺位于左肾内侧和腹主动脉外侧之间,呈低回声圆形结构,向前、后平移至左侧肾上腺影像消失。探头置于右侧最后肋弓处,光标指向操作者,定位右侧肾脏和后腔静脉,右侧肾上腺位于右肾内侧和后腔静脉外侧之间,呈低回声圆形结构,向前、后平移至右侧肾上腺影像消失。

2. 注意事项

(1)右侧肾脏位置较左侧肾脏偏头侧,最后肋弓处扫查影像不清时,可从右侧最后几个肋间声窗扫查。

(2)纵切面扇扫时,肾脏头极和尾极应同时出现、同时消失。

(3)腹侧路径扫查易受胃肠道气体或内容物干扰,扫查困难时可采用侧位扫查,动物侧躺,在腰椎横突腹侧水平扫查。

胰腺的超声探查

任务准备

1. 解剖结构 犬的胰腺呈"V"形,左、右叶均狭长,二叶于幽门后方成锐角相连,连接处即为胰体。左叶在胃脏面和横结肠之间向左后方延伸,抵达左肾前端;右叶于十二指肠降部背侧、肝尾叶和右肾后端向后延伸,常终止于右肾后方不远处。胰管与胆总管一起(或紧密相伴)开口于十二指肠大乳头。副胰管较粗,开口于胰管入口处后方 3～5 cm 处的十二指肠小乳头。

胰腺是腹腔中难以探查的器官,以犬为例,胰腺的解剖位置关系见图 15-18。

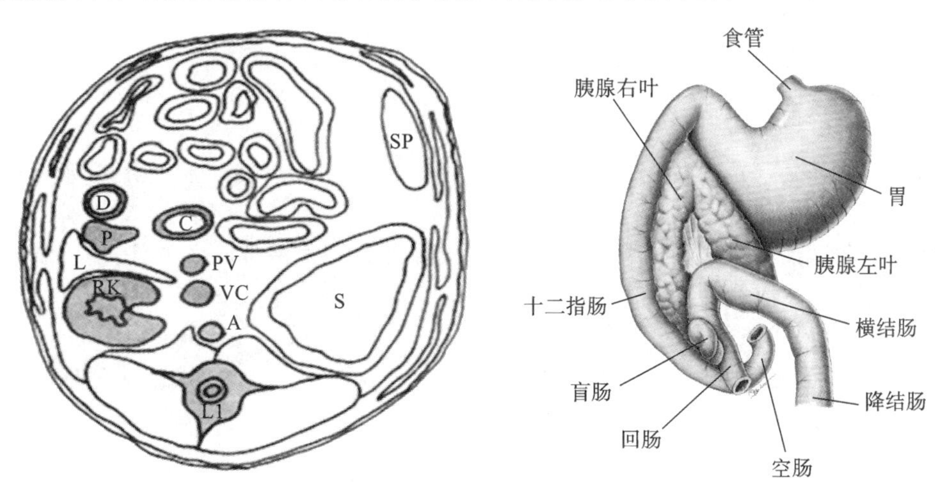

图 15-18 胰腺的解剖位置关系

注:胰腺右翼(P)周围组织器官有十二指肠降支(D)、门静脉(PV)、右肾(RK)、主动脉(A)、后腔静脉(VC)、结肠(C)、肝叶(L)、胃(S)、脾(SP)、第一腰椎(L1)。

2. 声像图表现 犬胰腺纵切面声像图见图 15-19。

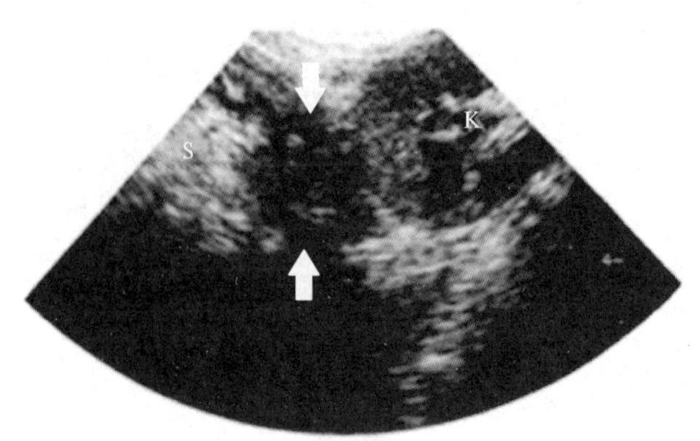

图 15-19 犬胰腺纵切面声像图

注：箭头所指为胰腺左翼，位于胃(S)的后背侧并向左扩展到左肾(K)头端。

任务实施

1. 探查方法 采取仰卧位、左侧卧位或右侧卧位。选择频率高于 7.5 MHz 的小接触面扇形、微凸阵探头。按照解剖定位进行探查。

扫查方法如下。

纵切面：探头置于右侧最后肋弓尾，光标指向头侧，定位十二指肠降部纵切面，沿着十二指肠向头侧平移扫查胰体，向尾侧平移扫查胰腺右叶；探头置于剑突下方，光标指向头侧，定位胃纵切面，紧贴胃后向右侧平移扫查胰体，向左侧及尾侧平移扫查胰腺左叶。

横切面：探头置于右侧最后肋弓尾，光标指向头侧，定位十二指肠降部横切面，沿着十二指肠向头侧平移扫查胰体，向尾侧平移扫查胰腺右叶；探头置于剑突下方，光标指向头侧，定位胃横切面，紧贴胃后向左侧平移扫查胰体，向右侧及尾侧平移扫查胰腺左叶。

2. 注意事项 猫胰腺左叶及胰体较胰腺右叶厚，较易扫查。犬胰腺右叶较胰腺左叶厚，较易扫查。

膀胱与尿道的超声探查

任务准备

1. 解剖结构 膀胱是储存尿液的器官，充满尿液时呈梨状。其前端钝圆，为膀胱顶，突向腹腔；后端逐渐变细，称膀胱颈，与尿道相连；膀胱顶和颈之间为膀胱体(图 15-20)。除膀胱颈突入盆腔外，膀胱大部分位于腹腔内。

公犬的尿道与母犬差异较大。公犬尿道分盆腔段和阴茎段，连接于膀胱尾。母犬尿道在盆腔内，开口于阴道前庭。

2. 声像图表现 当膀胱充满尿液时，声像图中显示为无回声液性暗区，周围由膀胱壁的强回声带所环绕，轮廓完整，光洁平滑，边界清晰。犬正常膀胱声像图如图 15-21 所示。对公犬远段尿道进行探查时，常在会阴部或怀疑有结石的阴茎部垫以透声垫块扫描。近段尿道在膀胱尾端可部分显现，公犬前列腺可作为定位指标之一。远段尿道常显示不清，行尿道插管或注入生理盐水扩充尿道后可清晰显示。

任务实施

1. 探查方法 一般采取体表探查法，犬站立或仰卧，于耻骨前缘做纵切面和横切面扫查。

具体扫查方法如下。

纵切面：探头置于骨盆前缘，光标指向头侧，出现膀胱影像，向左、右扇扫至膀胱影像消失。

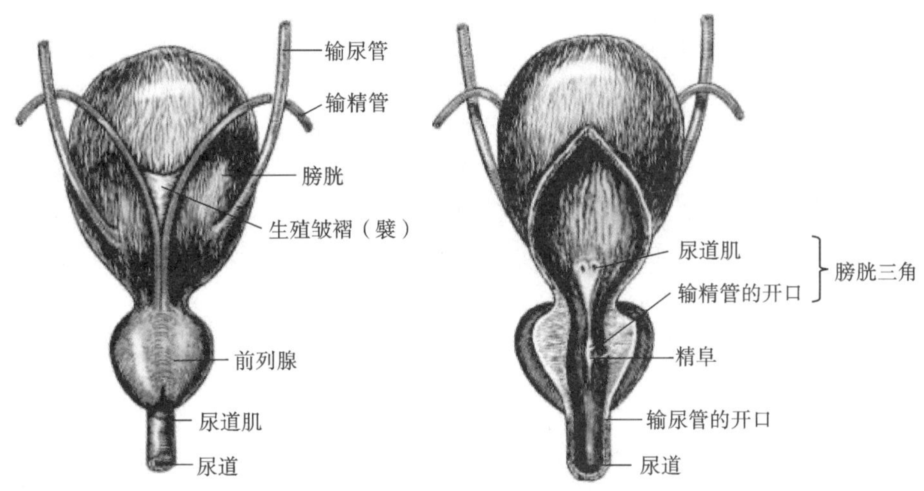

图 15-20 膀胱解剖结构

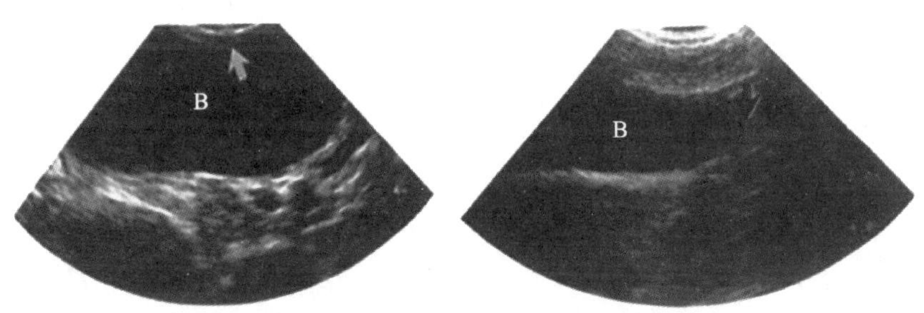

图 15-21 犬膀胱纵切面声像图

注：膀胱(B)呈无回声液性暗区。

横切面：探头置于骨盆前缘，光标指向操作者，出现膀胱影像，自头侧向尾侧平移至膀胱影像消失。若要显示膀胱下壁结构，可在探头与腹壁间垫以透声垫块。

2. 注意事项 当膀胱壁形态及内容物影像不确定时，需改变动物体位扫查。膀胱不充盈时，膀胱壁评估受限，宜充盈膀胱后扫查。

腹内淋巴结

任务准备

1. 解剖位置 犬髂内淋巴结和空肠淋巴结较常见。髂内淋巴结呈梭形，位于腹主动脉分叉处。空肠淋巴结是细长的椭圆形结构，围绕着肠系膜尾动静脉，位于脐水平的中线右侧。幼犬的这些淋巴结要大得多。

2. 声像图表现 淋巴结表现为圆形、椭圆形或梭形，边缘光滑，回声均匀，可以呈分叶状并具有低回声的周边区域(图 15-22)。空肠淋巴结相对于周围的肠系膜脂肪呈低回声表现。

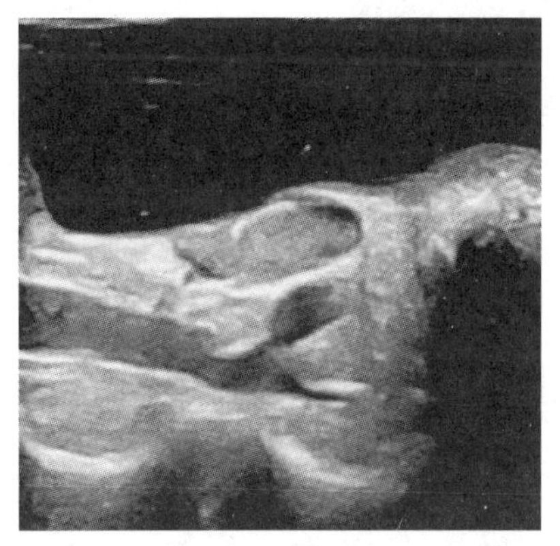

图 15-22 淋巴结声像图

任务实施

按照淋巴结的解剖部位进行探查，可采用横切面和纵切面扫查。

(1)髂内淋巴结具体扫查方法。

纵切面:探头置于后腹部腹中线处,光标指向头侧,斜向身体内侧定位腹主动脉分叉,在腹主动脉分叉处腹侧的偏低回声卵圆形结构为右侧髂内淋巴结,腹主动脉分叉之间的偏低回声卵圆形结构为左侧髂内淋巴结,向左、右扇扫至髂内淋巴结影像消失。

横切面:探头置于后腹部腹中线处,光标指向操作者,斜向身体内侧定位腹主动脉,探头向身体尾侧平移至腹主动脉分叉,在腹主动脉分叉处右侧的偏低回声圆形结构为右侧髂内淋巴结,在腹主动脉分叉处左侧的偏低回声圆形结构为左侧髂内淋巴结,向前、后平移至髂内淋巴结影像消失。

(2)空肠淋巴结扫查方法。

纵切面:探头置于右侧最后肋弓处,光标指向头侧,定位右侧肾脏,向身体内侧扇扫定位肠系膜前动静脉,空肠淋巴结位于肠系膜前动静脉周围,呈长条形、低回声结构,向左、右扇扫至空肠淋巴结影像消失。

横切面:探头置于右侧最后肋弓处,光标指向操作者,定位右侧肾脏,向身体内侧扇扫定位肠系膜前动静脉,空肠淋巴结位于肠系膜前动静脉周围,呈圆形、低回声结构,向前、后平移至空肠淋巴结影像消失。

小提示

腹部B型超声可用于检查腹部软组织器官(如肝脏、胆囊、脾脏、胃、肾脏、膀胱、肾上腺、肠道等)形态有无异常。B型超声检查能检出是否有占位性病变,尤其对积液与囊肿的物理定性和数量、体积等定量相当准确。B型超声检查对各种管腔内结石的检出率高于传统的检查方法。

腹部B型超声检查的适应证有肝脓肿、肝硬化(晚期)、胆囊炎、肾积水、多囊肾、膀胱炎,以及脾脏、肾脏、膀胱等各处肿瘤,胃肠壁增厚,需要结合临床症状和实验室检查才能确诊。腹部B型超声也可用于检查高密度物质,如胆结石、肾结石、膀胱结石等。

视频:腹部脏器的B型超声诊断

案例分享

任务三　生殖器官的B型超声诊断

扫码看课件

学习目标

【知识目标】

1. 了解生殖器官的位置、结构特点。
2. 掌握生殖器官的B型超声探查方法、声像图表现及注意事项。

【技能目标】

根据需要,对生殖器官进行B型超声探查。

【思政与素质目标】

1. 养成爱护动物的职业习惯。
2. 养成科学、严谨、务实的职业态度。
3. 养成不怕苦、不怕脏、勇于克服困难的职业品格。

系统关键词

生殖器官的B型超声诊断检查方法、声像图表现。

任务准备

(一) 生殖器官的解剖结构

1. 前列腺 前列腺为生殖腺体之一，其大小和位置随年龄和性兴奋状况而异，性成熟后位于骨盆前口后方，于膀胱尾环绕前段尿道。

2. 子宫 子宫通过子宫阔韧带悬垂于盆腔入口附近、耻骨前缘上下。动物妊娠后，随着胚胎的发育，子宫位置逐渐前移。犬、猫等动物多为双角子宫，子宫角上邻直肠，下有膀胱，为管状结构，管壁有一定的弹性。

子宫大部分位于腹腔内，仅有部分子宫体和子宫颈位于盆腔内。子宫的背侧靠近直肠，腹侧为小肠和膀胱。子宫分为子宫角、子宫体和子宫颈3部分(图15-23)。

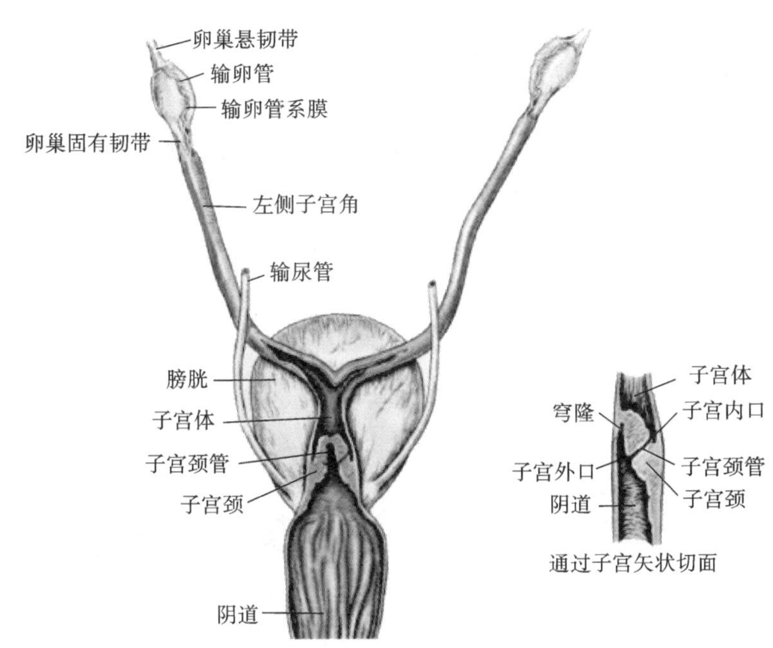

图15-23 子宫的解剖结构

(1)子宫角：左、右各一，细长，全长约为12 cm。两子宫角后端合并移行为子宫体。整个子宫角位于腹腔内，其背侧与小肠相接。

(2)子宫体：呈细的圆筒状，较短，仅有2～3 cm。由于子宫角后端的结合部形成中隔，因此，子宫体实际上更短。

(3)子宫颈：子宫颈是子宫体向后的延续部分，长仅为1 cm左右。子宫颈壁肥厚，外口突出于阴道内，其后部的背侧为阴道背侧褶。

3. 卵巢 母犬(猫)有一对卵巢。卵巢是产生卵细胞的器官，同时能分泌雌激素，以促进生殖器官及乳腺的发育。

卵巢以较厚的卵巢系膜悬吊于最后肋弓的内侧面，靠近肾的后端，有时其前端与肾相接。由于左肾比右肾靠后，因此，左侧卵巢比右侧卵巢靠后。

(二) 声像图表现

1. 前列腺声像图表现 前列腺横切面呈双叶形，纵切面呈卵圆形。前列腺包膜周边回声清晰光滑，实质呈中等强度的均质回声，间有小回声光点。膀胱尾和前段尿道充满尿液时，在前列腺横切面背侧两叶间可清晰显示尿道断面(图 15-24)。

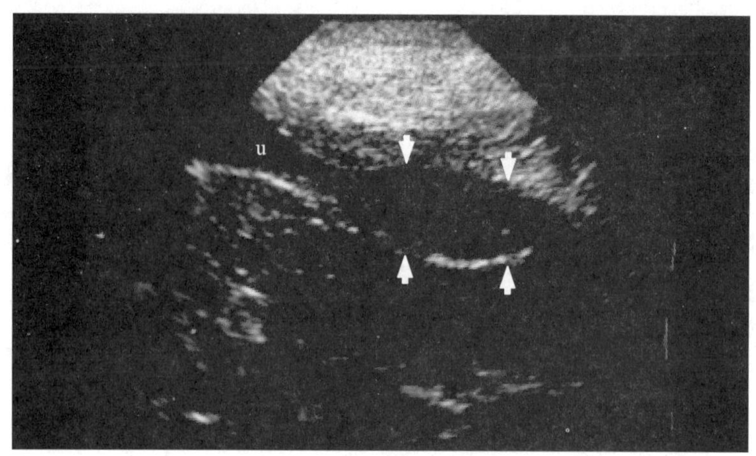

图 15-24　前列腺声像图

2. 子宫声像图表现　因子宫角呈长条状，检查时要大范围剃毛，动物取仰卧位或侧卧位，从腹部后侧一直探查到最后肋弓。正常、未妊娠的母犬的子宫一般不显像。用高分辨率探头探查时，子宫颈显示为卵圆形低回声团块。

3. 卵巢声像图表现　卵巢不易探查，充盈的肠袢会干扰卵巢的显像，探查时选择 7.5 MHz 探头。正常卵巢位于肾后极附近，与周围组织相比，卵巢呈均质低回声。卵巢包囊很难分清，甚至可能影响卵巢成像。卵巢内的黄体显示为外周强回声边缘、中间低回声至无回声结构。卵泡含有液体，显示为圆形低回声结构。

任务实施

(一) 探查方法

1. 前列腺的探查

(1)纵切面：探头置于骨盆前缘，光标指向头侧，定位膀胱颈，适当向尾侧倾斜探头，轻压出现前列腺影像，向左、右扇扫至前列腺影像消失。

(2)横切面：探头置于骨盆前缘，光标指向操作者，定位膀胱，适当向尾侧倾斜探头，轻压探头出现"蝴蝶形"前列腺影像，从头侧向尾侧平移至前列腺影像消失。

前列腺的探查方法与膀胱类似，可经直肠或耻骨前缘向后扫查，膀胱积尿有助于前列腺显像。

2. 子宫的探查方法　探查子宫时，犬、猫等动物多取仰卧位，探查部位在耻骨前缘。局部剃毛，涂耦合剂，使用 5.0 MHz 探头进行扫查，扫查方位分横向和纵向两种。卵巢探测可在腹侧壁进行，位于肾脏的外后方。

视频：子宫的超声探查

(1)纵切面：探头置于盆腔入口前，光标指向头侧，定位膀胱纵切面，子宫体位于膀胱背侧、结肠腹侧，平移探头向左扫查左侧全部子宫角、向右扫查右侧全部子宫角。

(2)横切面：探头置于盆腔入口前，光标指向操作者，定位膀胱横切面，子宫体位于膀胱背侧、结肠腹侧，平移探头向左扫查左侧全部子宫角、向右扫查右侧全部子宫角。

3. 卵巢的探查方法

(1)纵切面：探头置于左、右侧最后肋弓尾，光标指向头侧，定位左、右肾尾极，轻抬探头扇扫至出现卵圆形带侧边声影左、右卵巢，向左、右扇扫至卵巢影像消失。

(2)横切面：探头置于左、右侧最后肋弓尾，光标指向操作者，定位左、右肾尾极，向尾侧平移至出现卵圆形带侧边声影左、右卵巢，向左、右扇扫至卵巢影像消失。

（二）注意事项

部分前列腺可能位于骨盆内，超声不可探及。雄性犬去势后，体积偏小，回声降低。

小提示

生殖器官 B 型超声检查的适应证有隐睾、前列腺增生、闭合性子宫蓄脓（多为未绝育，表现为腹围增大、消瘦等）、疑似怀孕等。

犬的妊娠期为 58～65 天，可以行超声探查的时间见表 15-4。

表 15-4　犬妊娠期 B 型超声探查

超声探查行为	时间
妊娠子宫	妊娠 24 天
胎儿	妊娠 30 天
胎动	妊娠 40 天
体腔和胎心	妊娠 48 天
查看怀胎数	妊娠 24～30 天

案例分享

视频：生殖器官的 B 型超声诊断

任务四　B 型超声结果分析与报告

扫码看课件

学习目标

【知识目标】

1. 掌握 B 型超声整体扫查步骤、各脏器扫查顺序。
2. 学会开具 B 型超声检查报告单。

【技能目标】

能够对动物整体进行 B 型超声探查并开具 B 型超声检查报告单。

【思政与素质目标】

1. 培养学生良好的职业道德。
2. 培养学生良好的人际沟通、团队合作精神。
3. 培养学生的独立思考能力、综合分析能力。

系统关键词

B 型超声整体扫查、B 型超声检查报告单。

B型超声扫查顺序

任务准备

1. 扫查前准备——剃毛 剃毛范围如下：前缘至剑突水平；后缘至耻骨前缘；两侧至动物站立时可触摸到的躯体最外侧。

2. 扫查体位 可选择以下扫查体位：仰卧位（最常选用的体位）、左侧位或右侧位、站立位。

3. 扫查前处理 扫查胃肠道、胰腺时，宜禁食 8 h，不禁水。扫查膀胱和子宫时，宜憋尿。扫查区域涂适量耦合剂。

任务实施

首先扫查肝脏，通过调节总增益、时间增益补偿来调整图像质量，使所有深度组织的回声增幅一致，然后依次扫查脾（体和尾）、肾脏和肾上腺、膀胱、尿道和前列腺、胃肠道（胃（胰腺）、十二指肠（胰腺）、小肠和结肠）、淋巴结、子宫、卵巢。

扫查小器官如肾上腺、胰腺、淋巴结、胃肠道、子宫和卵巢时，目标器官可不占屏幕的 2/3 以上。

B型超声检查报告单

任务准备

1. 超声检查报告单信息

（1）基本内容：医疗单位名称、超声检查报告名目、病宠一般信息（包括宠物主人姓名，病历号，宠物昵称，宠物年龄、品种、性别、是否去势或绝育、体重等基本信息）、超声检查项目、超声影像信息（超声图像、超声描述、超声提示）、报告医生姓名及签字、检查报告时间等。

（2）特殊信息：急诊超声检查报告单须标明详细的检查时间（精确到分钟），特殊检查报告单须注明检查方式和途径。

超声造影检查、负荷超声心动图检查报告单须注明检查过程中所用的药物和造影剂的名称、剂量、时间以及使用方法等。

介入性超声报告单要说明介入的方式、途径、部位和目的等。

2. 超声检查报告单格式要求

（1）医疗单位名称必须与营业执照上的名称一致，不能用简称或旧称，避免纠纷。

（2）使用规范化的名称和术语：超声报告单中描述忌用不够明确的口语或俗语，如不能用“B 超”“彩超”等概括性地描述包括多普勒在内的超声检查，可以统称为“超声”，或分别称为“二维超声（声像图）”“彩色多普勒超声”等。

（3）病宠基本信息需准确规范。

（4）超声图像尽可能清晰。

（5）超声描述通过规范化专业语言加以概述性描述，以支持超声检查所得出的最后结论。

（6）超声提示既要简单扼要，又要符合临床诊断规范要求（概括性、描述性、科学性、推断性、保护性）。

3. 超声描述 超声描述通常按照先整体后局部的原则进行。脏器的超声描述顺序为先填写脏器的超声测量值，然后依次描述脏器的 B 型超声、血流等图像表现。

腹部器官可分为三大类：实质器官（肝脏、肾脏、脾脏、淋巴结等）、囊性器官（胆囊、膀胱）和胃肠道。

实质器官的超声描述包括整体轮廓、包膜、大小、实质回声状态、脉管、局灶性病变、毗邻器官等。囊性器官的超声描述包括整体轮廓、充盈程度、壁（厚度、分层状态等）、内容物、流通路径（尿道、输尿管、胆管等）、毗邻器官等。胃肠道的超声描述包括壁（厚度、分层状态等）、内容物、蠕动次数、毗邻器官等。

4. 超声描述具体内容

（1）回声（强弱、分布、形状、多少）：回声按强弱分为强回声、高回声、低回声、弱回声、无回声等。判断回声强弱的标准一般是与正常器官回声做对比。图像回声的分布情况可分为均匀和不均匀，病灶内部的回声分布可用"均质"或"非均质"描述。

（2）轮廓（边界、边缘）：整体轮廓是否清晰、形态是否缺失等。

（3）表面、包膜：包膜的完整性、光滑程度、厚度等。

（4）大小、形态：可测量大小的器官，例如肾脏、淋巴结、脾脏等，需给出测量值；无法测量大小的器官，例如肝脏，需通过主观评估、与邻近器官的关系、边角圆润程度等来评估。

（5）内部结构及伪像。

（6）功能状态，如胃肠道蠕动等，正常蠕动如下：胃，3～5 次/分；近端十二指肠，4～5 次/分；其他小肠，1～3 次/分。

（7）有无异常病灶：包括病灶性质（囊性、浸润性、占位性等）、大小，是否有明显包膜，是否有明显血供、伪影等；强回声、弱回声、混合回声；原发或转移（需要活检来帮助诊断），内部血流情况（无彩色血流信号、彩色血流信号星点状、彩色血流信号短条状、规则树枝状或不规则树枝状）。

（8）血流性质、血流速度等。

任务实施

以肾脏的超声描述为例。

主观描述：肾脏被膜光滑，皮质回声×××；皮质与髓质界限清晰，内部结构良好；肾盂宽度×××，近端输尿管有/无异常；肾门血流×××，肾脏内部弓形动脉等血流×××；肾集合系统回声×××。

客观数据：肾脏长轴×××、短轴×××，肾盂宽度×××（小于 2 mm）。

小提示

（1）所有器官和结构都要做纵切面（或冠状切面）和横切面扫查，探头光标指向宠物头侧或操作者。

（2）要扫查器官的所有边缘以确保扫查到整个器官。

（3）某些器官（如脾脏）需要跟踪扫查，小肠由于太长，一般很难跟踪扫查。

（4）扫查期间，针对不同器官扫查需求，随时调整探头频率、扫查深度及焦点位置，保证目标器官占屏幕的 2/3 以上，焦点应位于目标器官下方。

（5）一般 1～2 个人保定宠物即可，如果宠物表现出焦虑、喘息、有侵袭性、挣扎且无法平静，则需要使用镇静剂进行镇静。

案例分享

视频：B 型超声结果分析与报告

扫码看课件

学习情境十六　心脏超声诊断技术

学习目标

【知识目标】

1. 了解心脏的解剖结构。
2. 掌握心脏超声的探查方法和声像图表现。

【技能目标】

掌握心脏超声的诊断技术。

【思政与素质目标】

1. 养成无菌意识，具备善待动物的职业素养。
2. 养成实事求是、认真负责的职业态度。
3. 养成团队协作意识，有较强的责任感和科学认真的工作态度。

系统关键词

切面、心脏、超声。

任务准备

心脏位于胸腔纵隔内，其长轴与胸骨成 45°角，位于第 3 肋骨与第 6 肋骨之间。心脏呈卵圆形，背侧部大，称为心基部，与起止于心脏的大血管相连，位置较固定；腹侧部钝小而游离，称为心尖部（图 16-1）。心脏分为右心房、右心室、右心房和右心室 4 个部分。

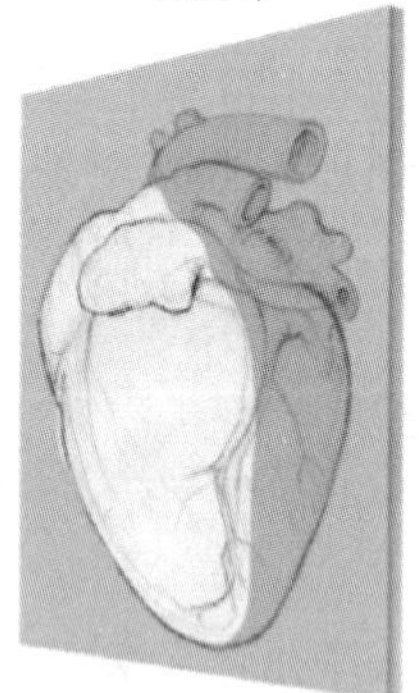

图 16-1　心脏结构

心血管系统即血液循环系统，由心脏、血管和血液组成。心脏是血液循环的动力器官，在神经体液调节下规律地收缩、舒张，推动血液的流动。心房收缩前，心脏处于全心舒张状态，此时房内压低于外周静脉压，静脉血不断回流进左心房。左心房血液充盈，房内压升高，房室瓣打开，心房血液流入心室，心室充盈。心室开始收缩，心室收缩引起房室瓣关闭、半月瓣开放，血液射入动脉。之后心室由收缩转为舒张。

任务实施

一、物品准备

B 型超声仪与心脏超声探头、耦合剂、推子、心脏超声垫子。

二、操作步骤

（一）右侧切面

1. 右侧胸骨旁长轴四腔心（图 16-2）　探头置于右侧第 4/5 肋间，略倾斜指向脊椎，探头指示灯指向肩胛骨方向。探头整体与脊椎成 45°角，与胸壁成 45°角。

图像要求：室间隔与自由壁平行，肺静脉不能出现。

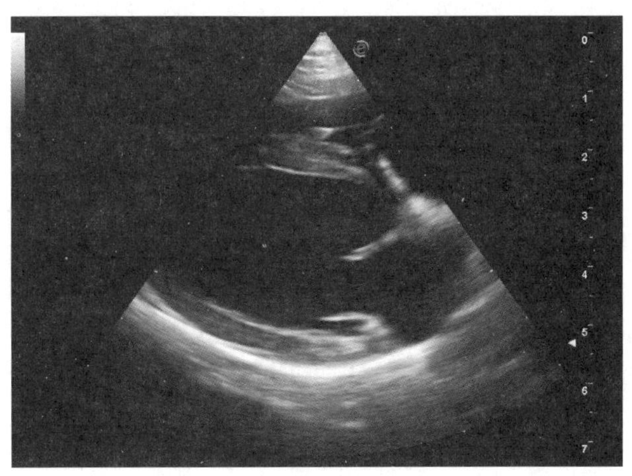

图 16-2　右侧胸骨旁长轴四腔心

2. 右侧胸骨旁长轴五腔心(图 16-3)　在右侧胸骨旁长轴四腔心切面的基础上逆时针转动探头 15°。

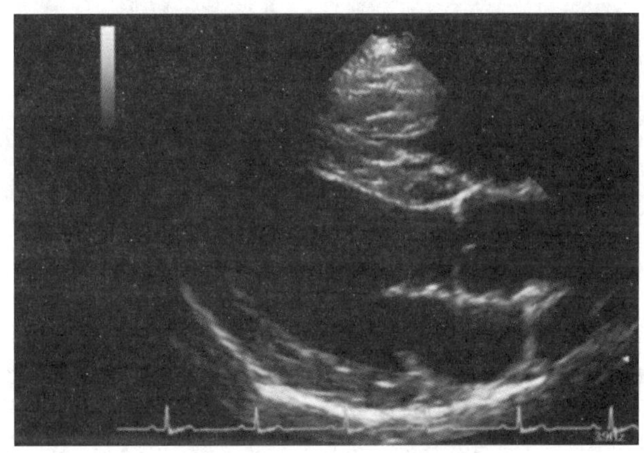

图 16-3　右侧胸骨旁长轴五腔心

图像要求：二尖瓣对称出现，右肺动脉呈“O”形，主动脉瓣形呈“>”形，室间隔平直。

3. 右侧胸骨旁心基短轴切面(图 16-4)　在右侧胸骨旁长轴四腔心的基础上逆时针转动探头 90°，探头朝向心基部倾斜或向前移动一个肋间隙。

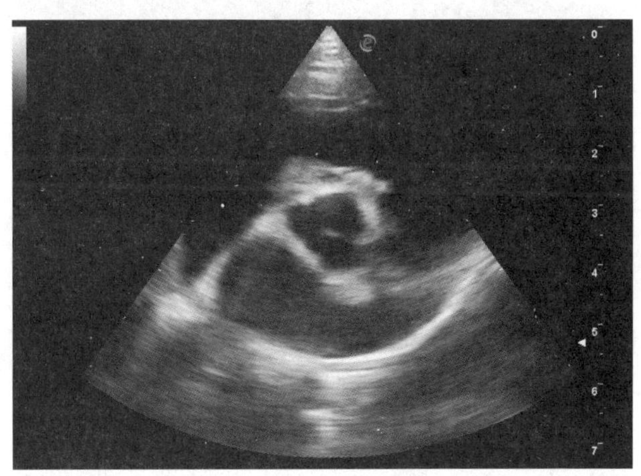

图 16-4　右侧胸骨旁心基短轴切面

4. 右侧主动脉-肺动脉切面(图 16-5)　在右侧胸骨旁心基短轴切面的基础上顺时针旋转探头 5°～10°，探头稍向心基部倾斜。

Note

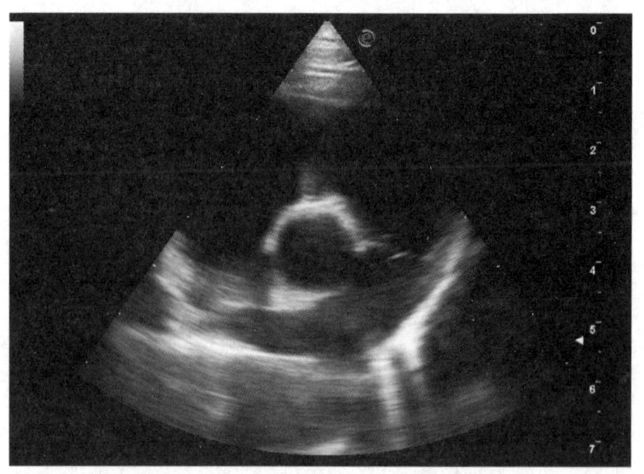

图 16-5　右侧主动脉-肺动脉切面

5. 右侧二尖瓣平面(图 16-6)　在右侧胸骨旁心基短轴切面的基础上,探头朝向心尖部方向。

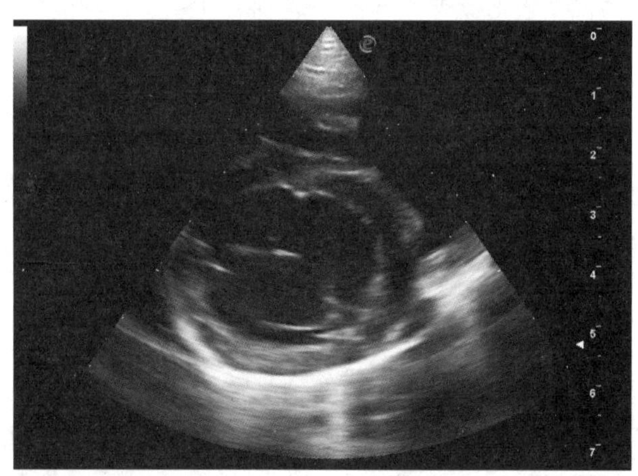

图 16-6　右侧二尖瓣平面

6. 右侧腱索平面(图 16-7)　在右侧胸骨旁心基短轴切面的基础上,探头继续朝向心尖部方向。

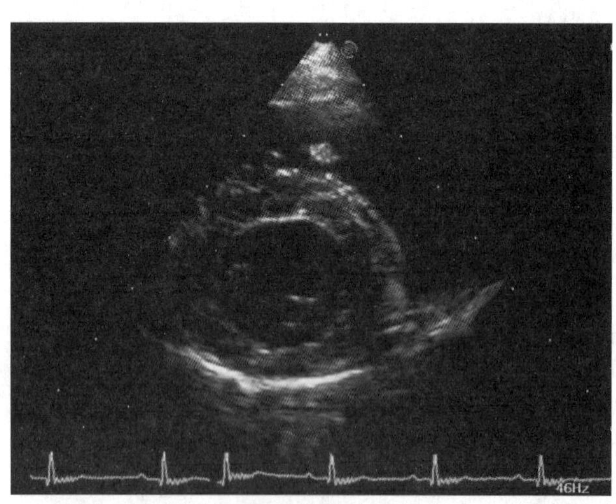

图 16-7　右侧腱索平面

7. 右侧乳头肌平面(图 16-8)　在右侧腱索平面的基础上,探头继续朝向心尖部方向。

(二) 左侧切面

1. 左侧四腔心(图 16-9)　声窗在第 6 肋间与第 7 肋间间隙,探头指示灯指向尾侧,探头与脊椎的夹角约 30°。

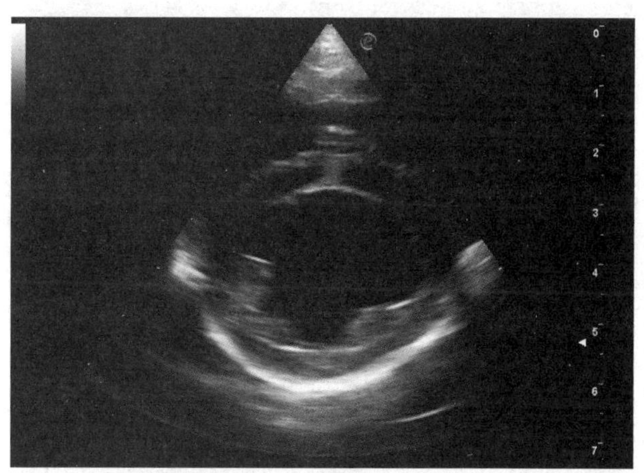

图 16-8　右侧乳头肌平面

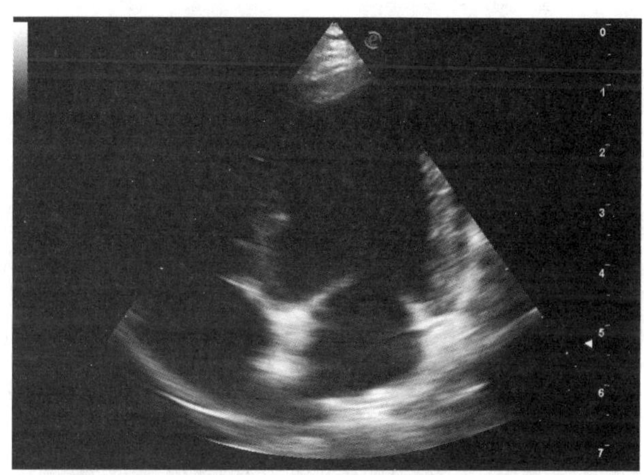

图 16-9　左侧四腔心

图像要求：四腔完整，二尖瓣、三尖瓣显像良好，室间隔与自由壁平行于探头方向。

2. 左侧五腔心(图 16-10)　在左侧四腔心的基础上逆时针旋转探头 15°。

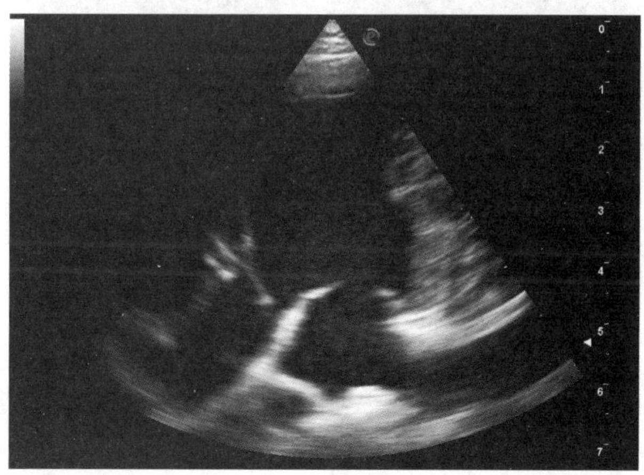

图 16-10　左侧五腔心

3. 左侧胸骨旁长轴切面(图 16-11)　探头指示灯指向头侧，探头平行于胸骨。

图像要求：主动脉水平，瓣膜对称出现。

4. 左侧胸骨旁长轴三尖瓣切面(图 16-12)　在左侧胸骨旁长轴切面的基础上，下压探头尾。

5. 左侧胸骨旁长轴肺动脉切面(图 16-13)　在左侧胸骨旁长轴切面的基础上，上抬探头尾。

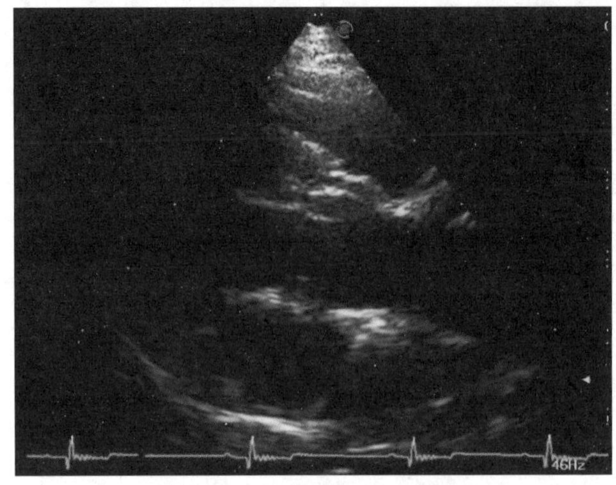

图 16-11　左侧胸骨旁长轴切面

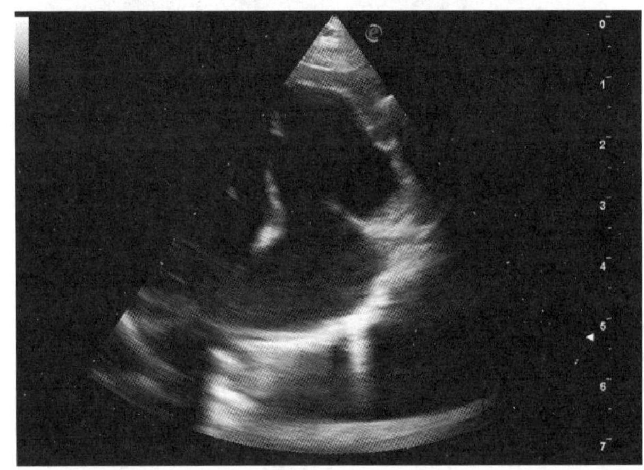

图 16-12　左侧胸骨旁长轴三尖瓣切面

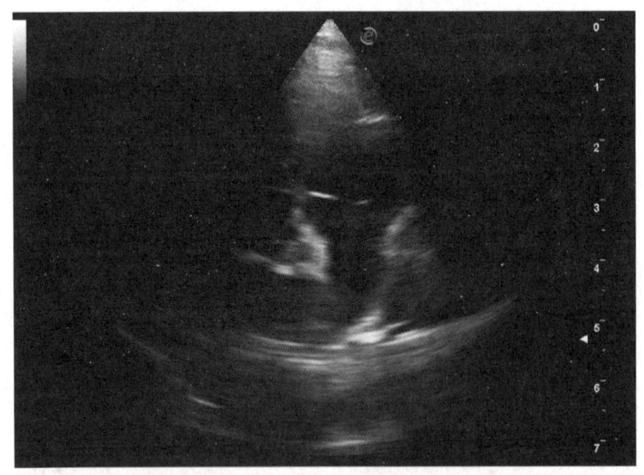

图 16-13　左侧胸骨旁长轴肺动脉切面

小提示

1. 适应证

(1)心脏病的诊断。

(2)肺脏疾病的筛查。

2. 禁忌证 无特殊禁忌证。

视频：心脏超声

学习情境十七 心电图检查

扫码看课件

任务一 心电图的产生

学习目标

【知识目标】

1. 理解心电图产生的生理知识。
2. 理解与掌握正常心电图 P-QRS-T 波群产生的生理知识及正常的波形。

【能力目标】

1. 掌握正常心电图产生的生理知识。
2. 掌握正常心电图的波形。

【思政与素质目标】

1. 自觉遵守畜牧兽医法规，在诊疗过程中不作假，不愚弄宠物主人。
2. 在治疗心脏病过程中，治疗方案合理合法，杜绝乱用药，具有较高的职业素养。
3. 具有较强的自我管控能力和团队协作能力，有较强的责任感和科学认真的工作态度。

案例导学

一只 7 岁已经去势的雄性大丹犬，因出现了嗜睡和运动不耐受就诊，听诊该犬时听到了快速并且不规则的心率。对该犬进行心电图检查时，发现该犬心率过快、心动过速。

如何根据心电图诊断判断该犬患有什么疾病？让我们带着这一问题走进动物心电图的学习。

一、概述

心电图(electrocardiograph，ECG)的产生与心脏的“循环泵”作用密切相关，心脏在心动周期内收缩、舒张时，心肌细胞接受电刺激，从而产生心电图。正常的心电图呈现周期性波形，并且心电图中的心率、波形符合动物的年龄、性别和品种情况。通过心电图可以有效得出动物的心率值、心律是否完整以及评估心室是否肥大。

二、心电图基础

心电图可以理解为一个电流表，通过正、负探查电极来记录心脏电流变化。心电图的导联可分为肢导联和胸导联，在小动物临床上常用肢导联进行心电的探查。心脏内所有的细胞均具有潜在的自身电活动性，窦房结(sinoatrial node，SA)电活动性频率最高，是心脏的起搏点。心动周期起始于

窦房结,激动传播到心房肌细胞后,去极化波传到房室结,在房室结传播速度减缓。当传导通过心房进入心室后,会进入房室束。房室束较为狭窄,在室中隔分为左、右束支。左束支又可分为左前束支和左后束支。左、右束支最终以一种极细束支的传导组织嵌入心肌,这种传导组织称为浦肯野纤维。心脏传导系统如图 17-1 所示。

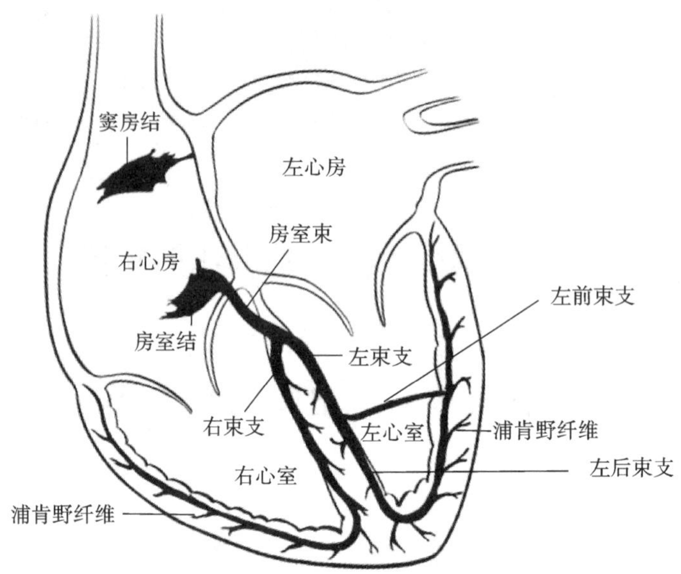

图 17-1　心脏传导系统示意图

当窦房结发出的去极化波向心房方向传播时,已经去极化的心房与未去极化的心房之间会产生电位差。当正、负极如图 17-2 所示被放置后,心电图中可检测到去极化波,该去极化波与正极接近,在心电图中该正向去极化波为向上的波;反之,负向去极化波为向下的波。

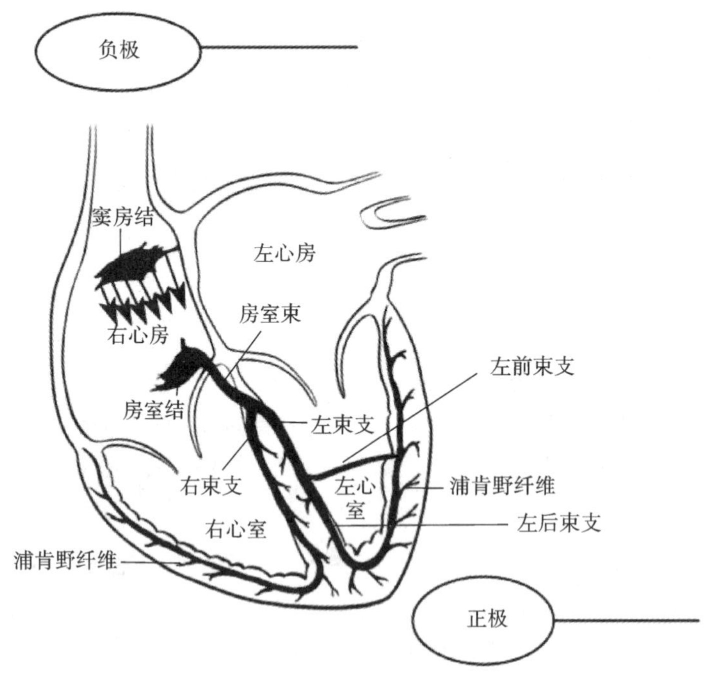

图 17-2　正、负极放置示意图

三、P-QRS-T 波群的形成

在心动周期中,窦房结产生的兴奋依次传向心房和心室,这种兴奋的产生和传播所伴随的生物电变化,通过周围组织传播到全身,使身体的所有部位在心动周期中发生规律的电流变化。心电图

基本包括 P 波、QRS 波群以及 T 波。

（一）P 波的形成

心电去极化起始于窦房结，然后传播到心房，当窦房结附近的心房区域发生去极化后，会在已经去极化和未去极化的心房间产生电位差，由此产生 P 波。P 波代表的是房室结的电激动传导，为心房肌去极化过程。

P 波上升的部分代表右心房开始兴奋，下降的部分代表兴奋从右心房传播到左心房。整个心房去极化后不存在电位差，心电图仪记录指针归至基线。P 波如图 17-3 所示。

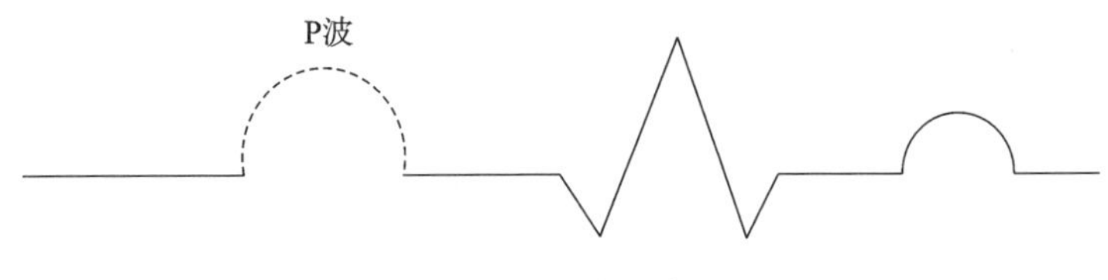

图 17-3 P 波示意图

（二）P-R 间期

当去极化波传到房室结后，速度会减缓，这是为了保证心室在心房收缩后协调地收缩。P-R 间期是指从 P 波起点到 QRS 波群起点的时间间隔。P-R 间期代表兴奋从心房传播到心室所需要的时间，如图 17-4 所示。

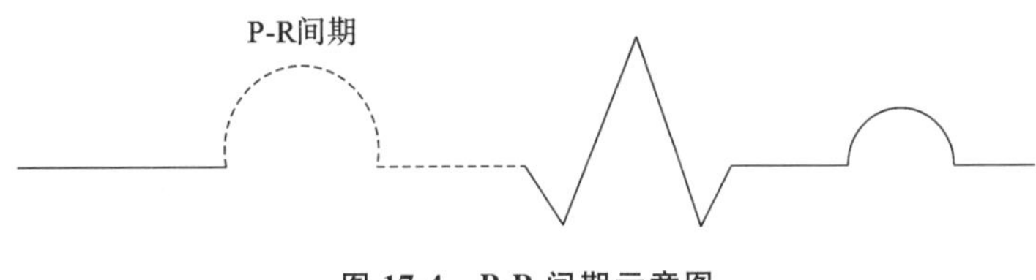

图 17-4 P-R 间期示意图

（三）QRS 波群

QRS 波群代表心室肌去极化过程的电位变化，也称为心室去极化波。这一波群由几个部分组成。

1. Q 波 心室中最先去极化的部位是室中隔，去极化波小且传播方向与电极正极方向相反，在心电图中表现为一个向下的偏移波，这个波便是 Q 波，如图 17-5 所示。

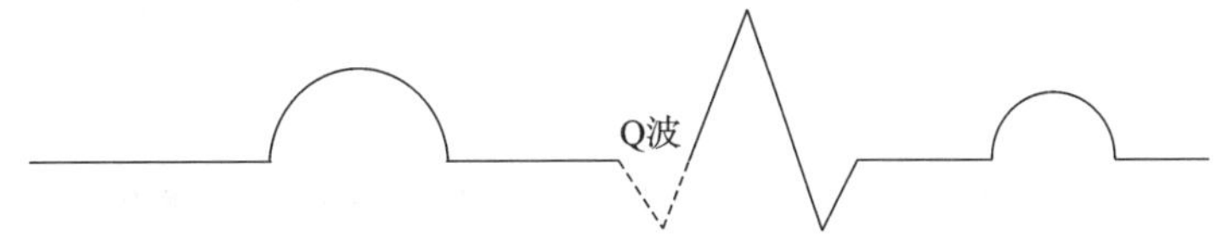

图 17-5 Q 波示意图

2. R 波 心室的心肌主体开始去极化时，产生一个向电极正极传播的去极化波，即一个向上的正向波，这个波就是 R 波，如图 17-6 所示。

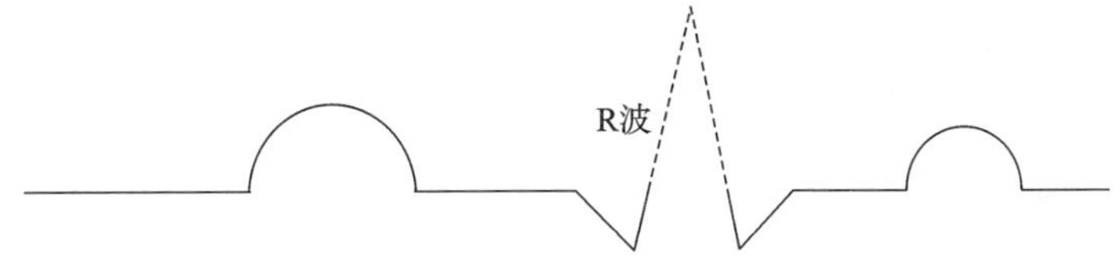

图 17-6 R 波示意图

3. S 波 心室主体去极化后，产生的去极化波与电极正极方向相反，形成一个向下的波，即为 S 波，如图 17-7 所示。

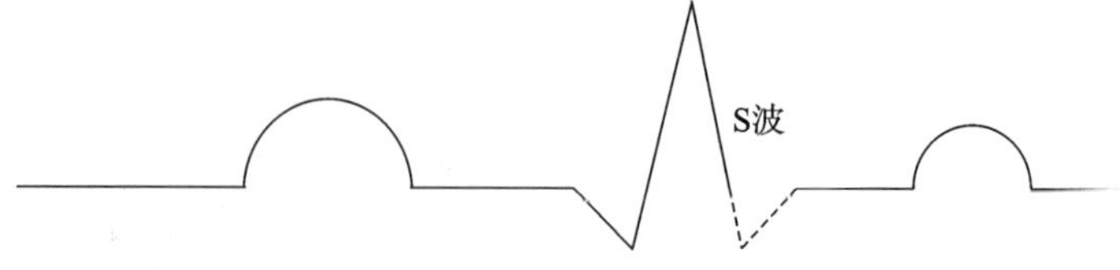

图 17-7　S 波示意图

4. T 波　心室完全去极化后，需立即为下一次心动周期做好准备，需要及时进行复极化。复极化的过程会产生电位差，该电位差会使心电图的基线产生一定的偏移，从而形成 T 波，T 波代表心室复极化。T 波如图 17-8 所示。完整的心电图如图 17-9 所示。

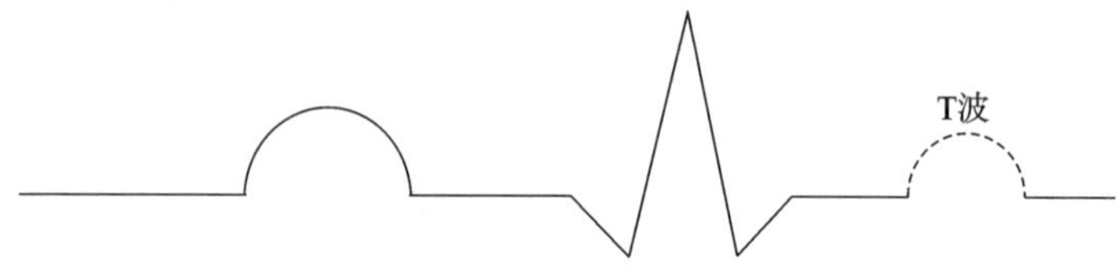

图 17-8　T 波示意图

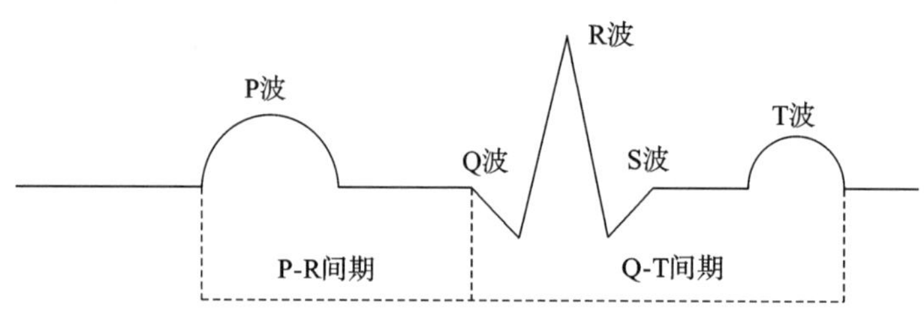

图 17-9　完整的心电图示意图

任务二　心电图机的使用

学习目标

【知识目标】

理解与掌握心电图机的使用和记录，包括动物体位的摆放、电极的放置、心电图机的操作等。

【能力目标】

能够掌握心电图机的使用，包括动物体位的摆放、机器前期准备、电极的放置等。

【思政与素质目标】

1. 自觉遵守畜牧兽医法规，在诊疗过程中不作假，不愚弄宠物主人。
2. 在治疗心脏病过程中，治疗方案合理合法，杜绝乱用药，具有较高的职业素养。
3. 具有较强的自我管控能力和团队协作能力，有较强的责任感和科学认真的工作态度。

一、概述

了解了心电图产生的原理后，需要熟悉并掌握心电图机的使用。其中包括动物体位的摆放、心电的导联以及心电图机的调试和准备等。

二、心电图机的使用

（一）动物体位的摆放

动物体位的摆放对心电图的记录会产生重要的影响，要让动物尽可能放松，减少动物的骨骼肌

电位活动。动物在活动时，可对心电图基线产生干扰，甚至无法看出 P 波。在对动物进行心电图检查时，首先要选择一个合适的动物体位。

在描记心电图时，动物可采取右侧卧位、左侧卧位、仰卧位、坐位和立位。犬尽量选择右侧卧位，犬在侧卧时可有效减少骨骼肌的电位活动。如果犬呼吸困难，可采用立位或坐位。在对检测项目无影响的前提下，可对犬进行适当的麻醉。对猫进行心电图检查时，很少使用侧卧位。在进行心电图绘制时要根据猫的喜好选择一个让猫安静的体位。必要时可让猫接好电极后进入篮子内，使其平静。通常猫不愿让夹子夹，可局部剃毛后用绷带绑定电极。

（二）心电的导联

心电的导联就是指将电极放在机体的相应部位，以及电极与心电图机的正、负极相连接。心电图机配有四根连接导线，其中一根为地线，其他三根连接正极以及负极。根据电极与心脏电位变化的关系，可将导联分为加压单极导联和双极导联两类。其中Ⅰ、Ⅱ、Ⅲ导联均为双极导联，而 aVR、aVL、aVF 导联均为单极导联。Ⅰ导联负极（－）接右前肢、正极（＋）接左前肢，Ⅱ导联负极（－）接右前肢、正极（＋）接左后肢，Ⅲ导联负极（－）接左前肢、正极（＋）接左后肢。单极导联负极为零点位，而正极为探查电极。aVR 导联探查电极接右前肢，aVL 导联探查电极接左前肢，aVF 导联探查电极接左后肢。各种导联如图 17-10 和图 17-11 所示。在连接导线时，用拇指和食指进行皮肤的固定，将夹子打开到最大，拨开被毛夹住皮肤褶皱。为了增强导电性，可使用酒精作为导电剂，将少量酒精喷到皮肤上，润湿夹子和皮肤。但是酒精在 5～10 min 就会挥发，不适用于长时间的心电检查。安装电极时，尽量选择被毛较少处。连接好电极后，应该确保各个电极、夹子夹持部位与动物的其他部位、检查台之间无任何接触，并且电极的导线不要放置在动物身上。镇静药、镇痛药、麻醉药都会对心脏或神经造成一定的影响，可导致动物心率的变化，尽量避免使用。

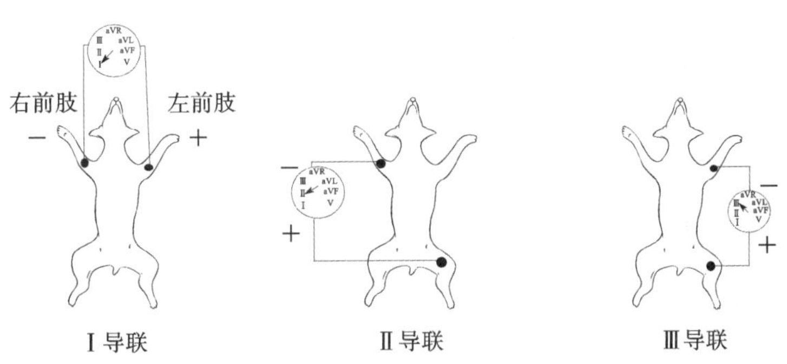

图 17-10 Ⅰ、Ⅱ、Ⅲ导联示意图

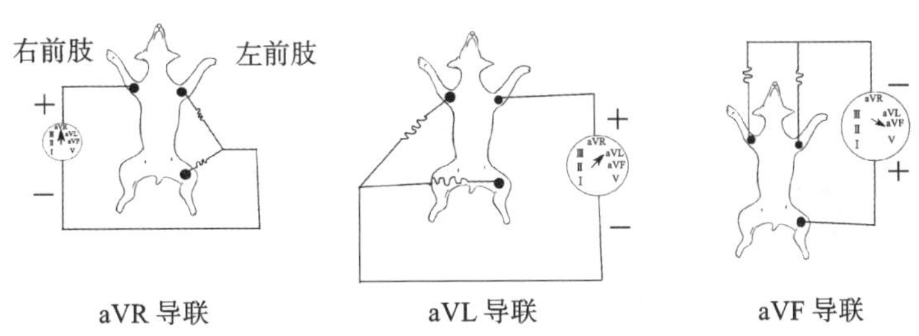

图 17-11 aVR、aVL、aVF 导联示意图

（三）心电图机的调试和准备

心电图纸上纵向距离代表电压，横向距离代表时间。心电图机在使用前一定要确定走纸速度，可选择 25 mm/s 和 50 mm/s，如果有需求可选择 100 mm/s。走纸速度的选择主要取决于动物的心率。心率正常的犬常用 25 mm/s，心率正常的猫常用 50 mm/s。确定好走纸速度后，一定要先确定定标值，通常设置为 1 cm/mV，如果波群较小，可增加到 2 cm/mV。心电图纸上，1 mV 定准电压相当于 1 cm，则 0.1 mV 相当于一个纵向小格。如果走纸速度为 25 mm/s，则 0.04 s 走一个横向小格，

0.2 s走一个横向大格。在心电图机连接良好的状态下，尽量不要使用滤波。如果主要进行心律失常的检测而基线伪差无法避免，可使用滤波降低基线。在进行心电扫描时应调整描记笔的位置，以使所记录的心电图在纸张的边界内。

（四）心电图机的记录

一般情况下采用Ⅱ导联进行心电图的绘制。如果测定心率，可采用Ⅱ导联记录一段30～60 s的心电图，结合听诊进行心率的计算。如需进行更加深入的检查，可用6个导联各记录约10 s。在记录时要进行记录标注，标注内容包括动物体位、是否使用麻醉药、走纸速度、定标值、是否使用滤波、滤波的水平以及每个导联的起始部位。

任务三　心电图的判读

学习目标

【知识目标】

1. 了解心电图判读的原理。
2. 掌握心电图的判读方法，包括心率的计算、心律的确定、平均电轴的计算、波群振幅和间期的测定。

【能力目标】

能够对心电图进行判读，包括心率的计算、心律的确定、平均电轴的计算、波群振幅与间期的测定。

【思政与素质目标】

1. 自觉遵守畜牧兽医法规，在诊疗过程中不作假，不愚弄宠物主人。
2. 在治疗心脏病过程中，治疗方案合理合法，杜绝乱用药，具有较高的职业素养。
3. 具有较强的自我管控能力和团队协作能力，有较强的责任感和科学认真的工作态度。

一、概述

获得心电图后，要进行心电图的判读。心电图的判读内容包括心率、心律、平均电轴以及波群振幅和间期。

二、心电图的判读

（一）心率的计算

利用心电图机记录一段6 s的心电图，计算波群数，乘以10便可获得心率。也可根据P-P间期或R-R间期进行计算：如果走纸速度为25 mm/s，每分钟即可走1500 mm，用尺子测量两个波群之间的间隔，即可用如下计算公式：

$$心率（走纸速度为25\ mm/s）=\frac{1500}{P\text{-}P间期或R\text{-}R间期}$$

如果走纸速度为50 mm/s，每分钟即可走3000 mm，则计算公式如下：

$$心率（走纸速度为50\ mm/s）=\frac{3000}{P\text{-}P间期或R\text{-}R间期}$$

正常犬或猫心率如表17-1所示。

表17-1　正常犬或猫心率

动物	心率/（次/分）
成年犬	70～160

续表

动物	心率/(次/分)
幼犬	70～220
猫	120～240

（二）心律的确定

心律的确定主要是看各个波群是否完整，即P波、QRS波群、T波完整情况，以及各个波群的位置是否正常。可在心电图上放置一张白纸，并标注每个P波、QRS波群以及T波。这种方法有助于发现异常波群或者隐藏波群。如果整个心电图有完整的、正常的P-QRS-T波群，即每个P波都跟随一个QRS波群，每个QRS波群前面都有P波，并且P-R间期一致，QRS波群波形正常，则表明为正常的窦性节律。如果心电图P波可见或不可见，QRS波群相对正常，则为室上性节律。如果心电图QRS波群奇怪，出现变宽或者扭曲的状况，则为室性节律。

（三）平均电轴的计算

平均电轴是指心室去极化电流方向的总和，一般仅指QRS波群的平均电轴。犬平均电轴参考值为40°～100°，猫平均电轴参考值为0°～160°。平均电轴右移表明右心室肥大，平均电轴左移表明左心室肥大。

1. 六轴系统 六轴系统是标注双极导联和加压单极导联构成的导联轴系统，是计算平均电轴经常使用的系统。在六轴系统的中心点处分为正、负两个部分，下半部分为正，上半部分为负。各个轴之间均为30°。从Ⅰ导联正侧端顺时针的角度为正，逆时针的角度为负。六轴系统如图17-12所示。

2. 常用方法 因为Ⅰ导联和aVF导联在六轴系统上互相垂直，故常用Ⅰ导联和aVF导联计算平均电轴。先计算QRS波群的净振幅值，即测定QRS波群正波的振幅和负波的振幅，两者大值减去小值即为净振幅值。如果用Ⅰ导联得出的净振幅值为正值，则方向为右；如果数值为负值，则方向为左。用aVF导联得出的净振幅值为正值，则方向为下；如果数值为负值，则方向为上。将算出的两个净振幅值画在六轴系统上，画出两条线条的对角线，该对角线就是平均电轴。用Ⅰ导联和aVF导联获得平均电轴的示意图如图17-13所示。

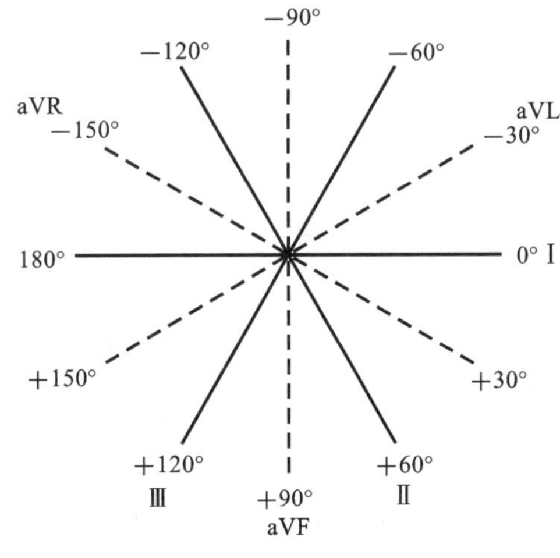

图17-12 六轴系统

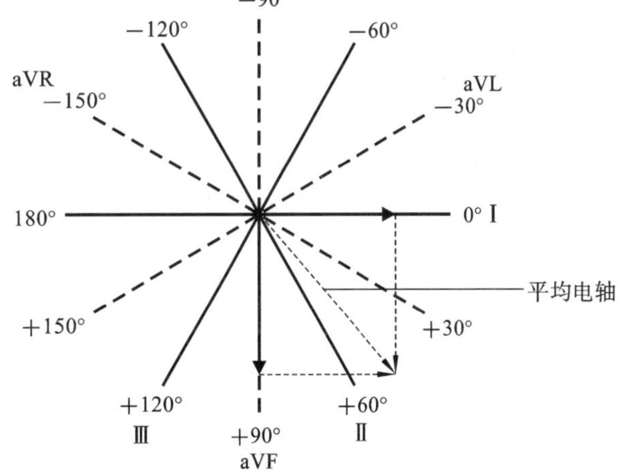

图17-13 用Ⅰ导联、aVF导联获得平均电轴

3. 三角测量法 三角测量法是利用Ⅰ、Ⅲ导联进行的计算。测量Ⅰ、Ⅲ导联上QRS波群的净振幅值。在六轴系统上画出相应的线条，做两条线条的垂线使交汇于一点，由中心点至两条线条的交汇点的方向即为平均电轴的方向。三角测量法测定平均电轴的示意图如图17-14所示。

（四）波群振幅和间期的测定

波群振幅和间期的测定内容包括P波振幅与时限、R波振幅与QRS波群时限、P-R间期、Q-T

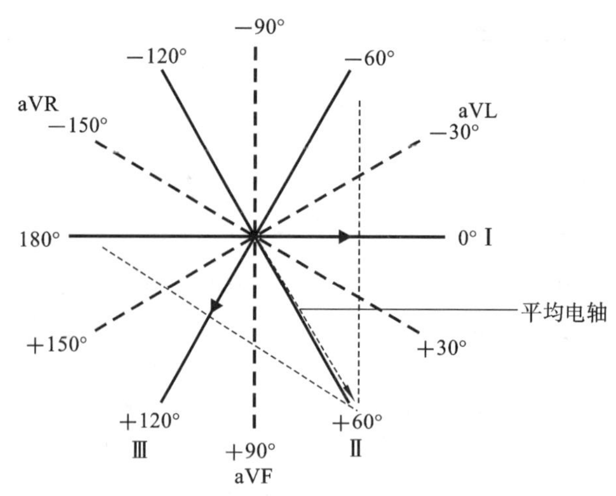

图 17-14 三角测量法测定平均电轴

间期以及 T 波。测定时,可以 50 mm/s 的走纸速度进行一段Ⅱ导联测定,不要加滤波。走纸速度为 50 mm/s 时,走过 1 mm 格的时间为 0.02 s。犬的 P 波时限最大值为 0.04 s,巨型犬为 0.05 s,猫为 0.04 s。犬 P 波振幅最大值为 0.4 mV,猫为 0.2 mV。犬 P-R 间期范围为 0.06~0.13 s,猫为 0.05~0.09 s。小型犬 QRS 波群时限最大值为 0.05 s,大型犬为 0.06 s,猫为 0.04 s。小型犬 R 波振幅最大值为 2.5 mV,大型犬为 3 mV,猫为 0.9 mV。犬的 Q-T 间期范围为 0.15~0.25 s,猫为 0.12~0.18 s。犬的 T 波可正、可负,也可双向,振幅不超过 R 波振幅的 1/4,在 0.05~1 mV 范围内。猫的 T 波可正、可负,也可双向,振幅小于 0.3 mV。正常犬(猫)波群振幅和间期总结如表 17-2 所示。

表 17-2 正常犬(猫)波群振幅和间期参考值

波群振幅和间期	犬	猫
P 波时限(最大值)	0.04 s 巨型犬可达 0.05 s	0.04 s
P 波振幅(最大值)	0.4 mV	0.2 mV
P-R 间期	0.06~0.13 s	0.05~0.09 s
QRS 波群时限(最大值)	小型犬 0.05 s 大型犬 0.06 s	0.04 s
R 波振幅(最大值)	小型犬 2.5 mV 大型犬 3 mV	0.9 mV
Q-T 间期	0.15~0.25 s	0.12~0.18 s
T 波	可正、可负,也可双向 0.05~1 mV	可正、可负,也可双向 <0.3 mV

任务四 典型病理性心电图判读

学习目标

【知识目标】

了解和掌握典型病理性心电图的判读及成因。

学习目标

【能力目标】

掌握病理性心电图的判读，包括窦性心动过速、室上性心动过速、房室传导阻滞、室性心动过速等。

【思政与素质目标】

1. 自觉遵守畜牧兽医法规，在诊疗过程中不作假，不愚弄宠物主人。
2. 在治疗心脏病过程中，治疗方案合理合法，杜绝乱用药，具有较高的职业素养。
3. 具有较强的自我管控能力和团队协作能力，有较强的责任感和科学认真的工作态度。

在了解正常心电图如何判读后，要进一步了解典型病理性心电图的判读。

一、P 波异常

1. P 波振幅增加 如果犬的 P 波振幅大于 0.4 mV 或猫的 P 波振幅大于 0.2 mV，则该种 P 波被称为肺 P 波，表明被检测动物右心房增大。慢性肺部疾病可能会导致动物出现肺 P 波。

2. P 波时限增加 当 P 波时限超过 0.04 s 时，则为二尖瓣 P 波，表明被检测动物左心房增大。

3. P 波振幅、时限均增加 如果心电图中 P 波振幅和时限均增加，则表明被检测动物双侧心房增大。

二、P-R 间期异常

P-R 间期反映的是冲动通过房室结的时间。如果 P-R 间期延长，则表明Ⅰ度房室传导阻滞。呼吸等引起迷走神经刺激的因素以及慢性二尖瓣关闭不全均可引起 P-R 间期延长。

三、QRS 波群异常

如果Ⅱ导联以及 aVF 导联测定的 R 波振幅大于 3 mV(小型犬大于 2.5 mV)，QRS 波群时限大型犬超过 0.06 s、小型犬超过 0.05 s、猫超过 0.04 s，并且平均电轴左移，即犬小于 40°或猫小于 0°，则表明左心室增大。如果 S 波振幅增加，平均电轴右移，即犬大于 100°或猫大于 160°，则表明右心室增大。

四、心律失常

1. 正常的窦性心律 窦房结为心脏的主起搏点。窦房结发出的持续规则的激动使心房和心室去极化，形成规律协调的房室收缩，产生正常的窦性心律。成年犬的心率为 70～160 次/分，幼犬可达到 220 次/分，猫为 120～240 次/分。正常的窦性心律，R-R 间期最大偏差小于 0.12 s，并且在Ⅱ导联上的 P 波正向且形态一致，QRS 波群正常。

2. 窦性心律失常 窦性心律失常为来自窦房结的不规则节律。心率一般在呼气时减少、吸气时增加。心电图上窦性心律失常时 R-R 间期变化大于 10%，其他符合正常窦性心律标准。一般这种窦性心律失常对于犬来说是正常的，对于猫来说是异常的。一般情况下，窦性心律失常与迷走神经有关，与呼吸周期相关，可能与呼吸系统疾病相关。

3. 窦性心动过速 窦性心动过速是指心率超出正常范围上限，即成年犬的心率大于 160 次/分，幼犬大于 220 次/分，猫大于 240 次/分。此类心电图中，节律较快，R-R 间期发生轻微变化，P-R 间期与正常一致。造成窦性心动过速的原因很多，如运动、疼痛、检查过程中的不适、发热、甲状腺功能亢进、缺氧以及药物。临床中要具体问题具体分析，找到心动过速的病因，根据病因进行相应的治疗。

4. 窦性心动过缓 窦性心动过缓是指心率低于正常范围下限，即成年犬的心率小于 70 次/分，大型犬低于 60 次/分，猫低于 160 次/分。在心电图上可以看到节律抑制，R-R 间期发生轻微的变化，P-R 间期表现一致。窦性心动过缓的可能原因包括生理性原因、病理性原因以及药物性原因。生理性原因包括颈动脉窦、颅内压升高等。病理性原因包括甲状腺功能减退、高钾血症、肾功能衰竭等。药物性原因包括麻醉药以及镇静药的使用等。与窦性心动过速一样，要根据病因进行具体的治疗。

5. 室上性期前收缩 室上性期前收缩时心率为正常心率，但是会出现不规则的节律。P 波出现异位，形状也不同于正常的 P 波。QRS 波群正常，但是 P 波的异位导致 QRS 波群在心电图上出现缺失的情况。出现这种情况的病因可能为慢性房室瓣闭锁不全导致的心房增大、右心房血管肉瘤、先天性三尖瓣发育不良、动脉导管未闭、洋地黄中毒以及药物作用等。在治疗时应根据具体病因进行治疗。偶发的室上性期前收缩不需要治疗，如果频繁发生，则需要治疗。

6. 室上性心动过速 室上性心动过速的激动源于心房内窦房结外的区域。在心电图上，心率大于 160 次/分，通常为规则的心律，如果激动来自心房许多不同的地方，可能出现不规则的节律，表现为 P 波形状异常或者难以辨认，QRS 波群通常正常。如果心动过快，可能会出现不同程度的房室传导阻滞。病因同室上性期前收缩相似，常见于导致心房增大的疾病。

7. 心房扑动 心房扑动是不常见的心律不齐，其主要特征是心房频率快，可达到 300～500 次/分。在心电图上常可见双向锯齿状的心房波组。该种情况多由重度结构性心脏病造成，如房间隔缺失、三尖瓣发育不良、慢性二尖瓣纤维化等。

8. 心房颤动 心房颤动是指心肌发生快速而不规则的弱收缩活动。心房颤动时心房各处随意去极化。心房颤动也称为室上性心律失常。心电图上心房颤动表现为 R-R 间期不规则，QRS 波群前无可识别的 P 波，QRS 波群振幅发生变化，但是 QRS 波群形状正常。有时心房颤动可引起心电图基线细且不规则。心房颤动常见于犬，可提示潜在心脏病。造成心房颤动的原因包括二尖瓣关闭不全、三尖瓣闭锁不全、室间隔缺损、心丝虫病、洋地黄中毒以及心脏创伤等。

9. 心室颤动 心室颤动可导致心脏停搏，心室内随意去极化，心脏收缩无力混乱。在心电图上出现混乱的波形，常为畸形波，并且极为快速。造成心室颤动的病因包括休克、缺氧、心肌梗死、低钾血症、低钙血症、碱中毒以及药物作用。

10. 逸搏节律 当窦房结在较长一段时间不能发出激动时，节律较慢的独立自发性起搏点发生起搏，逃逸了窦房结的控制。逸搏节律常见于缓慢性心律失常。逸搏节律有时可见于救援性搏动。逸搏节律可能提示窦性心动过缓、窦性停搏、房室传导阻滞等。

11. 窦性阻滞或停搏 窦性阻滞指的是窦房结发出的激动被阻滞。窦性停搏指的是窦房结暂时停止搏动。窦性阻滞或窦性停搏在心电图上表现为一段停顿，这段停顿中无 P 波、无 QRS 波群、无 T 波。如果停顿时间是 R-R 间期的整数倍，则提示为窦性阻滞。如果停顿为 R-R 间期的非整数倍，则提示为窦性停搏。

12. 心房静止 心房静止指的是心房无电活动。其在心电图上的特征为 P 波消失，经常伴随着缓慢的逸搏节律。与窦性停搏不同，心房静止的 P 波消失为持续性消失。心房静止常见的病因为高钾血症，窦房结依然产生电活动，但是高钾血症阻断了心房的去极化。

13. Ⅰ度房室传导阻滞 Ⅰ度房室传导阻滞是指室上性激动传导至房室结时延时或中断。其在心电图上表现为 P 波、QRS 波群正常，但是 P-R 间期延长，犬通常大于 0.13 s，猫通常大于 0.09 s。Ⅰ度房室传导阻滞的病因包括洋地黄中毒、药物的诱导以及呼吸等刺激迷走神经的因素等。

14. Ⅱ度房室传导阻滞 Ⅱ度房室传导阻滞为通过房室结的电冲动发生间歇性障碍，心房去极化后无心室去极化跟随。Ⅱ度房室传导阻滞的心电图可细分为两种，分别为莫氏Ⅰ型（Mobitz Ⅰ）房室传导阻滞和莫氏Ⅱ型（Mobitz Ⅱ）房室传导阻滞。莫氏Ⅰ型房室传导阻滞 P-R 间期逐渐增大，心室率低于心房率。莫氏Ⅱ型房室传导阻滞，心室率低于心房率，P 波阻滞，1 个或多个 QRS 波群消失。可能出现的阻断形态是心房心室比为 2∶1，即 2 个 P 波后出现 1 个 QRS 波群。Ⅱ度房室传导阻滞的病因与Ⅰ度房室传导阻滞相似，并且高度的房室传导阻滞可能会造成心排血量减少，出现明显的临床症状。

15. Ⅲ度房室传导阻滞 Ⅲ度房室传导阻滞为完全房室传导阻滞，心房产生的去极化波无法传播到心室。房室结以下的起搏点控制着心室节律。房室结下端或房室束束支产生正常的 QRS 波群，频率为 60～70 次/分。浦肯野纤维产生正常的 QRS-T 波群，频率为 30～40 次/分。在心电图上表现为 P 波规则，节律快速，QRS-T 波群缓慢，P 波与 QRS 波群相互独立。造成Ⅲ度房室传导阻滞的病

因包括先天性的房室传导阻滞、先天性缺陷、浸润性疾病、高钾血症、心肌梗死以及肥厚型心肌病等。

16. 室性期前收缩 异常的节律来自心室，缓慢传遍心室，导致各波节律、形状异常。表现为心电图上 P 波正常，QRS 波群期前发生、形状异常、振幅大，T 波方向通常倒转。如果 QRS 波群波形一致，则为单病灶性室性期前收缩。如果 QRS 波群波形各异，则为多源性室性期前收缩。在心电图中，P 波在 QRS 波群的前端、后端或与之重叠。如果室性期前收缩发生过早，常发生代偿性的心搏暂停。导致室性期前收缩的病因较多，包括原发性心脏病、继发性心脏病、缺氧、贫血、肿瘤、外伤性心肌炎以及药物的使用。

17. 室性心动过速 室性心动过速时心室率超过 100 次/分，节律规则。心室的固有频率为 40～50 次/分，窦性节律会加速心室固有节律。室性心动过速、频率达到 60～100 次/分时，为加速性自发性心搏过速。室性心动过速可能为持续性或阵发性。在心电图上可看到 P 波形状正常，QRS 波群波形宽且异常。P 波与 QRS 波群无关联性，P 波可在 QRS 波群的前端、后端或者与之重叠。室性心动过速常预示着显著的心脏病或者全身性疾病。

案例分享

执考真题

学习情境十八　内镜检查

扫码看课件

学习目标

【知识目标】

1. 了解常见内镜的种类。
2. 熟知内镜检查的方法及注意事项。

【技能目标】

根据需要，使用内镜进行合理的检查。

【思政与素质目标】

1. 养成无菌意识，具备善待动物的职业素养。
2. 养成实事求是、认真负责的职业态度。
3. 养成细心的工作态度。

系统关键词

胃镜、咽喉镜、腹腔镜。

任务准备

在使用前，应先用清水清洗内镜，然后放在2%戊二醛溶液中浸泡20 min，用无菌水冲洗，去掉残留的戊二醛。

任务实施

1. 胃镜　胃镜主要用来检查胃及十二指肠的疾病，也可用于检查气管或食管异物，还可用于评估动物对食物的敏感性。在许多案例中，胃镜对胃或十二指肠上部疾病的诊断要优于X线摄影。另外，行胃镜检查时，麻醉是比较安全的。

2. 咽喉镜　检查方法：将动物横卧保定，并牢固固定头部。先将器械在温水中稍加温，并涂以润滑剂。然后将内镜插至咽喉部，并用拇指紧紧将其固定于鼻翼上。打开电源开关，使前端照明装置将检查部照亮，即可借反射镜作用通过镜管窥视咽喉内情况，如黏膜变化、异物、破裂等。

3. 结肠镜　主要应用于犬或猫有大肠或直肠慢性疾病时，而回肠内镜检查则应用于动物有典型的大肠或小肠疾病时。宜先灌肠并排空直肠内宿粪，然后从肛门内插入直肠镜检查。

4. 腹腔镜　局部按常规剃毛消毒，将腹部先以无菌手术刀切开小口，通过切口插入腹腔镜，打开光源，进行检查。利用腹腔镜可以观察腹膜颜色、光滑度，某些脏器(如肝脏)表面平滑度、颜色、是否肿大(边缘锐、钝情况)，有无肿瘤等。腹腔镜技术在兽医中用于非侵袭性地评估器官，包括肝脏、肝外胆道系统、胰腺、肾脏、脾脏、肠道和生殖泌尿道。腹腔镜还可用于完成某些手术，如切取小片组织(如肿瘤)进行实验室检查等。器械用前及用后应清洗、消毒，按规定保存。检查后的动物也应做一般的护理。

5. 关节镜　关节镜的入路和在疾病治疗中的应用已被许多学者讨论。毋庸置疑，犬的关节镜将极大地推动犬关节疾病的诊断和治疗。

相关知识

内镜是用来直接观察动物内腔并能用于进行手术的医疗器械，在微创外科手术中起着极为重要的作用，是疾病诊疗不可缺少的工具之一。内镜能够清晰地显示病变，并可摄影或录像、活检取材，提高了对病变部位的早期诊断水平，而且开辟了内镜治疗的新领域。早年内镜主要应用于大动物疾病的检查和治疗，近年来，随着动物医疗水平的提高，内镜在小动物诊疗方面的应用逐渐增多，目前国内外应用于犬、猫疾病方面的内镜主要有胃镜、结肠镜、腹腔镜、胸腔镜、肠镜及关节镜等。

电子内镜主要由CCD耦合腔镜、腔内冷光照明系统、视频处理系统和显示打印系统等部分组成。CCD耦合腔镜将CCD耦合器件置于腔镜头端，直接对腔内组织或部位进行摄像，经电缆传输信号到图像中心。

视频处理系统的作用是将CCD耦合腔镜提供的模拟信号转换为二进制代码的数字信号，并用多种方式记录和保存图像，如用录像机录制的方式保存清晰的动态图像；用35 mm照相机在监视器图像"冻结"的状态下拍摄并保存静止图像；用激光光盘记录动态或静止的图像；用软盘记录静止图像等。

小提示

(1)检查前的准备工作对检查能否顺利进行很重要，准备工作不做好，可导致检查失败。

(2)内镜检查能够直接观察病变部位,是发现病变的最好方法,尤其能够发现早期病变。对可疑的病变或不能肯定的病变,可以通过内镜钳取标本做病理检查,以使诊断明确。

案例分享

项目四　护士岗位

<table>
<tr><td colspan="2">岗位</td><td>护士岗位</td></tr>
<tr><td colspan="2">岗位技术</td><td>小动物的接近与保定、动物治疗技术、安乐死术</td></tr>
<tr><td rowspan="3">岗位目标</td><td>知识目标</td><td>了解小动物的接近与保定、投药技术、注射给药法、氧气疗法、补液疗法、输血疗法、穿刺术、普鲁卡因封闭疗法、冲洗疗法、导尿术、物理疗法、腹膜透析技术和洗牙技术的操作方法和注意事项</td></tr>
<tr><td>技能目标</td><td>能够运用所学知识对动物进行接近与保定、投药、注射给药、补液、输血及输氧、穿刺、普鲁卡因封闭、冲洗、导尿、物理治疗、腹膜透析和洗牙操作</td></tr>
<tr><td>思政与素质目标</td><td>养成尊重生命、关爱动物,注重动物福利的意识和素养;养成不怕苦、不怕脏,坚韧不拔的品格;养成认真负责、实事求是的态度;养成勤于思考、科学分析的习惯</td></tr>
</table>

学习情境十九　小动物的接近与保定

任务一　小动物的接近

扫码看课件

学习目标

【知识目标】

1. 了解不同类型小动物的特点与习性。
2. 掌握小动物的接近方法及常见问题处理。

【技能目标】

能根据不同类型小动物的特点,正确选择接近方法。

【思政与素质目标】

1. 养成根据不同小动物选择正确的接近方法、善待动物的职业素养。
2. 养成实事求是、认真负责的职业态度。
3. 养成团队协作意识,有较强的责任感和科学认真的工作态度。

系统关键词

小动物、接近。

任务准备

接近小动物(犬、猫)时,最好有小动物主人在旁协助。首先向小动物发出接近信号,如以温和的

声音呼唤小动物(犬、猫)的名字,然后从其前方徐徐绕至前侧方其视线范围内,一边观察其反应,一边接近。接近小动物(犬、猫)后,先用手轻轻抚摸其头部或背部,并密切观察其反应,待其安静后,再进行保定和诊疗活动。

任务实施

(1)向小动物主人了解小动物的习性,如是否咬人、抓人及有无特别敏感、不让人触碰的部位。

(2)观察小动物的反应,当其怒目圆睁、龇牙咧嘴,甚至发出"呜呜"的呼声时,应特别小心。

(3)接近小动物时,避免粗暴的恐吓和突然的动作以及可能引起小动物(犬、猫)防御性反应的各种刺激。

小提示

1. 注意事项

(1)接近小动物前应先向小动物主人或有关人员了解小动物有无恶癖,以做到心中有数,提前防范。

(2)应熟悉各种小动物的习性,特别是异常表现(如犬、猫龇牙咧嘴、异常叫声等),以便及时采取相应措施。

(3)接近小动物时,应首先用温和的声音向小动物打招呼,然后缓缓接近小动物。

(4)接近小动物后,可用手轻轻抚摸小动物的颈侧或臀部,待其安静后,再行检查。

(5)接近小动物前应了解小动物发病前后的临床表现,初步估计病情,了解有无可能的传染病,防止传染病的接触传播。

2. 禁忌证 无特殊禁忌证。

案例分享

任务二 小动物的保定

扫码看课件

学习目标

【知识目标】

1. 了解不同类型小动物的特点与习性。
2. 掌握小动物的保定方法及常见问题处理。

【技能目标】

能根据不同类型小动物的特点,正确选择保定方法。

【思政与素质目标】

1. 养成根据不同小动物选择正确的保定方法、善待动物的职业素养。
2. 养成实事求是、认真负责的职业态度。
3. 养成团队协作意识,有较强的责任感和科学认真的工作态度。

系统关键词

小动物、保定。

任务准备

了解小动物习性，判断小动物此时的状态，提前准备需要用到的保定物品（按照品种、体重进行准备）。

任务实施

（一）犬的保定

1. 站立徒手保定 保定者蹲在犬一侧，一只手向上托起犬下颌并捏住犬嘴，另一只手的手臂经犬腰背部向外抓住外侧前肢（图 19-1）。这种保定方法不会给犬造成太多的不适，也能提供头部良好的固定。这种保定方法可用于较小的医疗操作，如量肛温或注射给药。对于小型短吻犬，使用这种保定方法必须小心，应避免牵引过多的头部皮肤，以免犬在挣扎的过程中出现眼睛脱垂的情况。对大型犬在抓住耳及头顶部皮肤的同时可骑在犬背上，用两腿夹住犬胸部。

2. 怀抱保定 保定者站在犬一侧，一只手从犬的颈部伸出，并向上环绕，手抓住犬的颈背部或靠近身体一侧的耳朵；另一只手从犬后躯沿肋弓向前固定后躯（图 19-2）。固定头颈部的手，要防止被犬伤到，必要时可配合口笼保定；肘部要留有空隙，以保证犬的呼吸顺畅；必要时，可配合用自己的身体加强保定；保定应量力而行，操作不可粗暴；保定时，后躯的固定力度要适中。怀抱保定是目前应用比较多的一种保定方式。

图 19-1　站立徒手保定

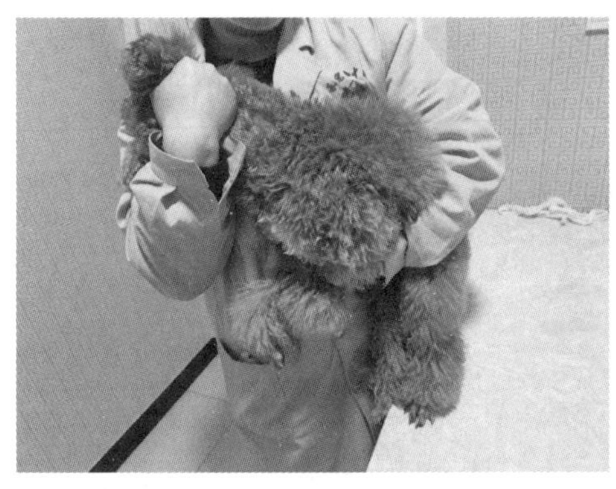

图 19-2　怀抱保定

3. 器械保定

（1）绷带保定：用 1 m 左右的绷带条，在绷带中间打一活结圈套，将圈套从犬鼻端套至鼻背中间（结应在下颌下方），然后拉紧圈套，使绷带条的两端在口角两侧向头背部延伸，在两耳后打结（图 19-3）；该法适用于长嘴犬。这个动作最好在犬冷静时，由犬主人协助进行，并且由侧面接近具有攻击性的犬，这是比较安全的做法。绷带保定也可在绷带 1/3 处打活结圈，按上述方法在耳后打结后，将其中较长的游离绷带经额部引至鼻背侧穿过绷带圈，再反转至耳后与另一游离端收紧打结；该法适用于短嘴犬。

（2）项圈保定：用软硬适中的塑料薄板或硬纸板做成圆形的颈圈或使用商品化的伊丽莎白项圈（图 19-4），外缘不要超过鼻端 5～6 cm，内径与犬的颈部粗细相当，在项圈内部的两侧加钉 2～3 排子母扣，以防项圈脱落。

（3）口笼保定：犬用口笼有皮革制口笼和铁丝口笼之分。口笼的规格按犬的个体大小有大、中、

图 19-3 绷带保定

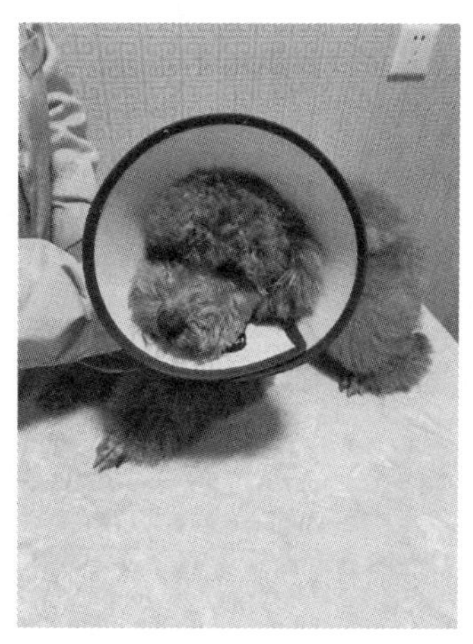

图 19-4 项圈保定

小三种，选择合适的口笼给犬戴上并系牢。保定人员需抓住脖圈，防止犬将口笼抓掉。口笼保定目前应用较少。

(4)网架保定：可先用绷带将犬的嘴扎紧，然后将其置于网架上，并使其四肢悬空(图 19-5)。网架的网眼结构要由质地柔软、结实的材料做成，网架可用木质或金属材料制作。

(5)颈钳保定：主要用于凶猛、咬人的犬。颈钳柄长 1 m 左右，钳端为两个半圆形钳嘴，使之恰好能将犬的颈部套入。保定时，保定人员抓住钳柄，张开钳嘴将犬颈部套入后再合拢钳嘴，以限制犬头部的活动。

(6)犬笼保定：将犬放在由不锈钢制作的长方形犬笼内，推动活动板将其挤紧，然后扭紧固定螺丝，以限制其活动(图 19-6)。此法适用于兴奋性很强或性情暴烈的犬，多用于需行肌内注射或静脉滴注时。

图 19-5 网架保定

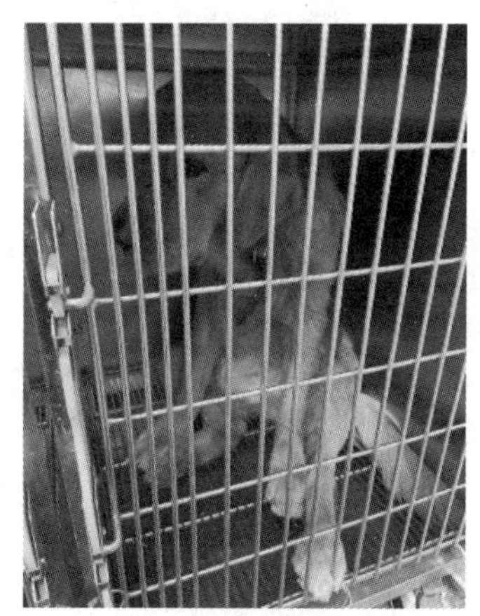

图 19-6 犬笼保定

4. 化学保定 化学保定是用某种化学药物，使犬暂时失去正常反抗能力的保定方法。此法达不到真正麻醉要求，仅使犬的肌肉松弛、意识减退、消除反抗。常用的药物包括镇静药、催眠药、镇痛药、分离麻醉药等，如氯丙嗪、地西泮、赛拉嗪、赛拉唑、氯胺酮等。此法适用于对犬进行长时间或复杂的检查、治疗，操作方便，对人安全，但增加了用药可能带来的一些风险。

(二) 猫的保定

1. 手抓顶挂皮法保定 保定者一只手抓住猫的头顶和颈后的皮肤(俗称“顶挂皮”)，另一只手将其两后肢拉直游离(图 19-7)。这种保定方法与母猫转移仔猫的操作类似，故许多猫比较容易接受。

2. 胸卧保定 在猫的侧边或后部用前臂夹住猫体两侧，使猫头不朝向保定者，并用两只手固定猫头(图 19-8)。

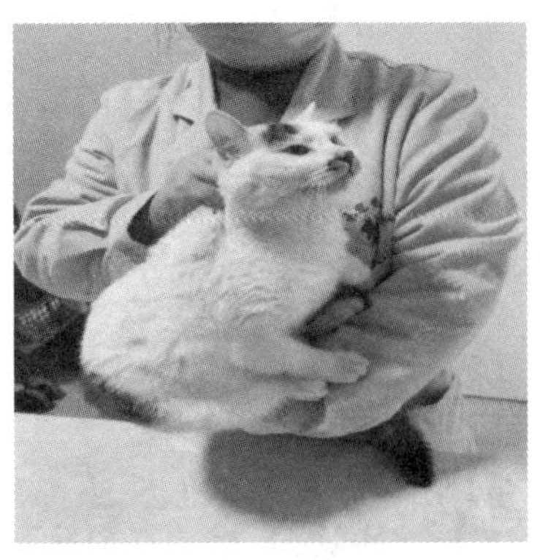

图 19-7　手抓顶挂皮法保定

图 19-8　胸卧保定

3. 项圈保定　用软硬适中的塑料薄板或硬纸板做成圆形的颈圈或使用伊丽莎白项圈(图 19-9)进行保定,外缘不要超过鼻端 5～6 cm,内径与猫的颈部粗细相当,在项圈内部的两侧加钉 2～3 排子母扣,以防项圈脱落。

4. 猫笼保定　选用与猫体大小相合的猫笼,将猫放进去后,可方便进行洗澡等操作(图 19-10)。

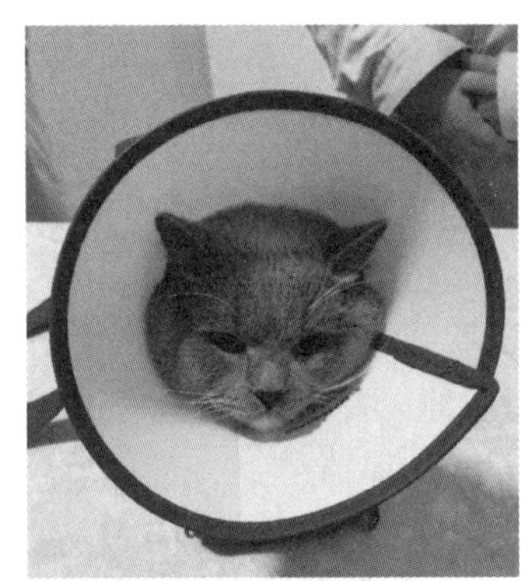

图 19-9　项圈保定

图 19-10　猫笼保定

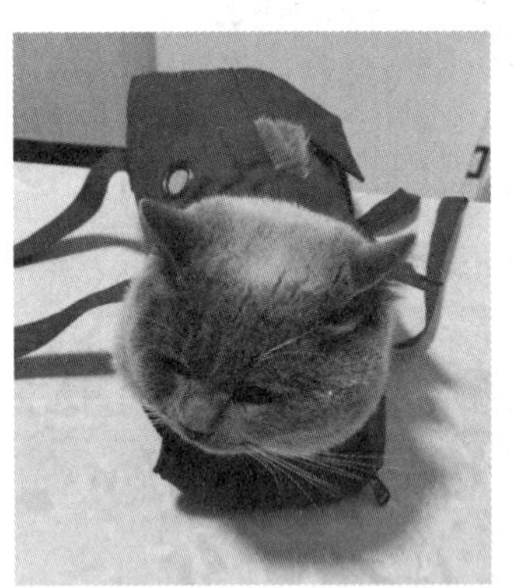

图 19-11　猫袋保定

5. 猫袋保定　选用与猫体大小相适的猫袋(用人造革或帆布缝制),或与猫体大小相适的渔网(可用尼龙绳编织),根据需要将猫某一肢或某一特点部分露出袋子外,以方便临床操作(图 19-11)。

6. 化学保定　如果用上述方法仍无法达到确切的保定,或者无法确保猫本身或操作人员、设备的安全,应对猫进行适当的化学保定,即给予镇静药、肌肉松弛剂或麻醉药(如舒泰、846 合剂和异氟烷等)。临床上对一些流浪动物进行救治保定时,因流浪动物比较敏感,往往需要将流浪动物放在一个透明的基本密封的箱体(麻醉箱)中,通入氧气和吸入性麻醉药(如异氟烷),待流浪动物轻度麻醉后再进行操作。

小提示

1. 注意事项　小动物的接近是临床工作人员开展诊疗工作的前提,保定是开展临床各项工作的基础。恰当、合适的接近和保定能减轻小动物的应激,使小动物感到舒适,在小动物和工作人员及小动物主人和工作人员间建立互信,以利于诊疗工作的展开。接近和保定的方法在临床中并无定式,需要根据临床的具体情况而调整,但基本原则应当注意。

(1)接近和保定无定式,应当随机应变、灵活应用。

(2)接近和保定要求简单方便,利于保定操作和临床诊治。

(3)接近和保定要求安全舒适,兼顾工作人员和小动物。

(4)接近和保定小动物时,工作人员要注意配合默契,团队协作共同完成。

无论采用何种方式,如果操作过程中小动物出现强烈反抗而导致呼吸困难等异常时,必须立即停止保定,并视情况给予氧气。等小动物恢复冷静后再选择适当的保定方法进行保定。

2. 禁忌证 无特殊禁忌证。

案例分享

学习情境二十 投药技术

扫码看课件

学习目标

【知识目标】

1. 了解不同类型小动物的特点与习性。
2. 掌握小动物的投药方法及常见问题处理。

【技能目标】

能根据不同类型小动物的特点,正确选择投药方法。

【思政与素质目标】

1. 养成根据不同小动物选择正确的投药方法、善待动物的职业素养。
2. 养成实事求是、认真负责的职业态度。
3. 养成团队协作意识,有较强的责任感和科学认真的工作态度。

系统关键词

犬、猫、投药。

任务准备

随着人们生活水平的提高,犬、猫等小动物以其乖巧、善通人性的特点成为不少家庭饲养的宠物,同时一些经济价值较高的犬、猫也逐渐向集约化饲养发展,犬、猫的疾病也随之增加,所以有必要掌握犬、猫常用的投药方法。投药时准备好所用药物和器械。

任务实施

1. 拌食投药法 本法适用于尚有食欲的犬、猫。所投药物应无异常气味、无刺激性,且用量少。投药时,把药物拌在犬、猫最爱吃的食物里,让犬、猫自行吃下去。如可以把片状驱虫药放入火腿肠

Note

中喂犬，因犬采食时“狼吞虎咽”而吃下药物。为了使犬、猫能顺利吃完拌药的食物，最好在用药前先禁食一顿。另外，为了使药物与食物更好地混合，也可将片剂碾成粉末拌入食物中。

2. 口服法 口服法又称灌服法，即强行将药物经口灌入犬、猫的胃内。无论犬、猫有无食欲，只要药物剂量不多，又没有明显刺激性，都可以采用此法。灌服前，先将药物加入少量水，调制成稀糊状。以犬为例，具体操作如下：灌药时，将犬站立徒手保定，助手（或犬主）用手抓住犬的上下颌，将其上下颌分开，投药者用圆钝头的竹片刮取糊状药物，直接将药物涂于犬的舌根部，慢慢松开手，让犬自行咽下，咽完再灌，直到灌完所有药物。如果所用药物为胶囊或片剂，可在助手打开口腔后，用竹片将药物送到犬口腔深部的舌根上，迅速合拢其口腔，并轻轻扣打下颌，以促使药物咽下。给大型犬灌药时，动作要轻柔、缓慢，切忌粗暴、急躁，以免将药物灌入气管及肺内。对于有刺激性的水剂药物且剂量较大时，不适合使用口服法。

3. 直肠给药法 直肠给药法又称浅部灌肠法，是将药液或药剂投入直肠内。常在犬、猫有采食障碍、吞咽困难或食欲废绝时进行人工补充营养，直肠或结肠炎症时投入抗炎药，或兴奋不安时灌入镇静药。投药时抓住犬、猫的两条后肢，抬高后躯，将尾拉向一侧，用 12～18 号橡胶导尿管，经肛门向直肠内插入 3～5 cm（猫）或 8～10 cm（犬）。用注射器吸取药液，对猫灌入 30～45 mL、犬灌入 30～100 mL，拔下导管，将尾根压迫在肛门上片刻，防止努责，然后松解保定。实践证明，该法对犬、猫的呕吐、腹泻、腹腔积液、中毒或吃入异物等疗效很好。

4. 胃管投药法 对大剂量的液体药物应用此法比较合适。此法操作简单、安全可靠，并且不浪费药物。以犬为例，具体操作如下。先准备一个金属的或硬质木料制成的纺锤形带手柄的开口器，表面要光滑，开口器的正中要有一个插胃管的小孔。再准备一根投药管（幼犬用直径 0.5～0.6 cm、大型犬用直径 1～1.5 cm 的胶皮管或塑料管，也可用人用 14 号导尿管代替）。投药时，对大型犬采取站立徒手保定、对幼犬可将其前躯抬高使呈竖直姿势。助手将纺锤形开口器放入犬口内，任犬咬紧，并用绳子将开口器固定在口角处。投药者手持涂有润滑剂的胃管，自开口器的小孔内插入，在舌的背面缓慢地向咽部推进，随犬的舌咽动作将胃管推入食管内。插入一定深度（先用胃管测量，犬的鼻端到第 8 肋骨处为插入深度）后，将胃管的末端放入一盛水的杯子中，若自胃管末端向外冒出气泡，则说明胃管被插入气管内，应立即拔出再插；若无气泡，表明已插入胃内，此时应继续将胃管向深部插入一部分，然后自末端接上无推芯的注射器，药液通过注射器及胃管缓缓进入胃内。灌完药后，用注射器推芯将剩余的药液全部推入胃内，然后捏住胃管口，缓缓拔出，这样可防止残留在胃管中的药液误入气管。用过的胃管洗净后，再用 0.1%苯扎氯铵溶液浸泡消毒。

5. 超声波雾化吸入法 超声波雾化吸入法通过应用超声波将药物变成细微的气雾，由呼吸道吸入达到治疗目的。其广泛应用于治疗上呼吸道、气管、支气管及肺部感染，对于改善呼吸道疾病的症状、抗菌以及止咳祛痰具有独到的治疗功效。具体操作：使用超声波雾化器，先将药液加入药杯中，盖紧药杯盖，再将面罩给动物戴上或直接将波纹管对准动物口、鼻部，插上电源，开机即可。调节雾化量大小，以不引起动物不适为宜。操作时要注意将雾化药液稍加温，以接近体温为宜。治疗中注意观察雾化管内药液的消耗情况，如药液消耗过快，应及时添加，治疗后面罩和导气管要及时清洗消毒。

小提示

1. 注意事项

（1）给药时必须保定确实，以保证人和小动物的安全。

（2）给药必须确实到位，谨防误咽。

（3）对处于兴奋状态的犬，经胃管给药前需给予镇静药。

2. 禁忌证 无特殊禁忌证。

学习情境二十一　注射给药法

任务一　皮下注射给药

学习目标

【知识目标】

1. 了解皮下注射的概念、目的。
2. 熟知皮下注射的注射部位、操作步骤和注意事项。

【技能目标】

学会与宠物主人沟通，根据需要，能够完成皮下注射操作。

【思政与素质目标】

1. 操作中严格执行无菌操作程序，有效沟通，严谨认真。
2. 体现爱心、责任意识和安全意识。

系统关键词

皮下注射、注射给药。

任务准备

皮下注射即将药物注射于皮下结缔组织内，经毛细血管、淋巴管吸收进入血液，发挥药效而达到防治疾病的目的。凡是易溶解、无强刺激性的药物，疫苗、血清、抗蠕虫药（如伊维菌素）等，某些局部麻醉药，以及不能口服或不宜口服的药物要求在一定时间内发生药效时，均可做皮下注射。

任务实施

1. 用具准备　根据注射药量，可选用 1 mL、2.5 mL、5 mL、10 mL 的注射器及相应针头。抽吸药液时，先将安瓿封口端用酒精棉球消毒，并随时检查药品名称及质量。

2. 注射部位　多选择皮肤较薄、富含皮下组织、活动性较大的背胸部、股内侧、颈部和肩胛后部等部位。

3. 操作方法

(1)准确抽取药液，而后排出注射器内混有的气泡。此时注射器针头要安装牢固，以免脱掉。

(2)注射局部首先剪毛、清洗、擦干除去体表的污物。对术者的手指及注射部位进行消毒。

(3)注射时，操作者左手中指和拇指捏起注射部位的皮肤，同时用食指尖下压使其呈现皱褶陷窝；右手持连接针头的注射器，针头斜面向上，从皱褶基部陷窝处与皮肤成30°～40°角，刺入针头2/3(根据动物体形的大小，适当调整进针深度)(图21-1)。此时如感觉针头无阻抗，且能自由活动，左手把持针头连接部，右手回抽针筒活塞无回血即可推压针筒活塞注射药液。如注射大量药液，应分点注射。注射完后，左手持干棉球按住刺入点，右手拔出针头，局部消毒。必要时可对局部进行轻轻按摩，促进吸收。

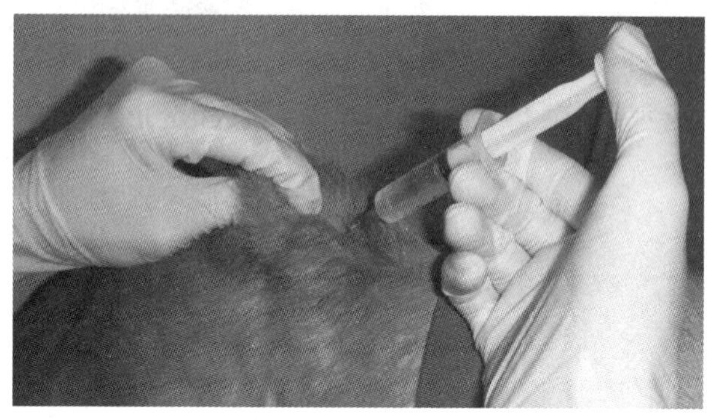

图21-1　皮下注射法

小提示

(1)刺激性强的药物不能做皮下注射，特别是对局部刺激性较强的钙制剂、砷制剂、水合氯醛及高渗溶液等，易诱发炎症，甚至组织坏死。

(2)每一注射点不宜注入过多的药液，如需大量注射药液，需将药液加温后分点注射。注射后应轻轻按摩或进行温敷，以促进吸收。

案例分享

任务二　肌内注射给药

学习目标

【知识目标】

1. 了解肌内注射的定位方法。
2. 熟知肌内注射的操作方法。

【技能目标】

根据需要，熟练掌握肌内注射的基本操作技能，完成肌内注射操作。

【思政与素质目标】

1. 操作中严格执行无菌操作程序，有效沟通，严谨认真。
2. 养成无菌意识、善待动物、规范操作的职业素养。

系统关键词

肌内注射、注射给药。

任务准备

肌内注射是将药物注入肌肉内的注射方法，是兽医临床上较常用的给药方法。肌肉内血管丰富，药物注入肌肉内吸收较快，且肌肉内的感觉神经较少，疼痛轻微。因此，较难吸收的药物，进行血管内注射而有副作用的药物，油剂、乳剂等不能进行静脉注射的药物，以及需要延缓吸收以持续发挥作用的药物等，均可采用肌内注射。

任务实施

1. 用具准备 同皮下注射。

2. 注射部位 选择肌肉丰满，神经和血管分布较少的部位，如颈部、臀部、股部和腰部肌肉等(图21-2)。

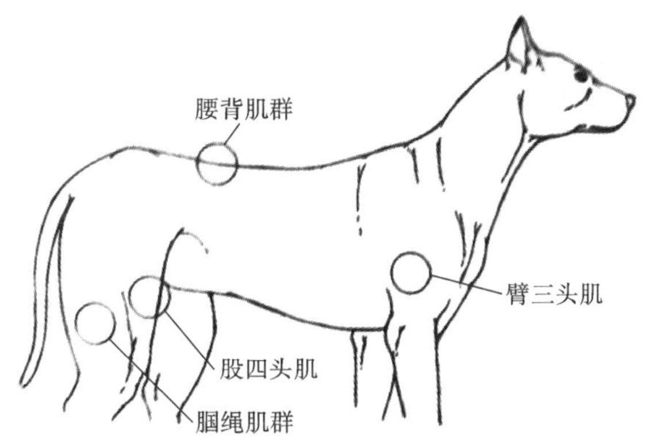

图 21-2 犬肌内注射的适宜肌群位置

3. 操作方法

(1)动物适当保定，局部常规消毒处理。

(2)操作者左手的拇指与食指轻压注射局部，右手持注射器，迅速刺入肌肉内。一般刺入 1～2 cm，而后用左手拇指与食指握住露出皮外的针头连接部分，以食指指节顶在皮上，再用右手回抽针管活塞，观察无回血后，即可缓慢注入药液(图 21-3)。如有回血，可将针头拔出少许再行试抽，见无回血后方可注入药液。注射完毕，用左手持酒精棉球压迫针孔部，迅速拔出针头。

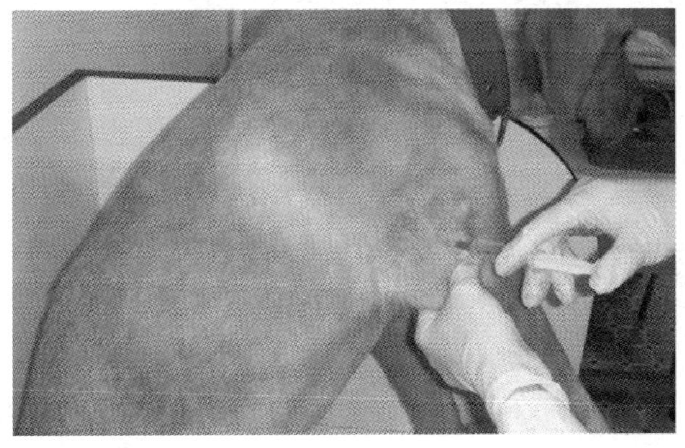

图 21-3 前肢臂三头肌注射

小提示

(1)由于肌肉组织致密,肌内注射时一般不宜注入大量药液。

(2)强刺激性药物如水合氯醛、钙制剂、浓盐水等,不能行肌内注射。

(3)针尖接触神经时,动物可出现骚动不安,应变换方向后再行注射。

(4)针体一般刺入2/3深度,不宜全部刺入,以防折断。一旦针头与注射器的连接部位折断,应立即拔出;如不能拔出,应将动物保定好,进行局部麻醉后,迅速切开注射部位组织,用小镊子、持针钳或止血钳拔出折断的针体。

(5)长期进行肌内注射的动物,注射部位应交替更换,以减少硬结的发生。

(6)同时注射两种及以上药物时,要注意药物的配伍禁忌,必要时可在不同部位注射。

(7)根据药液的量、黏度和药物的刺激性,选择适当的注射器和针头。

(8)避免在瘢痕、硬结、发炎、有皮肤病及有针眼的部位注射。淤血及血肿部位不宜进行注射。

案例分享

任务三　静脉注射给药

学习目标

【知识目标】

1.了解静脉注射的目的、注射部位的选择和注意事项。

2.能够正确实施静脉注射,并能分析操作失败的原因。

【技能目标】

根据需要,熟练掌握静脉注射的基本操作技能。

【思政与素质目标】

1.养成无菌意识、认真负责的职业态度。

2.学会团队协作,主动思考,灵活运用与宠物主人沟通的技巧。

系统关键词

静脉注射、注射给药。

任务准备

静脉注射是将药物注入静脉内,治疗危重疾病的主要给药方法。静脉注射主要用于大量输液、输血,或用于以治疗为目的的急需速效的药物(如急救、强心药物等)注射。注射药物有较强的刺激性,不能行皮下、肌内注射时,可行静脉注射。

任务实施

1. 用具准备

(1)根据注射药液的量可备 50～100 mL 注射器及相应的注射针头(或连接乳胶管的针头)。大量输液时则应使用一次性输液器。

(2)注射药液的温度要尽可能接近体温。

(3)大型犬、猫行站立保定,使头稍向前伸,并稍偏向对侧。小型犬、猫可行侧卧保定或腹卧保定。

(4)输液时,药瓶(生理盐水瓶)挂在输液架上,位置应高于注射部位。输液前排净输液器内的气体,拧紧调节器。

2. 注射部位 犬、猫可选择前肢腕关节正前方稍偏内侧的前臂皮下静脉(头静脉)和后肢跖部背外侧的小隐静脉,也可选择股静脉和颈静脉。

3. 操作方法

(1)前臂皮下静脉(头静脉)注射:最常用、最方便的静脉注射部位。该静脉位于前肢腕关节正前方稍偏内侧。宠物可侧卧、伏卧或站立保定,助手或宠物主人从宠物的后侧握住其肘部,使皮肤向上牵拉和静脉怒张,也可用止血带(乳胶管)结扎使静脉怒张。操作者位于宠物的前面,将注射器由近腕关节 1/3 处刺入静脉,在针头连接管处见到回血,确定针头进入血管内后,再顺静脉管进针少许,以防宠物骚动使针头滑出血管。松开止血带或乳胶管,即可注入药液,并调整输液速度。静脉输液时,可用胶布缠绕固定针头。在输液过程中,必要时试抽回血,以检查针头是否在血管内。注射完毕,以干棉签或干棉球按压针眼,迅速拔出针头,局部按压或嘱宠物主人按压片刻,以防止出血(图 21-4)。

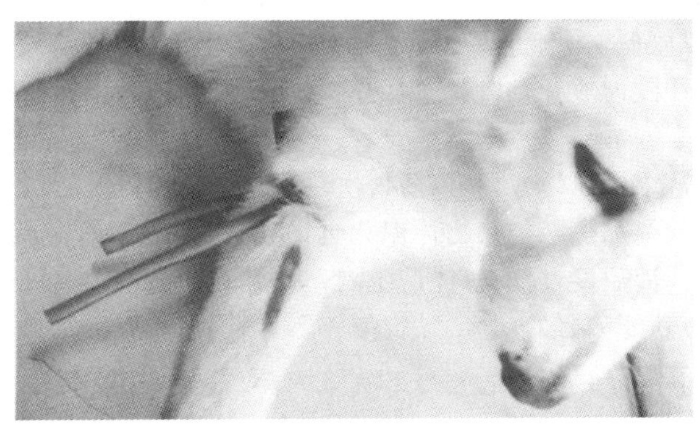

图 21-4 前臂皮下静脉(头静脉)注射方法

(2)后肢外侧小隐静脉注射:后肢外侧小隐静脉位于后肢胫部下 1/3 的外侧浅表皮下,由前斜向后上方,易于滑动。注射时,将宠物侧卧保定,局部剪毛、消毒。将乳胶管绑在宠物股部,或由助手用手紧握股部,使静脉怒张。操作者左手从内侧握住下肢以固定静脉,右手持注射器由左手指端处刺入静脉(图 21-5)。

小提示

(1)严格遵守无菌操作规程,对所有注射用具均应严密消毒。

(2)根据宠物种类、注射药液的量等,选用恰当的注射器及相应的注射针头,并检查针头是否畅通。

(3)宠物必须保定确实,进针和注射过程中均应防止宠物骚动,以免针尖划破血管使药液漏入皮下。

(4)注射时要看清血管径路,明确注射部位,刺入准确,一针见血,防止乱刺,以免引起局部血肿或静脉炎。当刺入后不见回血时,应耐心判断,找出原因。如刺入皮下而未进入血管,不要急于拔出针头,可适当调整角度和深度,再行刺入;当反复刺入血管而不见回血时,可能是针头被血凝块堵塞,

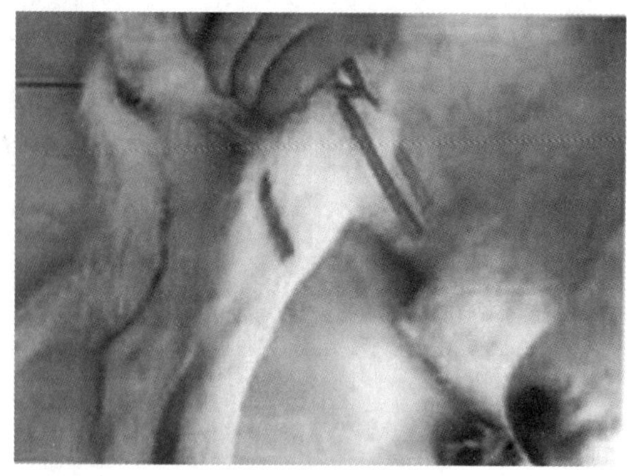

图 21-5　后肢外侧小隐静脉注射方法及注射部位

应更换针头。

(5)针头刺入静脉后,要再顺静脉方向进针少许,连接输液管后使之固定。

(6)针头刺入前应排净注射器或输液器中的空气。

(7)要注意检查药品的质量,防止杂质、沉淀。混合注入多种药物时,应注意配伍禁忌,油剂不能行静脉注射。

(8)注射对组织有强烈刺激的药物时,应防药液外溢而导致组织坏死。

(9)输液过程中,要注意观察动物的表现,如有骚动、出汗、气喘、肌肉震颤,以及发生皮肤丘疹、眼睑和唇部水肿等征象时,应及时停止注射。当发现输入液体突然过慢或停止以及注射局部明显肿胀时,应检查回血情况(可放低输液瓶,或一只手捏紧输液管上部,使药液停止下流,另一只手在输液管下部突然加压或拉长,并随即放开,利用产生的一时性负压,看其是否回血)。如针头已滑出血管,则应重新刺入。

(10)静脉注射时,宜从末端血管开始,以防再次注射时发生困难。

(11)大量输液时,药液要加热至与动物体温相近,且注射速度不宜过快,一般以 5～10 mL/min 为宜。如注射速度过快,药液温度过低,可能产生副作用,同时有些药物可能会导致过敏现象。

(12)对极其衰弱或心功能障碍的病犬、猫行静脉注射时,尤其应注意输液反应,要控制注射速度和输入量,防止肺水肿的发生。

案例分享

任务四　器官内注射给药

学习目标

【知识目标】

1. 了解心脏内注射、胸腔内注射和腹腔内注射的概念和目的。
2. 掌握心脏内注射、胸腔内注射和腹腔内注射的操作方法。

学习目标

【技能目标】

根据需要，熟练掌握心脏内注射、胸腔内注射和腹腔内注射的基本操作技能。

【思政与素质目标】

1. 养成无菌意识、认真负责的职业态度。
2. 养成团队协作意识，有较强的责任感和科学认真的工作态度。

系统关键词

心脏内注射、胸腔内注射、腹腔内注射、注射给药。

任务实施

（一）心脏内注射

心脏内注射是将药液直接注射到心脏的注射方法。

1. 适应证 当宠物心功能急剧衰竭，静脉注射急救无效或心搏骤停时，可将强心剂直接注入心脏内，恢复心功能，抢救宠物。

2. 操作方法

（1）用具准备：宠物用一般注射针头，注射药液多为盐酸肾上腺素。

（2）注射部位：犬、猫在左侧胸廓下 1/3 处，第 5～6 肋间。

（3）操作方法：操作者以左手稍移动注射部位的皮肤然后压住，右手持连接针头的注射器，垂直刺入心外膜，再进针 3～4 cm 即可达心肌。当针头刺入心肌时有心搏动感、注射器摆动，继续进针可达左心室内，此时感到阻力消失。回抽针筒活塞时见有暗赤色血液回流，可徐徐注入药液，药液很快进入冠状动脉，迅速作用于心肌，恢复心功能。注射完毕，拔出针头，注射部位涂碘酊或用碘仿火棉胶封闭针孔。

3. 注意事项

（1）宠物应保定确实，操作要认真，刺入部位要准确，以防心肌损伤过大。

（2）为了确实注入药液，可配合人工呼吸，防止由于缺氧引起呼吸困难而带来危险。

（3）心脏内注射时，由于刺入的部位不同，可引起各种危险，应严格掌握操作规程，以防意外，有条件的可在 B 型超声引导下进行。

（4）当刺入心房壁时，因心房壁薄，伴随心脏搏动会有出血的危险。此处注射部位不当，应改换位置，重新刺入。

（5）在心脏搏动时如将药液注入心内膜，有引起心脏停搏的危险。这主要是注射前判断不准确，并未回血所造成。

（6）当针刺入心肌、注入药液时，也易发生各种危险，主要由深度不够所致，应继续刺入至心室内见回血后再注入药液。

（7）心脏内注射效果确实显著，但注入过急时，可引起心肌的持续收缩，易诱发急性心搏停止。因此，必须缓慢注入药液。

（8）心脏内注射不得反复应用，这种刺激可引起传导系统发生障碍。

（9）所用针头宜尽量选用小号，以免过度损伤心肌。

（二）胸腔内注射

胸腔内注射也称胸膜腔内注射，是将药液或气体注入胸膜腔内的注射方法。

1. 适应证

(1)治疗胸膜炎症。

(2)抽出胸膜腔内的渗出液或漏出液做实验室诊断,同时注入抗炎药或洗涤药液。

(3)气胸疗法时向胸膜腔内注入空气以压缩肺脏。

2. 操作方法

(1)用具准备:注射器材需要 6～8 号针头,连接于相应的注射器上。为排出胸膜腔内的积液或洗涤胸膜腔,通常要使用套管针。一般根据动物的体形大小或治疗目的来选用器材。

(2)注射部位:犬、猫在右侧第 6 肋间或左侧第 7 肋间、与肩关节水平线相交点下方 2 cm,即胸外静脉上方 2 cm 沿肋骨前缘刺入。

(3)操作方法。

①宠物站立保定,注射部位剪毛、消毒。

②操作者左手将穿刺部位皮肤稍向前方移动 1～2 cm;右手持连接针头的注射器,沿肋骨前缘垂直刺入,深度 1～2 cm,可依据动物体形大小及营养程度确定。

③注入药液。刺入注射针时,一定要注意不要损伤胸膜腔内的脏器,注入的药液温度应与宠物体温相近。在排出胸腔积液、注入药液时,必须缓慢进行,并且要密切注意宠物的反应和变化。

④注入药液后,拔出针头,使局部皮肤复位,进行消毒处理。

3. 注意事项

(1)进针时,针头应该靠近肋骨前缘刺入,以免刺伤肋间血管或神经。

(2)刺入胸膜腔后应该立即闭合好针头胶管,以防空气窜入胸膜腔而形成气胸。

(3)必须确定针头刺入胸膜腔内后,才可以注入药液。

(三)腹腔内注射

腹腔内注射是将药液注入腹膜腔内,适用于腹膜腔内疾病的治疗和通过腹膜腔补液(在动物脱水或血液循环障碍,采用静脉注射较困难时更为实用)。

1. 犬的腹腔内注射

(1)注射部位:在脐与耻骨前缘连线的中点、腹中线旁。

(2)操作方法:注射前,先使犬前躯侧卧、后躯仰卧,将两前肢系在一起,两后肢分别向后外方转位,充分暴露注射部位。保定好犬的头部,注射部位剪毛、消毒。注射时,操作者一只手捏起皮肤,另一只手持注射器针头垂直刺入皮肤、腹肌及腹膜。当针头刺破腹膜进入腹膜腔时,立刻感觉没有阻力,有落空感。若针头内无血液流出,也无脏器内容物溢出,并且注入灭菌生理盐水无阻力,说明刺入部位正确,此时可连接注射器进行药液注射(图 21-6)。

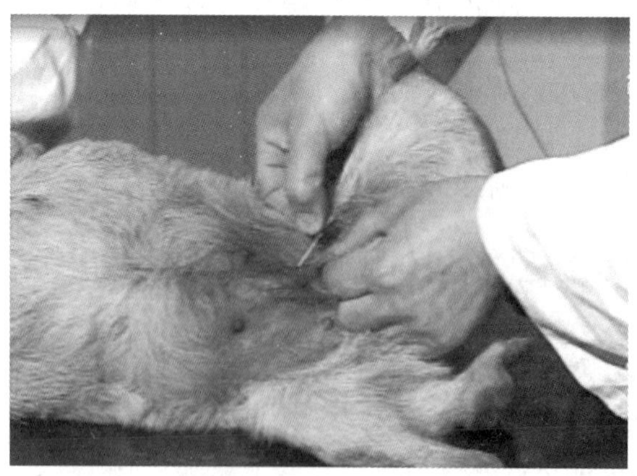

图 21-6　犬的腹腔内注射

2. 猫的腹腔内注射

(1)注射部位:耻骨前缘 2～4 cm 处腹中线旁。

(2)操作方法:同犬。

小提示

(1)注射药液预温到与宠物体温相近。
(2)注射药液应为等渗溶液,最好选用生理盐水或林格液配制。
(3)有刺激性的药物不宜行腹腔内注射。

任务五　气管内注射给药

学习目标

【知识目标】
1. 了解气管内注射的概念、目的。
2. 掌握气管内注射的操作方法。

【技能目标】
根据需要,熟练掌握气管内注射的基本操作技能。

【思政与素质目标】
1. 养成无菌意识、认真负责的职业态度。
2. 养成团队协作意识,有较强的责任感和科学认真的工作态度。

系统关键词

气管内注射、注射给药。

任务准备

气管内注射是将药物注入气管内,使药物直接作用于气管黏膜的注射方法。临床上常将抗生素注入气管内治疗支气管炎和肺炎,将麻醉药注入气管内治疗剧烈咳嗽等。气管内注射也可用于肺脏的驱虫。

任务实施

1. 用具准备　剃毛刀、酒精棉球、注射器、外科手套、操作盘。

2. 注射部位　一般在颈部上 1/3 下界处,腹侧面正中,第 4 与第 5 气管软骨环之间进行注射。

3. 操作方法

(1)犬和猫侧卧或站立保定,固定头部,充分伸展颈部,使前躯稍高于后躯,局部剪毛、消毒。

(2)操作者一只手持连接针头的注射器,另一只手握住气管,于两个气管软骨环之间垂直刺入气管内 0.5～1.0 cm,此时轻轻摆动针头,可感觉前端空虚,再缓缓注入药液(图 21-7)。注射完后拔出针头,涂搽碘酊消毒。

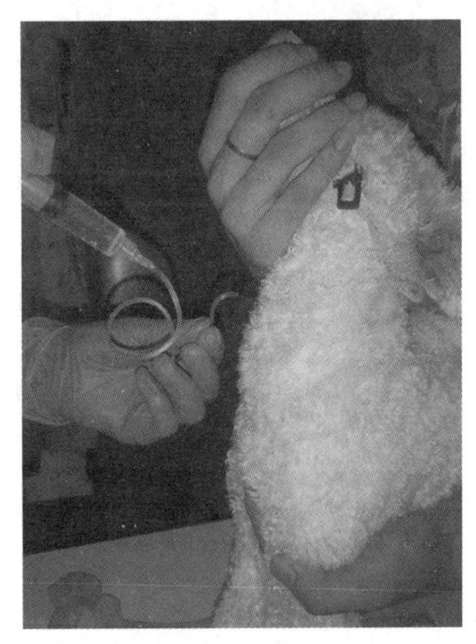

图 21-7　气管内注射

小提示

(1)注射前宜将药液加热至与宠物体温相近,以减轻刺激。

(2)注射过程中如遇宠物咳嗽,应暂停注射,待安静后再注入。

(3)注射速度不宜过快,最好一滴一滴地注入,以免刺激气管黏膜,导致宠物咳出药液。

(4)如病犬、猫咳嗽剧烈或为了防止注射诱发咳嗽,可先注射2%盐酸普鲁卡因溶液1～2 mL,降低气管的敏感性,再注入药液。

(5)注射药液不宜过多,犬一般1～1.5 mL、猫0.5～1.0 mL。量过大时,易导致气管阻塞而发生呼吸困难。

扫码看课件

学习情境二十二　氧气疗法、补液疗法及输血疗法

任务一　氧气疗法

学习目标

【知识目标】

1. 了解氧气疗法的适应证。
2. 掌握输氧的步骤与方法。

【技能目标】

能够自主使用氧气疗法。

【思政与素质目标】

1. 养成无菌意识,具备善待动物的职业素养。
2. 养成实事求是、认真负责的职业态度。
3. 养成团队协作意识,有较强的责任感和科学认真的工作态度。

系统关键词

氧气、输氧。

任务准备

氧气疗法的对象主要是动脉血氧分压下降的动物,包括由各种病因造成通气、换气不良的低氧血症及心力衰竭、休克、心和胸外科手术等情况。氧气疗法的直接作用是提高动脉血氧分压,改善因动脉血氧分压下降造成的组织缺氧,使脑、心、肾等重要脏器功能得以维持;也可减轻缺氧时心率、呼吸加快所造成的心、肺工作负担。临床上,氧气疗法多用于危重病例的急救,因此操作者必须熟练掌握此项技能且操作正确。

任务实施

1. 鼻塞和鼻导管吸氧法　鼻塞吸氧法是将鼻塞放于一侧鼻前庭内,并与鼻腔紧密接触,使动

物吸氧。鼻导管吸氧法是将一导管插入鼻腔顶端，使动物吸氧，即利用氧气的吸入装置持续给动物输氧。该装置包括氧气筒和流量表，氧气筒内氧气纯度一般在98%以上，也有使用100%纯氧的。

氧气筒顶部有气门，可以开关，氧气即能逸出。开放气门时，操作者应站在筒顶压力表的左后方，每次开放十圈，若超过3/4圈容易发生事故，气门应接减压器，使输出的氧气压力降低。减压器上的高压表指示筒内压力，有的还附有低压表，指示减压后的压力。此外，还设有调节螺旋控制氧气的停或流，启闭阀设在减压器的另一端，也用于控制氧气的输出。

流量表可表示每分钟输出的氧气量，常以每分钟若干升来计算。流量表的下端有开启螺旋，可以调节气流的大小。

使用时先将开关和螺旋关闭旋紧，用扳手打开气门，查看高压表指针位置，转动调节螺旋，再打开启闭阀，注意低压表，到需要氧流量的位置。若无调节螺旋，直接转动开启螺旋，注意流量表上的指示。关闭程序与上述程序相反。

2. 面罩吸氧法 将面罩掩盖动物口、鼻，使其吸氧。该法比鼻塞和鼻导管吸氧法效果好，但可能造成呼吸性酸中毒。

 小提示

1. 注意事项

(1)患有慢性阻塞性肺疾病(COPD)(慢性气管炎、肺气肿)的动物在呼吸衰竭时，应该低浓度吸氧。

(2)经鼻塞和鼻导管吸氧时，高流量吸氧对局部鼻黏膜有刺激，氧流量不能大于7 L/min。

2. 不良反应 长时间吸氧会造成氧中毒、肺不张。

 案例分享

任务二 补液疗法

学习目标

【知识目标】

1. 了解补液疗法的适应证、液体的选择、补液量的选择。
2. 掌握补液的步骤与方法。

【技能目标】

掌握补液量、补液的速度、液体的选择以及补液的方法。

【思政与素质目标】

1. 养成无菌意识，具备善待动物的职业素养。
2. 养成实事求是、认真负责的职业态度。
3. 养成团队协作意识，有较强的责任感和科学认真的工作态度。

系统关键词

补液、脱水、补液量。

任务准备

一、脱水的临床评估

脱水量<5%，无症状。

脱水量5%～6%，皮肤弹性轻度下降。

脱水量7%～8%，皮肤弹性显著下降；毛细血管再充盈时间轻度延长，眼睛可能陷入眼眶；口腔黏膜可能干燥。

脱水量9%～10%，皮肤拉起后恢复原位时间延迟；毛细血管再充盈时间延长，眼睛陷入眼眶；口腔黏膜干燥、轻度发黏。

脱水量11%～12%，皮肤拉起后不能恢复原位；毛细血管再充盈时间延长，眼睛陷入眼眶；口腔黏膜干燥；可能存在休克症状（心动过速、四肢冰凉、脉搏快而微弱）。

脱水量13%～15%，出现低血容量性休克症状，近乎死亡。

二、脱水的实验室评估

实验室检查中红细胞（RBC）、血红蛋白（HB）、红细胞压积（HCT）、白蛋白（ALB）、尿素氮（BUN）水平升高，若原发疾病对这些指标不产生影响，则代表机体脱水。

三、补液量的计算

补液量＝水分缺失量＋维持需要量＋进行性丢失量

式中，水分缺失量（mL）＝体重（kg）×脱水量（%）×1000；维持需要量为40～60 mL/（kg·d），包括可感丢失量（尿量）（27～40 mL/（kg·d））和非可感丢失量（粪便、皮肤、呼吸丢失量）（13～20 mL/（kg·d））；进行性丢失量为呕吐、腹泻、多尿等所造成的体液丢失量，临床上以估计数值为准。

四、液体的选择

在小动物临床中常用的晶体溶液包括乳酸林格液、林格液以及各种浓度的葡萄糖溶液和氯化钠溶液（0.9%氯化钠溶液、5%葡萄糖溶液以及糖盐水）。

乳酸林格液是小动物临床常用的晶体溶液之一。它的渗透压浓度与细胞外液相似，因此被认为是等渗溶液。大多数商品性乳酸林格液为人用，其渗透压浓度稍微低于犬、猫细胞外液/血浆中的渗透压浓度。乳酸林格液中的 Na^{+}、Cl^{-} 和 K^{+} 浓度同样，与人的细胞外液/血浆中的 Na^{+}、Cl^{-} 和 K^{+} 浓度相等，但比犬、猫的稍低。乳酸林格液含有乳酸，乳酸在肝脏内可代谢为碳酸氢盐。许多肿瘤学专家不建议使用乳酸林格液，因为这样会增加机体对乳酸的负荷，导致酸中毒。乳酸林格液可提供9 kcal的能量，而成年犬、猫的平均能量需要量为20～30 kcal/d，因此，乳酸林格液不能满足动物的能量需要量。

林格液又称复方氯化钠，不含乳酸。与乳酸林格液相比，它含有高浓度的 Cl^{-}。林格液被认为有酸化作用，这种酸化作用不会造成代谢性酸中毒，但有助于发生代谢性碱中毒者纠正其酸碱平衡。多数犬、猫发生呕吐时，呕吐物中的胃内容物含有盐酸、十二指肠内容物含有碳酸氢盐。因此，它们的酸碱比例在发生酸/碱丢失时会正常。如果动物幽门梗阻，它们的呕吐物可能主要是胃内容物而不含十二指肠内容物。这样就导致动物因丢失大量的酸而发生碱中毒。

5%葡萄糖溶液相对细胞外液为低渗性溶液。它只含有葡萄糖，不含有电解质。5%的葡萄糖是维持液的一种成分。当动物不耐受钠时，如患有心脏病时，可以单独使用5%葡萄糖溶液来补充水分。一般葡萄糖溶液与乳酸林格液或氯化钠溶液配合使用来进行补液。

0.9%氯化钠溶液是等渗溶液，它只含有钠和氯。氯化钠用于血钠减少时，如艾迪森综合征。因为氯化钠所含钠量比乳酸林格液所含钠量要高，当动物血钾或血钙升高时，可以使用氯化钠进行补液。如艾迪森综合征时，血钾升高，血钙轻度升高，血钠降低；少尿性急性肾功能衰竭时，由于急性肾功能衰竭导致排尿量极少，血钾升高；膀胱破裂或尿道阻塞（尿结石）导致尿潴留时，血钾升高，均可以使用氯化钠溶液补液。

胶体溶液是含有大微粒的溶液，包括蛋白质、右旋糖酐和羟乙基淀粉等。它们被称为胶体溶液是因为那些微粒的分子量较大，可以在血液循环中长期存在且通过其膨胀作用保存血液中的水分。

白蛋白：血液循环系统中的白蛋白可以维持胶体的膨胀作用，以调节血管内晶体溶液的浓度。如果血液中的蛋白质尤其是白蛋白减少，那么进行晶体溶液疗法将导致血液循环系统中的晶体流到血管外，加重腹腔积液和水肿程度。含有大分子量微粒的溶液（胶体溶液）可长期存在于血管内，且动员腹腔内或皮下的液体再进入血管内。

右旋糖酐：右旋糖酐是一种复合糖类。右旋糖酐有 2 种商业性产品：分子量为 40000 的右旋糖酐（称为低分子量右旋糖酐）和分子量为 70000 的右旋糖酐（称为高分子量右旋糖酐）。右旋糖酐在体内的存在时间为数小时至数日。右旋糖酐可以影响机体血小板和凝血因子的功能，因此不适用于那些存在凝血功能障碍的动物。

五、补液速度

补液速度要依据补液途径、补液类型和治疗目的而定。如果液体含有钾离子，那么液体就要慢输，以每小时输入钾量为 0.5 mmol/kg 的速度进行滴注。对于非休克动物进行常规输液时，输液速度一般为 3～5 mL/(kg・h)。如果动物处在休克状态，那么液体就要在 1 h 内尽可能快输，以快速扩充血容量。静脉输液泵可以保证液体滴注速度恒定。输液时若动物屈曲四肢，会导致静脉内套针发生堵塞，妨碍液体的重力流动，输液泵可以克服套针堵塞的问题。当然，即便输液泵不能克服这个问题，也可以通过输液泵报警装置来随时了解套针是否在正常工作。

任务实施

（一）补液

补液可以通过以下途径进行：口服补液、静脉补液、皮下补液、腹腔补液、直肠补液和骨髓补液。各种补液方法均有其优缺点。

1. 口服补液　简单易行，费用低，宠物主人可以在家里自己为宠物补液。注意防止液体进入气管，引起异物性肺炎；补液量不要超过胃的体积。

2. 静脉补液　必须无菌，因此，静脉补液费用较高。静脉补液的优点包括立即起效和精确给药。不用担心静脉内给药后药物的吸收量，因为通过静脉内给药所用的时间比起其他补液途径所用的时间较长，但必须密切监视动物发生液体过剩的危险。输液器被污染可导致全身性并发症。

3. 皮下补液　液体可以通过皮下补液的方法快速给予，此法非常简单。皮下输入液体时也要无菌操作，且液体渗透压要与细胞外液相近。通常使用 18～22 号针头。每个穿刺点输入液体量为 10～20 mL/kg。理论上，进行皮下补液时应避免使用含有葡萄糖的溶液。一旦使用这种液体，皮肤就会水肿，细菌会进入皮下输注的液体。皮下组织对液体的吸收相对较慢，一般为 6～8 h。如果动物发生严重的脱水，皮下组织的血液分流入重要的组织器官，液体的吸收时间将会更长。因此，皮下补液适用于动物的轻度脱水。

4. 腹腔补液　腹腔补液可以输入无菌等渗的液体如全血。腹腔补液的吸收速度非常快。腹腔内给药可用于新生动物，因为新生动物太小而不能进行静脉穿刺或放置静脉内套针。这种给药途径对器官有损伤的危险。如果细菌进入腹膜腔就会导致严重的腹膜炎，而且较难治疗。

5. 直肠补液　尽管直肠补液不是经典的补液途径，但这种方法是那些患有肝性脑病动物的首选途径。

(二) 输液泵的使用

(1)打开输液泵门,从上到下将输液管安装好,关闭输液泵门,将输液夹夹在茂菲滴管液面以上,液面不能过高。遵医嘱设置好输液的速度和输液量。松开输液器的手动开关,启动输液泵,观察输液管通畅情况。

(2)输液泵报警:①阻塞报警:输液器手动开关未打开,输液管反折或者受压。②低压报警:输液泵电量不足,需插上充电插头或者更换电池。③气泡报警:输液管壁上有气泡,液体已经输空。

(3)停用输液泵时,先按暂停键,然后关闭输液器手动开关,关闭电源。

案例分享

任务三 输血疗法

学习目标

【知识目标】

1. 了解输血疗法的适应证。
2. 掌握输血前的准备工作。
3. 掌握输血的步骤与方法。

【技能目标】

掌握输血的准备工作与操作步骤。

【思政与素质目标】

1. 养成无菌意识,具备善待动物的职业素养。
2. 养成实事求是、认真负责的职业态度。
3. 养成团队协作意识,有较强的责任感和科学认真的工作态度。

系统关键词

交叉配血、输血。

任务准备

(一) 输血原则

检查 ABO 血型,保证同型输血。

输血前进行交叉配血试验。即将供血者的红细胞与受血者的血清相混合,此为交叉配血试验的主侧;将受血者的红细胞与供血者的血清相混合,此为交叉配血试验的次侧。将混合物放置 15 min 左右后观察,如果主次两侧均不发生凝集反应,则说明受血者与供血者的血型相配,可以输血;如果主侧为阴性、次侧为阳性,则可以在紧急情况下少量缓慢输血;如果主、次侧均发生了凝集反应,则说明受血者与供血者的血型不相配，不能输血。根据临床需要输血。例如，给大面积烧伤动物输血，最好输入血浆，因为此时动物丢失的主要是血浆，如果输入全血，可能使体内红细胞浓度过高，增加血液的黏滞性而影响血液循环。给严重贫血动物输血，最好输入浓缩的红细胞悬液，因为此时动物主要是红细胞数量过少或血红蛋白浓度过低，但总血量并不减少。某些出血性疾病动物需要输入浓缩的血小板悬液或含凝血物质的血浆，以增强血小板聚集和血液凝固的能力，促进止血。

（二）输血量计算

犬经常使用头静脉、外侧隐静脉、内侧隐静脉和颈静脉输血。血液可以不同的速度输入，但常用4～5 mL/min。正常血容量的病犬可以接受22 mL/(kg·d)的血液。心衰犬输血速度不能超过4 mL/(kg·h)。使用以下公式计算输血量，使红细胞压积(HCT)达到正常水平：

输血量(mL)＝体重(kg)×90×(预期HCT－受血者HCT)/供血者HCT

猫可经头静脉、内侧隐静脉和颈静脉输血。若不能找到静脉通路，也可进行髓内输血。一般2～4 kg猫可在30～60 min静脉输入40～60 mL全血。以5～10 mL/(kg·h)的速度输入过滤的血。使用以下公式计算输血量：

输血量(mL)＝体重(kg)×70×(预期HCT－受血者HCT)/供血者HCT

任务实施

（一）器械与药品准备

硫戊巴比妥钠或846麻醉合剂、供血输液器、灭菌盛血容器（选用内含抗凝剂的专用采血包，也可采用内含少量生理盐水的输液瓶）、肝素或枸橼酸钠、20 mL或50 mL一次性注射器。

（二）供血采集

供血宠物用硫戊巴比妥钠或846麻醉合剂麻醉，由颈静脉采集血液，也可以由左心室采集血液（用长7.5 cm的18号针头采血）。左心室采血的部位为左侧第5肋间。如果需要反复采血，则应从颈静脉采集，在注射器内按采集血液的比例准备好抗凝剂，抽好血液后缓慢上下翻转注射器，使血液与抗凝剂充分混合。供血宠物可提供的血液量最高为22 mL/kg，且可以3周的时间间隔反复采集。采集的血液可以在4 ℃条件下储藏3周。注意麻醉药用量不宜过大，浅麻醉即可，否则会对受血动物产生不良影响。

（三）输血方法

可以选在前肢的桡静脉或颈静脉，通过输液器进行输血。输血的速度以4～5 mL/min为宜，常用的输血量为22 mL/kg，当宠物存在大失血以及外科手术时可以倍量进行输血。

小提示

（一）不良反应

1. 急性溶血反应　表现为潮红、震颤、呼吸增快、心搏加快，并于数分钟或数日内出现黄疸。多在输入50 mL血液后出现。有的出现血红蛋白尿，应立即停止输血，碱化尿液以减少肾脏的损害，应用呋塞米等强力利尿的药物使尿量达100 mL/h。该反应易导致急性休克和弥漫性血管内凝血，故需要给予肝素以挽救生命。

2. 延迟溶血反应　表现为在输血后数日出现黄疸，并伴有寒战和发热。处理参考急性溶血反应。

3. 过敏反应　主要表现为潮红、寒战、发热、荨麻疹、不安、瘙痒等。当出现上述反应时，应立即停止输血，给予苯海拉明以解除症状，应用退热药物，并检查血液中是否存在细菌，进行药敏试验。

4. 发热反应　主要表现为寒战、发热。应立即停止输血，给予阿司匹林或对乙酰氨基酚。体温持续升高时可以选用苯海拉明，并进行血液细菌检查。

（二）禁忌证

当犬、猫患有严重的心脏病、肾脏疾病、肺水肿、肺气肿、脑水肿、白血病等时，应禁止输血。

视频：补液、输血、氧疗

案例分享

扫码看课件

学习情境二十三 穿刺术

穿刺术是使用普通针头或特制的穿刺器具（如套管针）刺入动物体腔脏器内，通过排出内容物或气体，或者注入药液达到治疗目的的一种技术。

任务一 皮下穿刺术

学习目标

【知识目标】

1. 了解脓肿、血肿、淋巴外渗肿的概念、产生机制与原因。
2. 熟知脓肿、血肿、淋巴外渗肿皮下穿刺术的操作方法。
3. 熟知脓肿、血肿、淋巴外渗肿的鉴别方法。

【技能目标】

根据需要，能够对脓肿、血肿、淋巴外渗肿实施皮下穿刺术，并对其进行鉴别诊断和治疗。

【思政与素质目标】

1. 养成无菌意识、认真负责的职业态度。
2. 善待动物，有较强的责任感和科学认真的工作态度。

系统关键词

皮下穿刺、鉴别诊断。

任务准备

脓肿、血肿、淋巴外渗肿皮下穿刺术，是指用穿刺针穿入上述三种病灶的一种穿刺方法，用于皮下肿胀的诊断和治疗。

脓肿是指在任何组织内形成的外有脓膜包裹、内有脓汁潴留的局限性脓腔，是致病菌感染后所引起的局限性炎症。根据脓肿发生的部位可分为浅在性脓肿和深在性脓肿。引起脓肿的致病菌主要是葡萄球菌、化脓性链球菌、大肠杆菌等，除感染因素外，静脉注射各种刺激性化学药品时误注或漏到静脉外也能发生脓肿。

血肿是指由于各种外力作用，血管破裂，溢出的血液分离周围组织而形成的充满血液的腔洞。

淋巴外渗肿是指在钝性外力作用下，由于淋巴管断裂，淋巴液聚积于组织内的一种非开放性损伤。

任务实施

1. 皮下穿刺术的操作

(1)用具准备：75%酒精、3%～5%碘酊、注射器及相应针头、消毒药棉等。

(2)穿刺部位：一般在肿胀部位下方或触诊松软的部位。

(3)操作方法：常规消毒术部。左手固定患处，右手持注射器使针头直接穿入患处，然后回抽针管活塞，将病理产物吸入注射器内。也可由助手固定患部，术者将针头穿刺到患处后，左手将注射器固定，右手回抽针管活塞。

2. 鉴别诊断 脓肿的穿刺液为脓汁，血肿的穿刺液为稀薄的血液，淋巴外渗肿的穿刺液为透明的橙黄色液体。必须在确定穿刺液的性质后，再采取相应治疗措施，如手术切开、血肿的清除、脓肿的清创、淋巴外渗治疗用药物的使用等，避免因诊断不明而采取不当措施。

小提示

1. 适应证 主要用于皮下肿胀的诊断和治疗。

2. 注意事项

(1)穿刺部位必须固定确实，以免术中骚动伤及其他组织。

(2)在穿刺前需制订穿刺后的治疗方案，如血肿的清除、脓肿的清创及淋巴外渗治疗用药物的使用等。

3. 禁忌证 无特殊禁忌证。

案例分享

任务二 腹腔穿刺术

学习目标

【知识目标】

1. 了解腹腔积液的概念、产生机制与原因。
2. 熟知腹腔穿刺术的适应证、穿刺部位和操作方法。
3. 熟知腹腔穿刺液的检验方法。

【技能目标】

根据需要，能够对腹腔积液进行穿刺和对腹腔穿刺液进行检验分析。

【思政与素质目标】

1. 养成无菌意识、认真负责的职业素养。
2. 养成科学严谨、求真务实、实事求是的职业态度。
3. 养成有爱心、善待动物、吃苦耐劳、踏实肯干的优良作风。

系统关键词

腹腔穿刺、物理检验、化学检验、显微镜检验。

任务准备

腹腔穿刺术是指用穿刺针经腹壁刺入腹膜腔的穿刺方法，用于腹腔积液的诊断与治疗。

腹腔积液也称腹水，是指腹腔内液体非生理性潴留的状态，是一种慢性疾病。腹腔积液可分为渗出液和漏出液。其发生主要是因血液和淋巴的回流出现困难所致，通常继发于引起门静脉淤血的某些疾病，如肝硬化、肿瘤、门静脉栓塞和寄生虫病。此外，心脏病，肺脏疾病，肠系膜动脉、门静脉或大的淋巴管被肿瘤压迫，某些血液病，肾脏疾病，严重的营养不良、血液中蛋白质含量过低、胶体渗透压低时，重症肝炎、胰腺炎和腹膜炎症等，皆可引起腹腔积液。

任务实施

1. 腹腔穿刺术的操作

(1)用具准备：腹腔穿刺套管针或16号静脉注射器针头。

(2)穿刺部位：在脐至耻骨前缘的连线中点，腹白线两侧。

(3)操作方法：动物站立保定，术部剪毛、消毒。术者左手固定穿刺部位的皮肤并稍向一侧移动皮肤，右手持套管针(或注射器针头)，垂直刺入腹壁1～2 cm，待抵抗感消失时表示已穿过腹壁层，即可回抽注射器，抽出腹腔积液放入备好的试管中送检。如需要大量放液可接一橡皮管，将腹腔积液引入容器，以备定量和检查。放液后拔出穿刺针，用无菌棉球压迫片刻，覆盖无菌纱布，胶布固定(图23-1)。

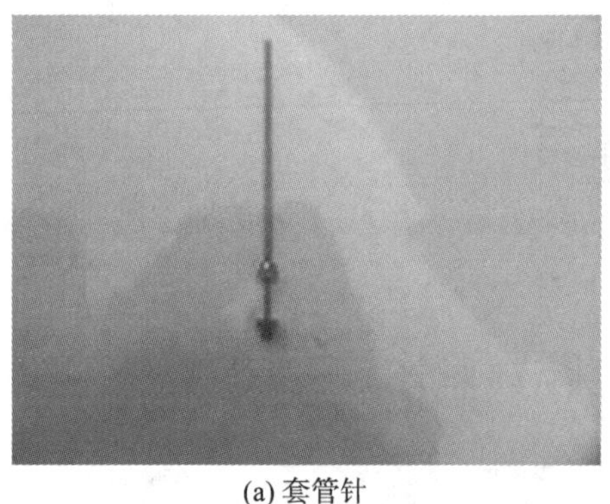

(a) 套管针

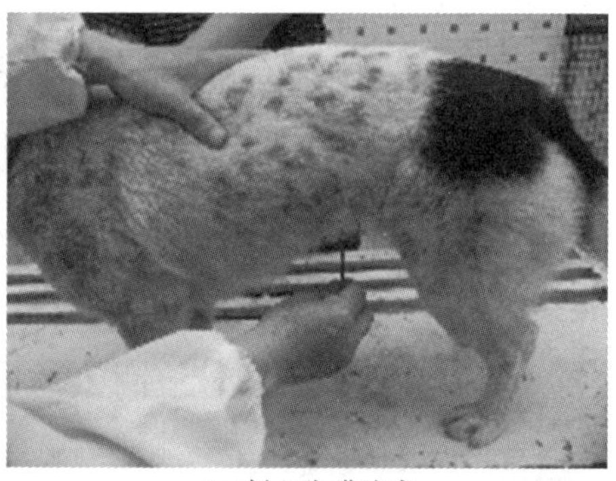

(b) 刺入腹膜腔内

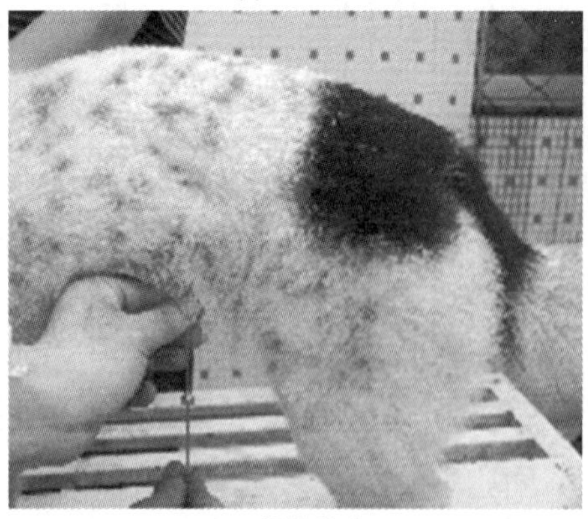

(c) 拔除针芯

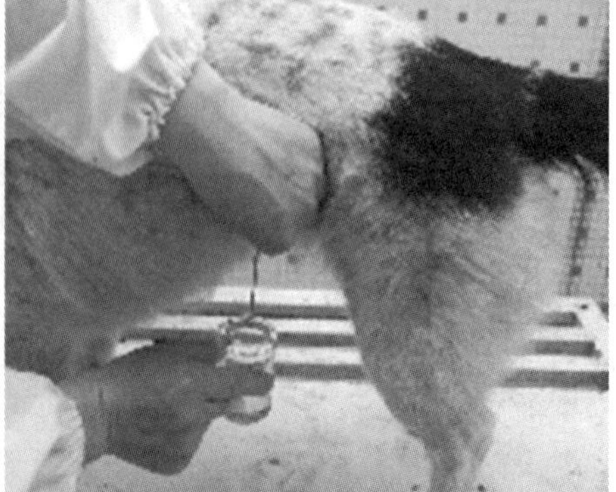

(d) 接穿刺液

图 23-1 腹腔穿刺术

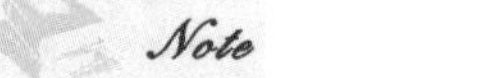

洗涤腹腔时，在肷窝或两侧后腹部，术者右手持注射器针头垂直刺入腹腔，连接输液瓶或注射器注入药液，再由穿刺部排出，如此反复冲洗 2～3 次。

2. 腹腔穿刺液的检验

（1）腹腔穿刺液的物理检验。

①颜色与透明度：正常腹腔穿刺液为无色或微带黄色的透明液体。渗出液呈黄色、淡红色或红黄色，浑浊半透明；漏出液为稀薄、淡黄色、透明的液体；若出现血性液体，可能是出血性炎症或内脏破裂。

②凝固性：正常的腹腔穿刺液不凝固。渗出液含有多量纤维蛋白原，易凝固；漏出液一般不凝固。

③相对密度：渗出液易凝固，应尽快用密度计测定其相对密度，或加入适当比例抗凝剂，防止凝固。如液体量较少，可用硫酸铜溶液测定密度。渗出液的相对密度在 1.018 以上，漏出液的相对密度在 1.015 以下。

（2）腹腔穿刺液的化学检验：化学检验以蛋白质的测定为主，以鉴别渗出液与漏出液。

①李凡他试验。

原理：渗出液中含大量浆液黏蛋白，此为一种酸性糖蛋白，滴入稀释的冰乙酸中，可产生白色絮状沉淀。

方法：取 100 mL 量筒一只，加入蒸馏水至刻度，滴入 1 滴冰乙酸，搅拌混匀，再滴入穿刺液 1 滴，这时会出现白色絮状物。在穿刺液下沉时，如白色絮状物沉至管底，呈阳性反应，为渗出液；若在下沉途中白色絮状物消失，呈阴性反应，为漏出液。

②蛋白质定量测定：腹腔穿刺液的蛋白质定量可用尿蛋白试纸法测定，但腹腔穿刺液含蛋白质较多，穿刺液应稀释 10 倍后再进行测定。必要时，可用血液化学检验中的血清总蛋白定量法测定。蛋白质含量在 3%以上为渗出液，漏出液蛋白质含量常在 3%以下。

（3）腹腔穿刺液的显微镜检验。

①细胞计数：细胞计数包括红细胞计数、白细胞计数和间皮细胞计数等，计数方法大致同血细胞计数。计数时，根据细胞多少，用生理盐水适当稀释。由于穿刺液中常含凝块或碎片，计数结果误差较大。

②白细胞分类计数：将新鲜穿刺液离心，弃上清液，将沉淀物置载玻片上涂片（为使沉淀物更易附在载玻片上，可在沉淀物中加入 1 滴血清），再用瑞特染色法染色，镜检。如穿刺液较浑浊，可直接涂片，染色镜检。

（4）腹腔穿刺液的细菌检验。

抹片：每 5 mL 腹腔穿刺液加入 10%的 EDTA-Na_2 0.1 mL，混合均匀，2000 r/min 离心 5 min，取沉渣抹片。

按革兰氏染色法染色：

①抹片经火焰固定后滴加结晶紫染液，静置 1 min，水冲洗染液。

②加碘染液染色 1 min，水冲去碘染液。

③加 3%盐酸酒精脱色液，不时摇动 30 s，至紫色脱落为止，不冲洗。

④加沙黄溶液复染 30 s，清水冲洗。

⑤干后镜检。

判断：油镜下观察，若有紫色细菌为革兰氏阳性菌，若有红色细菌为革兰氏阴性菌。

小提示

1. 适应证

（1）用于原因不明的腹腔积液，穿刺抽液检查腹腔积液的性质以协助明确病因。

（2）采集腹腔积液，以帮助对胃肠破裂、膀胱破裂、肠变位、内脏出血、腹膜炎等疾病进行鉴别诊断。

(3)排出腹腔积液进行治疗。

(4)腹腔内给药或洗涤腹腔。

2. 注意事项

(1)刺入深度不宜过深,以防刺伤肠管。穿刺位置应准确,要保定确实。

(2)抽、放腹腔积液引流不畅时,可将穿刺针稍做移动或稍变动体位,抽、放腹腔积液时不可过快、过多,以防晕厥。

(3)穿刺过程中应注意动物的反应,观察呼吸、脉搏和黏膜颜色的变化,有特殊变化时,停止操作,进行适当处理。

3. 禁忌证 肠梗阻动物肠管高度扩张时;有多次手术史、腹腔内广泛粘连时。

案例分享

任务三 胸腔穿刺术

学习目标

【知识目标】

1. 了解胸腔积液的概念、产生机制与原因。
2. 熟知胸腔穿刺术的适应证、穿刺部位和操作方法。
3. 熟知胸腔穿刺液的检验步骤、方法。

【技能目标】

根据需要,对胸腔积液进行合理的分析与检验。

【思政与素质目标】

1. 养成无菌意识、善待动物的职业素养。
2. 养成实事求是、认真负责的职业态度。
3. 养成团队协作意识,有较强的责任感和科学认真的工作态度。

系统关键词

胸腔穿刺、物理检验、化学检验、显微镜检验。

任务准备

胸腔穿刺术是指用穿刺针刺入胸膜腔的穿刺方法,用于排出胸腔积液,或洗涤胸膜腔及注入药液进行治疗等。

正常情况下,胸膜腔内含有少量液体,与浆液膜毛细血管的渗透压保持平衡。血液内胶体渗透压降低、毛细血管内血压增高或毛细血管的内皮细胞受损,均可使胸膜腔内液体增多。这种因机械作用引起积聚的液体，称为漏出液，多由肝脏、肾脏疾病，心功能不全及淋巴管梗阻等导致。因局部组织受损、炎症所致的积液，称为渗出液。这种液体含有较多血细胞、上皮细胞和细菌等，按其性质可分为浆液性、纤维素性、出血性及化脓性等。

任务实施

1. 胸腔穿刺术操作方法

(1)用具准备：套管针或16～18号长针头。胸腔洗涤剂，如0.1%乳酸伊沙吖啶溶液、0.1%高锰酸钾溶液、生理盐水(加热至与体温等温)等。

(2)穿刺部位：犬右(左)侧第7肋间，与肩关节水平线交点下方2～3 cm处，胸外静脉上方约2 cm处。

(3)操作方法(图23-2)：

①动物站立保定，术部剪毛、消毒。

②术者左手将术部皮肤稍向上方移动1～2 cm，右手持套管针，用手指控制穿刺深度，在靠近肋骨前缘处垂直刺入3～5 cm。穿刺肋间肌时有阻力感，当阻力消失有落空感时，表明已刺入胸腔内。

③套管针刺入胸腔后，左手把持套管，右手拔去针芯，即可流出胸腔积液，也可用带有长针头的注射器直接抽取。放液时不宜过急，应用拇指不断堵住套管口，做间断性引流，防止因胸腔减压过急而影响心、肺功能。如针孔堵塞，可用针芯疏通，直至放完为止。

④有时放完胸腔积液后，需要洗涤胸腔，可将装有清洗液的输液瓶乳胶管或输液器连接在套管口(或注射针)上，高举输液瓶，药液即可流入胸腔，然后将其放出。如此反复冲洗2～3次，最后注入治疗性药物。

⑤操作完毕，插入针芯，拔出套管针(或针头)，使局部皮肤复位，术部涂碘酊，用碘仿火棉胶封闭穿刺孔。

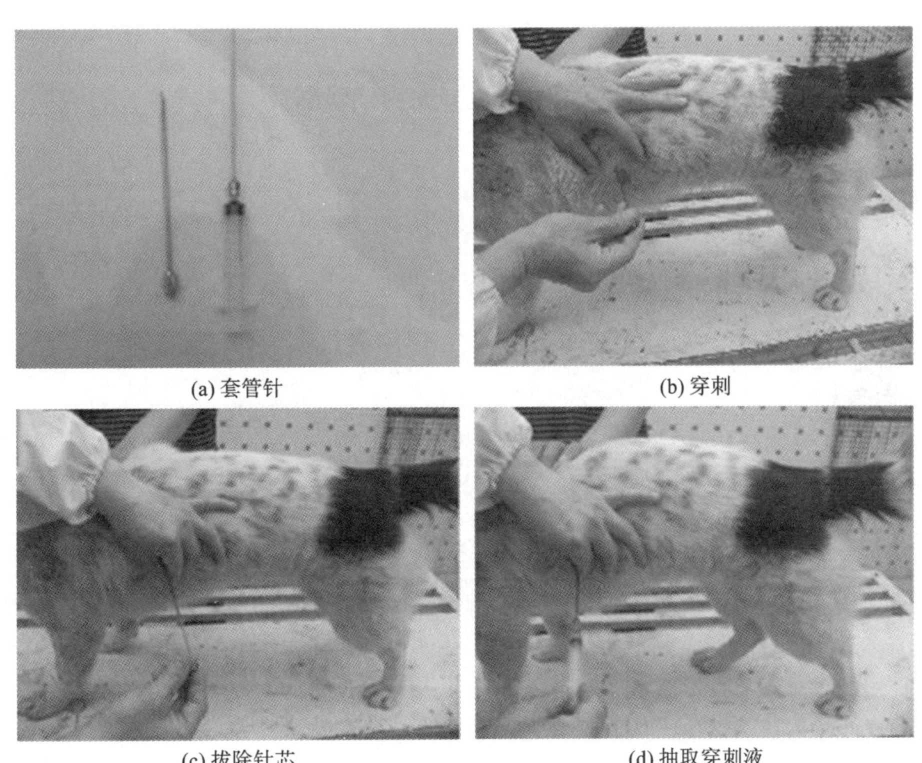

(a) 套管针　(b) 穿刺　(c) 拔除针芯　(d) 抽取穿刺液

图23-2　胸腔穿刺

2. 胸腔穿刺液的检验　同腹腔穿刺液的检验。

小提示

1. 适应证

(1)排出胸腔积液,或洗涤胸膜腔及注入药液进行治疗。

(2)检查胸膜腔有无积液,并采集胸腔积液,鉴别其性质,帮助诊断。

(3)气胸或胸腔积液致呼吸窘迫时的急诊干预,包括怀疑气胸或胸腔积液行胸部X线检查前进行胸腔穿刺术来稳定动物,以及确定气胸或胸腔积液后通过胸腔穿刺术来缓解呼吸窘迫。

2. 注意事项

(1)穿刺或排液过程中,应注意无菌操作并防止空气进入胸膜腔。

(2)排出胸腔积液和注入洗涤剂时应缓慢进行,同时注意观察动物有无异常表现。

(3)穿刺时须注意并防止损伤肋间血管与神经。

(4)套管针刺入时,应以手指控制套管针的刺入深度,以防过深而刺伤心、肺。

(5)穿刺过程中遇有出血时,应充分止血,改变位置再行穿刺。

(6)需进行药物治疗时,可在抽液完毕后,将药物经穿刺针注入。

3. 禁忌证 出血性疾病或有出血倾向的动物应谨慎施行。

案例分享

任务四 膀胱穿刺术

学习目标

【知识目标】

1. 了解膀胱穿刺术的适应证。
2. 熟知膀胱穿刺术的穿刺部位和操作方法。

【技能目标】

根据需要,能够对膀胱进行穿刺操作,对膀胱积液进行检验与分析。

【思政与素质目标】

1. 养成无菌意识、认真负责的职业态度。
2. 养成科学严谨、实事求是的工作态度。
3. 养成团队协作意识,有较强的责任感和踏实肯干的工作作风。

系统关键词

膀胱穿刺、物理检验、化学检验、显微镜检验。

任务准备

膀胱穿刺用于因尿道阻塞引起的急性尿潴留，可减轻膀胱的内压，防止膀胱破裂。另外，经膀胱穿刺采集尿液，可以避免尿液受到污染，使尿液的化验和细菌培养结果更为准确，也可减少因导尿引起的医源性尿路感染。

任务实施

1. 膀胱穿刺术操作方法

(1)用具准备：连有长乳胶管的针头、注射器。

(2)穿刺部位：在后腹部耻骨前缘，触摸膨胀及有弹性处。

(3)操作方法：动物侧卧保定，将左侧或右侧后肢向后牵引转位，充分暴露术部。术者于耻骨前缘触摸膨胀、波动最明显处，左手压住局部，右手持16～18号针头，与皮肤成45°角沿盆腔方向刺入。针头一旦刺入膀胱，尿液便会立即流出，此时应注意固定好针头且排尿速度不应过快，适当予以控制，以利于盆腔和腹腔器官以及血液循环逐渐恢复平衡。待排完尿液，拔出针头，术部用碘酊棉球消毒(图23-3)。

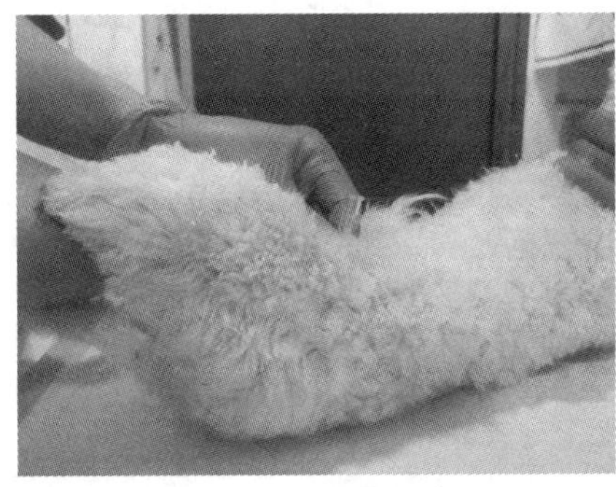

图23-3　膀胱穿刺术

2. 尿液的检验

(1)物理检验。

①颜色：正常尿液的颜色一般为淡黄褐色至黄褐色，但可因所吃食物、饮水不同而发生变化。有时服用药物也可导致颜色改变。检查方法为将尿液倒入试管中，借白色背景观察。尿液发红、浑浊，静置后有红色沉淀，为血尿，多见于肾炎、肾结石、膀胱炎、尿道炎、尿道肿瘤、尿路出血等；尿液发红透明，静置后无沉淀产生，为血红蛋白尿，常见于溶血性疾病，如犬血孢子虫病等；尿色黄褐透明，为尿液中含有胆红素或尿胆原，见于肝胆疾病；尿液呈乳白色，见于肾及尿路的化脓性炎症；尿液呈绿色或淡蓝色，见于色素污染或铜绿假单胞菌大量繁殖；尿液呈黄绿色荧光，见于服用维生素B_2。

②浑浊度：正常尿液在排尿后立即检验时透明澄清，经静置后微混。将尿液放在清洁量筒中，置透光处观察。正常尿液透明澄清，尿液中混入黏液、白细胞、上皮细胞、坏死组织碎片或细菌等，常见于肾脏和尿路感染。凡浑浊、极浑浊尿液或乳糜尿可按下述简易方法予以区分。

a. 尿液加温后变澄清者是尿酸盐尿。

b. 过滤不能澄清者可能为细菌尿、脂肪尿或乳糜尿。

c. 加3%乙酸可变澄清者为磷酸盐尿，如有气泡发生则为碳酸盐尿。

d. 加10%盐酸可使磷酸盐、碳酸盐、草酸盐所致的浑浊尿液变澄清。

e. 加10%氢氧化钠使浑浊尿液变为胶凝状者为脓尿。

f. 将尿液与酒精、乙醚，按5∶1∶2的比例混合振荡，呈透明者为脂肪尿或乳糜尿。

③气味：正常尿液有强烈的臭味，呈大蒜味，病理情况下气味常常发生变化。尿道阻塞或其他原因使尿液长期潴留时，尿液呈氨臭味；膀胱、尿路有溃疡、坏死或化脓性炎症时，尿液呈腐败臭味。

④酸碱度(pH)：正常尿液含有酸性磷酸盐而呈酸性，pH为6.0～7.0。膀胱炎、尿道炎时，尿液呈碱性；慢性间质性肾炎时，尿液稀薄，多呈中性。

⑤相对密度：健康犬尿液的相对密度是1.018～1.060，猫为1.020～1.040。尿液相对密度的大小取决于尿液中溶质含量的多少，而且一般来说其大小与排尿量呈反比。尿液相对密度增高为浓缩尿，见于急性肾炎、心功能不全、高热、脱水、休克等。尿液相对密度降低为低渗尿，见于慢性肾炎、尿

毒症、尿崩症等。

(2)化学检验：尿液化学检验可选用市售的尿八项(蛋白质、葡萄糖、尿胆原、尿胆红素、尿潜血、硝酸盐、酮体、pH)试纸进行，简便快捷，经济实用，如有条件，可以分别采用下面的方法测定。

①蛋白质检验：健康宠物的尿液中，仅含有微量的蛋白质，用一般方法难以检出。尿液中蛋白质含量增高可分为功能性增高和病理性增高。功能性增高，如饲喂大量蛋白质饲料、妊娠期母犬及新生仔犬，会出现一过性增高；站立过久可能出现体位性增高；剧烈运动，或高温、高热、严寒等使肾血管痉挛或充血，肾小球通透性增加，也可使尿液中蛋白质含量增高。

病理性蛋白尿可分为肾前性、肾性和肾后性三种。肾前性蛋白尿来自血液中血红蛋白、肌红蛋白和卟啉等；肾性蛋白尿起因于肾脏疾病及发热等；肾后性蛋白尿由于输尿管、膀胱、尿道和生殖器等的炎症或新生物而引起。肾性蛋白尿常是肾脏疾病一个重要但易被疏忽的指标，蛋白尿的程度一般可作为判断病情轻重的参考，但有时可能出现假阳性或假阴性结果，如肾病综合征早期，尿液内常混有大量蛋白质，但肾功能损害则较轻；而晚期大量肾单位丧失功能，尿蛋白反而减少。另外，性成熟的雄性宠物中尿蛋白可能出现弱阳性结果。因此在分析尿蛋白时，应结合其他临床症状，全面考虑其临床意义。

蛋白质的定性反应如下。

a. 硝酸法：取一支试管加 35%硝酸 1～2 mL，随后沿试管壁缓慢加入尿液，使两液重叠，静置 5 min，观察结果。两液面交界处产生白色环为阳性。白色环越宽，表明蛋白质含量越高。

b. 磺柳酸法：取酸化尿液少许于载玻片上，加 20%磺柳酸溶液 1～2 滴，如有蛋白质存在，即产生白色浑浊。此法极为方便，灵敏度极高，约为 0.0015%。

c. 快速离心沉淀法：取 15 mL 刻度离心管 1 支，加尿液 15 mL，再加 27%磺柳酸溶液 2 mL，反复倒置混合数次，以 1500 r/min 离心 5 min。判定：每 0.1 mL 蛋白质沉淀物，即表示 1000 mL 尿液中含有蛋白质 1 g。

②尿糖检验：健康宠物的尿液中仅含有微量的葡萄糖，用一般化学试剂无法检出。若用一般方法检出尿液中含有葡萄糖，称为糖尿。尿糖阳性可分为暂时性和病理性两类。暂时性糖尿为生理性的，可因血糖浓度暂时超过肾糖阈而出现，例如应激、饲喂大量含糖饲料，使用类固醇激素治疗及受吗啡、氯仿、乙醚、阿司匹林影响等。病理性糖尿，可见于肾脏疾病(肾小管对葡萄糖的再吸收作用减低)、神经系统疾病(如脑出血、脑脊髓炎)及肝脏疾病等。犬发生糖尿病时由于胰岛素不足可引起真性糖尿。

尿糖的定性反应如下。

Nylander 法(尼兰德检糖法)。判定：(+)褐色-暗褐色；(++)浓褐色。

Benedict 法。试剂：无水硫酸铜 17.3 g 加 100 mL 水。判定：(−)无变化，或呈弱青白色；(+)绿色浑浊，少量的沉淀；(++)黄色-橙黄色沉淀；(+++)橙色-赤色沉淀。

③胆红素的检验：健康宠物的尿液中不含胆红素，当尿液中含有胆红素时，则为病态。尿液中胆色素的检验用 Rosenbach 法。药品：10 倍稀释的碘酊(浓碘酊 1 mL+9 mL 生理盐水)。方法：取一试管，加用乙酸酸化的尿液 3 mL，将试管倾斜加入 10 倍稀释的浓碘酊 2 mL，在两液面交界处出现绿色的环，则为阳性。

④胆汁酸的检验。试剂：浓硫酸、10%蔗糖溶液。取尿液 5 mL 放入试管，加浓硫酸 3 mL，然后加入 10%蔗糖溶液 4～5 滴，出现紫红色为阳性。

⑤尿胆原的检验：健康宠物的尿液中含有少量的尿胆原。尿胆原随尿液排出后，很容易被氧化为尿胆素，定性检查用 Ehrlich 法，定量可用光电比色法。

⑥尿潜血检验：健康宠物尿液中不含有红细胞或血红蛋白。尿液中含有红细胞或血红蛋白，不能用肉眼观察时称潜血(隐血)，可用化学方法加以检查。

尿液中出现红细胞，多见于泌尿系统各部位的出血，如急性肾小球肾炎、肾盂肾炎、肾肿瘤、肾囊肿、膀胱炎、尿路结石、尿道损伤、严重烧伤以及某些地方性血尿病等。

⑦脓尿的检验：脓尿多由尿路的炎症特别是肾肿瘤、肾结核、肾盂肾炎、膀胱炎、尿道炎等引起。

(3)尿沉渣显微镜检验：尿沉渣的成分主要有两种，即无机沉渣和有机沉渣。前者多为各种盐类结晶，后者包括上皮细胞、红细胞、白细胞、脓细胞、各种管型及微生物等。尿沉渣的显微镜检验可以补充理化检验的不足，能查明理化检验所不能发现的病理变化，不仅可以确定病变部位，还可阐明疾病的性质，对肾脏和尿路疾病的诊断具有特殊意义。

①尿沉渣标本的制作和镜检。标本制作：取新鲜尿液 5～10 mL 于沉淀管内，1000 r/min 离心 5～10 min；倾去或吸去上清液，留下 0.5 mL 尿液；摇动沉淀管，使沉淀物均匀地混悬于少量剩余尿液中；用吸管吸取沉淀物置载玻片上，加 1 滴 5% 卢戈碘液（碘片 5 g，碘化钾 15 g，蒸馏水 100 mL），盖上盖玻片即成。在加盖玻片时，先使盖玻片的一边接触尿液，然后慢慢放平，以防产生气泡。

标本镜检：将集光器降低，缩小光圈，使视野稍暗，以便发现无色而屈光力弱的成分（透明管型等）；先用低倍镜全面观察标本情况，找出需详细检查的区域后，再换高倍镜仔细辨认细胞成分和管型等。检查时，如遇尿液内有大量盐类结晶遮盖视野而妨碍对其他物质的观察，可微加温或加化学药品，除去这类结晶后再镜检。

结果报告：细胞成分按各个高倍视野内最少至最多的数值报告，如白细胞 48 个（高倍）；管型及其他结晶成分按偶见、少量、中等量及大量报告，偶见是整个标本中仅见到几个，少量是每个视野见到几个，中等量是每个视野数十个，大量是分布于每个视野的大部分甚至布满视野。

显微镜检验的临床意义：红细胞增多常见于尿路结石、肾肿瘤、肾炎及外伤等；也可见于邻近器官的疾病如前列腺炎症或肿瘤，直肠、子宫的肿瘤等累及泌尿系统时。白细胞增多常因脓细胞增多所致，见于肾盂肾炎、膀胱炎、尿道炎、肾结核、肾肿瘤等。尿液中出现大量的脓细胞，可见于肾炎、肾盂肾炎、膀胱炎和尿道炎。

尿液中大量出现肾上皮细胞并伴有红、白细胞增多时，多见于尿路感染。出现大量肾盂及尿路上皮细胞，为肾盂肾炎、输尿管炎的症状。膀胱炎时则出现膀胱上皮细胞。

管型是肾小管、集合管中蛋白质变性凝固或由蛋白质与某些细胞成分相黏合而形成的管状物。尿液中出现管型，是肾脏疾病的特征性表现。

任务五　心包腔穿刺术

学习目标

【知识目标】

1. 了解心包积液的概念、产生机制与原因。
2. 熟知心包腔穿刺术的适应证、穿刺部位和操作方法。
3. 熟知心包腔穿刺液的检验步骤、方法。

【技能目标】

根据需要，对心包积液进行合理的分析与检验。

【思政与素质目标】

1. 养成无菌意识、善待动物的职业素养。
2. 养成实事求是、认真负责的职业态度。
3. 养成团队协作意识，有较强的责任感和科学认真的工作态度。

系统关键词

心包腔穿刺、物理检验、化学检验、显微镜检验。

任务准备

心包积液是指心包腔内有大量液体积聚，其可分为渗出性、漏出性及出血性三种。病因包括充血性心力衰竭、寄生虫感染、贫血、心脏肿瘤及心包炎等。

心包腔穿刺术是指用穿刺针刺入心包腔的穿刺方法。一般用于排出心包腔内的渗出液或脓液以缓解心脏压迫症状，并进行冲洗和治疗；或采集心包积液供鉴别诊断及判断积液的性质与病原体。

任务实施

1. 心包腔穿刺术操作方法

(1)用具准备：带乳胶管的 16～18 号长针头，或更粗的穿刺针，20 mL 或 50 mL 的注射器，局部麻醉用细注射针、注射器。消毒手套、创巾，帽子、口罩和消毒隔离衣。心电图机和连接胸导联的鳄鱼夹。

(2)穿刺部位：犬的穿刺部位在胸腔左侧、胸廓下 1/3 与中 1/3 交界处的水平线与第 4 肋间的交点。

(3)操作方法。

①常规消毒局部皮肤，术者及助手均戴无菌手套，铺洞巾。必要时可用 2%利多卡因做局部麻醉。

②术者持针，助手以止血钳夹持与穿刺针连接的导液橡皮管。在心尖部进针时，左手将术部皮肤稍向前移动，右手持针沿肋骨前缘垂直刺入 2～4 cm，使针自下而上向脊柱方向缓慢刺入。待针尖抵抗感突然消失时，表示针已穿过心包壁层，同时可感到心脏搏动，此时应把针退出少许。

③助手立即用止血钳夹住针体以固定其深度，术者将注射器连接于橡皮管上，然后放松橡皮管上的止血钳。缓慢抽吸，记录液体量，留少许标本送检。如为脓液，需冲洗心包腔，可注入抗菌药液，反复冲洗直至液体清亮为止。

④术毕拔出针后，盖消毒纱布，压迫数分钟，用胶布固定。

2. 心包腔穿刺液的检验 同胸、腹腔穿刺液的检验。

小提示

1. 适应证

(1)诊断：穿刺抽液以确定心包积液的性质或做细菌、细胞、生化检查，协助病因诊断。

(2)治疗：穿刺抽液以缓解心脏压迫症状；注入抗菌药液及冲洗治疗。

2. 注意事项

(1)操作要认真细致，杜绝粗暴，否则易造成动物死亡。

(2)必要时可进行全身麻醉，确保安全。

(3)术前须进行心脏超声检查，确定液平段大小和穿刺部位，以免划伤心脏。另外，在超声显像引导下进行穿刺抽液更为准确安全。

(4)进针时，穿刺速度要缓慢，应仔细体会针尖的感觉，穿刺针尖不可过锐，穿刺不可过深，以防损伤心肌。

(5)为防止发生气胸，抽液注药前后应将附在针上的胶管折叠压紧，闭合管腔；或在取下空针前夹闭橡皮管，以防空气进入。

(6)如抽出液体为血性，应立即停止抽吸，同时助手应注意观察脉搏的变化。发现异常及时处理。

3. 禁忌证 无特殊禁忌证。

任务六　脊椎穿刺术

学习目标

【知识目标】

1. 了解脑脊液的产生机制与原因。
2. 熟知脊椎穿刺术的适应证、穿刺部位和操作方法。
3. 熟知脑脊液的检验步骤、方法。

【技能目标】

根据需要，对脑脊液进行合理的分析与检验。

【思政与素质目标】

1. 养成无菌意识、善待动物的职业素养。
2. 养成实事求是、认真负责的职业态度。
3. 养成团队协作意识，有较强的责任感和科学认真的工作态度。

系统关键词

脊椎穿刺、物理检验、化学检验，显微镜检验。

任务准备

脊椎穿刺术是指用穿刺针刺入脊髓腔内，采取脊髓液进行疾病诊断或注入药液治疗疾病的技术，适用于某些需要对脊髓液进行检验来诊断的疾病，也适用于向蛛网膜下腔注射药物以治疗某些疾病。

任务实施

1. 脊椎穿刺术的操作方法

(1)用具准备：长约 15 cm、内径约 2 mm 的脑脊液穿刺针(也可用封闭用的长针头代替)，20 mL 或 50 mL 的注射器。消毒手套、创巾，帽子、口罩和消毒隔离衣。

(2)穿刺部位：颈椎穿刺在后头骨与第 1 颈椎或第 2 颈椎之间的脊上孔处。腰椎穿刺在腰荐十字部，最后腰椎棘突与第 1 荐椎棘突之间的凹陷处。

(3)操作方法：犬、猫横卧保定，并使其腰部稍向腹侧弯曲。颈椎穿刺时，应尽量使其头部向前下方屈曲，以充分暴露术部。

术部剪毛、消毒后，用拇指和中指握定针头，食指压定在针尾上，对准术部，按垂直方向缓缓刺入，待针穿过棘间韧带及硬膜进入脊髓腔时，手感阻力突然消失(如同穿透牛皮纸的感觉)，拔出针芯，脑脊液流出。穿刺完毕，插入针芯并用酒精棉球压住穿刺孔周围的皮肤，然后拔出穿刺针，术部涂以碘酊消毒。

2. 脑脊液的检验

(1)物理检验。

①颜色：正常脑脊液为无色水样，最好利用背向自然光线观察。

淡红色或红色可能是因穿刺时的损伤或脑脊髓膜出血而流入蛛网膜下腔所致。如红色仅见于第一管标本，第二、三管红色逐渐变淡，可能是由穿刺时受损伤所致。如第一、二、三管标本均呈均匀红色，则可能为脑脊髓或脑脊髓膜出血；脑或脊髓高度充血及发生日射病时，脑脊液可呈淡红色。

Note

黄色见于重症锥虫病、钩端螺旋体病及静脉注射黄色色素之后。

②透明度：观察透明度时，应以蒸馏水做对照。正常脑脊液澄清透明，如蒸馏水样；含少量细胞或细菌时，呈毛玻璃样；含大量细胞或细菌时，浑浊或呈脓样，是化脓性脑膜炎的征兆。

③气味：正常脑脊液无异味。量多时可带有鲜肉味；室温下长时间放置时可有腐败臭味。若有强烈尿臭味，为尿毒症的特征；新采取的脑脊液发臭腐败，多见于化脓性脑脊髓炎。

④相对密度：用特制管，于分析天平上先称 0.2 mL 蒸馏水的重量，再称 0.2 mL 脑脊液的重量，则脑脊液的相对密度等于脑脊液的重量除以蒸馏水的重量。

如脑脊液的量有 10 mL，可采用小型尿比重计，直接测定其相对密度。脑脊液相对密度增加，见于化脓性脑膜炎及静脉注射高渗氯化钠溶液或葡萄糖溶液后。

(2)化学检验。

①蛋白质测定(硫酸铵定性试验)。

试剂：饱和硫酸铵溶液(取硫酸铵 85 g，加蒸馏水 100 mL)，水浴加热使之溶解，冷却后过滤备用。

方法：取 1 mL 脑脊液于试管中，加饱和硫酸铵溶液 1 mL，颠倒试管使之混合，于试管架上放置 4～5 min。

结果判定：＋＋＋＋，显著浑浊；＋＋＋，中等度浑浊；＋＋，明显乳白色；＋，微乳白色；－，透明。

临床意义：健康犬、猫脑脊液仅含有微量蛋白质，血脑屏障的通透性增大时，脑脊液中蛋白质增多，且多为球蛋白，见于中暑、脑膜炎、脑炎、败血症及其他高热性疾病。

②葡萄糖测定。

原理：强碱溶液与糖混合后加热，根据含糖量的多少，颜色可由淡黄色变成暗褐色。本法简单又不受非糖性还原物质的影响。

试剂：1％苦味酸钠溶液、10％碳酸钠溶液、标准液(取每升含 100 mg 的纯葡萄糖溶液，分别制成每升含 10 mg、20 mg、30 mg、40 mg、50 mg、60 mg、70 mg、80 mg、90 mg、100 mg 的糖溶液)。

操作：取 0.5 mL 脑脊液置于试管中，加 1％苦味酸溶液 0.5 mL、10％碳酸钠溶液 0.5 mL 混合后，煮沸 8 min，与标准液一起比色。

判定：脑脊液含糖量通常较血糖低，大部分宠物的脑脊液含糖量为 40～80 mg/dL，化脓性脑膜炎、髓膜肿瘤时含糖量降低。犬正常值为 64 mg/dL。

注意事项：葡萄糖测定应在标本采取后立即进行，否则由于细菌或白细胞作用而易发生分解，影响测定结果。如不能及时测定，应在每 2 mL 脑脊液内加甲醛溶液 1 滴，并在冰箱内保存。

临床意义：脑脊液的含糖量取决于血糖浓度、脉络膜的渗透性和糖在体内的分解速度。血糖持续增多或减少时，脑脊液的含糖量也随之增减。正常脑脊液的葡萄糖含量为 40～60 mg/dL。含糖量减少见于化脓性脑膜炎及血斑病等。

③氯化物测定。

原理及操作方法：同血清中氯化物测定。如脑脊液浑浊或含血液，应离心沉淀，取上清液测定。

临床意义：脑脊液中氯化物的含量略高于血清，按氯化钠计算，健康动物为 650～760 mg/dL。氯化物显著增多见于尿毒症(850～980 mg/dL)、麻痹性肌红蛋白尿病(850～980 mg/dL)及媾疫(780～810 mg/dL)；氯化物减少见于沉郁型脑脊髓炎。

(3)显微镜检验。

①细胞计数：做细胞计数的脑脊液，采集时每 5 mL 脑脊液中加入 10％的 EDTA-Na_2 0.05～0.1 mL，混合均匀后备检。脑脊液白细胞和红细胞计数方法与血细胞计数方法相同。

注意事项：应于采样后 1 h 内做细胞计数，否则细胞可被破坏或与纤维蛋白凝集成块而影响准确性。如穿刺中损伤血管而使脑脊液含有大量血液，一般不适宜做白细胞计数。正常脑脊液中的细胞数为(0～10)×10^6/L，大多数为淋巴细胞，除穿刺引起损伤外，一般不含红细胞。细胞计数增高，见于脑膜脑炎。

②细胞分类。

直接法：白细胞计数后，换用高倍镜检查，此时白细胞的形态如同在新鲜尿液标本中的一样。可根据细胞的大小、核的多少和形态来区分。

瑞特染色法：将行白细胞计数后的脑脊液，立即离心沉淀 10 min，将上清液倒入另一洁净试管中，供化学检验用。将沉淀物充分混匀，于载玻片上制成涂片，尽快在空气中风干。然后滴加瑞特染液 5 滴，染 1 min 后，立即加新鲜蒸馏水 10 滴，混匀，染 4～6 min，用蒸馏水漂洗，干燥后镜检。正常时，淋巴细胞占 60%～70%。

临床意义：中性粒细胞增加见于化脓性脑膜炎、脑出血，表示疾病正在发展；淋巴细胞增加见于非化脓性脑膜炎及一些慢性疾病，一般表示疾病趋向好转；内皮细胞增加见于脑膜受刺激及脑充血。

(4)细菌检验：与胸腔积液、腹腔积液的细菌检验相同。

小提示

1. 适应证

(1)诊断：穿刺脑脊液以确定其性质或做细菌、细胞、生化检验，协助中枢神经系统感染性疾病、脑脊髓外伤或某些代谢性疾病的诊断。

(2)治疗：穿刺抽液以降低颅内压；注入抗生素等药液治疗脑脊髓疾病。

2. 注意事项

(1)确实保定动物。穿刺过程中，如遇动物骚动不安，应暂缓进针。

(2)操作中所用器械均要经过严格消毒，以免感染。

(3)穿刺不宜过深并切忌捻转穿刺针，以免损伤脊髓组织。

(4)对颅内压增高的动物，排液速度不宜过快，排液量不宜过多，以免因椎管内压力骤减而发生脑疝。

3. 禁忌证 无特殊禁忌证。

学习情境二十四 普鲁卡因封闭疗法

扫码看课件

学习目标

【知识目标】

1. 掌握封闭疗法的概念。
2. 了解普鲁卡因封闭疗法的作用机制。

【技能目标】

能正确选择药物，实施病灶周围封闭、静脉封闭疗法的操作。

【思政与素质目标】

1. 养成实事求是、认真负责的职业态度。
2. 培养团队精神与协作能力，具备一定的岗位意识及岗位适应能力。
3. 树立兽药安全意识。

系统关键词

普鲁卡因、封闭疗法。

任务准备

普鲁卡因是局部麻醉药，临床常用其盐酸盐。其为白色晶体或结晶性粉末，易溶于水，毒性比可卡因低。其注射液中加入微量肾上腺素，可延长作用时间；用于浸润麻醉、腰麻、封闭疗法等。偶见过敏反应，用药前应做皮肤过敏试验。用药过量可引起中枢神经系统及心血管系统反应。其代谢产物对氨基苯甲酸(PABA)能减弱磺胺类药物的抗菌效力。

任务实施

1. 病灶周围封闭法 在病灶周围约 2 cm 处的健康组织上，分点将 0.25%～0.5%盐酸普鲁卡因溶液注入病灶周围皮下或肌肉深部，使药液包围整个病灶。所注药量以能达到浸润麻醉的程度即可，大动物一般为 20～50 mL，中、小动物为 10～20 mL，每天或隔天 1 次。为了提高治疗效果，可在溶液中加入 50 万～100 万 IU 青霉素。

2. 四肢环状封闭法 用注射器将 0.25%～0.5%盐酸普鲁卡因溶液，分别于四肢病灶上方 3～5 cm 的前、后、内、外健康组织，从皮下到骨膜进行环状分层注射。对注射部位进行剪毛、消毒，与注射部位皮肤成 45°角或垂直刺入皮下，先注射适量药液，再横向推进针头，一边推针一边注射药液，直达骨面为止，拔出针头，再以同样的方法环绕患部上方注射所需药液，以达到局部浸润麻醉程度的量为宜，每日或隔日 1 次。也可参照病灶周围封闭法加入青霉素提高效果。

3. 静脉内封闭法 将普鲁卡因溶液注入静脉内，使药物作用于血管内壁感受器，以起到封闭作用。静脉内封闭疗法的注射部位、注射方法与一般的静脉注射法相同，一般注射 0.1%盐酸普鲁卡因生理盐水，注射速度缓慢，以 50～60 滴/分为宜。大动物每次用量为 100～250 mL，中、小动物酌减。

4. 盆神经封闭法 动物保定，针刺部位在第 3 荐椎棘突顶点，两侧旁开 5～8 cm 处。剪毛、消毒后，用长 12 cm 的封闭针垂直刺入皮肤后，以与刺入点外侧皮肤成 55°角由外上方向内下方进针，当针尖达荐椎横突边缘后，将进针角度稍加大，沿荐椎横突侧面穿过荐坐韧带(手感似刺破硬纸)1～2 cm，即达骨盆神经丛附近。此时可以注入 0.25%盐酸普鲁卡因溶液，剂量为 1 mL/kg。大动物需要注入药液的总量大，应分成左、右两侧注射，每隔 2～3 天注射 1 次。同时，可以在盐酸普鲁卡因溶液中加入青霉素 80 万～100 万 IU 以免感染。

5. 穴位封闭法 穴位封闭法是将麻醉药或镇痛药注入动物穴位的一种治疗方法。一般是将盐酸普鲁卡因溶液直接注入动物的抢风、百会、大胯等穴位，以治疗动物的多种疾病，如动物四肢扭伤、风湿病、类风湿病等。动物保定后，术者首先找准穴位，局部剪毛、消毒，依据不同穴位注入不同浓度的局部麻醉药，用肌内注射法向穴位内注入药液即可。每天 1 次，连用 2～3 天即可。

注意事项

(1)病灶周围封闭的部位应选定正确，针头刺入的角度及深度要准确，必须保证药液注入封闭的部位才能奏效；同时还应注意针头不要损伤较大的神经和血管。封闭疗法常用于治疗创伤或局部炎症，但在治疗时须特别注意注射点不可距病灶太近，以免因注射引起病灶扩展。

(2)静脉内封闭法注入药液后动物多出现沉郁、站立不稳、垂头闭眼等，但也有表现为暂时兴奋，这类现象不久即可恢复正常。为防止普鲁卡因的过敏反应，可加入适量氢化可的松溶液。该法用于肠痉挛、风湿病、乳房炎及各种创伤、挫伤、烧伤的治疗。

(3)盆神经封闭法将盐酸普鲁卡因溶液直接注入骨盆部组织间隙内骨盆神经丛附近，通过浸润麻醉骨盆神经丛来治疗盆腔器官的急、慢性炎症。临床上应用于子宫脱垂、阴道脱垂、直肠脱垂或上述各器官急、慢性炎症的治疗及其脱垂时的整复手术。

(4)穴位封闭时，为了确保疗效，可在盐酸普鲁卡因溶液中加入泼尼松、丹参注射液、青霉素等药物。

(5)普鲁卡因封闭疗法必须与其他疗法配合使用，才能发挥更好的治疗效果。因为普鲁卡因封闭仅能阻断不良因素对中枢的刺激，为机体战胜疾病创造一定的条件，在治疗疾病过程中，更主要的是要排除并尽快消灭不良因素的存在。

(6)普鲁卡因的用量不宜过大，用量过大容易造成中毒或发生过敏反应。

(7)严格执行无菌操作规程，所有注入的药物最好加热，接近体温为宜。

案例分享

学习情境二十五　冲洗疗法

扫码看课件

任务一　洗眼法与点眼法

学习目标

【知识目标】

1. 了解宠物眼部解剖生理与结构。
2. 熟练掌握宠物洗眼法和点眼法的操作方法及适应证。

【技能目标】

根据需要，能够对各种眼病进行洗眼和点眼治疗。

【思政与素质目标】

1. 养成无菌意识、认真负责的职业态度。
2. 善待动物，有较强的责任感和科学认真的工作态度。

系统关键词

洗眼、点眼。

任务准备

对宠物检查眼睛，除应询问了解病史外，还要进行视诊、触诊和眼科器械的检查来确定眼的各部分功能是否正常。给宠物患眼治疗前，常用生理盐水或2%的硼酸溶液洗眼，以便随后的药物能渗透进入眼组织内，加强疗效。

任务实施

1. 宠物保定　洗眼与点眼时，助手要确实固定宠物头部。

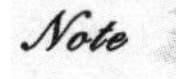

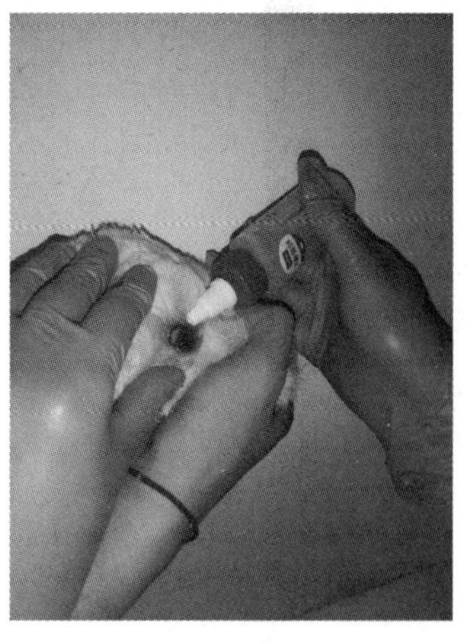

图 25-1　洗眼法与点眼法

2. 用具准备　冲洗器或者洗眼瓶，眼科专用玻璃棒，眼药膏或眼药水。

3. 操作方法　术者用一只手拇指与食指翻开上、下眼睑，另一只手持冲洗器、洗眼瓶或注射器使其前端斜向内眼角，徐徐向结膜上灌注药液冲洗眼内分泌物。洗净后，左手食指向上推上眼睑，以拇指与中指捏住下眼睑缘，向外下方牵引，使下眼睑呈一囊状；右手拿洗眼瓶，靠在外眼角眶上，斜向内眼角，将药液滴入眼内，闭合眼睑，用手轻轻按摩 1～2 下以防药液流出，并促进药液在眼内扩散。如用眼药膏，可用玻璃棒一端蘸眼药膏，横放在上、下眼睑之间，闭合眼睑，抽去玻璃棒，眼药膏即可留在眼内，用手轻轻按摩 1～2 下，以防流出。也可直接将眼药膏挤入结膜囊内(图 25-1)。

1. 适应证　主要用于各种眼病，特别是结膜与角膜炎症的治疗。

2. 注意事项

(1)防止宠物骚动，洗眼瓶或冲洗器不能与病眼接触；与眼球不能成垂直方向，以防感染和损伤角膜。

(2)给予眼药水时，不宜过多，一般只要 2～3 滴，多则因流出而不起作用；大部分眼药水的药效只能维持 2 h 左右，故用眼药水时应每隔 2 h 重复使用一次。

(3)给予眼药膏时，可将眼药膏涂于下眼睑，长度以 3 mm 为宜；因其药效维持时间约为 4 h，故应每隔 4 h 重复给药一次。

3. 禁忌证　无特殊禁忌证。

案例分享

任务二　洗耳法

学习目标

【知识目标】

1. 了解宠物耳道的解剖结构及其生理学功能。

2. 熟知宠物洗耳法的操作方法及其适应证。

【技能目标】

根据需要，能够熟练地对宠物耳道进行清洗。

学习目标

【思政与素质目标】

1. 养成善待动物、认真负责的职业态度。
2. 有较强的责任感和科学认真的工作态度。

系统关键词

耳朵、清洗。

任务准备

宠物外耳道被覆柔软的膜和无数分泌耳垢的腺体，若有异物如泥土、昆虫、带刺的植物种子等进入就会产生较多耳垢。另外，在潮湿阴雨天气淋雨或游泳、洗澡时有水进入耳道，加上宠物垂耳或耳廓内被毛较多时水分不易蒸发，导致外耳道内长期湿润，或体外寄生虫叮咬、过敏性皮炎都可引发外耳炎，如不及时治疗还会继发中耳炎和内耳炎。

任务实施

耳道清洁：如果宠物耳道内分泌物较多，应清洁耳道。方法：将宠物头部固定，将洗耳液滴入耳道，用手轻轻按摩 1 min，松开手后任其自然甩头将耳道内分泌物甩出；或将适量脱脂棉绕在止血钳上，滴上洗耳液，在耳道内打转清洗，直到从耳道内取出的脱脂棉无污物，则说明清洁完成(图 25-2)。

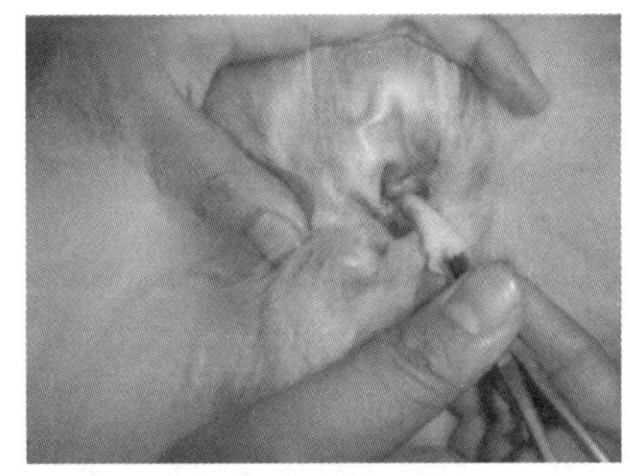

图 25-2 清洁耳道

若宠物耳道内分泌物较多，并伴有发炎、红肿、化脓等症状，可用过氧化氢溶液将耳道内的分泌物洗出，再用灭菌棉球擦干，然后涂抹抗生素软膏、泼尼松类软膏或氧化锌软膏。对化脓性中耳炎可用硼酸甘油滴耳液滴耳。对耳部疼痛高度敏感的动物，可在处置前向外耳道内注入可卡因油(可卡因 0.1 g 加甘油 10 mL)。

小提示

1. 适应证 主要用于耳道内分泌物的清洗，外耳炎、中耳炎和内耳炎等的局部治疗。

2. 注意事项 清理耳道时，脱脂棉在止血钳上要缠紧。另外，千万不能使用棉签，以免棉签断在耳道内不易取出。

3. 禁忌证 无特殊禁忌证。

任务三 洗口法

学习目标

【知识目标】

1. 了解宠物口腔炎的致病原因和治疗原则。
2. 熟知口腔的冲洗操作方法。

Note

学习目标

【技能目标】

根据需要，能够对宠物口腔炎进行正确的清洗操作和治疗。

【思政与素质目标】

1. 养成善待动物、认真负责的职业态度。
2. 有较强的责任感和科学认真的工作态度。

系统关键词

口腔炎、口腔冲洗。

任务准备

口腔炎是口腔黏膜深层或浅层组织的炎症。临床上多以口腔黏膜潮红、肿胀、流涎为主要特征。其按炎症的性质可分为卡他性口腔炎、水泡性口腔炎、溃疡性口腔炎、坏疽性口腔炎。临床上以溃疡性口腔炎较常见，多因机械性刺激、物理及化学性刺激损伤口腔黏膜后继发感染所致；或者继发于其他疾病，如继发于咽喉炎、猫鼻气管炎、B 族维生素缺乏症等。宠物初期有饮食欲，但采食小心，有口腔不适感，进而出现流涎，口腔黏膜潮红、肿胀，乃至水疱、溃疡和坏疽等症状，呼出的气体有时有恶臭味。

任务实施

将宠物站立保定，一只手抓住宠物的上颌，使其上、下颌分开，另一只手持连接放乳针的注射器，将药液推入宠物口腔(图 25-3)。也可使宠物头平伸或低下，用一次性注射器抽取 2%食盐水、3%过氧化氢溶液、0.2%聚乙烯吡咯烷酮碘含漱液、2%～3%硼酸或明矾溶液等，从一侧口角注入口腔，反复多次，以一天 3 次为宜。口臭严重时，用 0.1%高锰酸钾溶液冲洗口腔。溃疡面涂抹 2%～3%碘甘油或 1%龙胆紫，也可用抗生素软膏。口腔黏膜炎剧烈时，可配合服用抗生素，如阿莫西林等。

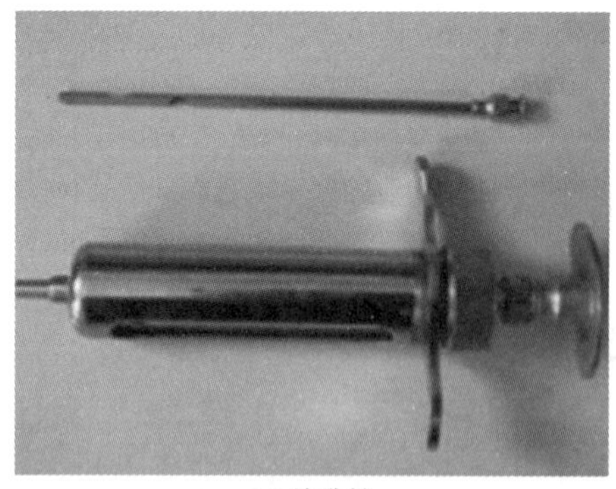

(a) 放乳针

(b) 口腔冲洗

图 25-3　洗口法

小提示

1. 适应证　主要用于口腔炎、舌及牙齿疾病的治疗，有时也用于洗出口腔的不洁物。

2. 注意事项

(1)口腔炎若有继发感染倾向,可全身应用抗生素。病宠应饲喂流食或软质半流食。

(2)口腔炎应注意与口唇炎相区别。

3. 禁忌证 无特殊禁忌证。

任务四 洗鼻法

学习目标

【知识目标】

1. 了解宠物鼻的解剖结构及其生理学功能。
2. 熟悉宠物洗鼻法的适应证、操作方法及注意事项。

【技能目标】

根据需要,能够对宠物鼻腔进行正确的冲洗。

【思政与素质目标】

1. 养成无菌意识、认真负责的职业态度。
2. 善待动物,有较强的责任感和科学认真的工作态度。

系统关键词

鼻、冲洗。

任务准备

鼻炎是鼻黏膜的炎症,临床上以鼻黏膜充血肿胀、呼吸困难、流鼻涕、打喷嚏为主要特征。原发性鼻炎主要由寒冷、化学性因素、机械性因素等刺激引起,例如吸入致敏性的花粉、尘埃、有毒气体、昆虫等。继发性鼻炎主要见于一些传染病的发病过程中,如犬瘟热、犬副流感、犬腺病毒Ⅱ型感染等。另外,鼻腔周围的器官炎症也可蔓延到鼻腔从而引起鼻炎。对非细菌性鼻炎可用洗鼻法冲鼻,然后向鼻内滴入抗炎药液或涂抗炎药膏。

任务实施

常用洗鼻液:生理盐水、2%硼酸溶液、0.1%高锰酸钾溶液或0.1%乳酸依沙吖啶溶液等。

方法:将放乳针插入鼻腔一定深度,同时用手捏住外鼻翼,然后推动注射器内芯,使药液流入鼻腔内,即可达到冲洗的目的(图25-4)。

小提示

1. 适应证 适用于鼻腔有炎症时,可选用一定的药液进行鼻腔冲洗。

2. 注意事项

(1)将宠物头部保定好,使头稍低。

(2)冲洗液温度要适宜,冲洗的速度要慢,防止药液进入喉或气管。

(3)冲洗剂要选择具有杀菌、消毒、收敛等作用的药物。

3. 禁忌证 无特殊禁忌证。

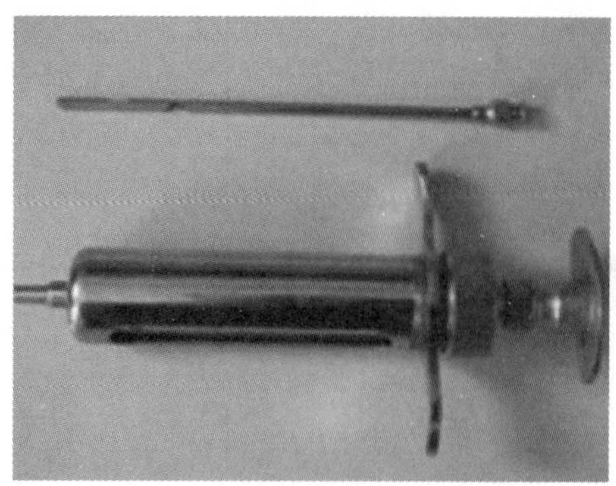

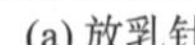
(a) 放乳针

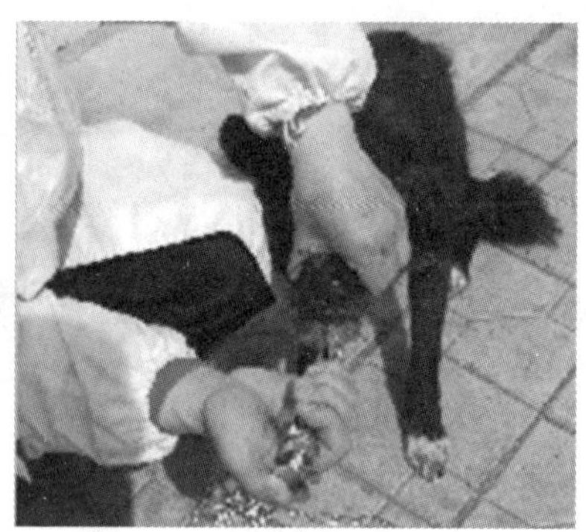
(b) 鼻腔冲洗

图 25-4　洗鼻法

任务五　导胃与洗胃法

学习目标

【知识目标】

1. 了解导胃与洗胃法的适应证及注意事项。
2. 熟知导胃与洗胃法的操作方法。

【技能目标】

能根据动物种类和病情正确进行导胃和洗胃操作。

【思政与素质目标】

1. 养成无菌意识、认真负责的职业态度。
2. 善待动物，有较强的责任感和科学认真的工作态度。

系统关键词

导胃、洗胃。

任务准备

用一定量的溶液灌洗胃，清除胃内容物的方法即为导胃与洗胃法。临床上主要用于治疗急性胃扩张、饲料或药物中毒，清除胃内容物及刺激物，避免毒物的吸收，方法基本同胃管投药。犬、猫误食毒物或有毒成分后，常用导胃与洗胃法排出毒物。

任务实施

1. 保定　宠物可站立保定或在手术台上侧卧保定。

2. 准备　先用胃管在体外测量从口、鼻到胃的长度，并做好标记。然后经口插入胃管进行导胃和洗胃。

3. 插入胃管　将宠物保定并固定好头部，用开口器打开口腔，把胃管从口腔插入食管内，胃管到胸腔入口及贲门处时阻力较大，应缓慢插入，以免损伤食管黏膜。必要时灌入少量温水，待贲门弛缓后，再向前推送入胃。胃管前端经贲门到达胃内后，阻力突然消失，此时会有酸臭气体或食糜排出。

4. 冲洗胃内容物 胃管插入胃后，胃管游离端接漏斗，每次灌入温水或其他冲洗液 5～10 mL/kg。利用虹吸原理，高举漏斗，不待药液流尽，随即放低头部和漏斗，或用抽气筒反复抽吸，以洗出胃内容物。如此反复抽吸 10～15 次，逐渐排出胃内大部分内容物，直至清洗液变清。冲洗完后，缓慢抽出胃管，解除保定(图 25-5)。

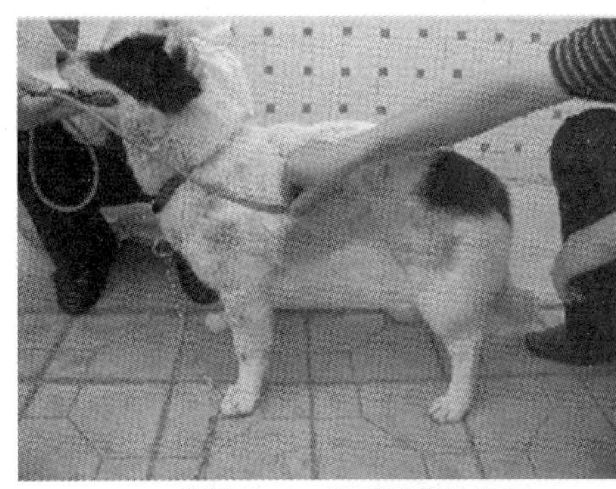

(a) 测量从口、鼻到胃的长度

(b) 打开口腔

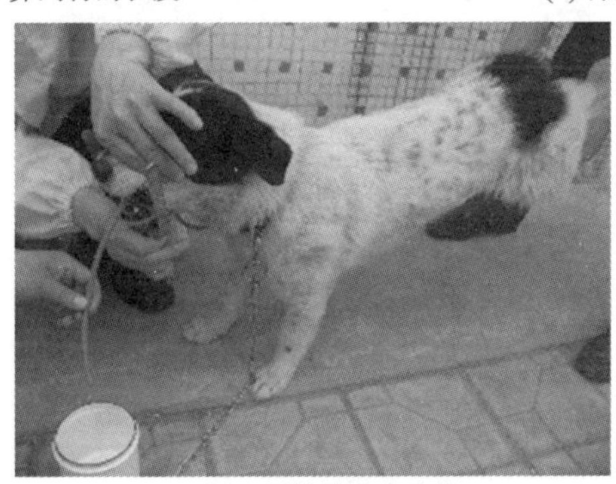

(c) 插入胃管导出内容物

图 25-5 导胃与洗胃法

小提示

1. 适应证 本法适用于急性胃扩张、误食毒物、药物过量或其他物质中毒等，也可用于某些大剂量药物(尤其是中药)的投服。

2. 注意事项

(1)操作时宠物易骚动，要注意人和宠物的安全。

(2)根据不同体形的宠物，选择适宜长度和粗细的胃管。

(3)当中毒物质不明时，应抽出胃内容物送检。洗胃溶液可选用温开水或等渗盐水。

(4)每次灌入量与吸出量要基本相等。

(5)洗胃过程中，应随时观察脉搏、呼吸的变化，并做好详细记录。

(6)抽吸量大时，应密切注意心脏功能变化，必要时，应用心电图机予以监护。

3. 禁忌证 无特殊禁忌证。

任务六　灌肠法

学习目标

【知识目标】

1. 了解灌肠法的适应证及注意事项。
2. 熟知浅部灌肠法和深部灌肠法的操作方法。

【技能目标】

根据动物病情，能够进行浅部灌肠法或深部灌肠法的操作。

【思政与素质目标】

1. 养成善待动物的职业素养。
2. 养成团队协作意识，有较强的责任感和科学认真的工作态度。

系统关键词

浅部灌肠法、深部灌肠法。

任务准备

灌肠法是将某些药物、钡造影剂、营养液以及水等经肛门灌入直肠内的一种方法。根据灌肠目的的不同，灌肠法可分为浅部灌肠法和深部灌肠法两种。

任务实施

1. 浅部灌肠法　操作：灌肠时，将宠物站立保定好，助手把尾拉向一侧。术者一只手提盛有药液的药瓶，另一只手将输液器乳胶管（针头去掉）徐徐插入肛门内 5～10 cm，然后高举药瓶，使药液流入直肠内（图 25-6）。灌肠后使宠物保持安静，以免引起排粪动作而将药液排出。对以人工营养、抗炎和镇静为目的的灌肠，应在灌肠前将直肠内的宿粪取出。

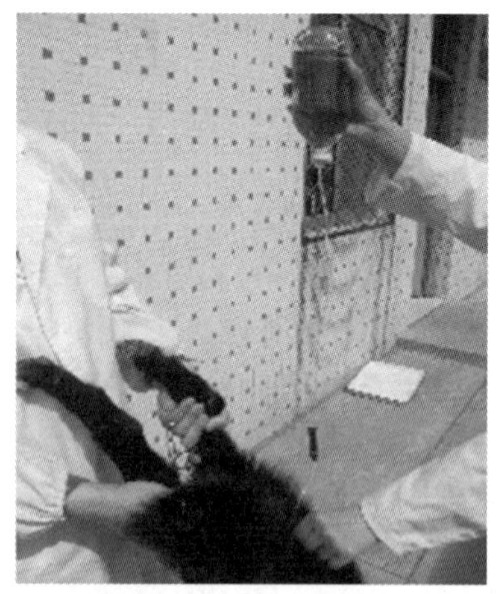

图 25-6　犬的输液器灌肠

浅部灌肠法用的药液量，每次为 30～50 mL。灌肠溶液根据用途而定，一般用 1% 温盐水、林格液、甘油、0.1% 高锰酸钾溶液、2% 硼酸溶液、葡萄糖溶液等。

2. 深部灌肠法　操作：灌肠时，对宠物施以站立或侧卧保定，并使其呈前低后高姿势，助手把尾拉向一侧。术者一只手提盛有药液的药瓶，另一只手将输液器乳胶管（针头去掉）徐徐插入肛门内 8～10 cm，然后高举药瓶，使药液流入直肠内。先灌入少量药液软化直肠内宿粪，待排净宿粪后再大量灌入药液。

深部灌肠法用的药液量根据宠物体形大小而定，一般幼犬 80～100 mL，成年犬 100～500 mL。药液温度以 38～39 ℃为宜。

小提示

1. 适应证　浅部灌肠法：宠物有采食障碍或咽下困难、食欲废绝时，用于人工营养；宠物有直肠或结肠炎症时，用于灌入抗炎药；宠物兴奋不安时，用于灌入镇静药。

深部灌肠法：适用于治疗肠套叠、结肠便秘，以及排出胃内毒物和异物等。

2. 注意事项

(1)直肠内存有宿粪时，要先取出宿粪，再进行灌肠。

(2)避免粗暴操作，以免损伤肠黏膜或造成肠穿孔。

(3)药液注入后由于排泄反射，易被排出，应用手压迫尾根和肛门，或于注入溶液的同时，用手指刺激肛门周围，也可通过按摩腹部减少药液排出。

3. 禁忌证 无特殊禁忌证。

任务七 阴道及子宫冲洗法

学习目标

【知识目标】

1. 了解阴道及子宫冲洗法的适应证及注意事项。
2. 熟知阴道及子宫冲洗法的操作方法。

【技能目标】

根据需要，能够对宠物实施阴道及子宫冲洗的操作。

【思政与素质目标】

1. 养成无菌意识、认真负责的职业态度。
2. 善待动物，有较强的责任感和科学认真的工作态度。

系统关键词

子宫冲洗、阴道冲洗。

任务准备

根据宠物种类准备无菌的各型开膣器、颈管钳、颈管扩张棒、子宫冲洗管、洗涤器及橡胶管等。冲洗液可选用温生理盐水、5%～10%葡萄糖溶液、0.1%乳酸伊沙吖啶溶液及0.1%～0.5%高锰酸钾溶液等，还可用抗生素及磺胺类药物。

任务实施

以犬阴道冲洗为例，准备好阴道冲洗所用药液后，将犬站立保定，保定人员稍抬起犬后躯，术者用生理盐水充分清洗外阴污物，而后术者左手抬起犬尾部，右手持冲洗药液经阴门插入阴道内；接着术者将药液挤入阴道内，拔出给药瓶后，保定人员将犬后躯稍抬高，保持1～2 min，然后将犬后躯放下，让药液自然流出至废液缸内。具体操作如图25-7所示。

小提示

1. 适应证 子宫冲洗法是将药液注入子宫内并排出，以排出子宫内分泌物及脓液，促进黏膜修复，尽快恢复生殖功能的治疗方法，适用于治疗子宫内膜炎和子宫蓄脓等。

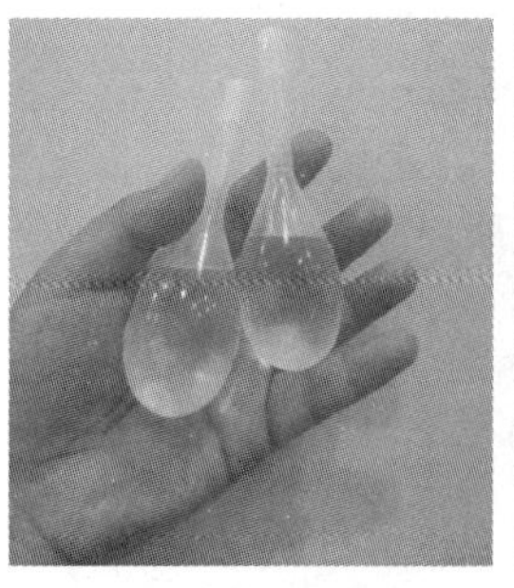
(a) 犬阴道冲洗所用药液

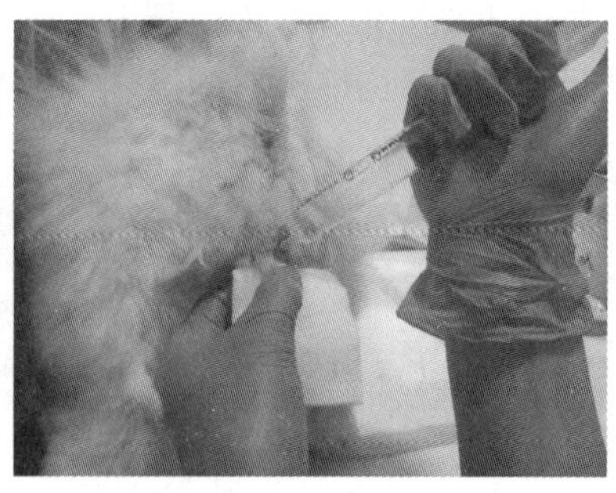
(b) 将犬站立保定，保定人员稍抬起犬后躯，术者用生理盐水清洗外阴污物

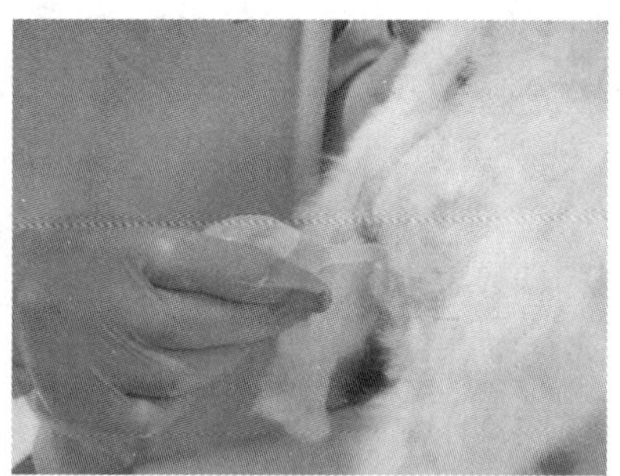
(c) 术者左手抬起犬尾部，右手持冲洗药液经阴门插入阴道内

(d) 术者将药液挤入阴道

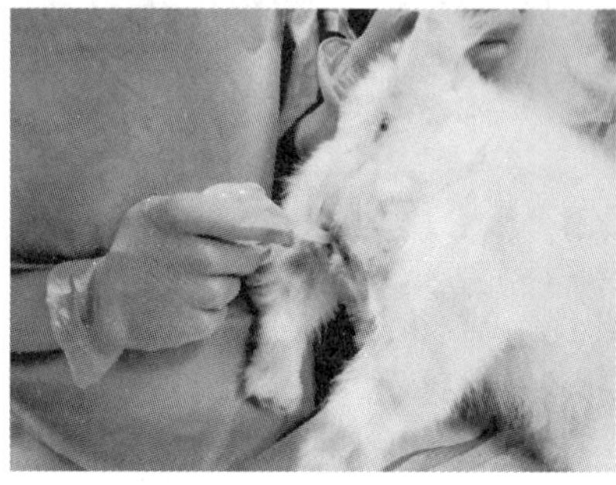
(e) 术者拔出给药瓶后，保定人员将犬后躯稍抬高，保持1～2 min

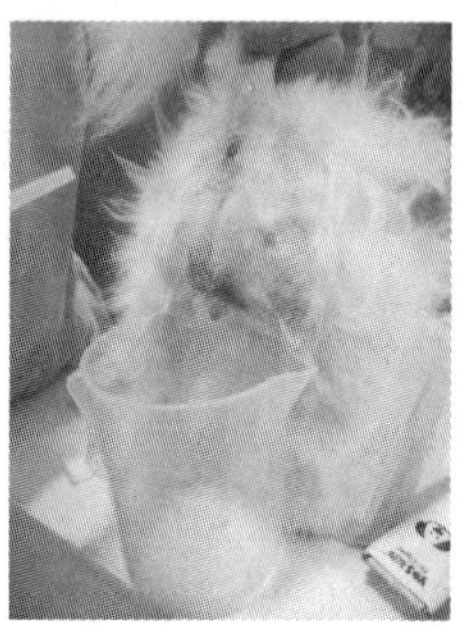
(f) 将犬后躯放下，让药液自然流出至废液缸内

图 25-7　犬阴道冲洗法

2. 注意事项

(1)操作过程要认真,避免粗暴,特别是在将子宫冲洗管插入子宫内时,须谨慎缓慢,以免穿破子宫壁。

(2)不要使用强刺激性及腐蚀性的药液冲洗。冲洗液的量不宜过大,一般 500～1000 mL 即可。冲洗完后,应尽量排净子宫内残留的药液。

3. 禁忌证　无特殊禁忌证。

案例分享

学习情境二十六　导尿术

扫码看课件

学习目标

【知识目标】

1. 了解导尿术的适应证。
2. 熟知导尿术的操作方法。

学习目标

【技能目标】

根据需要，采用合理的导尿术操作方法。

【思政与素质目标】

1. 养成无菌意识、善待动物的职业素养。
2. 养成实事求是、认真负责的职业态度。
3. 养成团队协作意识，有较强的责任感和科学认真的工作态度。

系统关键词

尿闭、导尿术。

任务准备

(1)了解不同品种、年龄的宠物导尿术操作方法，并且能进行宠物导尿术的操作。

(2)收集宠物导尿术操作方法的相关资料。

(3)准备手术器械、镇静药、导尿管和抗炎药等。

任务实施

(一)材料

纱布，无菌手套，导尿管(公犬用、母犬用、公猫用)，注射器，润滑消毒剂(0.1%新洁尔灭溶液、红霉素软膏等)，清洗剂(0.9%氯化钠溶液、抗生素溶液等)。

(二)操作方法

1. 公犬导尿法 公犬生殖系统如图 26-1 所示。导尿时将公犬侧卧保定，将上面的后肢拉向前方固定。事先根据犬的体形选择合适的导尿管，一般直径为 1～3 mm，浸入 0.1%新洁尔灭溶液中消毒备用。

术者戴无菌乳胶手套，一只手推动包皮使阴茎充分暴露，另一只手将导尿管经尿道外口徐徐插入尿道内，并缓慢向膀胱内推进。插入过程中，应防止导尿管污染。当导尿管顶端到达坐骨弓处时，用手指隔着皮肤向深部压迫，有助于导尿管进入膀胱。导尿管一旦进入膀胱，即见尿液流出(图 26-2)。如果尿道中有结石堵塞，可用 2 mL 利多卡因溶液松弛尿道，同时用生理盐水加压冲洗，解除尿道痉挛。

导尿完毕，向膀胱内注入 0.02%～0.05%新洁尔灭溶液、碘伏、氯己定或适宜抗生素溶液(图 26-3)，然后拔出导尿管。

2. 母犬导尿法 母犬生殖系统如图 26-4 所示。母犬导尿法一般仅适用于阴门及阴道宽大的成年大型犬。导尿时，母犬呈站立姿势(图 26-5)，用 0.05%～0.1%新洁尔灭溶液清洗阴门及阴道前庭。助手用光源照明，或术者头戴头灯，左手持人用小号开膣器扩张阴门(图 26-6)，右手持质地略硬的导尿管插入尿道口，并徐徐向膀胱推进，直至尿液流出。

导尿完毕，向膀胱内注入 0.02%～0.05%新洁尔灭溶液、碘伏、氯己定或适宜抗生素溶液(图 26-7)，然后拔出导尿管。

2. 公猫导尿法 公猫生殖系统如图 26-8 所示，公猫导尿操作与公犬导尿法基本相同。公猫阴

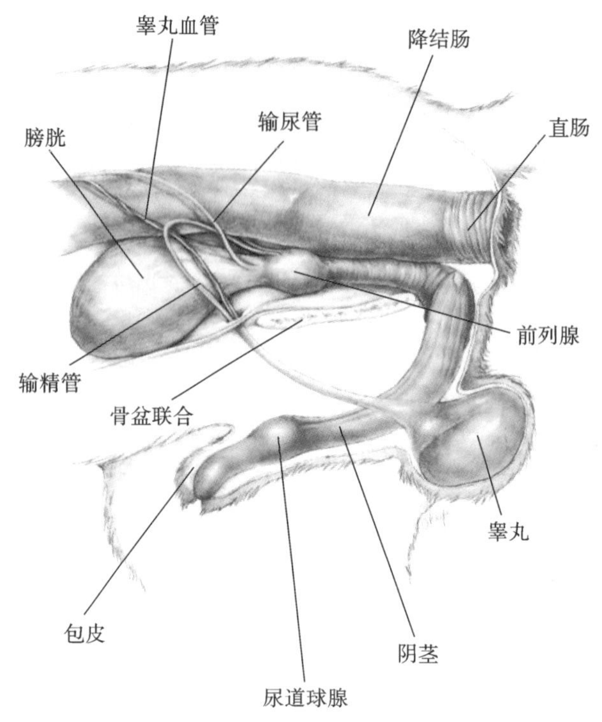

图 26-1 公犬生殖系统

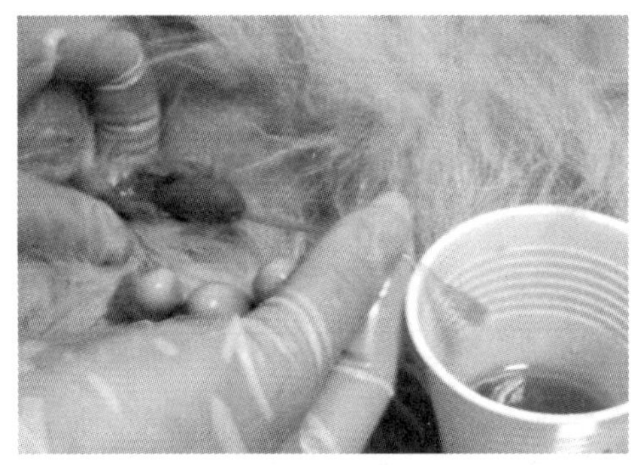
图 26-2 导尿管进入膀胱，尿液流出

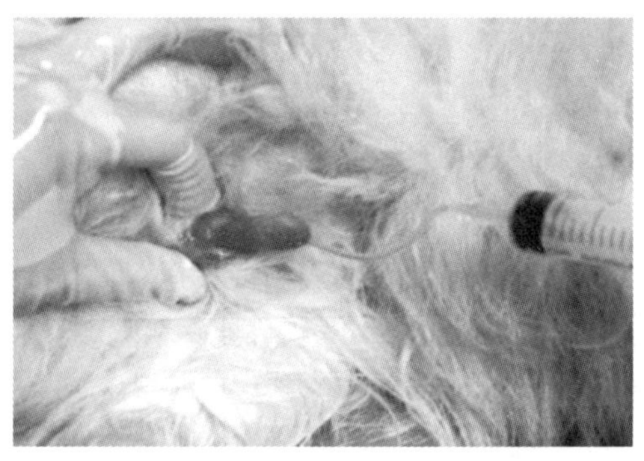
图 26-3 向膀胱内注入溶液

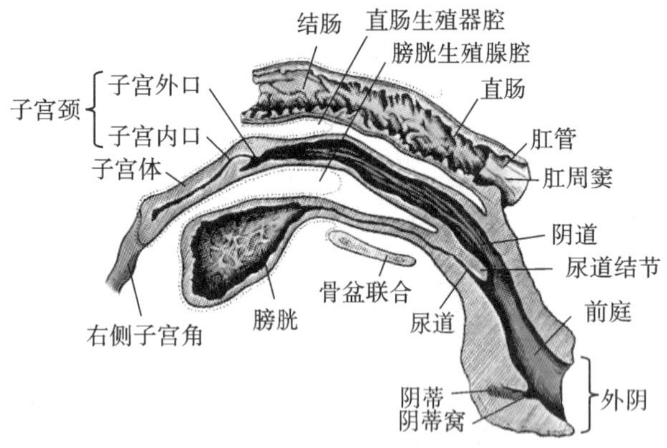

图 26-4 母犬生殖系统

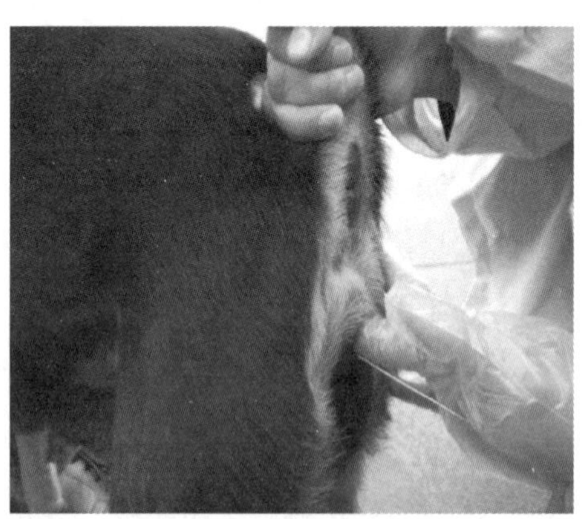
图 26-5 母犬呈站立姿势

茎很短，且尿道极细，猫本身又有抓咬的特性，所以给公猫导尿时通常需要全身麻醉或镇静，并须选择口径、硬度适宜的专用导尿管。猫用导尿管质地稍硬且有弹性，内有不锈钢芯，在插入尿道时起关键的支撑作用，能够保证导尿管顺利插入(图 26-9)。

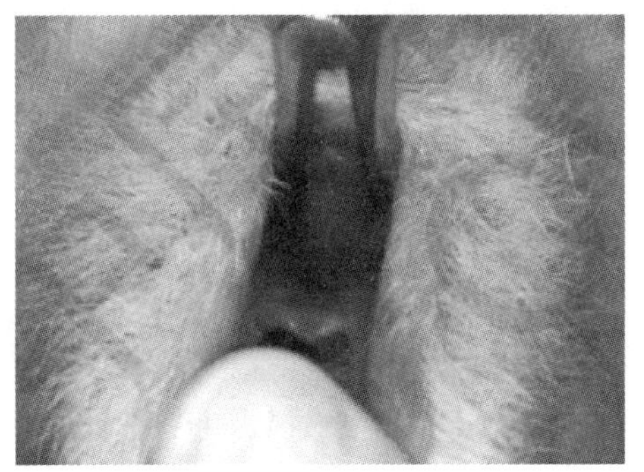
图 26-6　小号开膣器扩张阴门

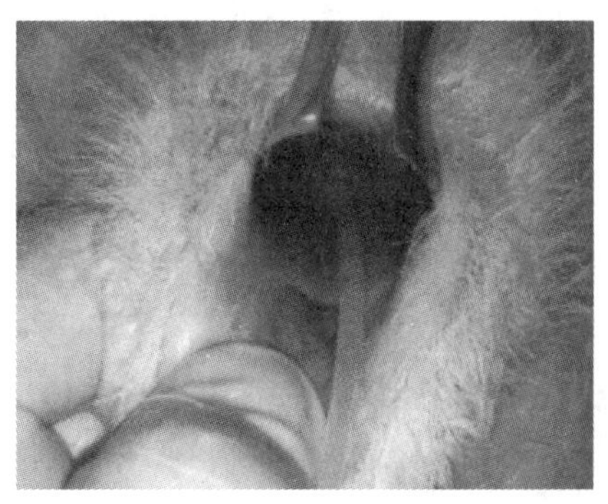
图 26-7　导尿完毕,向膀胱内注入溶液

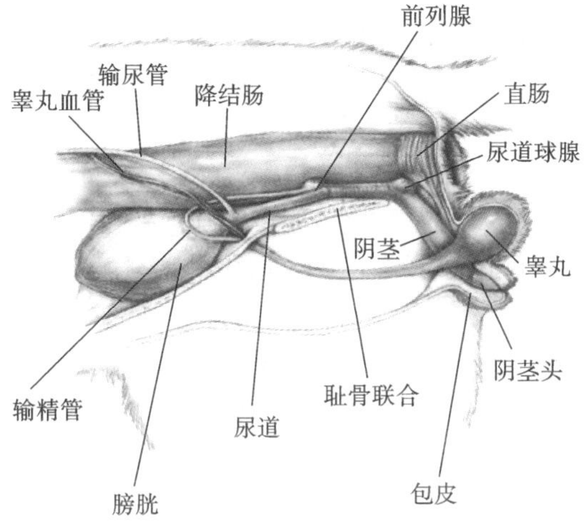

图 26-8　公猫生殖系统

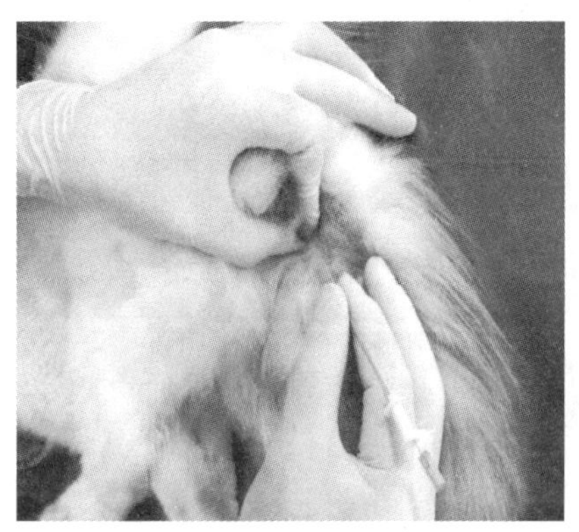
图 26-9　导尿管顺利插入公猫尿道

1. 适应证　导尿术是将导尿管经尿道外口插入膀胱内而获得尿液的方法,其目的是缓解尿闭、采集尿液以便检验或进行膀胱灌洗。膀胱灌洗是在排空膀胱积尿后,注入药液以治疗膀胱炎或尿道炎的方法。

2. 禁忌证　无特殊禁忌证。

视频:导尿术

案例分享

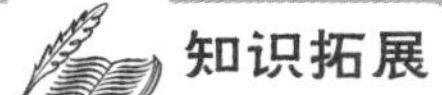

犬猫导尿操作技术

扫码看课件

学习情境二十七　物理疗法

任务一　针术

学习目标

【知识目标】

1. 了解针术的概念、作用机制。
2. 熟知针刺疗法的方法和步骤。

【技能目标】

能正确施行各种针术。

【思政与素质目标】

1. 具有敬佑生命、救死扶伤、甘于奉献、大爱无疆的大医精诚精神，增强投身中兽医药行业的信心和勇气，加强人文精神和理想信念。
2. 培养勇于奋斗、乐观向上、爱岗敬业、吃苦耐劳的精神，具有自我管理能力、职业生涯规划的意识，有较强的集体意识和团队合作精神。

系统关键词

针刺疗法、白针疗法、电针疗法、水针疗法、激光针灸、TDP 疗法。

任务准备

应用各种不同类型的针具或某种刺激源（如激光、微波、电磁波等），刺入或辐射动物机体的一定穴位或部位，给予适当刺激以治疗疾病的方法，称为针术。

任务实施

一、针刺疗法

（一）白针疗法

应用圆利针、毫针或小宽针按一定的深度刺入除血针穴位以外的穴位，施以一定的刺激以治疗疾病的方法称为白针疗法。这是临床应用最广泛的一种方法，可治疗多种动物疾病。其操作方法如下。

将动物妥善保定。根据病情选好施针穴位，剪毛、消毒，选择与施针穴位相符合的针具，检查针具并消毒。右手拇指、食指夹持针柄以便用力，中指和无名指抵住针身，以辅助进针。针刺时，以左手切压穴位部皮肤帮助进针，多用指切法，即左手拇指按压穴位近旁皮肤，针沿指甲边缘刺入。圆利针和毫针多用缓刺进针法，小宽针用急刺进针法。圆利针和毫针根据情况留针、运针，进针后一般留针 15～30 min，其间每隔 5～10 min 可行针 1 次，每次 2～3 min。小宽针不留针、不运针。针刺后正常情况下选择捻转和抽拔起针法，拔针后做好针孔的消毒工作，防止感染。

（二）电针疗法

电针疗法是在针刺穴位产生针感后，在针体上通以脉冲电流刺激穴位的治疗方法，主要是运用电流的刺激来加强或代替传统手捻针的一种刺激方法。临床上常用于起卧症、消化不良、神经麻痹、肌肉萎缩、风湿、虚寒泄泻、风寒感冒、垂脱症、不孕症、胎衣不下等。

1. 电针用具 电针用具主要包括圆利针、毫针和电针治疗机。电针治疗机的种类有很多，但基本功能和构件组成相似，多数可交流、直流两用，既可用于电针治疗，又可用于针刺麻醉。电针治疗最常采用的电流是低频脉冲调制电流，有正脉冲和负脉冲两种，其波形主要有疏密波、连续波、间断波等。电针通过不同波形、不同强度和频率的电流对穴位的刺激而产生治疗作用。

2. 操作方法 根据具体病情选择 2~4 个穴位，剪毛、消毒后将毫针刺入穴位，运针后产生针感，将电针治疗机导线的正、负极分别接在针柄上，将电针治疗机调至治疗挡，输出置于"0"位。然后，接通电源，频率调节由低到高、输出由弱到强，逐渐调到所需的强度，以动物肌肉出现节律性抽动的最大耐受量为度。通电时间根据动物的病情和体质来确定，一般每次通电 15～30 min，每隔 3～5 min 调节一次电流输出和频率，以防产生耐受性。最后，逐渐将输出和频率刻度调至"0"，再关闭电源，除去导线夹，退出针具，对针孔消毒。一般每天或隔天施针 1 次，5～7 次为 1 个疗程，每个疗程间隔 3～5 天，也可根据具体病情制订治疗方案。

3. 注意事项

(1)当动物抖动导致导线金属夹脱落时，必须将电流输出和频率调至较低档后再重新接上导线，不可在高档位上直接连接，以免造成不适。

(2)针刺接近心脏或延髓的穴位时，必须掌握好针刺的深度和电流，以免产生损伤，造成意外事故。

(3)在通电过程中，针体随着肌肉颤动渐渐向外退出，术者要及时使针体复位。

（三）水针疗法

水针，又称穴位注射，是一种针刺与药物相结合的新疗法。它在穴位、痛点或肌肉起止点注射某些药物，通过针刺、液压和药物的作用调整机体的功能和病理状态，以达到治疗疾病的目的。此法操作简便，使用药品量小，一般为肌内注射量的 1/5～1/3，疗效显著。现代主要运用穴位液压疗法、穴位药物疗法、穴位封闭疗法和穴位免疫疗法等技术。

1. 穴位液压疗法 所用液体与疾病性质无关，主要是对穴位进行压迫产生刺激作用。常用的液体有生理盐水、5%葡萄糖注射液、注射用水等。液体注射入穴位后，针刺和液体压迫刺激双重作用，具有加速组织的生长、促进组织的痊愈等作用。

2. 穴位药物疗法 根据疾病性质的需要选用对症的药物进行穴位注射，如抗生素、镇痛药、镇静药、抗风湿药、活血舒筋药(当归注射液、红花注射液)等。穴位注射药物可使针感延长，也能使药物进一步发挥作用，临床上运用较广。

3. 穴位封闭疗法 穴位封闭疗法也是在穴位注射药物，但其注射的药物并非对症药物，而是选择对中枢神经起作用的镇静药或局部麻醉药，如普鲁卡因注射液、氯丙嗪注射液等。

4. 穴位免疫疗法 穴位免疫疗法也是在穴位注射药物，但其注射的是各种抗原物质，以增强机体的免疫力，达到预防和治疗疾病的目的，如后海穴注射。

5. 注意事项

(1)注射后局部常有轻度的肿胀和疼痛，一般 1 天左右自行消失，故以每 2～3 天注射 1 次为宜。

(2)个别动物注射后有体温升高的现象，因此对发热的动物应慎用。

（四）激光针灸

激光是 20 世纪 60 年代发展起来的一项技术，现已用于多个学科领域。激光在兽医针灸方面的应用始于 20 世纪 70 年代。激光针灸又称激光穴位照射疗法，具有提高免疫力、活血散瘀、理气止痛、安胎等功能。从兽医临床目前的应用来看，其可分为光针疗法和光灸疗法两种。

Note

1. 用具 目前兽医临床使用较多的是 He-Ne 激光器和 CO_2 激光器，前者功率为 1～40 mW，输出一种波长为 6328 Å 的穿透力较强而热效应较弱的红光，主要用于照射穴位和局部组织；后者功率为 15～30 W 或 50～300 W，输出一种波长为 10600 Å 的穿透力较弱而热效应较强的红光，可用于穴位烧灼，也可代替手术刀。

2. 操作方法

(1)光针疗法：应用 He-Ne 激光器，可根据病情选择数个穴位，将激光束对准穴位，距穴位 5～10 cm 进行照射。每个穴位照射 5～15 min，每天 1～2 次，连续 7～14 天为 1 个疗程。操作者应佩戴防护眼镜。

(2)光灸疗法：应用 CO_2 激光器。如烧灼穴位，可将激光输出端接触皮肤，每个穴位烧灼 2～6 s；如散焦辐射，距离应为 20～30 cm，每个穴位 5～10 min。一般可选用白针穴位，如消化不良取脾俞、关元俞、后三里等穴；风湿取风门、九委等穴；背腰风湿取百会、肾棚、腰中、腰后等穴；四肢风湿取抢风、大胯、小胯等穴。

3. 注意事项

(1)工作人员必须佩戴防护眼镜，以免伤害眼睛。

(2)严格按操作规程操作，以免事故发生。

(3)注意观察动物反应，及时调节激光刺激强度，掌握好疗程和间隔时间。

(4)治疗后防止动物啃咬或摩擦，防止水浸或冻伤发生。

(五) TDP 疗法

TDP 疗法是指特定电磁波谱疗法，其中 TDP 是“特”“电”“谱”三个字汉语拼音的简称，其是采用特定电磁波谱治疗器治疗疾病的方法。该法镇痛效果较好，常用于治疗关节炎、腱鞘炎、炎性肿胀、扭挫伤、子宫脱垂、阴道脱垂、胎衣不下、阳痿等疾病。

操作方法：将电源接好，打开电源开关，指示灯亮，仪器开始工作，一般预热 5～10 min，设好定时器，即可对病区进行照射。照射距离一般为 15～40 cm，照射时间每次为 30～60 min。照射次数可根据病情而定，一般每天 1～2 次，连续每天使用或间隔一天使用，7 天为一个疗程。根据具体情况，可间隔 2～3 天进入下一个流程。

案例分享

任务二　灸术

学习目标

【知识目标】

1. 了解灸术的概念、作用机制。

2. 熟知灸术的方法和步骤。

【技能目标】

能正确操作各种灸术。

学习目标

【思政与素质目标】

1. 加强医德医风(兽医行业)教育,着力培养敬佑生命、救死扶伤、甘于奉献、大爱无疆的医者精神,注重仁心仁术教育。

2. 培养质量意识、环保意识、安全意识、信息素养、工匠精神、创新思维。

系统关键词

艾卷灸、艾炷灸、温针灸、温熨疗法、拔火罐疗法。

任务准备

点燃艾卷或艾炷,熏灼动物机体的穴位或特定部位,或利用其他温热物体,对患部给予温热灼痛刺激,疏通经络、驱散寒邪,以达到治疗目的的方法称为灸术。艾灸是将艾绒制成艾卷或艾炷,点燃后熏灼动物机体穴位或特定部位,以治疗疾病的方法。艾绒由艾叶制成。艾叶气味芳香,易于燃烧,火力均匀,具有温通经脉、驱除寒邪、回阳救逆的功效。艾灸有艾卷灸、艾炷灸和温针灸三种。

任务实施

(一) 艾卷灸

艾卷灸不受体位的限制,全身各部均可施术,根据操作方法的不同,又分为温和灸、回旋灸和雀啄灸三种。

1. 温和灸 将艾卷一端点燃,距穴位 1～2 cm 进行持续熏灼,给动物一种温和的刺激,直至皮肤潮红。温和灸适用于风湿痹痛等症。

2. 回旋灸 将燃着的艾卷在患部的皮肤上往返、回旋灼灸,用于病变范围较大的肌肉风湿等症。

3. 雀啄灸 手持点燃的艾卷,接触一下穴位皮肤后立即离开,再接触,再离开,如此反复,如麻雀啄食。此法多用于慢性疾病,刺激强烈,施术时应注意不要灼伤皮肤。

(二) 艾炷灸

1. 直接灸 将艾炷直接置于穴位上,点燃,待燃烧至底部时,再换一个艾炷。艾炷的大小和壮数的多少决定了刺激量的大小,一般治疗以 3～7 壮为宜。

2. 间接灸 将穿有小孔的姜片、蒜片、附子片或食盐等其他药物,置于艾炷和穴位之间,点燃艾炷对穴位进行熏灼。此法也称隔物灸。

(三) 温针灸

温针灸是将毫针或圆利针刺入穴位,待出现针感后,再将艾绒捏在针柄上点燃,使热力经针体传入穴位深部而发挥作用的方法,具有针刺和灸的双重作用。

(四) 温熨疗法

用温熨技术治疗动物疾病的例子很早就有记载,至今仍广泛用于临床。温熨疗法是用温热物体对动物患部或穴位施行治疗,具有温经散寒的作用,常用于治疗风寒湿邪所引起的痹症等慢性疾病。根据具体方法分类,温熨疗法可分为醋酒灸、醋麸灸、软烧法三种。

1. 醋酒灸 醋酒灸常用于治疗腰背风湿,也可用于治疗破伤风。将动物保定,用温醋将腰背部被毛浸湿,盖以醋浸的粗布,再喷洒酒精,点燃。若火小则加酒精,火大则加醋,如此反复烧灼约 30 min,切勿使粗布和被毛烧干。直至动物耳根或腋窝出汗为止。施术后注意保暖,用麻袋或毛毯等覆盖腰部。本法对老弱动物慎用,妊娠期动物禁用。

2. 醋麸灸 准备麸皮和陈醋，按 4∶1 的比例，将一半麸皮放入大铁锅中炒，随炒随加醋，以使麸皮握则成团、松手则散为度，装入一条麻袋中。再用此法炒另一半麸皮，两袋交替温熨患部，至患部微汗为止。术后应注意保暖。醋麸灸常用于治疗风湿。

（五）拔火罐疗法

拔火罐疗法是以罐为工具，借助火的热力排去罐中的部分空气，形成负压，使罐吸附于动物穴位皮肤上以治疗疾病的一种方法。拔火罐疗法具有温经通络、活血逐瘀的功效，常用于治疗风湿、急性挫伤、消化不良以及肿毒。拔火罐疗法可单独使用，也可与针刺疗法配合使用，例如先在穴位上针刺，再拔火罐，以提高疗效。

1. 操作方法 取火罐数个，可用竹筒、陶瓷罐或玻璃罐代替，亦可用大罐头瓶代替。将动物妥善保定，术部剪毛，或在火罐吸着点上涂以不宜燃烧的黏浆剂，或用温水刷湿被毛。常用的拔火罐方法有闪火法、投火法、贴棉法、滴酒法、架火法五种。

（1）闪火法：用镊子夹一块酒精棉点燃，伸入罐内燃烧片刻后抽出并立即将罐扣在术部。

（2）投火法：将纸片或酒精棉点燃后投入罐内，等火势最旺时，迅速将罐扣于术部。此法宜侧面横扣，以免烧伤皮肤。

（3）贴棉法：将一块酒精棉贴在罐内壁接近底部的位置并点燃，待其火势正旺时，把罐扣于术部。此法在选择酒精棉时，酒精不宜过多，否则宜烧伤皮肤。

（4）滴酒法：往罐内滴入少量的酒精并转动罐，使酒精均匀地分布于罐内壁，用火点燃后，迅速将罐扣于术部。此法注意滴入的酒精的量，切勿使酒精流附于罐口，防止烧伤皮肤。

（5）架火法：在术部放一块姜片等不宜燃烧的物品，物品上放一小块酒精棉并点燃，将罐在火焰上先烧片刻，然后用罐把火扣住。

一般拔火罐时间为 15～20 min，连续 2～3 次，间隔 2～3 天。急性病痛可每天 1 次，连续 3～4 次为 1 个疗程。

2. 起罐方法 拔火罐结束后即可起罐，起罐时，术者一只手扶罐体，另一只手手指轻按罐口边缘皮肤，使空气进入罐内，罐即脱落。

3. 注意事项

（1）局部有溃疡、水肿及大血管均不宜拔火罐。

（2）根据部位选择合适的火罐，拔火罐动作要做到稳、准、轻、快，不可硬拉或旋转。

（3）拔火罐后皮肤出现紫色为正常现象，可自行消退。如留罐时间长，皮肤会出现水疱，水疱小时不需处理，水疱大时用针刺破，使水疱内液体流出，并涂以龙胆紫消毒，以防感染。

案例分享

任务三 按摩疗法

学习目标

【知识目标】

1. 了解按摩疗法的概念、作用机制。
2. 熟知按摩疗法的方法和步骤。

学习目标

【技能目标】

能正确操作按摩疗法。

【思政与素质目标】

1. 养成善待动物的职业素养。

2. 加强医德医风(兽医行业)教育,着力培养敬佑生命、救死扶伤、甘于奉献、大爱无疆的医者精神,注重仁心仁术教育。

3. 具有适应各种环境、各种职业以及抵抗风险和挫折的良好的心理素质。

系统关键词

按摩疗法、按摩手法、注意事项。

任务准备

按摩,又称推拿,是运用手掌及手指等的各种按摩技巧,在动物体表的一定经络穴位上连续施以不同强度的刺激,以防治疾病的一种方法。此法主要用于治疗中、小型动物的消化不良、泄泻、痹症、肌肉萎缩、神经麻痹、关节扭伤等。

任务实施

(一) 基本手法

1. 按法 按法是用手指或手掌在穴位或患部由轻到重、缓缓用力,反复按压的方法。此法适用于全身各部,具有通经活络、活血止痛的作用。

2. 摩法 摩法是用手掌面在一定部位缓缓摩擦的一种方法,或以腕关节连同前臂做轻缓而有节律的摩擦。此法具有理气和中、活血止痛、消瘀散积的作用。

3. 推法 推法是用手指、手掌、拳向前后、左右用力反复推动的一种方法。此法具有疏通经络、行气散瘀等作用。

4. 拿法 拿法是用拇指和其他手指把皮肤或筋膜提拿起来的一种方法。此法可单手或双手操作,适用于肌肉丰满处。此法具有疏通经络、镇痉止痛、开窍醒神等作用。

5. 揉法 揉法是用手指或手掌在患部按压和回环揉动的一种方法。此法具活血祛瘀、消肿散结等作用。

6. 拍法 拍法是用虚掌或平滑鞋底,有节律地平稳拍打动物体表的一定部位的方法。此法具有疏通气血、调整功能的作用。

7. 捶法 捶法是手握空拳轻轻捶击患部或穴位的一种方法。此法具有宣散气血、消除酸胀麻木的作用。

临床使用按摩疗法时必须根据病情选用不同的按摩手法,按摩时间一般为每次 5~15 min,每天或隔天 1 次,7~10 次为 1 个疗程,间隔 3~5 天进行第 2 个疗程。

(二) 注意事项

(1)有传染病、皮肤病的动物忌用按摩疗法。

(2)按摩后避免受寒和淋雨。

(3)动物妊娠期间,不可按摩其腹部穴位。

扫码看课件

学习情境二十八　腹膜透析技术

任务一　腹膜透析前的准备

学习目标

【知识目标】

1. 了解腹膜透析的基本原理。
2. 熟知腹膜透析技术使用的器材、设备等。

【技能目标】

根据需要，对腹膜透析进行术前准备。

【思政与素质目标】

培养做事要有提前准备的好习惯。

系统关键词

腹膜透析、术前准备。

任务准备

腹膜透析是利用宠物自身的腹膜作为透析膜的一种透析方式。通过灌入腹腔的透析液与腹膜另一侧的毛细血管内的血浆成分进行溶质和水分的交换，清除体内潴留的代谢产物和过多的水分，同时通过透析液补充机体所必需的物质。此法通过不断更新透析液，可达到肾脏替代或支持治疗的目的。

任务实施

（一）腹膜透析术前准备

1. 施术动物的准备

（1）术前检查：对宠物进行的检查一般包括血液学检查（血液常规检查与血液生化检查）、尿液检查、B 型超声检查等，以判定宠物的身体状况。

（2）手术部位的准备：对手术部位进行剃毛、清洁消毒。

2. 手术人员准备

（1）根据宠物状况拟定合理的手术计划。

（2）确定手术过程中的人员分工。

（二）腹膜透析技术的耗材及设备准备

（1）腹膜透析液的准备：商品性标准透析液中葡萄糖浓度分别为 1.5%、2.5%、3.5%和 4.25%。可根据犬、猫个体需要，采用不同的透析液。一般常规腹膜透析，常采用葡萄糖浓度为1.5%的透析液。葡萄糖浓度为 4.25%的透析液多用于机体水分过多的犬、猫。

（2）透析导管的准备：1 根腹腔 T 形多孔引流硅胶管，1 根输液管（Y 型），也可借用人用腹膜透析器材进行腹膜透析;最简单的方法就是利用一般静脉输液装置来进行腹膜透析。

(3)手术麻醉药品的准备:一般选择丙泊酚进行诱导麻醉,呼吸麻醉作为维持麻醉。

(4)麻醉机及心电监护仪的准备。

任务二 腹膜透析技术

学习目标

【知识目标】

1. 了解腹膜透析的基本操作流程。
2. 熟知腹膜透析的不良反应与并发症。

【技能目标】

根据需要,对宠物进行合理的腹膜透析。

【思政与素质目标】

培养全面考虑问题及紧急处理问题的能力。

系统关键词

腹膜透析、操作方法、不良反应与并发症。

任务准备

腹膜透析作为一种肾脏替代疗法,在人类医疗中已经研究得很透彻,但这种有效且成本较低的治疗方法仍无法在宠物医疗行业中大面积普及。直接将腹膜透析搬用到宠物临床会遇到很大的问题。犬、猫腹膜透析没有专用腹膜透析管,使用人用的透析管大多过大,在透析过程中将会产生一系列问题,如管脱落、漏液等。犬、猫没有专用的腹膜透析液,透析液需要有较好的生物相容性,离子浓度一般与机体的体液相近,而犬、猫血液中的离子浓度与人类不完全相同,故犬、猫长期使用人用的透析液一定会产生问题,如离子的失衡。犬、猫腹膜透析没有完整的透析标准,透析的时间、间隔、剂量只能靠医生的经验,在临床操作上没有标准化的操作程序。

任务实施

(一) 腹膜透析的适应证

1. 急性肾功能衰竭或急性尿毒症

(1)在急性肾功能衰竭或急性尿毒症发病初期,采用液体输注、利尿药物或血管扩张药物促使动物机体排尿无效时,可使用腹膜透析。

(2)采用急性肾功能衰竭或急性尿毒症的常规治疗,不能恢复正常血液生化和临床症状的病例,也需要使用腹膜透析。

(3)血尿素氮(BUN)>36 mmol/L(100 mg/dL)、肌酐>884 pmol/L(10 mg/dL)时,可考虑腹膜透析。但急性尿道堵塞时,虽血尿素氮>36 mmol/L 和肌酐>884 pmol/L,若两值不是特别大,此时主要任务是疏通尿道,静脉输液排尿,便可使血尿素氮和肌酐恢复正常水平。

(4)用传统方法治疗超过 24 h,仍然难以治愈时,也可考虑腹膜透析疗法。

2. 中毒 机体内液体过多(水中毒)、肺水肿或充血性心力衰竭,威胁犬、猫生命时。

3. 电解质紊乱　电解质或酸碱平衡失调，威胁犬、猫生命时。

4. 其他情况　如急性中毒（乙二醇）或药物过量，可以通过腹膜透析解除中毒或排出过量药物时。

5. 慢性肾功能衰竭或慢性尿毒症　利用处方药对慢性肾功能衰竭或慢性尿毒症治疗无效时，可考虑使用腹膜透析。

（二）腹膜透析的操作方法

1. 间歇性腹膜透析　此法在动物临床上使用较普遍，多用于犬、猫急性肾功能衰竭。此法将大流量透析液在腹腔中停留一定时间之后，再引流出来，可在较短时间内（如 1～2 h）或更长时间内做多次透析交换。腹膜透析操作时，要特别注意无菌操作。

（1）称量犬、猫体重和加温透析液，透析液加温至 40 ℃或比体温高 2～3 ℃。

（2）犬、猫透析液用量 40～50 mL/kg，也有用 30～40 mL/kg 的。透析液用量可根据临床症状进行调整，透析液用量不足，效果不佳；透析液用量过多，可造成呼吸困难。

（3）透析液注入腹腔的停留时间和每天操作次数，不同操作者有不同的标准，总之需根据动物病情的严重程度来决定。有的在静脉输液后，注入腹腔透析液后 40 min 左右抽出，如此反复操作 2～3 次；对于重症犬、猫，连续腹膜透析 3～4 天。有的注入腹腔透析液后，每 12～24 h 检验一次血尿素氮、肌酐和电解质，然后决定透析液在腹腔停留时间的长短。也有的每次让透析液在腹腔停留 3～6 h，每天做 3～4 次。

（4）腹膜透析的难点是注入腹腔的透析液难以再从腹腔抽出来。这是由于血液、纤维蛋白、脏器和大网膜的干扰，操作时应特别注意。为了疏通引流针或管道，必要时可向透析液中加入肝素 1000～2000 U。操作时还要特别注意切勿损伤腹腔内的脏器和组织，如肠、膀胱或大血管等。

（5）记录每次腹腔透析液回收的体积，腹膜透析初期，注入腹腔的透析液回收率可能仅有 25%～50%，以后若透析液回收体积总达不到 90%，应停止透析，以防体内水分过多和呼吸困难等问题的发生。

（6）对于急性腹膜透析，每天应检查 1～2 次血尿素氮、肌酐、钾、钠、氯、血气和血浆或血清渗透压，以便调整腹腔透析液的用量和腹膜透析次数。

2. 连续可活动腹膜透析　此法能使透析液长时间停留在腹腔内与腹膜接触。它使用塑料软袋包装透析液，塑料软袋通过导管与腹腔连接，软袋可以随身携带，这样减少了导管和塑料软袋之间的拆接次数，能使腹膜炎的发生率降低或不发生。

3. 潮式腹膜透析　此法是间歇性腹膜透析和连续可活动腹膜透析的联合体。它将透析液先注入腹腔，每次换液时只引流出腹腔内透析液的 40%～50%，然后注入等量新鲜的透析液，此种注入和引出的方法，称为潮式腹腔透析法。注入或引出的透析液量，称为潮式透析液量。此法的优点是大部分透析液在腹腔内，不因换液影响透析液持续与腹膜的接触，同时不断有新透析液进入腹腔，能和血液进行物质交换或扩散。

（三）注意事项

腹膜透析不能用于膈疝、腹腔内脏器严重粘连和刚做完腹腔手术的宠物。

（四）不良反应与并发症

（1）腹膜透析极易发生腹膜炎，所以应注意无菌操作。

（2）穿刺点漏液，引起皮下积液和水肿，甚至感染。

（3）穿刺穿破腹腔内脏器，引起内出血。

（4）注入腹腔的透析液过多或透析液引流不出，引发呼吸困难。

（5）低白蛋白血症，主要是由于多次腹膜透析或腹膜炎时白蛋白丢失。

（6）腹腔积液过多，可能与体内水分过多和低白蛋白血症有关。

（7）高血糖症，因注入腹腔的腹膜透析液含高浓度葡萄糖所致。

（8）反复多次的腹膜透析，可导致体内离子通过腹膜扩散到腹膜透析液中，引起血液内离子减少。

学习情境二十九　洗牙技术

扫码看课件

任务一　洗牙前准备

学习目标

【知识目标】

1. 掌握犬、猫牙齿的特点、超声波洁牙原理。
2. 掌握洗牙前准备、设备的准备及动物的准备。

【技能目标】

能够根据所学知识做好洗牙前准备、设备的准备及动物的准备。

【思政与素质目标】

1. 养成无菌意识，具备善待动物、医者仁心的职业素养。
2. 养成严谨规范、认真负责的职业态度。

系统关键词

牙齿的特点、超声波洁牙、洗牙前准备。

任务准备

(一) 犬、猫牙齿的特点

犬、猫牙齿基本构造与人类类似，只是数目与形状不同。每颗牙齿包含两个部分：牙龈之上的部分称为牙冠，牙冠以下、包覆在牙龈以下的则是牙根(图 29-1)。牙齿的牙冠由牙釉质、牙本质、牙髓组成。牙釉质位于牙冠表面，是一层坚硬、白色透明的组织，它具有保护牙齿内部的牙本质和牙髓的作用。牙本质是构成牙齿主体的硬组织，位于牙釉质和牙骨质的内层，牙髓位于牙齿内部的牙髓腔内。

犬、猫牙齿按形态、位置和功能可分为切齿(I)、犬齿(C)和臼齿 3 种(图 29-2)。

切齿小，齿尖锋利，每侧由内向外分别为门齿、中间齿和隅齿。

犬齿特别发达，呈弯曲的侧扁状，嵌于切齿骨和上颌骨共同构成的上犬齿齿槽和下颌骨的下切齿齿槽内，上犬齿大于下犬齿。

臼齿位于齿弓的后部，嵌于臼齿齿槽内，与颊相对，故又称颊齿。其可分为前臼齿(P)和后臼齿(M)。牙齿在出生后逐个长出，除后臼齿外，其余牙齿到一定年龄时按一定顺序更换一次。更换前

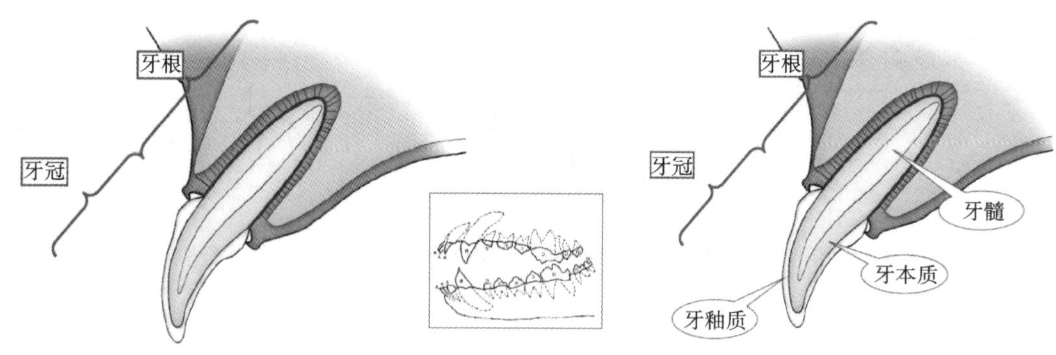

图 29-1　牙齿构造

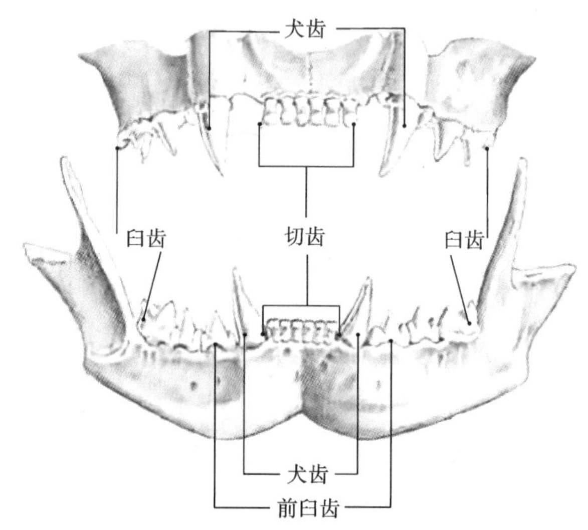

图 29-2　犬牙齿

的牙齿为乳齿，更换后的牙齿为永久齿或恒齿。乳齿一般较小，颜色较白，磨损较快。

幼犬有 28 颗乳齿(12 颗乳门齿、4 颗乳犬齿、14 颗前臼齿)，乳齿在出生后 3～12 周开始长出，乳门齿会先出现，接着是乳犬齿及前臼齿。在 3 个月左右乳齿开始渐渐掉落，替换成恒齿，也是从门齿开始替换。犬在 7 个月左右换牙基本完成，8 个月以上全部换为恒齿，而猫则在 5 个月左右会完成换牙。猫的牙齿数目较少，幼猫有 26 颗乳齿，分别是 12 颗乳门齿、4 颗乳犬齿、10 颗乳臼齿。成年猫有 30 颗恒齿，每一边上排牙齿除了有 3 颗门齿及 1 颗犬齿外，仅有 3 颗前臼齿及 1 颗臼齿，下排牙齿则每一边比上排再少 1 颗前臼齿。

犬的年龄在牙齿的生长、磨损、锐钝等方面反映较为明显，故可以通过牙齿的数量、力量大小、新旧、亮度等方面判断犬的年龄。判断犬的年龄可粗略依据以下标准。

出生后 20 天左右，牙齿逐渐参差不齐地长出；

30～40 天，乳门齿基本长齐；

2 个月，乳门齿全部长齐，尖细而呈嫩白色；

2～4 个月，更换第一乳门齿；

5～6 个月，更换第二、第三乳门齿及全部乳犬齿；

8 个月以上，乳齿全部换为恒齿；

1 岁，恒齿长齐，光洁、牢固，门齿上部有尖突；

1.5 岁，下颌第一门齿尖峰磨灭；

2.5 岁，下颌第二门齿尖峰磨灭；

3.5 岁，上颌第一门齿尖峰磨灭；

4.5 岁，上颌第二门齿尖峰磨灭；

5 岁，下颌第三门齿尖峰轻微磨损，同时下颌第一、第二门齿磨呈矩形；

6 岁，下颌第三门齿尖峰磨灭，犬齿钝圆；

7 岁，下颌第一门齿磨损至齿根部，磨损面呈纵椭圆形；

8 岁，下颌第一门齿磨损，向前方倾斜；

10 岁，下颌第二及上颌第一门齿磨损面呈纵椭圆形；

16 岁，门齿脱落，犬齿不全。

（二）超声波洁牙

超声波洁牙又名龈上洁治术（俗称洗牙），指的是用洁治器械去除龈上牙结石、牙菌斑并磨光牙面，以延迟牙菌斑和牙结石的再沉积的一种手术。

目前临床上犬、猫多采用超声波洗牙机进行洗牙。通过超声波振动的方式来祛除牙齿表面的牙结石、牙菌斑和色块，牙齿表面由于超声波振动的损伤，会变得粗糙，需要抛光。牙齿抛光后，表面光滑，可延缓牙菌斑和牙结石的再沉积。

在清除牙结石的同时，由于牙结石与超声波洗牙机的工作尖直接接触，振荡过程会产生大量热量，需要仪器流出的水来冷却工作尖，以降低热量对牙齿的影响。同时，水还可以冲走碎屑。

任务实施

1. 手术动物准备 犬、猫的洗牙一般在麻醉情况下进行，麻醉前应进行必要的身体检查及化验。如体温、呼吸、脉搏，精神状态，睑结膜颜色，粪、尿情况，食欲情况等全身检查；患部外观和内部检查；妊娠检查；血常规检查、生物化学检查等。洗牙前，需要评估口腔健康状况。检查牙齿有无松动、脱落，对脱落的牙齿要检查牙根是否完整等（图 29-3）。

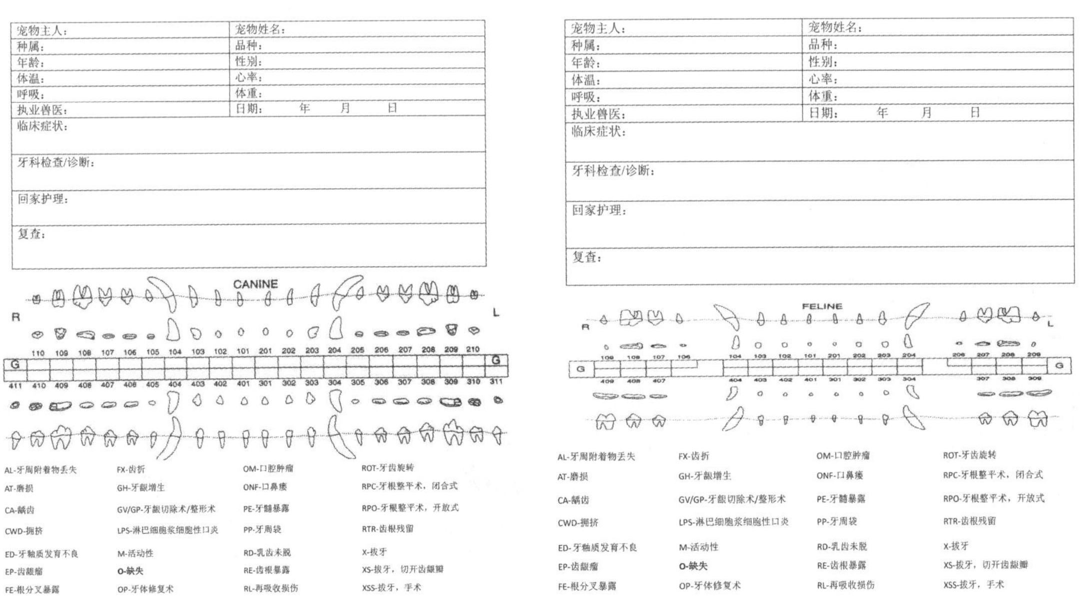

宠物主人：	宠物姓名：
种属：	品种：
年龄：	性别：
体温：	心率：
呼吸：	体重：
执业兽医：	日期：　　年　　月　　日
临床症状：	
牙科检查/诊断：	
回家护理：	
复查：	

CANINE

R　L

110 109 108 107 106 105 104 103 102 101 201 202 203 204 205 206 207 208 209 210

G　G

411 410 409 408 407 406 405 404 403 402 401 301 302 303 304 305 306 307 308 309 310 311

AL-牙周附着物丢失	FX-齿折	OM-口腔肿瘤	ROT-牙齿旋转
AT-磨损	GH-牙龈增生	ONF-口鼻瘘	RPC-牙根整平术，闭合式
CA-龋齿	GV/GP-牙龈切除术/整形术	PE-牙髓暴露	RPO-牙根整平术，开放式
CWD-拥挤	LPS-淋巴细胞浆细胞性口炎	PP-牙周袋	RTR-齿根残留
ED-牙釉质发育不良	M-活动性	RD-乳齿未脱	X-拔牙
EP-齿龈瘤	O-缺失	RE-齿根暴露	XS-拔牙，切开齿龈瓣
FE-根分叉暴露	OP-牙体修复术	RL-再吸收损伤	XSS-拔牙，手术

宠物主人：	宠物姓名：
种属：	品种：
年龄：	性别：
体温：	心率：
呼吸：	体重：
执业兽医：	日期：　　年　　月　　日
临床症状：	
牙科检查/诊断：	
回家护理：	
复查：	

FELINE

R　L

G　G

AL-牙周附着物丢失	FX-齿折	OM-口腔肿瘤	ROT-牙齿旋转
AT-磨损	GH-牙龈增生	ONF-口鼻瘘	RPC-牙根整平术，闭合式
CA-龋齿	GV/GP-牙龈切除术/整形术	PE-牙髓暴露	RPO-牙根整平术，开放式
CWD-拥挤	LPS-淋巴细胞浆细胞性口炎	PP-牙周袋	RTR-齿根残留
ED-牙釉质发育不良	M-活动性	RD-乳齿未脱	X-拔牙
EP-齿龈瘤	O-缺失	RE-齿根暴露	XS-拔牙，切开齿龈瓣
FE-根分叉暴露	OP-牙体修复术	RL-再吸收损伤	XSS-拔牙，手术

图 29-3　犬、猫牙齿记录卡

采取必要措施：术前禁食 12 h、禁水 6 h。输液、预防性止血、抗菌、镇痛、镇静、防异物性肺炎、剪毛、剃毛、清洁体表，给动物置入留置针等。

2. 手术设备及药物准备 准备所需设备并提前进行消毒，如手术器械（牙龈沟探针、刮匙、牙石钳、牙挺），手术敷料，麻醉药、止血药等药物，菌斑染色剂，开口器，口镜，牙科 X 线机、洗牙工作台、多功能牙科处置台等牙科仪器，无影灯、麻醉机、监护设备等其他设备。

3. 手术人员准备 与宠物主人沟通确定手术方案，告知风险，签订手术同意书，做好应对手术突发状况预案。术前进行自身消毒，穿无菌手术衣，佩戴帽子、护目镜、口罩，防止散布在空气中的感染

物污染，保证充足的照明及正确使用洗牙设备。

小提示

1. 适应证 洗牙适应证包括犬的牙菌斑、牙结石、牙龈炎、牙周炎。

牙菌斑是食物与细菌形成的细菌性生物膜。时间一久，牙菌斑会逐渐钙化为牙结石。牙结石是细菌的温床，也是造成口腔异味、齿龈炎、牙龈萎缩、牙齿松动的重要原因之一。定期刷牙可以大大减少牙齿表面牙菌斑的数量。若犬、猫出现明显的牙结石，应对其进行定期洗牙。

2. 禁忌证 一般无特殊禁忌证。

任务二 洗牙工作台的使用

学习目标

【知识目标】

1. 掌握洗牙工作台的结构组成、各接头的安装方法。
2. 熟知洗牙的步骤、注意事项、不良反应与并发症。

【技能目标】

根据需要，使用洗牙工作台开展洗牙术。

【思政与素质目标】

1. 养成科学规范使用仪器、爱护仪器的职业素养。
2. 养成实事求是、认真负责的职业态度。
3. 培养学生人际沟通、团队协作能力。

系统关键词

洗牙工作台、洗牙步骤、注意事项。

任务准备

1. 洗牙机的组成

(1)洗牙机主机正面示意图见图 29-4。

(2)洗牙机主机背面示意图见图 29-5。洗牙机水源最好使用蒸馏水。

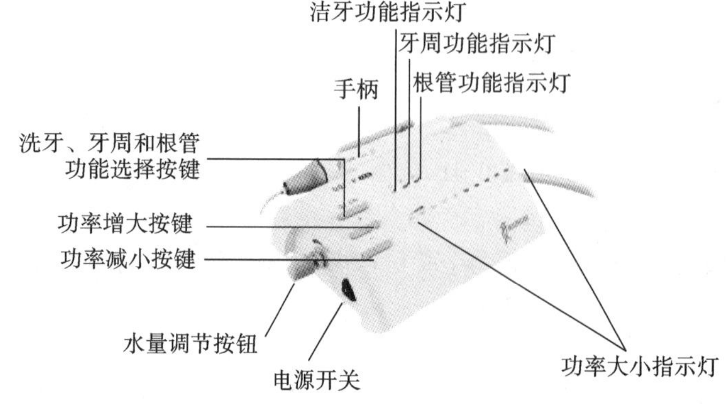

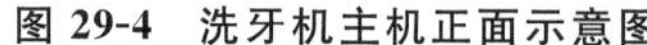
图 29-4 洗牙机主机正面示意图

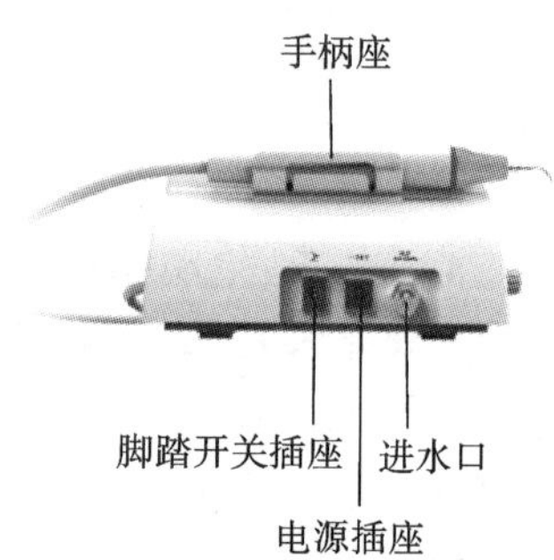

图 29-5 洗牙机主机背面示意图

(3)洗牙机脚踏开关、电源与主机安装、连接示意图见图 29-6。

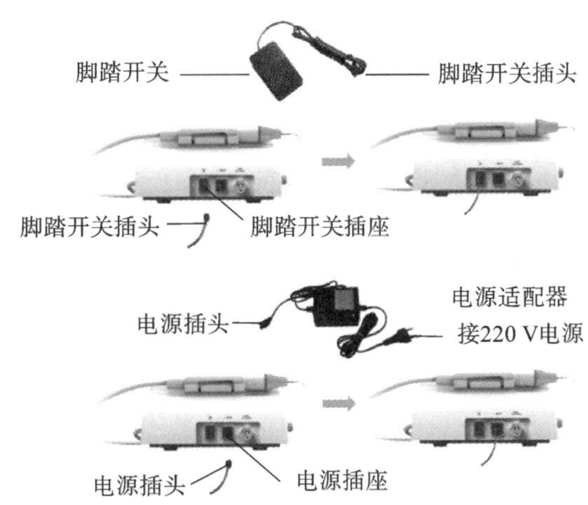

图 29-6　洗牙机脚踏开关、电源与主机安装、连接示意图

(4)洗牙机水路安装、连接示意图见图 29-7。

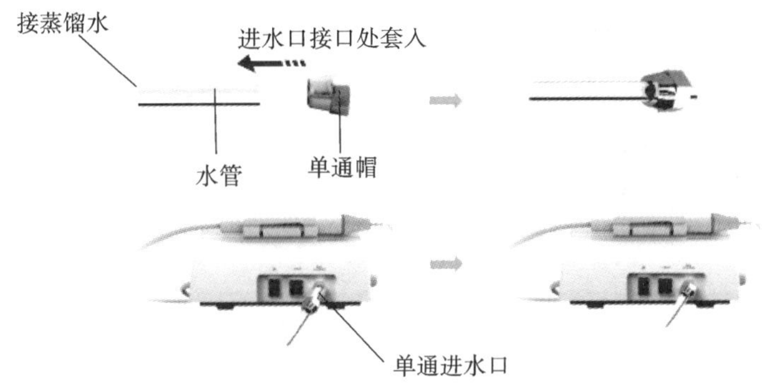

图 29-7　洗牙机水路安装、连接示意图

2. 洗牙工作台的组成　洗牙工作台的组成见图 29-8。图中手柄有超声波洁牙接头、低速转接头、高速转接头、冲洗接头、吸唾接头。

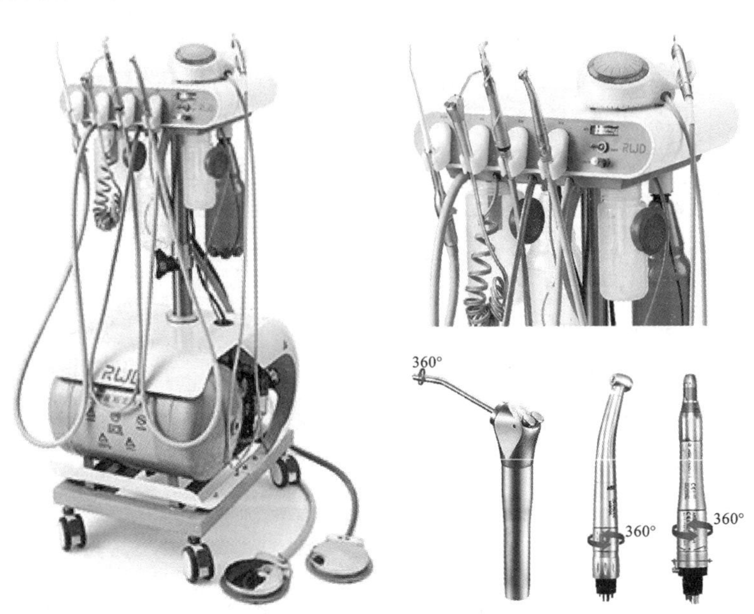

图 29-8　洗牙工作台的组成

(1)洗牙机准备。

①选择合适的工作尖(图 29-9)。

②将工作尖插入手柄头部,用限力扳手将工作尖与手柄连接处拧紧,将工作尖安装在手柄上,但要注意不要安装过紧,否则拆卸时容易损坏(图 29-10)。

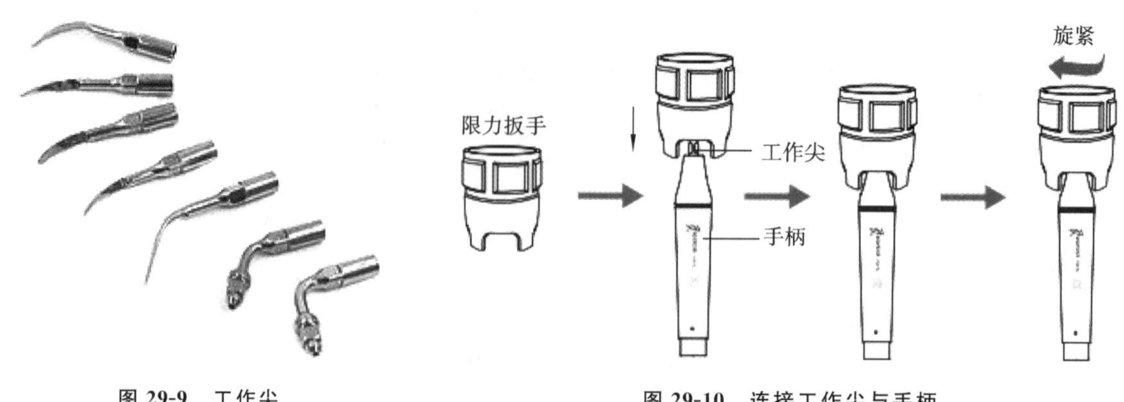

图 29-9　工作尖

图 29-10　连接工作尖与手柄

③连接手柄与手柄管(图 29-11)。

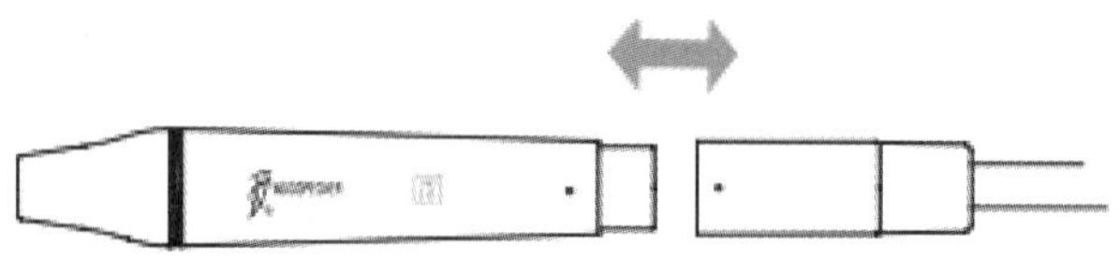

图 29-11　连接手柄与手柄管

④安装洗牙机手柄。

⑤连接主机脚踏开关、电源和水路,水管钝头连接主机水路接口,尖头连接装满蒸馏水的瓶子。

(2)抛光机准备。

①抛光杯安装流程如图 29-12 所示。

②连接冲洗手柄和冲洗杆,大拇指按压住卡环,插入冲洗杆;插入后松开大拇指,轻轻拉动冲洗杆,若卡环弹回原位,则证明已经扣好(图 29-13)。

③高速转接头安装方法(低速转接头安装同此方法):按下背侧按钮,顺时针旋转安装器,将高速转接头卡紧,松开按钮自然卡紧(图 29-14)。

④安装吸唾管(图 29-15)。

⑤手柄安装完毕,检查蒸馏水(图 29-16)。

⑥安装抛光机手柄。

⑦连接主机电源和脚踏开关。

(3)物品准备:棉球、纱布块、护目镜和止血钳。

(4)动物准备:麻醉。

任务实施

1. 洗牙步骤

(1)洗牙机的准备:术前应连接好洗牙机,选择好合适的工作尖。

(2)犬、猫行气管插管,防止气体、牙菌斑、牙结石、气溶胶进入气管,同时防止处置时体液、消毒液、降温液进入气管,造成呛水和窒息。采取吸入式全身麻醉,在有孔保定台上做侧卧保定,固定好头部,头部偏低,在单侧上、下颌之间安放犬、猫专用开口器。

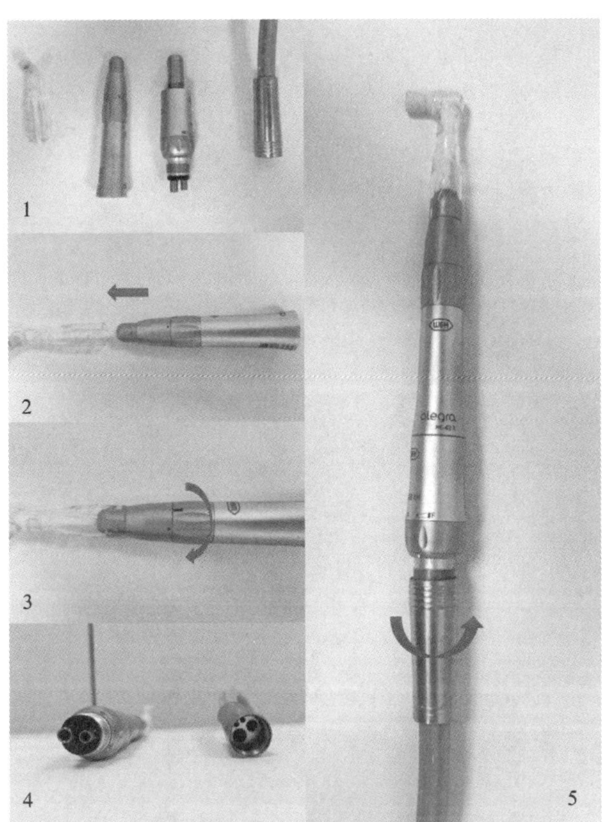

图 29-12　抛光杯安装流程

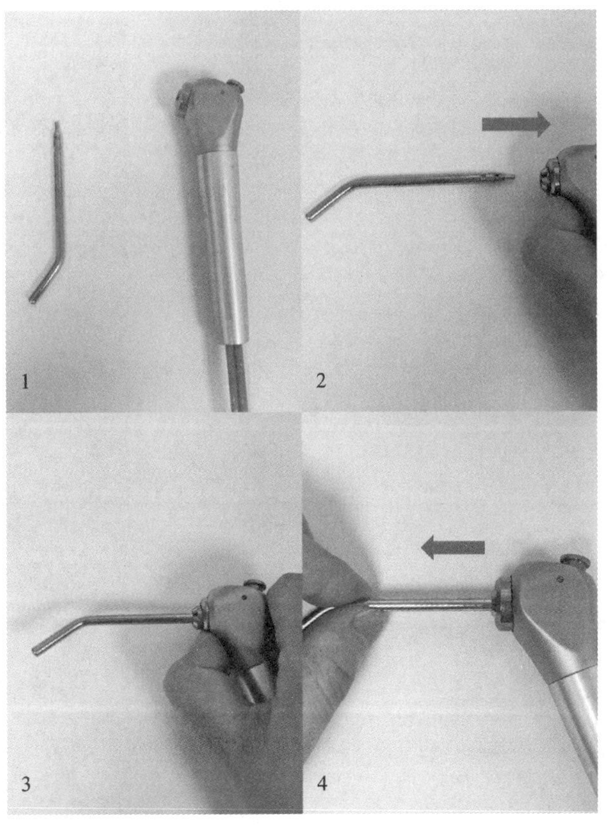

图 29-13　连接冲洗手柄和冲洗杆

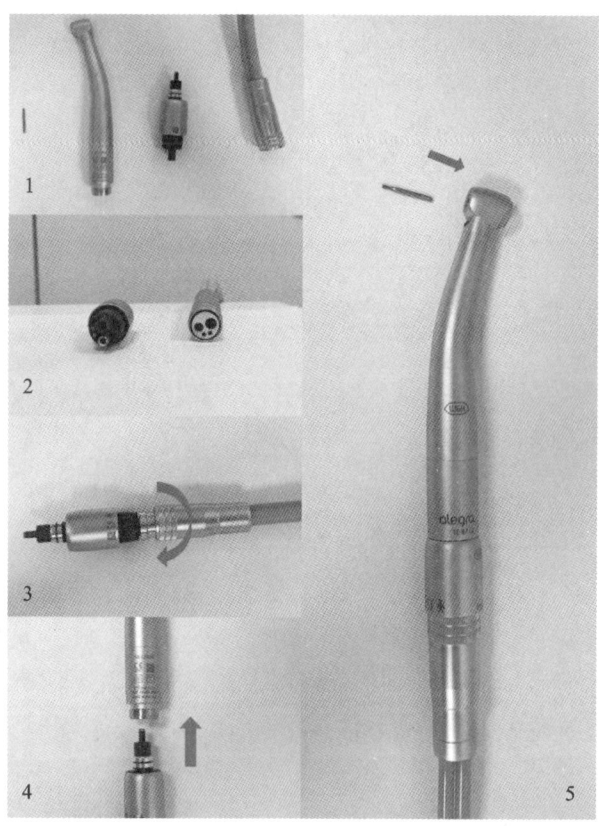

图 29-14　高速转接头安装方法

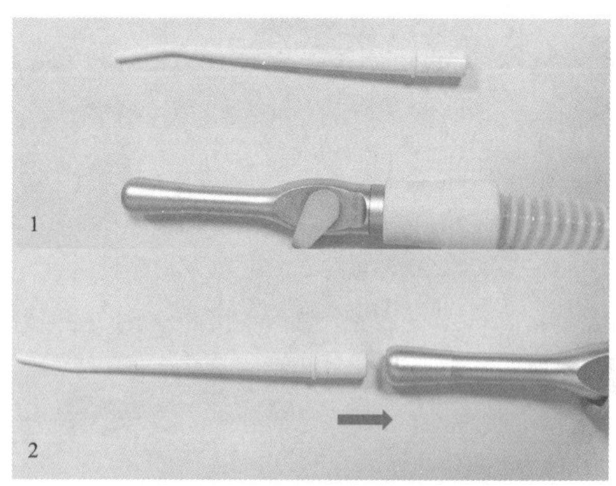

图 29-15　安装吸唾管

图 29-16　检查蒸馏水

(3)口中塞入绑有安全绳的纱布，以阻止过多的冷却水进入气管，安全绳可防止纱布滑入气管或食管。

(4)用生理盐水对犬、猫的口腔进行全面清洁，最好选择口腔黏膜消毒液进行消毒，如0.5%碘伏溶液或0.1%氯己定消毒液。

(5)用器械去除肉眼可见的牙结石后再应用超声波洗牙机洗牙。使用牙菌斑指示剂确定牙菌斑范围。牙菌斑指示剂可使牙齿上存在的牙菌斑着粉红色，根据着色情况去除牙菌斑。

(6)洗牙时，工作尖与牙齿保持平行，不能垂直于牙面，以免损伤牙釉质的表面。工作尖在牙齿上停留的时间不超过10 s。

(7)洗牙时，先清洗一侧牙齿内侧牙结石和外侧牙结石，再将宠物轻轻翻到另一侧来清洗另一侧牙齿。清洗时，清洗顺序应由外到内，由齿根到齿尖进行。使用牙周探针探查牙周袋，以确定龈下牙菌斑。龈下牙结石必须清除彻底，因为龈下是牙结石开始形成的部位，必要时结合手工方法去除龈下牙结石。

2. 抛光 洗牙后，工作尖会对牙齿表面产生细微刮痕，若不处理，会进一步诱导牙结石的发生。因此在洗牙结束后应使用抛光杯，涂抹抛光膏，对清洁过的牙齿进行打磨抛光，以去除牙齿表面的牙菌斑，同时将牙齿表面打磨光滑以抑制牙菌斑再生，抛光一颗牙齿时间不超过10 s，以免过热损害牙齿。

抛光结束后，用含有氯己定的溶液彻底冲洗口腔，以去除残留的抛光膏和齿龈沟内的碎屑，同时检查龈下牙结石残留情况，采用同样方法清洁对侧牙齿。

小提示

1. 注意事项

(1)超声波洗牙机工作尖应轻轻接触牙结石，与牙齿成15°角、无压力，以免造成损伤，靠超声波振动来洗牙。

(2)冲水时不要让水流入气管，可用纱布或脱脂棉轻轻沾去液体。

(3)对牙结石严重者洗牙后要结合抗生素治疗。

(4)麻醉洗牙的宠物应避免多次翻身，最好只翻身一次便完成洗牙操作。

(5)若出现出血，可用干棉球压迫止血。

2. 禁忌证 无。

案例分享

学习情境三十　安乐死术

扫码看课件

学习目标

【知识目标】

1. 了解安乐死的概念。
2. 了解安乐死术注射部位及方法。
3. 了解安乐死术的替代方法。

学习目标

【技能目标】

能够正确实施对动物安乐死的操作。

【思政与素质目标】

1. 养成热爱生命、善待动物的职业素养。
2. 养成实事求是、认真负责的职业态度。
3. 具有适应各种环境、各种职业以及抵抗风险和挫折的良好心理素质。
4. 具有强烈的事业心和高度的责任感，具有勇于奉献的精神。

系统关键词

安乐死、操作方法。

任务准备

安乐死(euthanasia)指对无法救治的病畜停止治疗或使用药物，让其无痛苦地死去。“安乐死”一词源于希腊文，意思是“幸福”地死亡。它包括两层含义：一是安乐的无痛苦死亡；二是无痛致死术。中国的定义指患不治之症的病畜在垂危状态下，由于精神和躯体的极端痛苦，在饲养者的要求下，经医生认可，用人道方法使病畜在无痛苦状态中结束生命过程。

场地及物品准备：动物医院及相应的动物（猫、犬等）；18～27 号针头及 1～35 mL 注射器，戊巴比妥溶液，镇静或麻醉药物，静脉留置针（20～24 号静脉留置针）或蝶形留置针，止血带，剃毛器（可选），自粘胶带（可选），转接口（可选），延长管套组（可选）等。

任务实施

1. 心内注射　大多数犬、猫的心脏位于第 3～6 肋间、胸骨从背侧到胸侧的约 1/3 处。当听诊心脏时，应识别心音最响亮的位置，即最大强度点(PMI)。动物前肢也可用于帮助识别心内注射部位：结合 PMI 的位置与肘关节位置，在脑中构建肋间隙视图，可以帮助确保针头直接准确扎入心脏。针应足够长，足以到达任何心腔（优先考虑心室）；对于大多数品种的犬、猫，通常使用长度为 1～3 英寸(1 英寸＝2.54 cm)的针头就足够。注射器容量应足够大，以容纳戊巴比妥溶液和针穿刺期间吸入的血液。通常使用 18 号针头。此方法要求病畜处于无意识状态。

操作方法：给予麻醉药使病畜处于无意识状态。使已麻醉病畜处于侧卧位，以确定注射部位。如果听诊心脏，则应确认 PMI 的位置。握住病畜前肢，将其肘部向上压至胸壁，模拟病畜站立姿势。将针头插入其肘部与胸部的接触点。保持针头与胸壁垂直并插入肋骨之间。当针头向前推进时，保持注射器内的负压，直到血液被自行吸入，然后注入戊巴比妥溶液。注射完所有溶液后，缓慢取出针头。检查死亡指标，如果未出现，重复进行注射。

2. 肾内注射　可以选择任何一侧肾脏进行肾内注射。如果死亡时间延长，则可在任一侧肾脏进行二次注射。通常使用 18 号针头。此方法要求病畜处于无意识状态。

操作方法：给予麻醉药使病畜处于无意识状态。使已麻醉病畜处于侧卧位，双手沿其腹部轻轻触诊，定位肾脏；检查确认没有明显的肌肉紧张或触诊遇到阻力的现象。用指尖将肾脏托起，使其与脊柱平行。确保肾脏在整个过程中保持不动。使用一根长度可以到达肾脏的针头（1～1.5 英寸，取决于病畜体形大小），将针头插入肾皮质或肾髓质组织，然后缓慢注入溶液。触诊肾脏是否有肿胀。继续注射直到注射器排空。如果注射过程中未触诊到肿胀，则将针头略微向多个方向调整以使药物注入肾脏。检查死亡指标，如果未出现，重复进行注射。

3. 肝内注射 对于肝内注射，应定位剑状软骨，肝脏通常位于剑状软骨的背侧。如果死亡时间延长，可以再注射一次。通常使用18号针头。此方法要求病畜处于无意识状态。

操作方法：给予麻醉药使病畜处于无意识状态。使已麻醉的病畜处于侧卧位，并定位剑状软骨。根据病畜体形，使用长度为1～3英寸的针头，将针尖以45°角朝头侧刺入剑状软骨的某一侧。将溶液缓慢注入肝脏区域。根据需要调整针头的方向，以使溶液注入更多的肝组织。给药后，缓慢抽出针头。检查死亡指标，如果未出现，重复进行注射。

4. 腹腔注射 纯戊巴比妥溶液常用于清醒病畜的腹腔注射，但应注意防止溶液进入邻近器官，因为器官内注射是疼痛的。安乐死前使用镇静剂或麻醉药有助于防止注射造成的疼痛或不适感。腹腔注射会导致较长的死亡时间，这是由于溶液必须由浆膜吸收入血液系统。腹部的液体和脂肪可能会进一步减缓吸收。针头的尺寸从18号到22号不等。

操作方法：给予镇静剂或麻醉药。将注射部位定位在肚脐右侧略微靠尾侧，或腹中部的体侧。使用长度为1～1.5英寸的针头穿刺入腹壁，拉动注射器活塞吸入负压。若没有吸入血液等液体，则注入溶液。检查死亡指标。如果病畜在注射后10～15 min仍保有呼吸，则在病畜处于无意识状态下，重复给药或改为器官内注射。

5. 静脉注射 对于静脉注射，首选的注射部位是前肢的头静脉、后肢的内侧隐静脉（猫）和外侧隐静脉（犬）以及脚上的足背静脉。通常靠近静脉远端注射，根据需要向静脉近端移动。如果静脉通畅且易于定位，则不会对病宠和宠物主人造成额外的压力，那么所有的静脉都是可以使用的。可使用18～22号针头。

操作方法：给予镇静剂或麻醉药。使已镇静/麻醉病畜处于侧卧位。剃掉注射部位毛发，拴牢止血带，并通过按摩注射部位来增加静脉中的血液，以获得更好的视野，便于操作。使用针头和注射器、蝶形留置针或固定好的静脉留置针（先前已有），以1 mL/s（清醒病畜）或0.1 mL/s（深度镇静/麻醉病畜）的速度直接给予戊巴比妥溶液。注射后，用生理盐水冲洗留置针，以冲掉针管内的戊巴比妥溶液。检查死亡指标，如果未出现，重复进行注射。

6. 替代方法 口服戊巴比妥类或者非戊巴比妥类替代药物（当无法安全处理动物尸体时）作为安乐死的替代方法越来越常用。口服戊巴比妥类药物（255 mg/kg）是一些病畜的可行选择，包括那些有攻击性的或非常讨厌扎针的病畜。戊巴比妥似乎味道不好，所以最好把药物隐藏在食物中或胶囊中再给药。非戊巴比妥类药物包括丙泊酚等。

（1）心内注射：如果宠物主人在场，可以考虑使用一个小型延长管来遮挡吸入的血液。将延长管卷曲后放在手中，并将注射器放低，远离宠物主人的视线。

（2）肾内注射：注射溶液时，肾脏应随着溶液对肾脏包膜的挤压而肿胀。出现肾脏肿胀并不能保证动物立即死亡，但这确实提高了死亡时间缩短的可能性。死亡可能发生在注射完成之前。

（3）腹腔注射：在进行器官内注射时，建议先在该区域缓慢注入少量溶液（不多于0.5 mL），以评估睡眠深度（如对刺激无反应）。如果没有观察到动物的即时反应，则可注入剩余的溶液至起效。

（4）静脉注射：在已镇静病畜，缓慢的给药速度可使积极的死亡指标减少。

案例分享

项目五　手术室岗位

岗位		手术室
岗位技术		动物手术基本操作
岗位目标	知识目标	掌握无菌术、手术器械及耗材、麻醉、手术基本操作、常见外科手术等的理论基础、应用范围和操作注意事项
	技能目标	无菌术，手术器械识别、使用及保养技术，麻醉技术，切开技术，缝合技术，打结技术，常见外科手术技术
	思政与素质目标	养成无菌操作、善待动物、正确使用器械、团结协作的职业素养；养成勤劳、诚实、仁慈的品格；养成严谨、精细、客观的态度；养成主动思考、温故知新的习惯

学习情境三十一　常用外科手术器械识别、使用及保养

扫码看课件

任务一　手术器械及其使用

学习目标

【知识目标】

1. 熟记手术器械的种类及名称。
2. 牢记手术器械的使用及传递方法、注意事项。

【技能目标】

1. 正确识别手术器械。
2. 正确使用及传递手术器械。

【思政与素质目标】

1. 养成正确使用工具的职业素养。
2. 养成爱护器械、认真负责的职业态度。

系统关键词

手术器械、识别、使用方法。

任务准备

在大部分动物医院，需要进行手术的病例范围非常广，外科兽医无论其技术水平或经验如何，任何时候错误使用器械都是极不应该的。外科兽医有时会在不知不觉中误用器械，影响手术进程和手

术效果，所以正确识别、使用手术器械不仅能减少组织损伤，也能保证有效地完成手术。

手术器械种类繁多，并无严格的分类。根据手术组织性质不同，手术器械可分为软组织器械和骨科器械；根据手术部位不同，手术器械可分为眼科器械、显微器械及产科器械。

任务实施

一、常用外科手术器械

（一）手术刀

手术刀由刀柄和刀片组成，主要用于切开和分离组织，常用的为活动刀柄手术刀，由刀柄和刀片两个部分组成；不常用的为固定刀柄手术刀，刀柄和刀片为一个整体。

刀片和刀柄有不同的规格（图 31-1），常用的刀柄规格为 4、6、8 号，这三种规格刀柄只安装 19、20、21、22、23、24 号大刀片；3、5、7 号刀柄安装 10、11、12、15 号小刀片（小动物手术常用）。刀片按刀刃的形状可分为圆刃刀片、尖刃刀片和弯刃刀片等。

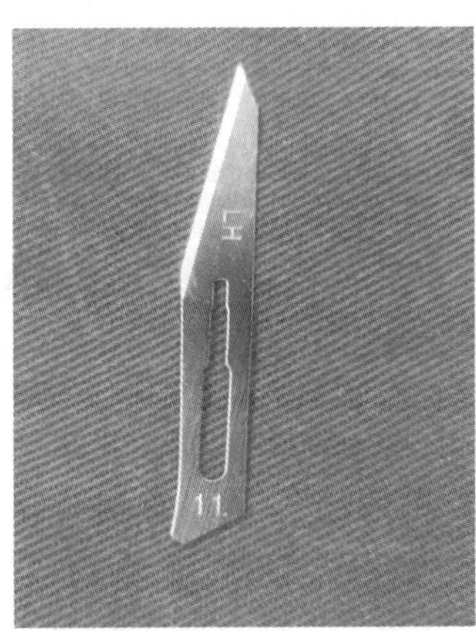

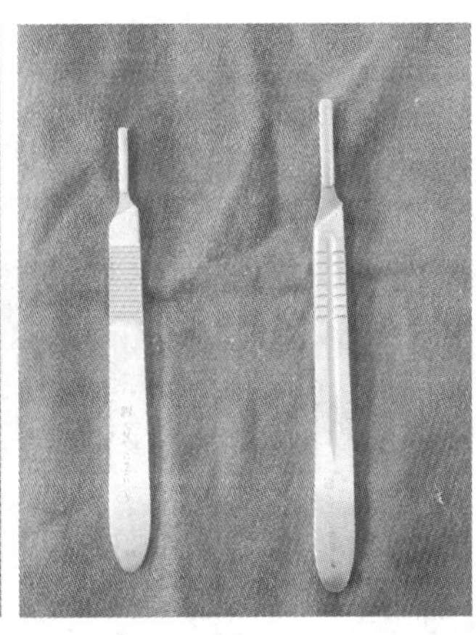

图 31-1　刀片和刀柄

1. 刀片的更换

（1）徒手更换：保持刀刃远离操作人员，右手持刀片背侧，左手持刀柄，将刀柄的刀棱从下方推入刀片的中心槽中，直至刀片上的斜末端与刀柄上的斜角紧密切合。取下刀片时，右手拇指与食指轻压刀片背尾侧，使刀片斜末端高于刀棱，向后拉动刀柄以脱离刀片，而不是将刀片向前推来脱离刀柄（图 31-2）。

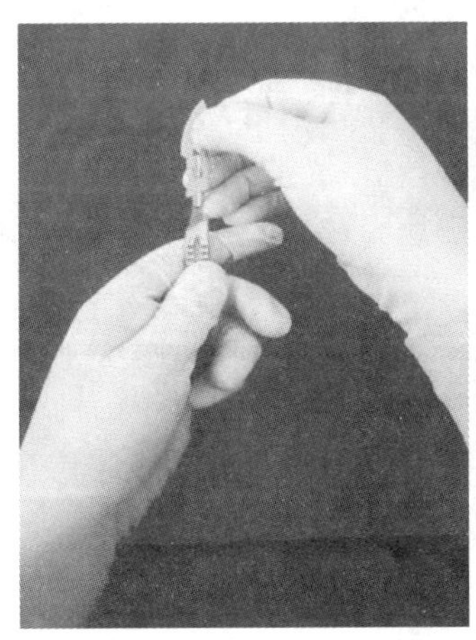

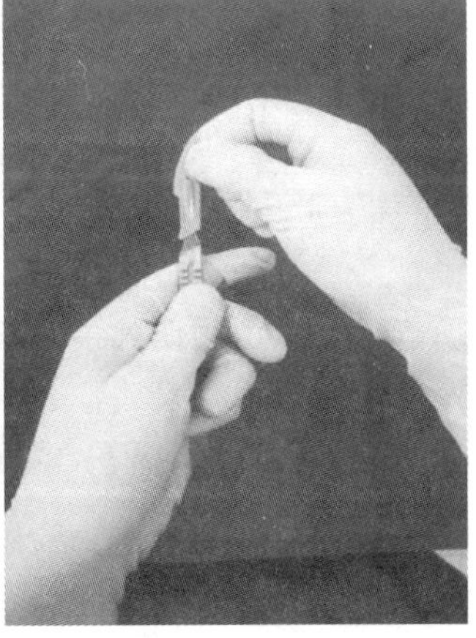

图 31-2　徒手更换刀片

（2）器械更换：右手持专用钳夹持刀片背侧，左手持刀柄，将刀柄的刀棱从下方推入刀片的中心

槽中，直至刀片上的斜末端与刀柄上的斜角紧密切合。取下刀片时，右手持专用钳夹持刀片背尾侧，使刀片斜末端高于刀棱，向后拉动刀柄以脱离刀片(图 31-3)。

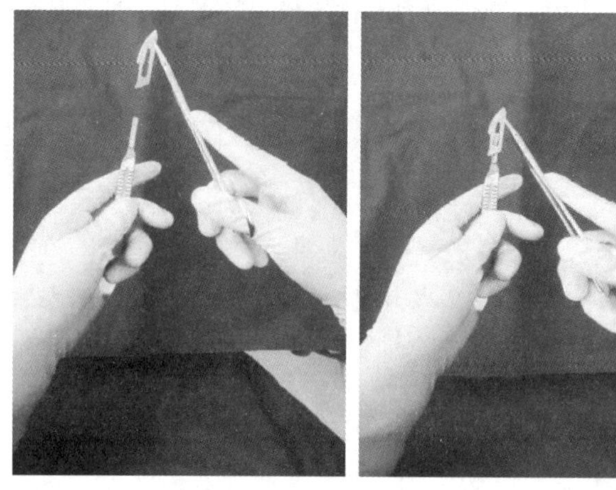

图 31-3　器械更换刀片

2. 执刀法　执刀的姿势和力量，根据不同的需要有下列几种(图 31-4)。

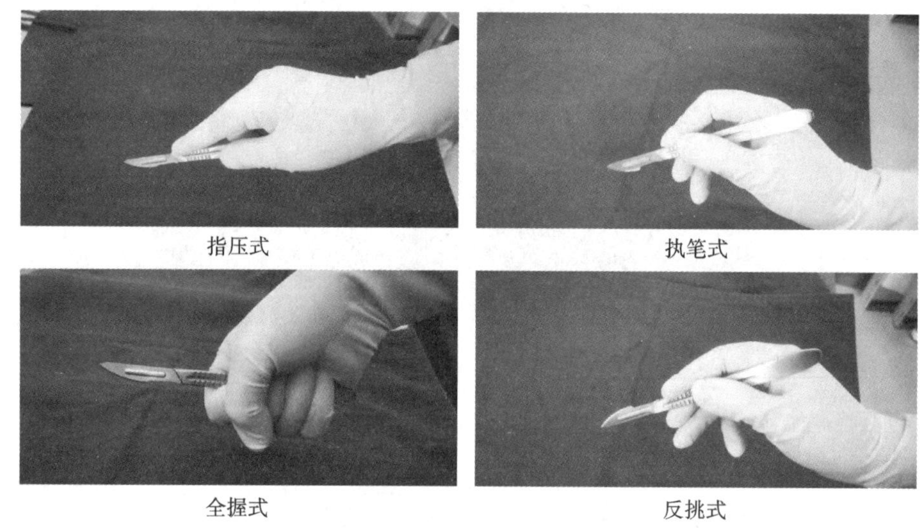

图 31-4　执刀法

(1)指压式：常用的一种执刀法。以手指按刀背后 1/3 处，用腕与手指力量切割。适用于切开皮肤、腹膜及切断钳夹的组织。

(2)执笔式：类似于执钢笔。动作涉及腕部，力量主要在手指，适用于小力量短距离精细操作，用于切割短小切口，分离血管、神经等。

(3)全握式：力量在手腕。适用于切割范围广、需用力较大的切开操作，如切开较长的皮肤切口、筋膜、慢性增生组织等。

(4)反挑式：刀刃刺入组织内，由内向外挑开组织，以免损伤深部组织，如切开腹膜。

手术刀的使用范围：除了用刀刃切割组织外，还可以用刀柄做组织的钝性分离或代替骨膜剥离器剥离骨膜。在手术器械数量不足的情况下，也可暂时代替手术剪做腹膜切开、缝线切断等。

(二) 手术剪

手术剪可用于钝性分离及锐性分离，是比手术刀损伤性更大的器械，依据用途不同，手术剪可分为两种：一种沿组织间隙分离和剪断组织，称组织剪；另一种用于剪断缝线，称缝线剪(图 31-5)。组织剪的尖端较薄，剪刃要求锐利而精细。为了适应不同性质和部位的手术，组织剪形态分双尖头、双钝圆头和尖头/钝圆头的直剪和弯剪(图 31-6)，直剪用于浅部手术操作，弯剪用于深部组织分离，使

手和剪柄不妨碍视线，从而达到安全操作的目的。缝线剪头钝而直，刃较厚，有时也用于剪断较硬或较厚的组织。

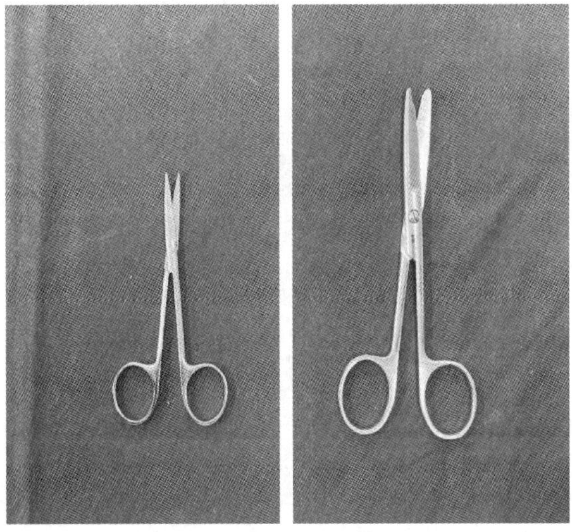

图 31-5　组织剪和缝线剪

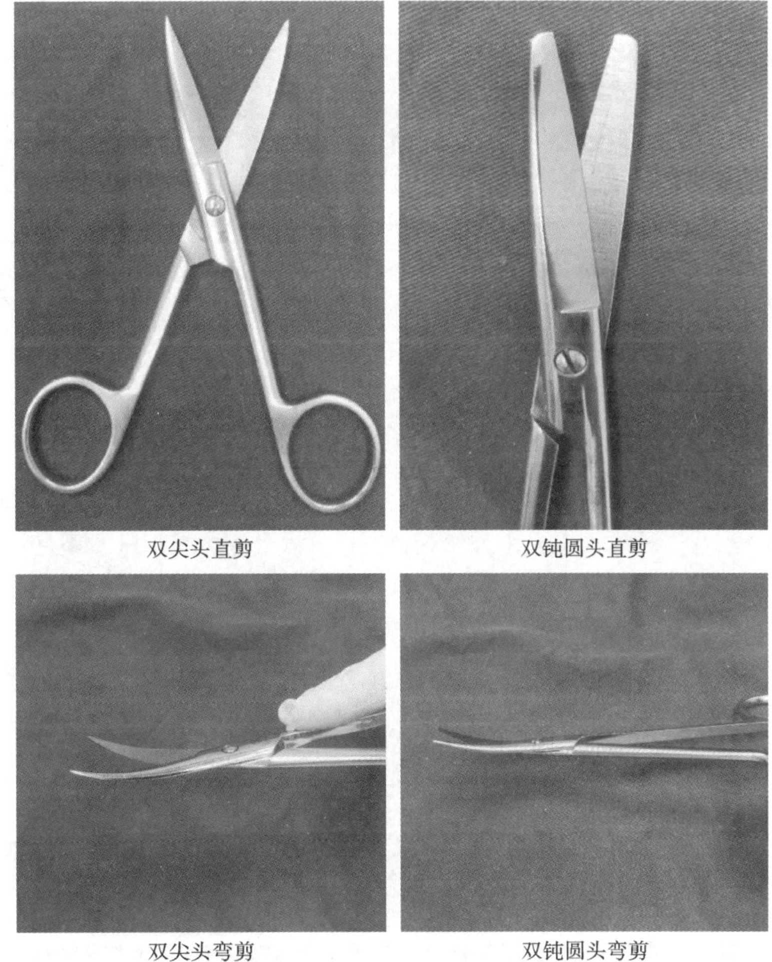

图 31-6　不同的组织剪

正确的执剪法是以拇指和无名指插入剪柄的两环内，食指轻压在剪柄和剪刀交界的关节处，中指放在无名指环的前外方柄上，准确地控制剪的方向和剪开的长度（图 31-7）。

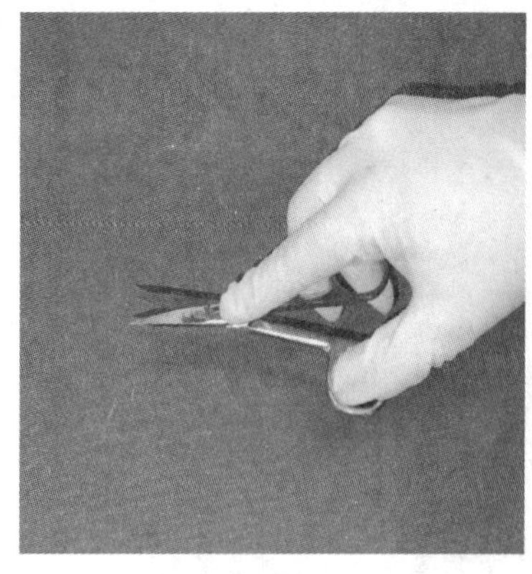
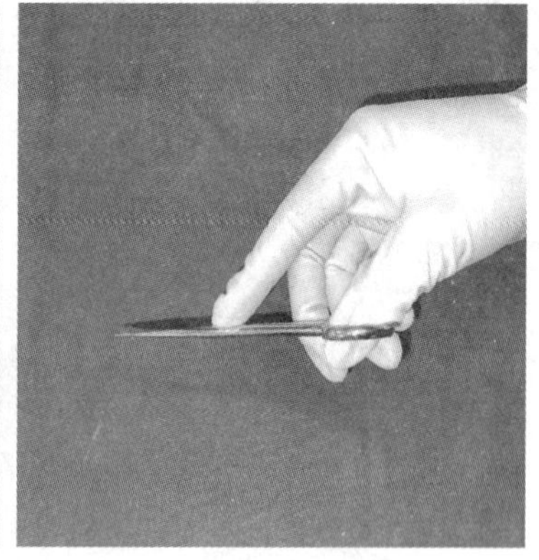

图 31-7　执剪法

（三）组织镊

组织镊用于夹持、稳定或提起组织，以利于切开、剥离及缝合。组织镊的尖端分有齿及无齿（图 31-8），又有短型与长型、尖头与钝头之别，可按需选择。有齿镊损伤性大，用于夹持坚硬组织。无齿镊损伤性小，用于夹持脆弱的组织及脏器。

执镊法是用拇指对食指和中指来执拿，执夹力量应适中，左、右手都可使用（图 31-9）。

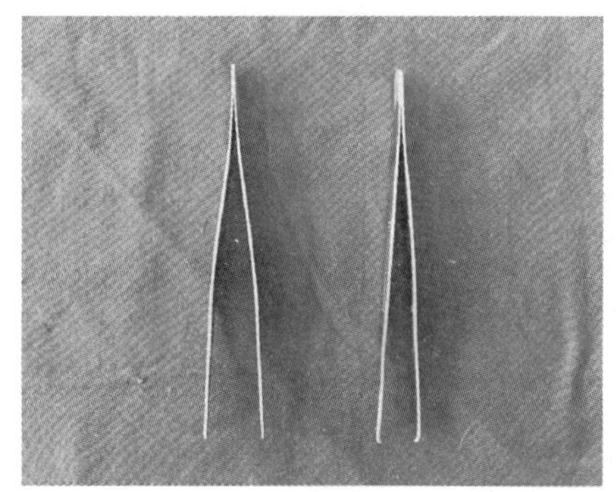

图 31-8　无齿镊和有齿镊

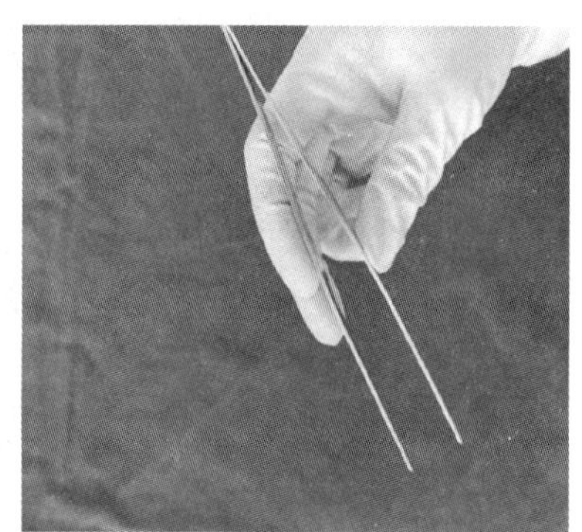

图 31-9　执镊法

（四）止血钳

止血钳也称血管钳，主要用于夹住出血部位的血管或出血点，以达到直接钳夹止血的目的，有时也用于钝性分离组织、牵引缝线。止血钳有弯、直两种，大小不一（图 31-10）。直止血钳用于浅表组织和皮下止血，弯止血钳用于深部止血。最小的蚊式止血钳用于眼科及精细组织的止血。止血钳尖端带齿者，称有齿止血钳，多用于夹持较厚的坚韧组织。

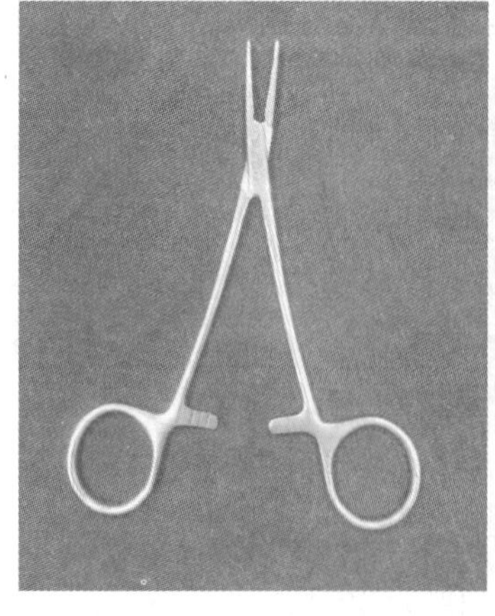

图 31-10　直止血钳和弯止血钳

执拿止血钳的方法(图 31-11)与手术剪相同。松钳方法:用右手时,将拇指及无名指插入柄环内捏紧使结扣分开,再将拇指内旋即可;用左手时,拇指及食指持一柄环,中指、无名指顶住另一柄环,二者相对用力,即可松开。

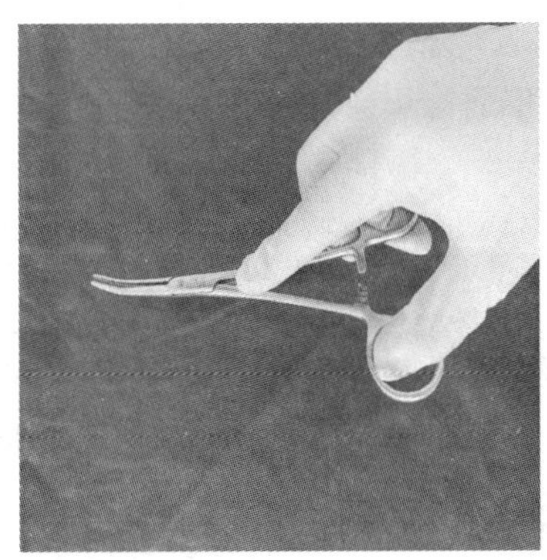
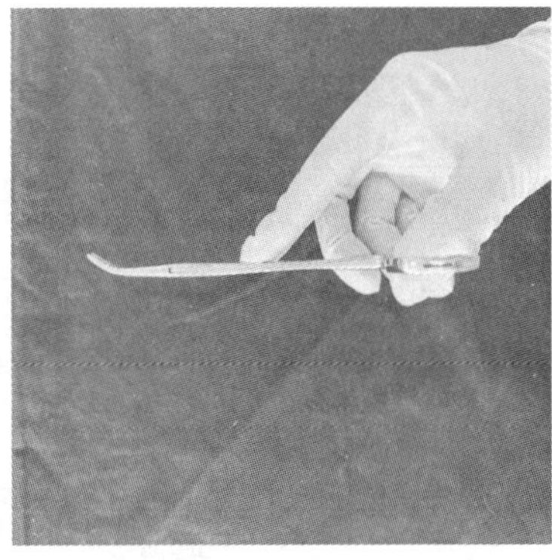

图 31-11　执拿止血钳的方法

(五) 持针钳

持针钳也称持针器,用于夹持缝合针来缝合组织,持针钳有两种形式,即握式持针钳和钳式持针钳(图 31-12)。另外,还有一种剪刀-持针钳(图 31-13),剪刀-持针钳在邻近关节的位置融合了剪刀和夹持钳口,所以可用同一器械进行打结和剪线操作。使用持针钳夹持缝合针时,缝合针应夹在靠近持针钳尖端 1/3 处,若夹在齿槽床中间,则易将针夹断。一般应夹在缝合针的针尾 1/3 处,且与缝合针垂直,缝线应重叠 1/3,以便操作。

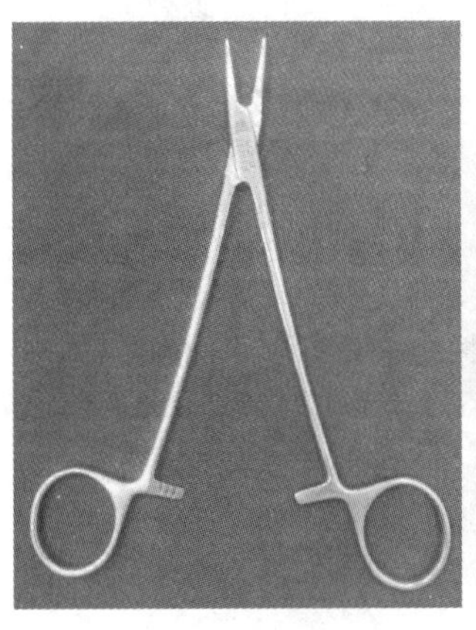
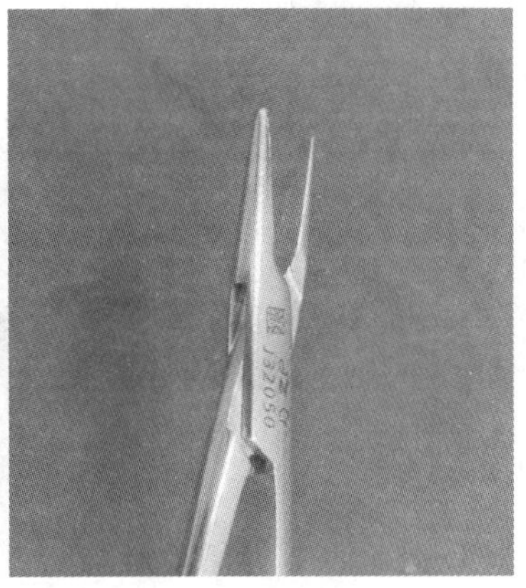

图 31-12　握式持针钳和钳式持针钳

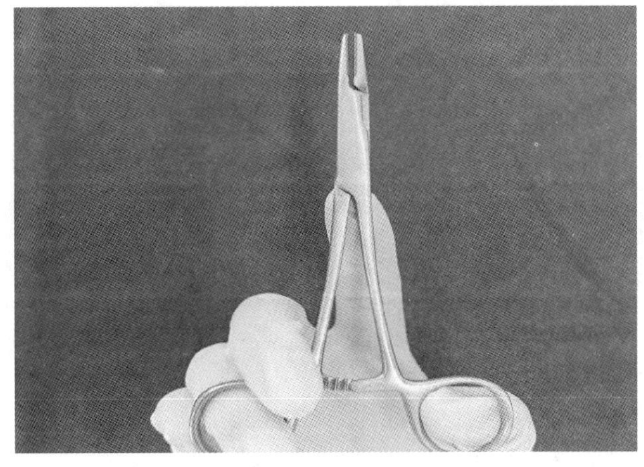

图 31-13　剪刀-持针钳

（六）缝合针

缝合针主要用于闭合组织或贯穿结扎。缝合针有两种类型。一种是带线缝合针，或称无眼缝合针，缝线已包在针尾部，针尾较细，仅单股缝线穿过组织，缝合孔道小，对组织损伤小，故又称无损伤缝合针，多用于血管、肠管缝合。另一种是有眼缝合针，缝线由针孔穿进。缝合针规格分为直型、1/2弧型、3/8弧型和半弯型。缝合针尖端分为三角形和圆锥形。三角形缝合针有锐利的刃缘，能穿过较厚、较致密的组织，一般用于皮肤、肌腱、软骨的缝合。圆锥形缝合针对组织损伤小，一般用于肌肉、腹膜、空腔器官等的缝合（图 31-14）。

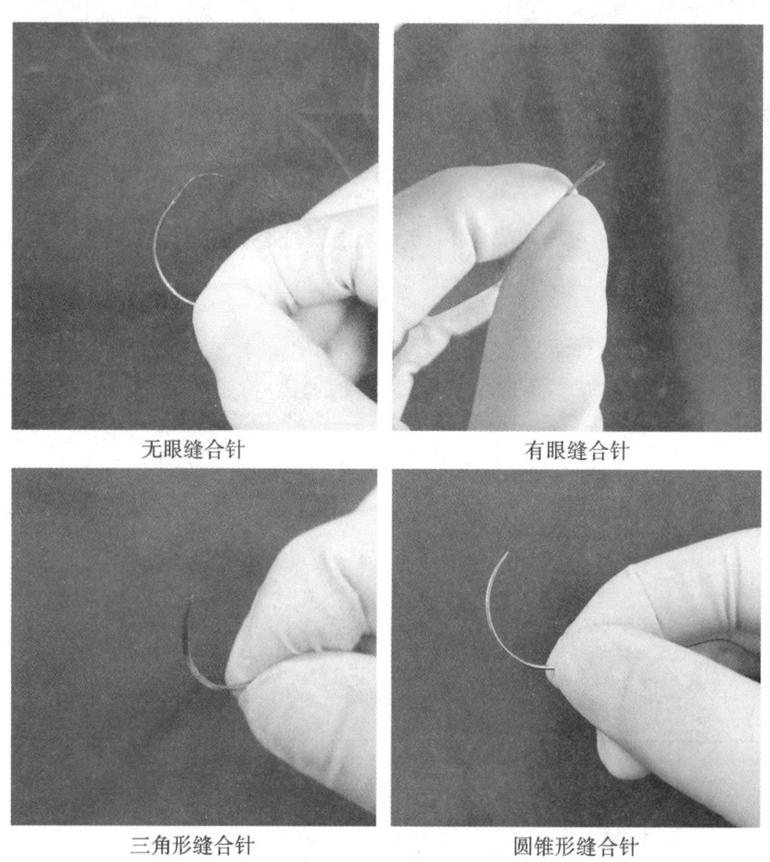

图 31-14　缝合针

（七）创巾钳

创巾钳（图 31-15）用于固定创巾，使用时连同创巾一起夹住皮肤，防止创巾移动，可在已备皮的术野周围快速建立起安全的无菌范围。

（八）组织钳

组织钳（图 31-16）可用于抓持筋膜或待切除组织，不可用于皮肤或精细组织；非挤压式组织钳又称肠钳（图 31-17），可对空腔脏器（如肠管）进行无损伤钳夹。

（九）牵开器

牵开器（图 31-18）也称拉钩，可提高深层组织和结构的能见度、暴露性，以利于手术操作，减少操作性损伤，改善出血点可视度。根据需要可选择不同类型，如手持牵开器和固定牵开器两种。

二、其他器械

（一）持骨钳

骨科手术中用持骨钳（图 31-19）抓持骨断端，以利于复位。

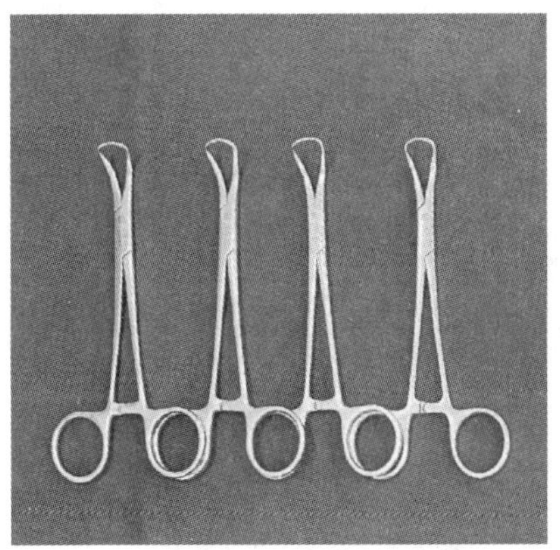

图 31-15　创巾钳

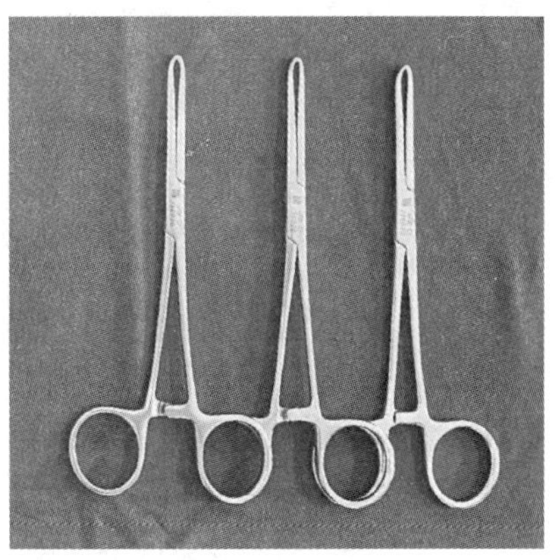

图 31-16　组织钳

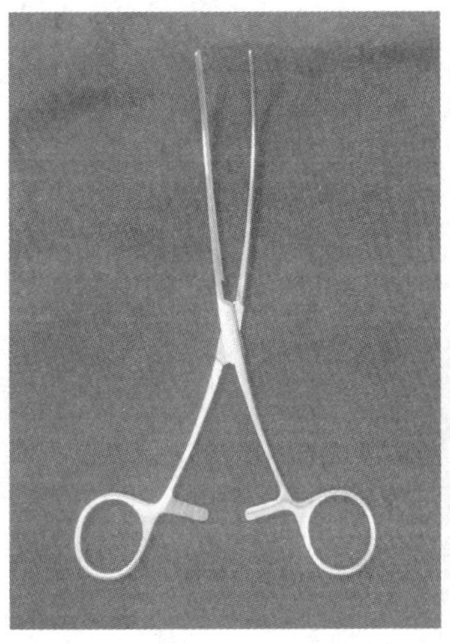

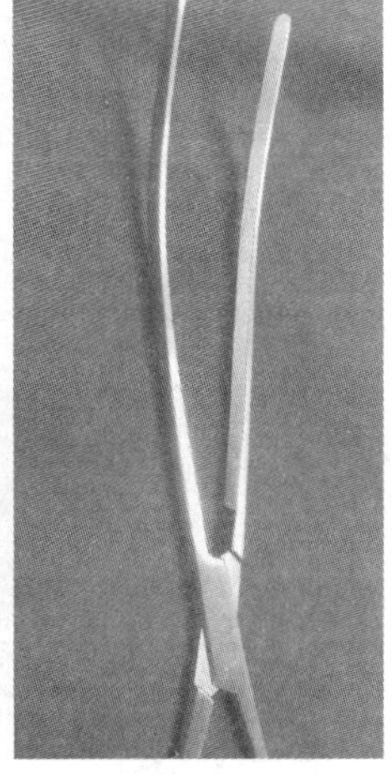

图 31-17　肠钳

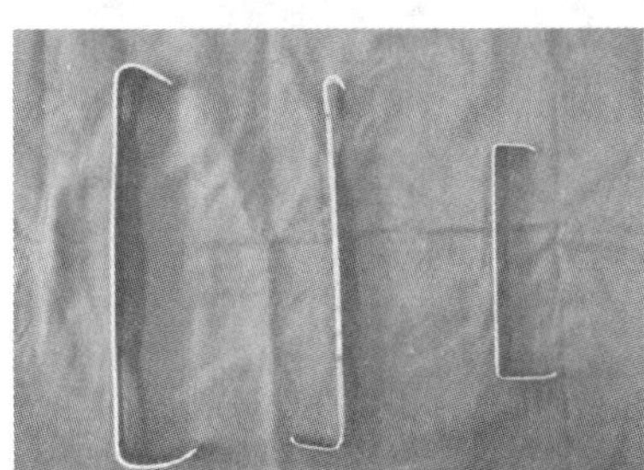

手持牵开器

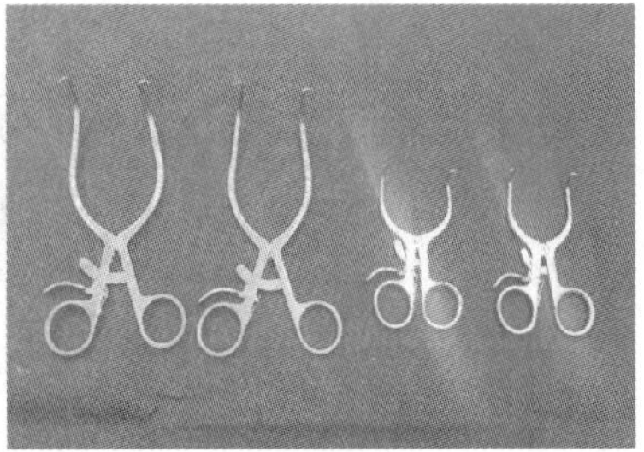

固定牵开器

图 31-18　牵开器

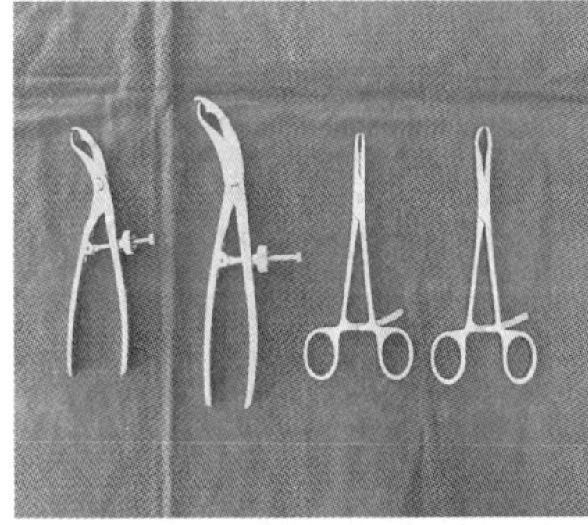

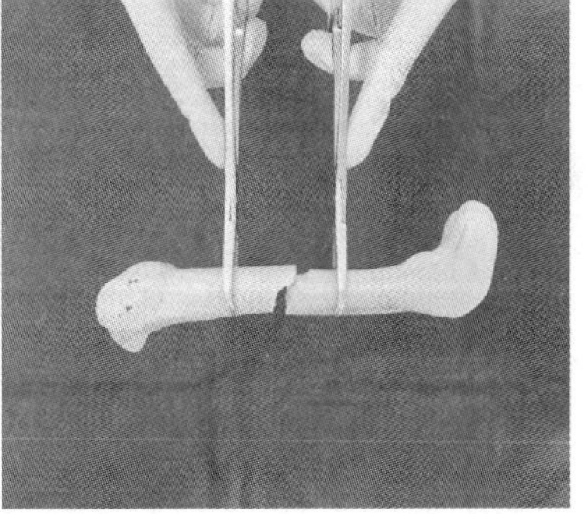

图 31-19　持骨钳

（二）复位钳

骨科手术中用复位钳(图 31-20)固定骨断端，使骨断端完美复位贴合，复位钳可分为直头复位钳、尖头复位钳、尖头点状复位钳。

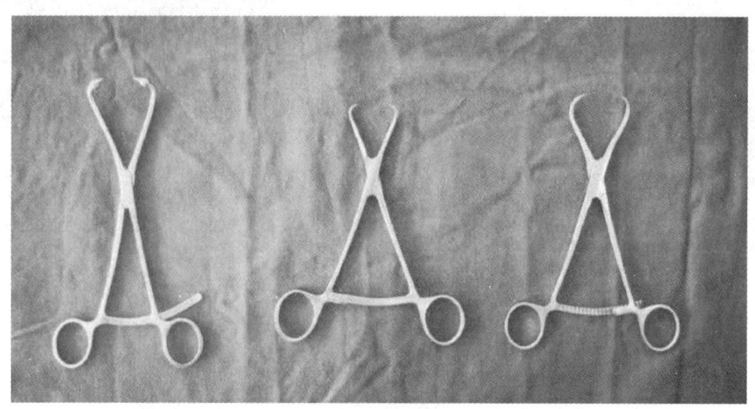

图 31-20　复位钳

（三）咬骨钳

咬骨钳(图 31-21)用于不同情况下去除碎骨片，分为单关节咬骨钳和双关节咬骨钳。

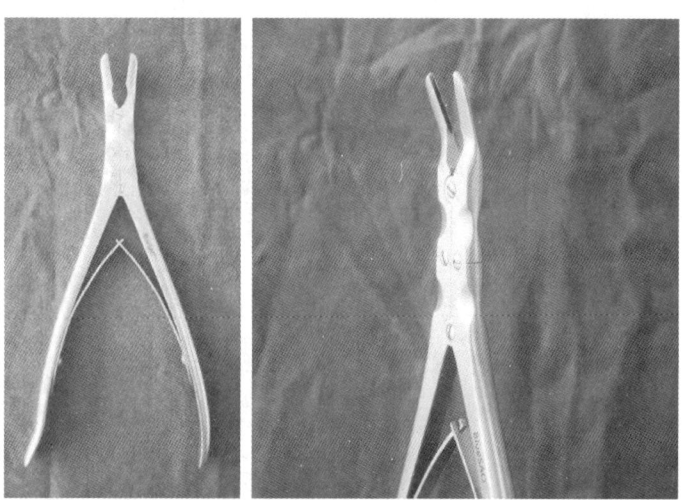

图 31-21　咬骨钳

（四）骨膜剥离器

骨膜剥离器(图 31-22)用于将骨膜及附着肌肉从骨骼上剥离，可保护骨膜，为骨折愈合提供血供保障。

（五）骨锤、骨凿和骨锉

骨锤和骨凿(图 31-23)配合切割骨组织；骨锉用于锉平骨折断端锋利边缘，以免刺伤软组织和血管。

（六）钢锯和摆锯

钢锯和摆锯(图 31-24)用于切开骨，可用于胸骨切开术、口腔外科手术和四肢截骨术。

（七）导钻和测深器

导钻(图 31-25)用于引导骨电钻钻入方向，分为多功能导钻、垂直导钻和加压导钻；测深器(图 31-25)用于测量钻孔深度，以确定骨螺丝长短。

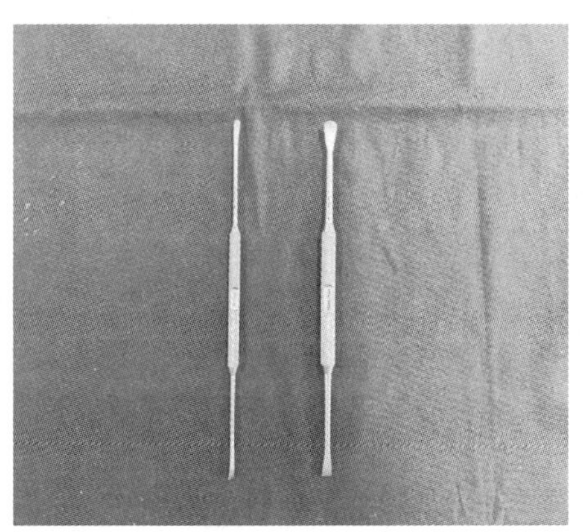

图 31-22　骨膜剥离器

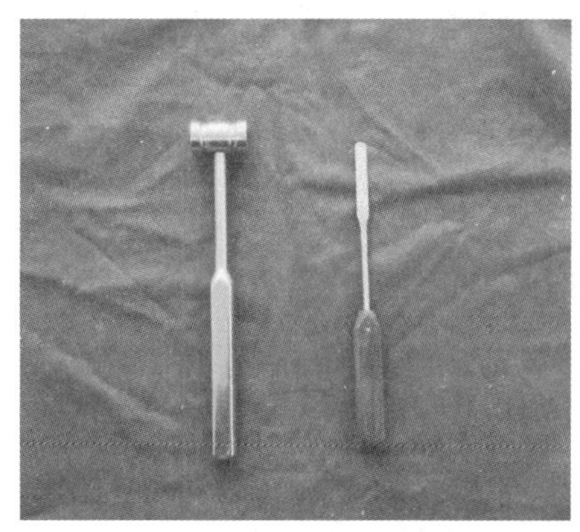

图 31-23　骨锤和骨凿

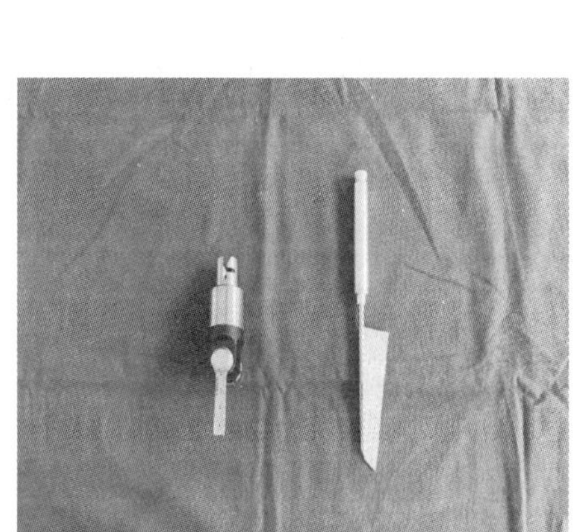

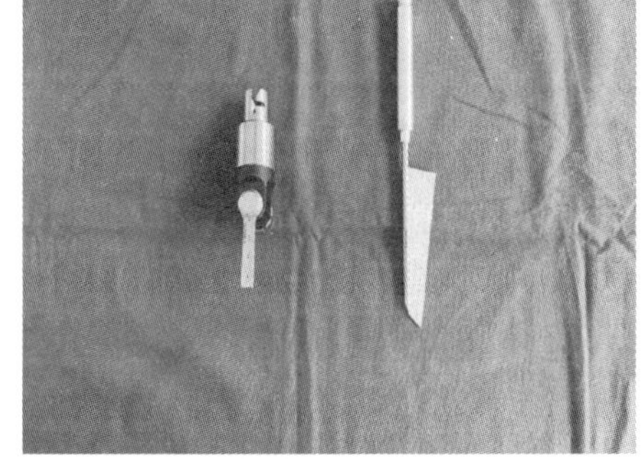

图 31-24　钢锯和摆锯

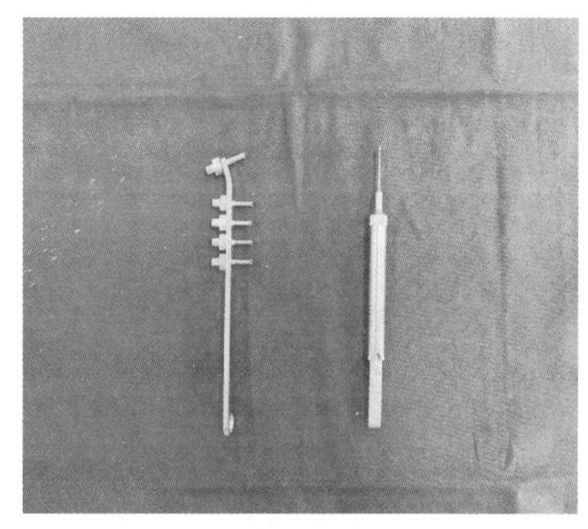

图 31-25　导钻和测深器

（八）偏口克丝钳

偏口克丝钳（图 31-26）用于拧紧钢丝和剪断钢丝。

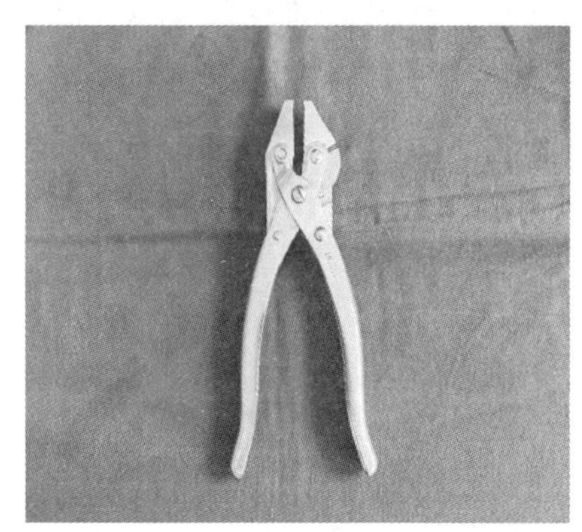

图 31-26　偏口克丝钳

三、器械的传递

为了避免在手术操作过程中刀、剪、针等利器误伤操作人员和争取手术时间，手术器械需按一定方法正确传递。遵循的原则：利刃端不可朝向术者；传递的器械保证干净，无血渍、组织碎片等；器械传递后术者能直接使用，不需要调整使用方向；器械助手随时保持器械盘内的器械有序、分门别类地摆放，方便拿取以节约时间。

常见问题处理

（1）手术中，外科兽医应留意任何性能不良的器械，并将其放置在一边以供进一步检查。

（2）在清洁、干燥和润滑后，定期检查所有器械的磨损和损坏情况。

（3）应格外注意分离类器械（剪刀、组织镊以及持针钳）的状况，因为这些器械的故障会对手术产生重大影响。

 小提示

（1）在实施手术时，手术器械需按照一定的方法传递。

（2）器械的整理和传递。

①器械的整理：由器械助手负责，器械助手在手术前应将所用的器械分门别类依次放在器械台的固定位置上。

②器械的传递：传递时器械助手需将器械的握持部递交在术者或第一助手的手掌中。

案例分享

任务二　手术器械的保养

扫码看课件

学习目标

【知识目标】

1. 记住手术器械损坏的原因。
2. 熟知手术器械保养方法、注意事项。

【技能目标】

正确保养手术器械。

【思政与素质目标】

1. 养成爱护器械的职业素养。
2. 养成勤俭节约的品格。

系统关键词

手术器械、损坏原因、保养。

任务准备

手术器械是重要的财产，工作过程中不正确使用器械和不及时清洗、保养器械，都会导致器械寿命缩短，造成浪费，增加成本，因此，对器械进行恰当的保养非常重要。

 任务实施

一、手术器械损坏原因及解决方法

外科手术中，要正确使用手术器械，以免造成手术器械卡顿、缺损；要及时擦去手术器械上的油渍、血渍等污物，并用热水冲洗，防止污物残留而腐蚀器械。由于自来水中含有的一些物质可以使器械脱色和形成污点，故最好采用蒸馏水或者去离子水漂洗、清洁和灭菌（表 31-1）。

表 31-1 引起器械腐蚀、凹痕或污点等的原因及解决方法

损害的种类	原因	解决方法
腐蚀	器械表面或器械包内残余过多水分	预热高压灭菌锅；使器械缓慢冷却；检查高压灭菌锅的放气阀；及时烘干手术器械包
	用自来水漂洗器械；高压灭菌锅内壁上的碱性残留物沉积在被灭菌的器械上	消毒时用蒸馏水或去离子水，定期用乙酸清洗高压灭菌锅
	在含酶洗涤剂中停留时间过长	金属器械在含酶洗涤剂中停留时间不要超过 5 min
凹痕	器械接触盐等异物	立即用蒸馏水漂洗器械
	高压灭菌时洗涤剂残留在器械表面	避免使用以氯化物为基础成分的洗涤剂（这种洗涤剂遇水会蒸发形成盐酸）
	使用可除去器械表面铬氧化物膜的碱性洗涤剂	使用 pH 接近 7 的洗涤剂
	将不同材料的器械同时在超声波清洗器中清洗	将不同金属材料的器械分开清洗
锈斑	自来水中的铁锈沉积在器械上	清洗、漂洗和消毒时使用蒸馏水或去离子水
	不锈钢器械与已暴露出金属的镀铬器械一起灭菌时含碳氧化物等沉积在器械上	灭菌时将两种不同类型的铁制器械分开；替换已脱落或不完整的镀铬金属器械
污点	含有钠离子、钙离子和（或）镁离子的水滴凝结在器械上	按说明使用高压灭菌锅；蒸汽排完后再打开门；检查阀门和垫圈；使用蒸馏水或去离子水
紫黑色	器械暴露在氨水中	避免使用氨类洗涤剂；彻底漂洗器械
	使用含氨基化学物质清洗	在高压蒸汽灭菌时使用蒸馏水或去离子水，防止钙、镁等发生沉积
浅蓝灰色	长期使用冷消毒液	冷消毒液换成蒸馏水并添加防锈剂
棕色	灭菌时留在器械上的红棕色残留物；加热时形成铬氧化物膜	使用不含多聚磷酸盐的复合洗涤剂（多聚磷酸盐可溶解高压灭菌锅中的铜）

注：引自 Fossum T W，Hedlund C S，Hulse D A 等人编著的《小动物外科》（第 2 版），张海彬，夏兆飞，林德贵，主译。

二、手术器械保养的标准程序

手术结束后，应立即对手术器械进行清洗、保养、干燥，保证器械完整、锋利。标准程序如下。

（1）使用热水和洗涤剂清除器械（复杂器械需要进行拆解）上的污渍，并使用软质尼龙刷去除黏附的物质。某些骨科器械（如钻头和锯条）可能需要使用更强烈的清洁方法，如使用专用的软铜丝刷或不锈钢丝刷进行清洁。勿使用自制的钢丝刷或钢丝球，因为钢丝刷或钢丝球可能会损伤器械表面。

（2）流水冲洗后将打开关节或拆解后的器械浸泡于酶溶液中 20 min。对于空心或管状器械，应确保洗涤剂进入无法刷洗的区域。

（3）流水冲洗。

（4）将器械放于超声波清洗器中，并用合适的清洁液浸泡（不可使用碱性家用洗洁精）。在超声波清洗器中 50 ℃运行 10 min，从而利用超声波清洁无法刷洗的部位。如果器械上存在较厚的污渍沉积，可重复数次超声波清洗。

（5）用蒸馏水彻底冲洗。

(6)将有关节的器械浸没于器械润滑乳液(器械润滑油的乳浊液)中。这种乳浊液可穿透关节，并利用高压灭菌时水分的蒸发，在关节内形成润滑油膜。这一步骤的替代方案是用器械润滑油对干燥的器械进行直接润滑。

(7)擦去器械表面多余的润滑油。

(8)检查器械有无损坏、故障和功能的完整性。

(9)干燥器械以便储存，或包裹器械以进行高压灭菌。

(10)遵守高压灭菌锅制造商的指导进行高压灭菌操作，以确保在灭菌工作结束后器械包或器械匣是干燥的。如果不是，它们在储存前必须放在干热的环境内彻底干燥。

常见问题处理

见表31-1。

小提示

(1)可使用硅胶保护套保护锋利和精细的器械尖端。

(2)可使用耐高压灭菌胶带或者彩色弹性硅胶环标记器械，以表明其属于特定区域，防止混用。

学习情境三十二　无菌术

任务一　手术前动物的准备

扫码看课件

学习目标

【知识目标】

1. 熟悉动物术前评估、术前准备。
2. 牢记术前动物无菌准备项目、注意事项。

【技能目标】

1. 掌握术前评估方法。
2. 掌握术前准备流程。
3. 掌握术部无菌操作。

【思政与素质目标】

1. 养成尊重生命、爱护动物的职业素养。
2. 养成精益求精、力求卓越的工作作风。

系统关键词

术前评估、术前准备、术部无菌。

任务准备

手术前，为了确保最小的手术、麻醉风险和最大的术后恢复机会，对每一个病例都必须进行彻

底、全面的术前评估和充分的术前准备。

虽然兽医无法单凭理论知识做出适合于病畜的正确决定，但优秀的兽医会根据经验以及通过评估关键信息来做出合理的临床判断。本着尊重生命、爱护动物的原则，无论兽医的临床经验如何，在开始时都应收集尽可能多的病畜相关信息，做出正确诊断。

任务实施

一、术前评估

（一）一般检查和系统检查评估

一般检查和系统检查包括体温（T）、呼吸（R）、心率（HR）、脉率（PR）等的测量，以及各系统的问诊、视诊、触诊、听诊、嗅诊和叩诊检查（见本书项目一学习情境二、三），通过这些项目获取手术动物基本资料、基本体况、潜在疾病等信息，为术前评估提供初步判断，也是兽医与宠物主人和宠物首次接触，建立信任，明确宠物主人期望和愿望的良机。

（二）实验室检查评估

根据一般检查和系统检查来进行相应的实验室检查，例如，生理性手术（去势术、绝育术、立耳术）宠物和局部发生疾病（如髌骨脱位）宠物一般检查和系统检查未发现明显异常时，只需要进行血常规、血涂片、炎症反应、基础生化的测定。如果手术动物年龄超过5岁、有明显的全身性症状（如心脏杂音、呼吸困难、高热、休克）或预期手术时间较长，应进行血液、尿液、凝血功能、电解质、血气等的全面分析。通过客观检查数据进一步评估手术宠物体况、是否存在潜在疾病等问题，为评估手术、麻醉风险和预后提供充分依据。

（三）影像学检查评估

术前的影像学检查对于制订许多病例的手术计划是至关重要的。例如，用放射摄影来确定关节骨折的状况和程度，对于患有肿瘤的病畜，需要通过胸部放射摄影来确定是否存在胸腔的转移性病变，运用对比观察或超声检查来判断是否存在尿道的疾病或损伤。是否需要影像学检查往往基于一般检查、系统检查和实验室检查结果进行判断。选用何种影像学检查方式取决于设备和专业化程度、可能的病理学变化、宠物状况以及宠物主人经济能力。

（四）其他检查评估

其他检查项目可能包括胸腔穿刺术/腹腔穿刺术、诊断性腹腔冲洗术、内镜检查、超声引导的抽吸或活组织检查以及细胞学检查。

（五）客户交流

基于各项术前评估结果，依据美国麻醉医师协会（ASA）的体况分级系统（表32-1），对病畜体况进行分级，制订完整治疗计划，预判术后情况，将所有相关信息以客户可以理解的方式和用语与客户进行充分交流，以使客户对下一步工作做出知情性决策，并做好相关记录。

表32-1　美国麻醉医师协会的体况分级系统

体况分级	定义	举例	可能预后
Ⅰ	健康，无器质性疾病	非治疗性的选择性手术（如绝育术）	良好
Ⅱ	无全身症状的局部疾病	健康动物的非选择性手术，如缝合皮肤伤口，简单骨折的修复	好
Ⅲ	引起中毒、全身功能紊乱的疾病	表现为心脏杂音、贫血、肺炎、中毒、脱水等	尚可
Ⅳ	引起严重的全身功能紊乱的疾病，可能威胁生命	外伤性膈破裂、胃扭转-扩张、严重胸腔损伤等	谨慎

续表

体况分级	定义	举例	可能预后
V	垂死，手术与否都可能无法存活 24 h 以上	中毒性休克、弥散性血管内凝血、败血症性腹膜炎、严重的多系统损伤	不良
E	急症	可能是上述的任何情况	不定

二、术前准备

病畜本身是手术伤口污染的主要源头，皮肤上的内源性葡萄球菌和链球菌是伤口感染物培养中常见的菌种。因此，充分的术前准备可以确保最小量的污染微生物接触伤口，常用方法包括禁食、排泄、仔细剃毛、彻底的皮肤准备。

（一）禁食

非紧急情况下，对于一般手术，成年动物进行诱导麻醉前禁食 4～6 h，禁饮 2 h，以免引起呕吐和吸入性肺炎。特殊手术（如胃肠手术）通常需要更长时间。

（二）排泄

术前应尽可能将尿液和粪便排出，以免造成污染。犬在麻醉和用药前安排合适机会排便，猫在入院前限制在屋内至少 12 h。

（三）剃除毛发

毛发增加了细菌和颗粒状物质的附着，对于一些常规手术，应鼓励宠物主人保持宠物处于清洁状态。

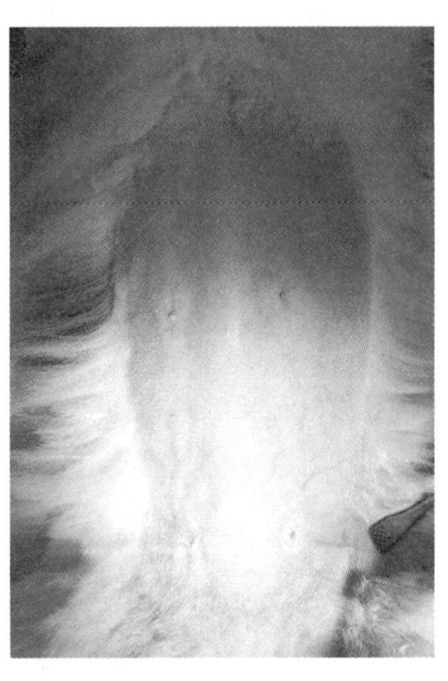

图 32-1　剃除毛发

（1）某些手术前 24 h 内用温和的香波进行洗浴，但不应在过于接近手术的时间段内进行洗浴，因为潮湿的毛发会在麻醉过程中增加因蒸发而引起的热量损失。

（2）应用电动推子剃毛，去除预计切口周围 15 cm 范围内的毛发，先顺毛剃除大部分毛发，再逆毛齐根剃除剩余毛发（图 32-1）。

（3）及时快速处理弃毛，也可使用真空吸尘器去除微小残渣和游离毛发。

（4）清洗术部，使用脱脂棉或者纱布从计划切开位置以画圈形式向外擦洗，达到去除污物和游离皮屑的目的。

（四）术部消毒与隔离

1. 术部消毒　使用皮肤消毒剂对术部进行消毒。若为无菌手术，从计划切开位置以画圈形式向外消毒；若为污染手术，从外向计划切开位置画圈消毒，重复操作 2 次。常用皮肤消毒剂有 75%酒精、2%～5%碘酊、4%洗必泰。

2. 手术保定　按不同手术类型进行保定，常用的保定方法有仰卧保定、侧卧保定、俯卧保定。

3. 术部隔离　使用创巾对术部进行隔离。通常采用两种方法将剃毛和消毒的皮肤与周围的毛发和皮肤隔开。一种方法是安放 1 块大号创巾，根据手术所需范围在创巾中间开孔（图 32-2）。另一种方法是使用 4 块创巾隔离术野（图 32-3）。创巾铺好后不再进行调整，以免将细菌带到消毒好的皮肤上。创巾连接处用灭菌创巾钳固定，创巾钳一旦穿过创巾则不再认为是无菌的。创巾要求覆盖整个动物和整个手术台以提供一个保持连续性无菌的区域。

4. 悬肢准备　进行足部以外的四肢手术时，应用无菌的防水材料包裹足部并用无菌的黏性绷带固定。对于这类手术，将患肢悬于输液架上并进行剃毛和铺创巾，然后用无菌材料将足部包裹起来。

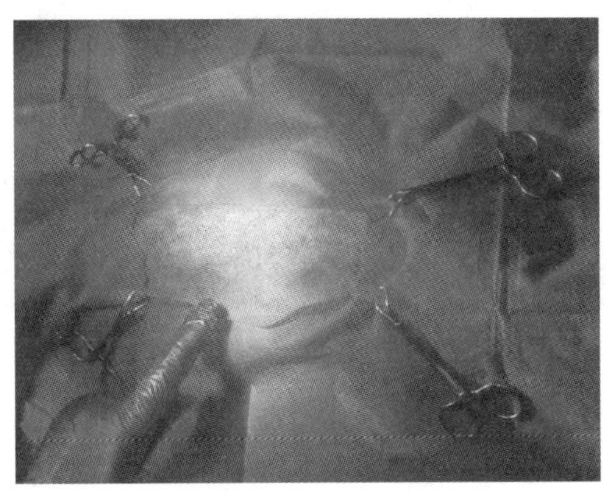

图 32-2　1 块大号创巾进行术部隔离

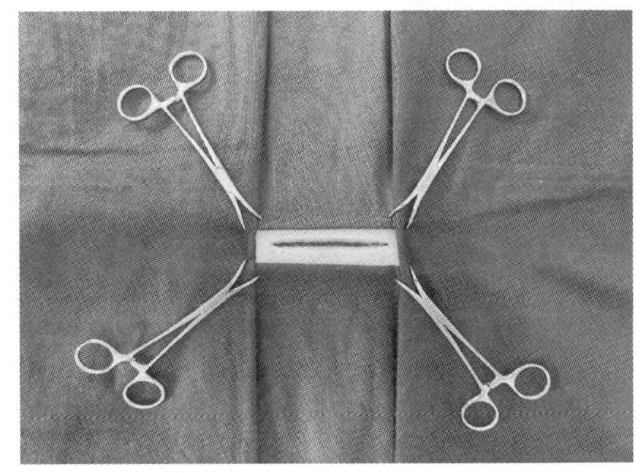

图 32-3　4 块创巾进行术部隔离

常见问题处理

(1)剃刀和脱毛膏可能会损伤皮肤而导致细菌移位及浅层皮肤感染,不建议使用。

(2)剃毛过程中,应使皮肤保持紧张,以免皱褶皮肤损伤。

(3)注意勿使推头过热而造成宠物挣扎、损伤皮肤。

小提示

(1)操作过程中,应对宠物进行适当安抚和保定,确保宠物安全。

(2)宠物进行充分准备后才可进入手术室,以免污染手术区域。

(3)手术前尽可能稳定宠物病情。所有宠物,包括健康宠物,进行诱导麻醉前,通常需要补液、纠正电解质异常和酸碱失衡。对于一些存在疾病或者疾病待查的宠物,需要查明原因,待病情稳定后择期手术。

案例分享

任务二　手术人员的准备

扫码看课件

学习目标

【知识目标】

1. 了解手术人员消毒前准备。
2. 熟悉口罩、手术帽、手术服、手套的穿戴流程。
3. 掌握手术人员无菌准备。

学习目标

【技能目标】

1. 术前正确执行洗手流程。
2. 正确穿戴口罩、手术帽、手套、手术服。
3. 术中维持无菌状态。

【思政与素质目标】

1. 养成无菌的职业素养。
2. 养成讲卫生、勤洗手的生活习惯。
3. 养成团结协作的工作态度。

系统关键词

手术人员、无菌。

任务准备

作为手术的实施者，很有可能对宠物造成污染，污染途径有直接途径（直接接触无菌区）和间接途径（增高手术中的气源性细菌水平）两种，为了避免污染，手术人员应进行严格的无菌准备（如洗手，消毒，戴口罩，穿手术服等），同时限制出入手术室的人员活动。

任务实施

一、手术人员消毒前准备

（一）更换手术服

手术服应该是在手术室内工作的所有人员的强制性着装。手术服除了衣物本身具有减少细菌污染的功能外，还有助于区分手术团队成员和其他工作人员（图32-4），并可以提醒手术人员遵守手术室操作原则。应在每次手术开始前穿着清洁的手术服，并在弄脏后随时更换。手术室内工作人员离开手术室前应更换工作服。

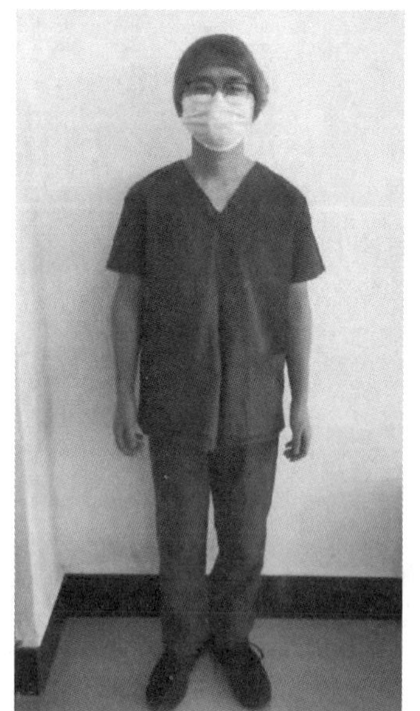

图 32-4　手术服

（二）洗手前准备

（1）手部的大部分微生物藏匿在指甲下，因此，手术人员应长期保持短的指甲，并在洗手前加以修剪。

（2）不要涂抹指甲油或佩戴人造指甲。

（3）刷洗前取下所有的首饰（戒指、手表、手链等）。

（4）检查手和手臂是否存在伤口，以免造成感染。

（三）鞋类

穿着手术室专用鞋不会对手术室地面的细菌水平产生影响，也不会影响手术感染率。穿着手术室专用鞋或在离开手术室时使用鞋套可以加强对手术室内操作规程的管理，并减少毛发或其他污染物的带入。

二、手术人员无菌准备

(一)洗手消毒

通常采用皂液、皮肤消毒剂(如 0.1%新洁尔灭溶液)或免洗手消毒液对手部进行擦洗、浸泡消毒,擦洗操作步骤如下。

(1)擦洗手指的每一侧,指间区域以及手背和手心,持续 2 min。

(2)继续擦洗手臂,在整个过程中保持手部高于肘部。这可以避免肘部水流下而引起手部的重复污染,并防止皂液和水中的细菌污染手部。

(3)擦洗手腕到手臂的每一侧皮肤 1 min。

(4)在另一侧手和手臂上重复上述擦洗过程,保持手部高于肘部。任何时候如果手触到其他物品,则必须延长擦洗时间 1 min,因为这一区域已经被污染了。

(5)单向冲洗手部和手臂,水流从指间流向肘部。不要在水流中前后移动手臂。

(6)擦洗好后将手及手臂放入 0.1%新洁尔灭溶液中浸泡 5 min,重复操作 2 次,注意手不可触碰消毒桶内壁。

(7)保持手部高于肘部的姿势进入手术室。

(8)进入手术室后,用灭菌毛巾擦干手和手臂,在穿手术服和戴手套之前就应保持无菌。

(9)整个擦洗过程应小心,不要将水甩到手术服上。

(10)免刷消毒(含氯己定的消毒洗手液)操作步骤如下。

①用温热的流水冲洗手部 30 s。

②用指甲剪清除指甲下区域污垢。

③用洗手液洗手及手臂 90 s,无须刷手,但应额外留意指甲、手指之间的皮肤。

④彻底冲洗整个手部 30 s,保持手部高于肘部的姿势。

⑤再次用洗手液洗手及手臂 90 s,然后冲洗 30 s。

(二)干燥

洗手消毒的工作完成后,手术人员应进入穿衣区域。将包有手术服和毛巾的灭菌包放在远离手术台和器械车的区域,并由手术室助理打开。轮流用灭菌毛巾中的每个角擦干手和前臂,注意不要碰到已使用的毛巾角,整个过程保持手部高于肘部的姿势。

三、口罩、手术帽、手术服和手套的穿戴

口罩最主要的功能是防止手术室内的工作人员在交谈、咳嗽或打喷嚏时,口鼻产生的大量液滴污染术野。口罩应该紧密贴合脸部,使用口罩边缘的金属线来使口罩贴合面部轮廓,将口鼻及下颌完全遮盖住(图 32-5),而且应该要求手术室所有的工作人员都佩戴口罩。

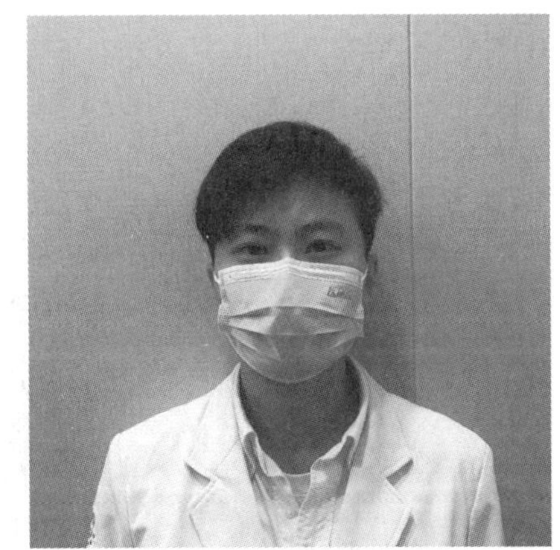

图 32-5 口罩正确戴法

头发是细菌的重要传播媒介。手术人员头部常直接位于术野的上方,脱落的头发或皮屑已被证明会增高手术感染率。因此,手术团队的所有人员都应戴手术帽,且手术帽应完全遮盖头发(图 32-6)。

手套不仅能降低手术感染率,也能在一定程度上保护手术人员。无菌手套可由助手打开外包装后辅助戴上,也可由手术人员自己戴上,并包裹住手术服袖口(图 32-7)。

手术服可提供较好的屏障作用,进一步减少手术污染。手术服分为两类:反复使用的利于高压灭菌的棉质手术服和一次性使用手术服(图 32-8)。手术服的内面是外折的,在保证足够穿衣空间的前提下,轻轻抓起手术服肩部,打开手术服,在助手的帮助下完成穿着,注意手术服不可接触到任何地方,助手不可接触手术服外侧(图 32-9)。

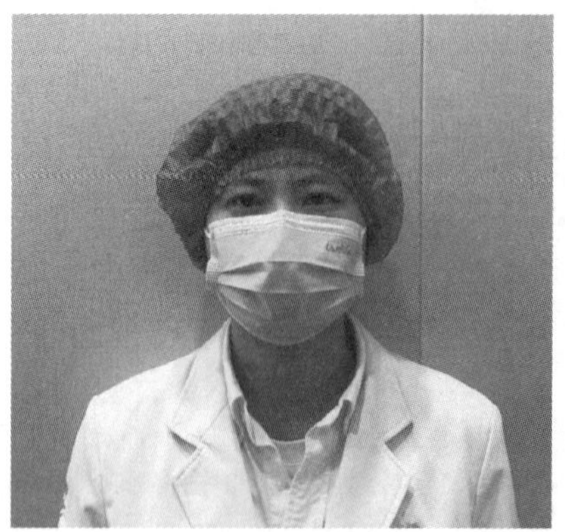
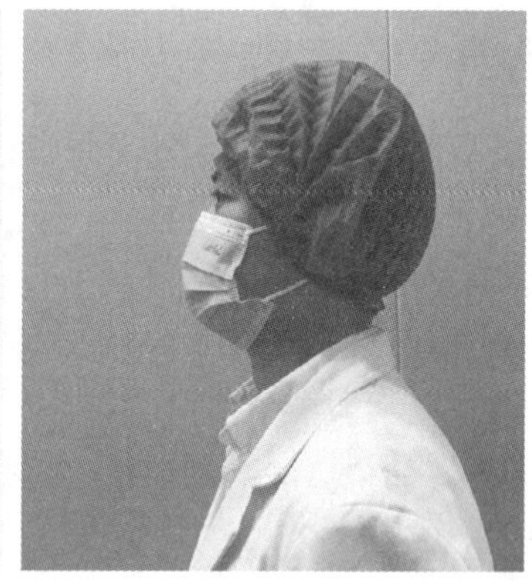

图 32-6　手术帽正确戴法

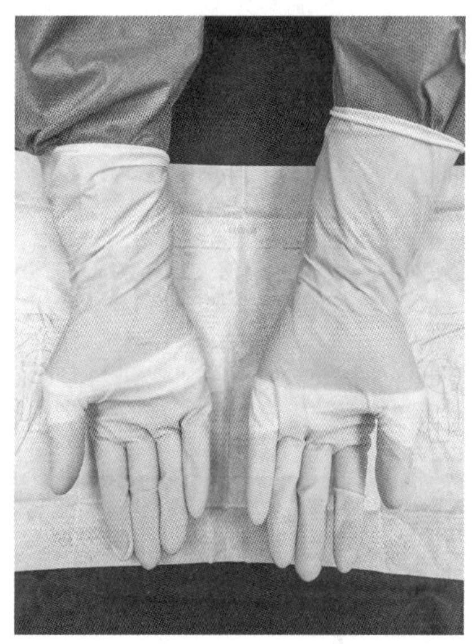

图 32-7　手套正确戴法

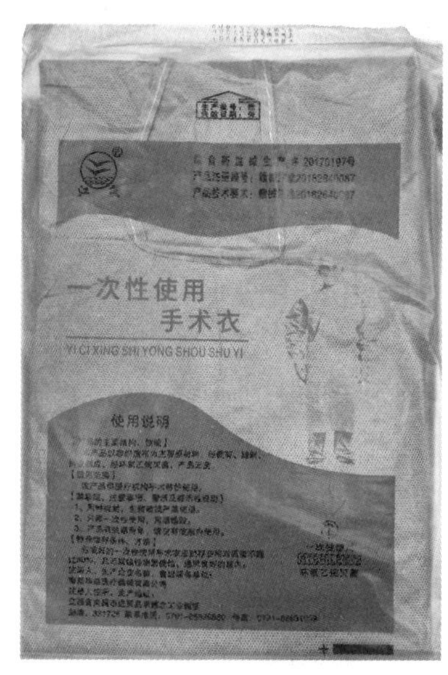

图 32-8　一次性使用手术服(手术衣)

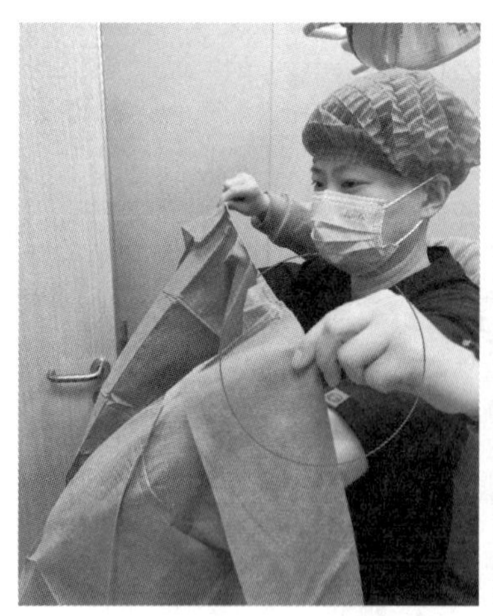
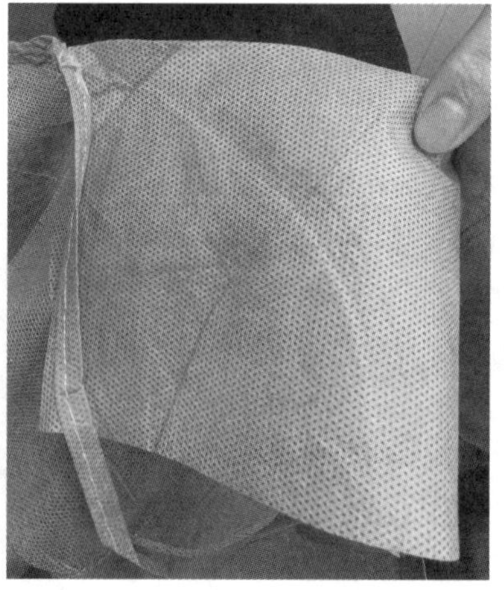

图 32-9　手术服的正确穿法

四、术中无菌状态的保持

在实施手术时，有一定数量的手术人员参与，为了降低感染或污染风险，应在保证手术顺利完成

的基础上尽量少配备手术人员，手术人员之间避免直接接触，手术人员禁止接触非手术消毒区域，变换位置时，应背对背错身经过。手术器械放置在利于手术人员拿取的无菌范围内，非手术人员禁止触碰已灭菌的器械。仪器设备使用前，应做消毒灭菌处理。任何污染的仪器设备均应撤离无菌区域，不再使用。同一台手术，由有菌状态转换成无菌状态（如肠管切开缝合术）时，需要更换污染的手套、手术服和器械等。

常见问题处理

尽最大可能防止手术人员再次污染。

（1）制订手术人员无菌操作标准化流程。

（2）穿着固定的洁净服装进入手术区域。

（3）时刻保持手部高于肘部的姿势，使液体沿前臂流下并从肘部最低点滴下，禁止通过甩手来去除手部水或消毒液。

（4）无菌意识应常态化，随时保持无菌状态。

小提示

（1）更换下来的非一次性用品（如手术服、手术帽）应及时、单独清洗处理，干燥待用。

（2）一次性用品应丢弃到医疗废物桶，做好分类，保存在规定区域，统一交由医疗废弃物处理公司运输和销毁，禁止混入生活垃圾而造成环境污染。

案例分享

任务三　器械、包裹材料的准备

扫码看课件

学习目标

【知识目标】

1. 了解手术器械包裹材料。
2. 熟知手术器械包的组成。
3. 掌握手术器械的打包和灭菌方法及注意事项。

【技能目标】

1. 学会正确的手术器械打包方法。
2. 学会正确的手术器械包消毒、灭菌方法。

【思政与素质目标】

1. 养成无菌的职业素养。
2. 养成爱护器械、认真负责的职业态度。

系统关键词

手术器械包、消毒、灭菌。

任务准备

根据手术需要和器械的用途，将所需器械和材料包裹在不同手术包中。打包前注意检查器械的功能性、清洁程度是否达到标准。

任务实施

一、包裹材料

合适的包裹材料应满足如下条件：首先应具有屏障作用，以防手术包内的物品受到微生物污染；其次，所用的材料应具有足够的通透性，以使灭菌剂或蒸汽进入包裹内部，确保灭菌效果；最后，包裹材料应不与灭菌剂发生反应而影响灭菌过程。

（一）棉布

棉布（图 32-10）是廉价材料，可以用于高压蒸汽灭菌和环氧乙烷灭菌，因此至今仍是最常用的包裹材料。

（二）塑料灭菌袋

塑料灭菌袋（图 32-11）是一种高密度聚乙烯无纺布，对微生物抵抗性好，透明，可以直接观察袋内物品，热封口，便于灭菌气体渗透，多用于独立器械或者少量器械的灭菌，不同包裹材料优缺点见表 32-2。

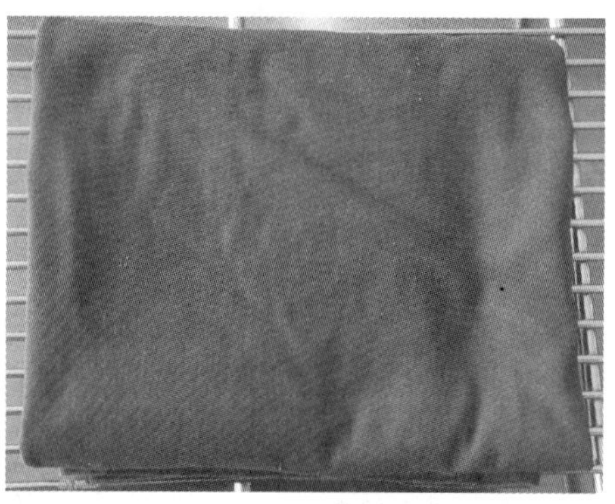

图 32-10　棉布

图 32-11　塑料灭菌袋

表 32-2　不同包裹材料的优缺点

包裹材料	优点	缺点
棉布	可反复使用，容易操作	需要双层包裹，不防水
聚丙烯织物	非常耐用，抗破坏	一次性使用，需要双层包裹
塑料灭菌袋	防水，单层包裹，储存时间长	器械可能会弄破袋壁

二、包裹技术

不同手术所需的器械、耗材不同，一些器械应用范围较广，可满足大多数手术需求，通常组合在一起成为基础手术包（表 32-3）。再根据具体手术类型，增加其他器械（如肠吻合手术增加肠钳，骨科手术增加骨科器械等）。

表 32-3 基础手术包建议

器械	数量	备注
创巾钳	6 把	(1)以上器械数量可根据情况调整,留出备用的数量; (2)不同大小的器械根据临床需要自由组合
直止血钳	3 把	
弯止血钳	3 把	
持针钳	2 把	
有齿镊	2 把	
无齿镊	2 把	
直剪	1 把	
弯剪	1 把	
组织剪	1 把	
缝线剪	1 把	
组织钳	2 把	
3 号刀柄	1 把	
牵开器	2 把	
纱布	10 块	

在准备手术包时,可根据手术类型,器械、耗材用途或类别的不同将物品分开打包,如将手术服、创巾等放在一起打包,器械单独打包,并在最内层和最外层贴上无菌指示条,这样不仅能减小手术包体积,利于高压蒸汽进入,也能保证灭菌效果。由于临床一次性耗材的广泛使用,手术包内物品种类也发生了明显变化,在不违背无菌操作原则的前提下,可根据情况灵活调整。

将手术包布放置于平面上,器械、耗材置于合适位置,包布一角正对自己,向对角线方向折叠直到覆盖所有物品,并将角向外折叠,再将左、右两侧按同样方法折叠,最后将对角线一角折叠,用绑带固定好手术包。操作过程中保证每个角都向外折叠,避免打开包裹时污染包裹内层(图 32-12)。

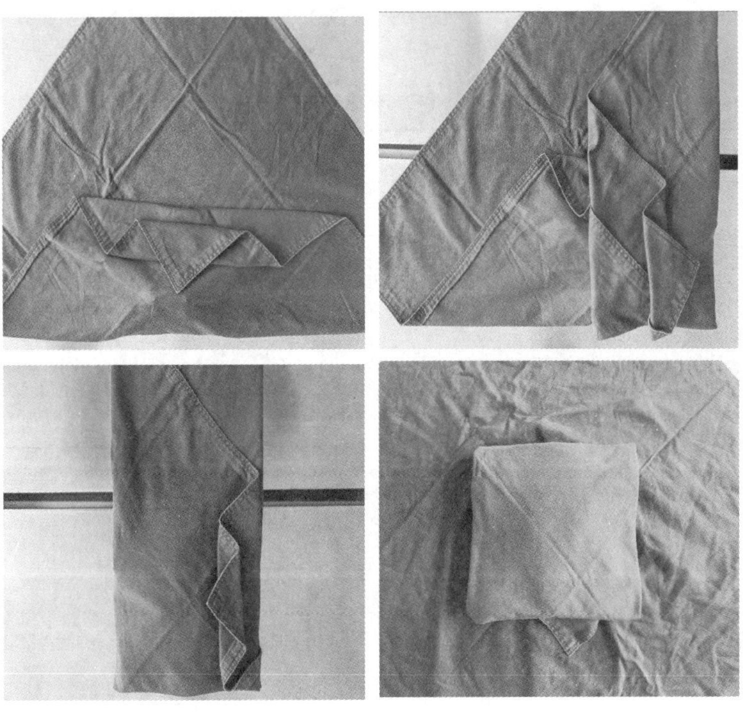

图 32-12 手术包的正确包裹方法

三、器械的无菌准备

通常动物医院采用高压蒸汽灭菌和浸泡消毒两种方式对器械进行无菌处理。

(一) 高压蒸汽灭菌

高压蒸汽灭菌是最常用的灭菌方式，灭菌前检查高压灭菌锅使用记录，确保使用正常，认真阅读使用方法，确保安全。高压灭菌锅内各手术包之间应相距 3～5 mm，并离开附近仓壁，以利于蒸汽循环。

高压蒸汽灭菌结束后，应立即取出手术包冷却、干燥，确保物品干燥，这对维持无菌状态至关重要，器械潮湿时会被腐蚀。原则上，所有手术包都应储存在封闭、清洁、干燥的橱柜中，而不是开放的架子上，并标注灭菌日期及建议使用日期，保存待用。

(二) 浸泡消毒

使用 0.1%新洁尔灭溶液浸泡清洁、干燥的器械约 30 min，取出后用无菌纱布擦干后使用。

四、手术包的传递

一般而言，手术包传递给无菌的手术团队成员时有两种方法。对于可轻易抓持的物品，由手术室内的工作人员打开无菌包并抓持住无菌手术包的外层，然后由手术人员取走无菌手术包内部的物品。对于较大的物品，可将物品放在一个单独的器械台中央，然后打开包裹，但物品仍保持在台面上，手术人员直接取走。

打开无菌手术包时，抽拉折角，不触碰包布中心位置，且每次确保折角不会回卷而污染物品，手臂绝不可位于无菌手术包上方。如果器械是放在塑料灭菌袋中的，取出器械时器械绝不能接触到塑料灭菌袋外侧，助手应将塑料灭菌袋袋口拉开足够大，以确保取用器械时塑料灭菌袋外侧不会污染手套。

常见问题处理

一般情况下，动物医院会准备 1～2 个无菌手术包供紧急手术用，但任何方式包裹的无菌手术包都有安全储存时间(表 32-4)。

表 32-4　不同包裹材料和方法制成的手术包的安全储存时间

包裹材料和方法	安全储存时间
单层棉布包裹(二层)	1 周
双层棉布包裹(四层)	6 周
双层棉布包裹，放于防尘罩内并用胶带密封	12 周
双层非编织材料包裹(如聚丙烯)	9 个月
热封口的塑料袋(如 Tyvek)	12 个月以上

注：引自 Baines S，Lipscomb V，Hutchinson T 编著的《小动物手术原则》，周珞平，主译。

小提示

(1)如果一件物品有损坏或者操作不当，存在任何证据表明环境已经被污染，则该物品被认为不是无菌的。

(2)无论使用何种包裹方法，都不可将灭菌物品直接扔在无菌手术台上。这可能导致手术台上创巾的破损或穿孔，或引起灰尘掉落等，从而破坏无菌性。

(3)包有创巾、毛巾、手术服的包裹是非常紧密的，这些大物件可能会导致蒸汽无法到达高压灭菌锅的每个区域，所以不应与手术器械一起灭菌。

任务四　手术室的准备

学习目标

【知识目标】

熟知手术室清洁、消毒的流程。

【技能目标】

正确准备手术室。

【思政与素质目标】

1. 养成无菌的职业素养。
2. 养成爱护环境、减少污染的生活态度。

系统关键词

手术室、清洁、消毒。

任务准备

手术室是极其洁净的环境，应比院内其他区域保持更高的清洁水平，日常规范的清洁和消毒可创造一个相对无菌的环境。使手术室达到洁净环境需涉及多个方面，如手术室应该有独立的通风系统，手术室内设置污染区、洁净区和无菌区，手术室的门窗必须随时关闭或设计成无窗的，每台手术后需对手术室地板及使用过的设备进行清洁，每周使用适当的卫生工具对手术室天花板、墙壁等进行全面清洁，每周更换通风系统中的过滤器等。此外，手术室内所有物品表面应清洁、卫生，任何有污染的操作(如洗牙术、脓肿切开术)都不应在手术室内进行，避免手术室内的任何物品被污染。手术室环境的清洁和消毒虽然很难达到完全无菌要求，但通过清洁和消毒可以显著减少手术室内的病原菌数量，有利于避免手术感染和提高手术成功率。

任务实施

(一) 天花板的清洁与消毒

天花板的清洁比较特殊，由于一些天花板由不可刷洗的材料制成且表面不规则，所以使用干燥的真空吸尘器较好。每次使用的吸尘器必须装有干净过滤器和清洁袋。高效空气过滤器是理想的

过敏原过滤装置，如果袋子不是一次性的，可在倒空后先冲洗再用消毒剂清洗。

（二）墙壁的清洁与消毒

墙壁可用湿毛巾擦拭清洁或用毛巾浸消毒液擦拭(图 32-13)，或用海绵地拖双桶法清洁、消毒，即先用一个海绵地拖清洗墙上的污染物，然后用另一个海绵地拖消毒墙壁(图 32-14)。

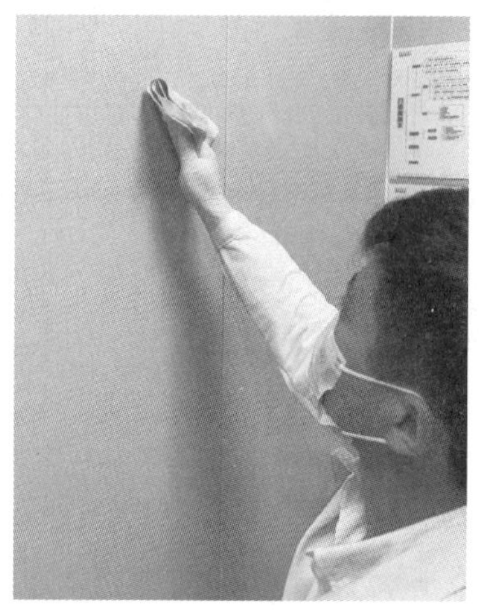

图 32-13　擦拭法清洁与消毒墙壁

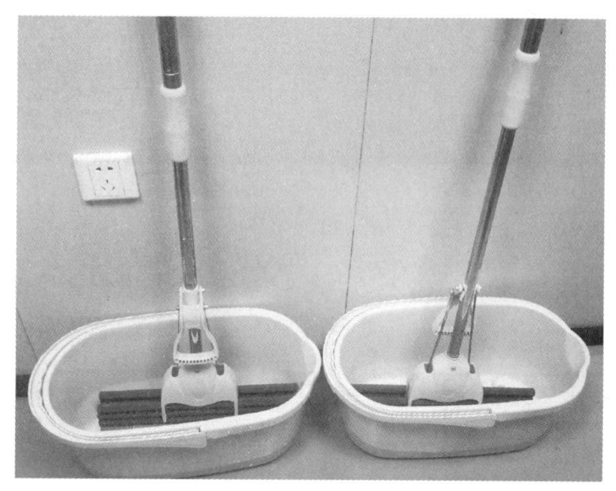

图 32-14　海绵地拖双桶法清洁与消毒墙壁

（三）手术台、边柜、器械盘及托架等器具的清洁与消毒

每台手术后必须用清洁毛巾、纸巾或一次性材料擦拭手术台、边柜、器械盘及托架等器具，然后用消毒剂喷雾消毒，也可利用手术间隔期完成清洁、消毒(图 32-15)。手术室的洗涤槽和废物箱要保持清洁，每台手术后要清空、清洗、消毒并干燥。手术无影灯等固定设备于每天下班前清洁，每周消毒一次(图 32-16)。保定绳每次用后要清洗和消毒，以除去不良气味，保持干净、卫生。保定器材使用后，如果其表面是由不可渗透的材料制成的，可以使用喷雾消毒，然后擦拭干净；如果材料是可渗透的，则参考厂商的清洗说明。

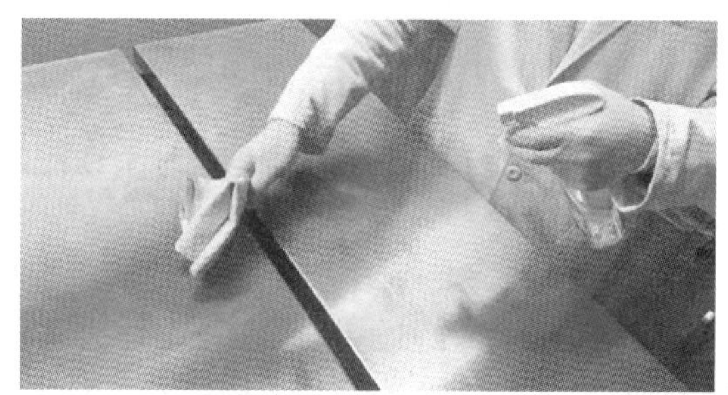

图 32-15　手术台的清洁与消毒

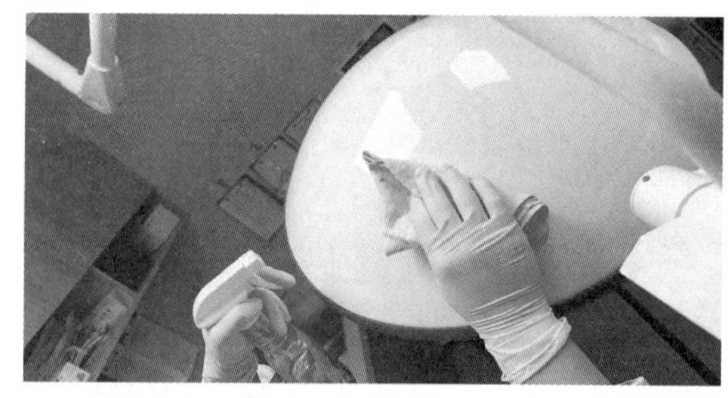

图 32-16　无影灯的清洁与消毒

（四）手术室地板的清洁与消毒

具体做法如下。

(1)清洁手术室地板应使用“手术室专用”拖布和水桶，而不能将动物医院门诊日常使用的拖布和水桶拿入手术室使用，反之也不能在手术室以外区域使用“手术室专用”拖布和水桶。“手术室专用”拖布和水桶平时可存放在手术准备室。

(2)清洗采用双拖布法，即第一个桶装清水，专用于清洗拖布；第二个桶装消毒液，用于实际擦洗。当用浸消毒液的拖布拖完一部分地板后，先在第一个桶中清洗拖布并拧干，再浸入消毒液中，取出，接着对剩余地板进行擦洗、消毒。使用广谱表面消毒剂进行消毒，并保证药剂的正确稀释以及足够的接触时间。如此反复，将整个手术室地板清洗、消毒完毕。最后，将水桶倒空并冲洗干净，下次使用时再装入清水和消毒液。

(3)每周可用热水在洗衣机中清洗拖布并漂白一次，较大的动物医院应该配备清洁服务部门提供干净拖布和干净衣物。

(4)应从手术室最远的角落拖向门口，对包括手术台在内的所有可移动设备进行移动后，将其下面地板清洗干净，再将它们恢复原位。

(5)清洁、消毒结束后，应用紫外灯对手术室整体照射 30 min 以上，完成后关闭手术室大门，限制人员流动。

常见问题处理

为进一步降低感染、污染的概率，应当对手术操作进行分类(表 32-5)，根据手术内容对手术环境的影响程度来安排手术先后顺序，最大限度保证手术室无菌操作环境。但实际临床工作中，根据病畜个体的需要(如病情稳定或急症需要处置)，无法始终维持这一手术安排顺序，比如发生胃扩张-扭转病犬的手术应先于选择性骨科手术进行。如果有此类打乱手术安排顺序的情况，应在病畜手术之间进行额外、彻底的手术室清洁、消毒工作。如果手术室内使用正压通风系统，打乱手术顺序就不是一个大问题，因为空气交换会快速减少气源性细菌数量。但归根结底，清洁病畜所接触过的物体表面仍然是关键的工作。

表 32-5　手术操作分类

分类	描述
清洁手术	非外伤性伤口 不进入呼吸道、泌尿生殖道以及胃肠道
清洁-污染手术	进入呼吸道、泌尿生殖道以及胃肠道，但未发生明显液体溅出 轻微违反无菌操作原则
污染手术	形成时间短于 4 h 的外伤伤口 较高程度违反无菌操作原则 胃肠道内容物溅出，或接触到感染的尿液、胆汁
感染手术	组织内存在细菌感染 伴有组织失活、明显污染或形成时间超过 4 h 的外伤伤口

小提示

(1)制订手术室标准化工作流程，明确工作要求、人员分工等，让工作常态化。

(2)详细记录手术室工作日志，便于帮助确认感染率与医生、手术室及手术本身的关系。

学习情境三十三　麻醉技术

任务一　麻醉前准备

扫码看课件

学习目标

【知识目标】

1. 了解麻醉前评估。
2. 熟悉麻醉前准备工作流程及工作内容。
3. 掌握麻醉前用药种类、使用方法及注意事项。

【技能目标】

1. 学会麻醉前的物品准备。
2. 学会麻醉前给药方式和方法。

【思政与素质目标】

1. 养成实事求是的职业素养。
2. 养成严谨踏实、尊重生命的职业态度。

任务准备

任何药物在具有积极治疗作用的同时，均具有不同程度的毒副作用。由于宠物具有个体差异，即便按照操作规程用各种麻醉药或进行各项麻醉操作，也无法完全避免麻醉意外和并发症的发生，如中毒、过敏、神经毒性、心律失常、血流动力学改变等，从而出现血压下降、心搏骤停。某些情况下虽然采取积极措施，仍可能发生不良后果，如呼吸抑制，或者在麻醉后发生恶性高热、精神异常、苏醒延迟或呼吸不恢复等。

为了最大限度地避免和预判麻醉风险，每次麻醉前都应该做好充分的准备，全面掌握宠物病情、评估体况、发现潜在或隐藏的疾病，并检查麻醉设备和器材，根据宠物病情，手术性质、种类和范围制订麻醉方案，预判麻醉期间可能发生的变化，准备监护和急救方案，以保证宠物生命安全，最大限度减少麻醉不良后果。

任务实施

一、动物麻醉前准备

（一）麻醉前检查

参见项目五学习情境三十二任务一中的“术前评估”。

（二）体况评估、建议检查项目

根据临床检查结果，对动物体况做全面评估，关注其品种、体质、营养状况、生命指征、潜藏疾病和内脏功能等。临床上根据体况和手术范围及类型，建议做表 33-1 中的检查。

表 33-1 不同体况、手术类型的建议检查项目

体况分级	体况	举例	建议检查项目	
			主要	次要
Ⅰ	健康	未见异常，做去势术、绝育术、立耳术、断尾术和常规洗牙术	血常规、抗体浓度	炎症反应指标、生化项目
Ⅱ	患轻度全身性疾病	皮肤肿瘤、单部位骨折发生休克、无并发症的疝或隐睾、局部感染、代偿性心脏病和十字韧带修复	血常规、抗体浓度、炎症反应指标、生化项目	尿检、凝血功能
Ⅲ	患严重全身性疾病	恐惧、脱水、贫血、恶病质或中低度血容量	血常规、抗体浓度、炎症反应指标、生化项目、尿检、凝血功能	血气、电解质、影像检查
Ⅳ	患严重全身性疾病，且时刻有生命危险	尿毒症、毒血症、严重脱水和低血容量、心脏失代偿、消瘦或高热	血常规、炎症反应指标、生化项目、尿检、凝血功能、血气、血压	心电图、心脏超声、DR、抗体浓度
Ⅴ	无论是否手术都可能在 24 h 内死亡	严重休克和脱水、恶性肿瘤或感染末期、严重创伤	血常规、炎症反应指标、生化项目、尿检、凝血功能、血气、心电图、心脏超声、血压、DR	抗体浓度
E	急诊	—	血常规、血气、电解质、血压、尿检	根据可用仪器确定

二、麻醉前物品及麻醉设备的准备

（一）麻醉前物品的准备

按照“麻醉前后确认单”（表 33-2），检查需要准备的物品，包括皮肤消毒剂、注射器、留置针、绷带、多尺寸气管插管、绑带、润滑剂、眼膏、镇静剂、诱导麻醉药、急救药品、电动推子、输液泵及液体器、套囊压力计、麻醉喉镜、光源、麻醉监护仪、笔等。

表 33-2 麻醉前后确认单

步骤	序号	项目	详细说明	执行情况
术前准备	1	术前检查	术前必须对病宠进行详细的体格检查，同时根据手术种类及客户的个人意愿，选择相应的辅助检查	
	2	术前沟通	主治兽医就病宠状态、手术风险、并发症、相关费用及术后护理注意事项等与宠物主人进行深入沟通	
	3	协议签订	任何手术必须签订风险协议，特殊手术还需在协议上明确相应细节	
手术室准备	1	环境卫生	整理手术室，保证清洁、整齐	
	2	药品	准备术前针剂（镇痛、止血、消炎）及急救药品（阿托品、尼可刹米、肾上腺素）	
	3	气管插管	根据宠物的气管大小选择合适的气管插管，并准备纱布条以固定气管插管及润滑用的凝胶	
	4	喉镜	为手柄装上合适的镜片，检查灯泡是否能正常点亮	
	5	呼吸机、麻醉机	检查呼吸机和麻醉机是否正常；气密性是否良好；氧气、异氟烷是否充足；小氧气瓶是否有足够的备用氧气	

续表

步骤	序号	项目	详细说明	执行情况
手术室准备	6	温水毯	检查温水毯是否能正常工作	
	7	无影灯	检查无影灯是否能正常工作	
	8	常规物品	皮肤消毒剂、注射器、留置针、绷带、多尺寸气管插管、绑带、润滑剂、眼膏、镇静剂、诱导麻醉药、急救药品、电动推子、输液泵及液体器、套囊压力计、麻醉喉镜、光源、麻醉监护仪、笔等	
	9	手术包	根据手术类型,准备相应的手术包,其他器械用酒精浸泡消毒	
	10	冲洗液	胸腔、腹腔等部位手术根据情况准备冲洗液并提前进行预热(温度不宜过高)	
	11	紫外消毒	打开紫外灯至少 30 min	
动物准备	1	禁食禁水	普通手术禁食禁水 6～12 h。非梗阻或穿孔的大肠手术禁食 24 h,并在手术前 1 天用温水灌肠,禁止在手术前 3 h 内灌肠	
	2	术部剃毛	鉴于部分宠物难以在清醒状态下剃毛,可在麻醉后再进行此步操作,剃毛后用吸尘器吸去残留的毛发	
	3	留置针和注射术前针剂	埋置留置针,注射镇静剂及其他术前针剂,同时开始输液(为了手术安全,无论宠物主人是否愿意为输液付费,建议均在术中输液)	
	4	麻醉	根据实际情况严格按照要求进行麻醉	
	5	保定	采取适当的手术体位后,用绳子将宠物固定在手术台上,必要时使用衬垫物	
	6	术部消毒(眼部消毒:1%聚维酮碘溶液 2 mL,蒸馏水 98 mL)	喷洒消毒液 1(氯己定和蒸馏水比例为 1∶100),进行初步清洁,喷洒后用纱布擦干净	
			喷洒消毒液 2(75%酒精和蒸馏水比例为 2∶1),待其自然干燥	
			喷洒消毒液 3(氯己定 62.5 mL,75%酒精 350 mL,蒸馏水 87.5 mL),待其自然干燥	
	7	铺创巾	建议至少铺两块创巾,第一块将消毒区和未消毒区分开,第二块覆盖整个宠物和手术台	
人员准备	1	整理服装	进手术室前去除衣服上的毛发及其他附着物	
	2	更换工衣	脱下工衣,更换干净服装	
	3	佩戴手术帽、口罩	无论是否开始手术,进手术室前就应戴上手术帽和口罩	
	4	术前刷洗	摘下手上的饰品,剪指甲。用香皂或硫黄皂清洗一遍后涂擦洗必泰	
			刷洗手指和拇指的顶端 30 下。将每个手指分为四个面,每一面刷洗 20 下,包括指根部位	
			将手臂分为四个面,每一面刷洗 20 下。用流水漂洗(为保持残留活性,不必漂洗干净)	
			漂洗时只能让水从指间流向肘部,让水从肘部自然滴下即可,绝不能通过甩手去掉多余水分	
			用灭菌毛巾将手擦干	

续表

步骤	序号	项目	详细说明	执行情况
人员准备	5	穿手术服、戴手套	穿好手术服，戴好手套	
麻醉后操作	1	术部清洁	将宠物毛发吹干，清除身上血迹，解下保定绳	
	2	包扎上药	为创口上药，如碘伏、伤复康、铝喷胶，视情况包扎	
	3	拔管	保持气道畅通，当宠物发生 2～3 次吞咽反射时拔出气管插管，短头犬易出现呼吸困难，可适当延长拔管时间(若为注射麻醉，此步省略)	
	4	气管插管消毒	使用完毕的气管插管应使用新洁尔灭浸泡消毒后悬挂晾干以备下一次使用(若为注射麻醉，此步省略)	
	5	麻醉后观察	将宠物放在安静的地方，持续监护宠物，直到神经反射恢复正常，步态平稳，体征稳定。麻醉苏醒后至少 12 h 方可进食	
	注意：麻醉苏醒期宠物会躁动，此时应密切关注，防止宠物摔落或发生其他损伤。麻醉后应持续采取保温措施和输液直到体征稳定			

(二) 麻醉前麻醉设备的准备

(1)检查氧气设备是否打开，检查氧气源，包括总压力是否不低于 3.4 MPa，减压后是否约为 0.34 MPa，是否有备用氧气。氧流量计是否灵敏，示数应稳定、归零，勿过旋。

(2)准备并检查麻醉机，检查体系是否漏气，用手掌封堵呼吸回路末端，关闭安全阀，用氧气充气使气道压力上升到 20 cmH_2O。如果在 1 min 内气道压力下降不超过 20%，则视为气密性良好。若不使用呼吸机，则一定要确保安全阀处于打开状态。

(3)检查钠石灰过滤器，正常钠石灰颜色为粉红色(图 33-1)，如果发现钠石灰颜色为灰白色，则需要及时更换，但不能依赖变色剂的指示(pH 指示剂变色后又能变回原色)。一般来说，已使用时间达 10～12 h(1800 mL)或 6～8 h(1300 mL)，距上一次更换超过 1 个月、2/3 变色、$FiCO_2$>5 mmHg 时需要更换。

图 33-1　正常钠石灰

扫码看彩图

(4)麻醉师需要根据麻醉时间进行填表，并进行钠石灰的更换。

(5)检查吸入麻醉机中麻醉药的剂量，观察麻醉机麻醉罐的液面，当液面低于下限时，需要及时添加。

(6)呼吸回路检查：每周清洗、消毒，每半年更换一次。

(7)检查呼吸机的气密性是否良好，正确连接呼吸机与麻醉机，用手掌封堵呼吸回路末端，关闭安全阀，用氧气充气使风箱上升至最大刻度，使气道压力维持在 20 cmH_2O，如果在 1 min 内气道压力下降不超过 20%，则视为气密性良好。

(8)气管插管的消毒：使用氯己定浸泡气管插管 20 min 以上或者 0.1%新洁尔灭溶液浸泡消毒后冲洗干净，悬挂至干，待用。

(9)检查监护设备是否正常运行。

(10)打开手术台温控装置，或者开启温水毯。

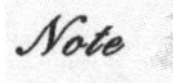

三、麻醉前用药

（一）麻醉前用药目的

(1)使宠物安静，减少应激，改善麻醉操作。

(2)减少诱导和维持药量。

(3)改善诱导和苏醒质量。

(4)镇痛。

（二）麻醉前用药类型

1. 抗胆碱类 麻醉前用的抗胆碱类药主要是阿托品。

(1)作用：减少气管和唾液腺分泌物，降低气道堵塞的危险，保护心脏免受气管插管、手术操作特别是内脏操作时引起的迷走神经抑制，纠正某些阿片类药物如芬太尼引起的心率减慢。

(2)副作用：心动过速、瞳孔散大、眼压升高、肠梗阻、尿潴留、支气管扩张、抑制胃肠道。

(3)起效时间：肌内注射，10 min；静脉推注，2～3 min。

2. 镇静药

1)乙酰丙嗪(静安舒)

(1)作用时间：1～4 h。苏醒平稳。

(2)副作用：低体温，低血压，均可以通过输液来纠正。

(3)禁用于新生宠物(6 月龄以下)、年龄较大的宠物(7 岁以上)；大型、巨型犬，拳师犬及雪达犬禁用；体况Ⅲ级以上或异常暴躁的宠物禁用。

2)咪达唑仑

(1)作用时间：静脉给药起效快，可每 10 min 给药 1 次，最多 3 次。

(2)禁用于新生宠物，严重低血压、心脏病和呼吸道疾病的宠物应慎用。

3)地西泮

(1)作用时间：1～3 h。对心肺影响较小。

(2)对于有癫痫病史的宠物，首选地西泮进行麻醉前给药。

(3)副作用：心肺抑制，血栓性静脉炎。可使健康的年轻成年犬、猫兴奋。

(4)注意：使用苯二氮䓬类药物前，先用阿片类药物，可避免兴奋，减小诱导麻醉药的剂量。

4)右美托咪啶(多咪静)

(1)禁用于患心血管疾病或其他全身性疾病的宠物，不建议用于老年宠物，不应用于妊娠期宠物。

(2)可以显著降低麻醉药的剂量，丙泊酚可降低到 1 mg/kg，且要小心增加丙泊酚的剂量。

(3)副作用：心动过缓。

(4)解药：盐酸阿替美唑(咹啶醒)。超过 1 h，则剂量减半，猫剂量减半。

5)舒泰 50

(1)用于异常暴躁的宠物。

(2)禁用于患心脏病的宠物。

3. 镇痛药

1)布托啡诺

(1)作用机制：通过作用于皮质下和脊髓而产生良好的内脏镇痛作用。

(2)起效时间：15～30 min。

(3)作用时间：犬，30 min～1 h；猫，1～3 h。

(4)副作用：心动过缓，呕吐，轻度镇静。

2)卡洛芬

(1)使用时间：术前或麻醉诱导时使用。

(2)禁用于脱水、低血容量、低血压、患胃肠道疾病或凝血功能障碍的宠物。禁用于妊娠期或 6

周龄以下的宠物。

(3)注意:使用卡洛芬 24 h 之内不可使用其他非甾体抗炎药或糖皮质激素。

3)曲马多　在骨关节炎或肿瘤引起的慢性疼痛管理中具有良好效果。

4)托芬那酸(痛立定)

(1)使用时间:宠物苏醒前皮下注射。

(2)用法:24 h 重复给药,连续使用 3 天。

(3)适用范围:常用于术后镇痛。

(4)副作用:脱水、低血容量、低血压、抗凝、血小板抑制。

(5)禁用于患胃肠道疾病、妊娠期、6 月龄以下的宠物,禁用于脱水、低血容量或低血压的宠物。猫禁止肌内注射。

四、麻醉喉镜及麻醉耗材的准备

(一) 麻醉喉镜的准备

麻醉喉镜是实施气管插管必备的辅助器械,也是临床检查咽喉或去除咽喉异物常用的器械。麻醉喉镜由 3～5 种规格的镜片和 1 个手柄两个部分构成。镜片一般采用高品质不锈钢或合金制造,分直形和弯形两种,有的产品还做了反光涂层或亚光处理,以减少使用中反光,不影响观察效果。手柄内一般装两节 2 号干电池,使用时把手柄顶端的凹形连接器与镜片的凸形连接器对接,即可通过镜片内置光纤为镜片前端的 LED 灯供电。小动物麻醉通常选用直形镜片,其特点为镜片窄、规格多,适用于各种品种与体格的犬、猫,不过也有一些麻醉师习惯使用弯形镜片(图 33-2)。

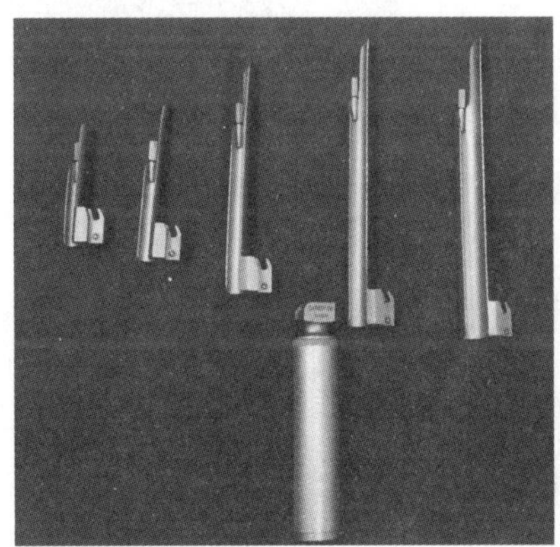
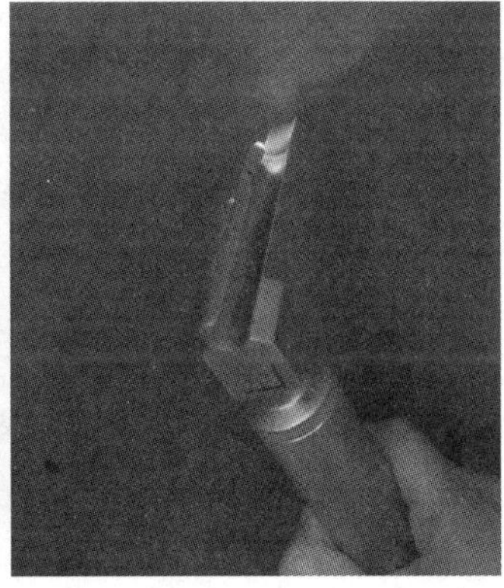

图 33-2　麻醉喉镜

(二) 气管插管的准备

(1)气管插管选择大、中、小 3 种规格备用,尽可能选择粗插管,特殊品种宠物需要多准备几个型号备用。

(2)进行气管插管型号的选择(表 33-3),然后测量犬齿至胸骨上凹的距离(图 33-3),在测量好的位置上系固定绳备用。检查口腔外露的气管插管长度(一般为 2 cm),如果长度过长,则需要剪短部分气管插管。

表 33-3　气管插管型号选择

体重/kg	犬气管插管内径/mm	猫气管插管内径/mm
1	4.0～4.5	2.0～3.0
2	4.0～5.0	3.5
3	4.0～5.0	4
4～5	5.5	4.5

Note

续表

体重/kg	犬气管插管内径/mm	猫气管插管内径/mm
6～11	6.5～7.5	—
12～25	8～11	—
25 以上	12～16	—

（三）气囊的准备

根据不同宠物体重选择合适大小的气囊（图 33-4）。气囊大小＝（潮气量×5）/1000。若潮气量为 15～25 mL/kg，选择的气囊过大，则会增大监测通气的难度，使挥发罐的参数发生改变；选择的气囊过小，则容易发生充气过度，压力过大使肺受损（表 33-4）。

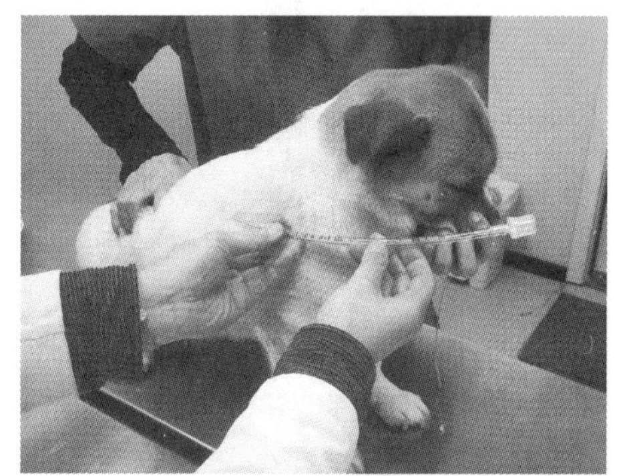

图 33-3　测量犬齿至胸骨上凹的距离

图 33-4　不同大小的气囊

表 33-4　气囊的选择

宠物体重/kg	气囊大小/L
0.1～2.9	0.25
3～4.5	0.5
4.6～9	1
9.1～27.2	2
27.3～54.4	3
54.4 以上	5

（四）麻醉面罩的准备

麻醉面罩是进行麻醉诱导和复苏的重要附件，对于小型犬、猫的小手术，有时不必进行气管插管，直接用麻醉面罩施行吸入麻醉即可满足手术要求。根据犬、猫面部形态大小选择恰当的规格，从而使麻醉面罩与宠物口鼻部皮肤紧密接触而获得满意的麻醉效果。麻醉面罩接口周围有 4 个金属挂钩，供绑带将麻醉面罩固定于宠物头部（图 33-5）。

常见问题处理

发生以下情况时，麻醉风险明显增高，需要全面评估宠物体况，与宠物主人充分沟通。

（1）某种特定品种的宠物对麻醉和镇静药敏感。

（2）所有短头品种，如北京犬、巴哥犬、斗牛犬、松狮犬，以及一些短头品种的猫。

（3）体况Ⅲ级以上。

（4）老龄宠物。

图 33-5　不同规格的麻醉面罩

(5)急诊手术。

(6)异常狂暴、兴奋的宠物。

(7)所有患有心脏病、呼吸系统疾病的宠物。

(8)非该宠物主人,对宠物的既往病史及体况等不了解。

 小提示

(1)麻醉前即使已经采取了力所能及的预防措施,但仍不能完全避免呕吐、反流、误吸的发生,甚至窒息、死亡,尤其是紧急手术。

(2)给予镇痛药最好的时机是在组织发生损伤或创伤之前。

(3)超前镇痛、疼痛的预测和事先处理是处理疼痛的关键。

(4)当给予有效的超前镇痛时,大多数病宠仅需要较小的麻醉剂量或浓度。

案例分享

任务二　麻醉方法及药物

扫码看课件

学习目标

【知识目标】

1. 了解麻醉方法的种类。
2. 熟悉麻醉分期。
3. 掌握局部麻醉方法。
4. 掌握全身麻醉方法。

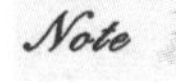

学习目标

【技能目标】

1. 正确操作气管插管。

2. 学会吸入麻醉技术。

【思政与素质目标】

1. 养成正确使用器材设备的职业素养。

2. 养成珍爱生命、认真负责的职业态度。

3. 养成吃苦耐劳、热心奉献的生活习惯。

系统关键词

局部麻醉、全身麻醉、气管插管技术。

任务准备

麻醉是利用药物或其他方式，使机体整体或局部暂时失去意识、感觉，以达到无痛、肌肉松弛的目的，为手术治疗或者其他医疗检查、治疗提供条件的一种技术。

麻醉主要分为局部麻醉和全身麻醉，全身麻醉分为非吸入麻醉和吸入麻醉。目前，局部麻醉通常配合全身麻醉使用。非吸入麻醉也可称为注射麻醉，是将一种或几种全身麻醉药通过皮下、肌内、静脉或腹腔途径注入宠物体内而产生麻醉作用的方法。随着吸入麻醉技术及麻醉机在国内宠物临床，尤其在大中型城市宠物诊所或医院的快速普及，这些诊所或医院已经很少采用非吸入麻醉方式，传统的注射麻醉药仅作为麻醉前用药。吸入麻醉是让宠物把挥发性强的液态或气态麻醉药吸入肺内，继而进入血液循环而对中枢神经系统产生麻醉作用的麻醉方式。麻醉药的进步使吸入麻醉更加安全，气管插管等能够确保通气，专用蒸发器（挥发罐）的设计使麻醉药的投放量更准确。吸入麻醉具有很多优点，如镇痛、肌肉松弛作用好，麻醉诱导、苏醒快，麻醉深度可控性高，对循环、呼吸影响小，所以是一种反映当代麻醉技术与水平的安全麻醉方式。近年来，随着国外多个品牌兽用麻醉机的引进和国产动物麻醉机的推出，吸入麻醉技术在国内宠物诊疗领域快速普及，许多大、中型城市的宠物诊所或医院在手术中逐渐采用吸入麻醉方式。

任务实施

一、局部麻醉

局部麻醉时，麻醉药直接作用于局部，使某一部位的感觉神经传导功能暂时被阻滞，运动神经传导保持完好或程度不等的被阻滞状态。局部麻醉常用于小型手术（如小外伤的处理）；目前常用来辅助全身麻醉，增强其效果，减少全身麻醉药用量或用于术中持续镇痛，减少麻醉对机体生理功能的干扰。

（一）局部麻醉方式及药物

1. 表面麻醉 表面麻醉是将穿透力强的局部麻醉药用于黏膜表面，使其穿透黏膜而阻滞位于黏膜下的神经末梢而达到麻醉目的的一种局部麻醉方式。常用于眼部、鼻腔、咽喉、气管、尿道的黏膜。常用药物有2%～4%利多卡因和1%～2%丁卡因。

2. 浸润麻醉 浸润麻醉是将麻醉药注射于手术区的组织内，阻滞神经末梢达到麻醉目的的一种

局部麻醉方式。常用药物有 0.5%～1%普鲁卡因。

3. 区域阻滞麻醉 区域阻滞麻醉是在手术区四周或基部注射局部麻醉药，阻滞通入手术区的神经纤维的一种局部麻醉方式。常用药物有 0.5%～1%普鲁卡因。

4. 传导麻醉 传导麻醉是将局部麻醉药注射于神经干或神经丛周围，阻滞神经冲动的传导，使其支配的部位产生麻醉效果的一种局部麻醉方式。常用药物有 1%～2%普鲁卡因和 2%利多卡因。

5. 硬膜外麻醉 硬膜外麻醉是将局部麻醉药注入硬膜外腔，阻滞从此腔穿出的神经根的一种局部麻醉方式。麻醉范围广，常用于胸、腹部手术。常用药物有 2%利多卡因和 2%普鲁卡因。

（二）局部麻醉注意事项

（1）注意药物的使用剂量和使用方式，如布比卡因不可静脉注射；联合运用局部麻醉药时，毒性会增强。

（2）利多卡因能穿过胎盘屏障，造成胎儿酸中毒。

（3）注射速度不宜过快，一般配合注射泵精准用药。

（4）操作时需要严格消毒，避免感染。熟悉解剖结构，精准定位，防止误伤。

二、全身麻醉

全身麻醉时，麻醉药经过呼吸道吸入、静脉或者肌内注射进入体内，通过血液循环对中枢神经系统进行暂时抑制。全身麻醉后宠物表现为知觉、意识、痛觉消失和反射抑制。中枢神经系统抑制的程度与血液内药物浓度有关，并且可以控制和调节。全身麻醉过程可以分为四期，各期之间没有明确界限，但根据麻醉分期，可掌握麻醉深度。根据麻醉方式不同，全身麻醉可分为非吸入麻醉和吸入麻醉，目前吸入麻醉广泛应用于动物临床。

（一）麻醉分期

1. Ⅰ期（镇痛期） 此期是麻醉药开始进入机体内至意识丧失的时期。宠物表现为运动不协调，出现幻觉和吠叫，瞳孔对光反射存在，瞳孔大小正常，均有保护性反射，呼吸和心率基本正常。

2. Ⅱ期（兴奋期） 此期动物对所有感觉刺激反应强烈，甚至处于昏迷状态，四肢有划桨样动作。胃内有食物、水或空气时易发生呕吐。一般宠物中枢神经系统反应灵敏，故此期十分危险。宠物呼吸不规则，气喘，通气过度，心率增快，血压升高，瞳孔散大，眼球位于中央（或发生眼球震颤），角膜反射存在，有明显的咀嚼、张口或吞咽动作等。

3. Ⅲ期（外科麻醉期） 此期呼吸、循环、肌张力和保护性反射均受到渐进性抑制。此期由浅入深又分 4 级。

（1）1 级（浅麻醉期）：呼吸频率为 12～20 次/分，呼吸规则，节律整齐。疼痛刺激，如钳夹指（趾）端或切开皮肤，可使呼吸增快。心率为 90～120 次/分（猫稍快），脉搏规则有力。眼球向内转动，轻度震颤。瞳孔缩小，对光反射存在。眼睑、口腔及喉反射开始消失，但其他反射仍存在，肌张力明显。

此期犬有张口动作，气管插管引起反射性咳嗽和咀嚼，不过气管插管仍可进行。猫咬肌紧张，气管插管可引起痉挛性闭口或严重喉痉挛。

（2）2 级（中麻醉期）：可视为正常的外科麻醉期。呼吸不规则，潮气量下降，心率减慢，血压下降，脉搏有力。手术刺激可引起呼吸增快和血压增高（由于氟烷有较弱的镇痛作用），眼球稍向内转动，第三眼睑仍突出，眼球震颤停止。瞳孔缩小或轻度散大，有较弱对光反射。角膜反射减弱或无。在猫中，口腔、喉、耳廓及足仍有反射。髌骨有反射，但强度减弱，肌肉松弛。

此期宠物仍有唾液分泌，应予重视，防止发生吸入性肺炎。

（3）3 级（深麻醉期）：呼吸浅表，胸廓扩张不一致，潮气量进一步减少，肋间肌渐进性麻痹，由部分膈肌和腹肌代偿，出现“摇船”型呼吸。心率开始增快，以后则减慢，因心排血量明显减少，脉搏弱，血压下降，出现神经性休克。毛细血管充盈时间延长（1.5～2 s）。眼球固定在中央，第三眼睑不如 1 级和 2 级时突出。角膜干燥，瞳孔中度散大，对光反射减弱或消失。髌骨反射减弱，肌张力减弱更甚。

（4）4 级（麻醉药过量）：特征为宠物呼吸不规则，更浅表，肋间肌和腹肌全麻痹。因膈肌抽动，出

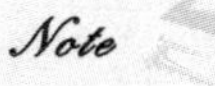

现腹部抽搐式运动，并伴有明显的下颌移动，这种现象易被误认为麻醉太浅，在未检查呼吸、脉搏及血压等主要指征之前，不能再加深麻醉。凡出现下述情况，应立即减轻麻醉：心率减慢，血压显著降低，脉搏微弱，毛细血管充盈时间延长，皮肤变凉；眼球位于中央，瞳孔散大，各种反射均消失；无内脏牵引性反应，肌肉极度松弛。

此级十分危险，宠物往往因呼吸麻痹而窒息死亡，临床麻醉时应防止进入此级。但如果进入此级，只要及时减小麻醉剂量，多数仍可恢复。

4. Ⅳ期（延髓麻痹期） 此期是Ⅲ期4级呼吸停止至心跳停止之间的时期。一旦心脏停止跳动，大脑缺氧，如在很短时间内循环和氧合作用得不到恢复，宠物就会出现持久性脑损伤或死亡。故Ⅳ期必须立即采取复苏措施，恢复呼吸和心血管功能。

（二）非吸入麻醉

目前，国内动物临床常用的注射麻醉药主要有多咪静、丙泊酚、舒泰50、舒眠宁、犬眠宝等，是未引进麻醉机的宠物诊所或医院经常应用的药物。在动物临床领域，有时还会用到氯胺酮或复方氯胺酮（复方赛拉嗪），这两种药是犬、猫可选用的注射麻醉药，效果良好。

1. 多咪静 其成分为右美托咪定，是一种α受体激动剂。α受体存在于中枢神经系统、外周自主神经以及接受自主神经支配的多个组织中，α受体的激活可降低交感神经的活性而产生镇静和镇痛作用，并且对其他中枢神经抑制剂或麻醉药有显著的增效作用，因而可使这些药物的使用剂量显著降低。多咪静主要用于犬、猫的镇静和镇痛，对16周龄以上的犬和12周龄以上的猫安全、有效，适用于临床检查、治疗、小手术或牙科处理等，也常作为犬、猫吸入麻醉时的前驱麻醉药，或与其他麻醉药配合用于各类短时或长时手术。多咪静可静脉或肌内注射给药。多咪静的特效解救药为咹啶醒。

多咪静和咹啶醒均禁用于患有心血管疾病、呼吸系统疾病、肝功能或肾功能损伤、休克、身体极度虚弱以及因极端高温、低温或疲劳而处于应激状态下的犬、猫。

2. 丙泊酚 丙泊酚为一种新型快速、短效静脉麻醉药，又名异丙酚，有镇静、催眠作用，其麻醉效价是硫喷妥钠的1.8倍。丙泊酚麻醉诱导起效快、苏醒迅速且功能恢复好，没有兴奋现象；但因使用剂量、术前用药等因素，可能会发生低血压和短暂性呼吸抑制。临床上常用于犬、猫的麻醉诱导、气管插管、临床检查或X线摄片时的镇静，使用剂量为犬、猫每千克体重3～5 mg，静脉缓慢推注。若用于全身麻醉维持，因其镇痛作用微弱，可先用适宜药物（如犬眠宝）以每千克体重0.05 mL肌内注射诱导后，再将丙泊酚与氯胺酮以2∶1的比例混溶于5%葡萄糖溶液中持续滴注，并根据麻醉深度适时调节滴速，如此便能获得满意的麻醉维持效果。

3. 舒泰50 舒泰50由唑拉西泮（安定药）和替来他明（镇痛药）按1∶1的比例混合而成，各125 mg，总量为250 mg。用该产品所配5 mL灭菌液体溶解后，浓度为250 mg/5 mL，即50 mg/mL。舒泰50的特点为麻醉诱导迅速而平稳，肌肉松弛与镇痛效果良好，但犬、猫苏醒过程中有摇头现象。该药可肌内或静脉注射，犬肌内注射剂量为每千克体重5～10 mg(0.1～0.2 mL)，猫肌内注射剂量为每千克体重7～10 mg(0.15～0.2 mL)，一次肌内注射给药的麻醉维持时间为30～60 min。静脉注射时应缓慢推注，使用剂量减半，麻醉维持时间缩短为10～15 min。

4. Alfaxan® Alfaxan®为一种新型固醇类麻醉药，含阿法沙龙（afaxalone）10 mg/mL，用于临床检查时的镇静和手术麻醉诱导或维持，对6周龄及以上犬、猫具有较高的安全性。本品无组织刺激性，推荐经静脉途径给药，可与抗胆碱药、吩噻嗪类、苯二氮䓬类、非甾体抗炎药配合使用，但不可与其他静脉麻醉药同时使用。麻醉诱导剂量为犬每千克体重0.2～0.3 mL，猫每千克体重0.5 mL，给药时间应不短于1 min，以避免部分犬可能出现的短暂呼吸抑制。麻醉维持可每10 min静脉给药1次，或使用微量输液泵匀速输入。

5. 舒眠宁 舒眠宁为南京农业大学动物医学院研制产品，由2,6-二甲苯胺噻嗪、氯胺酮和咪达唑仑三种药物组成，其优点为麻醉诱导时间、维持时间和苏醒时间较短，麻醉过程和苏醒过程平稳，对于长时手术可多次追加剂量或用微量输液泵连续给药，具有较高的麻醉安全性和可控性。临床多选择静脉缓慢推注，犬使用剂量为每千克体重0.06 mL，猫使用剂量为每千克体重0.04 mL，一次静

脉给药的麻醉维持时间为 20～30 min。

6. 氯胺酮 氯胺酮为一种短效静脉麻醉药，可选择性地抑制大脑联络径路和丘脑-新皮质系统，兴奋边缘系统，而对脑干网状结构的影响较小，镇痛作用很强，但动物意识并不完全丧失，眼睛是睁开的，骨骼肌张力增加。氯胺酮对循环系统有兴奋作用，使心率增快，心排量增加，血压升高，对呼吸系统影响轻微。因此，使用氯胺酮麻醉时需与镇静、肌松作用良好的药物联合使用，如按每千克体重肌内注射静松灵 1.5～2 mg，10 min 后再行肌内注射氯胺酮每千克体重 5～10 mg，或用含0.1%氯胺酮的 5%葡萄糖氯化钠注射液静脉滴注，可以获得 1 h 以上满意的平衡麻醉效果。

（三）吸入麻醉

目前宠物医院门诊应用的吸入性麻醉药主要是异氟烷（isoflurane，又名异氟醚），其在室温和正常大气压下为挥发性液体，化学性质十分稳定，抗生物降解能力强，体内生物转化极少，几乎全部以原形从肺呼出。此外，还具有很高的心血管安全性，对呼吸系统的抑制作用轻，对肝、肾功能无明显影响，临床使用浓度下不燃、不爆。在人类临床，异氟烷也适用于各种年龄、各种部位以及各种疾病的手术。

吸入麻醉药中还有七氟烷（sevoflurane，七氟醚）和地氟烷（desflurane，地氟醚）等，这两种麻醉药的血气分配系数分别为 0.69 和 0.42，均比异氟烷的血气分配系数（1.4）低，麻醉诱导和苏醒非常迅速、平稳，并且无恶臭味，对呼吸道无刺激性，诱导麻醉时很少引起咳嗽，目前适用于人类各种年龄、各种部位的大小手术，并且已经在大多数宠物医院广泛使用。

吸入麻醉操作方法如下。

（1）诱导麻醉：诱导麻醉药一般选用短效注射麻醉药。目前临床上通常使用多咪静、舒泰 50、丙泊酚等进行诱导麻醉。

（2）气管插管操作步骤如下。

①动物俯卧保定，头抬起伸直，使下颌与颈在一条直线上；助手用纱布条将病宠上、下腭打开，用舌钳将舌拉出口腔外，拿住喉镜轻轻下压托板尖端，使会厌软骨向下，暴露声门，将气管插管插入气管内（注意气管插管的前端应无菌），用输液管将气管插管固定到颈部，填充气囊，连接呼吸回路（图 33-6）。

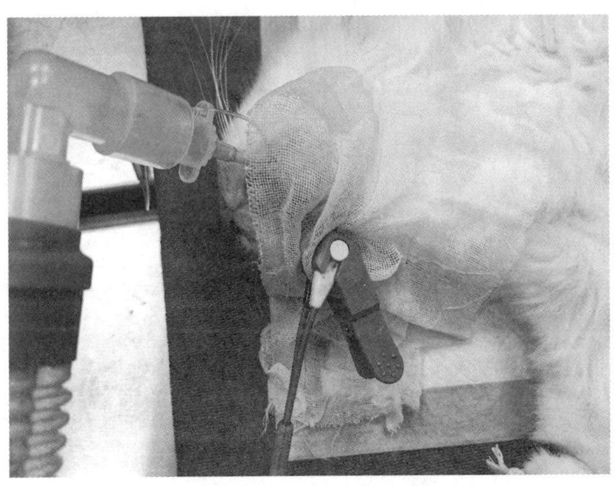

图 33-6 气管插管操作

②检查气管插管气囊。气囊膨胀大小测定方法：使气囊充满气体，关闭安全阀，给呼吸系统施加 20～25 cmH_2O 柱压时，呼出气体不经过气囊外漏即可。

③如果手术时间超过 2 h，那么需要在气管插管后 2 h，抽掉气囊中的气体，轻微移动气管插管，然后进行气囊充气。

④注意事项。确认位置：目视、咳嗽、雾气、吹动毛发或纱布纤维、感受气流、触诊；气管插管要求

插管无扭转、弯曲或打结，插管无异物(分泌物)堵塞，防止动物毁坏插管。黏膜应呈粉红色。

(3)连接呼吸机与麻醉机并调节参数。

常见问题处理

气管插管并发症的原因及预防方法见表 33-5。

表 33-5　气管插管并发症的原因及预防方法

并发症	原因	预防方法
通气不足、发绀	食管插管；插管太小、堵塞或扭曲；插管太深	维持插管通畅，不要过度充盈套囊，插管深度应适当
喉痉挛、声带麻痹	拔管之后的咽喉损伤	插管前涂抹利多卡因凝胶
气管炎或坏死	套囊充气过度或插管时间太久	套囊充气能防止漏气即可，如果手术时间久，应每 2 h 放气一次并重新摆位
气管塌陷	短鼻犬和猫生理结构特殊	确定宠物苏醒并可自主呼吸后再拔管，使宠物的头、颈和舌头伸展
继发性皮下气肿	气管插管撕裂气管壁	插管和给宠物翻身时要轻柔

(1)麻醉时，虽已按照标准外科消毒程序消毒，但仍可能发生穿刺或注射部位感染。

(2)麻醉有诱发疾病或加重潜在、已存在疾病的风险，导致组织器官损伤加重、功能衰竭，相关并发症加重和麻醉危险性显著增高。

(3)并发症发生时，虽经及时抢救，但是仍可能出现不良后果。

(4)单纯使用一种麻醉前用药或麻醉药都无法获得良好的平衡麻醉效果，所以临床常采取复合麻醉方式，即同时或先后使用 2～3 种麻醉前用药和麻醉药，从而对麻醉药取长补短，降低其毒性或副作用，减少用量，提高平衡麻醉效果。

案例分享

任务三　麻醉监护与疼痛管理

扫码看课件

学习目标

【知识目标】

1. 熟悉麻醉监护步骤。
2. 掌握麻醉监护项目。
3. 掌握疼痛管理方法和意义。

学习目标

【技能目标】

1. 能正确监护麻醉过程。
2. 能正确管理手术期疼痛反应。

【思政与素质目标】

1. 养成尊重生命、追求卓越的职业素养。
2. 养成关爱动物、关注动物福利的职业态度。

系统关键词

麻醉监护、疼痛管理。

任务准备

宠物手术过程中确实的麻醉监护和适当的疼痛管理，不仅能最大限度地降低麻醉风险、杜绝麻醉事故，更能提高宠物福利，保证宠物生命安全。通常，麻醉事故与病宠的年龄、体况、麻醉方法和所患疾病等因素有关。因此，手术期间，需要对麻醉宠物进行严密的监护和适当的疼痛管理。目前在国内动物临床上，麻醉监护往往由助手进行，而不是由专门的麻醉兽医负责，对于麻醉监护的重要性和必要性重视程度不足，也是导致麻醉事故发生的原因之一。

随着一些现代化监护仪器设备引入动物临床，如心电监护仪、呼气末二氧化碳分压测定仪等，监护效率和准确性从技术上大大提高了，但是这些设备往往需要一定的经济投入和专业的技术培训，所以，目前国内的动物临床麻醉监护以临床观察为主，仪器监护为辅。

机体在遇到危险时往往会释放一些信号，如心率改变、血压改变、体温改变、血氧饱和度(SpO_2)降低和心律异常等，及早发现这些异常，是成功救治的关键。这就需要详细记录、观察麻醉过程相关指标，做好监护工作，进一步降低麻醉手术风险，及时发现大多数麻醉并发症。

任务实施

一、围手术期宠物麻醉监护及疼痛管理步骤

(1)确认手术类型。

(2)预吸氧，确定宠物体况符合麻醉要求。

(3)确定静脉通路正常，静脉给予预防性抗生素和麻醉前用药。

(4)麻醉前用药起效后，视情况经静脉缓慢推注诱导麻醉药，至起效。

(5)插入气管插管，尖端至胸腔入口处，行颈外气管触诊确定插入位置正确。

(6)连接麻醉机和氧气，氧气流量 3 L/min，固定气管插管。

(7)充盈气管插管气囊，验证气道封闭，视情况打开异氟烷，具体浓度根据宠物情况酌定。

(8)连接血压仪，进行血压的实时监测(每 5 min 进行 1 次监测)。

(9)连接心电监护仪，根据三条线所示的位置夹到宠物前、后肢腋下，并用酒精打湿金属夹。

(10)手术助手填写“麻醉记录表”(表 33-6)，按照时间顺序记录宠物术中各项生理指标。

表 33-6 麻醉记录表

术者：	麻醉师：	麻前诊断：	手术：
开始时间：	结束时间：	总时长：	主治兽医：

MMC	CRT	T	RR	HR/P	节律	PCV	BUN/CREA	TP	凝血	LOC	气管插管型号
											mm

麻前用药					诱导用药				
药物	规格	用量	给药途径	时间	药物	规格	用量	给药途径	时间

时间：	00	:	30	:	00	:	30	:	00	:	30	:	00	:	30	:	
液体类型 速度/(mL/h)																	

体况分级：
Ⅰ□ Ⅱ□ Ⅲ□ Ⅳ□ Ⅴ□
维持麻醉药：
异氟烷□ 七氟烷□
呼吸回路：
Universal F P□ A□
JACKSON RESS □
气囊：
1/4L□ 1/2L□ 1L□ 2L□
3L□ 5L□
体位：
V-D□ D-V□ L-R□ R-L□
关键点：血压
△ 多普勒
V 收缩压
— 平均压
Λ 舒张压
· 心率
× 呼吸
各操作时间：
步骤 1：
步骤 2：
步骤 3：
结束操作：
恢复时间：
拔管时间：
站立时间：
苏醒质量：
极好□
好□
一般□
差□

刻度（左）	刻度（右）
7%	7%
6%	6%
5%	5%
4%	4%
3%	3%
2%	2%
1%	1%
0%	0%
200	200
180	180
160	160
140	140
120	120
100	100
80	80
60	60
50	50
40	40
30	30
20	20
10	10
8	8
6	6
4	4
2	2
0	0

SpO_2/(%)																	
$EtCO_2$/ mmHg																	

续表

BT /℃																		
呼吸机	呼吸频率(RR)/(次/分)																	
	吸呼比																	
	气道压力(AP)/cmH_2O																	

补充：

并发症：插管困难□　心搏骤停□　呼吸抑制/停止□　出血过多□　休克□　低血氧饱和度□　心律失常□＿＿＿＿＿　安乐死□
拔管延长(超过 30 min)□　低体温(低于 36.6 ℃)□　低血压□　高血压□　通气不足□　通气过度□　无□　其他□

术后镇痛：药物为　　　剂量为　　　给药途径为

(11)麻醉过程中，根据宠物的疼痛反应，合理调整麻醉深浅程度及氧气流量。必要时注射镇痛药。若宠物麻醉指标出现异常，应立即通报主治兽医并立即采取相应措施。

(12)为宠物进行保温护理，如铺放加热垫、铺盖毛毯等。

二、围手术期宠物麻醉监护说明

(一) 监护的目的

(1)预计并发症。

(2)识别并发症。

(3)纠正并发症。

(二) 麻醉监护项目及基本体征反射

1. 麻醉监护项目　如血氧饱和度(SpO_2)、心率(HR)、脉率(BP)、心电图(ECG)、呼吸频率(RR)、呼气末二氧化碳分压($EtCO_2$)、体温(T)等。麻醉中宠物正常生理指标见表 33-7。

2. 基本体征反射　黏膜颜色(MMC)、毛细血管再充盈时间(CRT)、眼睑反射、上下颌张力、吞咽反射等。

表 33-7　麻醉中宠物正常生理指标

项目	犬	猫
体温(T)/℃	35.5～36.7	35.5～36.7
黏膜颜色(MMC)	淡粉色	淡粉色
毛细血管再充盈时间(CRT)/s	<2	<2
呼吸频率/(次/分)	6～12	8～16
血氧饱和度(SpO_2)/(%)	97～100	97～100
呼气末二氧化碳分压($EtCO_2$)/mmHg	35～45	35～45
血压/mmHg	收缩压：90～160 舒张压：45～55 平均压：60～80	收缩压：80～160 舒张压：45～55 平均压：60～80
心率(HR)/(次/分)	大型犬：60～100 中型犬：80～100 小型犬：80～160	猫：100～250

（三）体位监护与宠物监护

1. 体位监护

（1）麻醉后宠物保定于手术台面时，注意不要影响胸廓的呼吸运动。

（2）对于手术时间较长的，绑缚四肢时不要将绳子拉得过紧，固定部位也要松弛，以免导致组织损伤和四肢远端水肿，加重宠物术后的痛苦。

（3）整个围手术期勿使胸壁或腹部承受过大的压力。

（4）术中需要改变宠物体位时先将麻醉通路和气管插管暂时分开。

（5）宠物在麻醉状态下，眼的保护性反射会消失，需要在眼表涂抹眼药膏。

2. 宠物监护

（1）麻醉深度。

①眼球位置。浅麻醉期：眼球震颤，处于中间位置。麻醉手术期：眼球转动到腹侧。深麻醉期：眼球转动到背侧中央。

②上下颌张力：整体肌肉松弛的迹象。

③肛门反射：麻醉手术期反应减弱或消失，不可靠。

④回缩反应：在麻醉手术期中消失，如果宠物有回缩的动作，则表示还在较浅的麻醉期，不适合手术。

（2）生命体征（每 5 min 进行 1 次监测，并填写至“麻醉记录表”中）。

①SpO_2：评估肺运输氧的能力，间接监测血氧分压，评估组织灌注。正常范围为 95%～100%。

②$EtCO_2$：CO_2测定术和描记术可以提供宠物的通气、心排血量、肺部血流灌注以及全身代谢情况的相关信息。通过红外吸收的方式来测定主流或旁流呼吸气体中 CO_2 含量，是目前最常用的方法。$EtCO_2$可用于评估动脉中 CO_2 含量。

（3）体温：低体温是长时间麻醉较为常见的并发症。

①当麻醉时间＜30 min，且不进行开腹操作时，可不采取保温措施（视周围环境而定）。

②当麻醉时间为 30 min～＜1 h 时，小型犬、猫必须采取简单的保温措施，如使用加热毯，并监测体温。

③当麻醉时间为 1～2 h 时，所有宠物必须采取多重保温措施，如使用加热毯，输液加温，并监测体温。

④当麻醉时间＞2 h 时，所有宠物必须采取多重保温措施，如使用加热毯，输液加温，尽可能提高室内温度，并监测体温。

注意：任何时候都应关注加热设备，防止烫伤。

（4）心电监护。

①窦性心动过缓：犬＜60 次/分，猫＜80 次/分。

②窦性心动过速。

③室上性心动过速。

④室性心动过速。

3. 麻醉回路的监测

（1）确保麻醉回路通畅。

（2）防止呼吸回路脱落。

（四）宠物苏醒

（1）手术结束，异氟烷流量归零，停止吸入麻醉药。

（2）提高氧流量至 30 mL/(kg · min)，纯氧吸入 3～5 min；恢复眼睑反射后，关闭氧流量计，断开回路。

（3）解开固定气管插管的保定绳，排空气管插管气囊。

(4)宠物开始恢复眼睑反射且上下颌张力增强时，立即撤去血氧探头，视情况出现较强的吞咽反射能够保护呼吸道时拔除气管插管。

①大型犬：开始苏醒，有眼睑反射并出现吞咽反射，舌明显回缩时即可进行气管插管的拔除。

②猫：开始苏醒，有眼睑反射，尾部、后肢和耳部有自主运动，一旦舌头出现轻度的回缩，需立即拔除气管插管，避免喉痉挛。

③短头品种：出现咬管、咳嗽后，等宠物有意识能坐立时才能拔除气管插管。

(5)根据需要决定是否关闭静脉通路。

(6)持续监测宠物至体征平稳，将宠物送出手术室。

(7)如果宠物苏醒延迟，检查体温及血糖。

(8)脾气不好或烦躁不安的犬可以给予布托啡诺(仅在苏醒期给予)，可以减少烦躁不安使苏醒平稳。

(9)填写"麻醉记录表"相关部分。

(10)拔管后监护宠物体位，保证呼吸道通畅。

(11)苏醒中持续给宠物保温(用加热垫、毯子)。

三、疼痛管理

(一) 疼痛管理的意义

麻醉管理不仅要让宠物在无意识、无痛觉的状态下接受手术，还要让它们从麻醉、手术、疼痛中尽快恢复，这其中包括精神状态、食欲、运动能力等的恢复。因此在管理好麻醉的同时，还要做好疼痛管理，这是对兽医、病宠、宠物主人都有益的事情。

(二) 镇痛方式

(1)静脉注射/恒速输液(CRI)。

(2)肌内注射。

(3)局部麻醉/镇痛。

(4)硬膜外麻醉。

(5)皮肤贴片。

(6)口服镇痛药。

(7)直肠给药。

(三) 临床常用镇痛药

见项目五学习情境三十三任务一中的"镇痛药"。

(四) 疼痛管理用药指导

疼痛管理用药指导见表33-8。

表 33-8 疼痛管理用药指导

疼痛级别	超前镇痛	术中镇痛	术后即刻	术后回家
轻度	阿片类/非甾体抗炎药+镇静药	—	阿片类	非甾体抗炎药3～4天
轻度至中度	阿片类/非甾体抗炎药/多咪静+镇静药	利多卡因或多咪静的CRI+局麻药	阿片类	阿片类/非甾体抗炎药3～4天
中度至重度	阿片类/非甾体抗炎药/多咪静+镇静药	利多卡因和多咪静的CRI±布托啡诺+局麻药	阿片类+局麻药	曲马多/阿片类+非甾体抗炎药3～4天
重度	阿片类/非甾体抗炎药/多咪静+镇静药	芬太尼和瑞芬太尼的CRI+局麻药	阿片类+局麻药	阿片类+非甾体抗炎药7天

常见问题处理

1. 呼气末 CO_2 监测

(1)通气过度：$EtCO_2 < 35$ mmHg。

可能的原因：麻醉过浅、疼痛、组织灌注差、高体温、低血氧饱和度。

纠正方法：评估氧流量、呼吸回路、血氧、体温；加深麻醉、额外镇痛。

(2)通气不足：$EtCO_2 > 45$ mmHg。

可能的原因：体位不良、呼吸肌松弛、使用呼吸抑制药物、腹压增大、低血压、低体温、气道阻塞、麻醉机故障。

纠正方法：评估体位、血压、体温；检查气道、麻醉机；间歇正压通气。

2. HR、BP 异常原因和解决方法 HR、BP 异常原因和解决方法见表 33-9。

表 33-9 HR、BP 异常原因和解决方法

HR	BP	原因	解决方法
低	低	阿片类药物剂量过大、吸入麻醉过深；颈椎高位疾病或者颅内疾病引起迷走神经兴奋；电解质紊乱；低体温	抗胆碱能药物治疗药物诱发的心动过缓；治疗潜在的疾病
低	高	生理性心动过缓（运动宠物）；多咪静和美托咪定剂量过大	除非血压下降，否则不需要治疗
高	低	丙泊酚和麻醉药诱导的外周血管舒张；采血或者其他原因引起的低血容量；败血症或者脓毒血症引起的显著外周血管舒张	减少麻醉药的用量；合适的液体治疗或者再灌注；使外周血管收缩，如使用去氧肾上腺素
高	高	药物诱导的一过性效应；疼痛诱导的全身反应；正性肌力药物使用过度引起的医源性问题	治疗潜在的病因

3. 呼吸麻醉回路常见问题

(1)最容易脱落的连接点是呼吸回路和气管插管连接处。观察气管插管是否从气管中滑动甚至滑脱。

(2)呼吸回路阻塞少见且不易被发现，可以观察呼吸回路中的冷凝现象以及储气囊的起伏。

(3)SpO_2 读数在 92%～94%提示换气不足，可以重新放置探头或增加氧流量到 2 L/min。并检查气管插管是否插到支气管，检查插管是否堵塞，可进行正压通气，检查脉搏质量并加快输液速度。

小提示

(1)拔管后应观察是否存在憋气情况，观察宠物呼吸情况（呼吸困难）及舌色（发绀）。

(2)如果出现憋气反应，应先牵拉舌部，若仍无法呼吸，应立即重新插管。

(3)如果无憋气反应，需继续吸氧 5～10 min。

案例分享

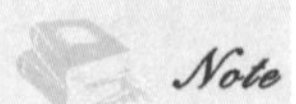

扫码看课件

学习情境三十四　组织分离技术

任务一　锐性分离

学习目标

【知识目标】

1. 了解锐性分离的适应证。
2. 熟知锐性分离的具体操作方法。

【技能目标】

根据需要，对组织进行锐性分离。

【思政与素质目标】

1. 养成无菌操作、善待动物的职业素养。
2. 养成实事求是、认真负责的职业态度。
3. 养成团队协作、富有责任感和科学认真的工作态度。

系统关键词

锐性分离、组织。

任务准备

锐性分离是用小动物手术刀或小动物剪刀在直视下做细致的切割与剪开。此法对组织损伤最小，适用于精细的解剖和分离致密组织。用手术刀分离时先将组织向两侧拉开使之张紧，再用手术刀沿组织间隙做垂直、短距离的切割。用剪刀分离时先将剪尖伸入组织间隙内，不宜过深，然后张开剪柄分离组织，看清楚后再予以剪开。分离较坚韧的组织或带较大血管的组织时，可先用两把小动物血管钳逐步夹住要分离的组织，然后在两把血管钳间切断。

任务实施

1. 执刀法　必须熟练掌握执刀法和运刀法，并能自如运用。常用的执刀法如下：①餐刀式：用食指按在刀背上，其余指和掌后部握刀柄，这种方法下刀有力而灵活，用于切开比较厚而硬的皮肤及组织，是常用的一种执刀法。②执笔式：与执钢笔一样，用起来不费力，而且运用自如，极为灵活，用于切开薄嫩的皮肤、容易切开的组织及重要组织分离时。③弹琴式：如持提琴弓子一样，以拇指在刀柄一侧，食指及其他指在另一侧执刀，用于切开长而不深的组织或薄嫩皮肤横切时。

2. 运刀法　运刀法根据执刀时刃面的方向而定，分为内向式及外向式两种。外向式适用于脓肿、血肿、瘘管及疝等手术的切开。其他手术均用内向式运刀法。

3. 执剪法　执剪法，如执剪毛剪，将拇指第一指节骨部插入一个剪环内，而无名指第二指节骨部插入另一个剪环内，并将中指固定于剪环部，食指伸出抵于剪刀的关节部。

4. 执镊子法　要求用拇指、食指和中指等扶住镊子的前端部，将镊子后端置于虎口部，即拇指和食指之间，与执笔法相似。

5. 合理的切口 因具体情况不同，切口的形状很多，有线形、菱形、丁字形、十字形、V 形、U 形等，无论采用哪一种形状切口，都必须了解局部的解剖学特点、被切开组织的生理功能以及手术的任务和目的等。一般合理的切口应符合下列要求：①切口大小适当，以便于暴露或除去某些器官或组织。②皮肤切口最好与毛流的方向一致，因为毛流方向和皮下结缔组织肌纤维方向一致。躯干和胸、腹两侧一般为垂直和斜的，四肢、颈部和躯干中线处要行纵向切口。③应避免损伤大的血管、神经及腺体的输出管，以免破坏手术区域的血管和神经组织及造成分泌瘘等，影响术后愈合。④确保创口渗液及分泌物排泄顺利，如去势术、脓肿及囊肿切开等甚为紧要。⑤切口要在健康组织上，坏死组织及已受感染的组织，必须充分切净。为此，在切开以前，需要注意到感染的范围与健康组织的边界。⑥切口的边缘要整齐，以便缝合，使创缘容易愈合。⑦二次手术时应避免在瘢痕上做切口。⑧蹄冠部切口，要考虑到是否会破坏蹄角质的形成功能，为此要用纵向切口，并离开蹄冠缘。⑨在手术中一般多采用分层切开法，按局部解剖特点逐层进行，这样手术边界清晰，不易损伤不应损伤的血管、神经组织及其他脏器。

6. 各种软组织切开法 各种软组织的切开，应按其要领进行操作，现分述如下。①皮肤切开法：在皮下组织疏松的地方，由于皮肤移动性大，因此须在预定切口线的两侧，用拇指和食指，张紧、固定皮肤，用餐刀式执刀法，先垂直刺透皮肤(切口上角)，然后将刀放斜 45°角，一次性切至下角，再同法将刀垂直，这样创口两端与中央深浅一致。对于皮肤滑动性较大而皮肤能捏起者，如阴囊及颈部皮肤等，可采取皱襞式切开，即术者左手和助手共同把皮肤提起，使成皱襞，提起皱襞的高低依切口长短而定，一般皱襞切开 4 cm 伸展后皮肤创口为 8 cm。②腱膜、筋膜切开法：为了避免损伤肌腱、肌纤维、血管、神经等，需先做一小切口，然后用有钩探针插入，沿探针的沟外向式切开。③扁平肌肉切开法：最好沿肌纤维方向进行钝性分离，用刀柄、手指或止血钳均可。④腹膜切开法：为了避免损伤肠管及内脏，应先用镊子夹起腹膜做一小切口，然后插入探针或食指与中指，引导手术刀外向式切开腹膜或用钝头剪剪开腹膜。

小提示

1. 适应证 分离是显露深部组织和切除病变组织的重要步骤。一般按照正常组织层次，沿解剖间隙进行，这样不仅容易操作，而且出血和损伤较少。局部有炎症或瘢痕时，分离比较困难，要特别细致地分离，注意勿伤及邻近器官。按手术需要进行分离，避免过多和不必要的分离，并力求不留残腔，以免渗血、渗液积存，甚至并发感染，影响组织愈合。常用分离方法有锐性分离和钝性分离两种，可视情况灵活使用。不论采用哪一种方法，首先必须熟悉局部解剖关系。

锐性分离是用手术刀或剪刀在直视下做细致的切割与剪开。此法对组织损伤最小，适用于精细的解剖和分离致密组织。

2. 禁忌证 无。

任务二　钝性分离

学习目标

【知识目标】

1. 了解钝性分离的适应证。
2. 熟知钝性分离的具体操作方法。

【技能目标】

根据需要，选择对组织进行钝性分离。

学习目标

【思政与素质目标】

1. 养成无菌操作、善待动物的职业素养。
2. 养成实事求是、认真负责的职业态度。
3. 养成团队协作、富有责任感和科学认真的工作态度。

系统关键词

组织、钝性分离。

任务准备

钝性分离是用止血钳、刀柄、骨膜剥离器或手指进行分离。这种方法对组织损伤大，但较为完全，适用于疏松结缔组织器官间隙、正常肌肉、肿瘤包膜等部位的分离。

任务实施

将刀柄、止血钳、骨膜剥离器或手指插入组织间隙内，用适当的力量，分离周围组织。钝性分离适用于正常肌肉、筋膜和良性肿瘤的分离。钝性分离时，组织损伤较重，往往残留许多失去活性的组织细胞，因此，组织反应较重，愈合较慢，在瘢痕较大，粘连过多，或血管、神经丰富的部位，不宜进行钝性分离。根据组织性质不同，组织切开分为软组织（皮肤、筋膜、肌肉、腱）和硬组织（软骨、骨等）的切开。

小提示

1. 适应证 钝性分离是将这些钝性器械或手指伸入疏松的组织间隙，用适当力量逐步推开周围组织，但切忌粗暴操作，防止重要组织结构的损伤和撕裂。手指分离可在非直视情况下进行，借助手指的感觉来分离病变周围的组织。近些年来许多医生习惯用电刀进行分离。工作状态时，电刀可用于锐性分离，在切割时，切割面具有部分电凝止血作用，特别适用于切割供血丰富的软组织，如肌肉、胃肠道壁。非工作状态时，电刀可用于钝性分离，必要时可以用电凝止血。上述功能合理交替使用。手术野无渗血并且清晰可见。

2. 禁忌证 无。

学习情境三十五 止血技术

任务一 全身预防性止血

学习目标

【知识目标】

1. 了解全身预防性止血的方法。
2. 熟知全身预防性止血的操作过程。

学习目标

【技能目标】

根据需要，对宠物进行合理的全身预防性止血处置。

【思政与素质目标】

1. 培养学生提前判断和准备的能力。
2. 培养学生分析问题、解决问题的能力。

系统关键词

全身预防性止血、止血方法、止血用药。

任务准备

血液自血管中流出的现象，称为出血。在手术过程中或意外损伤血管时，即伴随着出血的发生，按照受伤血管的不同，出血分为毛细血管出血、静脉出血和动脉出血。

任务实施

一、全身预防性止血的方法

此法是在手术前给宠物注射增高血液凝固性的药物和同类型血液，借以提高机体抗出血的能力，减少手术过程中的出血。

常用下述几种方法。

1. 输血　目的在于增高施术宠物血液的凝固性，刺激血管运动中枢反射性地引起血管的痉挛性收缩，以减少手术中的出血。

2. 注射增高血液凝固性以及使血管收缩的药物

(1)肌内注射维生素 K 注射液，以促进血液凝固，增加凝血酶原。

(2)肌内注射安络血注射液，以增强毛细血管的收缩力，降低毛细血管渗透性。

(3)肌内注射止血敏注射液，以增强血小板功能及黏合力，降低毛细血管渗透性。

(4)肌内注射或静脉注射对羧基苄胺(氨甲苯酸)，以抑制血纤维蛋白的溶解，使纤维蛋白溶酶原不能转变成纤维蛋白溶酶，从而减少纤维蛋白的溶解而发挥止血作用。

二、全身性止血药的使用

1. 0.3%凝血质注射液　犬 5～10 mL，肌内注射。

2. 维生素 K 注射液　犬、猫 0.2 mg/kg 体重，肌内注射。

3. 卡巴洛克注射液　犬 5～10 mg，肌内注射。

4. 酚磺乙胺注射液　犬 0.5～1 g，猫 0.25～0.5 g，肌内注射。

三、不同血管出血的止血方法

1. 毛细血管出血　通过静脉注射以及肌内注射静脉止血药进行止血。

2. 静脉出血　主要根据静脉的类型、大小(也就是静脉管径的粗细)以及静脉血管损伤的轻重选择不同的止血方法。如果是浅表的无名外周静脉出血，比如针眼大小的损伤，一般通过局部压迫 1～3 min，细小的破裂出血通常可以止住。如果破口比较大，可以考虑使用血管结扎。而对于一些体表的比较粗大的静脉，比如颈外静脉、股静脉、腘静脉，通常需要行血管缝合，保证血管的完整性，而不能轻易采用结扎方法。

3. 动脉出血

(1)指压止血法,这种方法比较适合血管比较细的动脉出血。

(2)加压包扎法,这种方法也是适合血管比较小比较细的动脉出血。

(3)止血带止血法,先在伤口处用布条、纱布等包扎一下,然后用橡皮管或者用现成的止血带,紧紧地压在伤口处,打结,但是注意不要缠很紧,导致血流不通畅,发生坏死,当然缠得过松的话,也是不可以的,因为起不到什么效果。

任务二　局部预防性止血

学习目标

【知识目标】

1. 了解局部预防性止血的方法。
2. 熟知局部预防性止血的操作过程。

【技能目标】

根据需要,对宠物进行合理的局部预防性止血处置。

【思政与素质目标】

培养学生动手和处理紧急情况的应变能力。

系统关键词

局部预防性止血、止血带止血的方法。

任务准备

止血是手术过程中自始至终会遇到而又必须立即进行的基本操作技术。手术中完善的止血,可以保证术部良好的显露,有利于争取手术时间,避免误伤重要器官,直接关系到施术宠物的健康。因此手术中的止血必须迅速而可靠,并在手术前采取积极、有效的预防性止血措施,以减少手术中的出血。

任务实施

一、局部预防性止血的方法

1. 肾上腺素止血　常配合局部麻醉进行。一般常配合普鲁卡因使用。

2. 止血带止血　适用于四肢、阴茎和尾部手术,可暂时阻断血流,减少手术中的失血,有利于手术操作。可用橡皮管、止血带或绳索、绷带、局部垫纱布或手术巾,以防损伤软组织、血管、神经。

二、局部性止血药的使用

一般是在每 1000 mL 普鲁卡因溶液中加入 0.1%肾上腺素溶液 2 mL,利用肾上腺素收缩血管的作用,达到手术局部止血的目的。其作用可维持 20 min～2 h。如血栓形成不牢固,则可能发生二次出血。

三、止血带止血的方法

止血带止血是用于四肢大出血急救时简单、有效的止血方法,它通过压迫血管阻断血流来达到

止血目的。止血带在使用时只能用于捆扎四肢，绝不要捆扎头部、颈部或躯干部，绕扎止血带的标准位置在上肢为上臂上 1/3 处，下肢为股中、下 1/3 交界处。止血带的松紧要合适，压力是使用止血带止血的关键问题之一。尽量缩短使用止血带的时间。止血带不可直接缠在皮肤上，缠扎止血带的相应部位要有衬垫。

任务三　手术过程中的止血

学习目标

【知识目标】

1. 了解手术过程中的止血方法。
2. 熟知各种手术过程中出血的止血方法。

【技能目标】

根据需要，对宠物手术中的出血进行合理止血。

【思政与素质目标】

培养学生处变不惊、遇事能提出合理解决方案的能力。

系统关键词

手术过程中的止血、适应证、止血方法。

任务准备

由于手术部位、类型不同，出血情形各种各样，在手术过程中应根据手术需要酌情选用或联合应用相应的止血方法进行止血。

任务实施

一、压迫止血

本法适用范围最广泛，用止血纱布或棉团用力压迫出血面片刻，可使毛细血管及小静脉出血停止，较大血管仅暂缓出血，需采取其他止血措施配合，对于较深部位的出血，可钳夹纱布压迫止血，特别注意，纱布或棉团按压下去后应保持不动，不能擦拭出血部位，以防擦掉血管断端形成的血栓，发生二次出血。

二、钳夹止血

本法适用于较大血管出血，先辨清血管断端，用无齿止血钳夹住断端后扣紧并捻转 1～2 周，即能闭合血管断端。小静脉钳夹数分钟后可取下或钳夹并捻转止血；较大静脉宜配合结扎，钳夹方向尽量与血管垂直，尽量不连带钳夹血管旁组织。

三、钳夹结扎止血

本法是常用而可靠的基本止血法，多用于较大血管出血的止血，其方法有两种。

1. 单纯结扎止血　用丝线绕过止血钳所夹住的血管及少量组织进行结扎。在结扎时，由助手放开止血钳同时收紧结扣，若过早放松，则血管可能脱出，过晚放松则结扎住钳头而不能收紧。

2. 贯穿结扎止血　持结扎线用缝合针穿过所钳夹组织层（勿穿透血管）进行结扎。常用的方法有“8”字缝合结扎及单纯贯穿结扎两种。贯穿结扎止血的优点是结扎线不易脱落，适用于大血管或重要部位的止血。对于不易用止血钳夹住的出血点，不能用单纯结扎止血方法，而宜采用贯穿结扎止血的方法。

四、填塞止血

本法适用于深部大血管出血，一时找不到血管断端，钳夹或结扎止血困难时。用灭菌纱布紧塞于出血的手术创腔内，压迫出血部以达到止血目的。填塞止血留置的敷料通常在 18 h 后取出。

案例分享

学习情境三十六　缝合技术

扫码看课件

学习目标

【知识目标】

1. 了解常见的缝合方法。
2. 熟知单纯对合缝合、内翻缝合、外翻缝合、器械吻合的具体操作。

【技能目标】

根据需要，选择合适的缝合方法进行操作。

【思政与素质目标】

1. 养成无菌操作、善待动物的职业素养。
2. 养成实事求是、认真负责的职业态度。
3. 养成团队协作、富有责任感和科学认真的工作态度。

系统关键词

缝合技术、单纯对合缝合、内翻缝合、外翻缝合、器械吻合。

任务准备

不同部位的组织器官需采用不同的方式方法进行缝合。缝合可以用持针钳进行，也可徒手拿直针进行，此外还有皮肤钉合器、消化道吻合器、闭合器等。

任务实施

一、单纯对合缝合

（一）单纯间断缝合法

本法为最常用、最基本的缝合方法，常用于皮肤、皮下组织、肌腱的缝合。每缝一针打一个方结。

本法的优点是操作简单、易于掌握，一针拆开后，不影响整个切口；缺点是操作费时、所用缝线较多。

视频：间断缝合

视频：连续缝合

（二）单纯连续缝合法

用一根线将切口连续缝合起来。第一针打一个结，缝合完毕再打一个结，多用于腹膜的关闭。此法的优点是缝合操作省时、节省缝线，缺点是一处断开可使整个切口全部裂开。

（三）"8"字缝合

本法缝合牢靠，常用于肌腱缝合及较大血管的止血。

（四）连续锁边缝合

连续锁边缝合亦称毯边缝合，常用于胃肠道后壁缝合或整张游离植皮的边缘固定，现很少使用。

（五）减张缝合

为减少切口的张力而用此法。具体缝合方法较多，此处不过多阐述。

（六）皮内缝合

用可吸收缝线做皮内间断或连续缝合，此法的优点是不用拆线、切口遗留瘢痕小，缺点是缝线价格昂贵。

二、内翻缝合

本法缝合后表面光滑。常用于胃肠道的吻合及胃肠道小穿孔的修补。

（一）胃肠全层吻合

(1)单纯间断内翻缝合：常用于胃肠道全层的吻合，其缝合手法同单纯间断缝合法。

(2)单纯连续内翻缝合：用于胃肠道后壁的吻合，其手法同单纯连续缝合法，现已很少使用，因为缝合不当可引起吻合口狭窄。

(3)连续全层水平褥式内翻缝合：又称康乃尔缝合，多用于胃肠道前壁全层的吻合。

(4)"U"形缝合：适用于胃肠吻合口两端的吻合，也适用于实质脏器断面(如肝脏、胰腺断面)的吻合。

（二）胃肠道浆肌层缝合法

本法用于胃肠道全层吻合后，为加固其吻合口，减小张力。其特点是缝线不穿透肠壁黏膜层。

1. 间断垂直褥式内翻缝合　最常用的一种加固胃肠吻合口的缝合方法，缝线与切口垂直，做褥式缝合，缝一针便打一个结。

2. 间断水平褥式内翻缝合　缝线与吻合口平行，做褥式缝合，缝一针便打一个结。

3. 连续水平褥式浆肌层内翻缝合　可用于胃肠道前后壁浆肌层的吻合。缝合方法类似于连续全层水平褥式内翻缝合，只是缝合的层次有所不同。这种方法中缝合针仅穿过浆肌层而不是全层。

4. 荷包缝合　以预包埋处为圆心于浆肌层行环形缝合1周，结扎后中心内翻包埋，表面光滑，有利于愈合、减少粘连。常用于阑尾残端的包埋、胃肠道小切口和穿刺针眼的缝闭、空腔脏器造瘘管的固定等。

5. 半荷包缝合　适用于十二指肠残端上下角部、胃肠吻合口两端的包埋加固。

三、外翻缝合

常用于血管的吻合和较松弛皮肤的吻合。前者吻合后血管内壁光滑，避免血栓形成；后者使松弛的皮肤对合良好，利于皮肤的愈合。

1. 连续水平褥式外翻缝合　适用于血管吻合。

2. 间断垂直褥式外翻缝合　常用于松弛皮肤的缝合。

3. 间断水平褥式外翻缝合　适用于血管破裂孔的修补，血管吻合口渗漏处的补针加固。

四、器械吻合

近年来，吻合器的出现大大减少了手术操作，节省了手术时间，使过去手工操作较困难部位的缝

合变得简单易行。但是，进口的吻合器价格昂贵，许多宠物主人因经济原因而不用；国产吻合器又因其吻合可靠性有限而使医生不能放心大胆地使用。因此，手工缝合技术仍是目前必要的外科手术基本操作。

小提示

1. 适应证　缝合是将已经切开或因外伤断裂的组织、器官进行对合或重建其通道，恢复其功能，是保证良好愈合的基本条件，也是重要的外科手术基本操作技术之一。

2. 禁忌证　无。

学习情境三十七　包扎技术

扫码看课件

任务一　认识包扎材料、卷轴绷带及其应用

学习目标

【知识目标】

1. 了解包扎材料、卷轴绷带的分类。
2. 熟知宠物包扎时常用的包扎材料的应用。

【技能目标】

根据临床需要，合理选择包扎材料。

【思政与素质目标】

提高学生对于正确使用治疗材料对宠物疾病恢复的重要性的认识。

系统关键词

包扎材料、卷轴绷带。

任务准备

包扎是外伤现场应急处理的重要措施之一。及时正确的包扎，可以达到压迫止血、减少感染、保护伤口、减少疼痛，以及固定敷料和夹板等目的；而错误的包扎可导致出血增加、感染加重、新的伤害、遗留后遗症等不良后果。

任务实施

一、敷料

常用敷料有纱布、海绵纱布及棉花等。

1. 纱布　纱布要质软、吸水性强。多选用医用脱脂纱布。根据需要剪叠成不同大小的纱布块。纱布块四周要光滑，没有脱落的棉纱，并用双层纱布包好，高压蒸汽灭菌后备用。纱布可用于覆盖创口、止血、填充创腔和吸液等。

2. 海绵纱布　海绵纱布是一种多孔皱褶的纺织品（一般是棉质的），质柔软，吸水性能比纱布好，

其用法同纱布。

3. 棉花 一般选用脱脂棉，棉花不能直接与创面接触，应先放纱布块，棉花放在纱布块上。为此，常可预制棉垫，即在两层纱布间铺一层脱脂棉，再将纱布四周毛边向棉花折转使其成正方形或长方形棉垫。其大小可按需要制作，棉花是四肢骨折外固定的重要敷料。使用前应高压蒸汽灭菌。

二、绷带

绷带多由纱布、棉布等制作成圆筒状，圆筒状的绷带称卷轴绷带，用途最广。另根据绷带的临床用途及制作材料的不同，绷带可分为复绷带、夹板绷带、石膏绷带等。现将卷轴绷带及其临床应用分述于后。

卷轴绷带通常称为绷带或卷轴带，是将布剪成狭长的条带，用卷绷带机或手卷成圆筒状。按制作材料不同，卷轴绷带可分为纱布绷带、棉布绷带、弹力绷带和胶带四种。

1. 纱布绷带 纱布绷带是临床常用的绷带，有多种规格。长度一般为 6 m，宽度有 3 cm、5 cm、7 cm、10 cm 和 15 cm 不等。根据临床需要选用不同规格。纱布绷带质柔软，压力均匀，价格便宜，但在使用时易起皱、滑脱。

2. 棉布绷带 用本色棉布按上述规格制作而成。因其原料厚，坚固耐洗，施加压力不变形或断裂，常用于固定夹板、肢体等。

3. 弹力绷带 弹力绷带是一种弹性网状织品，质地柔软，包扎后有伸缩力，故常用于烧伤、关节损伤等。此绷带不与皮肤、被毛粘连，故拆除时宠物无不适感。

4. 胶带 目前多数胶带是多孔制胶带，也称胶布或橡皮膏。胶带使用时难撕开，需用剪刀剪断。胶带是包扎不可缺少的材料。通常局部剪毛、剃毛，盖上敷料后，用胶带粘贴在敷料及皮肤上将其固定；也可在使用纱布绷带或棉布绷带后，用胶带缠绕固定。

任务二　包扎方法

学习目标

【知识目标】

1. 了解各类包扎方法。
2. 熟知宠物临床各类包扎方法的操作。

【技能目标】

根据需要，对需要包扎的宠物进行合理包扎。

【思政与素质目标】

提高学生对提升自身专项技能的重要性的认识。

系统关键词

包扎方法、各类包扎方法的特点及应用。

任务准备

包扎本身就是止血的措施。例如，组织损伤造成毛细血管出血时，血液呈水珠样从伤口流出，稍微压迫即可止血，有时也可自动凝固止血。这种出血，往往只需要在伤口贴上止血贴，或在伤口上覆盖消毒纱布，然后稍微加压包扎，即可完成止血和包扎的双重任务。因此，合理的包扎方法对宠物来说很重要。

任务实施

卷轴绷带多用于宠物四肢游离部、尾部、胸部和腹部等。

1. 基本包扎法 包扎时，一般以左手持绷带的开端，右手持绷带卷，以绷带的背面紧贴肢体表面，由左向右缠绕。当第一圈缠好之后，将绷带的游离端反转盖在第一圈绷带上，再缠第二圈，第二圈压住第一圈绷带。然后根据需要进行不同形式的包扎。无论用何种包扎法，均应以环形开始并以环形终止。包扎结束后将绷带末端剪成两条并打个半结，以防撕裂。最后打结于肢体外侧，或用胶布将末端加以固定。

2. 环形包扎法 方法是在患部将卷轴绷带呈环形缠数圈，每圈盖住前一圈，最后将绷带末端剪开打结或用胶布加以固定。环形包扎法用于其他形式包扎的起始和结尾，以及用于系部、掌部、跖部等较小创口的包扎。

3. 螺旋形包扎法 以螺旋形自下向上缠绕，后一圈遮盖前一圈的1/3～1/2。螺旋形包扎法用于掌部、跖部及尾部等的包扎。

4. 折转包扎法 折转包扎法又称螺旋回反包扎，方法是由上向下做螺旋形包扎，每一圈均应向下回折，逐圈遮盖上一圈的1/3～1/2。折转包扎法用于上粗下细的部位，如前臂和小腿部。

5. 蛇形包扎法 蛇形包扎法又称蔓延包扎法，斜行向上延伸，各圈互不遮盖。蛇形包扎法用于固定夹板绷带的衬垫材料。

6. 交叉包扎法 交叉包扎法又称"8"字形包扎法。方法是在关节下方做一环形带，然后在关节前面斜向关节上方，做一周环形带后再斜行经过关节前面至关节下方。如上操作至患部完全被包扎住，最后以环形带结束。交叉包扎法用于腕、肘、球窝关节等部位，方便关节屈曲。

任务三　各部位包扎法

学习目标

【知识目标】

1. 了解各部位的包扎方法。
2. 熟知宠物各个部位包扎方法的操作流程。

【技能目标】

根据需要，对宠物各个部位进行合理包扎。

【思政与素质目标】

提高学生对提升自身专项技能的重要性的认识。

系统关键词

包扎、操作方法、注意事项。

任务准备

宠物临床常用的包扎方法有基本包扎法、环形包扎法、螺旋形包扎法、折转包扎法、蛇形包扎法和交叉包扎法等，在实际应用中应根据受伤部位的不同选择合适的包扎方法。

任务实施

1. 尾包扎法 用于尾部创伤或用于后躯、肛门、会阴部施术前后固定尾部。先在尾根做环形包扎，然后将部分尾毛折转向上做尾的环形包扎，再将折转的尾毛放下，做环形包扎，目的是防止包扎滑脱，如此反复多次。用绷带做螺旋形缠绕至尾尖时，将尾毛全部折转做数周环形包扎后，绷带末端通过尾毛折转可形成圈。

2. 耳包扎法 用于耳外伤。

(1)垂耳包扎法：先在患耳背侧安置棉垫，将患耳及棉垫反折使其贴在头顶部，并在患耳廓内侧填塞纱布。然后将绷带从耳内侧基部向上延伸到健耳后方，并向下绕过颈上方到患耳，再绕到健耳前方。如此缠绕3～4圈对耳进行包扎。

(2)竖耳包扎法：多用于耳成形术。先用纱布或材料做成圆柱形支撑物填塞于两耳廓内，再分别用短胶布条从耳根背侧向内缠绕，每条胶布断端相交于耳内侧支撑上，依次向上贴紧。最后用胶带以“8”字形包扎法将两耳拉紧使之竖直起来。

3. 复绷带 复绷带按畜体一定部位的形状缝制而成，在具有一定结构、大小的双层盖布上缝合若干布条以便打结固定。复绷带虽然形式多样，但都要求装置简便、固定确实。

4. 结系绷带 结系绷带也称缝合包扎，是用缝线代替绷带固定敷料的一种保护手术创口或减小伤口张力的绷带。结系绷带可装在身体的任何部位，其方法是在圆枕缝合的基础上利用游离的线尾，将若干层灭菌纱布固定在圆枕之间和创口之上。

小提示

(1)包扎时按包扎部位的大小、形状选择宽度适宜的绷带。过宽则使用不便，包扎不平；过窄则难以固定，包扎不牢固。

(2)包扎绷带时，动物保定要牢固，包扎要迅速牢固，用力均匀，松紧适宜，避免一圈松一圈紧。压力不可过大，以免发生循环障碍；但也不宜过松，以防脱落或固定不牢。在操作时，绷带不得脱落污染。

(3)在临床治疗中不宜使用湿绷带进行包扎，因为湿绷带不仅刺激皮肤，而且容易造成感染。

(4)对四肢部位的包扎须沿静脉血流方向，从四肢的下部开始向上包扎，以免静脉淤血。

(5)包扎至最后端时应妥善固定以免松脱，一般胶布粘贴比打结更为光滑、平整、舒适。如果采用末端撕开来打结，则结扣不可置于隆突处或创面上。结的位置也应避免宠物啃咬，以防松结。

(6)包扎应美观，绷带应平整无褶皱，以免发生不均匀的压迫。交叉或折转应呈一条线，每圈遮盖多少要一致，并除去绷带边缘活动的线头。

(7)解除绷带时，先将末端的固定结松开，再朝缠绕反方向以双手相互传递松解。解下的部分应握在手中，不要拉很长或拖在地上。紧急时可以用剪刀剪开。

(8)对于破伤风等厌氧菌感染引起的创口，尽管做过一定的外科处理，也不宜用绷带包扎。

任务四 石膏绷带的装置与拆除方法

学习目标

【知识目标】

1. 了解石膏绷带。
2. 掌握石膏绷带的装置与拆除方法。

学习目标

【技能目标】

根据需要，正确对宠物进行石膏绷带的固定及术后的拆除。

【思政与素质目标】

提高学生对提升自身专项技能的重要性的认识。

系统关键词

石膏绷带、装置、拆除。

任务准备

石膏绷带由上过浆的纱布绷带加上熟石膏粉制成，经水浸泡后可在短时间内硬化定型，有很强的塑形能力，稳定性好。

任务实施

一、石膏绷带的装置

石膏绷带治疗骨折时，可分无衬垫和有衬垫两种，目前认为使用无衬垫石膏绷带疗效较好。骨折整复后，清除皮肤上的污物，涂布滑石粉，然后于肢体上、下端各绕一圈薄的纱布棉垫，其范围应超出装置石膏绷带的预定范围。

根据操作时的速度逐个将石膏绷带卷轻轻地横放到盛有 30～35 ℃的温水桶中，使整个绷带浸没在水中，待气泡出完后。两手握住石膏绷带卷的两端将其取出，用两手掌轻轻对挤，除去多余水分，从患肢的下端先做环形带，后做螺旋带向上缠绕至预定的部位，每缠一圈绷带，都必须均匀地涂抹石膏泥，使绷带紧密结合。骨的突起部应放置棉花垫加以保护。石膏绷带上、下端不能超出衬垫物，而且松紧要适宜。根据患肢重力和肌肉牵引力的不同，可缠绕 6～8 层。在包扎最后一层时，必须将上下衬垫向外翻转，包住石膏绷带的边缘，最后表面涂石膏泥。石膏绷带数分钟后即可成型，但为了加速绷带的硬化，可用吹风机吹干。

对于开放性骨折及其他伴有创伤的四肢疾病，为了观察和处理创伤，常应用有窗石膏绷带。“开窗”的方法是在创口上覆盖消毒的创伤压布，用大于创口的杯子或其他器皿放于布巾上，杯子或其他器皿固定后，绕过杯子按前法缠绕石膏绷带，在石膏未硬固时取下杯子即成窗口，窗口边缘用石膏泥涂抹平滑。有窗石膏绷带虽有便于观察和处理创伤的优点，但其缺点是可引起静脉淤血和创伤处肿胀。有窗石膏绷带若窗口过大，则往往影响绷带的坚固性，为了满足治疗上的需要和不影响绷带的坚固性，可采用矫形石膏绷带，其制作方法是用 5～6 层卷轴石膏绷带缠绕于创伤的上、下部，即先做出窗口，待石膏硬化后于石膏绷带部分的前、后、左、右各放置一条弓形金属板（即“桥”）代替石膏绷带，金属板的两端放置在患部上下方绷带上，然后绕 3～4 层卷轴石膏绷带加以固定。为了便于固定和拆除，外科临床上也有使用长压布石膏绷带的情况，其制作和使用方法如下：取纱布，其宽度为要固定部位周长的一半，长度视情况而定。将纱布均匀地布满煅石膏粉后，逐层重叠起来浸以温水，挤去多余水分后放在患肢前面，同法做成另一长压布，放置在患肢后面，待干燥后用卷轴绷带将两边固定于患部。

为了加强石膏绷带的硬度和固定作用，可在卷轴石膏绷带催熟后的第三、第四层停止缠绕，修整平滑并植入夹板材料。

装置石膏绷带应注意以下问题。

(1)将一切物品备齐然后开始缠绕，以免临时出现问题而延误时间，由于水的温度会直接影响石膏硬化的时间(温度过高或过低会延缓硬化过程)，应予注意。

(2)病宠必须保定牢固，必要时可做全身或局部麻醉。

(3)装置前必须整复良好，使患肢的主要力线和肢轴尽量一致，为此，在装置前最好应用X线透视或摄片检查。

(4)长骨骨折时，为了达到制动目的，一般应固定上、下两个关节。

(5)骨折发生后，使用石膏绷带做外部固定时，必须尽早进行。若在局部出现肿胀后包扎，则在肿胀消退后，皮肤与绷带间会出现空隙，达不到固定目的。此时，可施以临时石膏绷带，待炎性肿胀消退后，将其拆除重新包扎石膏绷带。

(6)缠绕时要松紧适宜，过紧会影响血液循环，过松会失去固定作用。缠绕的基本方法是把石膏绷带贴上去，而不是拉紧了缠上去，每层力求平整，为此，应一边缠绕一边用手将石膏泥抹平，使其厚薄均匀一致，骨的突起部需用衬垫予以保护。

(7)未硬化的石膏绷带不要用手指压，以免向下凹陷压迫组织，影响血液循环或发生溃疡、坏死。

(8)石膏绷带敷缠完毕后，为了使石膏绷带表面光滑美观，可用少许干石膏粉加水调成糊状涂抹在石膏夹表面，使之光滑整齐。石膏夹两端的边缘应修理光滑并将石膏绷带两端的衬垫翻到外面，以免摩擦皮肤。

(9)最后用铅笔或毛笔在石膏夹表面写明安装和拆除石膏绷带的日期，并尽可能标记出骨折线或其他内容。

二、石膏绷带的拆除

石膏绷带拆除的时间，应根据不同的病宠和病理过程而定，一般在装置后3～4周拆除，但下列情况应提前拆除或拆开另行处理。

(1)石膏夹内有大出血或严重感染。

(2)病宠出现原因不明的高热。

(3)包扎过紧，肢体受压，影响血液循环。表现为病宠不安，食欲减退，末梢部肿胀，体温变低。如出现上述症状，应立即拆除重新包扎。

(4)肢体萎缩，石膏夹过大或严重损坏失去作用。由于石膏绷带干燥后十分坚硬，拆除时多用专门工具，包括石膏锯、石膏刀、石膏剪、石膏分开器等。拆除的方法是先用热醋、过氧化氢或饱和食盐水在石膏夹表面画好拆除线，使之软化，然后沿拆除线用石膏刀切口、石膏锯锯开，或石膏剪逐层剪开。为了减少拆除时可能发生的组织损伤，拆除线应选择在软组织较多的平整处。外科临床上也常直接用长柄石膏剪沿石膏绷带近端外侧线纵向剪开。表面层用石膏分开器将其分开，石膏剪向前推进时，剪的两刃应与肢体的长轴平行，以免损伤皮肤。

视频：特殊缝合

扫码看课件

学习情境三十八　临床常用外科手术

任务一　犬断尾术

学习目标

【知识目标】

1. 了解断尾术适应证。
2. 熟知断尾术的操作方法。

【技能目标】

根据需要，对犬进行断尾术操作。

【思政与素质目标】

1. 养成无菌操作、善待动物的职业素养。
2. 养成实事求是、认真负责的职业态度。
3. 养成团队协作、富有责任感和科学认真的工作态度。

系统关键词

断尾术、幼犬。

任务准备

(1)根据任务要求，了解不同品种、年龄的犬断尾术操作方法。
(2)收集犬断尾术操作方法的相关资料。
(3)准备犬、手术器械、麻醉药、缝线和消炎药等。

任务实施

一、幼犬断尾术

3～10 日龄的幼犬可实施美容性断尾术(图 38-1)。此时进行手术，出血少，应激反应轻，且无须麻醉，但为了缓解疼痛和利于处理，可以利用盐酸普鲁卡因或利多卡因等局部麻醉药进行局部麻醉，具体操作时可以用一些镇静剂。幼犬出生后 1 周内若不做断尾术，就应该推迟到 8～12 周龄再做，此时手术需进行全身麻醉。

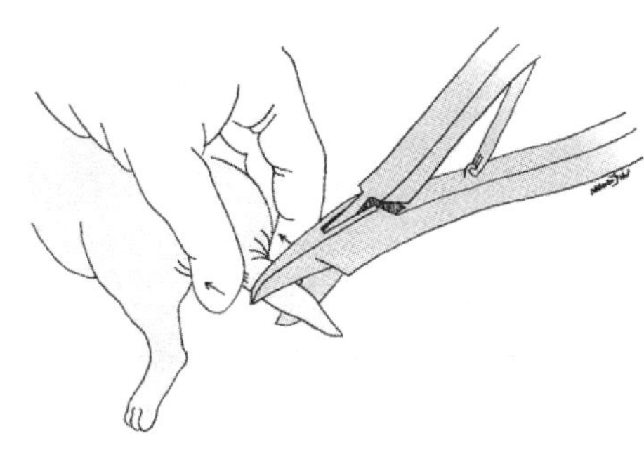
图 38-1　3～10 日龄犬断尾方法

由助手保定幼犬。尾部清洗消毒后，将幼犬握于掌内保定，于尾根部扎止血带。术者一只手捏住欲截断处，并向尾根方向移动皮肤，另一只手在欲截断的部位持骨剪或外科剪在尾的两侧做两个侧方皮瓣，在欲截断的位置放置刀片，刀片执笔式持于手中牢固地接触皮肤并向前推皮肤，使手术刀片始终保持在这个位置，沿垂直于该部位方

向旋转刀片，经椎间空隙平整地横断尾椎，松手后皮肤恢复原位，将上、下皮肤创缘对合，包住尾椎断端，应用可吸收缝线间断缝合皮肤，最后解除止血带并观察有无出血。

二、成年犬断尾术

成年犬的断尾术常采用全身麻醉或硬膜外麻醉。

部分断尾术用纱布包住尾的远端或套入检查手套中，并用带子固定其上的覆盖物。修剪接近切断的部位，做无菌手术准备，会阴部向上或侧卧保定动物。在要切除部位的近端扎止血带，将尾根部皮肤推向近心端。在预切的椎间横断部位末端的两侧皮肤做双 V 形切口，形成背侧和腹侧皮瓣，其长度超过预期的尾的长度，辨别并结扎前部到横断位置的中尾动、静脉和侧尾动、静脉。用手术刀轻轻切开要横断的椎间隙末端的软组织，并使尾远端的关节脱落（图 38-2、图 38-3），如果出血，则将环绕剩余尾的远末端做环形结扎或重新结扎尾部血管，使用结节对接缝合术缝合暴露椎骨上的皮下组织和肌肉。覆盖尾椎骨，固定皮瓣，根据需要修剪腹侧皮瓣，使皮肤对接缝合时没有张力，两侧皮肤边缘紧密缝合（图 38-4）。

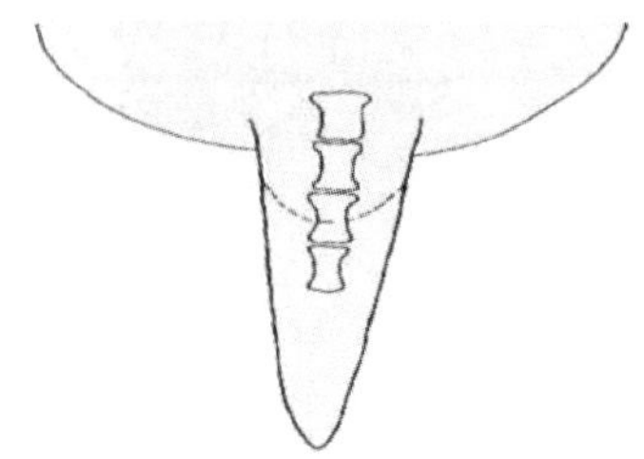

图 38-2　尾部截断模式中的半圆形切开

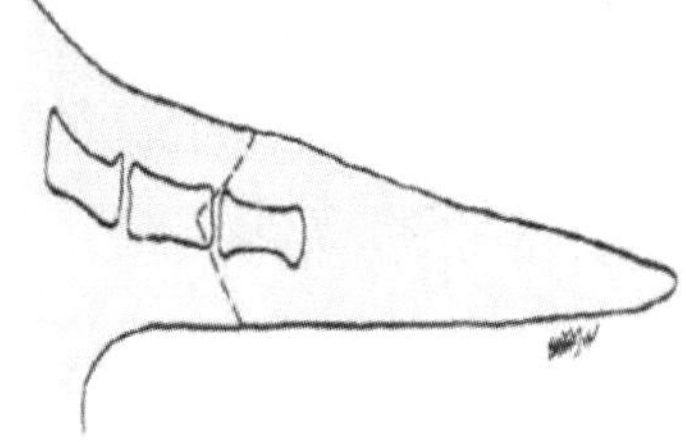

图 38-3　剪断尾骨

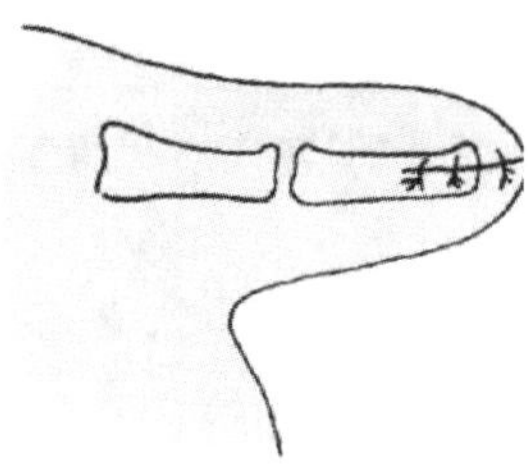

图 38-4　缝合皮肤切口

完全尾切除术：将犬全身麻醉，趴卧保定，对会阴及尾部进行严格消毒，术部剪毛消毒。肛门做临时荷包缝合，尾根部扎止血带。确定保留长度后，在距其最近的尾椎间隙两侧切开皮肤，保留皮瓣，一个在背侧，一个在腹侧。切开皮下组织，暴露肌肉，分离尾椎骨上的肛提肌、直肠尾骨肌和尾骨肌。在横断处前、后结扎中央尾动脉、静脉和外侧尾动脉、静脉（图 38-5）。暴露第 2 或第 3 尾椎关节。用骨剪或手术刀片在其椎间隙处横断。暂时松开一下止血带。对出血部位进行结扎或压迫止血。为了防止横断后血管（尤其是动脉）回缩，不便于钳夹结扎止血，可在剪断前预先对腹侧的尾动脉、静脉和内、外侧尾动脉、静脉进行分离并结扎。彻底止血后，修整皮瓣，将其对合，使之紧贴尾椎断端。用单纯间断缝合法或连续缝合法缝合肛提肌和皮下组织。最后解除止血带，包扎尾根，拆除肛门缝线。

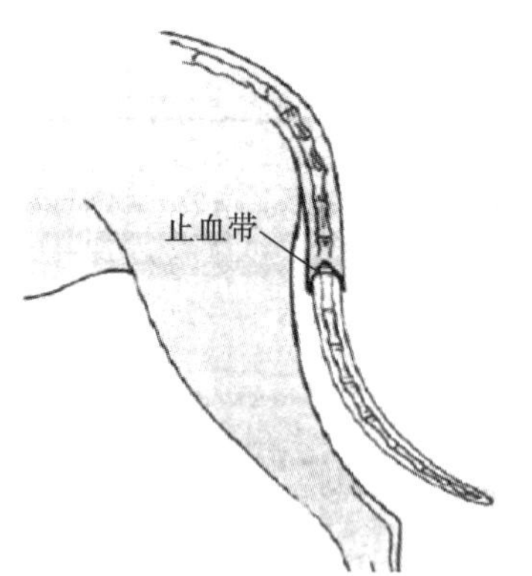

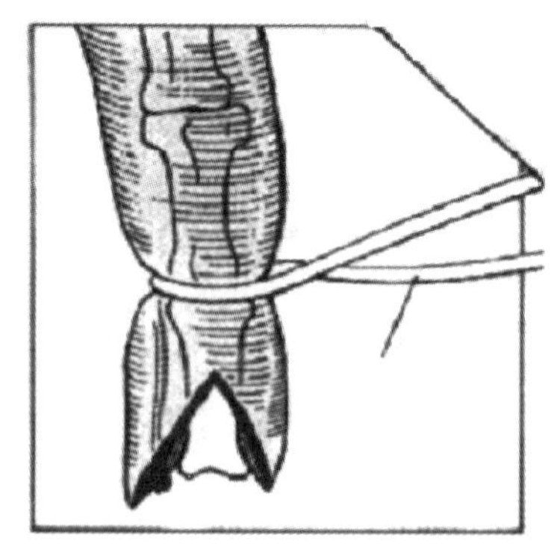

图 38-5　成年犬断尾止血

三、实施断尾术的注意事项

（1）断尾的适宜日龄是 3～10 日，这时出血较少且应激反应较小。

（2）断尾长度参考品种的标准和咨询宠物主人。

(3)幼犬尾切除后通常没有并发症。炎症很少刺激幼犬的手术部位,但几天后母犬可能会将缝线舔断。

(4)术后应用绷带或控制装置保护手术部位。并发症有感染、开裂、瘢痕形成、瘘管复发和肛门括约肌或直肠创伤。术后部分裂开的切口通过二期愈合后,通常会形成无毛的瘢痕。为了减轻刺激和增进美观,可能需要再次实施断尾术。

四、断尾术后护理

幼犬断尾后立即放回给母犬,并保持犬窝清洁,可吸收缝线一般在术后被吸收,有时可被母犬舔掉,不可吸收缝线于术后6～7日拆除。每天用液状抗菌药擦洗喷涂伤口3次,并撒上消炎药粉,防治术后感染。

成年犬断尾术后用绷带或在宠物头部放置伊丽莎白保护套保护术部。术后应用抗菌药物4～5日,防止犬咬伤口,保持伤口清洁。术后10日拆线。

1. 适应证　犬的断尾术是自尾根部将尾切除的手术。尾残端所留的长度因品种不同而异,常根据流行的形式而定。最好按宠物主人的要求施术。外伤性损伤、感染、肿瘤形成和可能的肛周瘘都需要用治疗性的尾切除术。当切除肿瘤或外伤性的损伤时,应该切除尾部2～3 cm的正常组织。

如果由于反复摩擦或咀嚼导致尾末端慢性出血,则应在肛门附近切断尾巴。对尾褶脓皮病和肛门瘘也有必要在基部实施切除术。

2. 禁忌证　无。

案例分享

视频:犬断尾术

任务二　犬耳整容术

扫码看课件

学习目标

【知识目标】

1. 了解行犬耳整容术的常见病因。
2. 熟知犬耳整容术的操作。

【技能目标】

根据需要,进行犬耳整容术的操作。

【思政与素质目标】

1. 养成无菌操作、善待动物的职业素养。
2. 养成实事求是、认真负责的职业态度。
3. 养成团队协作、富有责任感和科学认真的工作态度。
4. 牢固树立救死扶伤的世界观,敬畏生命。

系统关键词

犬耳整容术。

任务准备

(1)根据任务要求,了解不同品种、年龄的犬行犬耳整容术的操作方法。

(2)收集犬耳整容术操作方法的相关资料。

(3)准备犬、手术器械、麻醉药、缝线和消炎药等。

任务实施

一、手术器械

手术刀,止血钳,裁耳器,止血胶带,白胶布(医用橡皮膏),6号、7号和18号缝线和大弯三角形缝合针,止血纱布,消炎粉(可用青霉素粉),2%碘酊,75%酒精等。

二、麻醉

用速眠新注射液(0.1~0.5 mL/kg体重,肌内注射)或舒泰50与速眠新混合麻醉或呼吸麻醉进行全身麻醉。

三、保定

犬置于保定台上,呈趴卧姿势,保定用绷带在犬的上下颌缠绕两圈后收紧,交叉绕于颈部打结,以固定犬嘴使之不能张开。

四、手术操作

施行手术之前,应在犬耳道内塞入棉塞,以避免血液流入。双耳剃毛、消毒,用创巾隔离。先将犬一耳尖向头顶部牵伸,根据犬的品种、年龄和头形,用直尺测量所需耳的长度。测量方法是从耳廓与头部皮肤折转点到耳前缘边缘处,在需去除位置的耳边缘插入细针做标记。再将对侧耳向头顶牵伸,使两耳尖重合,助手双手固定好后,在细针标记的稍上方剪一缺口,作为手术切除的标记。取下细针,由助手将两侧耳壳的外部皮肤向头后部的中线牵引,以避免耳壳软骨外缘暴露,为创口的愈合创造良好条件。然后用一对断耳夹由前向后,在标记位置,分别斜向安装在每个犬耳上,使耳壳囊全部位于耳夹的上方。在一耳缺口的标记处,用手术刀或手术剪沿耳尖外侧边缘切割(图38-6)。

用手术刀切割至耳尖部时,改用手术剪,这样可使耳尖部保持平滑直立的形状。切的一侧可用作另一侧将被切割耳的标尺(图38-7)。切后用耳夹夹2~3 min取下。然后用已截除的断片来检查另一只耳壳上耳夹的位置,无误后,才能进行第二只耳壳的剪断。除去耳夹,对出血点进行止血。此时,如耳壳软骨外露,则应该对这一部分做补充剪除。用直针进行间断缝合,使皮肤将耳壳遮盖住。除去耳塞,在头后部铺一层灭菌药棉,然后将两侧耳壳向后弯曲,在其上铺一层棉花或纱布,进行头部包扎。

图38-6 手术刀或手术剪沿耳尖外侧边缘切割

图38-7 切的一侧可用作另一侧将被切割耳的标尺

犬耳整容术的一般方法：首先将犬耳廓分成三等份，然后根据犬的脸型或宠物主人的要求和喜好进行修整。修整方法有以下几种：①从耳廓基部直接切到上 1/3 等份处，切后耳比较直和尖。②从基部到耳廓 1/2 等份处做一弧形切割，切后耳变得较短而钝。③从基部切开到上 1/3 等份处，但切割曲线为下钝上尖。几种犬的耳整容模式见图 38-8。

图 38-8　几种犬的耳整容模式

小提示

1. 适应证　所谓立耳，就是将宠物犬的耳朵(包括耳廓)剪掉一部分(多为 1/3)，使天生垂耳犬的耳朵能够向上生长并竖立起来。

2. 禁忌证　无。

案例分享

任务三　公猫尿道口再造术

扫码看课件

学习目标

【知识目标】

1. 了解公猫行尿道口再造术的常见病因。
2. 熟知对公猫进行尿道口再造术的操作。

【技能目标】

根据需要，能对公猫进行尿道口再造术。

【思政与素质目标】

1. 养成无菌操作、善待动物的职业素养。
2. 养成实事求是、认真负责的职业态度。
3. 养成团队协作、富有责任感和科学认真的工作态度。

系统关键词

公猫、尿道口再造术。

任务准备

(1)根据任务要求,了解不同品种、年龄的公猫尿道口再造术操作方法。

(2)收集公猫尿道口再造术操作方法的相关资料。

(3)准备公猫、手术器械、镇静剂和消炎药等。

任务实施

一、材料准备

手术刀、手术剪、止血钳、纱布、75%酒精、2%碘酊、新洁尔灭溶液稀释液、可吸收缝线、创巾钳、持针器、导尿管、镊子、无菌冲洗液、纱布、注射器、超声刀等。

二、麻醉

吸入麻醉或静脉麻醉。

三、手术入路

阴囊包皮口环切,切口上端距离肛门至少 1 cm。

四、保定

一般取俯卧位,尾巴向上贴背固定。公猫腹部可垫上合适大小、高度的气囊垫或替代物。

五、手术步骤

常规剃毛消毒(注意清理尾根部的毛发,防止术后感染)。荷包缝合肛门,做去势术(图 38-9)。环绕阴囊和包皮做椭圆形切开,切口顶端距离肛门 1 cm 左右。沿阴茎钝性分离坐骨海绵体肌、坐骨尿道肌,沿坐骨剪开阴茎坐骨附着部和腹侧耻骨附着部,使阴茎和骨盆尿道游离。充分暴露出阴茎退缩肌、坐骨海绵体肌和尿道球腺。沿阴茎尿道从阴茎头至尿道球腺平行剪开,去掉远端部分阴茎。在切开的骨盆部尿道顶端与尿道球腺中的切口顶端缝合,其余切开的尿道边缘与相对应皮肤切口对合(图 38-10)。注意缝合处皮肤应有适度的张力。

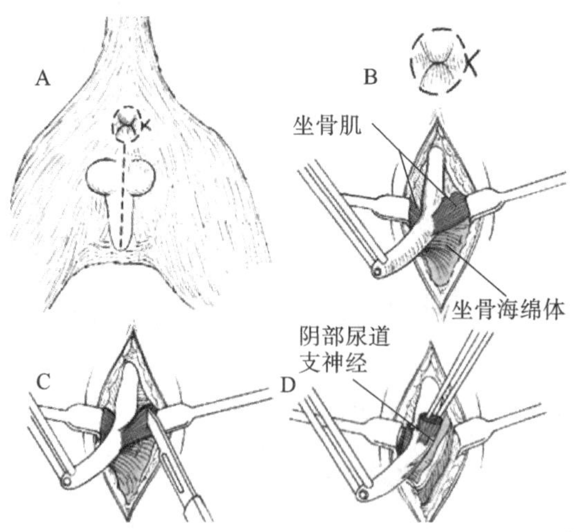

图 38-9　去势及分离尿道阴茎段

六、术后护理

术后为防止舔咬,可使用伊丽莎白保护套直到拆线;连续使用抗生素 7～15 天,半年内检测伤口变化以及排尿情况(图 38-11);插入导尿管时间不能太久,一般不超过 5 天,否则容易造成尿道及膀胱的损伤;术后用软纸代替猫砂作垫料防止尿路感染。

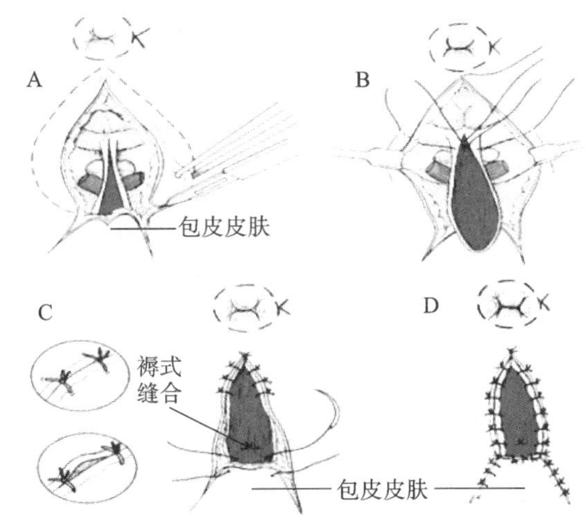

图 38-10 尿道造口切除部分尿道后创口的缝合

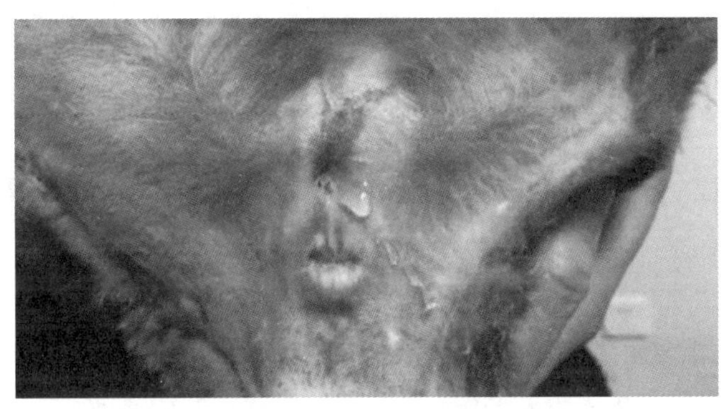

图 38-11 公猫尿道再造术后愈合后的排尿位置

1. 适应证 公猫由阴茎段尿道顽固性或频繁堵塞，黏膜严重破坏，或先天畸形等原因造成的排尿困难。解决的方法只有切开尿道，将比较宽敞部位的尿道缝合到皮肤或黏膜上，使尿路通畅。目的就是使原来狭窄或堵塞的部位变得通畅。除会阴部尿道造口外，还有耻骨前尿道造口。

公猫尿道再造术适用于反复性尿道梗阻（如尿道结石、下泌尿道综合征等原因）、插导尿管或冲洗解决不了的尿道梗阻、尿道闭锁、尿道损伤和尿道肿瘤。

手术操作前，必须先了解清楚公猫会阴部的局部解剖结构。主要认清坐骨尿道肌和坐骨海绵体肌，以及阴茎退缩肌和尿道球腺位置。

2. 禁忌证 无。

案例分享

扫码看课件

任务四　猫绝育术

学习目标

【知识目标】

1. 了解猫绝育术适用情况。
2. 熟知猫绝育术的操作。

【技能目标】

根据需要，对猫行绝育术。

【思政与素质目标】

1. 养成无菌操作、善待动物的职业素养。
2. 养成实事求是、认真负责的职业态度。
3. 养成团队协作、富有责任感和科学认真的工作态度。

系统关键词

公猫、母猫、绝育术。

任务准备

(1)根据任务要求，了解不同品种、年龄的猫绝育术操作方法。

(2)收集猫绝育术操作方法的相关资料。

(3)准备犬、手术器械、镇静剂和消炎药等。

任务实施

一、公猫去势术

视频：公猫去势术

视频：公犬去势术

(一) 材料准备

手术刀、手术剪、止血钳、纱布、75%酒精、2%碘酊、新洁尔灭溶液等。

(二) 麻醉

选择全身麻醉(吸入麻醉或注射麻醉)。

(三) 手术操作

公猫阴囊备皮，用酒精和碘酊消毒，两侧阴囊皮肤及鞘膜各纵向切开小口，将两颗睾丸挤出，将睾丸连同部分输精管摘除，精索及血管自体打结，按压止血确定无误后，将输精管打结送回阴囊即可(图 38-12)。切口一般不需要缝合，以利于渗出液的排出。

(四) 术后护理

术后注意伤口处的清洁，每天碘酊消毒伤口 2 次，可连续口服抗生素 3 天。

二、母猫绝育术

(一) 材料准备

手术刀、手术剪、止血钳、卵巢拉钩、创巾钳、持针器、有齿镊、组织钳、缝线(带针)、超声刀、内镜、

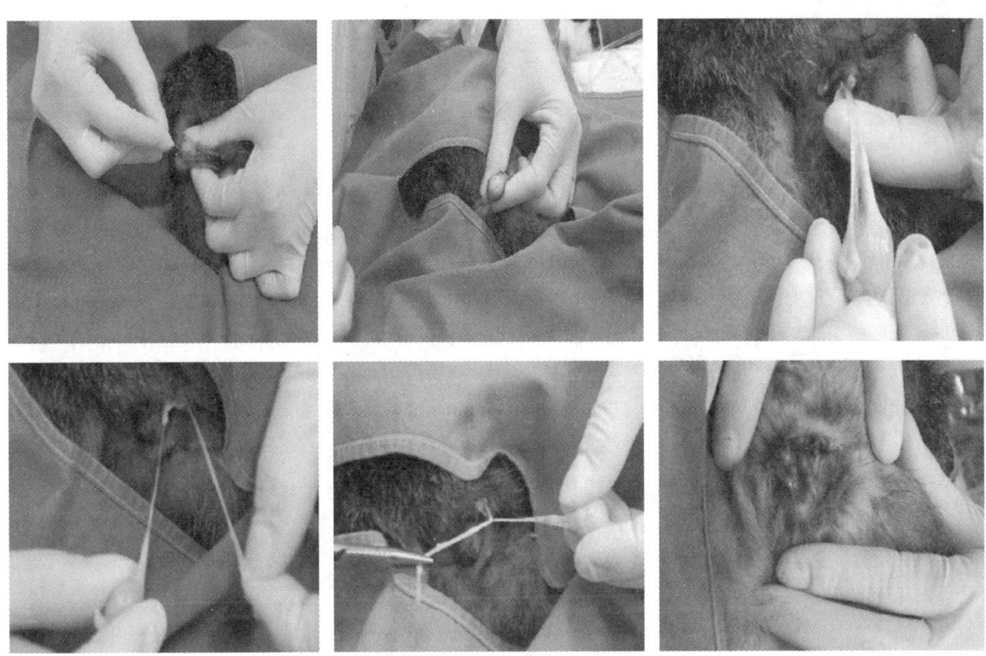

图 38-12 公猫绝育术图解

创巾、纱布、75%酒精、2%碘酊、2%新洁尔灭溶液等。

(二) 麻醉

选择全身麻醉(吸入麻醉或注射麻醉)。

(三) 手术操作

切口位于倒数第二对乳头向前 3～4 cm 处,与腹部中线平行。对于患有子宫脓肿的猫,子宫和卵巢可以一起切除。当同时切除子宫时,切口可向后延伸,以便于手术。切口被毛剪断并剃光,用 0.1%新洁尔灭溶液清洁,用 2%碘酊消毒,然后用 75%酒精棉球涂抹脱碘,伤口贴上创巾并固定。外科兽医用刀切开皮肤,然后切开皮下脂肪和腹直肌肌腱,切开腹膜,打开腹腔,然后将食指伸入腹腔,沿着腹壁向左或向右寻找卵巢。触摸到卵巢后,将其压在腹壁上,用卵巢拉钩或组织钳勾住卵巢底部,用食指将卵巢引出切口,或者用卵巢拉钩牵出。用止血钳钳住卵巢底部并固定。用缝合针避开血管,交叉双单结结扎卵巢底部,用手拉尾线,在距淋巴结 0.3 cm 处切除卵巢。观察无出血处后,剪下尾线,将组织送回腹腔。

用同样的方法,找到并切除对侧卵巢。之后牵出子宫将子宫结扎,切断,取出卵巢和子宫。最后连续或间断缝合腹直肌肌腱和腹膜,然后用间断缝合法缝合皮肤(图 38-13),切口用碘酊消毒。用消毒纱布覆盖伤口,然后穿上腹巾,绑好背部固定物。注意不要让腹巾挡住会阴,影响排尿。

(四) 术后护理

每天早、晚用碘酊处理手术切口,防止感染,连续肌内或静脉注射抗生素 3 天,佩戴伊丽莎白保护套防止猫舔舐伤口,一般术后 7 天便可以拆线。

小提示

1. 适应证 猫绝育术是指将公猫的睾丸、附睾和一部分精索,母猫的卵巢和子宫摘除的手术。公猫选择在 6 月龄以上、体重 2.5 kg 以上时进行手术;母猫选择在第一次发情结束后进行手术。

2. 禁忌证 无。

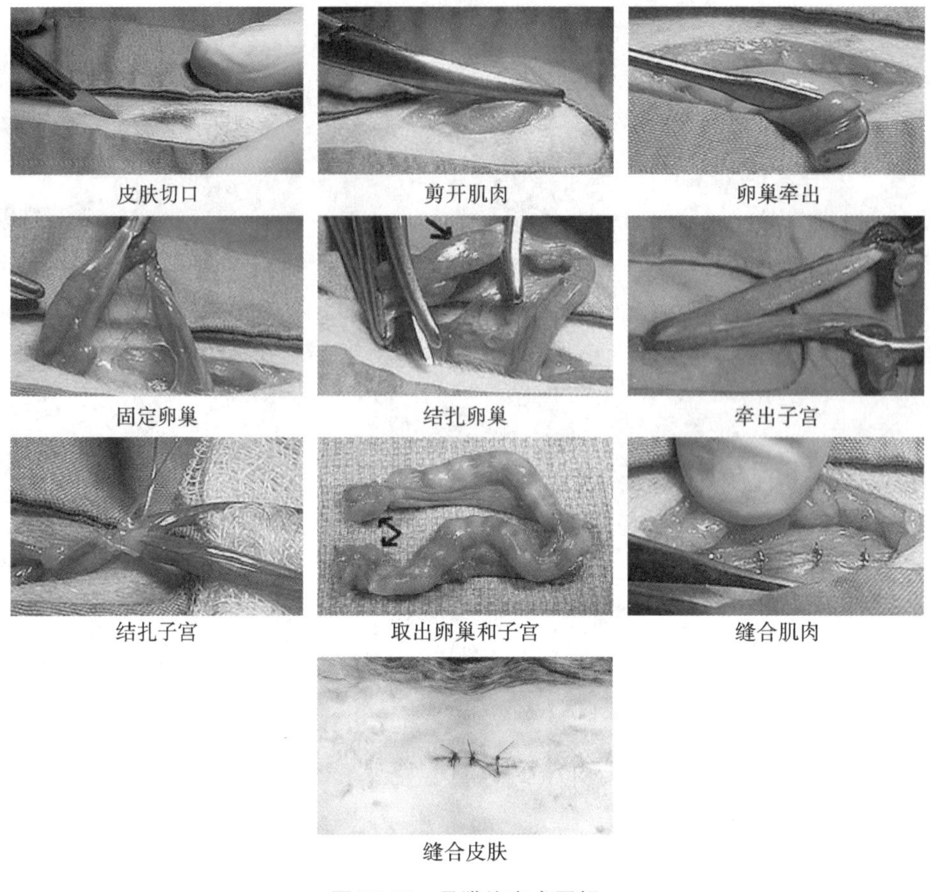

图 38-13　母猫绝育术图解

案例分享

扫码看课件

任务五　眼球摘除术

学习目标

【知识目标】

1. 了解眼球摘除术适应证。
2. 熟知进行眼球摘除术的操作。

【技能目标】

根据需要，正确进行眼球摘除术。

【思政与素质目标】

1. 养成无菌操作、善待动物的职业素养。
2. 养成实事求是、认真负责的职业态度。
3. 养成团队协作、富有责任感和科学认真的工作态度。

系统关键词

眼球、摘除术。

任务准备

(1)根据任务要求,了解眼球摘除术操作方法。

(2)收集眼球摘除术操作方法的相关资料。

任务实施

一、材料准备

手术刀、手术剪、止血钳、眼睑张开器、持针器、创巾钳、创巾、纱布、75%酒精、2%碘酊、新洁尔灭溶液等。

二、保定和麻醉

选择仰卧保定和全身麻醉(吸入麻醉或注射麻醉)。

三、手术操作

1. 经结膜眼球摘除术 先用眼睑张开器张开眼睑,为扩大眼裂,先在眼外眦切开皮肤 1～2 cm。用组织镊夹持角膜缘,在球结膜上做环形切口。用弯剪顺巩膜面向眼球赤道方向分离筋膜囊,暴露四条直肌和上、下斜肌的止端,再用手术剪挑起,尽可能靠近虹膜将其剪断。

眼外肌剪断后,术者一只手用止血钳夹住眼直肌残端,另一只手持弯剪尽可能靠近巩膜,向深部分离眼球组织直到眼球后部。用止血钳夹持眼球壁做旋转运动,若眼球可随意转动,证明各个眼球肌已经断裂,仅剩眼缩肌和视神经束。将眼球继续向前提,弯剪向后剪断眼缩肌和视神经束(图 38-14)。

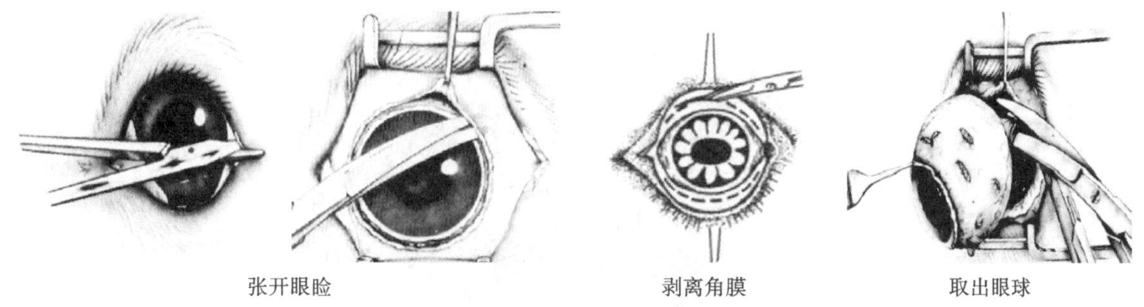

图 38-14 经结膜眼球摘除术

眼球摘除后立即用温生理盐水纱布块填充眼眶进行压迫止血,出血停止后,取出纱布块。对眼外肌和筋膜进行缝合,也可先在眶内放入球状填充物,再将眼外肌覆盖在上面缝合。最后闭合上、下眼睑(图 38-15)。

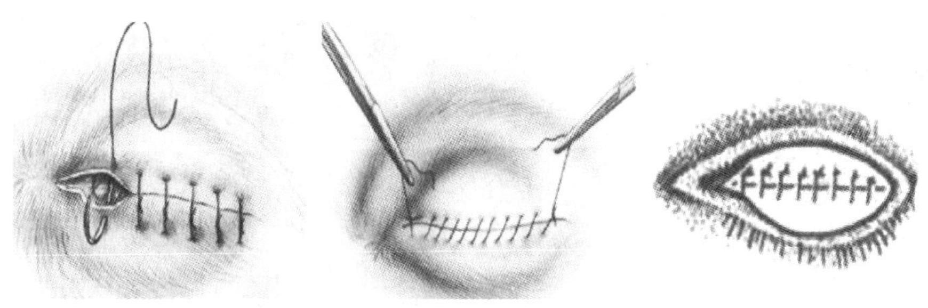

图 38-15 经结膜眼球摘除术缝合眼睑图

2. 经眼睑眼球摘除术 先对上、下眼睑做连续缝合，环绕眼睑缘做一环形切口，切开皮肤、眼轮匝肌至眼睑膜，一边牵拉眼球，一边分离球后组织，并紧贴眼球壁切断眼外肌，显露眼缩肌。之后分离眼球方法与经结膜眼球摘除术相同，最后间断缝合皮肤切口(图 38-16)。

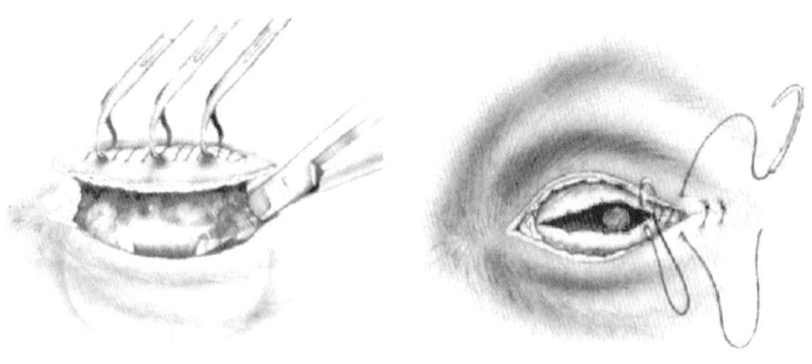

切开皮肤、眼轮匝肌至眼睑膜　　缝合眼部皮肤

图 38-16　经眼睑眼球摘除术

四、术后护理

术后根据情况应用止血和镇痛药物，全身应用抗生素，术后会从创口和鼻腔流出血清色液体，3天后会减少，术后 7～10 天拆除眼睑缝线。

小提示

1. 适应证 眼球摘除术适用于严重眼穿孔、眼球脱出或半脱出(图 38-17)、眼内肿瘤、严重青光眼、眼内炎以及全眼球炎等疾病。

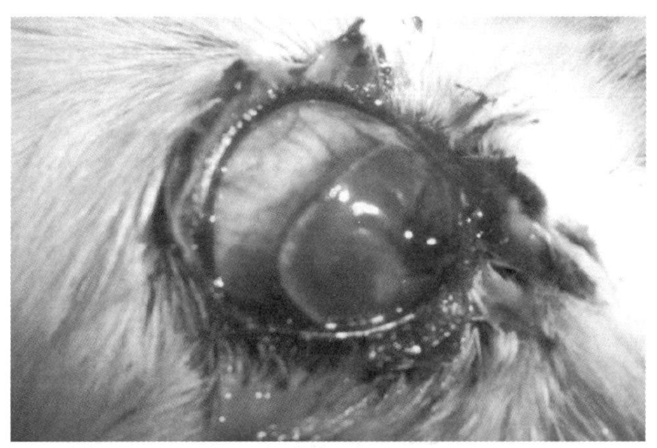

图 38-17　眼球半脱出

2. 禁忌证 无。

视频：犬眼球脱出

案例分享

任务六　气管切开术

学习目标

【知识目标】

1. 了解气管切开术适应证。
2. 熟知气管切开术的操作。

【技能目标】

根据需要，正确进行气管切开术。

【思政与素质目标】

1. 养成无菌操作、善待动物的职业素养。
2. 养成实事求是、认真负责的职业态度。
3. 养成团队协作、富有责任感和科学认真的工作态度。

系统关键词

气管、切开术。

任务准备

(1)根据任务要求，了解气管切开术操作方法。

(2)收集气管切开术操作方法的相关资料。

任务实施

一、材料准备

手术刀、手术剪、止血钳、纱布、75%酒精、2%碘酊、新洁尔灭溶液等。

二、保定和麻醉

选择仰卧保定和全身麻醉(吸入麻醉或注射麻醉)。

三、手术操作

沿颈正中线做 5～7 cm 的皮肤切口，切开皮肤，钝性分离浅筋膜、皮肌，用拉钩扩大创口，进行止血并清洗创内积血，在创口的深部寻找两侧胸骨舌骨肌之间的白线，用外科刀切开，张开肌肉，再切深层气管筋膜，此时气管完全暴露。在气管切开之前再度止血，以防创口血液流入气管。将两个相邻的气管环上各切一半圆形切口，即形成一椭圆形创口(深度不得超过气管环宽度的 1/2)。合成一个近圆形的孔(图 38-18)。切气管环时要用镊子牢固夹住，避免软骨片落入气管中造成严重的异物性呼吸道阻塞。然后将准备好的导管正确插入气管内，用线或绷带固定于颈部。皮肤切口上、下角各做 1～2 针间断缝合，这样有助于气管的固定。为防止灰尘、蚊蝇等异物吸入气管内，可用纱布覆盖导管的外口。

四、术后护理

防止宠物摩擦术部，防止插管脱落，每日清洗术部，除去分泌物。待原发疾病好转后，缝合切开

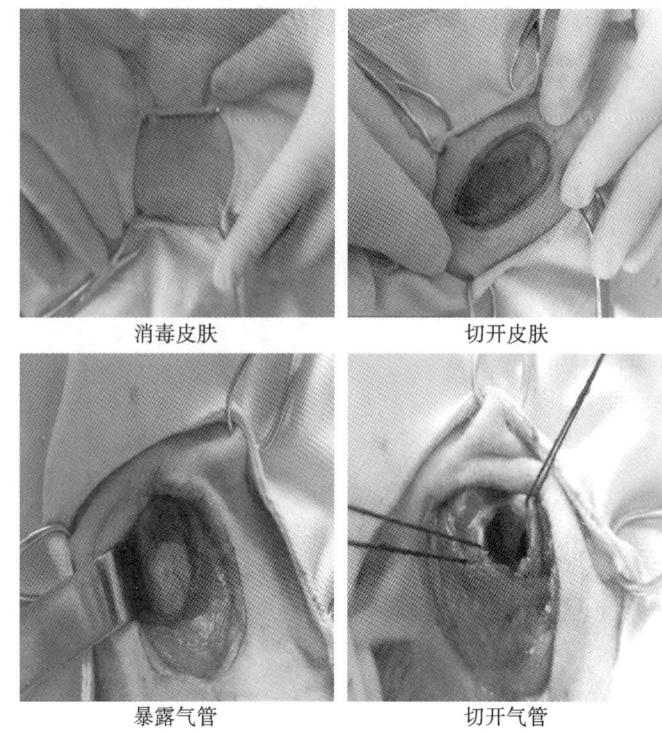

图 38-18　气管切开术图解

的气管。

五、注意事项

切开气管时要一次性切透软骨环，不得使黏膜剥离，防止并发症影响气管软骨再生；气管的切口应与导管大小一致，过紧会压迫组织，过松容易脱落；导管的位置必须装正，否则不利于空气流通；在切开气管的瞬间，宠物可发生咳嗽和短时呼吸停止，此为短时现象，很快就能平息，初学的术者不要惊慌；为了挽救宠物生命，在紧急情况下，允许在不消毒条件下进行急救手术，术后注意抗菌消炎；由于进行上呼吸道手术而施行气管切开，在短时间内拆除导管者，可用消毒液清理创部，严密缝合两侧的胸骨舌骨肌，再缝合浅筋膜和皮肤，争取一期愈合。

1. 适应证　气管切开术适用于上呼吸道急性炎性水肿、鼻骨骨折、鼻腔肿瘤和异物、双侧喉返神经麻痹、气管狭窄等，常作为紧急治疗手术。气管切开术可分为暂时性气管切开术和永久性气管切开术。

2. 禁忌证　无。

案例分享

任务七　声带切除术

学习目标

【知识目标】

1. 了解声带切除术适应证。

2. 熟知声带切除术的操作。

【技能目标】

根据需要，正确进行声带切除术。

【思政与素质目标】

1. 养成无菌操作、善待动物的职业素养。

2. 养成实事求是、认真负责的职业态度。

3. 养成团队协作、富有责任感和科学认真的工作态度。

4. 作为新时代大学生，要不断学习进步、掌握技能、提高自己，尽可能地救助生命，尽快掌握知识和技能。

系统关键词

声带、切除术。

任务准备

(1)根据任务要求，了解声带切除术操作方法。

(2)收集声带切除术操作方法的相关资料。

任务实施

一、材料准备

手术刀、手术剪、止血钳、长板鳄鱼式组织钳、纱布、75%酒精、2%碘酊、新洁尔灭溶液等。

二、保定和麻醉

经口腔声带切除术选择胸卧保定，经腹侧声带切除术选择仰卧保定，全身麻醉(吸入麻醉或注射麻醉)。吸入麻醉时，气管插管要比平时细。

三、手术操作

1. 经口腔声带切除术　打开口腔，拉出舌后，压住舌根，暴露喉室内两条声带，呈V形，用长板鳄鱼式组织钳(其钳头具有切割功能)作为声带切除器械。将组织钳伸入喉腔，抵于一侧声带的背侧，依次从声带背侧向下切除至腹侧1/4处。腹侧1/4声带不宜切除，因为声带在此处联合，切除后瘢痕组织增生。用电灼止血或纱布止血。

2. 经腹侧声带切除术　喉部腹侧常规灭菌准备，喉腹侧正中线上，以甲状软骨突起处为切口中心，前后切开皮肤5～6 cm，分离胸骨舌骨肌至喉腹正中两侧，充分暴露甲状软骨和环甲韧带，钳夹止血或压迫止血，纵向切开甲状软骨和环甲韧带，牵开软骨创缘显露喉室及两侧声带。切除两侧声带。切除声带时，保留少许基部组织，术部出血较少，采用电烙铁烧烙止血，拭净喉室，喉软骨缝合，缝线不要穿过黏膜，常规缝合胸骨舌骨肌、皮下组织和皮肤(图38-19)。

切口定位

后正中线皮肤切口

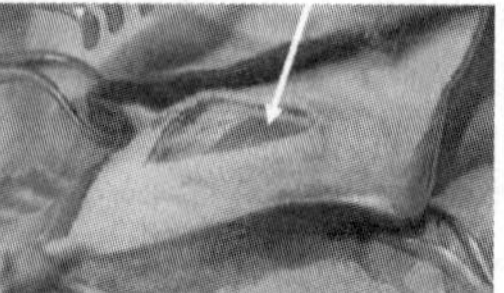

肩胛舌骨肌

钝性分离肩胛舌骨肌

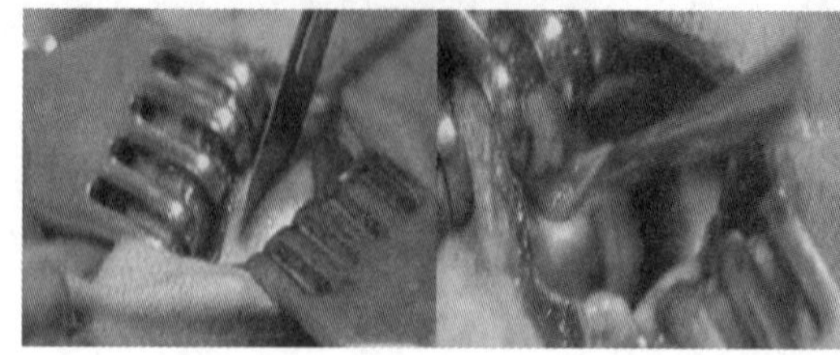

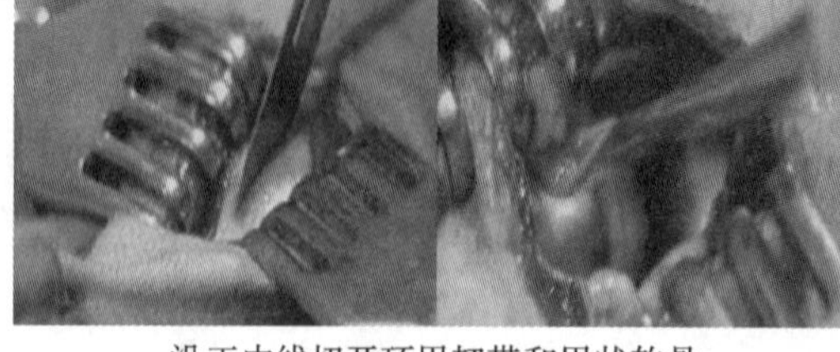

沿正中线切开环甲韧带和甲状软骨

缝合甲状软骨

图 38-19　经腹侧声带切除术图解

四、术后护理

保持宠物安静，防止吠叫，术后注射强的松龙 2 mg/kg，1 天 1 次，连用 2 周，然后减少至 1 mg/kg，连用 2～3 周，防止声带切除后瘢痕组织增生。术后应用抗生素 3～5 天，防止术部感染。

小提示

1. 适应证　声带切除术适用于彻底或部分消除 4 月龄以上犬的吠叫声。声带位于喉腔内，由声带韧带和声带肌组成。两侧声带之间为声门裂，声带上端始于杓状软骨的最下部，下端终于甲状软骨腹内侧面中部。

2. 禁忌证　无。

案例分享

任务八　腹腔切开与探查术

扫码看课件

学习目标

【知识目标】

1. 了解腹腔切开与探查术适应证。
2. 熟知腹腔切开与探查术的操作方法。

【技能目标】

根据需要，能正确进行腹腔切开与探查术。

【思政与素质目标】

1. 养成无菌操作、善待动物的职业素养。
2. 养成实事求是、认真负责的职业态度。
3. 养成团队协作、富有责任感和科学认真的工作态度。

Note

系统关键词

腹腔、切开、探查。

任务准备

(1)根据任务要求,了解腹腔切开与探查术操作方法。
(2)收集腹腔切开与探查术操作方法的相关资料。

任务实施

一、材料准备

手术刀、手术剪、止血钳、肠钳、创巾钳、拉钩、持针器、组织钳、纱布、75%酒精、2%碘酊、新洁尔灭溶液等。

二、保定和麻醉

仰卧保定、全身麻醉(吸入麻醉或注射麻醉)。

三、手术操作

在手术部位(图 38-20)做大小适合的皮肤切口(图 38-21),及时止血、清创。分离皮肤、皮下组织及筋膜,彻底止血,用拉钩扩大创口,充分显露视野的腹白线。然后沿腹白线切开腹膜,为避免损伤腹腔器官,可先用止血钳提起腹膜后开一小孔,然后用手术刀反挑式切开或用手术剪剪开腹膜。然后用温生理盐水浸湿灭菌纱布,垫衬整个腹壁切口,勿使肠管等脏器脱出。然后从前至后依次检查腹腔脏器,发现问题后,及时处理。

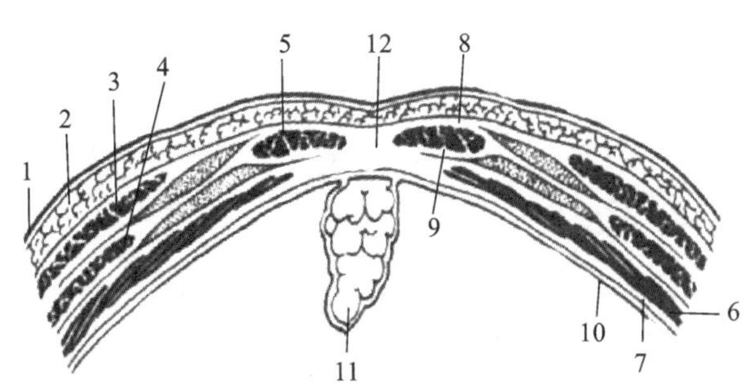

图 38-20　腹壁解剖结构

1.皮肤;2.皮下组织;3.腹外斜肌;4.腹内斜肌;5.腹直肌;6.腹横肌;7.腹横筋膜;8.腹直肌浅鞘;9.腹直肌深鞘;10.腹膜;11.镰状韧带及脂肪

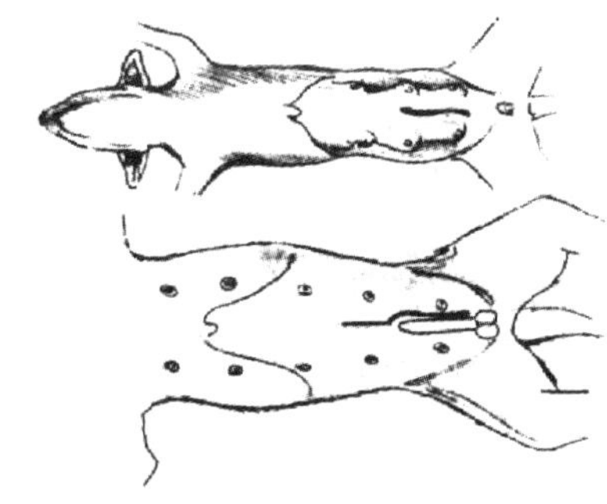

图 38-21　公犬和母犬腹部切口图示

闭合腹壁切口时,用可吸收缝线依次连续缝合腹膜、腹直肌、腹横肌、腹内斜肌和腹外斜肌,然后用可吸收缝线连续缝合皮下组织,最后用丝线间断缝合皮肤。缝合皮肤时也可采用可吸收缝线进行皮内缝合。最后整理伤口,消毒,缠好绷带。

小提示

1.适应证　腹腔切开与探查术适用于胃内异物取出、胃肿瘤切除、胃穿孔修补、胃扩张与扭转修复、子宫蓄脓切除、膀胱结石清除、膀胱破裂修补,及肠梗阻、肠套叠、肠扭转、肠坏死、广泛性肠粘连、肠道肿瘤等的治疗。

2.禁忌证　无。

案例分享

扫码看课件

任务九　胃切开与修补术

学习目标

【知识目标】

1. 了解胃切开与修补术适应证。
2. 熟知胃切开与修补术的操作方法。

【技能目标】

根据需要，正确进行胃切开与修补术。

【思政与素质目标】

1. 养成无菌操作、善待动物的职业素养。
2. 养成实事求是、认真负责的职业态度。
3. 养成团队协作、富有责任感和科学认真的工作态度。
4. 通过胃切开与修补术的操作，牢固树立救死扶伤的世界观。

系统关键词

胃、切开、修补。

任务准备

(1)根据任务要求，了解胃切开与修补术操作方法。

(2)收集胃切开与修补术操作方法的相关资料。

任务实施

一、材料准备

手术刀、手术剪、止血钳、持针器、拉钩、缝线、组织钳、纱布、75%酒精、2%碘酊、新洁尔灭溶液等。

二、保定和麻醉

仰卧保定、全身麻醉(吸入麻醉或注射麻醉)。

三、手术操作

脐前腹中线切开。从剑突末端到脐之间做切口，但不可自剑突旁侧切开，犬的膈肌在剑突旁切开时，易同时开放两侧胸腔，造成气胸而产生致命性危险。切口长度因宠物体形、年龄大小及宠物品种、疾病性质而不同。幼犬、小型犬和猫的切口，可选在剑突到耻骨前缘之间的相应位置；胃扭转的腹壁切口及胸廓深的犬腹壁切口，均可延长到脐后 4～5 cm 处。

沿腹中线切开腹壁，显露腹腔。对镰状韧带应予以切除，若不切除，不仅影响和妨碍手术操作，而且再次手术时会因大片粘连而给手术造成困难。

在胃的腹面胃大弯与胃小弯之间的预定切开线两端，用组织钳夹持胃壁的浆膜肌层，或用 7 号丝线在预定切开线的两端，通过浆膜肌层缝合两根牵引线。用组织钳或两根牵引线向后牵引胃壁，使胃壁显露于切口之外。用数块温生理盐水纱布块填塞在胃和腹壁切口之间，以抬高胃壁使其与腹腔内其他器官隔离开，减少胃切开时对腹腔和腹壁切口的污染。

胃的切口位于胃腹面的胃体部，在胃大弯和胃小弯之间的血管稀少区内，纵向切开胃壁。先用手术刀在胃壁上向胃腔内戳一小口，退出手术刀，改用手术剪通过胃壁小切口扩大胃的切口。胃壁切口长度视需要而定，对胃腔各部检查时的切口长度要足够大。胃壁切开后，胃内容物流出，清除胃内容物后进行胃腔检查，应包括胃体部、胃底部、幽门、幽门窦及贲门部。检查有无异物、肿瘤、溃疡、炎症及胃壁是否坏死等。若胃壁发生了坏死，应将坏死的胃壁切除。

胃壁切口的缝合，第一层用 3-0 号铬制肠线或 1～4 号丝线进行康乃尔缝合，清除胃壁切口缘的血凝块及污物后，用 3～4 号丝线进行第二层的连续伦勃特缝合。拆除胃壁上的牵引线或除去艾利斯钳，清理除去隔离的纱布垫后，用温生理盐水对胃壁进行冲洗。若术中胃内容物污染了腹腔，用温生理盐水对腹腔进行灌洗，然后转入无菌手术操作，最后常规缝合腹壁切口（图 38-22）。

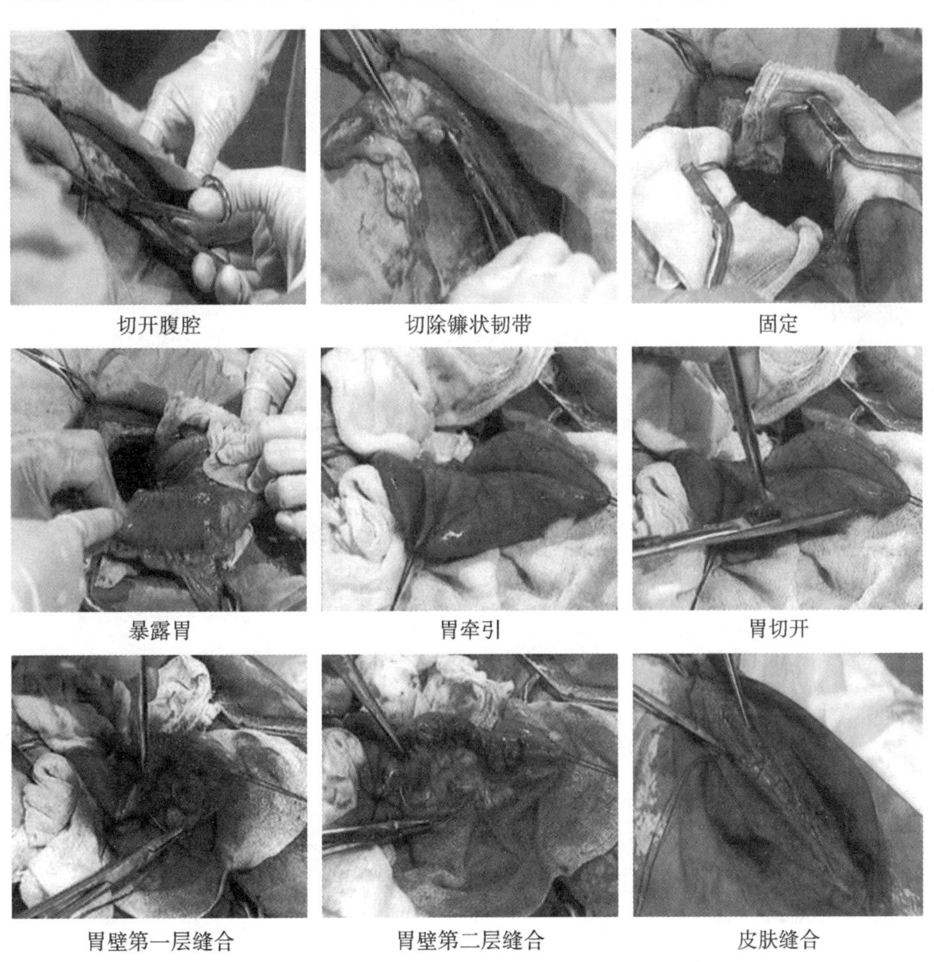

图 38-22 胃切开与修补术图解

四、术后护理

术后 24 h 内禁食，不限饮水。24 h 后给予少量肉汤或牛奶，术后 3 天可以给予软的易消化的食物，应少量多次喂给。在疾病恢复期间，应注意宠物是否发生水、电解质代谢紊乱及酸碱平衡失调，必要时应予以纠正。术后5天内每天定时给予抗生素，术后还应密切观察胃的解剖复位情况，特别是胃扩张-扭转的病犬，经胃切开减压修复后，应注意其症状变化，一旦发现复发，应立即采取救治措施。

小提示

1. 适应证 胃切开与修补术适用于胃内异物取出、胃肿瘤切除、胃穿孔修补、胃扩张与扭转修复。
2. 禁忌证 无。

案例分享

扫码看课件

任务十　肠管切开吻合术

学习目标

【知识目标】

1. 了解肠管切开吻合术适应证。
2. 熟知胸腔穿刺液化验的步骤和方法。

【技能目标】

根据需要，正确进行肠管切开吻合术。

【思政与素质目标】

1. 养成无菌操作、善待动物的职业素养。
2. 养成实事求是、认真负责的职业态度。
3. 养成团队协作、有较强的责任感和科学认真的工作态度。

系统关键词

肠管、切开、吻合。

任务准备

（1）根据任务要求，了解肠管切开吻合术操作方法。
（2）收集肠管切开吻合术操作方法的相关资料。

任务实施

一、材料准备

手术刀、手术剪、止血钳、肠钳、拉钩、持针器、可吸收缝线、组织钳、纱布、75%酒精、2%碘酊、新

洁尔灭溶液等。

二、保定和麻醉

仰卧保定、全身麻醉(吸入麻醉或注射麻醉)。

三、术式

1. 肠管切除术 在腹底部脐前方至耻骨前剃毛、消毒，于脐至耻骨之间切开腹壁，打开腹腔。将手指或手伸入腹腔探查，将病变肠管拉出腹外，并用大的温生理盐水纱布块隔离腹壁切口和保护肠管。距坏死肠管两侧 1～2 cm 处作为肠切除线。将切除线两侧健康肠管的内容物挤向两侧。在距预切线两侧 4～5 cm 处，助手用两手的食指、中指或用两把肠钳夹持，再用两把肠钳成 45°～60°角夹住两侧预切线的肠管。根据病变肠管长度确定肠系膜预切除线，并在该线两侧双重结扎肠系膜血管。然后切除肠系膜和坏死肠管。切除肠管后，助手将两断端肠管对应靠拢，术者进行端端吻合术。犬肠管细小，常进行一层间断缝合。可用 1 号丝线或肠线做全层间断缝合：先在肠系膜侧缝一针，肠系膜对侧缝一针，再在肠管两侧中间各缝一针，然后分别在两缝线间缝数针，使缝线间距为 3～4 mm。针距创缘 2～3 mm。连续缝合肠系膜(图 38-23)。检查缝合处有无漏液，如有，应补针。为促进肠管愈合，最好将一部分大网膜覆盖在肠管吻合处，并适当固定。最后将肠管还纳腹腔，常规闭合腹壁切口。

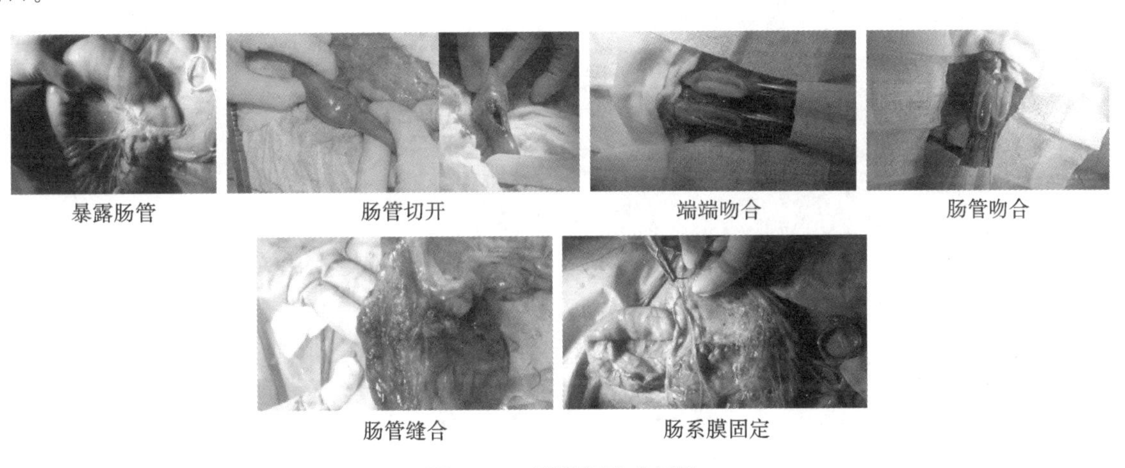

图 38-23 肠管切除术图解

2. 肠侧壁切开术 同肠管切除术打开腹腔，将患病肠管拉出腹外，纱布隔离。如肠管全阻塞，近端肠内往往充满气体和液体，可用针头穿刺，抽吸减压。将阻塞的一端肠内容物挤离阻塞物 10 cm 后，由助手两手的食指、中指夹闭阻塞物两侧肠腔，术者用手术刀在阻塞物远端健康肠管的肠系膜侧纵向切开肠壁全层，长度接近阻塞物直径。轻轻挤压阻塞物，使其从切口处滑入器皿内。用浸有消毒液的棉球擦洗切口缘，用 1 号丝线或肠线距切缘 2～3 mm 处全层穿过肠壁，进行间断缝合，针距 3～4 mm。也可采用一层连续的浆膜肌层水平内翻缝合。之后用温生理盐水冲洗肠管，还纳腹腔，缝合腹壁。

四、术后护理

对于发生肠管缺血、坏死、腹膜炎或术中污染严重的病例，术后需要坚持使用抗生素。在脱水状态能通过饮水得到纠正之前，需要一直静脉输液。多数宠物在术后 16 h 内可以进食。一些宠物术后可能发生胃肠道不适，如果宠物术后持续呕吐或腹泻，则需要怀疑腹膜炎或再次发生梗阻。术后需要使用几天的镇痛药。

小提示

1. 适应证 肠套叠、肠扭转、肠嵌闭、重度肠梗阻等造成肠坏死者需行肠管切除术，肠内异物(常

见骨骼、石子、毛球、玉米棒、桃核等)引起肠梗阻者需行肠侧壁切开术。

2. 禁忌证 无。

案例分享

扫码看课件

任务十一 膀胱切开修补术

学习目标

【知识目标】

1. 了解膀胱切开修补术适应证。
2. 熟知膀胱切开修补术的操作方法。

【技能目标】

根据需要,能正确进行膀胱切开修补术。

【思政与素质目标】

1. 养成无菌操作、善待动物的职业素养。
2. 养成实事求是、认真负责的职业态度。
3. 养成团队协作、富有责任感和科学认真的工作态度。

系统关键词

膀胱、切开、修补。

任务准备

(1)根据任务要求,了解膀胱切开修补术操作方法。

(2)收集膀胱切开修补术操作方法的相关资料。

任务实施

一、材料准备

手术刀、手术剪、止血钳、肠钳、创巾钳、拉钩、持针器、组织钳、纱布、75%酒精、2%碘酊、新洁尔灭溶液等。

二、保定和麻醉

仰卧保定、全身麻醉(吸入麻醉或注射麻醉)。

三、手术操作

切口处:母犬在耻骨前缘 3~5 cm 的白线侧方;公犬在耻骨前缘 3~5 cm 的阴茎侧方。术部剪

毛、消毒。从耻骨前缘向脐的方向切开皮肤 8～10 cm，确定止血后，钝性分离皮下组织，按切皮方向切开腹直肌，直至腹膜。打开腹腔后用拉钩拉开创缘，用手指伸入腹腔探查，膨胀的膀胱一触便知；膀胱内容物空虚时，膀胱退至骨盆腔内，手指伸入骨盆腔内可触知膀胱，将膀胱拉至创口部或创口外，膨胀膀胱可用注射器抽出尿液，缩小膀胱，用钳子夹住膀胱顶固定，手术需要时则可将膀胱牵出创口外（图 38-24）。

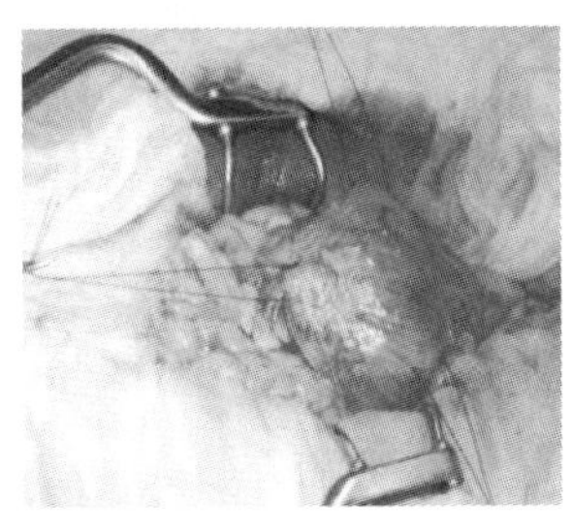
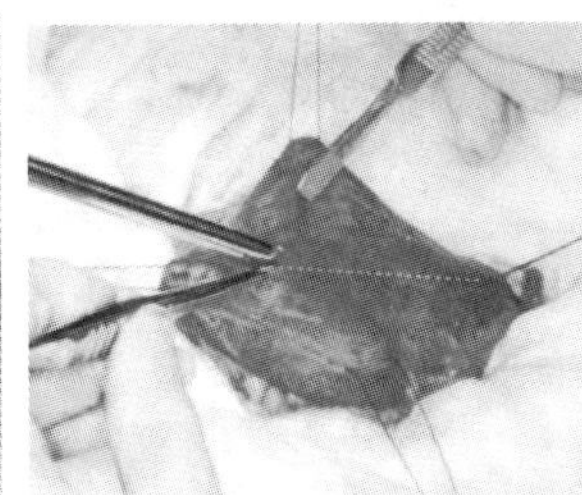
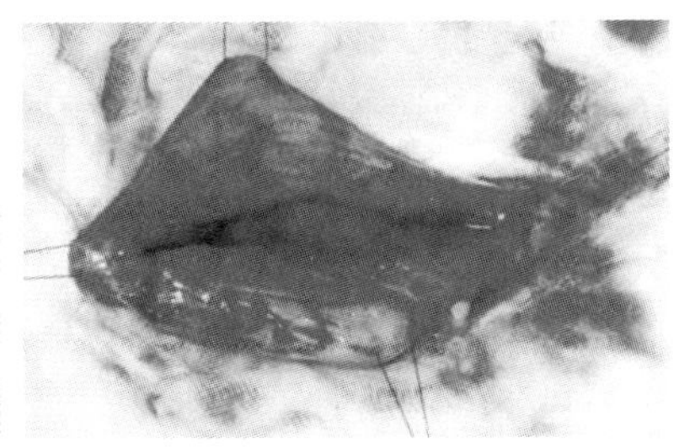

图 38-24　膀胱的切开

膀胱长时间暴露于体外或对其反复操作会使膀胱壁水肿并增厚，用缝线固定膀胱可以避免多次触碰膀胱。膀胱暴露后，用温生理盐水浸湿的纱布包裹，然后在腹侧中线做一切口打开膀胱，用手术剪扩大切口，保持切口在中线上向尾侧延伸，避免伤到输尿管。

膀胱切口可用的缝合方式有简单间断缝合、简单连续缝合、反向简单连续缝合（比如库兴氏缝合）、单层库兴氏缝合以及库兴氏缝合结合伦勃特缝合。当膀胱壁增厚或变脆时注意避免使用反向缝合。

正常的或增厚的膀胱壁可以用简单连续缝合，这种缝合法只穿透浆膜肌层和黏膜下层，而不穿透黏膜层。相邻的针眼间隔应为 3～4 mm 并沿切口两侧均匀分布。对于正常的膀胱，术者可以自由选择库兴氏缝合配合简单连续缝合，但是没有文献表明单层缝合有什么优点。如果采用反向缝合，要注意避免过度翻转组织，否则将导致阻塞。

向膀胱注满生理盐水来检查是否有渗漏，若发现渗漏可以行简单间断缝合或者十字缝合封闭。在常规关腹操作前应该用温生理盐水冲洗术部。公犬被横切的阴茎包皮肌也要缝合（图 38-25）。如果是为了清除结石而切开膀胱，术中用 C 形臂检查确认膀胱和尿道内的结石是否已经全部被移除。即使膀胱和尿道在术中被冲洗得很充分，结石未清除干净仍是很可能的事情。

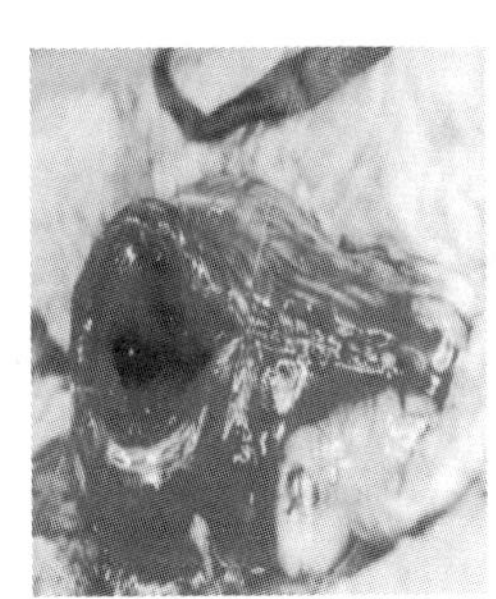
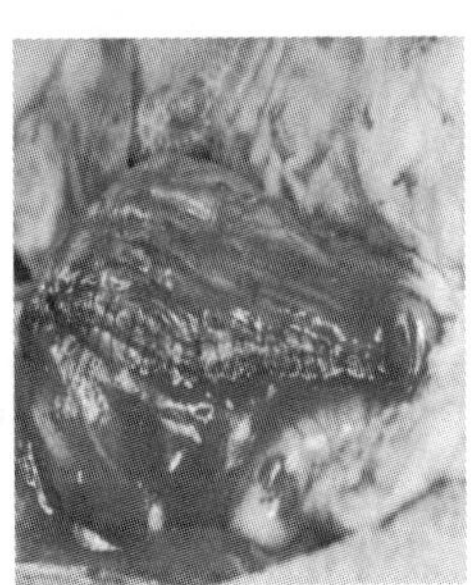
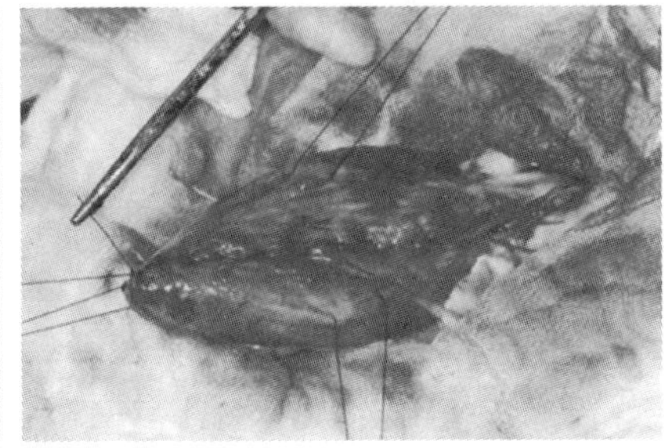

图 38-25　膀胱的缝合

四、术后护理

术后要监控排尿量和尿液性状（比如血尿），同时应该继续静脉补液以降低血凝块导致阻塞的风险。围手术期内都可以用阿片类药物进行疼痛管理。可透过黏膜的丁丙诺菲（放置于颊囊）用于猫的效果很好。病犬只要没有脱水并且肾功能正常，就可以持续使用非甾体抗炎药 3～5 天来达到抗炎和镇痛的目的。

小提示

1. 适应证　膀胱切开术的应用范围包括探查下泌尿道、移除膀胱或尿道结石，纠正输尿管异位

开口，移除团块（比如息肉）以及活检。

2. 禁忌证 无。

视频：膀胱结石

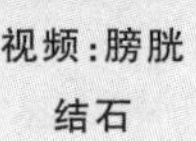

参考文献

[1] Pattengale P. 动物医院工作流程手册[M]. 夏兆飞,译. 北京:中国农业大学出版社,2010.

[2] Carroll G L. 小动物麻醉与镇痛[M]. 施振声,张海泉,译. 北京:中国农业出版社,2014.

[3] Boyd J S. 犬猫临床解剖彩色图谱[M]. 2 版. 董军,陈耀星,译. 北京:中国农业大学出版社,2007.

[4] Tutt C. 小动物牙科技术图谱[M]. 刘朗,译. 北京:中国农业出版社,2012.

[5] Little S E. 猫内科学[M]. 7 版. 张海霞,夏兆飞,译. 武汉:湖北科学技术出版社,2022.

[6] Martin M. 小动物心电图入门指南[M]. 2 版. 曹燕,王姜维,夏兆飞,译. 北京:中国农业出版社,2012.

[7] 杨庆稳. 动物药理[M]. 重庆:重庆大学出版社,2021.

[8] 国家学术委员会下属的国家研究委员会. 犬猫营养需要[M]. 丁丽敏,夏兆飞,译. 北京:中国农业大学出版社,2010.

[9] Gough A. 小动物医学鉴别诊断[M]. 夏兆飞,袁占奎,译. 北京:中国农业大学出版社,2010.

[10] 范开,董军. 宠物临床显微检验及图谱[M]. 北京:化学工业出版社,2006.

[11] 周桂兰,高得仪. 犬猫疾病实验室检验与诊断手册[M]. 北京:中国农业出版社,2010.

[12] Ramsey I. 小动物药物手册[M]. 7 版. 袁占奎,裴增杨,译. 北京:中国农业出版社,2014.

[13] Smith F W K,Tilley L P,Oyama M A,et al. 犬猫心脏病学手册[M]. 张志红,译. 沈阳:辽宁科学技术出版社,2021.

[14] Day T K. 小动物心电图病例分析与判读[M]. 曹燕,王姜维,夏兆飞,译. 北京:中国农业出版社,2012.

[15] 《宠物医生手册》编写委员会. 宠物医生手册[M]. 2 版. 沈阳:辽宁科学技术出版社,2009.

[16] Morgan R V. 小动物临床手册[M]. 4 版. 施振声,译. 北京:中国农业出版社,2005.

[17] 宋大鲁,宋劲松. 犬猫针灸疗法[M]. 北京:中国农业出版社,2009.

[18] Hudson J A. 小动物腹部放射学[M]. 王艳萍,译. 北京:军事医学科学出版社,2006.

[19] O'Brien R T. 小动物胸部放射学[M]. 王艳萍,译. 北京:军事医学科学出版社,2006.

[20] 林正毅. 猫博士的猫病学[M]. 北京:中国农业大学出版社,2015.

[21] Branett K C,Heinrich C,Sansom J. 犬眼科学彩色图谱[M]. 吴炳樵,译. 沈阳:辽宁科学技术出版社,2008.